KUWASHII

# くわしい
# 中2 理科



SCIENCE

鎌田正裕・中西 史　共編

ΣBEST
シグマベスト

文英堂

# 本書の特色と使い方

## 圧倒的な「くわしさ」で，考える力が身につく

本書は，豊富な情報量を，わかりやすい文章でまとめています。丸暗記ではなく，しっかりと理解しながら学習を進められるので，知識がより深まります。

### 本文

学習しやすいよう，見開き構成にしています。重要用語や大事なことがらには色をつけているので，要点がおさえられます。また，豊富な図や写真でしっかりと理解することができます。

要 点

### 要点

この単元でおさえたい内容を簡潔にまとめています。学習のはじめに，**全体の流れ**をおさえましょう。

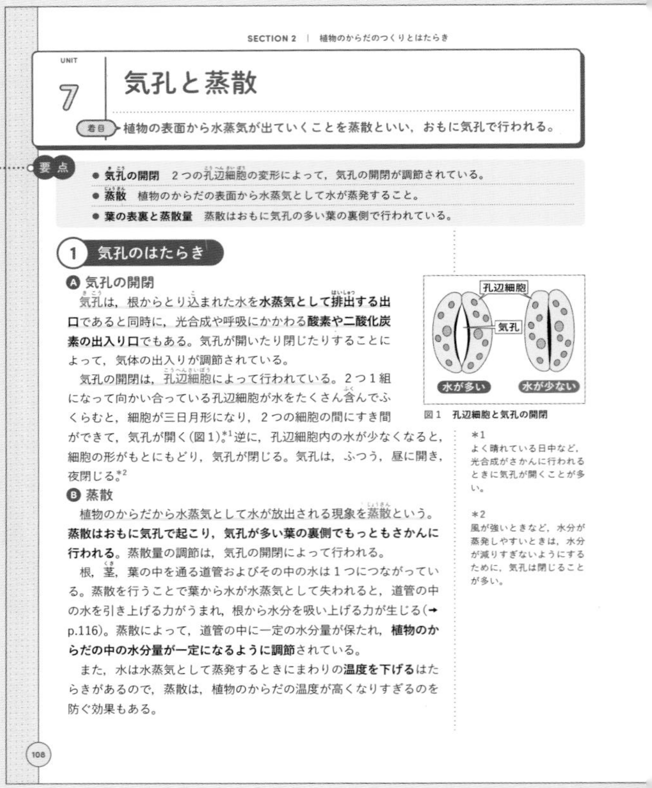
SECTION 2 ｜ 植物のからだのつくりとはたらき

UNIT 7 気孔と蒸散

着目 植物の表面から水蒸気が出ていくことを蒸散といい，おもに気孔で行われる。

要点
- **気孔《きこう》の開閉**　2つの孔辺細胞《こうへんさいぼう》の変形によって，気孔の開閉が調節されている。
- **蒸散《じょうさん》**　植物のからだの表面から水蒸気として水が蒸発すること。
- **葉の表裏と蒸散量**　蒸散はおもに気孔の多い葉の裏側で行われている。

1 気孔のはたらき

A 気孔の開閉

気孔《きこう》は，根からとり込《こ》まれた水を**水蒸気として排出《はいしゅつ》する出口**であると同時に，光合成や呼吸にかかわる**酸素や二酸化炭素の出入り口**でもある。気孔が開いたり閉じたりすることによって，気体の出入りが調節されている。

気孔の開閉は，孔辺細胞《こうへんさいぼう》によって行われている。2つ1組になって向かい合っている孔辺細胞が水をたくさん含《ふく》んでふくらむと，細胞が三日月形になり，2つの細胞の間にすき間ができて，気孔が開く(図1)。*1 逆に，孔辺細胞内の水が少なくなると，細胞の形がもとにもどり，気孔が閉じる。気孔は，ふつう，昼に開き，夜閉じる。*2


図1　孔辺細胞と気孔の開閉

B 蒸散

植物のからだから水蒸気として水が放出される現象を蒸散《じょうさん》という。**蒸散はおもに気孔で起こり，気孔が多い葉の裏側でもっともさかんに行われる。**蒸散量の調節は，気孔の開閉によって行われる。

根，茎《くき》，葉の中を通る道管およびその中の水は1つにつながっている。蒸散を行うことで葉から水が水蒸気として失われると，道管の中の水を引き上げる力がうまれ，根から水分を吸い上げる力が生じる(➡p.116)。蒸散によって，道管の中に一定の水分量が保たれ，**植物のからだの中の水分量が一定になるように調節**されている。

また，水は水蒸気として蒸発するときにまわりの**温度を下げる**はたらきがあるので，蒸散は，植物のからだの温度が高くなりすぎるのを防ぐ効果もある。

*1
よく晴れている日中など，光合成がさかんに行われるときに気孔が開くことが多い。

*2
風が強いときなど，水分が蒸発しやすいときは，水分が減りすぎないようにするために，気孔は閉じることが多い。

108

特集

元素名と元素記号の由来

### 特集

理科が自然と好きになるような，幅広い話題を集めました。興味をもって，読んでみましょう。

くーくん

# HOW TO USE

## 2 葉からの蒸散量を調べる

実 験

**A 方法・手順**

① ついている葉の大きさと枚数が同じ植物の枝を4本用意し，図2のA～Dのように処理する。➡ワセリンは，気孔をふさぎ，気孔からの蒸散が起こらないようにするためにぬる。

② それぞれの枝を，同じ量の水を入れた試験管に立てて，水面に油をたらす。➡油は水面からの水の蒸発をふせぐためにたらす。

③ 数時間後，それぞれの試験管の水の減った量を調べる。[*3]

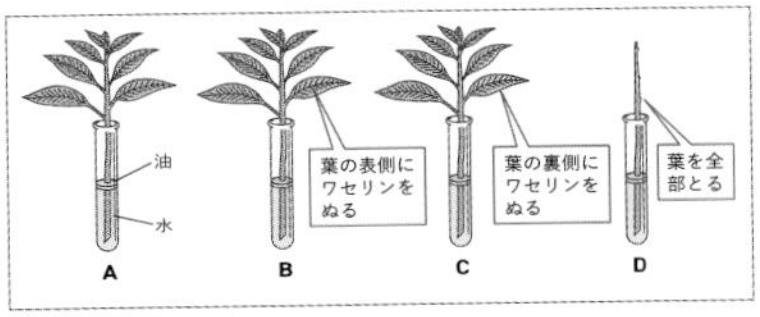


図2　蒸散量を調べる実験

＊3
植物が蒸散を行うと植物のからだから水が失われ，それを補うように植物が水を吸い上げるので，水の減った量を測定することで，蒸散量を調べることができる。

**B 結果・考察**

① 結果は表1のようになり，水の減った量は，A＞B＞C＞Dの順に多かった。

表1　実験の結果

| 試験管 | A | B | C | D |
|---|---|---|---|---|
| 水の減少量〔$cm^3$〕 | 4.0 | 3.2 | 0.5 | 0.3 |

② Dの水の減少量は茎からの蒸散量で，Aの水の減少量は葉と茎からの蒸散量である。DとAを比べると，Dの水の減少量がとても少ないことから，**蒸散**は茎でも行われているが**ほとんどは葉で行われている**ことがわかる。

③ 葉の表側からの蒸散量，葉の裏側からの蒸散量は右のようにして求められ，蒸散はおもに葉の裏側で行われていることがわかる。[*4]

葉の裏側からの蒸散量
B－D＝2.9 $cm^3$
葉の表側からの蒸散量
C－D＝0.2 $cm^3$

＊4
気孔は，ふつう葉の表側よりも裏側に多い(➡p.97)。

TRY! 表現力

**上の実験で試験管の中に油を加えている目的を簡単に説明しなさい。**

ヒント　油は膜《まく》を形成して水の上をおおっている。

解答例　水面からの蒸発を防ぎ，植物体表面からだけの蒸散量を求めるため。

2章　生物のからだのつくりとはたらき

109

### 実験

テストにもよく出る**重要な実験**は，方法・結果・考察と手順を追ってくわしく解説しています。

### 例題

**重要な計算問題**は，例題を扱っています。しっかりと解き方を身につけることができます。

### 参考

学習内容の理解をより深める内容です。

### 注意

まちがえやすい注意点を載せています。

### 発展

発展的な内容も，くわしく解説しています。

### TRY! 思考力／判断力／表現力

学習した内容が身についているか，**自分の言葉で表現**してチェックしてみましょう。

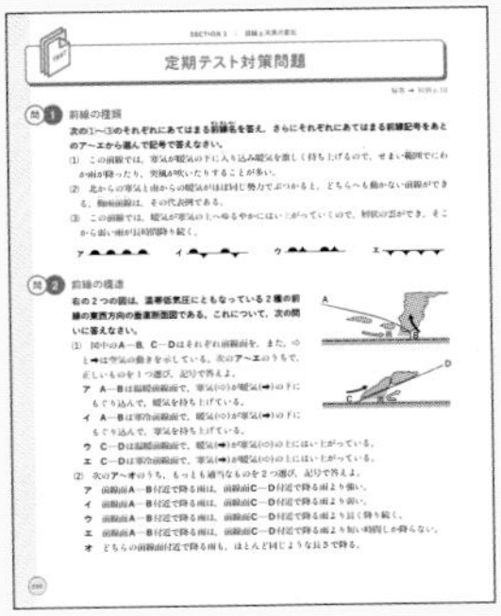


### 定期テスト対策問題

各SECTIONの最後に，テストで**問われやすい問題**を集めました。テスト前に，知識が身についているかを確かめましょう。

### 入試問題にチャレンジ

巻末には，実際の入試問題を掲載しています。中2理科の**総仕上げ**として，挑戦してみましょう。

# もくじ

CONTENTS

## 1 章　化学変化と原子・分子

## 2章 生物のからだのつくりとはたらき

# 3章 気象とその変化

# 4章 電流とその利用

くわしい!

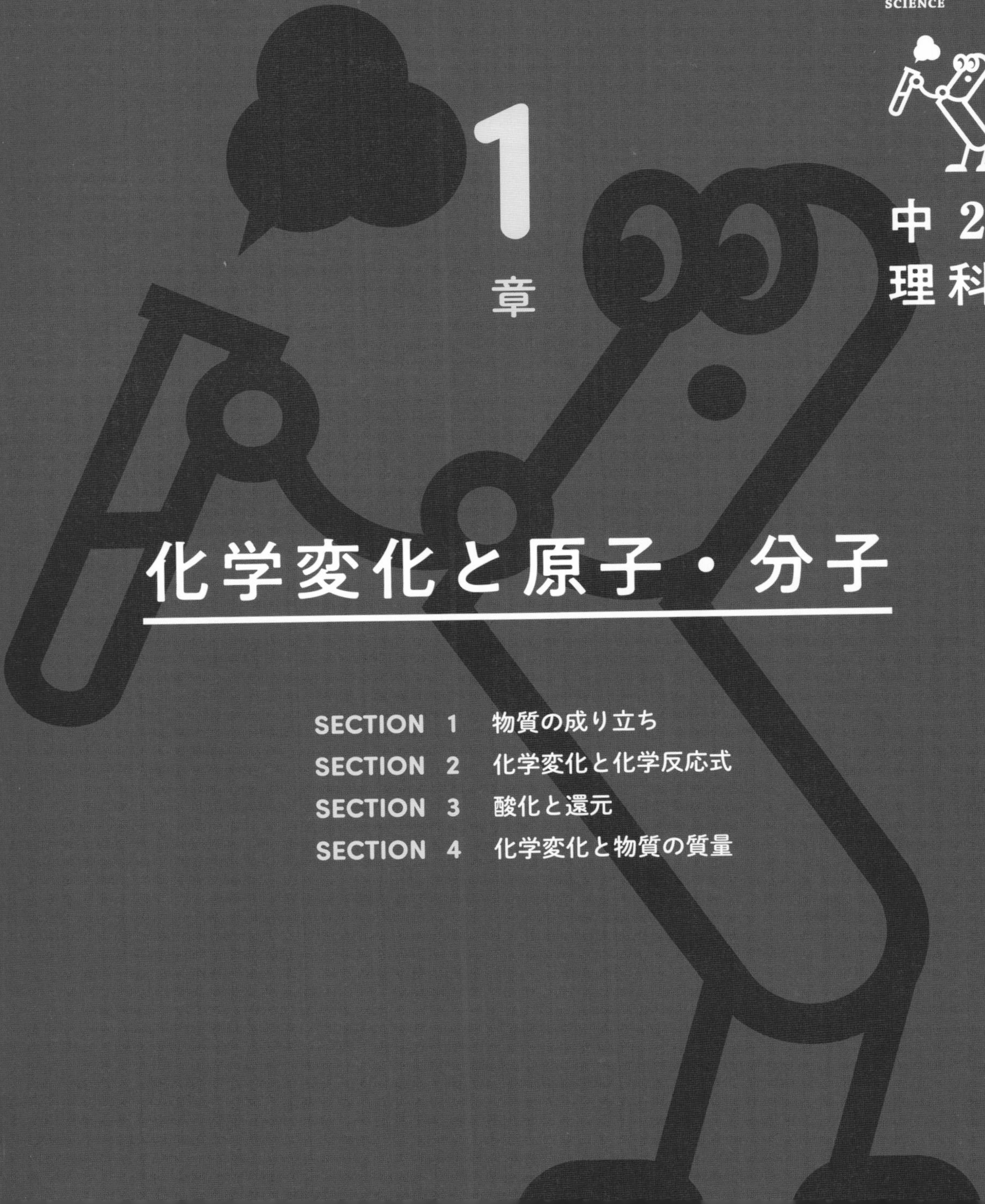

# 1章

# 化学変化と原子・分子

UNIT 1

# 酸化銀の分解

着目 ある物質が別の物質に変化することを化学変化という。

**要点**

- **酸化銀《さんかぎん》の加熱** 黒色の酸化銀を加熱すると，銀《ぎん》と酸素《さんそ》に分かれる。
- **できた物質の確認** 酸素はものを燃やすはたらきがあり，銀はみがくと銀色に光る。
- **化学変化《かがくへんか》と分解** 1種類の物質が2種類以上の物質に分かれる化学変化を分解《ぶんかい》という。

## 1 酸化銀を加熱したときに起こる変化

図1のように**黒色の粉末**の酸化銀《さんかぎん》を試験管に入れてガスバーナーで加熱すると，[*1]水上置換法《すいじょうちかんほう》で集めることのできる**気体が発生**した。気体が発生しなくなったとき，試験管の中に**白色の固体**が残った。

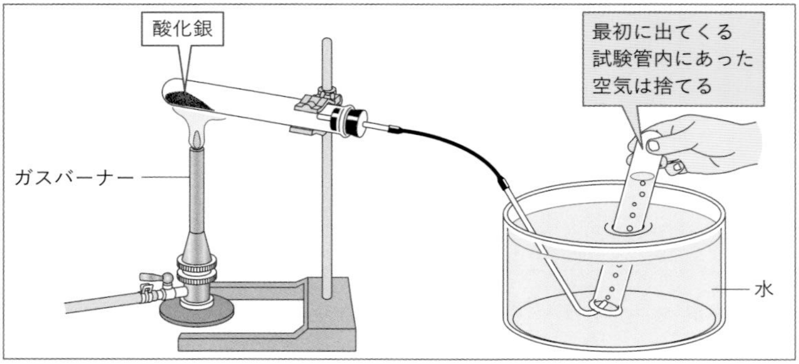


**図1 酸化銀の加熱**

＊1
固体を加熱して発生した水蒸気が試験管の口で冷めて液体となり，加熱部分に流れて試験管が割れるのを防ぐため，試験管の口を少し下げて加熱する。

## 2 酸化銀を加熱してできた物質の確認

酸化銀を加熱してできた気体と白色の固体は，もとの酸化銀とは異なる物質なのだろうか。

図2のように，発生した気体の中に火のついた線香を入れると，炎《ほのお》を上げて激しく燃えた。このことから，発生した気体はものを燃やすはたらき[*2]のある酸素《さんそ》であることがわかる。

また，試験管に残った白色の固体について，図3のような実験を行ったところ，金属に共通する性質をすべて示した。

＊2
酸素のこのはたらきを**助燃《じょねん》性《せい》**という。

**図2 発生した気体の性質**

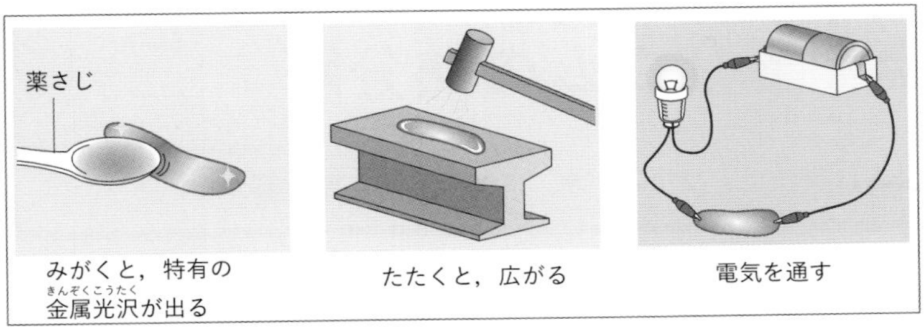


図3 **白色の固体の性質**

これより，試験管に残った白色の固体(図4)は**金属《きんぞく》**の**銀《ぎん》**であることがわかる。

以上のことから，酸化銀を加熱すると，もとの物質とは別の物質である酸素と銀に分かれることがわかる。

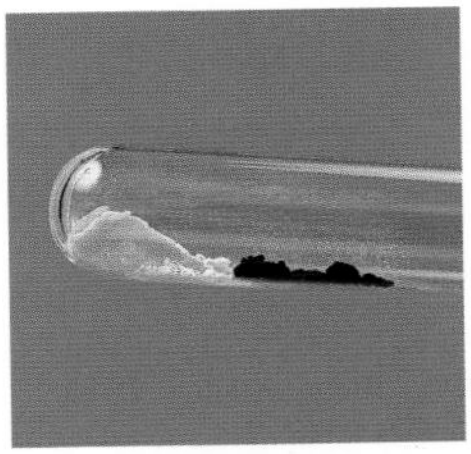

図4 **銀(左)と酸化銀(右)**

## 3 化学変化と分解

このように，ある物質が性質の異なる別の物質に変化することを，**化学変化《かがくへんか》**または**化学反応《かがくはんのう》**という。

酸化銀が酸素と銀に分かれたように，1種類の物質が2種類以上の物質に分かれる化学変化を**分解《ぶんかい》**という。このうち，加熱によって起こる分解を特に**熱分解《ねつぶんかい》**という。

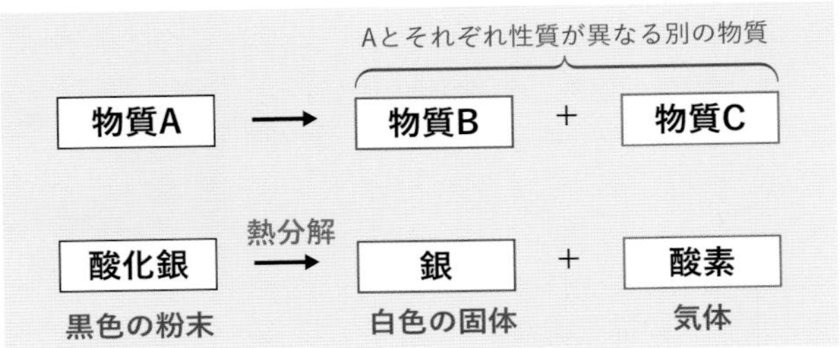


図5 **分解**

TRY! 表現力

**分解とはどのような化学変化であるか説明しなさい。**

ヒント もとの物質がどのように変化して反応後の物質が生じるかを説明する。

解答例 1種類の物質が2種類以上の物質に分かれる変化である。

UNIT 2

# 炭酸水素ナトリウムの熱分解

着目 炭酸水素ナトリウムは炭酸ナトリウム，水，二酸化炭素に熱分解する。

**要点**

- **炭酸水素《たんさんすいそ》ナトリウムの熱分解** 白色の固体，無色の液体，無色の気体に分解される。
- **できた気体と液体の確認** 二酸化炭素《にさんかたんそ》は石灰水，水《みず》は塩化コバルト紙で確認できる。
- **できた白色の固体** 炭酸水素ナトリウムより水に溶《と》けやすく，水溶液は強いアルカリ性を示す。

## 1 炭酸水素ナトリウムの熱分解

図1のように**白色の粉末**の炭酸水素《たんさんすいそ》ナトリウム*1を試験管に入れてガスバーナーで加熱すると，水上置換法《すいじょうちかんほう》で集めることのできる**無色の気体が発生**した。気体が発生しなくなったとき，試験管の口には**無色の透明《とうめい》な液体**が付着し，試験管の中には**白色の粉末の固体**が残った。

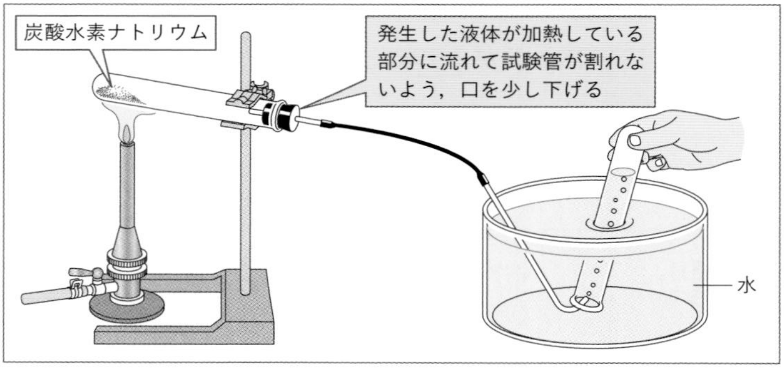


図1 炭酸水素ナトリウムの熱分解

**炭酸水素ナトリウム**を加熱すると，**3種類の物質**に分かれる。

$$\text{炭酸水素ナトリウム} \xrightarrow{\text{熱分解}} \text{白色の固体} + \text{無色の気体} + \text{無色の液体}$$

（炭酸水素ナトリウム：白色の固体）

## 2 炭酸水素ナトリウムが熱分解してできた物質の確認

試験管に残った白色の固体は，見かけ上，もとの炭酸水素ナトリウムと区別しにくいが，ほかに液体と気体が発生しているので，別の物質になっていると考えられる。

*1
**炭酸水素ナトリウム**は，ベーキングパウダーに含《ふく》まれる物質。砂糖に少量の水を混ぜて高温になったときにこれを加えて混ぜると熱分解し，発生した二酸化炭素で発泡する。これを冷ますとサクサクした**カルメ焼《や》き**ができる。

図2 カルメ焼き

図3のように，気体を集めた試験管に石灰水を入れてよく振《ふ》ると，石灰水が白くにごった。このことから，発生した気体は**二酸化炭素**《にさんかたんそ》であるとわかる。

また，図4のように，試験管の口のほうについた液体に，青色の塩化コバルト紙をつけると，赤色(桃色《ももいろ》)に変化した。このことから，無色透明な液体は**水**《みず》であるとわかる。

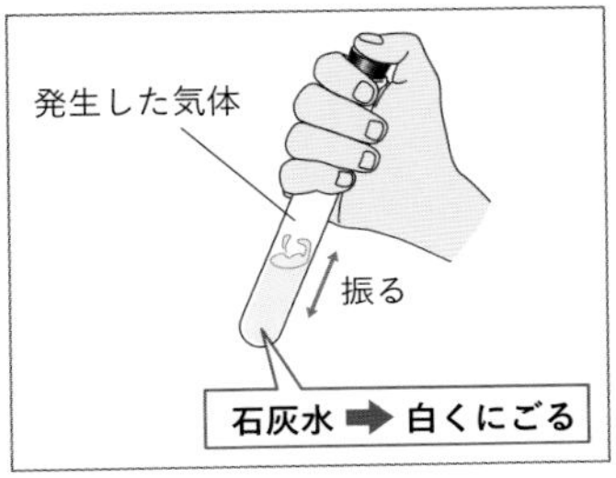


図3　発生した気体の性質

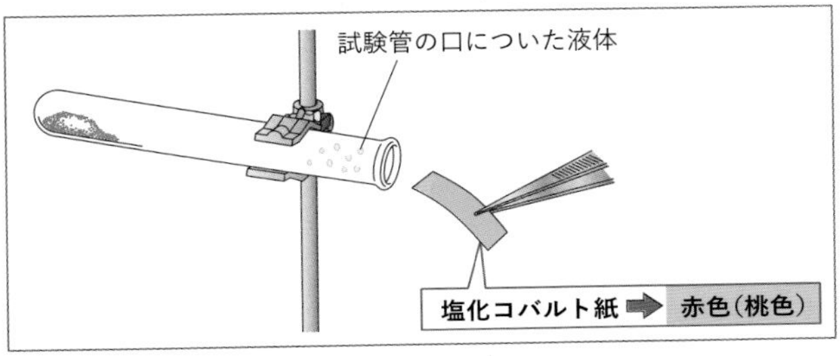


図4　発生した液体の性質

さらに，試験管に残った白色の固体について，水への溶《と》けやすさを調べたところ，もとの炭酸水素ナトリウムよりも水に溶けやすかった。また，図5のように，水溶液にフェノールフタレイン溶液を加えると，試験管に残った白色の固体の水溶液のほうが強いアルカリ性を示した。これらのことから，できた物質は炭酸水素ナトリウムとは別の物質である。この物質を**炭酸**《たんさん》**ナトリウム**という。

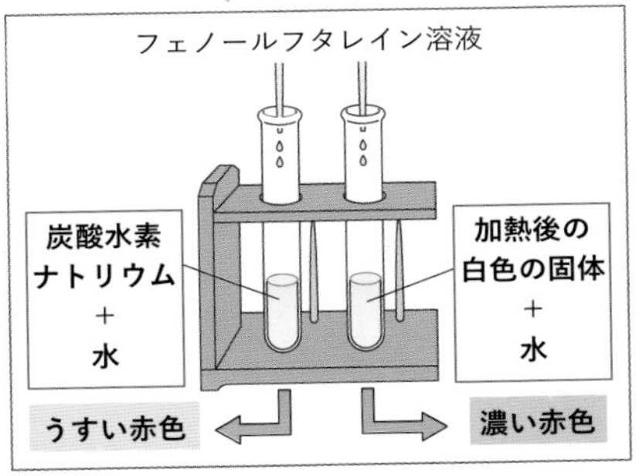


図5　白色の固体の性質

以上のように，炭酸水素ナトリウムを加熱すると，炭酸ナトリウム，二酸化炭素，水に熱分解する。

**炭酸水素ナトリウム** —熱分解→ **炭酸ナトリウム** ＋ **二酸化炭素** ＋ **水**
（白色の固体）　（白色の固体）　（無色の気体）　（無色の液体）

| 炭酸水素ナトリウム | 熱分解 ⟶ | 炭酸ナトリウム | ＋ | 二酸化炭素 | ＋ | 水 |
|---|---|---|---|---|---|---|
| 白色の固体 | | 白色の固体 | | 無色の気体 | | 無色の液体 |

TRY! 表現力

**炭酸水素ナトリウムを加熱して気体や液体が発生する現象が状態変化ではないことを確かめるには，どのような実験が考えられるか答えなさい。**

ヒント　状態変化の場合，変化前と変化後は同じ物質である。

解答例　発生した気体や液体を冷やして固体の炭酸水素ナトリウムにもどらないことを確かめる。

UNIT 3

# いろいろな熱分解

着目 炭酸アンモニウムは熱分解で 3 種類の物質に分かれる。

**要点**

- **炭酸《たんさん》アンモニウムの熱分解**　アンモニアと二酸化炭素《にさんかたんそ》，水《みず》に分解される。
- **木の乾留《かんりゅう》**　木《もく》ガス・木《もく》タール・木酢液《もくさくえき》・木炭《もくたん》に分かれる。
- **有機物の熱分解**　固体の有機物を熱分解すると炭素が残る。

## 1 炭酸アンモニウムの熱分解

図 1 のように**白色の粉末**の炭酸《たんさん》アンモニウムを試験管に入れてガスバーナーで加熱すると,[*1] 水への溶《と》けやすさが異なる **2 種類の気体が発生**した。気体が発生しなくなったとき試験管の口のほうには**無色透《むしょくとう》明《めい》な液体**が付着し，試験管の中には固体が何も残らなかった。

このように, **炭酸アンモニウム**は**加熱**すると **3 種類の物質**に分かれる。

発生した気体を通した 1 つ目の三角フラスコで刺激臭《しげきしゅう》のする気体がすべて溶け，アルカリ性を示した[*2] ことから，水に非常に溶けやすいアンモニアが，2 つ目の三角フラスコで気体が少し溶けて酸性を示し，そのあとの石灰水を白くにごらせたことから，二酸化炭素《にさんかたんそ》が発生したことがわかる。また，試験管の口のほうについた液体は水《みず》である。

**炭酸アンモニウム ─熱分解→ アンモニア ＋ 二酸化炭素 ＋ 水**

＊1
発生した水が底に流れて温度差でガラスが割れないよう，試験管の口のほうを下げておく。

＊2
二酸化炭素も溶けているが，それ以上に多くアンモニアが溶けるため全体的にアルカリ性を示す。なお，三角フラスコにはアンモニアを溶かしきるだけの十分な量の水を入れておく。

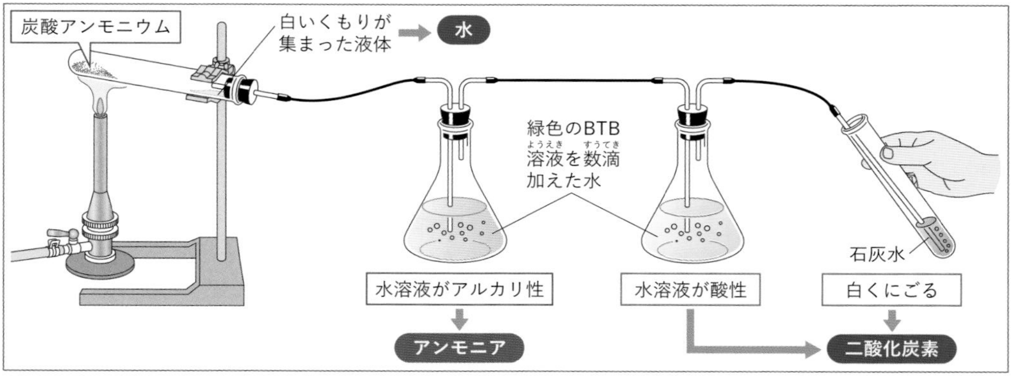

図 1　炭酸アンモニウムの熱分解

## 2 木の乾留

図2のように，試験管に割りばしなどの木を入れ，空気が入らないようにして加熱すると，**木《もく》ガス**(気体)や**木《もく》タール・木酢液《もくさくえき》**(液体)などが出て，あとに**木炭《もくたん》**が残る。このように，空気にふれないように固体の物質を蒸《む》し焼きにして，いくつかの物質に分けてとり出す方法を**乾留《かんりゅう》**という。この変化も**分解《ぶんかい》**の一種である。

熱分解

**木 ⟶ 木ガス ＋ 木タール ＋ 木酢液 ＋ 木炭**

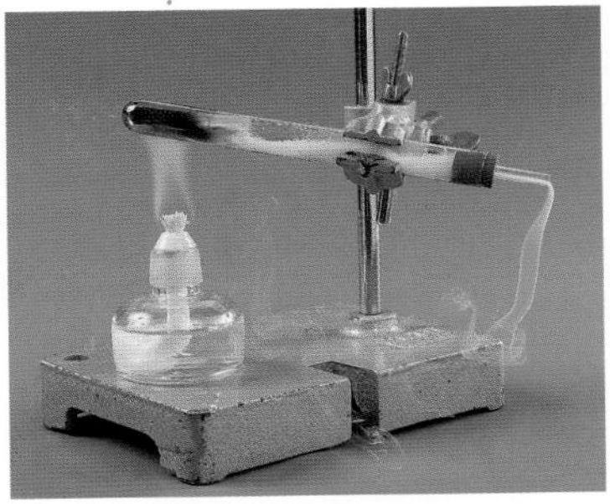

図2　木の乾留

### 参考　分解後にできた物質

分解後にできた**木ガス**は，二酸化炭素・一酸化炭素《いっさんかたんそ》・メタン・水素などの気体が混じったもので，燃料になる。また，**木タール**は褐色《かっしょく》の液体で，ねばりけがある。**木酢液**は透明な液体で，酢酸《さくさん》・メタノール・アセトンなどの液体が混じったものであり，酸性を示す。[*3] **木炭**は黒色の固体で，ほぼ純粋《じゅんすい》な炭素《たんそ》である。

*3
木タール，木酢液中の水に溶けている物質は，ほとんどが有機物である。

## 3 有機物の熱分解

果物や野菜などの有機物《ゆうきぶつ》も，乾留すると図3のように熱分解されて炭素が残る。

また，砂糖を加熱し続けると，はじめはとけて液体になるが，やがて黒色の物質に変わる。黒色の物質は炭素(炭)で，同時に水もできる。

図3　炭化した有機物

TRY! 表現力

**図1の実験で，同じ緑色のBTB溶液を入れた三角フラスコを2つつなげたのはなぜか，答えなさい。**

ヒント　発生した2種類の気体は水への溶けやすさが異なる。

解答例　炭酸アンモニウムの加熱でアンモニアと二酸化炭素が発生する。1つ目の三角フラスコで水に溶けやすくBTB溶液を青くするアンモニアを確認し，2つ目の三角フラスコでBTB溶液を黄色にする二酸化炭素を確認できるため。

UNIT 4

# 水の電気分解

着目 水に電流を流すと，酸素と水素に分解する。

## 要点

- **水の分解**　液体の水は，ガスバーナーで加熱しても状態変化するだけで熱分解しない。
- **水の電気分解《でんきぶんかい》**　水酸化ナトリウムを溶《と》かした水に電流を流すと，２種類の気体に分解される。
- **水の電気分解で生じた気体**　陽極《ようきょく》では酸素《さんそ》，陰極《いんきょく》では水素《すいそ》が発生。

## 1 水の電気分解

液体の水を試験管に入れてガスバーナーで加熱しても，熱分解せずに状態変化だけが起こる。

純粋な水では電流が流れないので，電流が流れるように**水酸化《すいさんか》ナトリウム**を少量溶《と》かして図１のような**電気分《でんきぶん》解装置《かいそうち》**に満たし，２つの電極をそれぞれ電源装置の＋極《プラスきょく》と－極《マイナスきょく》につないで電流を流す。

**電源装置の＋極につないだ電極**を陽極《ようきょく》，**－極につないだ電極**を陰極《いんきょく》という。

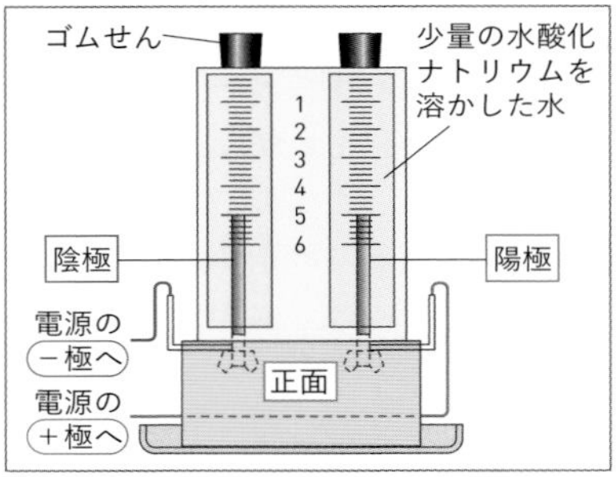


図１　簡易型電気分解装置

### 参考　そのほかの電気分解装置

簡易型電気分解装置のほかに，図２のような電気分解装置がある。

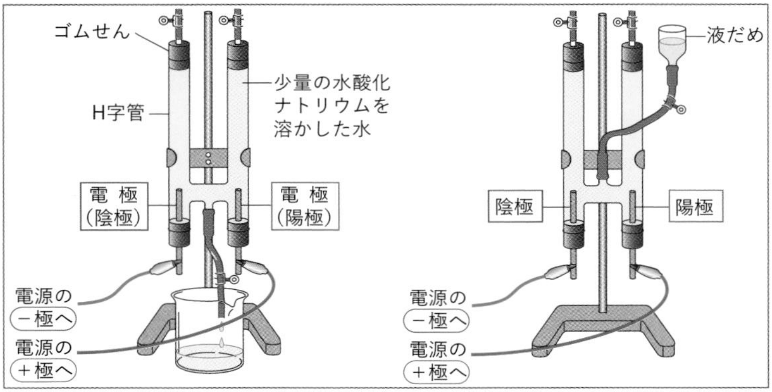


図２　H形ガラス管電気分解装置（左）とホフマン型電気分解装置（右）

水に電流を流し始めると，陽極と陰極からそれぞれ泡《あわ》が出て，その上部にそれぞれ無色の気体がたまり始めた。しばらく電流を流し続けると，図 3 のように，**陰極側にたまった気体の体積：陽極側にたまった気体の体積の比**が，**2：1** になっていた。

陽極と陰極でそれぞれ発生した 2 種類の気体は，水の分解によって生じた物質であると考えられる。このように，物質に電流を流すと起こる分解を，**電気分解《でんきぶんかい》**という。

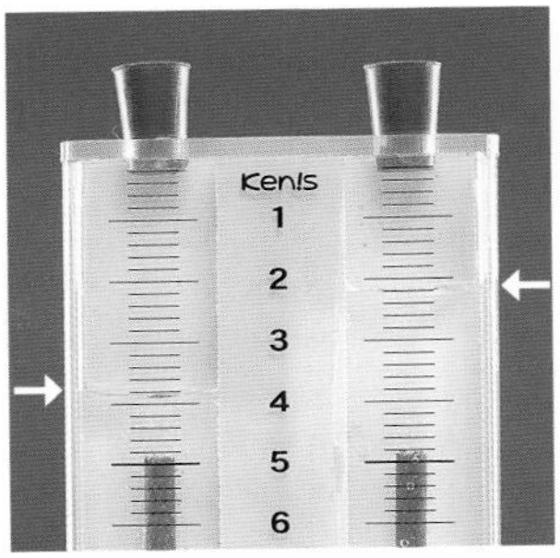


図 3　発生した気体の体積

## 2 水の電気分解で生じた気体

**水の電気分解**によって**陰極で発生**した気体は**水素《すいそ》**，**陽極で発生**した気体は**酸素《さんそ》**であることがわかっている。

| | | | | |
|---|---|---|---|---|
| **水** | ⟶ | **水素**<br>陰極 | ＋ | **酸素**<br>陽極 |

電流を止めたあと，陰極側で発生した気体に，図 4 のようにマッチの火を近づけると，気体が音をたてて燃えることから，**水素**と確認できる。

また，陽極側で発生した気体の中に，図 5 のように火のついた線香を入れると，図 6 のように線香が炎《ほのお》を上げて激しく燃えることから，**酸素**と確認できる。

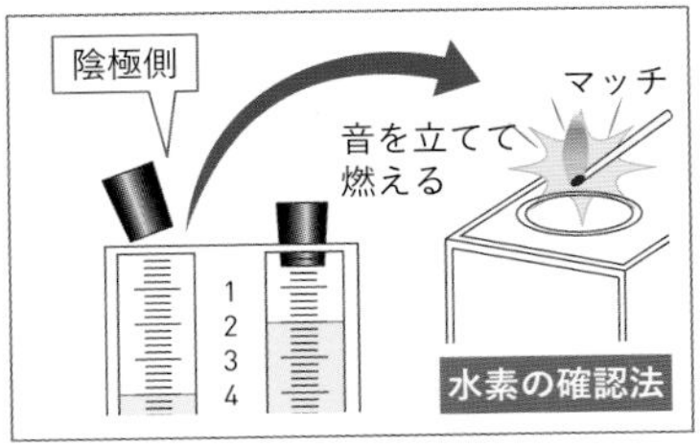


図 4　陰極側で発生した気体の性質

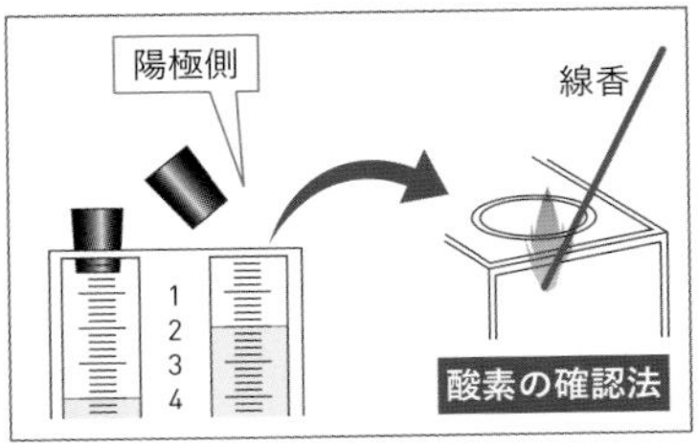


図 5　陽極側で発生した気体の性質

図 6　酸素中で燃える線香

TRY! 表現力

**水を電気分解したとき，陽極で発生した気体を確認する方法を説明しなさい。**

ヒント　助燃性の有無を確認する方法を説明する。

解答例　気体の中に火のついた線香を入れ，炎を上げて激しく燃えることを確認する。

UNIT 5

# 原子と元素

着目 物質をつくる最小の単位である原子には決まった性質がある。

**要点**

- **原子《げんし》** 物質をつくる最小の単位となる粒子《りゅうし》。化学変化によって分割できず，なくなったり別の種類になったりせず，決まった大きさと質量をもつ。
- **元素《げんそ》** 現在118種類ある原子の種類を元素といい，元素記号で表される。

## 1 原子

古代ギリシャのデモクリトスなどの哲学者《てつがくしゃ》は，物質をつくる「**分割できない最小単位**」があると考え，その粒子《りゅうし》を**アトム**(原子《げんし》)とよんだ。この考えを**原子論《げんしろん》**という。しかし，その粒子を観測する方法がないため物質を無限に分割できると考える科学者も多かった。近代になって，いろいろな化学変化や状態変化に関する知識が深まると，物質が粒子でできていないと説明できないことが多くなり，粒子の最小単位の原子の存在が確実視されるようになった。

現在では，図1のように電子顕微鏡《でんしけんびきょう》*1などを用いて，原子が実在することが確認できる。

図1　規則的に並ぶ金の原子

*1 **電子顕微鏡**は光のかわりに**電子**《でんし》(**電子線**《でんしせん》→p.286)を当てて拡大する顕微鏡で，光を用いる顕微鏡(光学顕微鏡)と比べて約$\frac{1}{1000}$倍の大きさのものを見分けることができる。

## 2 原子の性質

原子には，化学変化によって**それ以上分割できない**性質のほかに，**勝手に生じたりなくなったりせず，別の種類になることがない**，**種類ごとに決まった大きさと質量がある**という性質もある(図2)。

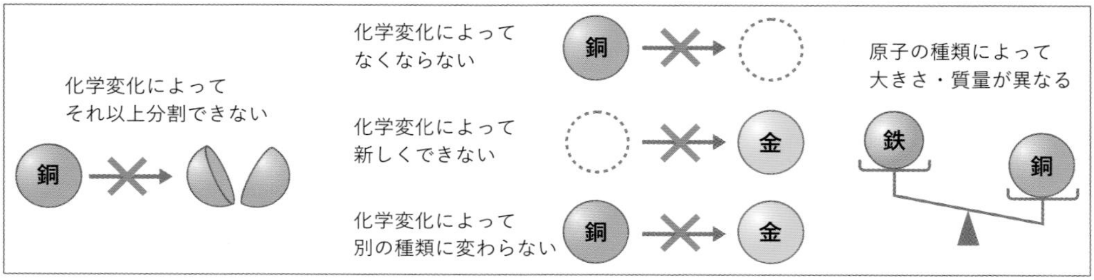


図2　原子の性質

球形の**原子の大きさ**は，直径が0.1nm（ナノメートル）*2 から十数nmほどで非常に小さく，種類によって異なっている。たとえば，直径20mmの1円玉は，直径約0.2nmのアルミニウム原子の約1億倍の大きさである（図3）。

*2
10億分の1メートルを表す長さの単位。
$1\,\mathrm{nm}=\dfrac{1}{10^{9}}\,\mathrm{m}$

また，原子の質量も種類によって異なり，直径よりもさらに小さい数値である。たとえば，1gの1円玉は，$22\times10^{21}$個という，数えきれないほど多くのアルミニウム原子が集まってできている。つまり，アルミニウム原子1個の質量は，$\dfrac{1}{22}\times\dfrac{1}{10^{21}}$ g という，想像できないほど小さい値《あたい》である。

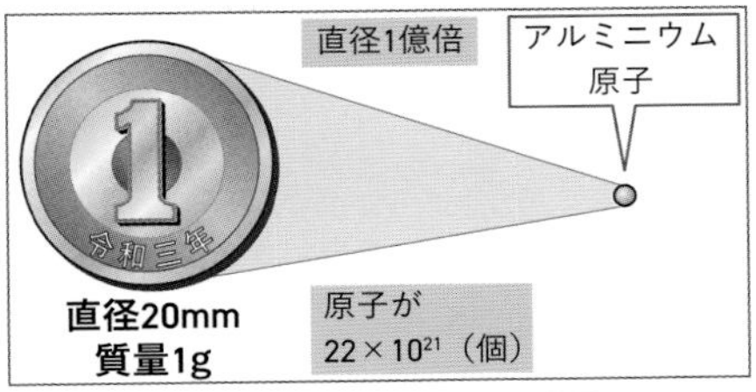


図3　**アルミニウム原子の大きさと質量**

## 3 元素

### A 元素と元素記号

原子の種類を元素《げんそ》といい，現在，**118種類**が知られている。

元素は，H（水素）やO（酸素），Ag（銀）やCu（銅）など，アルファベットの大文字1文字，または大文字と小文字の2文字を組み合わせた**世界共通の**元素記号《げんそきごう》*3 で表される。おもな元素記号を，原子1個の質量が小さいものから大きいものへと順に並べると，次のようになる。

H（水素），He（ヘリウム），C（炭素），N（窒素《ちっそ》），O（酸素），
Na（ナトリウム），Mg（マグネシウム），Al（アルミニウム），
Si（ケイ素），S（硫黄《いおう》），Cl（塩素），K（カリウム），Ca（カルシウム），
Fe（鉄），Cu（銅），Zn（亜鉛《あえん》），Ag（銀），Ba（バリウム），Au（金）

*3
元素記号はヨーロッパで学術用語に用いられていたラテン語やギリシャ語の頭文字が用いられる。ただし，同じ頭文字で始まる原子が2つ以上あるときなどは，次に1文字小文字を加えて区別している。（➡p.29）
・水素…Hydrogenium
・炭素…Carboneum
・銅……Cuprum
・銀……Argentum
・金……Aurum

### B 元素の周期表

質量のちがいをうむ原子の構造をもとに元素記号を並べると，性質の似た元素が周期的に現れる。これを表にまとめたものを元素の周期《しゅうき》表《ひょう》という（➡p.30）。

TRY! 表現力

**原子とはどのような粒子であるかを説明しなさい。**

ヒント　物質の「つくり」に関してどのような粒子であるかを説明する。

解答例　それ以上分けることができない，物質をつくる最小の単位となる粒子である。

UNIT 6

# 分子・単体と化合物

着目 物質の性質を示す最小の単位となる分子は，物質を分類する基準となる。

要点

- **分子《ぶんし》** 原子《げんし》がいくつか結びついてできた粒子《りゅうし》で，物質の性質を示す最小の単位となる。
- **いろいろな物質の分子** 酸素《さんそ》や水《みず》，二酸化炭素《にさんかたんそ》などは分子からできている。
- **分子をつくらない物質** 金属や炭素，塩化《えんか》ナトリウムなどは分子をつくらない。

## 1 分子

物質をつくる最小の単位は**原子《げんし》**であるが，1種類の元素でできている物質であっても，原子1個で物質としての性質を示すとは限らない。たとえば，気体の**酸素《さんそ》**は，酸素原子2個が結びついてはじめて物質として，他の物質を燃やすなどの性質を示すようになる。

このような，**物質の性質を示す最小の単位**となる，**原子がいくつか結びついてできた粒子《りゅうし》**を，分子《ぶんし》という（図1）。

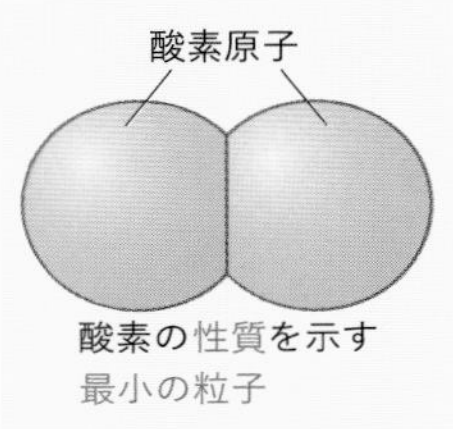

図1 **酸素分子**

## 2 いろいろな物質の分子

物質をつくる原子の種類と数は，物質の種類によって決まっている。**水素《すいそ》**や**窒素《ちっそ》**，**酸素《さんそ》**，**塩素《えんそ》**などの気体は，1種類の元素の原子が2個結びついて分子をつくる。

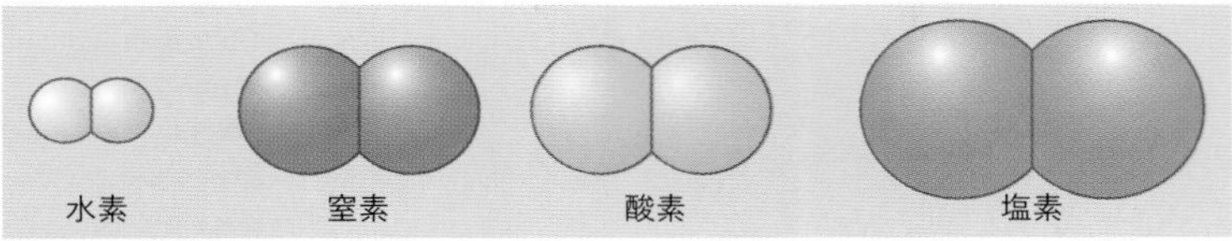

図2 **1種類の元素からなる分子**

また，**二酸化炭素《にさんかたんそ》**や**アンモニア**，**塩化水素《えんかすいそ》**などの気体や，**水《みず》**などは，2種類以上の元素の原子が結びついて分子をつくる。

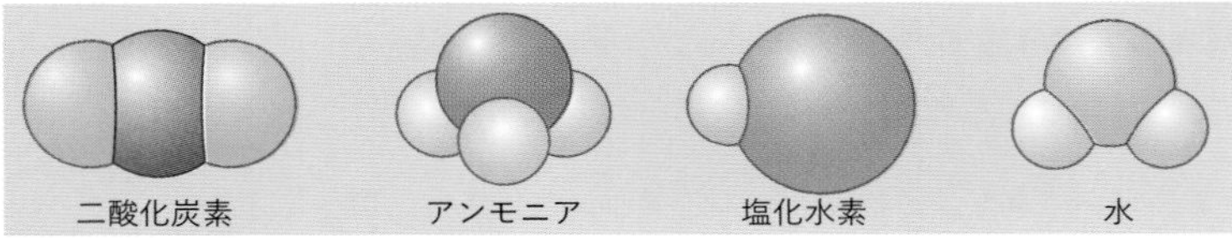

図3 **2種類以上の元素からなる分子**

## 発展 分子をつくるときの原子の結びつき方

原子が結びついて分子をつくるとき，原子の一部を共有するように結びついている。原子には，たがいをつかみ合える「うで」のようなものがそれぞれ決まった数だけあると考えるとわかりやすい。この「うで」が，図4のように，水素原子や塩素原子には1つ，酸素原子には2つ，窒素原子には3つある。これにより，たとえば「うで」を2本もつ酸素原子は，「うで」を1本しかもたない水素原子2個と結合して水分子をつくる。

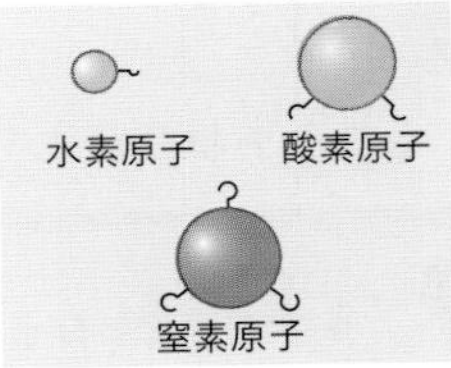

図4 **分子をつくる「うで」**

## 3 分子をつくらない物質

**鉄**《てつ》や**銅**《どう》などの金属は，1種類の元素の原子が多数集まってできているため，分子をつくらない物質である。

また，**塩化**《えんか》**ナトリウム**は，塩素原子とナトリウム原子が1：1の個数の割合で結びついてできているが，それぞれが1個ずつ結びついて分子になるのではなく，多数のものが規則正しく並んでいる(**図5**)。

炭素原子だけからできる**ダイヤモンド**や**黒鉛**《こくえん》[*1]なども，分子をつくらない物質である。

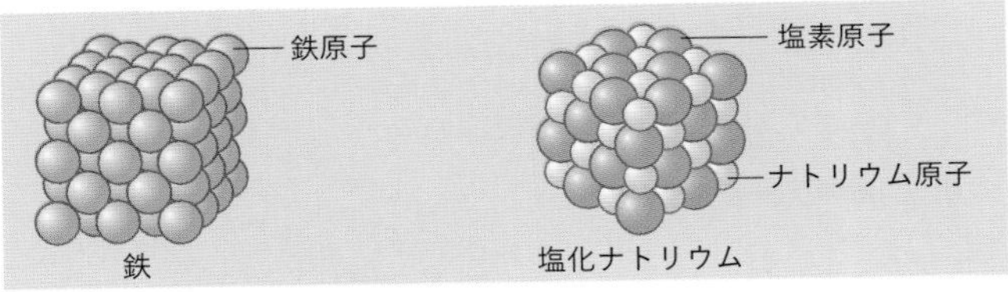

図5 **分子をつくらない物質のモデル**

## 4 単体と化合物

酸素や水素のように，1種類の元素からできている物質を単体《たんたい》，二酸化炭素やアンモニアのように，2種類以上の元素からできている物質を化合物《かごうぶつ》[*2]という。

＊1
黒鉛は鉛筆のしんの主成分。炭素原子が決まった数の連鎖《れんさ》で筒状《つつじょう》に結合している**カーボンナノチューブ**は，分子とみなすこともある。

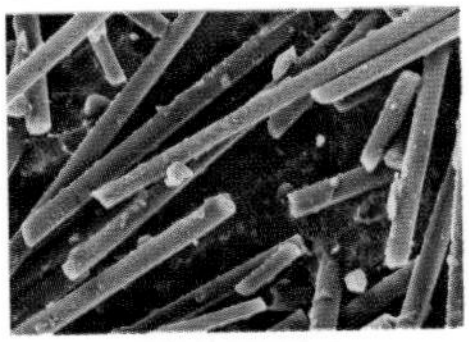
図6 **カーボンナノチューブ(電子顕微鏡写真を着色したもの)**

＊2
化合物の名前を見れば，その化合物がどんな元素からできているかを知ることができる場合がある。たとえば，**酸化銀**は酸素と銀の2種類の元素から，**硫化鉄**は硫黄《いおう》と鉄の2種類の元素からできている化合物であると判断できる。

TRY! 表現力

**分子とはどのような粒子であるかを説明しなさい。**

ヒント 物質の「性質」に関してどのような粒子で，何でできているかを説明する。

解答例 物質の性質を示す最小の単位となる，原子がいくつか結びついてできた粒子である。

UNIT 7

# 物質の変化と分子

着目 状態変化では分子の集まり方，化学変化では原子の組み合わせが変化する。

**要点**

- **状《じょう》態《たい》変《へん》化《か》と分子** 分子の集まり方が変化するが，物質自体は変化しない。
- **化《か》学《がく》変《へん》化《か》と分子** 化学変化の前後で，原子の種類と数は変わらないが，原子の組み合わせが変化して別の物質になる。

## 1 状態変化と分子

物質は，加熱したり冷やしたりすると，固体⇄液体⇄気体と，その状態を変える。**状《じょう》態《たい》変《へん》化《か》**をモデルで表すと図1のようになる。

状態変化では，物質の集まり方は変化するが，それぞれの分子とその個数は変化しないため，物質自体は変化していない。

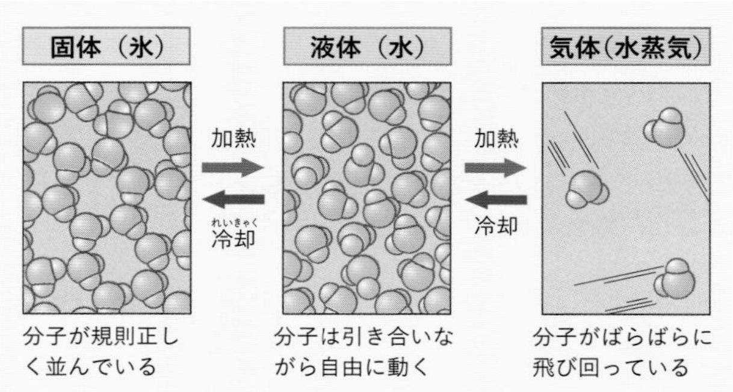


図1 **水の状態変化と分子**

## 2 化学変化と分子

**水の電気分解**(➡ p.16)を分子のモデルで表した図2より，酸素原子1個と水素原子2個からなる水分子2個が分解して，水素分子2個と酸素分子1個ができることがわかる。

**化《か》学《がく》変《へん》化《か》**では，分子をつくる原子の組み合わせが変化するため，物質自体が変化する。ただし，物質をつくっている元素とそれぞれの原子の個数は変化しない。

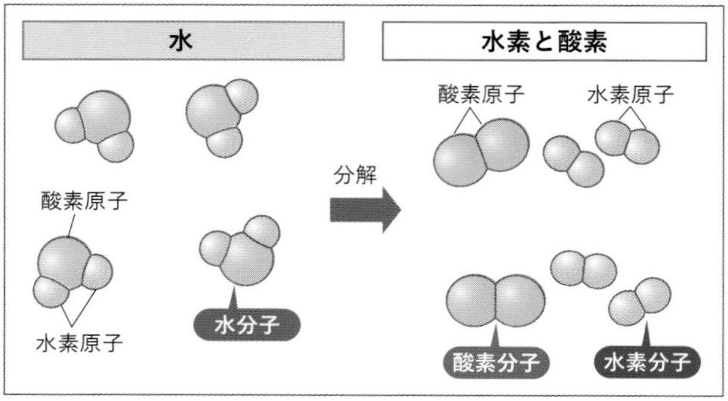


図2 **水の電気分解と分子**

水を電気分解したとき，発生する水素と酸素の体積の比は，常に２：１になっている。できている水素分子と酸素分子の個数の比も，常に２：１になることから，**気体の体積**は，気体の分子の大きさや質量に関係なく，図３のように，分子の個数だけによって決まると考えることができる。

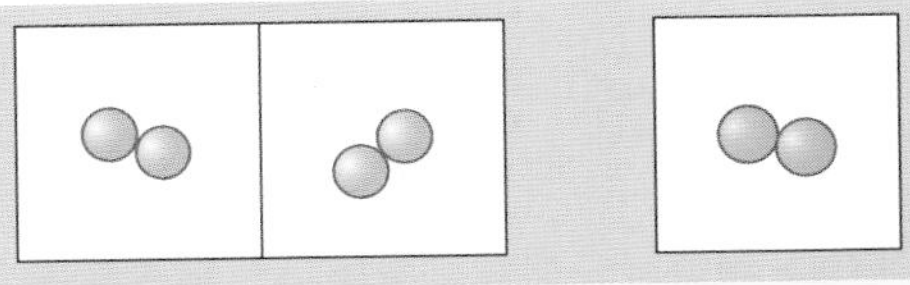

| | 水素 | | 酸素 |
|---|---|---|---|
| (体積比) | 2 | ： | 1 |
| (分子数) | 2 | ： | 1 |

図３　**気体の体積と分子の数の関係**

## 3 状態変化・化学変化と原子

物質そのものが変化しない状態変化ではもちろん，原子の組み合わせが変わって別の物質に変化する化学変化でも，変化の前後で関係する原子の種類(元素)とそれぞれの原子の個数は変化しない(図４)。

元素によって原子１個の質量は決まっているので，変化によってできた気体が空気中に逃《に》げていくことがなければ，変化の前後で関係する物質全体の質量は変化しないと考えることができる(図５)。[*1]

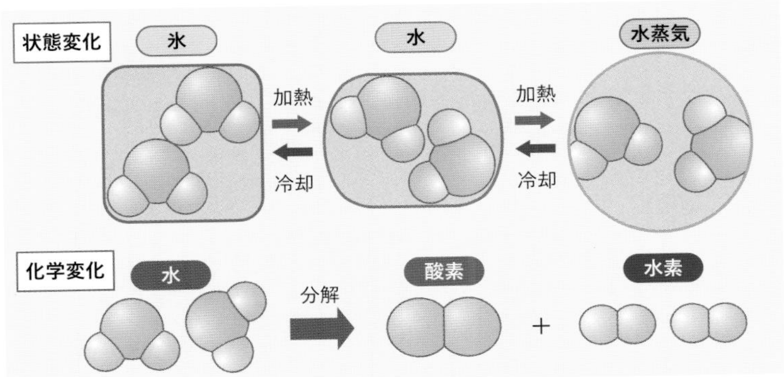


図４　**状態変化でも化学変化でも元素と原子の個数は変化の前後で変わらない**

図５　**分子の変化と質量**

＊1
**質量《しつりょう》保存《ほぞん》の法則《ほうそく》**(➡p.66)のもととなる考え方である。

TRY! 表現力

**化学変化の前後では，分子はどのように変化するかを説明しなさい。**

ヒント　化学変化の前後では，物質自体が変化する。

解答例　化学変化の前後では，分子をつくる原子の組み合わせが変わる。

UNIT 8

# 分子をつくる物質の化学式

着目 物質は元素記号を用いた世界共通の化学式で表すことができる。

**要点**

- **物質の表し方**　元素記号《げんそきごう》を用いて物質を表した化学式《かがくしき》は，世界共通の表し方である。
- **分子をつくる物質の化学式**　分子をつくる原子の元素記号を書き，その右下に原子の個数を書く。
- **化学式からわかること**　分子を表す化学式の前の数字は，分子の個数を表す。

## 1 物質の表し方

物質をつくっている元素と原子の数は決まっている。**分子・単体と化合物**(➜ p.20)では，分子をモデルで表したが，すべての物質は，世界共通の**元素記号**《げんそきごう》を用いて表すことができる。物質を，元素記号と各元素の原子の個数で表した式を**化学式**《かがくしき》という。

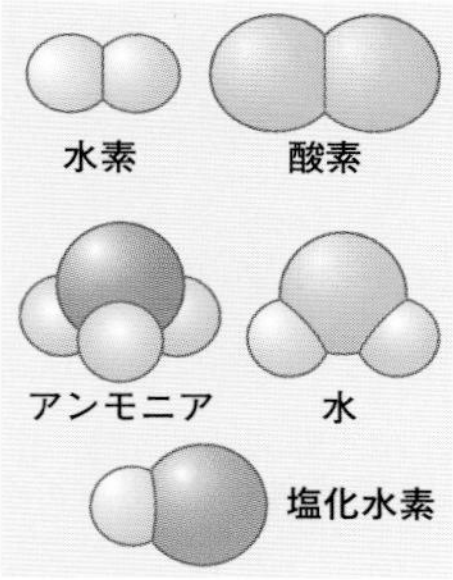


図１　分子のモデル

## 2 分子をつくる物質の化学式

### A 分子をつくる単体の化学式

水素や窒素《ちっそ》，酸素，塩素などの**分子をつくる単体の化学式**は，図２のように，それぞれの元素記号の右下に原子の個数を小さく示す。[*1]

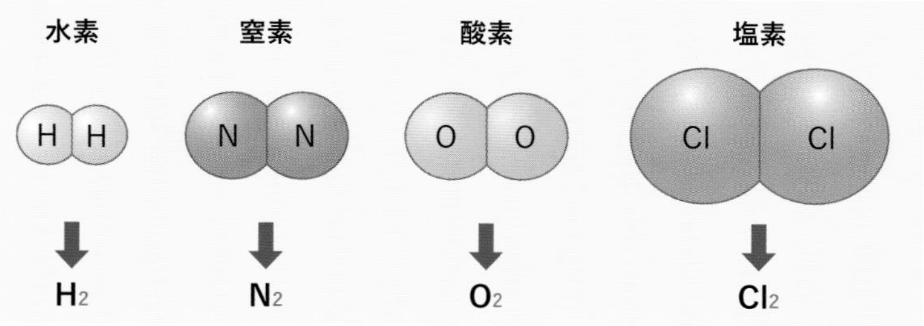


図２　分子をつくる単体の化学式

*1
化学式の読み方は，元素記号をアルファベットの英語読みにするのに合わせて原子の個数も英語で読むのがふつうである。
$H_2$…エイチ・ツー
$Cl_2$…シーエル・ツー

### 発展　同素体

同じ元素からなる単体でも，原子の結びつき方によって，性質の異なる物質が存在することがある。これを**同素体**《どうそたい》という。たとえば，酸素には，酸素 $O_2$ と原子３個で分子をつくる**オゾン**($O_3$)という同素体が存在する。ほかにも，炭素 **C** からなる**ダイヤモンド**と**黒鉛**《こくえん》はたがいに同素体である。

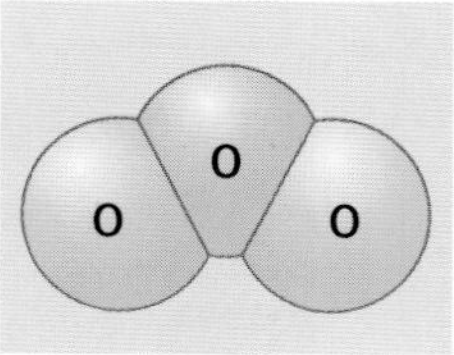


図３　オゾン

### B 分子をつくる化合物の化学式

二酸化炭素やメタン，塩化水素，水などの**分子をつくる化合物の化学式***2は，図4のように，分子をつくる原子の元素記号を並べ，それぞれの原子の個数を右下に小さく示して表す。

*2
酸素を含《ふく》む化合物では，ふつう酸素原子をあとに書く。たとえば，二酸化炭素は $CO_2$ となる。なお，有機物では，ふつう，**炭素C→水素H→酸素O**の順に書く。

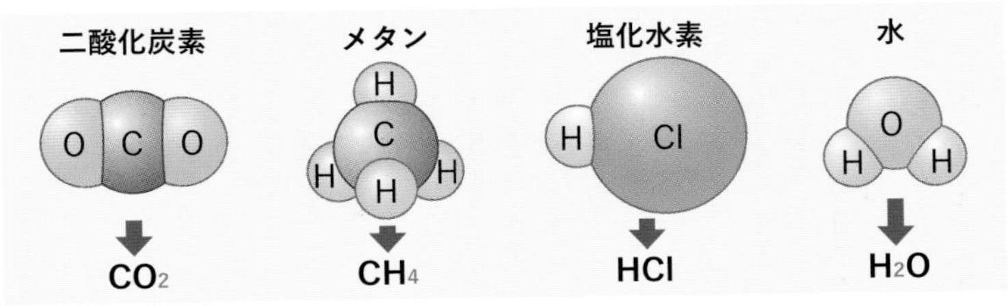


図4　**分子をつくる化合物の化学式**

たとえば，水分子は，水素原子が2個(Hが2個)と酸素原子が1個(Oが1個)からなるので，図5のように $H_2O$*3と表す。

*3
原子の数が1個のとき，元素記号の右下につける数字の「1」は省略する。

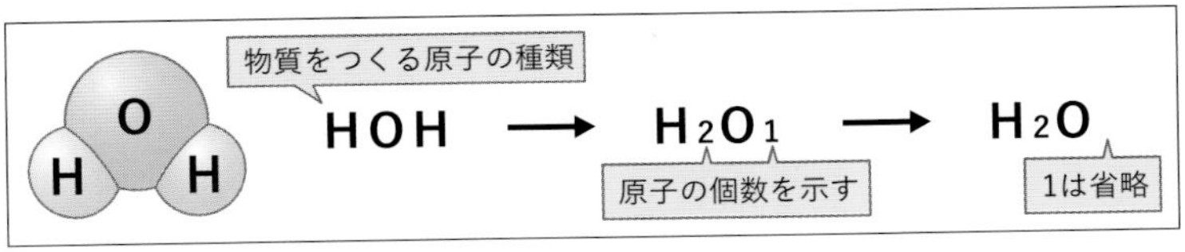


図5　**水分子の化学式の表し方**

## 3 化学式からわかること

図6のように，元素記号と右下の小さな数字から，どのような元素の原子がいくつずつ結びついてできている分子であるかがわかる。また，化学式の前についた数字から，分子の個数がわかる。

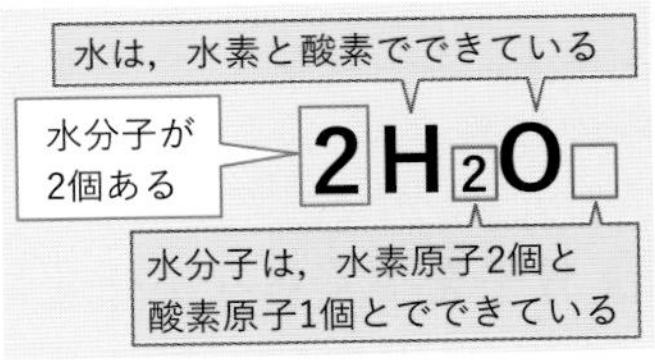


図6　**化学式からわかること**

TRY! 表現力

**化学式 $NH_3$ で表されるアンモニアは，何の原子がいくつずつ結びついた分子であるかを説明しなさい。**

ヒント　化学式からわかることを考える。

解答例　アンモニアの分子は，窒素原子1個と水素原子3個が結びついた分子である。

UNIT 9

# 分子をつくらない物質の化学式

着目 分子をつくらない物質も化学式で簡単に表すことができる。

**要点**

- **分子をつくらない物質の化学式** 単体《たんたい》は元素記号だけ，化合物《かごうぶつ》はその物質をつくる元素の原子の個数の比を示す数字を元素記号につける。
- **物質の分類** 1種類の物質でできているものを純粋《じゅんすい》な物質《ぶっしつ》といい，単体と化合物に分けられる。

## 1 分子をつくらない物質の化学式

### A 分子をつくらない単体の化学式

鉄や銅などの**金属《きんぞく》**は，原子が一定の間隔でどこも同じように集まってできている。このような金属の化学式は，それぞれの元素記号だけで表す。

また，炭素からなる**ダイヤモンド**や**黒鉛《こくえん》**[*1]は，どちらも炭素原子がたくさん集まってできたつくりであるので，化学式は，代表としてCのみで表す。**ケイ素《そ》**も同様に，多数の原子が集まって結晶《けっしょう》をつくっており，化学式はSiのみで表す。

これらの物質のように，分子の区切りがなく，どこをとっても同じつくりの単体の化学式は，図1のように物質を代表する元素記号で表す。

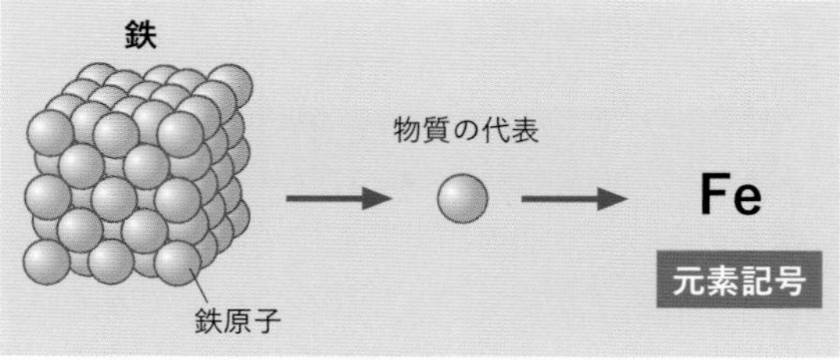


図1 **分子をつくらない単体の化学式**

*1
ダイヤモンドと黒鉛はたがいに**同素体《どうそたい》**であり，どちらも炭素だけからできているが，ちがった性質をもつ別の物質である(➡p.24)。

### B 分子をつくらない化合物の化学式

**塩化《えんか》ナトリウム**のように分子をつくらない化合物は，分子のつくりで化学式を表すことはできない。よって，その物質をつくる元素の原子の個数の比を化学式で表す。

たとえば，**塩化ナトリウム**は図2のように，塩素原子とナトリウム原子が個数の比で1：1の割合で交互《こうご》に並んでいるため，NaClと表す。

このとき，金属を含《ふく》む化合物では，金属の元素記号を先に書く。たとえば硫化《りゅうか》鉄《てつ》は**FeS**，塩化亜鉛《えんかあえん》は**$ZnCl_2$**となる。

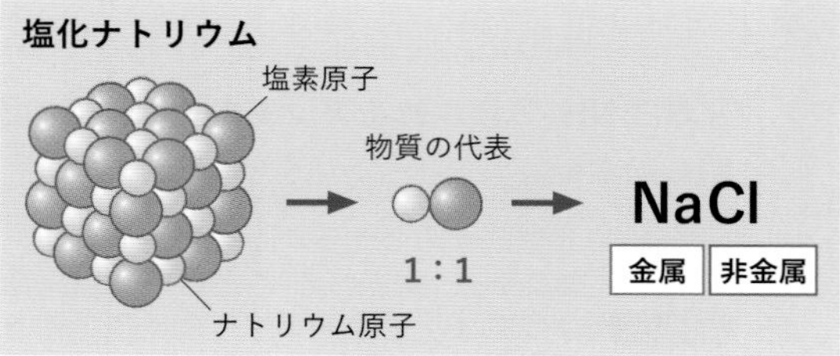


図2 **分子をつくらない化合物の化学式**

## 2 物質の分類と化学式

水や塩化ナトリウムなどのように，ただ１種類の物質だけでできているものを**純粋《じゅんすい》な物質《ぶっしつ》(純物質《じゅんぶっしつ》)**という。これに対して，食塩水のように，２種類以上の物質が混ざり合ったものを**混合物《こんごうぶつ》**という。純粋な物質は，さらに**単体《たんたい》**と**化合物《かごうぶつ》**に分けられる(➡ p.21)。

- **物質**
  - **純粋な物質**
    - **単　体**〔水素や酸素・鉄やアルミニウムなどの金属の元素〕
    - **化合物**〔二酸化炭素やアンモニア・水・塩化ナトリウムなど〕
  - **混合物**〔空気・水溶液《すいようえき》など〕

単体と化合物は，分子をつくるものと分子をつくらないものに分けられる。おもな物質名と化学式をまとめると，表１のようになる。

表１　**純粋な物質の分類と化学式**

| | 分子をつくるもの | 分子をつくらないもの |
|---|---|---|
| **単体** | 水素 $H_2$　窒素《ちっそ》 $N_2$　酸素 $O_2$　塩素 $Cl_2$ | 炭素 $C$　ナトリウム $Na$<br>マグネシウム $Mg$　アルミニウム $Al$<br>ケイ素 $Si$　カリウム $K$<br>カルシウム $Ca$　鉄 $Fe$　銅 $Cu$　亜鉛 $Zn$<br>銀 $Ag$　金 $Au$　水銀 $Hg$　鉛《なまり》 $Pb$ |
| **化合物** | 二酸化炭素 $CO_2$　メタン $CH_4$<br>アンモニア $NH_3$　塩化水素 $HCl$<br>硫化水素《りゅうかすいそ》 $H_2S$　二酸化硫黄《にさんかいおう》 $SO_2$<br>水 $H_2O$　硝酸《しょうさん》 $HNO_3$　硫酸《りゅうさん》 $H_2SO_4$ | 酸化マグネシウム $MgO$　酸化銅 $CuO$<br>酸化銀 $Ag_2O$<br>塩化ナトリウム $NaCl$<br>塩化マグネシウム $MgCl_2$　塩化銅 $CuCl_2$<br>硫化鉄 $FeS$　硫化銅 $CuS$<br>炭酸ナトリウム $Na_2CO_3$<br>炭酸水素ナトリウム $NaHCO_3$<br>水酸化ナトリウム $NaOH$ |

TRY! 表現力

**混合物と化合物のちがいを説明しなさい。**

ヒント　食塩水は混合物，食塩は化合物である。

解答例　２種類以上の物質が混ざり合ったものが混合物，２種類以上の元素からできている純粋な物質が化合物である。

特集

# 元素名と元素記号の由来

## ● 身近な元素の名前

元素《げんそ》のなかには，古くから単体が知られているものがある。このような元素は，単体の物質名をそのまま元素名として使っている。

火山の多い日本では，火山ガス中の**二酸化硫黄《にさんかいおう》$SO_2$**や**硫化水素《りゅうかすいそ》$H_2S$**などが変化した，**硫黄《いおう》S**の結晶が多く発見される(図 1)。

図 1　**火山の火口付近に見られる自然硫黄**

火山の近くには温泉も多いことから，火山ガスを「**湯《ゆ》(の)泡《あわ》**」とよび，それが変化して**いおう**とよばれるようになったと考えられている。

**金《きん》**，**銀《ぎん》**，**銅《どう》**，**鉄《てつ》**などの身近な金属も，物質名がそのまま元素名に使われている。

## ● 化学のおこりと錬金術

人間は大昔から，価値のある物質を別の物質からうみ出そうとしてきた。その 1 つが，中東やヨーロッパで盛んに行われた錬金術《れんきんじゅつ》である。

錬金術師たちは，鉛《なまり》を金に変化させる「**賢者《けんじゃ》の石《いし》**」や，不老不死の妙薬《みょうやく》「**エリクサー**」などを追い求めて，さまざまな実験を行った。

鉛から金をつくる錬金術は不可能であることが明らかとなっているが，錬金術の研究を通じて，さまざまな実験器具や実験手法の開発，薬品の合成などが行われた。錬金術は科学的手法をとり入れた化学《かがく》へと変わり，**原子論《げんしろん》**(→ p.18)が確立した18世紀以降に急速に発展した。

## ● 初期の元素記号は占星術から

**占星術《せんせいじゅつ》**では，記号を使って天体を表すことが古くから行われてきた。たとえば，**金星《きんせい》**は♀，**月《つき》**は☽，**火星《かせい》**は♂といったぐあいである。

錬金術では，この記号をとり入れて，**金**を♀，**銀**を☽，**銅**を♂などと表すようになった。

図 2　**ドルトン**

また，現代につながる原子論を提唱したイギリスの化学者**ドルトン**は，図 3 のように，**水素《すいそ》**を⊙，**窒素《ちっそ》**を⦶，**鉄**をⒾ，**亜鉛《あえん》**をⓏといった記号を使って表すことを考えた。

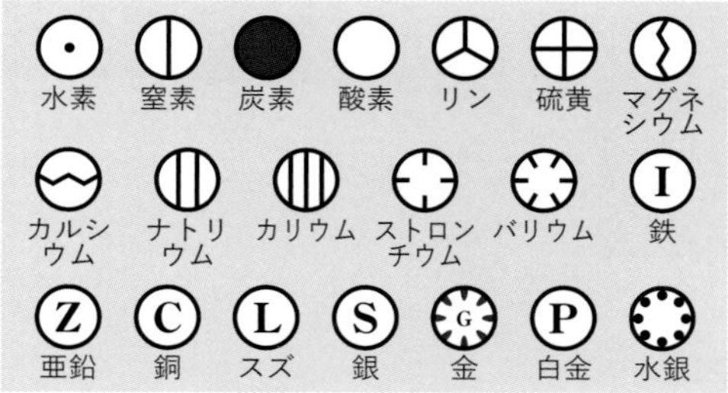


図 3　**ドルトンの元素記号**

20の元素記号を考案，原子の質量比も調べた。

その後，スウェーデンの化学者**ベルセリウス**が，アルファベット 1 ～ 2 文字で表すシンプルな元素記号を考案した。この記号が現在でも使われている。

## ● いろいろな元素記号の由来

元素記号は，**ラテン語《ご》**や**ギリシャ語《ご》**由来の元素名をもとにしているものが多い。

たとえば，鉄**Fe**，金**Au**，銀**Ag**，銅**Cu**は，それぞれラテン語からとられたものである。

**水素H**は英語で**ハイドロジェン(Hydrogen)**という。「ハイドロ」はギリシャ語で水，「ジェン」はギリシャ語でうみ出すという意味があり，合わせて「水をうみ出すもの」という意味である。

また，**酸素《さんそ》O**は**オキシジェン(Oxygen)**という。「オキシ」はギリシャ語で酸なので，「酸をうみ出すもの」という意味である。

表1　**さまざまな元素記号の由来**

| 元素 | 記号 | 由来 |
|---|---|---|
| **水素** | H | [ギ]水のもと |
| **ヘリウム** | He | [ギ]太陽*1 |
| **炭素《たんそ》** | C | [ラ]木炭 |
| **窒素** | N | [ラ]硝石《しょうせき》のもと*2 |
| **酸素** | O | [ギ]酸のもと*3 |
| **ナトリウム** | Na | [ラ]炭酸ナトリウム |
| **マグネシウム** | Mg | [ギ]マグネシア地方 |
| **硫黄** | S | [ラ]燃えやすい |
| **塩素《えんそ》** | Cl | [ギ]黄緑色の |
| **カリウム** | K | [ア]木灰 |
| **カルシウム** | Ca | [ラ]石，砂利《じゃり》 |
| **銅** | Cu | [ラ]キプロス島*4 |
| **亜鉛** | Zn | [ド]ぎざぎざした*5 |
| **銀** | Ag | [ラ]明るい |
| **金** | Au | [ラ]暁《あかつき》の輝き |
| **水銀《すいぎん》** | Hg | [ギ]水のような銀 |

[ア]アラビア語，[ギ]ギリシャ語，[ド]ドイツ語，[ラ]ラテン語。さらに古い言語にさかのぼるものも含《ふく》む。

＊1 かつて太陽の観測によって発見されたことから。

＊2 硝石は硝酸カリウムを多く含む鉱物。

＊3 かつて酸性のもとだと誤解されていたことから。

＊4 現在のキプロス共和国のある島。銅の産地として有名であったことから。

＊5 沈殿したものは表面がぎざぎざしていることから。

図4　**クロムの化合物**

**クロムCr**の化合物には，色あざやかなものが多い。そのため，ギリシャ語で色という意味の「クロマ」から名づけられた。

## ● 4つの元素名のもとになった村

鉱石《こうせき》から新元素を分離《ぶんり》する研究が進んでくると，新元素の名前に，**鉱石《こうせき》**やその**発見地《はっけんち》**の名前をつけることがふえた。

たとえば，**マグネシウムMg**は，ギリシャの**マグネシア地方《ちほう》**でとれた鉱石から発見されたことに由来している。

19世紀，スウェーデンのストックホルム近《きん》郊《こう》にある**イッテルビー村《むら》**で産出された鉱石から，多くの新元素が発見された。そのため，**イットリウムY**，**テルビウムTb**，**エルビウムEr**，**イッテルビウムYb**という，4つの元素名がこの村の名前からつけられることになった。

## ● いくつかの元素名は江戸時代に翻訳された

江戸時代《えどじだい》の幕末にあたる19世紀なかば，蘭《らん》学者《がくしゃ》の宇田川榕菴《うだがわようあん》は，オランダ語の化学書を翻《ほん》訳《やく》して出版した。そのときに，「酸をうみ出すもの」を**酸素**，「水をうみ出すもの」を**水素**，オランダ語の「窒息《ちっそく》させるもの」を**窒素**というように，いくつかの元素の日本語名をつくった。

宇田川榕菴はほかにも，**元素《げんそ》**，**蒸気《じょうき》**，**物質《ぶっしつ》**，**酸化《さんか》**(➡ p.46)，**還元《かんげん》**(➡ p.54)といった物質に関係する用語のほか，**法則《ほうそく》**，**細胞《さいぼう》**(➡ p.84)，**圧力《あつりょく》**(➡ p.180)など多くの訳語をうみ出した。

# 周期表

| 周期＼族 | 1 | 2 | 3 | 4 | 5 | 6 | 7 | 8 | 9 |
|---|---|---|---|---|---|---|---|---|---|
| 1 | 1 H 水素 1 | | | | | | | | |
| 2 | 3 Li リチウム 7 | 4 Be ベリリウム 9 | | | | | | | |
| 3 | 11 Na ナトリウム 23 | 12 Mg マグネシウム 24 | | | | | | | |
| 4 | 19 K カリウム 39 | 20 Ca カルシウム 40 | 21 Sc スカンジウム 45 | 22 Ti チタン 48 | 23 V バナジウム 51 | 24 Cr クロム 52 | 25 Mn マンガン 55 | 26 Fe 鉄 56 | 27 Co コバルト 59 |
| 5 | 37 Rb ルビジウム 85 | 38 Sr ストロンチウム 88 | 39 Y イットリウム 89 | 40 Zr ジルコニウム 91 | 41 Nb ニオブ 93 | 42 Mo モリブデン 96 | 43 Tc テクネチウム (99) | 44 Ru ルテニウム 101 | 45 Rh ロジウム 103 |
| 6 | 55 Cs セシウム 133 | 56 Ba バリウム 137 | 57-71 ランタノイド | 72 Hf ハフニウム 178 | 73 Ta タンタル 181 | 74 W タングステン 184 | 75 Re レニウム 186 | 76 Os オスミウム 190 | 77 Ir イリジウム 192 |
| 7 | 87 Fr フランシウム (223) | 88 Ra ラジウム (226) | 89-103 アクチノイド | 104 Rf ラザホージウム (267) | 105 Db ドブニウム (268) | 106 Sg シーボーギウム (271) | 107 Bh ボーリウム (272) | 108 Hs ハッシウム (277) | 109 Mt マイトネリウム (276) |

| | | | | | | |
|---|---|---|---|---|---|---|
| ランタノイド | 57 La ランタン 139 | 58 Ce セリウム 140 | 59 Pr プラセオジム 141 | 60 Nd ネオジム 144 | 61 Pm プロメチウム (145) | 62 Sm サマリウム 150 |
| アクチノイド | 89 Ac アクチニウム (227) | 90 Th トリウム 232 | 91 Pa プロトアクチニウム 231 | 92 U ウラン 238 | 93 Np ネプツニウム (237) | 94 Pu プルトニウム (239) |

1 ― 原子番号
H ― 元素記号
水素 ― 元素名
1 ― 原子量（原子のおよその質量の比）

- 単体は室温で気体
- 単体は室温で液体
- 単体は室温で固体
- 単体は非金属
- 単体は金属
- くわしい性質が不明

現在，元素は118種類が発見・命名されている。原子の構造をもとに，ほぼ質量の小さい順に番号をつけたのが原《げん》子《し》番号《ばんごう》である。元素を下のように，原子番号の順に並べていくと，縦《たて》の列に性質のとてもよく似た元素が現れてくる。このように元素を並べた表を周《しゅう》期《き》表《ひょう》という。

| 10 | 11 | 12 | 13 | 14 | 15 | 16 | 17 | 18 | 族／周期 |
|---|---|---|---|---|---|---|---|---|---|
| | | | | | | | | 2 He ヘリウム 4 | 1 |
| | | | 5 B ホウ素 11 | 6 C 炭素 12 | 7 N 窒素 14 | 8 O 酸素 16 | 9 F フッ素 19 | 10 Ne ネオン 20 | 2 |
| | | | 13 Al アルミニウム 27 | 14 Si ケイ素 28 | 15 P リン 31 | 16 S 硫黄 32 | 17 Cl 塩素 35 | 18 Ar アルゴン 40 | 3 |
| 28 Ni ニッケル 59 | 29 Cu 銅 64 | 30 Zn 亜鉛 65 | 31 Ga ガリウム 70 | 32 Ge ゲルマニウム 73 | 33 As ヒ素 75 | 34 Se セレン 79 | 35 Br 臭素 80 | 36 Kr クリプトン 84 | 4 |
| 46 Pd パラジウム 106 | 47 Ag 銀 108 | 48 Cd カドミウム 112 | 49 In インジウム 115 | 50 Sn スズ 119 | 51 Sb アンチモン 122 | 52 Te テルル 128 | 53 I ヨウ素 127 | 54 Xe キセノン 131 | 5 |
| 78 Pt 白金 195 | 79 Au 金 197 | 80 Hg 水銀 201 | 81 Tl タリウム 204 | 82 Pb 鉛 207 | 83 Bi ビスマス 209 | 84 Po ポロニウム (210) | 85 At アスタチン (210) | 86 Rn ラドン (222) | 6 |
| 110 Ds ダームスタチウム (281) | 111 Rg レントゲニウム (280) | 112 Cn コペルニシウム (285) | 113 Nh ニホニウム (278) | 114 Fl フレロビウム (289) | 115 Mc モスコビウム (289) | 116 Lv リバモリウム (293) | 117 Ts テネシン (293) | 118 Og オガネソン (294) | 7 |
| 63 Eu ユウロピウム 152 | 64 Gd ガドリニウム 157 | 65 Tb テルビウム 159 | 66 Dy ジスプロシウム 163 | 67 Ho ホルミウム 165 | 68 Er エルビウム 167 | 69 Tm ツリウム 169 | 70 Yb イッテルビウム 173 | 71 Lu ルテチウム 175 | |
| 95 Am アメリシウム (243) | 96 Cm キュリウム (247) | 97 Bk バークリウム (247) | 98 Cf カリホルニウム (252) | 99 Es アインスタイニウム (252) | 100 Fm フェルミウム (257) | 101 Md メンデレビウム (258) | 102 No ノーベリウム (259) | 103 Lr ローレンシウム (262) | |

# 定期テスト対策問題

解答 ➡ 別冊 p.2

## 問1 酸化銀の分解

**酸化銀の粉末《ふんまつ》をアルミニウムはくでつくった皿に入れ，試験管の中で加熱した。これについて，次の問いに答えなさい。**

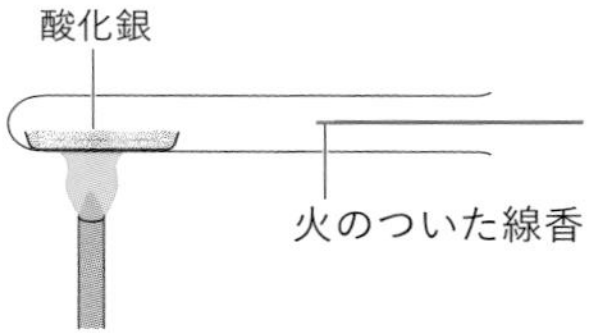


(1) 酸化銀の粉末は，どんな色をしているか。次の**ア**～**オ**から適当なものを１つ選び，記号で答えよ。

**ア** 赤色　**イ** 白色　**ウ** 黄色
**エ** 青色　**オ** 黒色

(2) 加熱すると，酸化銀の粉末は，どんな色になるか。(1)の**ア**～**オ**から適当なものを１つ選び，記号で答えよ。

(3) 火のついた線香《せんこう》を試験管に入れるとどうなるか。次の**ア**～**ウ**から適当なものを１つ選び，記号で答えよ。

**ア** 線香の火は消える。　**イ** 線香が炎《ほのお》を上げて激《はげ》しく燃える。　**ウ** 変化は起こらない。

(4) 酸化銀はどんな変化をするか。次の □ にあてはまる物質名を書け。

酸化銀 ──→ ［　①　］(固体の物質)＋［　②　］(気体の物質)

## 問2 炭酸水素ナトリウムの熱分解

**次の実験について，あとの問いに答えなさい。**

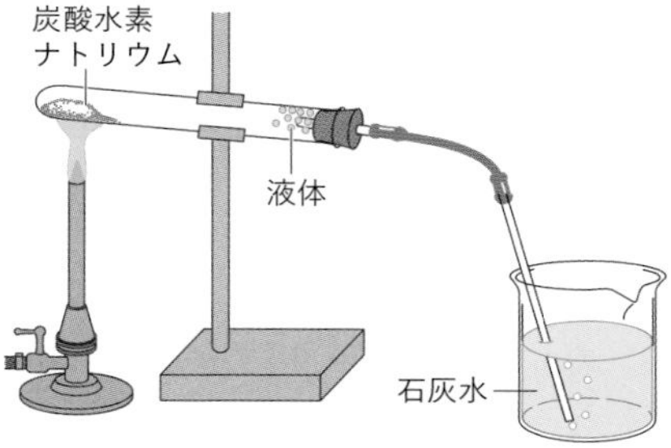


［**実験**］ 炭酸水素ナトリウムの粉末を乾《かわ》いた試験管に入れ，右の図の装置《そうち》を用いてゆっくり加熱した。このとき，ガラス管の先から出てきた気体を，石灰水に通したところ，白くにごった。また，試験管の内側には液体がついていた。

(1) 試験管の中で起こった化学変化を何というか。次の**ア**～**ウ**から１つ選んで，記号で答えよ。

**ア** 酸化　**イ** 還元　**ウ** 分解

(2) 試験管を加熱するとき，図のように試験管の口を少し下げておく。その理由を簡単《かんたん》に書け。

(3) ガラス管から出てきた気体は何か。その物質名を書け。

(4) 試験管の内側についた液体に青色の塩化コバルト紙をつけると，桃色《ももいろ》に変化した。この液体は何か。その物質名を書け。

(5) 加熱後の試験管に残った白色の物質を水に溶《と》かし，その水溶液にフェノールフタレイン液を加えたところ，水溶液が赤色になった。この実験でどんなことがわかるか，簡単に書け。

## 問 3 水の電気分解

**H字管を使った電気分解装置《そうち》に水酸化ナトリウムを溶かした水を入れて電圧を加え，水を電気分解したところ，右の図のようにaとbの2種類の気体が発生した。これについて，次の問いに答えなさい。**

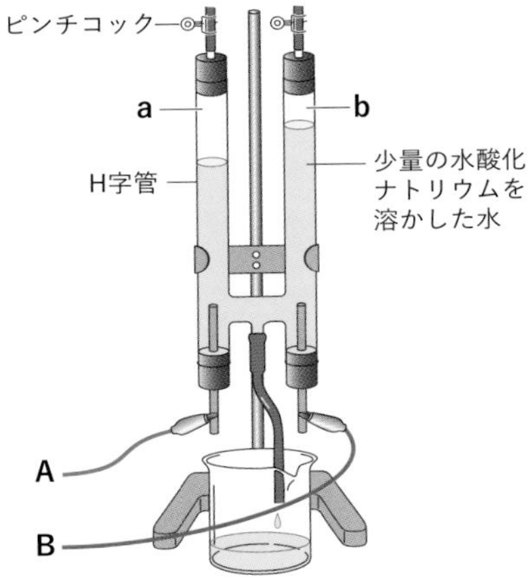


(1) 水に水酸化ナトリウムを溶かすのはなぜか。簡《かん》単《たん》に説明せよ。

(2) **a**と**b**は，それぞれ何という気体か。

(3) 電源の＋極につなげられているのは，**A**と**B**のどちらか。

(4) **a**の気体にマッチの火を近づけると，どのような変化が見られるか。簡単に説明せよ。

(5) **b**の気体の中に火のついた線香を入れると，どのような変化が見られるか。簡単に説明せよ。

(6) 水のように，2種類以上の物質に分解できる物質を何というか。

(7) (6)に対して，銀などのように，1種類の元素でできている物質を何というか。

## 問 4 原子と元素

**原子の性質について，次の問いに答えなさい。**

(1) 原子は，化学変化によってほかの種類の原子に変わることがあるか，ないか。

(2) 原子が結びついてできたもので，物質の性質を示すいちばん小さい粒《つぶ》を何というか。

(3) (2)をつくらない物質を，次の**ア**～**オ**からすべて選べ。

**ア** 水　**イ** 銀　**ウ** 黒鉛《こくえん》　**エ** 二酸化炭素　**オ** 塩化ナトリウム

## 問 5 物質の状態《じょうたい》変化

**物質の状態が，固体・液体・気体と変わるときのようすについて，次の問いに答えなさい。**

(1) 固体・液体・気体のときのようすを表した図を，それぞれ次の**ア**～**ウ**から1つずつ選べ。

**ア**

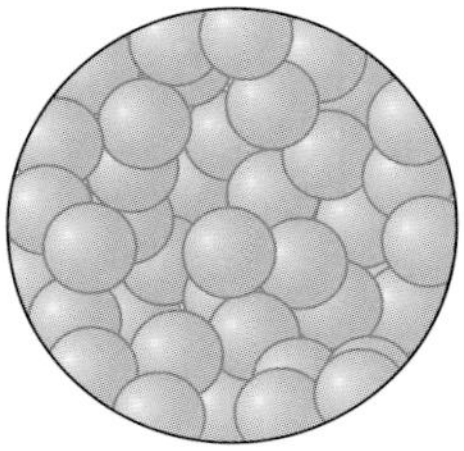

**イ**

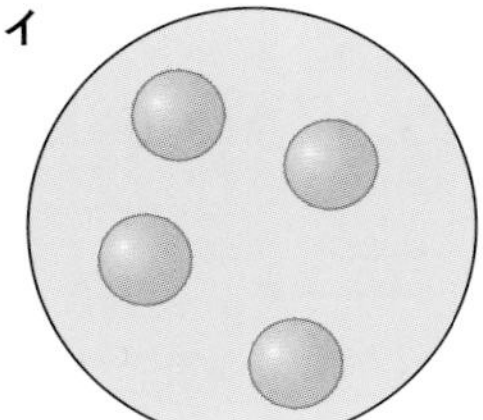

**ウ**

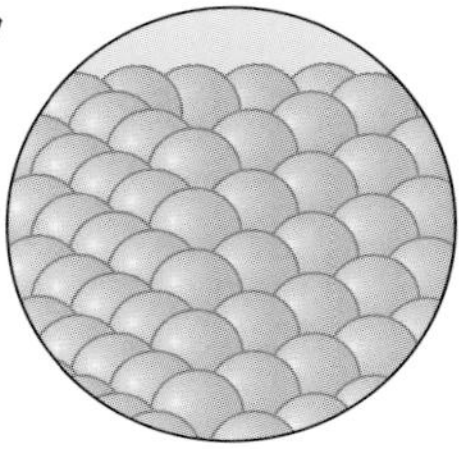

(2) 物質の状態が固体→液体→気体と変化するとき，物質の分子のつくりは変化するか。

UNIT 1

# 水素と酸素が結びつく変化

着目 水素と酸素が結びつく変化で水ができる。

**要点**

- **物質が結びつく変化と化合物《かごうぶつ》**　2種類の物質が結びつく化学変化でできた物質は化合物。
- **水素と酸素が結びつく変化**　水素《すいそ》と酸素《さんそ》の混合物に点火すると水ができる。
- **結びつく水素と酸素の体積の比**　水素と酸素は2：1の体積の比で結びつく。

## 1 物質が結びつく変化と化合物

2種類以上の元素からできている**化合物《かごうぶつ》**は，分解すると，どのような元素からできているかを知る手がかりが得られる。**水《みず》**は，電気分解の結果から，**水素《すいそ》**と**酸素《さんそ》**からできていることがわかる(図1)。

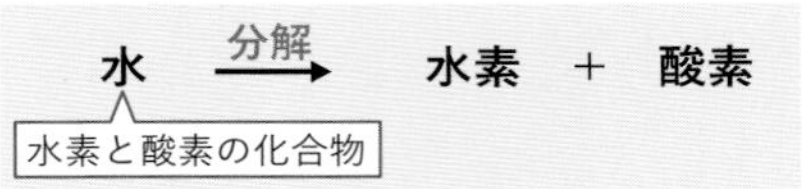


図1　水の分解と水をつくる元素

それでは，水素($H_2$)と酸素($O_2$)が**分解と反対の化学変化**[*1]をしたときを考えてみよう。水素の確認実験で，火のついたマッチを試験管に集めた水素に近づけると，音を立てて燃えたあと，試験管に水滴《すいてき》がついた。このとき，水素($H_2$)は助燃性《じょねんせい》のある酸素($O_2$)によって燃えて，水($H_2O$)ができる化学変化が起こったと考えることができる(図2)。

このように，2種類の物質が結びついてどちらとも性質の異なる物質ができるとき，できる物質はすべて**化合物**[*2]である。

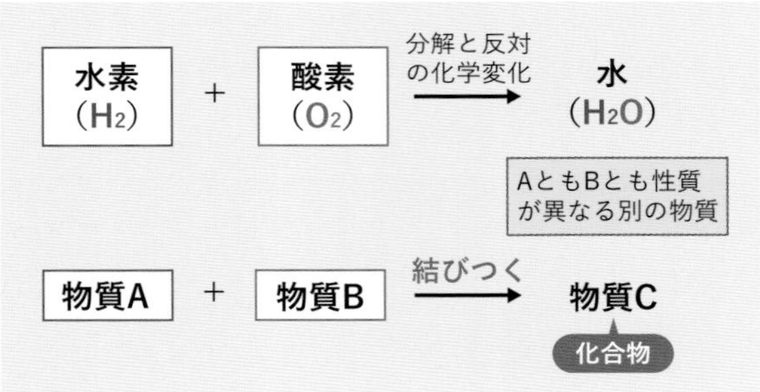


図2　物質が結びつく化学変化

＊1
単体どうしが反応して化合物を生じる反応を**化合《かごう》**とよぶこともある。

＊2
**化合物**は，水のように物質をつくる元素の単体が単純に結びついてできるものばかりではない。
たとえば，**酸化銀$Ag_2O$**は，**硝酸銀水溶液**に**水酸化ナトリウム水溶液**を加えたときに沈殿として現れるが，このとき金属の銀と気体の酸素が直接結びついているわけではない。

## 2 水素と酸素が結びつく変化

水素の確認実験で起こる化学変化で，空気中の酸素が使われたことを確かめるために，純粋《じゅんすい》な水素と酸素の混合物に点火する実験を行った。

図3のように，ポリエチレンの袋《ふくろ》にガスボンベから水素と酸素を入れ，点火部の導線を差し込んだゴムせんで密閉した。点火して火花を出したところ，水素の確認実験と同じように音を出して燃え，袋の中が**白くくもった**。このとき，水素と酸素が結びついて水ができた。

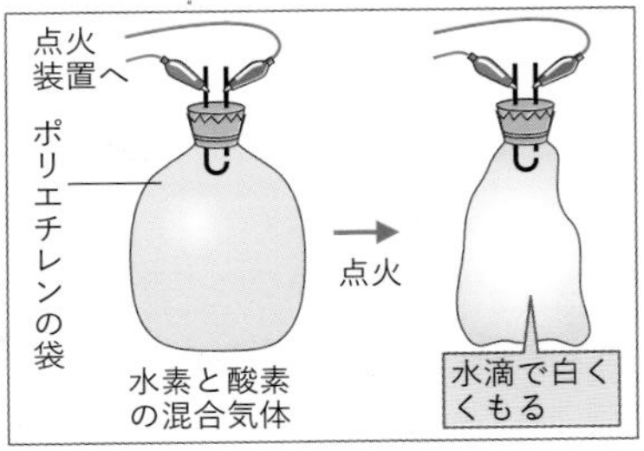


図3　**水素と酸素が結びつく変化**

## 3 結びつく水素と酸素の体積の割合

水素と酸素をそれぞれのボンベから2本の注射器で表1のようにはかりとり，水上置換法《すいじょうちかんほう》で図4のプラスチック管にそれぞれ入れて点火し，爆発《ばくはつ》させた。しばらく放置してから[*3]あとに残った気体と，体積で何$cm^3$残ったかを表1にまとめた。

水素と酸素がそれぞれすべて結びついて水になると，残る気体はなくなる。水が電気分解してできる**水素と酸素の体積の比2：1と同じ比**で混合したとき，過不足なく結びつくことがわかる。

表1　**混合した水素と酸素の体積と反応後に残った気体**

| 水素の体積 | 10 $cm^3$ | 20 $cm^3$ | 30 $cm^3$ | 40 $cm^3$ | 50 $cm^3$ |
|---|---|---|---|---|---|
| 酸素の体積 | 50 $cm^3$ | 40 $cm^3$ | 30 $cm^3$ | 20 $cm^3$ | 10 $cm^3$ |
| 残った気体 | 酸素 | 酸素 | 酸素 | なし | 水素 |
| 残った気体の体積 | 45 $cm^3$ | 30 $cm^3$ | 15 $cm^3$ | 0 $cm^3$ | 30 $cm^3$ |

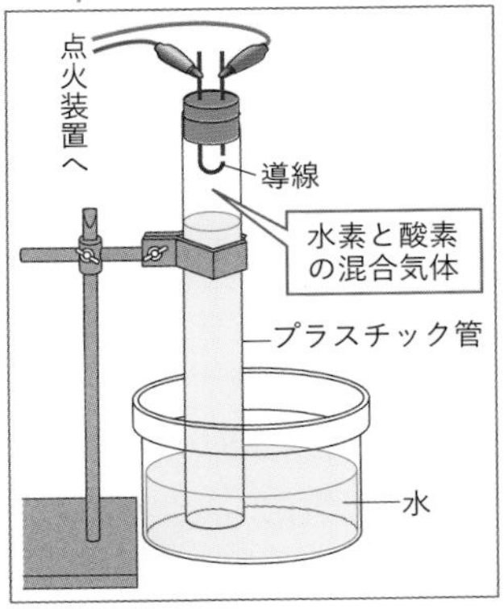


図4　**水素と酸素の合成**

＊3
温度が下がって，できた水蒸気が液体になるのを待つ。

TRY! 表現力

**2種類の物質が結びつく変化でできた化合物は，もとになった物質と比べてどのような性質をもつ物質であるかを，説明しなさい。**

ヒント　もとの物質と比べた性質について説明する。

解答例　2種類の物質のどちらとも性質が異なる別の物質である。

UNIT 2

# 鉄と硫黄が結びつく変化

着目 鉄と硫黄が結びつく変化では，鉄とも硫黄とも異なる硫化鉄ができる。

**要点**

- **鉄と硫黄《いおう》が結びつく変化** 反応が始まると加熱を止めても反応が進み，硫化鉄《りゅうかてつ》ができる。
- **鉄と硫化鉄のちがい** 鉄はほかの物質と混合しても磁石につくが，硫化鉄は磁石につかない。鉄は塩酸に溶《と》けて水素，硫化鉄は塩酸に溶けて硫化水素《りゅうかすいそ》を発生させる。

## 1 物質が結びつく変化と化合物

**黒っぽい鉄粉**3.5gと**黄色の硫黄《いおう》**の粉末2g[*1]を乳鉢《にゅうばち》でよく混ぜ合わせた混合物を試験管に入れ，図1のように，試験管を斜《なな》めにして混合物の上部[*2]をガスバーナーで加熱した。

加熱した部分が**赤熱《せきねつ》**して反応[*3]が始まったら，図1のようにガスバーナーからはずして試験管を立てておくと，**変化が下へと広がって全体がむらなく変化した。**

全体が過不足なく化学変化して赤熱しなくなった試験管の中には，**黒色のかたまり**が残る。この**鉄(Fe)と硫黄(S)が結びついてできた化合物**を，**硫化鉄《りゅうかてつ》(FeS)**という。

**鉄(Fe) ＋ 硫黄(S) ⟶ 硫化鉄(FeS)**

＊1
過不足なく鉄と硫黄が結びつく量である。
原子1個の質量の比は，鉄：硫黄＝7：4である。

＊2
下から加熱すると，硫黄が液体になって集まるため化学変化しない部分ができてしまう。

＊3
光と熱を出す激《はげ》しい反応は，いったん始まるとその熱で次の反応が進み，火が燃え広がるように全体に広がる。

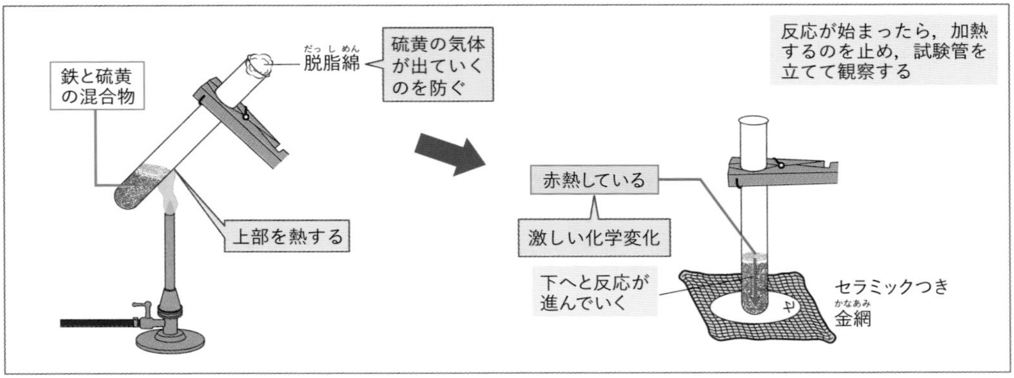


図1 鉄と硫黄が結びつく変化

## 2 鉄と硫黄を加熱してできた物質の確認

図２のように，鉄粉7gと硫黄の粉末4gをよく混ぜ合わせた混合物を，２本の試験管に半分ずつ分けて入れ，一方をガスバーナーで加熱して硫化鉄をつくった。

混合物と硫化鉄が入った試験管にそれぞれ**磁石を近づけると，混合物は引きつけられ，硫化鉄は引きつけられなかった。**

続けて，混合物と硫化鉄が入った試験管にそれぞれうすい塩酸を加えると，混合物中の鉄は塩酸に溶けて無臭で可燃性のある**水素**＊4を発生させ，硫化鉄は塩酸に溶《と》けて**たまごがくさったようなにおい**のする**硫化水素**《りゅうかすいそ》＊5という気体を発生させた。

これらの結果から，混合物中の鉄は性質が失われず鉄のままであるが，硫化鉄は鉄の性質を示さず，**化合物はそれをつくっている元素の物質とは異なる性質をもった別の物質である**と考えられる。

＊4
鉄粉だけを塩酸に入れたときも水素が発生する。

＊5
硫化水素は化学式$H_2S$で表される無色の気体。火山ガスに含まれる非常に有毒な物質である。

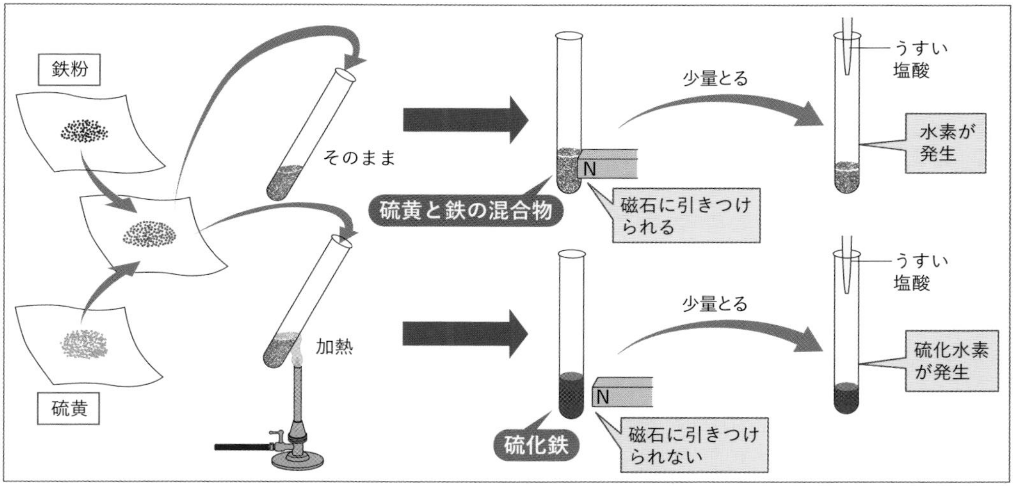


図２　混合物中の鉄（上）と化合物の硫化鉄（下）との性質のちがいを調べる実験

TRY!
表現力

**硫化鉄にうすい塩酸を加えると，どのような特徴《とくちょう》のある気体が発生するかを説明しなさい。**

ヒント　このときに発生する気体は硫化水素である。

解答例　無色でたまごがくさったようなにおいがする気体が発生する。

UNIT 3

# 銅と硫黄が結びつく変化

着目 銅と硫黄が結びつく変化では，銅とも硫黄とも異なる硫化銅ができる。

**要点**

- **銅と硫黄《いおう》が結びつく変化**　加熱した硫黄の蒸気と銅線が激しく反応して硫化銅《りゅうかどう》ができる。
- **銅と硫化銅のちがい**　硫化銅は黒色で金属光沢《きんぞくこうたく》がない。
硫化銅は展性《てんせい》・延性《えんせい》がなく，折り曲げようとするともろく折れる。

## 1 物質が結びつく変化と化合物

黄色の硫黄《いおう》の粉末を試験管に入れてガスバーナーで加熱し，硫黄が液体から高温の蒸気[*1]になったところに，図1のように，赤色の金属《きんぞく》光沢《こうたく》をもつうず巻き状の銅線を近づける実験を行う。

図1のように，高温の硫黄の蒸気にふれた銅線が赤熱して激《はげ》しく反応し始め，上部へと赤熱が広がっていく。

赤熱しなくなった試験管の中からうず巻き状の銅線をとり出すと，赤熱していた部分がもとより太くなり，黒色で，金属光沢のない物質になっている。この**銅(Cu)と硫黄(S)が結びついてできた化合物《かごうぶつ》**を，**硫化銅《りゅうかどう》(CuS)**という。

**銅 (Cu) ＋ 硫黄 (S) ⟶ 硫化銅 (CuS)**

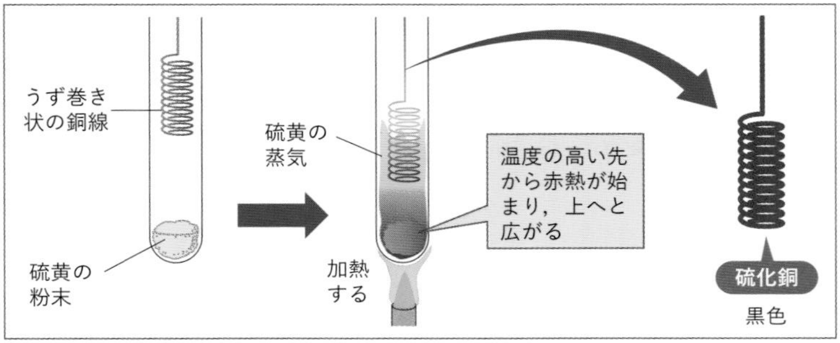


図1　銅と硫黄が結びつく変化

**硫化銅**は，**黒色で金属光沢《きんぞくこうたく》もない**ことから，**銅とは異なる物質**であるといえる。[*2]

*1
加熱した硫黄の蒸気は高温になっており，結びつく変化が始まるのに十分な温度であるため，試験管に入れる銅線を加熱しておく必要はない。

*2
硫化銅は，金属の化合物としては例外的に，電気をよく通す性質がある。このため，電気を通す実験を行っても反応前の銅と区別できない。また，銅も硫化銅も塩酸に溶《と》けない。

見かけだけでなく，性質のちがいからも硫化銅と銅が異なる物質であることを確かめることができる。**硫化銅**には，金属の銅と異なり**延性**《えんせい》(引っぱるとのびる性質)・**展性**《てんせい》(たたくと広がる性質)**がない**ため，ばねのように巻いてあっても弾《だん》力性《りょくせい》がなく，折り曲げようとすると**もろく折れる**(図 2)。

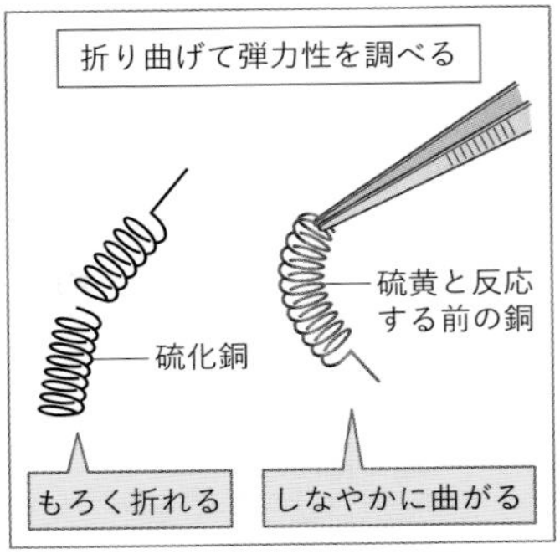


図 2　**硫化銅と銅のちがい**

### 発展　銅と硫黄のおだやかな変化

よくみがいた銅板の上に硫黄の粉末をのせ 1 日放置しておくと，銅と硫黄の反応がおだやかに進んで，銅の表面に硫化銅ができ，金属光沢がなくなる(図 3)。

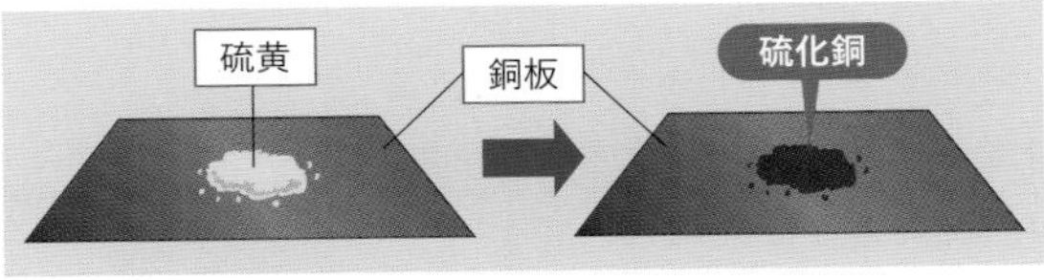


図 3　**銅と硫黄のおだやかな反応**

物質が結びつく変化には，**おだやかなもの**も多くある。たとえば，鉄を長い間屋外に放置しておくと，図 4 のように赤くさびる。このような金属のさびは，**金属と空気中の酸素とがおだやかに結びついてできた化合物**である(➡ p.50)。

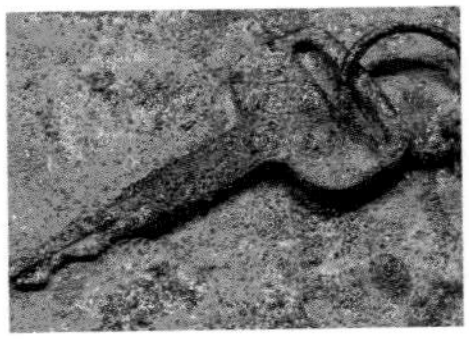

図 4　**鉄の赤さび**

## 2　銅と塩素が結びつく変化

銅は塩素とも結びつき，塩化銅《えんかどう》という化合物ができる(図 5)。

$$\underset{(Cu)}{\text{銅}} + \underset{(Cl_2)}{\text{塩素}} \longrightarrow \underset{(CuCl_2)}{\text{塩化銅}}$$

塩化銅は青緑色の固体で，こちらも金属の銅と異なり，延性や展性をもたない，別の物質である。

図 5　**銅と塩素が結びつく変化**

TRY! 表現力

**硫化銅が金属である銅と比べてどのように異なるかを説明しなさい。**

ヒント　色や性質が金属とどのように異なっているかを説明する。

解答例　銅が赤く金属光沢をもつのに対して，硫化銅は黒色で金属光沢がなく，延性・展性がない。

UNIT 4

# 化学反応式の考え方

着目 化学変化は，化学反応式で表すことができる。

要点

- **化学変化と化学反応式《かがくはんのうしき》** 化学変化は，化学式と係数《けいすう》を用いた化学反応式で表す。
- **化学反応式の立て方** 物質を化学式で表し，両辺の原子《げんし》の種類と数を一致《いっち》させる。
- **化学反応式からわかること** 物質名のほか，反応前後の分子や原子の個数の関係がわかる。

## 1 化学変化と化学反応式

### A 化学変化を式で表す

これまで見てきたように，物質と物質が反応して別の物質になるとき，反応前の物質の組み合わせと，反応のしかたによって，反応後の物質が決まる。そのため化学変化では，反応前後の物質を決まった**式《しき》**で表すことができる。

化学変化を表す式では，左側(**左辺《さへん》**)に反応前の物質，右側(**右《う》辺《へん》**)に反応後の物質をまとめてかき，それを→で結ぶ。たとえば，鉄と硫黄《いおう》や銅と硫黄，水素と酸素が結びつく変化は，図1のような物質名の式で表すことができる。

鉄 ＋ 硫黄 ⟶ 硫化鉄《りゅうかてつ》
(Fe) (S) (FeS)

銅 ＋ 硫黄 ⟶ 硫化銅
(Cu) (S) (CuS)

水素 ＋ 酸素 ⟶ 水
($H_2$) ($O_2$) ($H_2O$)

図1 物質が結びつく変化を表した式

### B 化学反応式

物質の種類は，**原子《げんし》**の組み合わせ方によって決まる(➡ p.20)。そのため，反応前後の物質を化学式で表すことで，化学変化のようすを理解しやすくなる。

また，化学変化の前後で物質の原子の組み合わせは変化するが，図2のように，反応の前後で原子の種類と数は変化しない。

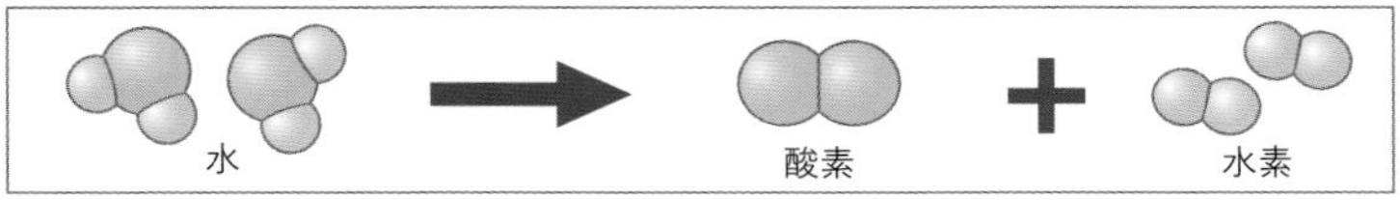


図2 化学変化と原子の数

そこで，化学式の前に数字をつけて，反応にかかわる分子や基本的な構造の個数の比を表現する。*1 この数を**係数《けいすう》**という。図3のように，**化学式と係数を用いて化学変化を表した式**を，化学反応式《かがくはんのうしき》という。

$Fe + S \longrightarrow FeS$

$Cu + S \longrightarrow CuS$

$2H_2 + O_2 \longrightarrow 2H_2O$

図3 化学反応式

*1
たとえば $2H_2+O_2$ とは，水素分子 $H_2$ が2個分と酸素分子 $O_2$ が1個分，という意味である。

## 2 化学反応式の立て方

化学反応式は，次の手順のように考えて立てる（図4）。

① **反応前の物質名を左辺，反応後の物質名を右辺**に書き，**反応が起こる向きを ⟶ の矢印で表す。**

② ①で書いたそれぞれの物質を化学式で表す。

③ **原子の種類と原子の数が，左辺と右辺で等しくなるようそろえる。**

・右辺のO原子が1個不足しているので，右辺に水の分子$H_2O$を1個ふやす。

・左辺のH原子が2個不足しているので，左辺に水素の分子$H_2$を1個ふやす。

④ **係数**をつけて，③の式をまとめる。これで完成である。

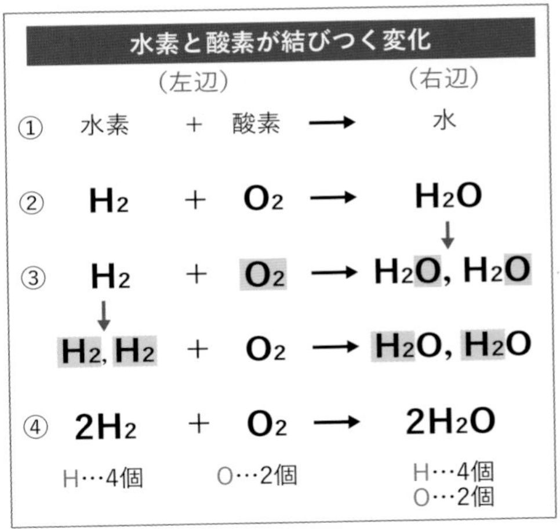


**図4　化学反応式の立て方**

## 3 化学反応式からわかること

図5の例のように，化学反応式からは次の2点の情報を引き出すことができる。

① **化学式**から，化学変化を起こす物質とその化学変化でできる**物質**がわかる。

② 化学式の**係数の比**から，反応前の物質とできる物質の原子または分子の**個数の関係**がわかる。

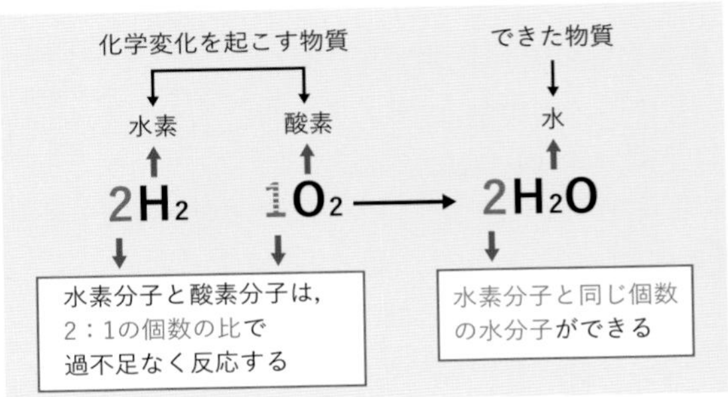


**図5　化学反応式からわかること**

TRY! 表現力

**化学反応式の左辺と右辺で何が等しくなっているかを簡単に答えなさい。**

ヒント　化学変化が化学式でどのように表せるかを考える。

解答例　原子の種類と数が等しくなっている。

UNIT 5

# いろいろな化学反応式

着目 反応前後の原子の個数が等しくなることに注意して，化学反応式を書く。

要点

- **化学反応式の書き方** ①反応前後の物質の化学式を正しく書く。
②反応前後の原子の種類ごとの個数が等しくなるように左辺と右辺の原子の個数を考え，係数をつける。

## 1 いろいろな変化を表す化学反応式

**化学反応式の考え方**(➡ p.40)を使って，いろいろな変化を表す化学反応式を考えていこう。

### Ⓐ 酸化銀の分解

図１のように，まず反応前の酸化銀($Ag_2O$)を左辺，反応後の銀(Ag)と酸素($O_2$)を右辺に１つずつ書く。

左辺と右辺で原子の数を比べると，左辺のO原子が１個不足しているので，左辺に酸化銀$Ag_2O$を１個ふやす。

すると，右辺のAg原子が３個不足するので，右辺にAgを３個ふやす。

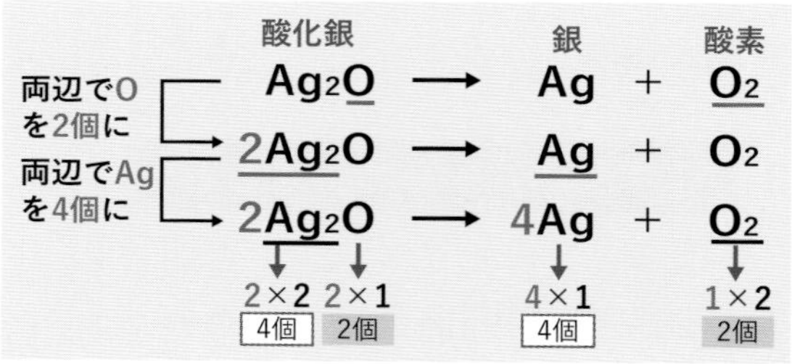


図１　酸化銀の分解を表す化学反応式

こうすると，左辺と右辺で原子の数が等しくなる。

### Ⓑ 炭酸水素ナトリウムの分解

上と同様に，左辺と右辺で原子の数を比べると，左辺のH原子が１個不足しているので，左辺に炭酸水素ナトリウム$NaHCO_3$を１個ふやす。すると，左辺と右辺で原子の数が等しくなる。*1

＊1
分解される化合物に含《ふく》まれる元素が，分解された複数の化合物に分散されることもある。

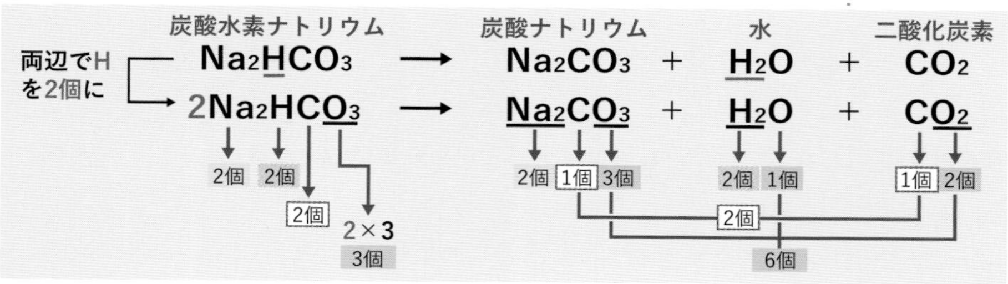


図２　炭酸水素ナトリウムの分解を表す化学反応式

## 2 おもな化学変化と化学反応式

おもな化学変化と化学反応式を表1に示す。

表1　**おもな化学変化と化学反応式**

| | 化学変化 | 化学反応式 |
|---|---|---|
| **酸化の反応** | ・マグネシウムの燃焼<br>➡ p.48<br>・銅の酸化<br>➡ p.49 | $2Mg + O_2 \longrightarrow 2MgO$<br>マグネシウム　酸素　酸化マグネシウム<br>$2Cu + O_2 \longrightarrow 2CuO$<br>銅　酸素　酸化銅 |
| **物質が結びつく変化** | ・水素と酸素の反応<br>➡ p.34<br>・鉄と硫黄《いおう》の反応<br>➡ p.36 | $2H_2 + O_2 \longrightarrow 2H_2O$<br>水素　酸素　水<br>$Fe + S \longrightarrow FeS$<br>鉄　硫黄　硫化鉄《りゅうかてつ》 |
| **分解の反応** | ・水の分解<br>➡ p.16<br>・炭酸アンモニウムの分解<br>➡ p.14 | $2H_2O \longrightarrow 2H_2 + O_2$<br>水　水素　酸素<br>$(NH_4)_2CO_3 \longrightarrow 2NH_3 + CO_2 + H_2O$<br>炭酸アンモニウム　アンモニア　二酸化炭素　水 |
| **その他の反応** | ・硫化鉄と塩酸の反応<br>➡ p.37<br>・石灰石とうすい塩酸の反応（中学1年）<br>・硫酸と塩化バリウムの反応<br>➡ p.70 | $FeS + 2HCl \longrightarrow FeCl_2 + H_2S$<br>硫化鉄　塩酸　塩化鉄　硫化水素<br>$CaCO_3 + 2HCl \longrightarrow CaCl_2 + H_2O + CO_2$<br>炭酸カルシウム　塩酸　塩化カルシウム　水　二酸化炭素<br>$H_2SO_4 + BaCl_2 \longrightarrow 2HCl + BaSO_4$<br>硫酸　塩化バリウム　塩酸　硫酸バリウム |

### 例題 1　水の電気分解の化学反応式

水の電気分解について次の問いに答えなさい。

(1) 水の電気分解を表した次の式の□にあてはまる化学式と，(　　)にあてはまる数字を答えよ。

$$2\,\square \longrightarrow (\quad)\,H_2 + O_2$$

(2) 水の分子が30個電気分解されたとき，できる酸素分子は何個か。

解き方

**水を化学式で表して，両辺のHとOの数が同じになるよう化学式の係数を考え，係数の比から分子の個数の比を考える。**

(1) $H_2O$ 2分子にはH原子が4個含まれ，分解すると$H_2$分子が2個できる。

$$2H_2O \longrightarrow 2H_2 + O_2$$

㊧答 **$H_2O$，2**

(2) $H_2O$が分解すると，個数の比が2：1の割合で$H_2$と$O_2$ができる。よって，$H_2O$ 2分子が分解すると$O_2$分子が1個できるから，30個分解すると15個できる。　答 **15個**

# 定期テスト対策問題

解答 ➡ 別冊p.3

## 問1 鉄と硫黄の混合物の加熱

**次の実験について，あとの問いに答えなさい。**

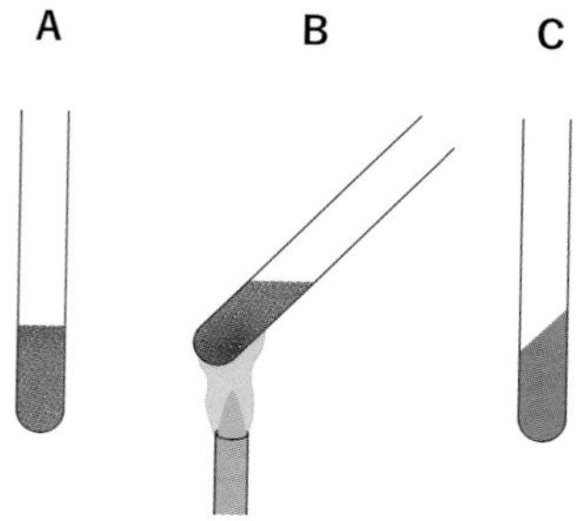


［**実験**］ 鉄粉と硫黄《いおう》の粉末《ふんまつ》をよく混《ま》ぜ合わせて試験管に入れた(**A**)。次に，これをガスバーナーで熱した(**B**)。その結果は**C**のようになった。

(1) **A**に磁石《じしゃく》を近づけると，**A**は引きつけられるか。

(2) **C**に磁石を近づけると，**C**は引きつけられるか。

(3) **A**にうすい塩酸を加えるとどうなるか。次の**ア**～**カ**のなかから適当なものを選び，記号で答えよ。

**ア** 二酸化炭素が発生する。 **イ** 水素が発生する。 **ウ** 酸素が発生する。
**エ** 二酸化硫黄が発生する。 **オ** 硫化水素《りゅうかすいそ》が発生する。 **カ** 変化は起こらない。

(4) **C**にうすい塩酸を加えるとどうなるか。(3)の**ア**～**カ**のなかから適当なものを選び，記号で答えよ。

(5) **A**から**C**への変化は，次のように表される。［　　］にあてはまる物質名を書け。

［①］＋ 硫黄 ⟶ ［②］

## 問2 水の合成

**右の図のように，気体Aと気体Bの混合《こんごう》気体に電気火花で点火すると，これらが爆発《ばくはつ》的に結びついて，水が合成された。この反応で水以外の物質は発生しないものとして，次の問いに答えなさい。**

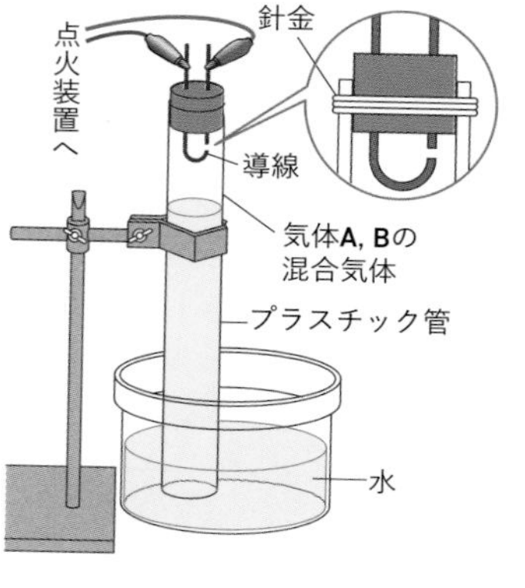


(1) 気体**A**と気体**B**はそれぞれ何という気体か。ただし，気体**A**は燃える気体である。

(2) 気体**A**と気体**B**が結びついたあと，どのような変化が見られるか。次の**ア**～**エ**から1つ選べ。

**ア** 点火装置《そうち》の入った管の中の水面が下がる。

**イ** 点火装置の入った管の中の水面が上がる。

**ウ** 点火装置の入った管の中の水面は変化しないが，内側に水滴《すいてき》がついてくもる。

**エ** 何も変化は見られない。

## 問 3 銅の加熱による変化

**銅粉を用いて，次のような実験をした。これについて，あとの問いに答えなさい。**

［**操作 1**］ 銅粉をステンレスの皿に入れ，うすく広げた。

［**操作 2**］ 皿の中でかき混ぜながら，右の図のようにガスバーナーで加熱すると，銅粉は黒色に変化した。

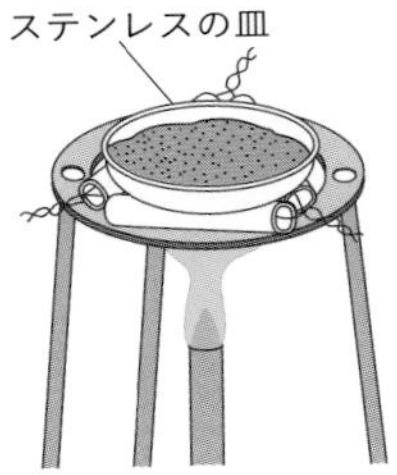


(1) 操作２で，銅はある物質と結びついた。銅と結びついた物質は何か。

(2) 操作２で，できた物質は何か。

(3) (2)のように，異なる物質どうしが結びつく化学変化によってできた物質を何というか。

## 問 4 化学反応式の表す意味

**次の化学反応式《かがくはんのうしき》について，あとの問いに答えなさい。**

$$2H_2 + O_2 \longrightarrow 2H_2O$$

(1) この化学反応式は，何の化学変化を示しているか。簡単に書け。

(2) $2H_2$の小さいほうの数字$_2$は何を表しているか。

(3) $2H_2O$の大きいほうの数字２は何を表しているか。

(4) 次の文の［　　］にあてはまる物質名もしくは数字を答えよ。

この化学反応式は，［ ① ］の分子［ ② ］個と酸素の分子［ ③ ］個が反応して，［ ④ ］の分子［ ⑤ ］個ができることを表している。

## 問 5 いろいろな化学反応式

**次の化学変化を化学反応式に書き表したい。［　］内を正しく補《おぎな》いなさい。**

(1) マグネシウムの燃焼 $2Mg + O_2 \longrightarrow 2$［　　　］

(2) 過酸化水素《かさんかすいそ》の分解 2［　　　］ $\longrightarrow 2H_2O + O_2$

(3) 銅《どう》と酸素が結びつく反応 $2Cu + O_2 \longrightarrow 2$［　　　］

(4) 酸化銀の加熱による分解 2［　　　］ $\longrightarrow 4Ag + O_2$

(5) 炭酸水素ナトリウムの分解 $2NaHCO_3 \longrightarrow Na_2CO_3 + H_2O +$［　　　］

(6) 塩酸とマグネシウムの反応 $2HCl + Mg \longrightarrow$［　　　］$+ H_2$

(7) 鉄と硫黄が結びつく反応 $Fe + S \longrightarrow$［　　　］

(8) 水の分解 $2H_2O \longrightarrow$［　　　］$+ O_2$

(9) 銅と硫黄が結びつく反応 $Cu + S \longrightarrow$［　　　］

UNIT 1

# 物質が酸素と結びつく化学変化

着目 物質が酸素と結びつくと，もとの物質とは別の酸化物になる。

要点

- **酸素と結びつく化学変化** 物質が酸素《さんそ》と結びつく化学変化を酸化《さんか》という。
- **鉄の燃焼** 鉄を燃やすと，黒色の酸化鉄《さんかてつ》ができる。
- **鉄と酸化鉄** 酸化鉄は，鉄とは別の化合物であり，金属と異なる性質を示す。

## 1 酸素と結びつく化学変化

物質が酸素と結びつく化学変化として，図1のように水素が燃えて**水**《みず》ができる化学変化を学習している(➡ p.34)。

$$\underset{\text{水素}}{2H_2} + \underset{\text{酸素}}{O_2} \longrightarrow \underset{\text{水}}{2H_2O}$$

また，有機物を燃やすと**二酸化炭素**《にさんかたんそ》ができることもこれまでに学習している。これは，図2のような，炭素が酸素と結びつく化学変化がもとになっている。

$$\underset{\text{炭素}}{C} + \underset{\text{酸素}}{O_2} \longrightarrow \underset{\text{二酸化炭素}}{CO_2}$$

このように，**物質が酸素《さんそ》と結びつく化学変化**を，**酸化**《さんか》といい，**酸化によってできた化合物**を**酸化物**《さんかぶつ》という。二酸化炭素は炭素の酸化物である。また，鉄の赤さびなどの金属のさびも酸化物である(➡ p.50)。

炭素の酸化のように，**光や熱を出して激しく進む酸化**を，特に**燃焼**《ねんしょう》という(図3)。燃焼はいったん始まると，銅と硫黄《いおう》が激しく結びつく化学変化(➡ p.38)と同様に，それ以上加熱しなくても反応が進む。[*1]

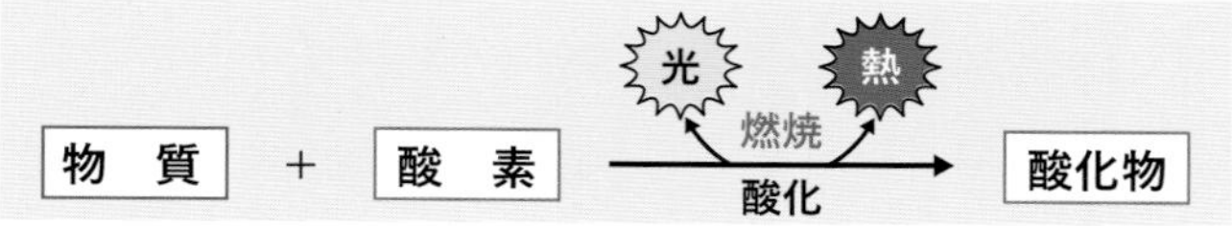

図3 酸化と燃焼

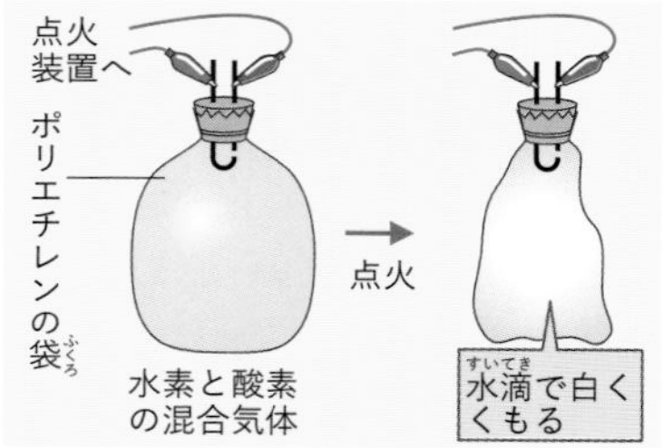

図1 水素と酸素が結びつく変化

図2 炭素と酸素が結びつく変化

*1
反応によって発生した熱によって，さらに反応が進むためである。

## 2 鉄の燃焼

金属には，空気中の酸素と酸化してさびるだけでなく，加熱すると燃焼するものもある。**銀灰色《ぎんかいしょく》で金属光沢《きんぞくこうたく》のあるスチールウール**(細い鉄線を綿《わた》のようにしたもの)に，図 4 のようにガスバーナーで火をつけ，赤くなった部分にガラス管で息を吹《ふ》きかけ続けた。すると，全体に燃え広がり，完全に**燃焼**して**黒色で光沢のない酸化鉄《さんかてつ》**[*2]になった(図 5)。

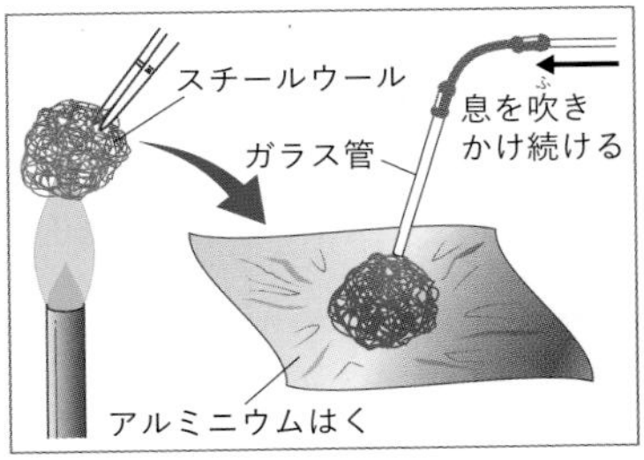

図 4　スチールウールの燃焼

*2
$Fe_3O_4$，$Fe_2O_3$，FeO などの化学式(➡ p.25)で表される複数の種類の酸化鉄ができるため，1 つの化学反応式で表せない。

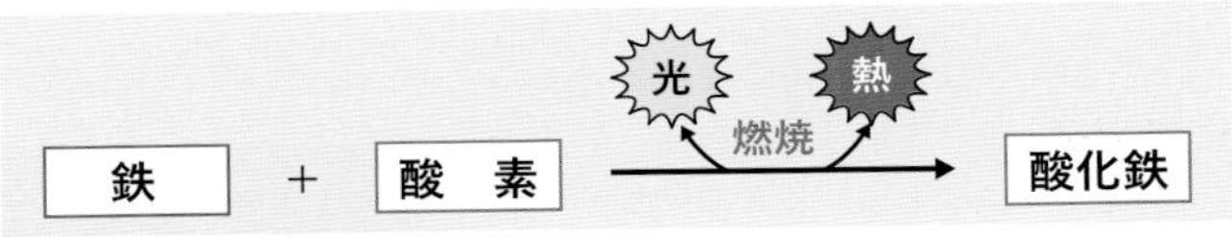

図 5　鉄の燃焼と酸化物

## 3 鉄と酸化鉄のちがい

見た目でわかる色や金属光沢のほかに，金属の**スチールウール**とその酸化物である**酸化鉄**の性質を，図 6 のようにして，手ざわりや塩酸との反応で比べると，表 1 のようになった。[*3]

*3
このほか，酸化鉄は電流が流れないという性質も鉄と異なる。

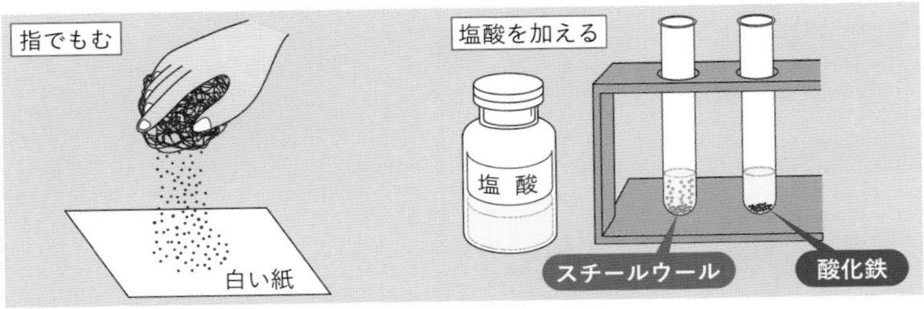

図 6　もとの鉄と酸化鉄の性質のちがいを確かめる実験

表 1　鉄と酸化鉄の性質

| | 燃焼前のスチールウール | 燃焼後の酸化鉄 |
|---|---|---|
| 指でもむ | しなやかで弾力性がある | ぼろぼろにくずれやすい |
| 塩酸を加える | 溶《と》けて，水素が発生する | 短時間で変化は確認しにくい |

TRY! 表現力

**酸化物とはどのような化合物であるかを，説明しなさい。**

ヒント　結びつく物質が何かを考える。

解答例　酸化物とは酸素と結びついてできた化合物のことである。

UNIT 2

# 金属の燃焼と酸化

着目 マグネシウムと銅を酸化すると，酸化マグネシウムと酸化銅ができる。

**要点**

- **マグネシウムの燃焼《ねんしょう》** 空気中で加熱すると激しく燃焼し，白色の酸化《さんか》マグネシウムができる。
- **酸化マグネシウム** マグネシウムとちがって，塩酸を加えても水素を発生せずに溶ける。
- **銅の酸化** 酸化すると，酸素の分だけ質量の大きい黒色の酸化銅《さんかどう》となる。

## 1 マグネシウムの燃焼

**銀白色《ぎんはくしょく》**で**金属光沢《きんぞくこうたく》のある**マグネシウムをうすいテープ状にしたものをマグネシウムリボン(図1)という。このマグネシウムリボンを適当な長さに切って，図2のようにガスバーナーで火をつけると，**まぶしい光**と熱を出して激《はげ》しく空気中の酸素と結びつき，完全に燃焼《ねんしょう》して**白色で灰のような**酸化《さんか》マグネシウムになる(図3)。

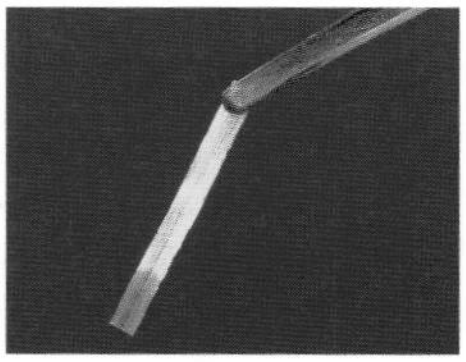
図1 マグネシウムリボン

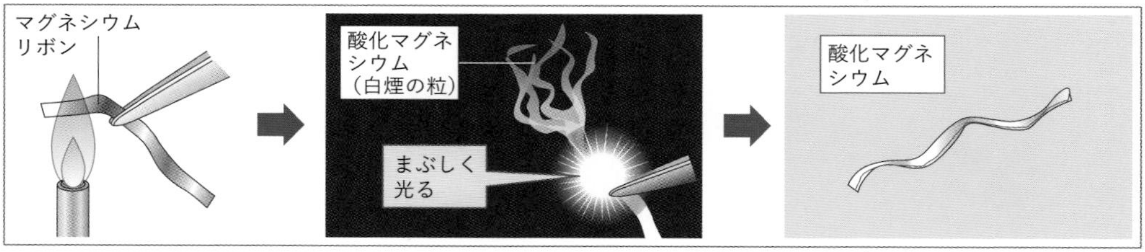

図2 マグネシウムの燃焼

| マグネシウム | + | 酸素 | —燃焼（光・熱）→ | 酸化マグネシウム |
|---|---|---|---|---|
| 2Mg | + | $O_2$ | → | 2MgO |

$$2Mg + O_2 \rightarrow 2MgO$$

図3 マグネシウムの燃焼と酸化物

図4のように，マグネシウムと酸化マグネシウムにうすい塩酸を加えると，**酸化マグネシウムは水素を発生せずに溶《と》けることから**，金属のマグネシウムと性質の異なる別の物質であることが確かめられた。

また，酸化マグネシウムは，色のちがいや，燃焼の勢いで一部がこなごなになって白煙《はくえん》になるもろさからも，金属のマグネシウムとは異なる化合物であることがわかる。

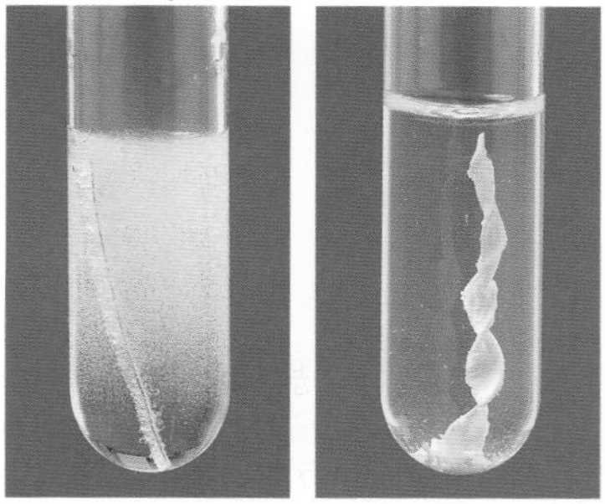
図4 マグネシウム(左)と酸化マグネシウム(右)のちがいを確かめる実験

## 2 銅の酸化

燃焼せずに金属が酸化することはないのだろうか。

**赤色で金属光沢のある銅板《どうばん》**を，図5のようにガスバーナーで加熱すると，光らずに**加熱したところだけが黒くなる。**この黒くなった部分が，銅が空気中の酸素と結びついてできた**黒色《こくしょく》**の**酸化銅《さんかどう》**である。ガスバーナーの炎《ほのお》から出すと酸化銅ができる変化が止まることから，燃焼せずに**酸化《さんか》**したことがわかる(図6)。

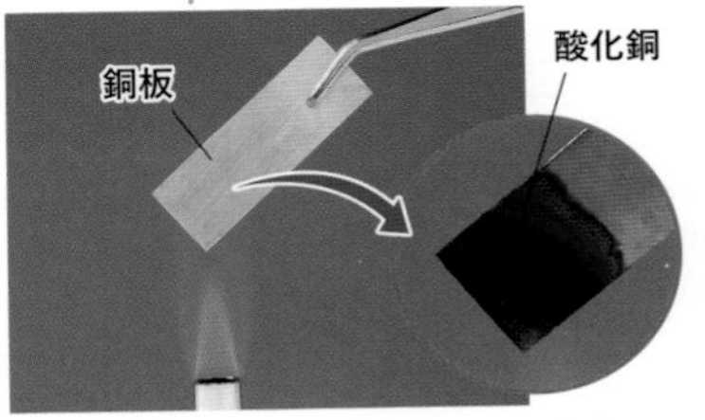

図5　銅板を加熱して酸化させる実験

| 銅 | + | 酸　素 | 酸化 → | 酸化銅 |
|---|---|---|---|---|
| 2Cu | + | $O_2$ | → | 2CuO |

図6　銅の酸化と酸化物

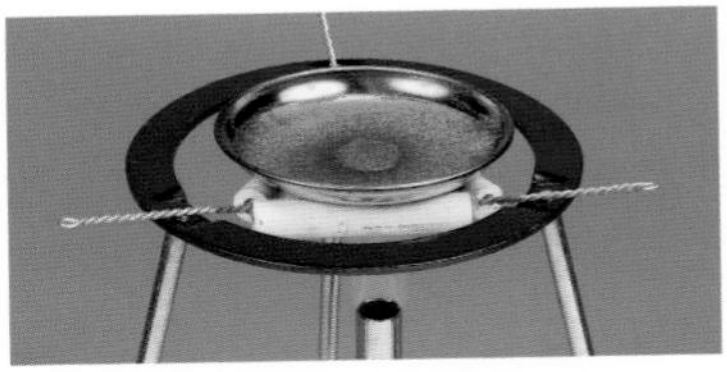
図7　銅粉を加熱して酸化させる実験

また，図7のように，ステンレス皿の上にうすく広げた銅粉をガスバーナーで加熱すると，加熱している部分のみが酸化しているようすがわかりやすい。

酸化銅は，その色から金属の銅とは全く異なる化合物であることは明らかである。

また，この実験で加熱する前の銅と加熱したあとの酸化銅の質量を比べると，質量が大きくなっている。これは，酸化銅の質量がもとの銅より結びついた**酸素の分だけ大きくなっている**ためである(図8)。

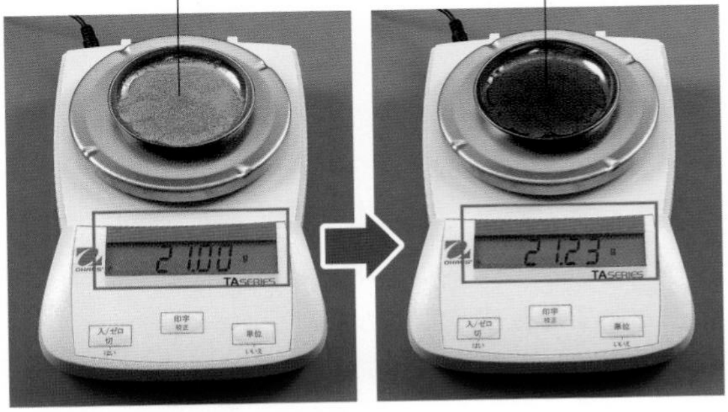

図8　銅と酸化銅の質量の比較

TRY! 表現力

**鉄・マグネシウム・銅のうち，もっとも酸素と結びつきやすいものを，その理由も含めて説明しなさい。**

ヒント　結びつきやすいと何が起こるかを考えて説明する。

解答例　うすい板をガスバーナーで加熱したとき激しく光を出して燃焼するのはマグネシウムだけなので，マグネシウムである。

UNIT 3

# 金属のさび

着目 鉄や銅は空気中でゆっくりと酸化してさびる。

要点

- **さびと酸化物《さんかぶつ》** 鉄の赤《あか》さびは酸化鉄《さんかてつ》の 1 つ，銅の緑青《ろくしょう》は酸化銅《さんかどう》が変化してできた混合物。
- **自然界にある金属** 単体の金属はさびやすく，酸化物として存在することが多い。
- **さびを防ぐ方法** 塗装《とそう》，ち密なさび，めっきなどで金属のさびを防ぐことができる。

## 1 金属のさびと酸化物

金属を空気中に放置しておくと，空気中の酸素とゆっくり結びついてさびになる。金属ごとに，できるさびについてくわしく見てみよう。

もっとも日常的によく目にする図 1 のような**鉄《てつ》の**赤《あか》さびは，鉄の表面に水がつくことで水中や空気中の酸素と結びつきやすくなってできた**酸化鉄《さんかてつ》***1 である。

寺社や教会などの銅ぶき屋根や銅像などに見られる美しい**緑色のさび**(緑青《ろくしょう》)もよく知られている(図 2)。緑青は，銅の赤褐色《せきかっしょく》の酸化物*2 がさらに時間をかけて空気中や雨粒《あまつぶ》に含《ふく》まれるいろいろな物質と化学変化をしてできた混合物である。

酸素と水分が豊富にある自然環境《しぜんかんきょう》で，鉄や銅などの金属が単体として存在し続けるのはむずかしい。このため，**自然界にある金属は，酸化物として存在することが多い**。

### 参考 さびにくい金属

酸化物としてではなく，自然界に単体として存在する金属として，古くから知られているのは，砂金などとして採取できる金《きん》である。金は，熱でとかすだけで複雑な精錬《せいれん》が必要なく利用できることから，もっとも古くから使われ始めた金属で，さびることなく金属光沢を保ち続けるため，装飾《そうしょく》や図 3 のような貨幣《かへい》として利用されてきた**貴金属《ききんぞく》***3 である。銀《ぎん》もさびにくいため，貴金属として利用されてきた歴史がある。

図 3 古代ギリシャの金貨

図 1 鉄の赤さび(褐色《かっしょく》の部分)

*1
おもに $Fe_2O_3$ である。

図 2 銅のさび(緑青)

*2
$Cu_2O$ である。

*3
安定した性質をもち空気中でさびない金属のこと。

## 2 さびを防ぐ方法

金属がさびるのは，表面が水にぬれたり空気にふれたりするためである。したがって，**金属がさびるのを防ぐ**には，水に溶《と》けたりはがれ落ちたりしない**劣化《れっか》しにくい物質で表面をおおう**ことがまず考えられる。戸外に置かれてある柵《さく》やガードレールが，図4のように油性のペンキなどで塗装《とそう》されているのは，このためである。

金属の表面を膜《まく》のようにおおって酸化を防ぐものには，実はさびも含まれる。緑青におおわれた銅像や屋根が長い間変わらずに保たれるのはこの一例である。図5のように鉄の表面を高温で加熱してつくられた黒《くろ》さびとよばれる**酸化鉄***4も，表面をち密におおって，赤さびができるのを防ぐのに利用されている。アルミニウムは空気にふれると自然に**酸化物**のち密な膜ができ，内部の酸化は起こりにくい。

このほか，金属の表面を別の金属でおおい，さびを防ぐ方法がある。これをめっきという。図6は，鉄などの金属を，とかした亜鉛《あえん》でめっきするようすである。

図4　ペンキをぬったガードレール

図5　黒さびをつけた南部《なんぶ》鉄器《てっき》

図6　亜鉛のめっき

*4
おもに $Fe_3O_4$ からなる。

### 発展　合金

さびやすい金属を，ほかの金属などととかし合わせて**合金《ごうきん》**とすることで，さびにくくすることができる。たとえば，鉄にクロム，ニッケルなどを混ぜ合わせた**ステンレス鋼《こう》**は，台所用品などに使われる。また，銅は比較的《ひかくてき》さびにくい金属であるが，やわらかい。しかし，他の金属とを混ぜ合わせた合金はかたくなるため，いろいろな種類のものがつくられ，硬貨《こうか》(5円，10円，50円，100円，500円)や楽器などに用いられている(図7)。

図7　100円硬貨
銅とニッケルの合金でできている。

TRY! 表現力

**鉄のガードレールがペンキで塗装されているのは見た目以外にどのような理由があるか説明しなさい。**

ヒント　塗装されない鉄を屋外に置いておくと長もちしなくなる変化が起こる。

解答例　鉄の表面に空気や水がふれないようにしてさびを防ぐため。

UNIT 4

# 有機物の燃焼

着目 炭素と水素を含む化合物の有機物が燃焼すると，二酸化炭素と水が生じる。

要点

- **有機物《ゆうきぶつ》の燃焼《ねんしょう》と酸化物《さんかぶつ》**　有機物中のCとHの数から，生じる$CO_2$と$H_2O$の数がわかる。
- **メタンの燃焼**　$CH_4$ 1分子の燃焼で，$CO_2$ 1個と$H_2O$ 2個が生じる。
- **エタノールの燃焼**　$C_2H_6O$ 1分子の燃焼で，$CO_2$ 2個と$H_2O$ 3個が生じる。

## 1 有機物の燃焼

図1のような実験を通して，燃えて**二酸化炭素《にさんかたんそ》**を生じる物質が**有機物《ゆうきぶつ》**であることは，中学1年で学習した。また，身近な有機物は，燃えると**水《みず》**も生じることも学習している。

燃焼で生じる二酸化炭素は炭素の，水は水素の**酸化《さんか》物《ぶつ》**である。

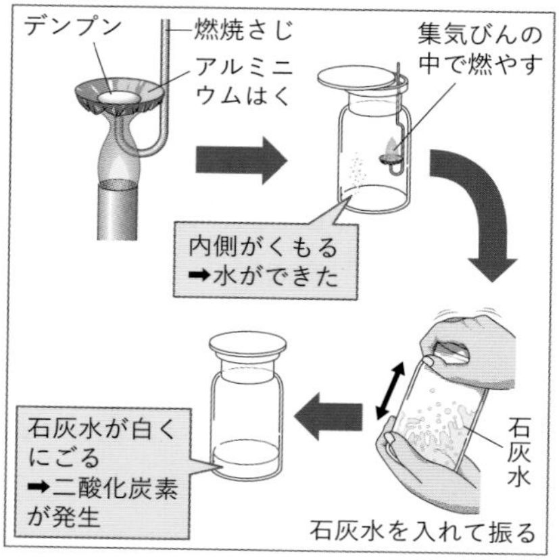

図1　**有機物の確認実験**

$$\underset{\text{炭素}}{C} + \underset{\text{酸素}}{O_2} \longrightarrow \underset{\text{二酸化炭素}}{CO_2}$$

$$\underset{\text{水素}}{2H_2} + \underset{\text{酸素}}{O_2} \longrightarrow \underset{\text{水}}{2H_2O}$$

このことから，燃えて二酸化炭素と水を生じる**有機物**は，**炭素と水素を含《ふく》む化合物**であることが確かめられる(図2)。

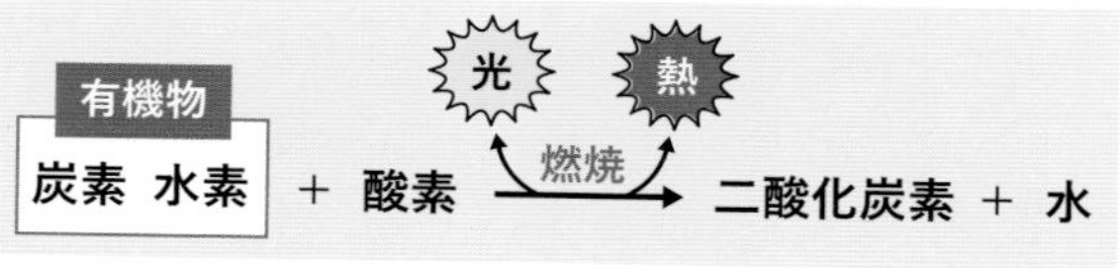

図2　**有機物の燃焼**

有機物の分子1個に含《ふく》まれている炭素原子**C**と水素原子**H**が，図2のようにそれぞれ燃焼して二酸化炭素と水を生じる。ここから，有機物の化学式がわかれば生じる二酸化炭素と水の分子数がわかるのでそれぞれの係数が決まり，化学反応式を立てることができる。

## 2 メタンの燃焼

簡単なつくりの気体の有機物に，**炭素原子 1 個と水素原子 4 個で分子をつくる**メタン（$CH_4$）*1 がある。

メタン分子 $CH_4$ には，C 原子が 1 個，H 原子が 4 個含まれるので，燃焼により二酸化炭素分子 $CO_2$ 1 個と水分子 $H_2O$ 2 個が生じる。よって，燃焼するのに必要な酸素分子 $O_2$ は 2 個である。このようにして，メタンの燃焼の化学反応式を考えることができる（図 3）。

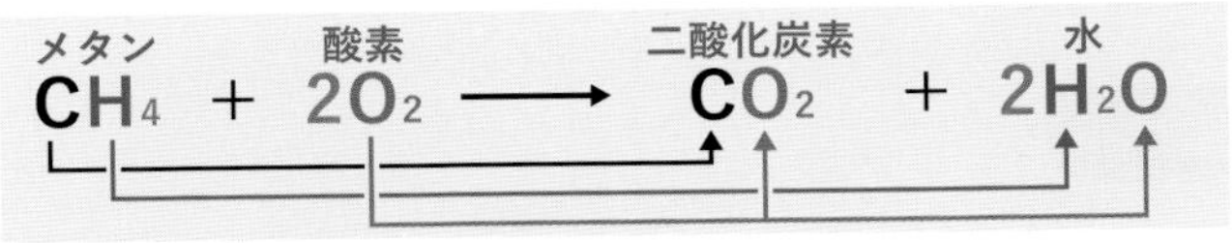


図 3　**メタンの燃焼の化学反応式**

*1
**メタン**は地下から産出される**天然《てんねん》ガス**の主成分で，**都《と》市《し》ガス**に使われている。
なお，**プロパンガス**ともいわれる **LP ガス**の主成分は，化学式 $C_3H_8$ の**プロパン**とよばれる別の有機物である。

## 3 エタノールの燃焼

身近な液体の有機物に，$C_2H_6O$ の化学式で表される**エタノール**がある。*2

エタノール分子 $C_2H_6O$ には，C 原子が 2 個，H 原子が 6 個含まれるので，燃焼により二酸化炭素分子 $CO_2$ 2 個と水分子 $H_2O$ 3 個が生じる。また，エタノール分子中には酸素原子 O も含まれているため，燃焼に必要な新たな酸素分子 $O_2$ は 3 個である。このようにして，エタノールの燃焼の化学反応式を考えることができる（図 4）。

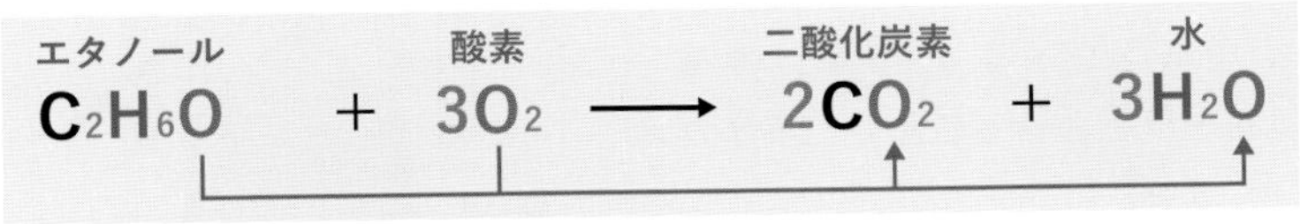


図 4　**エタノールの燃焼の化学反応式**

*2
**エタノール**はアルコールの一種で，お酒に入っているアルコール成分はエタノールである。**手指《しゅし》《(て ゆび)》消毒液《しょうどくえき》**にも利用されている。

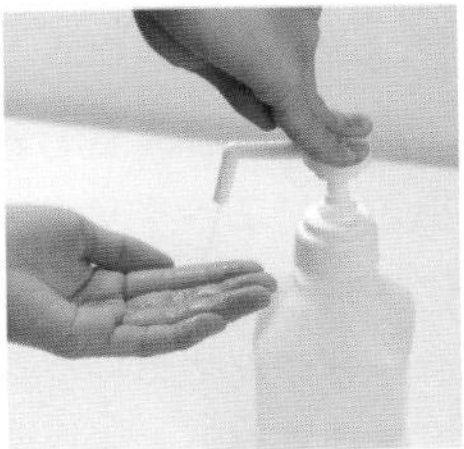

図 5　**エタノールを使った消毒液**

### 例題 1　プロパンの燃焼

化学式が $C_3H_8$ で表されるプロパン分子 1 個が完全に燃焼するのに必要な酸素分子は何個か。

解き方

**生じる二酸化炭素分子と水分子の個数から，反応する酸素分子の個数を考える。**

プロパンには，C 原子が 3 個，H 原子が 8 個含まれるので，燃焼により $CO_2$ が 3 個，$H_2O$ が 4 個生じる。ここで，プロパンには O 原子が含まれていないので，必要な $O_2$ は 5 個。

$$C_3H_8 + \underline{5O_2} \longrightarrow 3CO_2 + 4H_2O$$

答　**5 個**

UNIT 5

# 還元

着目 酸化物が酸素を失う化学変化を還元という。

**要点**

- **還元《かんげん》** 酸化物《さんかぶつ》が酸素を失う化学変化が還元である。
- **還元と製鉄** 製鉄所では酸化鉄《さんかてつ》の酸素を炭素《たんそ》でうばって鉄をつくる。
- **酸化銅《さんかどう》の還元** 酸化銅と炭素の混合物を加熱すると，炭素が酸化され，酸化銅が還元される。

## 1 酸化物から金属の単体へ

**金属のさび**(➡ p.50)で，自然界にある金属は，酸化物《さんかぶつ》として存在することが多いことを学習した。ということは，鉄や銅が**鉱物資源《こうぶつしげん》**として産出されるのはおもに図1のような酸化鉄や酸化銅の状態で，ここから，酸素をとり除いて単体の鉄や銅とする方法があるはずである。

図1 酸化物の鉱物資源

## 2 還元

酸化鉄を多く含《ふく》む**鉄鉱石《てっこうせき》**から，どうやって単体の鉄をとり出しているかを見てみよう。製鉄所では，図2のように，炉《ろ》に鉄鉱石(酸化鉄)とコークス(炭素)などを交互《こうご》に入れ，熱風を送《おく》り込《こ》んでコークスと鉄鉱石を反応させることで，液体の単体の鉄がとり出される。

このとき，炭素は酸化鉄の酸素と結びついて二酸化炭素を生じ，一方で酸化鉄が酸素を失い鉄となっている。

このような，**酸化物が酸素を失う化学変化**を，還元《かんげん》という(図3)。金属の酸化物を還元する物質は，還元されて単体となる金属より酸素と結びつきやすい物質である。

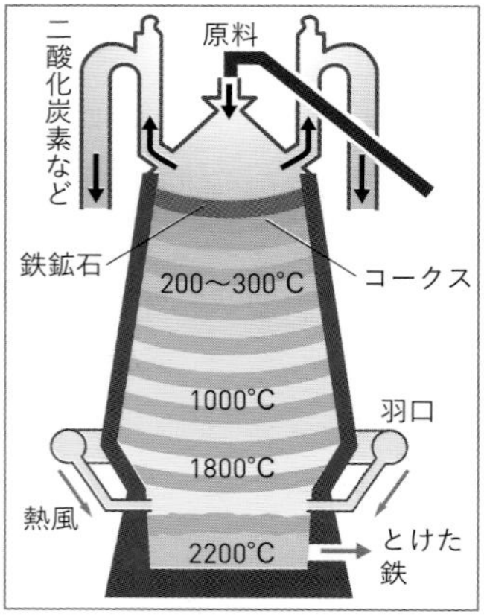

図2 製鉄のしくみ

還元（酸化鉄 → 鉄）

酸化鉄 ＋ 炭素 ⟶ 鉄 ＋ 二酸化炭素

図3 製鉄で起こる化学変化(還元)

## 3 酸化銅の還元

**黒色**の酸化銅《さんかどう》(CuO)の粉末2.00gと**黒色**の炭素《たんそ》(C)の粉末0.15g*1を乳鉢《にゅうばち》でよく混ぜ合わせた混合物を試験管に入れ，図4のように，試験管の口を少し下げて混合物をガスバーナーで加熱した。

*1
過不足なく反応する量である。
質量の比は，
酸化銅：炭素＝40：3

加熱し始めると気体が発生し，発生した気体を石灰水に通すと石灰水が白くにごった。加熱し続けて気体が発生しなくなったとき，試験管の中には**赤色**の固体が残っていた。

発生した気体は，石灰水の変化から二酸化炭素《にさんかたんそ》($CO_2$)であり，炭素が酸化銅の酸素をうばって酸化されてできた酸化物といえる。そして残った赤色の固体は，酸化銅が還元されてできた単体の銅《どう》(Cu)である。このことは，図5のように薬さじでこすると銅特有の金属光沢《きんぞくこうたく》が現れることから確認できる。

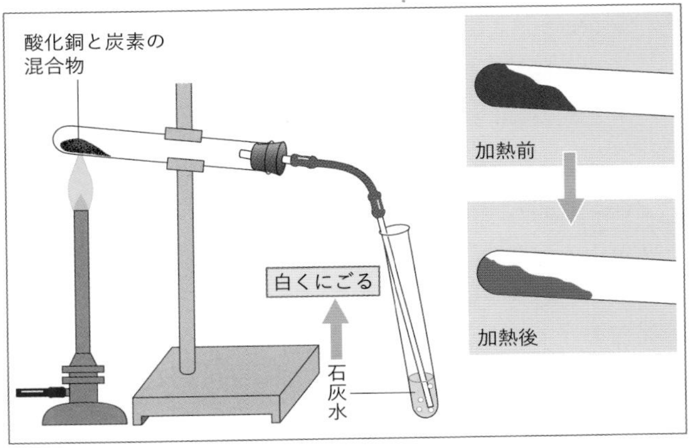

図4　**酸化銅を炭素で還元する実験**

図5　**銅を確認する方法**

この実験から，図6の化学反応式のように，**酸化銅の還元は炭素の酸化と同時に起こる**ことがわかる。

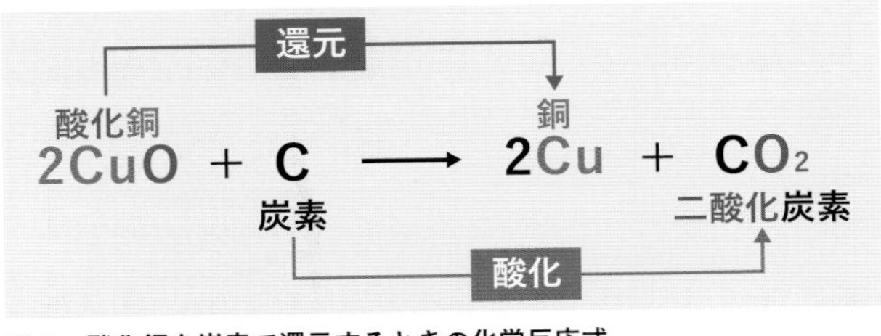

図6　**酸化銅を炭素で還元するときの化学反応式**

TRY! 表現力

**酸化銅が炭素で還元されるときに，同時に起こる反応を説明しなさい。**

ヒント　炭素がどのように化学変化するかを説明する。

解答例　炭素が酸化銅の酸素と結びついて酸化され，二酸化炭素となる。

UNIT 6

# いろいろな還元の方法

着目 酸化銅は，炭素以外にも水素やエタノールで還元される。

要点

- **水素《すいそ》による酸化銅《さんかどう》の還元《かんげん》**　酸化銅は水素によって還元され，銅《どう》と水《みず》ができる。
- **有機物による還元**　酸化銅はエタノールによって還元され，銅，二酸化炭素《にさんかたんそ》，水《みず》ができる。
- **金属の酸化と還元**　アルミニウムやマグネシウムは酸化されやすく還元に使われる。

## 1 水素による酸化銅の還元

空気中で火をつけると爆発《ばくはつ》して激しく燃焼する**水素《すいそ》**は，非常に**酸化されやすい物質**である。図1のように，うず巻き状の銅線をガスバーナーで十分に熱してつくった**酸化銅《さんかどう》**を，試験管に満たした水素の中に熱いまま入れると，黒色の酸化銅が赤色の**銅《どう》**に**還元される**。このとき，試験管の内側に水滴《すいてき》がつく。

この水滴は，**水素が酸化銅の酸素をうばって酸化されてできた酸化物**の水《みず》である(図2)。

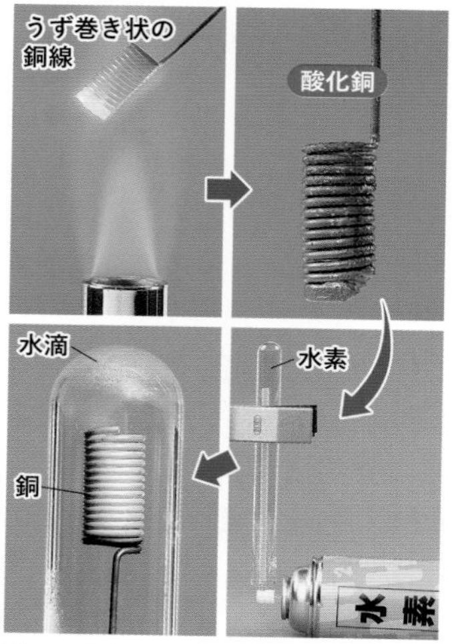

図1　酸化銅の水素による還元

還元（酸化銅 → 銅）

$$CuO + H_2 \longrightarrow Cu + H_2O$$

酸化銅　＋　水素　→　銅　＋　水

酸化（水素 → 水）

図2　酸化銅を水素で還元するときの化学反応式

### 参考　酸化銅を水素で還元する装置

図1のような装置の場合，引火しやすい水素を，空気にふれないように，限られた量だけ反応させる。このため，銅の表面にできたうすい酸化銅の膜《まく》だけを還元させる装置になる。

酸化銅の粉末を水素で還元させるためには，水素を空気にふれさせないようにするため，図3のように複雑な装置を使う。

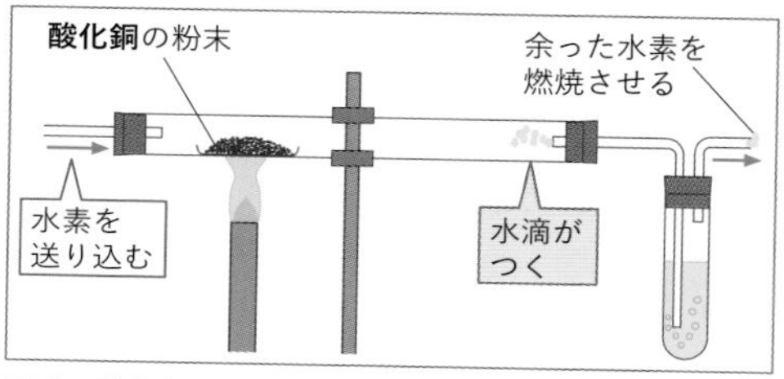

図3　酸化銅の粉末を水素で還元する装置

## ② 有機物による酸化銅の還元

炭素でも水素でも酸化銅を還元することができた。そして炭素と水素の化合物である有機物でも，酸化銅は還元できる。

図4のように，試験管に入れたエタノールに，うず巻き状の銅線をガスバーナーで十分に熱してつくった**酸化銅**《さんかどう》を熱いまま近づけると，黒色の酸化銅が赤色の**銅**《どう》に還元される。このとき，酸化物として二《に》酸化炭素《さんかたんそ》と水ができている。

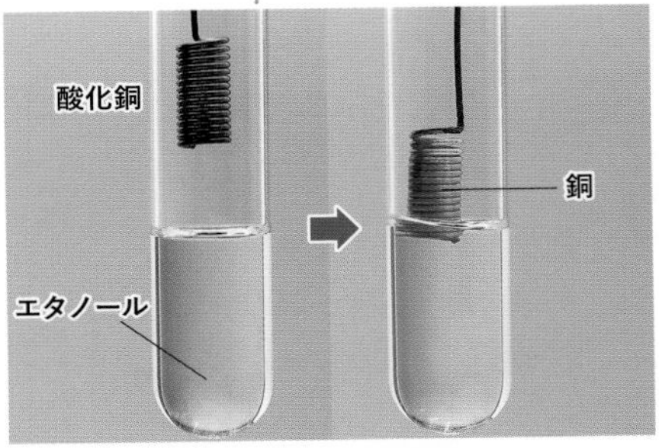

図4　酸化銅のエタノールによる還元

## ③ 金属の酸化と還元

酸素中で激しく燃焼する**アルミニウムは，鉄よりも酸化されやすい金属**である。酸化鉄の粉末とアルミニウムの粉末の混合物を加熱すると激しく反応し，アルミニウムは酸化されて**酸化**《さんか》**アルミニウム**に，**酸化鉄**《さんかてつ》は高温で還元されてとけた**鉄**になる。とけた鉄が簡単にできることから，図5のように線路の溶接などに利用されている。

また，空気中で激しく燃焼する**マグネシウムは，アルミニウムより酸化されやすい金属**であるといえる。非常に酸化されやすいマグネシウムは，図6のように集気びんに満たした二酸化炭素中でも**二酸化炭素**から酸素をうばって燃焼し，白色の**酸化**《さんか》**マグネシウム**となる。酸素をうばわれた二酸化炭素は黒色の**炭素**《たんそ》となって残る。

図5　酸化鉄のアルミニウムによる還元の利用

図6　二酸化炭素中でのマグネシウムの燃焼

TRY! 表現力

**物質Aによってある酸化物が還元され単体Bができるとき，物質Aは単体Bに対して，どのような性質のちがいがあるかを「酸化」という語句を用いて説明しなさい。**

ヒント　どうして単体Bができたかを考える。

解答例　物質Aは単体Bよりも酸化されやすい物質である。

UNIT 7

# 発熱反応

着目 熱を発生してまわりの温度を上げる化学変化を発熱反応という。

**要点**

- **光や熱を出す化学変化** 光《ひかり》や熱《ねつ》を出す化学変化は，加熱を止めても進む。
- **鉄の酸《さん》化《か》と熱** 鉄が酸素と結びついて酸化鉄になるとき，熱を発生する。
- **発熱反応** 熱を発生する化学変化である発熱反応は，化学かいろなどで利用されている。

## 1 光と熱を出す化学変化

図1のような，**鉄やマグネシウムの燃焼，炭素や水素・有機物の燃焼，銅と硫黄《いおう》が激しく結びつく化学変化**などは，一度始まると加熱を止めても進んでいく化学変化で，まわりに**光《ひかり》と熱《ねつ》を放出する**。反応時に出てくる熱によって，さらに化学変化が進んでいくのである。

ランタン(図2)などは有機物の燃焼で発生する**光**を，ガスコンロ(図3)や石油ストーブは有機物の燃焼で発生する**熱**を利用している。

燃焼などの**化学変化によって光や熱を出す物質**は，化《か》学《がく》エネルギーという**エネルギー**をもっている。*1

＊1
光や熱を出したり，物体を動かしたりできる能力を**エネルギー**という。たとえば，電《でん》気《き》も**電気エネルギー**をもっている(➡p.270)。

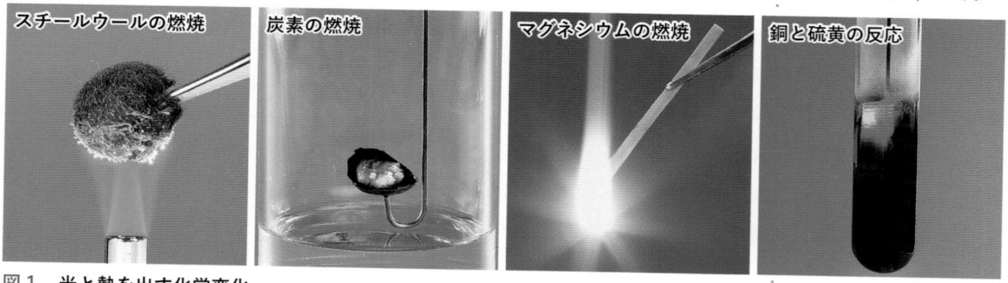


図1 光と熱を出す化学変化

図2 光を利用する燃焼

図3 熱を利用する燃焼

## 2 鉄の酸化と熱

図4のように，蒸発皿に5～6gの**鉄粉《てっぷん》**とその半分ほどの**活性炭《かっせいたん》***2を入れてかき混ぜ，蒸発皿にふれて温度が変わらないことを確かめる。そこに，5％**食塩水《しょくえんすい》***3を5～6滴《てき》ほどたらしてよくかき混ぜてから温度計を差し込み，一定時間ごとに温度をはかる。すると温度はすぐに上がり始め，5～6分後には80℃ぐらいで一定になる。

活性炭と食塩水を用いると短時間で鉄が酸化するので，**鉄の酸化《さんか》で熱が発生する**ことがわかる（図5）。

*2
粒《つぶ》の1つ1つが無数の微《び》細《さい》な穴をもっていて，酸素を含《ふく》む空気をとり込《こ》んでいる。ぬれた鉄粉どうしの間に入って酸化が進むようにしている。

*3
食塩水は鉄の酸化を促進《そくしん》する。多すぎると鉄粉と活性炭がふれる面積が少なくなり，熱の発生をさまたげてしまう。

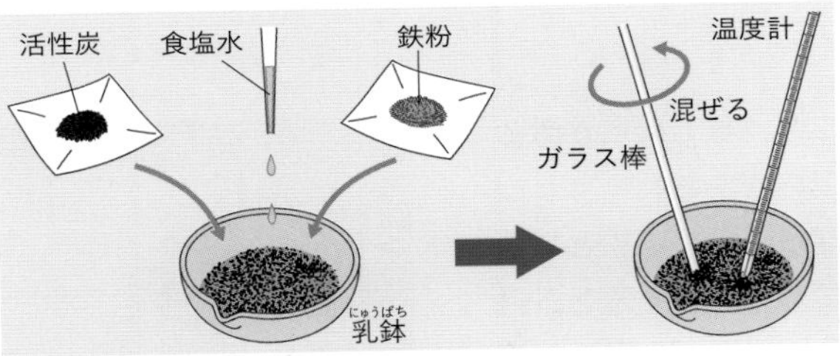

図4　鉄粉の酸化による温度上昇を確かめる実験

図5　鉄の酸化と熱の発生

市販《しはん》の使い捨てかいろ（図6）は化学かいろの一種で，図5の化学変化を利用したものである。使い捨てかいろには，温度を60℃くらいに保って持続時間を長くするように，図4の実験より食塩水が多く入っており，保水剤《ほすいざい》としてバーミキュライトなども入っている。

図6　使い捨てかいろ

鉄の酸化のように，**熱を発生する化学変化**を，**発熱反応《はつねつはんのう》**という。発熱反応が起こると，まわりの**温度が上がる**（図7）。

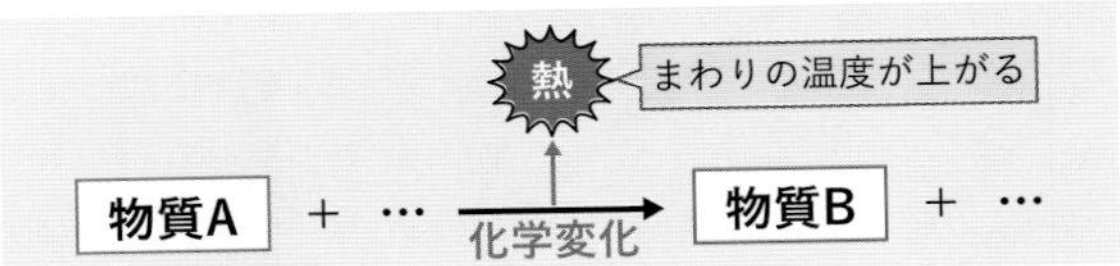

図7　発熱反応と温度

TRY!
表現力

**発熱反応を「熱」と「温度」という語句を用いて説明しなさい。**

ヒント　化学変化による熱の出入りとまわりの温度変化について説明する。

解答例　熱が発生する化学変化で，発熱反応が起こるとまわりの温度が上がる。

UNIT 8

# いろいろな発熱反応

着目 加熱をしなくても熱が発生する発熱反応がある。

**要点**

- **鉄《てつ》と硫黄《いおう》の反応** 混ぜ合わせて少量の水でこねると，加熱しなくても発熱反応《はつねつはんのう》が起こり硫化鉄《りゅうかてつ》ができる。
- **酸化カルシウムと水の反応** 発熱反応が起こり，水酸化カルシウムができる。

## 1 いろいろな発熱反応

化学かいろで用いられる反応や燃焼以外にも，鉄《てつ》と硫黄《いおう》が激しく結びつく化学変化など，いろいろな発熱反応がある。

すでに学習した鉄と硫黄が結びつく化学変化では，鉄粉と硫黄の粉末をよく混ぜ合わせ，少量の水でこねてしばらくすると，鉄と硫黄が反応して硫化鉄《りゅうかてつ》ができる(図1)。このとき，化学かいろでの鉄の酸化のように，**加熱しなくても発熱反応《はつねつはんのう》が起こっている。**

また，食品や飲料を，火を用いることなくあたためることができる図2のような発熱材*1にも，発熱反応が利用されている。図2，3で起こっている発熱反応は，酸化《さんか》カルシウム(**生石灰《せいせっかい》**)が水《みず》と反応して，水酸化《すいさんか》カルシウムができる化学変化である(図4)。

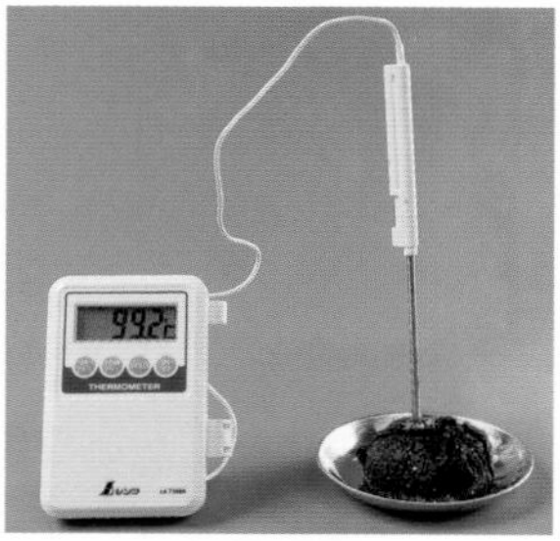

図1　鉄と硫黄の発熱反応

*1
駅弁や災害用の加熱材(図3)としてよく利用されている。

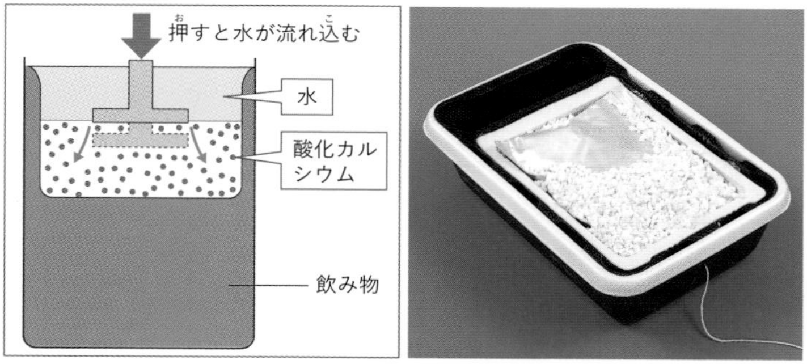


図2　酸化カルシウムと水の発熱反応を利用した発熱材のしくみ

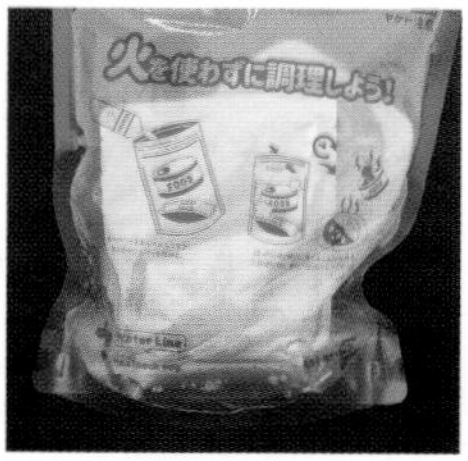


図3　災害用の加熱キット

熱

**酸化カルシウム ＋ 水 ⟶ 水酸化カルシウム**

図4　酸化カルシウムと水の発熱反応

## 参考 発熱に注意する実験や操作

ガスバーナーなどの加熱器具を扱《あつか》うとき以外でも，加熱によるやけどや突沸《とっぷつ》に注意する実験や操作があった。それらも発熱反応に関係していると考えられる。

小学校でものが燃える前後の空気を調べるとき，気体検知管《きたいけんちかん》を用いた。**図5**のような**酸素用の気体検知管**を用いたあと，熱くなるので気体検知管をさわらないように注意する必要があった。酸素用だけ熱くなるということは，化学かいろのように，何かが酸化する発熱反応が起こっていると推測できるが，実際に酸素用の気体検知管は，黒色の湿《しめ》った三塩化チタンの粉末が酸素と反応して白色の**酸化《さんか》チタン**になる部分の長さで酸素の量を測定している。このとき，塩化水素もできるので，単純な酸化ではない**発熱反応**であるといえる。

また，うすい硫酸《りゅうさん》やうすい水酸化ナトリウム水溶液《すいようえき》をつくるとき，**図6**のように，**ビーカーに入れた水に溶質を入れていく**のが正しい操作であるが，硫酸や水酸化ナトリウムの入ったビーカーに水を加えるという逆の操作をすると，できた水溶液が突沸する危険がある。これらは，酸化カルシウムに水を加えたときに起こる発熱反応と似ているが，溶質は水に溶《と》けても化学的には変化しない。化学変化は起きていないが，物質が水に溶けるときにはこのように多くの熱*2を出すことがある。

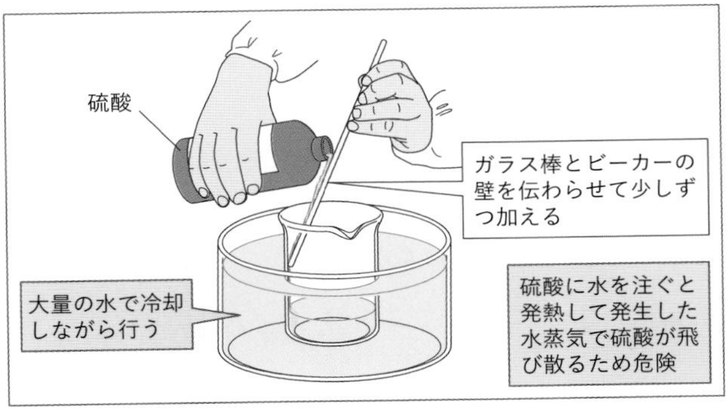


**図6 うすい硫酸のつくり方**

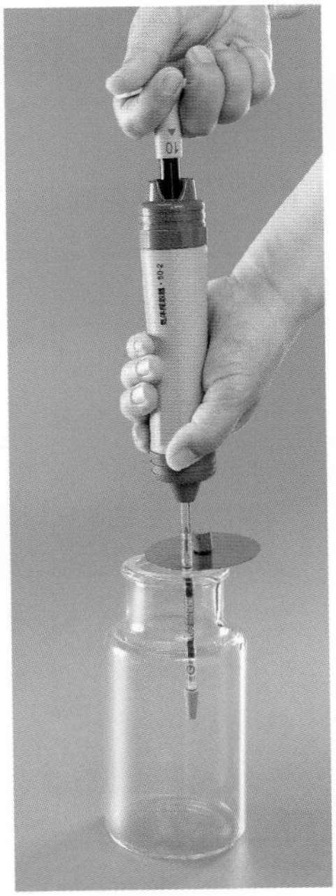

**図5 酸素用気体検知管**

*2
**溶解熱《ようかいねつ》**という。化学変化による燃焼熱などと合わせて**反応熱《はんのうねつ》**に含められる。

TRY! 表現力

**身近に利用されている酸化以外の発熱反応の例を説明しなさい。**

ヒント 鉄の酸化や酸化カルシウムと水の反応などがある。

解答例 酸化カルシウムと水が反応して水酸化カルシウムができる変化は，駅弁などの弁当を温めるのに利用されている。

UNIT 9

# 吸熱反応

着目 熱を吸収してまわりの温度を下げる化学変化を吸熱反応という。

要点

- **アンモニアの発生と熱** 水酸化《すいさんか》バリウムと塩化《えんか》アンモニウムが反応するとき，熱が吸収されて温度が下がる。
- **いろいろな吸熱反応《きゅうねつはんのう》や熱の吸収** 炭酸水素《たんさんすいそ》ナトリウムとクエン酸《さん》の反応も吸熱反応である。

## 1 アンモニアの発生と熱

図1のように，**水酸化《すいさんか》バリウム**の粉末3gと**塩化《えんか》アンモニウム**の粉末1gをビーカーの底にふれ合わないようにして入れ，水でぬらしたろ紙*1でビーカーにふたをして，温度が変わらないことを確かめる。ビーカー内にガラス棒を差《さ》し込《こ》んでよくかき混ぜてから温度計を差し込み，一定時間ごとに温度をはかった。温度はすぐに下がり始め，1～2分後には室温から10℃ぐらい下がって一定になった。反応が終わってふたをとると，湿《しめ》ったろ紙から**アンモニア**特有のにおいがした。

*1
水でぬらすのは，発生するアンモニアを吸収させるためである。

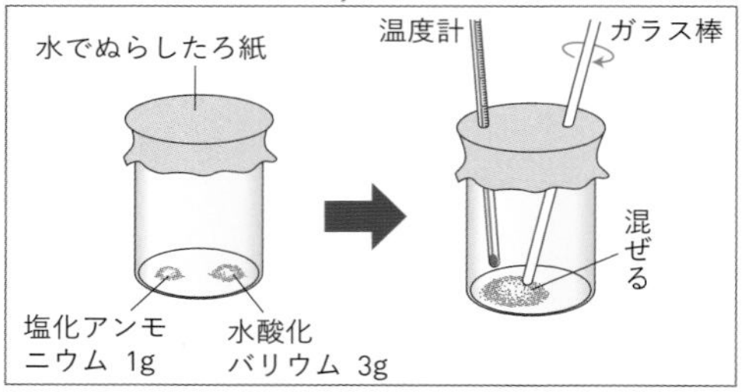


図1 アンモニアの発生とともに温度低下が起こる実験

**塩化アンモニウムと水酸化バリウムからアンモニアが発生する化学変化**が起こると，**熱を吸収し**，まわりの**温度が下がる**ことがわかる(図2)。

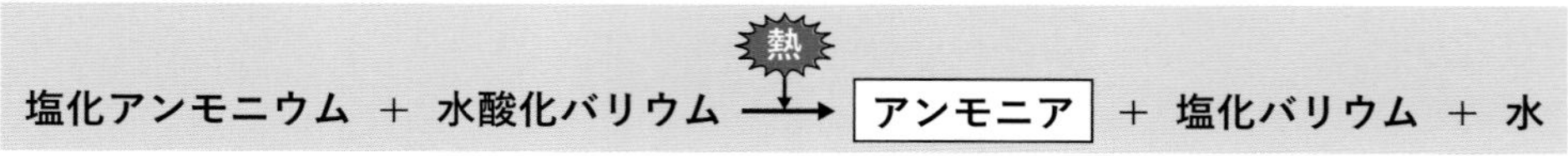


図2 アンモニアの発生と熱の吸収

図2の反応のように，**熱を吸収する化学変化**を，**吸熱反応《きゅうねつはんのう》**という。吸熱反応が起こると，まわりの**温度が下がる**(図3)。

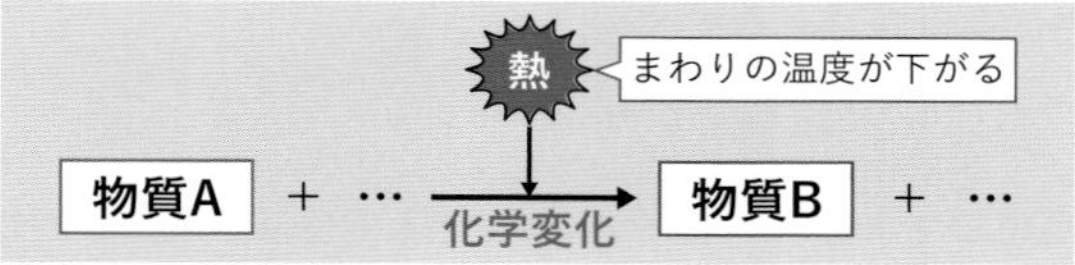


図3 吸熱反応と温度

## 2 いろいろな吸熱反応や熱の吸収

中学１年では，身のまわりのものを利用して**二酸化炭素**《にさんかたんそ》を発生させる方法として，酢《す》に重《じゅう》そうを加える方法を学習した。同様に，**レモンのしぼり汁《じる》と重そうを反応させても**，二酸化炭素が発生する。

レモンのしぼり汁には，**クエン酸**《さん》という物質が含《ふく》まれ，重そうは，物質名としては**炭酸水素**《たんさんすいそ》**ナトリウム**である。**クエン酸と炭酸水素ナトリウムから二酸化炭素が発生する化学変化**も，まわりの温度を下げる**吸熱反応**である。

図４のように，ビーカーに**炭酸水素ナトリウム**4gと**クエン酸**3gを入れてよくかき混ぜたものに，**水**《みず》を数滴《すうてき》加えると，図５の化学変化が起こって**ビーカーが冷たくなり**，吸熱反応が起きていることが実感できる。

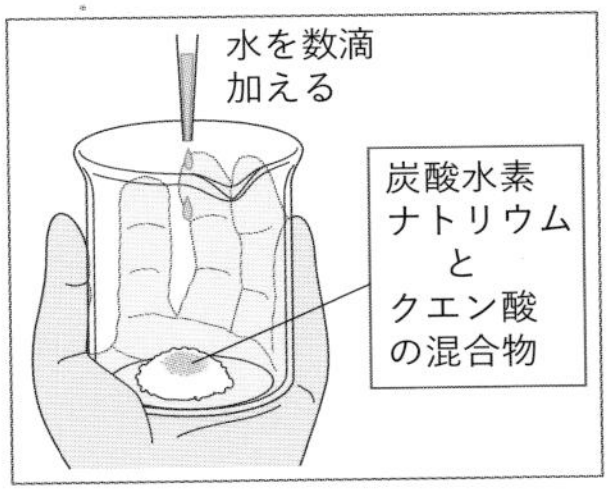

図４　クエン酸と炭酸水素ナトリウムの反応

クエン酸 ＋ 炭酸水素ナトリウム —(熱)→ クエン酸ナトリウム ＋ 二酸化炭素 ＋ 水

図５　クエン酸と炭酸水素ナトリウムの吸熱反応

### 発展　瞬間冷却パック

**硫酸**《りゅうさん》**が水に溶**《と》**けるとき**（➡ p.61）とは逆に，物質が溶けるときに熱を吸収する場合もある。

図６のような市販《しはん》されている瞬間冷却《しゅんかんれいきゃく》パックの中には**硝酸**《しょうさん》**アンモニウム**と**水**の袋《ふくろ》が入っている。たたくと水の入った袋が割れて硝酸アンモニウムが水に溶け，このとき熱を吸収し，冷却パックの温度が下がる。この反応では化学変化は起こっていないが，熱を吸収する反応の１つである。

図６　瞬間冷却パック

**TRY! 表現力**

**吸熱反応を「熱」と「温度」の語句を用いて説明しなさい。**

ヒント　化学変化による熱の出入りとまわりの温度変化について説明する。

解答例　熱を吸収する化学変化で，吸熱反応が起こるとまわりの温度が下がる。

# 定期テスト対策問題

解答 ➡ 別冊p.3

## 問 1 マグネシウムの燃焼

**マグネシウムリボンを空気中で燃やした。これについて，次の問いに答えなさい。**

(1) マグネシウムを燃やしたあとにできた物質は何か。物質名を書け。

(2) マグネシウムを燃やしたあとの質量は，燃やす前に比べてどうなっているか。もっとも適当なものを，次の**ア**～**ウ**のうちから選べ。

**ア** 燃焼前よりも質量が減少している。　**イ** 燃焼前よりも質量が増加している。

**ウ** 質量は，燃焼の前後で変わらない。

(3) このときの変化を化学反応式で表せ。

## 問 2 エタノールの燃焼

**燃焼さじに入れたエタノールに火をつけ，これを乾《かわ》いた集気びんの中に入れてふたをした。これについて，次の問いに答えなさい。**

(1) しばらくすると，集気びんの内側が白くくもった。これは，どんな物質ができたためか。物質名を書け。

(2) 火が消えたあと燃焼さじをとり出し，集気びんの中に石灰水《せっかいすい》を入れてよく振《ふ》ったら，石灰水が白くにごった。これは，どんな物質ができたためか。物質名を書け。

(3) (1)，(2)のことからエタノールが含《ふく》んでいると考えられる原子の元素記号を２つ書け。

## 問 3 銅の加熱

**右図のように，ステンレスの皿の上で銅粉を加熱した。これについて，次の問いに答えなさい。**

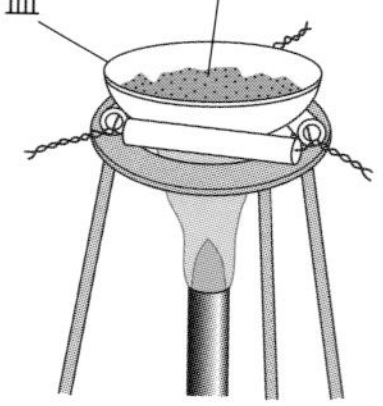


(1) 加熱後，皿の上に残った固体は何色になっているか。次の**ア**～**エ**から１つ選べ。

**ア** 白色　**イ** 黒色　**ウ** 赤色　**エ** 青色

(2) 加熱後，皿の上に残った物質は何か。

(3) このときの化学変化を，次の文のように説明した。文中の①～③にあてはまることばを答えよ。ただし，同じ番号には同じことばが入る。

銅を加熱すると，空気中の［①］と結びついて，(2)の物質に変化していく。このように［①］と結びついて別の物質になることを［②］といい，このときできた(2)の物質などを［③］という。

(4) このときの変化を化学反応式で表せ。

## 問 4 金属のさび

**鉄は，長い間にさびてくる。これについて，次の問いに答えなさい。**

(1) 鉄がさびるとき，空気中のある気体と結びついている。その気体の化学式を書け。

(2) 鉄がさびると何という物質に変わるか。

(3) 鉄がさびるのを防ぐために，表面に塗料《とりょう》をぬることがある。その理由を簡潔《かんけつ》に書け。

## 問 5 酸化銅と炭素の混合物の加熱

**右図の装置《そうち》で，酸化銅と炭素の粉末《ふんまつ》の混合物を加熱したところ，過不足なく反応した。次の問いに答えなさい。**

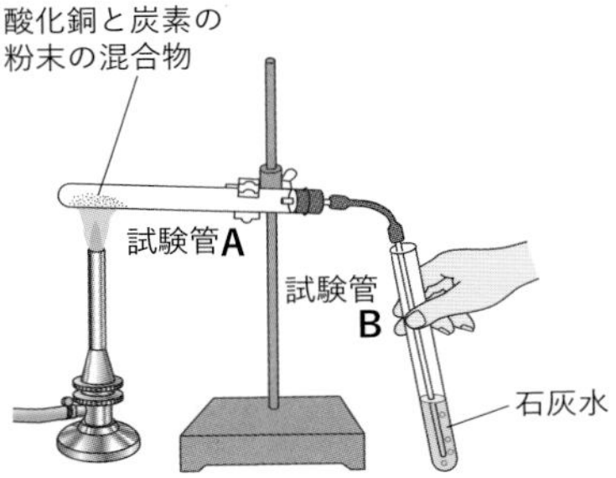


(1) 酸化銅の色はどのように変化するか。次の**ア**〜**エ**のうちから適当なものを1つ選べ。

**ア** 銀白色から黒色

**イ** 黒色から銀白色

**ウ** 赤色から黒色

**エ** 黒色から赤色

(2) 実験後，試験管**A**に残った固体は何というか。物質名を書け。

(3) この実験で発生した気体を試験管**B**の石灰水に通したところ，石灰水は白くにごった。石灰水を白くにごらせる気体について説明しているのは，次の**ア**〜**エ**のうちどれか。

**ア** 空気より軽く，水に溶《と》けて酸性を示す。

**イ** 空気より軽く，水に溶けてアルカリ性を示す。

**ウ** 空気より重く，水に溶けて酸性を示す。

**エ** 空気より重く，水に溶けてアルカリ性を示す。

## 問 6 酸化銅の水素による変化

**図のような装置で，黒色の酸化銅の粉末に乾いた水素を通して加熱したところ，銅が得られた。この実験について，次の問いに答えなさい。**

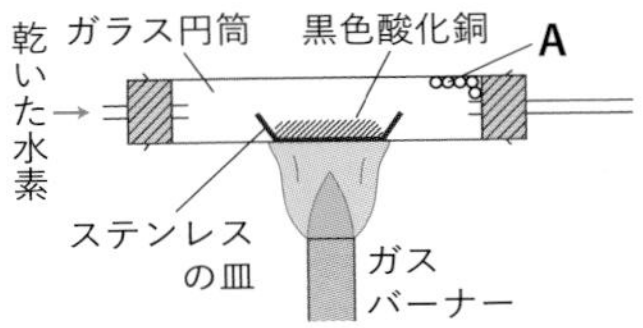


(1) 酸化銅が銅に変化した化学変化を何というか。次の**ア**〜**エ**から1つ選べ。

**ア** 酸化　　**イ** 還元《かんげん》　　**ウ** 気化　　**エ** 燃焼《ねんしょう》

(2) この実験で，装置の**A**のところに液体がついた。この液体は何か。物質名を書け。

UNIT 1

# 質量保存の法則

着目 化学変化の前後で，物質全体の質量は変化しないことを質量保存の法則という。

**要点**

- **鉄の燃焼と酸化鉄の質量**　鉄を燃焼してできた酸化鉄《さんかてつ》の質量は，燃焼前の鉄より結びついた酸素の分だけ大きくなる。
- **質量保存《しつりょうほぞん》の法則《ほうそく》**　化学変化の前後で，関係する物質全体の質量は変化しない。

## 1 鉄の燃焼と酸化鉄の質量

スチールウール(鉄)の質量をはかってから空気中で十分に燃焼させ，できた酸化鉄《さんかてつ》の質量をはかると，もとの鉄よりも**質量が大きくなる**(図1)。これは，鉄と**結びついた酸素の分だけ，質量が増加したから**である。

化学反応式を考えるとき，**化学変化で原子自体が変化することはなく**，その組み合わせだけが変化すると考えた。元素ごとに**原子1個の質量が決まっている**なら，**燃焼する前の鉄と鉄に結びつく酸素の総質量は，できた酸化鉄の質量と等しい**はずである(図2)。

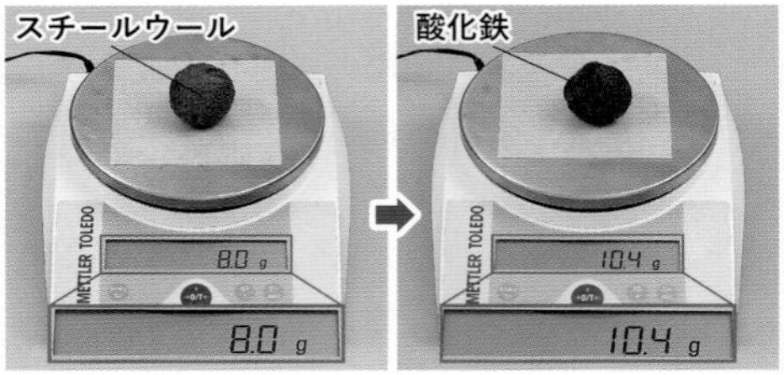


図1　鉄の燃焼による質量の変化

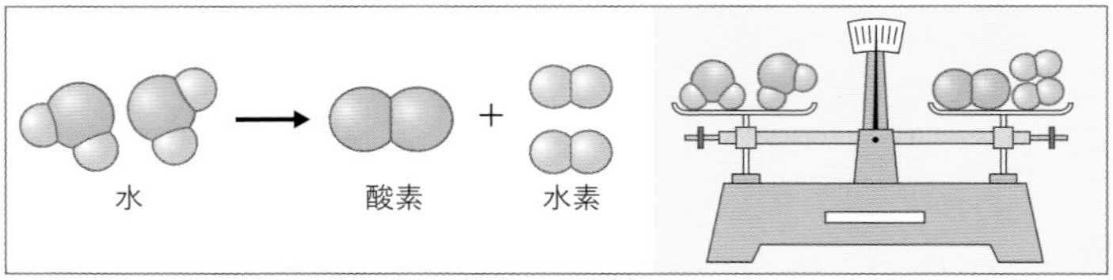


図2　化学変化の前後での原子の不変と質量の関係

### 参考　物質の溶解と物質の質量

固体や液体の物質を水に溶《と》かして水溶液《すいようえき》をつくるときも，**図3**のように容器の中だけで変化が起こるため，変化の前後で質量は変化しなかった。

このときも，水の分子の数や食塩をつくる原子の数は変化しないので，質量が変わらないのである。

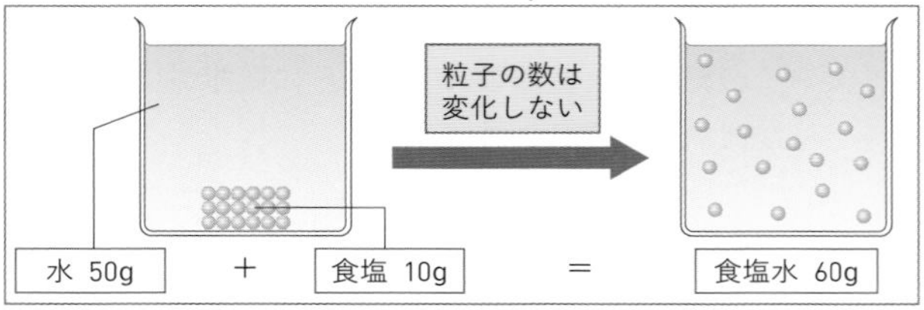


図3　溶質・溶媒の質量と水溶液の質量

## 2 鉄の燃焼と鉄と酸素の質量の変化

スチールウールを図 4 のような密閉された装置[*1]の中で燃やし，フラスコ全体の質量を燃焼の前後で比べると，燃焼の前後で全体の質量は変わらないことが確かめられる(図 5)。

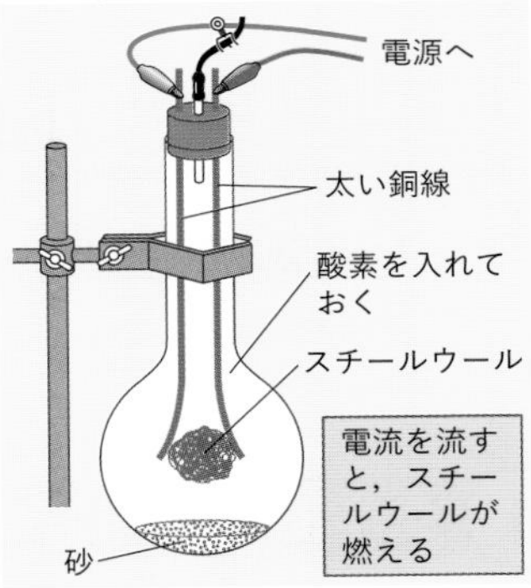


図 4　**密閉容器でのスチールウールの燃焼**

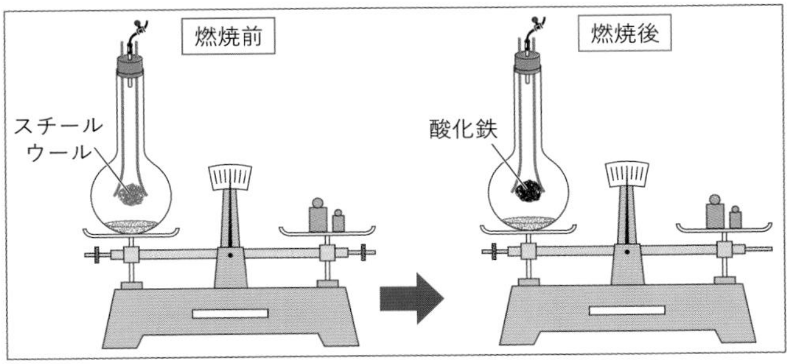


図 5　**鉄の燃焼前と燃焼後の全体の質量**

つまり，燃焼前の鉄と酸素の質量の和は，燃焼後にできた酸化鉄の質量に等しい。

＊1
フラスコの底に砂を入れてあるのは，飛び散った火花によってフラスコが割れるのを防ぐためである。

## 3 質量保存の法則

スチールウールを空気中で燃やすと，空気中にあった酸素が結びついた分だけ質量が増加したが，密閉容器内で燃やすと，密閉容器内の酸素だけが燃焼に使われるため，全体の質量は変わらなかった。

図 6 のように一般《いっぱん》に，**化学変化の前後で，物質全体の質量は変化しない。**これを，質量《しつりょう》保存《ほぞん》の法則《ほうそく》という。これは，溶解や状態変化でも成り立つ。

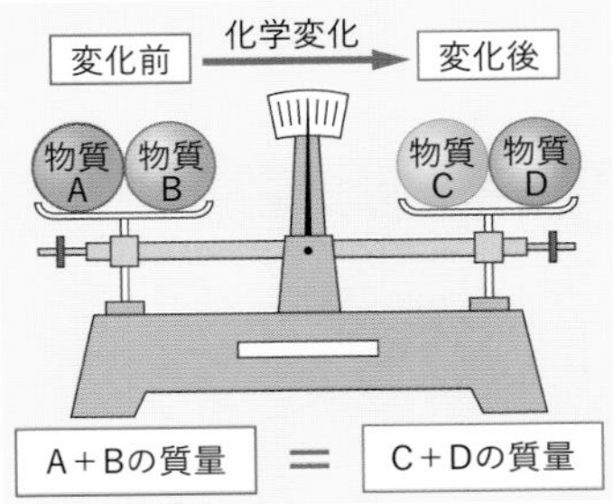


図 6　**質量保存の法則の考え方**

TRY! 表現力

**化学変化で質量保存の法則が成り立つしくみを「原子」という語句を用いて説明しなさい。**

ヒント　化学変化の前後で原子の何が変化するかを考える。

解答例　原子の種類によって質量は決まっており，化学変化の前後で原子の種類や数が変化しない。

UNIT 2

# 気体の出入りと質量保存の法則

着目 気体と結びつく反応と気体が発生する反応でも質量保存の法則が成り立つ。

**要点**

- **気体と結びつく反応** 密閉容器内で反応させると質量保存《しつりょうほぞん》の法則《ほうそく》が成り立つことがわかる。
- **気体が発生する反応** 密閉容器内で反応させると質量保存の法則が成り立つことがわかり，ふたを開けると全体の質量は減少する。

## 1 気体と結びつく反応と質量保存の法則

図1のように，**酸素を入れた丸底フラスコに銅粉を入れて密閉する。**さらに図2のように全体の質量をはかった後，フラスコを振《ふ》りながら**ガスバーナーで十分に加熱する。**赤色の銅粉が黒色の酸化銅になったことを確認してから再び全体の質量をはかると，はじめの質量のまま変わらない。この密閉した条件での実験から，全体の質量は加熱前後で変わらず，**質量保存《しつりょうほぞん》の法則《ほうそく》が成り立っている**ことが確認できる。

**銅の質量 ＋ 酸素の質量 ＝ 酸化銅の質量**

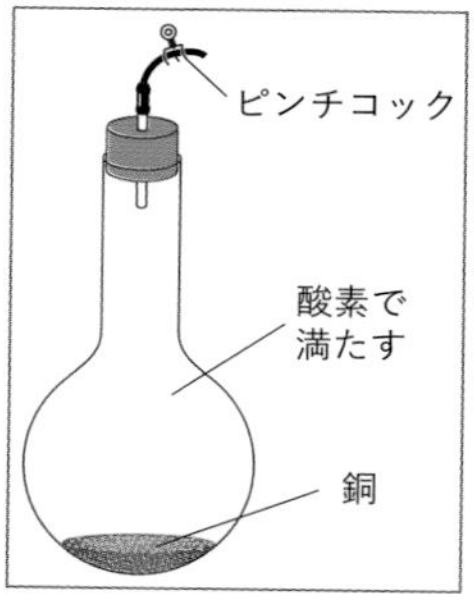


図1 **密閉容器での銅の燃焼**

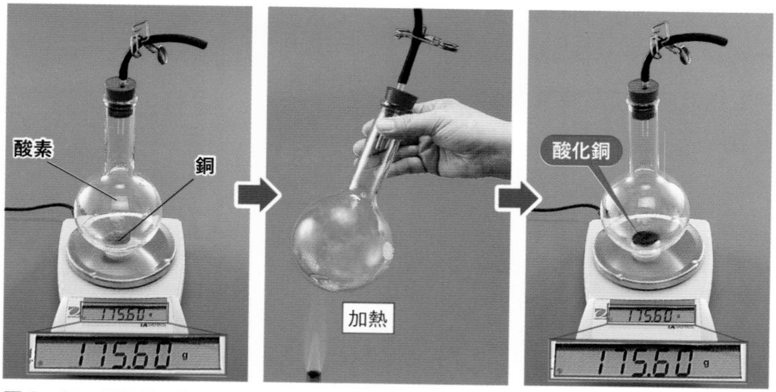


図2 **銅の燃焼前と燃焼後の全体の質量**

反応後の質量をはかった後，ピンチコックを開けると，銅と結びついた酸素の体積の分だけまわりから空気がフラスコ内に入ってきて，その質量分だけ**フラスコ内の質量は増加する。**[*1]

*1
密閉した容器の中で銅を加熱すると，酸素が銅と結びついて内部の気体がうすくなり，その分**気圧《きあつ》**(➡ p.182)が下がる。この**圧力差《あつりょくさ》**によって空気が入《はい》り込《こ》む。

## 2 気体が発生する反応と質量保存の法則

### A 炭素の燃焼

図3のように，**木炭を空気中で燃焼する**と，発生した二酸化炭素は空気中に広がっていくため，**質量が減少する**。気体が発生する化学変化でも発生した気体を含《ふく》めて質量をはかるためには，密閉容器内で化学変化が起こるように工夫する必要がある。この場合も，耐圧容《たいあつよう》器《き》の中で燃やすと，全体の質量は変わらない。

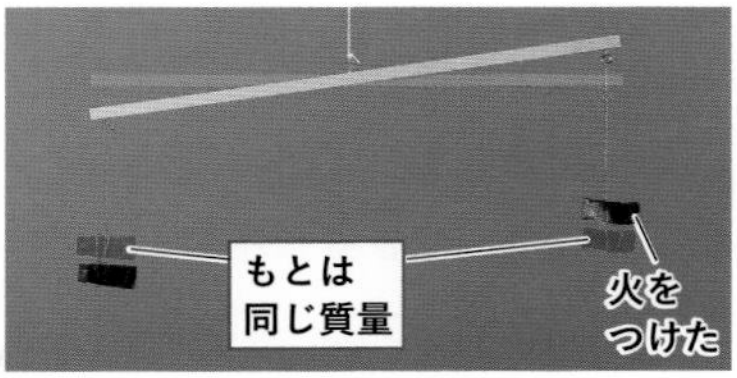

図3　木炭の燃焼と質量

### B 炭酸水素ナトリウムと塩酸の反応

図4のように，炭酸水素ナトリウムと塩酸を入れた小さい容器を密閉容器に入れ，容器全体を傾《かたむ》けて**塩酸を炭酸水素ナトリウムに注ぎ，二酸化炭素を発生させる**。反応の前後で容器全体の質量をはかると，質量は変わらず，**質量保存の法則が成り立っている**ことが確認できる。

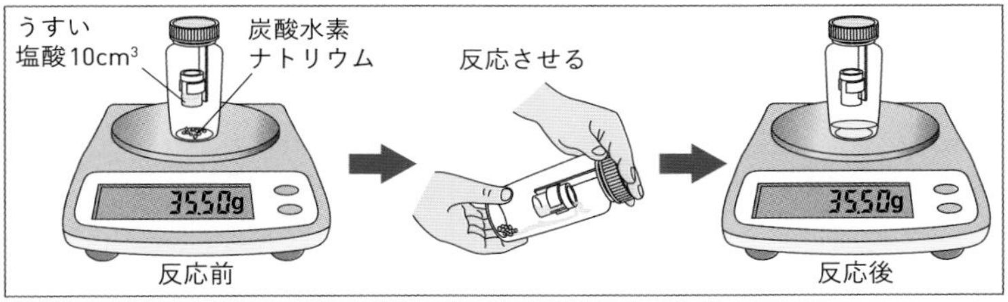

図4　密閉条件で気体が発生する前後の質量

| | | | | | | | | |
|---|---|---|---|---|---|---|---|---|
| $NaHCO_3$ | + | HCl | $\longrightarrow$ | NaCl | + | $H_2O$ | + | $CO_2$ |
| 炭酸水素ナトリウム | | 塩酸 | | 塩化ナトリウム | | 水 | | 二酸化炭素 |

反応後の容器のふたを開けると，発生した二酸化炭素が空気中へ出ていくため，その質量分だけ**容器内の質量は減少する**。

TRY! 表現力

**気体が発生する化学変化でも，質量保存の法則が成り立つことを示すには，どのような実験をすればよいか答えなさい。**

ヒント　発生する気体も含めて全体の質量が変わらないことを示す。

解答例　発生する気体が空気中に逃げていかないように，密閉容器内で実験すると，化学変化の前後で質量が変わらないことが確かめられる。

UNIT 3

# 沈殿ができる反応と質量保存の法則

着目 沈殿ができる化学変化でも，質量保存の法則が成り立つ。

**要点**

- **沈殿《ちんでん》ができるとき** 容器内だけで変化が起こり，外から別の物質が入ってきたり，外へ物質が出て行ったりしないので，質量保存《しつりょうほぞん》の法則《ほうそく》が成り立つ。
- **鉄《てつ》と硫黄《いおう》の反応** 鉄と硫黄が結びつく変化でも，質量保存の法則が成り立つ。

## 1 沈殿ができる反応と質量保存の法則

うすい**硫酸《りゅうさん》**とうすい**塩化《えんか》バリウム水溶液《すいようえき》**を混ぜると，硫酸《りゅうさん》バリウムの**白色沈殿《はくしょくちんでん》**[*1]ができる。この変化では，同時に塩酸も生じる。図1のように，反応の前後で質量をはかると，質量が変わらず，**質量保存《しつりょうほぞん》の法則《ほうそく》が成り立つ**ことが確かめられる。

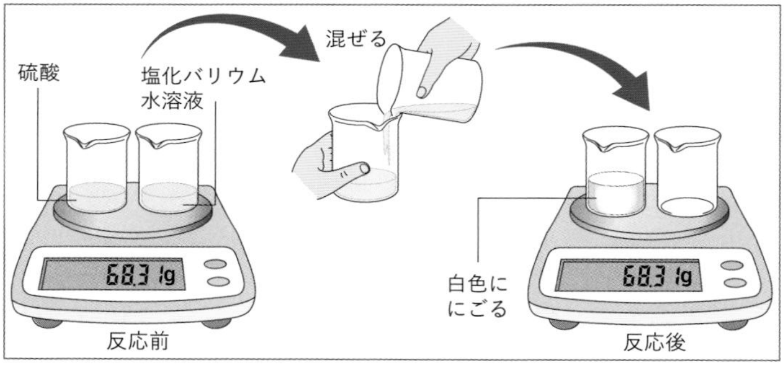


図1 溶液中で沈殿が発生する前後の質量

| | | | | | | |
|---|---|---|---|---|---|---|
| $H_2SO_4$ | + | $BaCl_2$ | $\longrightarrow$ | $2HCl$ | + | $BaSO_4$ |
| 硫酸 | | 塩化バリウム | | 塩酸 | | 硫酸バリウム |

*1
溶液中での化学変化によって**溶媒《ようばい》に溶《と》けない物質**が生じると，この物質は底に沈《しず》む。このとき沈んだものを**沈殿《ちんでん》**という。

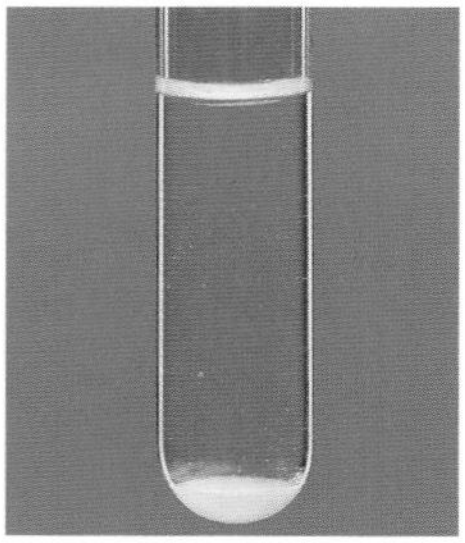

図2 硫酸バリウムの沈殿

## 2 その他の沈殿ができる反応

### A 炭酸ナトリウム水溶液と塩化カルシウム水溶液の反応

**炭酸《たんさん》ナトリウム水溶液《すいようえき》**と**塩化《えんか》カルシウム水溶液《すいようえき》**を混ぜ合わせると，炭酸《たんさん》カルシウム[*2]の**白色沈殿**を生じる。このとき，塩化ナトリウムも生じているが，塩化ナトリウムは水に溶《と》ける。

*2
**炭酸カルシウム**は，**石灰水《せっかいすい》**（**水酸化《すいさんか》カルシウム水溶液《すいようえき》**）に二酸化炭素を通したときにも生じ，石灰水をにごらせる。石灰石の主成分でもある。

| $Na_2CO_3$ | + | $CaCl_2$ | $\longrightarrow$ | $2NaCl$ | + | $CaCO_3$ |
|---|---|---|---|---|---|---|
| 炭酸ナトリウム | | 塩化カルシウム | | 塩化ナトリウム | | 炭酸カルシウム |

### B 硫酸と水酸化バリウム水溶液の反応

うすい**硫酸《りゅうさん》**と**水酸化《すいさんか》バリウム水溶液《すいようえき》**を混ぜ合わせると，**硫酸バリウム**の**白色沈殿**を生じる。このとき，同時に水も生じる。

| $H_2SO_4$ | + | $Ba(OH)_2$ | $\longrightarrow$ | $2H_2O$ | + | $BaSO_4$ |
|---|---|---|---|---|---|---|
| 硫酸 | | 水酸化バリウム | | 水 | | 硫酸バリウム |

### C 硫酸ナトリウム水溶液と塩化バリウム水溶液の反応

**硫酸《りゅうさん》ナトリウム水溶液《すいようえき》**と**塩化バリウム水溶液**を混ぜ合わせると，**硫酸バリウム**の**白色沈殿**を生じる。このとき，塩化ナトリウムも生じているが，塩化ナトリウムは水に溶ける。

| $Na_2SO_4$ | + | $BaCl_2$ | $\longrightarrow$ | $2NaCl$ | + | $BaSO_4$ |
|---|---|---|---|---|---|---|
| 硫酸ナトリウム | | 塩化バリウム | | 塩化ナトリウム | | 硫酸バリウム |

## 3 鉄や銅と硫黄が結びつく反応と質量保存の法則

**鉄《てつ》**と**硫黄《いおう》**が結びつく化学変化でも，**図3**のように，硫黄の蒸気が試験管から出ていかないようにすれば，反応の前後で全体の質量は変化しない。

**銅《どう》**と**硫黄**が結びつく化学変化も，硫黄の蒸気が出ていかないようにせんをすれば，反応の前後で全体の質量は変化しない。

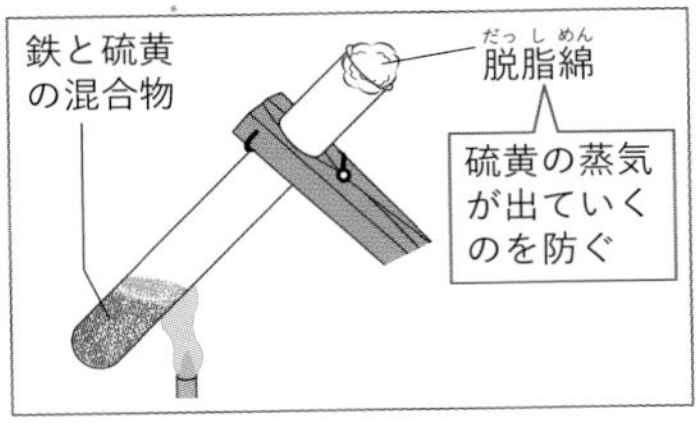


**図3　鉄と硫黄の反応**

TRY! 表現力

**沈殿ができる化学反応でも，質量保存の法則が成り立つことを「原子」という語句を用いて説明しなさい。**

ヒント　化学変化の前後での原子の組み合わせに注目する。

解答例　沈殿ができる化学変化でも，原子の組み合わせが変わって沈殿ができるだけで，原子の種類や数は変わらないため，質量保存の法則が成り立つ。

UNIT 4

# 化学変化と質量の割合

着目 銅を加熱したとき，銅と，銅に結びつく酸素の質量の割合は決まっている。

**要点**

- **銅と結びつく酸素の質量** 一定量の銅と結びつく酸素の質量は決まっており，銅がすべて酸化されると，それ以上酸素と結びつかない。
酸化銅《さんかどう》をつくる銅と酸素の質量の比は一定である。

## 1 一定量の銅と結びつく酸素の質量

銅を空気中で加熱すると，**酸化銅**《さんかどう》が生じて，結びついた酸素の分だけ質量が増加する。酸化銅の化学式はCuO[*1]で，図1のように，銅原子Cu 1個と酸素原子O 1個の割合で結びついてできている。銅原子にも酸素原子にも決まった質量があるから，酸化銅の質量は，銅原子1個あたり結びついた酸素原子1個分だけ，もとの銅原子より質量が大きくなる。

質量がふえるのは，酸素原子と結びついた銅原子がふえるからで，銅原子1個あたりに結びつく酸素原子がふえ続けるからではない(図2)。

*1
酸化銅は分子をつくらない物質である。

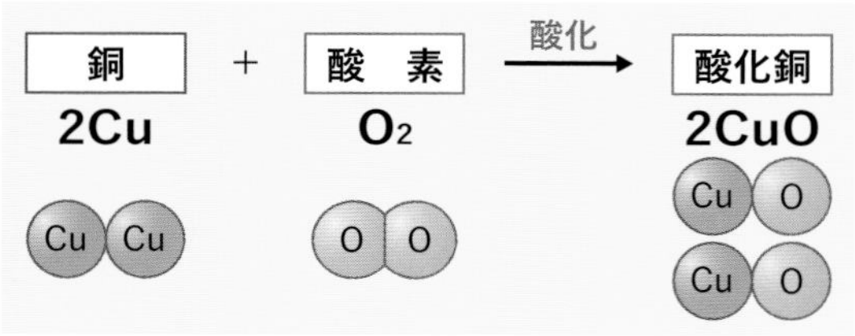

図1 銅の酸化とその化学反応式

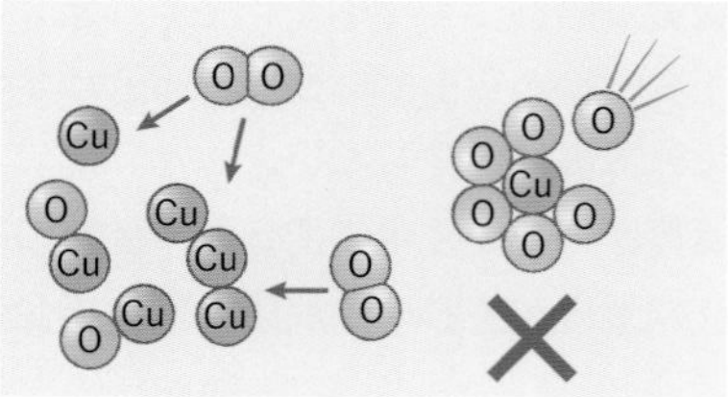

図2 銅の酸化の進み方

## 2 一定量の銅と結びつく酸素の限度の質量を調べる 実験

### A 方法・手順

① 電子てんびんでステンレス皿の質量をはかったあと，図3のように，ステンレス皿に銅粉を1.00gはかりとる。

② 銅粉をステンレス皿全体にうすく広げ,[*2]ガスバーナーで5分間加熱する。

③ 十分に冷えてから，電子てんびんで加熱した銅粉の質量を調べる。この加熱と加熱後の質量を調べる操作を6回くり返す。

*2
最終的にすべて酸化するように，空気とふれ合う面積をなるべく大きくする。

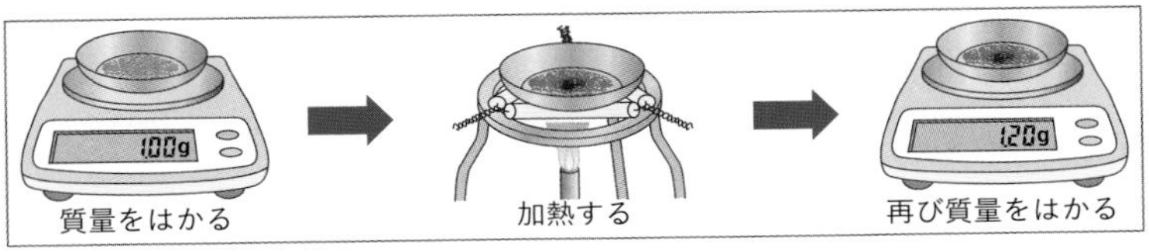


図 3　**銅の加熱と質量の変化の調べ方**

## B 結果・考察

加熱回数と質量との関係をグラフに表すと，図 4 のようになった。これより，銅1.00gからできる酸化銅は1.25gが限度で，それ以上酸素と結びつかないことがわかる。

図 4 より，銅1.00gと結びつくことができる酸素の質量は，

1.25－1.00＝0.25g

であり，銅と酸素の質量の比は，

銅：酸素＝1.00g：0.25g＝**4：1**

となる。酸化銅は，銅原子 1 個に酸素原子 1 個の割合で結びついてできているから，**酸化銅をつくる銅と酸素の質量の比は一定である。**

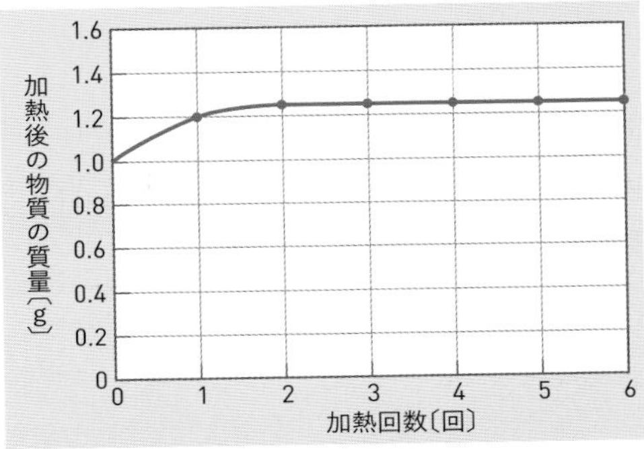


図 4　**加熱回数と 1 g の銅粉からの質量の変化**

### 発展　原子の質量

銅と，銅に結びつく酸素の質量の比は，4：1 となった。酸化銅は銅原子 1 個と酸素原子 1 個の割合で結びついてできるから，銅原子 1 個の質量と酸素原子 1 個の質量の比も，4：1 になると考えられる。

原子の質量を，炭素原子 1 個の質量を12としたときの比で表したものを**原《げん》子《し》量《りょう》**という。p.30の周期表によると銅の原子量は64，酸素の原子量は16である(**図 5**)。ここから計算しても64：16＝4：1 となる。

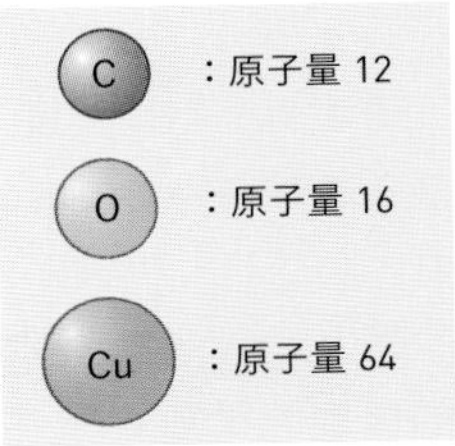


図 5　**原子量**

TRY! 表現力

**銅粉を空気中で加熱すると，一定量以上質量がふえない理由を説明しなさい。**

ヒント　酸化銅は銅原子と酸素原子がどんな割合で結びついている物質かを思い出す。

解答例　酸化銅は銅原子 1 個あたりに酸素原子 1 個が結びついてできるため，銅粉中の銅原子がすべて酸素原子と結びつくと，それ以上酸素が結びつけないから。

UNIT 5

# 酸化の反応の前後での質量の割合

着目 金属と結びつく酸素の質量の割合は，金属の種類によって決まっている。

要点

- **銅と結びつく酸素の質量**　銅の質量：結びつく酸素の質量＝4：1 の割合で反応する。
- **マグネシウムと結びつく酸素の質量**　マグネシウムの質量：結びつく酸素の質量＝3：2 の割合で反応する。

## 1 銅と酸化銅中の酸素の質量の関係

電子てんびんで 5 つのステンレス皿の質量をはかったあと，**銅粉**《どうふん》の質量を変えてそれぞれはかりとり，うすく広げてガスバーナーで一定時間加熱した。その後，十分に冷まして質量をはかるたびに飛び散らないようにゆっくりとよくかき混ぜた。*1 **加熱**と**質量をはかってかき混ぜる操作**を質量が変化しなくなるまでくり返し，それぞれの質量の銅からできた酸化銅の質量と，結びついた酸素の質量を表 1 にまとめた。

*1
空気にふれるむらや，加熱のむらがないようにすると，すべて酸化するまでに加熱する回数を少なくすることができる。

表 1　**銅の質量とできる酸化銅・結びついた酸素の質量**

| 銅の質量〔g〕 | 0.20 | 0.40 | 0.60 | 0.80 | 1.00 |
|---|---|---|---|---|---|
| 酸化銅の質量〔g〕 | 0.25 | 0.50 | 0.75 | 1.00 | 1.25 |
| 結びついた酸素の質量〔g〕 | 0.05 | 0.10 | 0.15 | 0.20 | 0.25 |

表 1 をもとに，銅の質量と酸化銅の質量との関係(図 1)と，銅の質量と結びついた酸素の質量との関係(図 2)をそれぞれグラフ*2 に表した。

*2
測定値が誤差を含《ふく》んでいる場合，測定値を表す ● が，グラフの上下に均等に散らばるようにグラフをかく。

図 1 より，常に，**銅の質量：酸化銅の質量＝4：5** となり，図 2 より，常に，**銅の質量：結びついた酸素の質量＝4：1** となる。それぞれの比が一定だから，できる**酸化銅の質量**は加熱する**銅の質量に比例**し，結びつく**酸素の質量**も**加熱する銅の質量に比例**する。

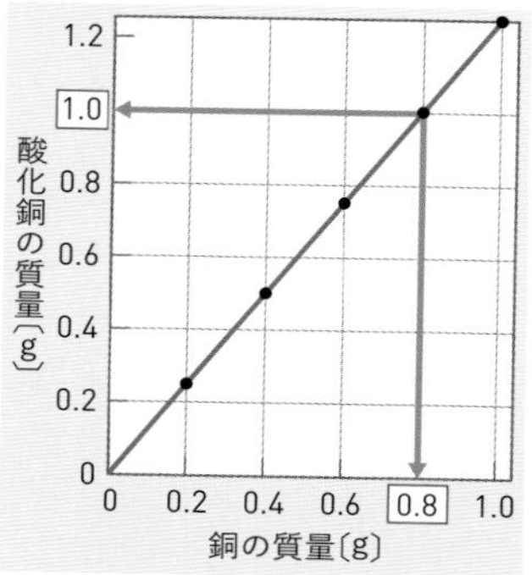


図 1　**銅とできる酸化銅の質量の関係**

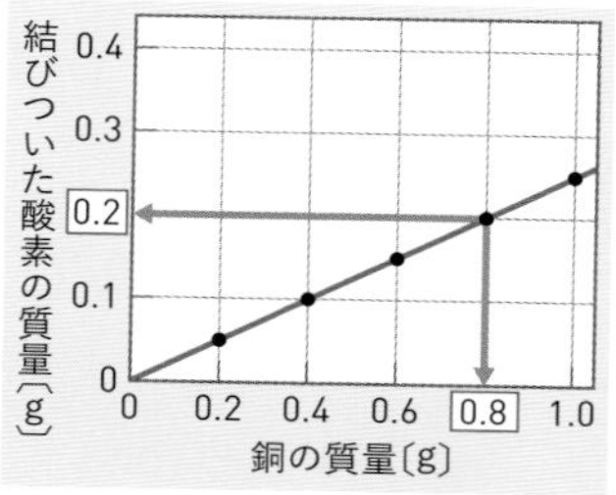


図 2　**銅と結びついた酸素の質量の関係**

## 2 マグネシウムと酸化マグネシウム中の酸素の質量の関係

電子てんびんで５つのステンレス皿の質量をはかったあと，けずり状の**マグネシウム**を質量を変えてそれぞれはかりとり，うすく広げてガスバーナーで十分に**加熱した。**

すべて**酸化《さんか》マグネシウム**になって燃焼しなくなったら十分に冷まして，全体の質量をはかった。それぞれの質量のマグネシウムからできた酸化マグネシウムの質量と，結びついた酸素の質量を表２にまとめた。

図３　**マグネシウムの加熱**

表２より，マグネシウムの質量と酸化マグネシウムの質量との関係（図４），マグネシウムの質量と結びついた酸素の質量との関係（図５）をそれぞれグラフに表した。

表２　**マグネシウムの質量とできる酸化マグネシウム・結びついた酸素の質量**

| | | | | | |
|---|---|---|---|---|---|
| マグネシウムの質量〔g〕 | 0.30 | 0.60 | 0.90 | 1.20 | 1.50 |
| 酸化マグネシウムの質量〔g〕 | 0.50 | 1.00 | 1.50 | 2.00 | 2.50 |
| 結びついた酸素の質量〔g〕 | 0.20 | 0.40 | 0.60 | 0.80 | 1.00 |

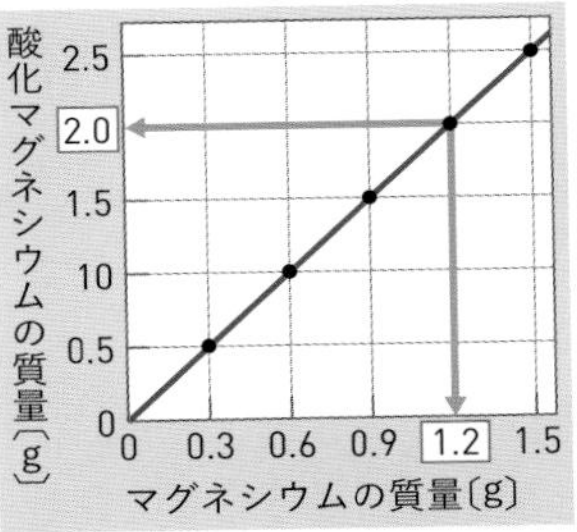


図４　**マグネシウムと生じる酸化マグネシウムの質量の関係**

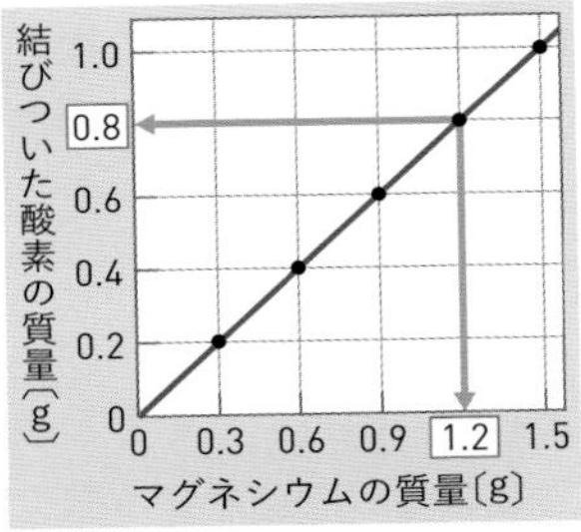


図５　**マグネシウムと結びついた酸素の質量の関係**

図４より，常に，**マグネシウムの質量：酸化マグネシウムの質量＝3：5**となり，図５より，常に，**マグネシウムの質量：結びついた酸素の質量＝3：2**となる。それぞれの比が一定だから，できる**酸化マグネシウムの質量**や結びつく**酸素の質量**は加熱する**マグネシウムの質量に比例**する。

### 例題 1　金属と結びつく酸素の質量比

マグネシウム1.8gが完全に燃焼してできる酸化マグネシウムの質量が3.0gのとき，マグネシウム2.4gを完全に燃焼させたときに結びつく酸素の質量は何gか。

解き方

**マグネシウムの質量とそれと結びつく酸素の質量の比を考える。**

マグネシウム：結びつく酸素＝マグネシウム：(酸化マグネシウム－マグネシウム)

＝1.8：(3.0－1.8)＝1.8：1.2＝3：2　よって，$2.4\,\mathrm{g} \times \dfrac{2}{3} =$ **1.6g** ……答

UNIT 6

# 分解や還元の反応の前後での質量の割合

着目 酸化銀の分解や酸化銅の還元でも，質量の割合は一定である。

**要点**

- **酸化銀《さんかぎん》の分解と質量** 酸化銀を加熱すると，銀と酸素に分解する。このとき，酸化銀の質量と残る銀の質量の比は一定。
- **酸化銅の還元《かんげん》と質量** 反応前の酸化銅と炭素，反応後の銅と二酸化炭素の質量の比は一定。

## 1 酸化銀の分解と質量

**酸化銀《さんかぎん》**は，**銀《ぎん》**と**酸素《さんそ》**が結びついた物質で，黒色の粉末状をしている。銀は酸素と結びつきにくい性質をもっているので，水素や炭素を使わなくても，加熱するだけで金属の**銀**と気体の**酸素**に分解する。このときの，はじめの酸化銀の質量と，できた銀と酸素の質量の関係を考える。

電子てんびんでステンレス皿の質量をはかったあと，酸化銀の粉末を質量を変えてステンレス皿にはかりとり，図1のようにうすく広げて十分に加熱した。すると，ステンレス皿上には，白色でこすると金属光沢《きんぞくこうたく》が現れる銀が残る。

このとき，加熱する酸化銀と加熱後に残った銀の質量の関係は，図2のようなグラフで表される。

図2より，**酸化銀の質量：含《ふく》まれる銀の質量＝29：27**である。これより，酸化銀は，**銀の質量：酸素の質量＝27：2**の比でできていることがわかる。

$$2Ag_2O \longrightarrow 4Ag + O_2$$

酸化銀　　銀　　酸素

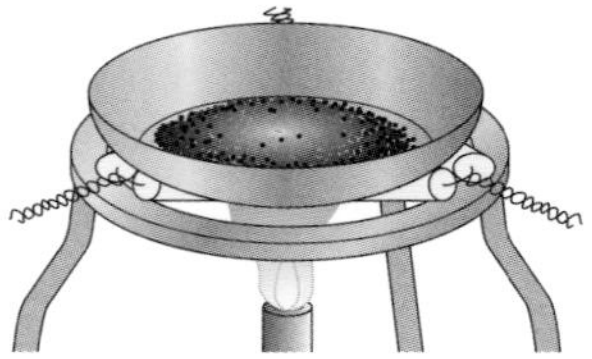

図1　酸化銀の加熱方法

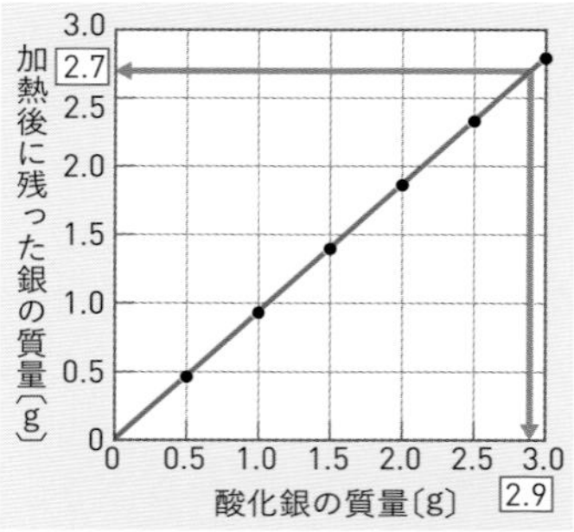


図2　酸化銀と分解してできる銀の質量の関係

## 2 酸化銅の還元と質量

**酸化銅《さんかどう》**の粉末を炭素《たんそ》の粉末と混ぜて加熱すると，酸化銅が炭素によって還元《かんげん》され，金属の**銅**と気体の**二酸化炭素**が生じる。このときの，はじめの酸化銅・炭素の質量と，できた銅と二酸化炭素の質量の関係を考える。

電子てんびんで7本の試験管の質量をはかったあと，酸化

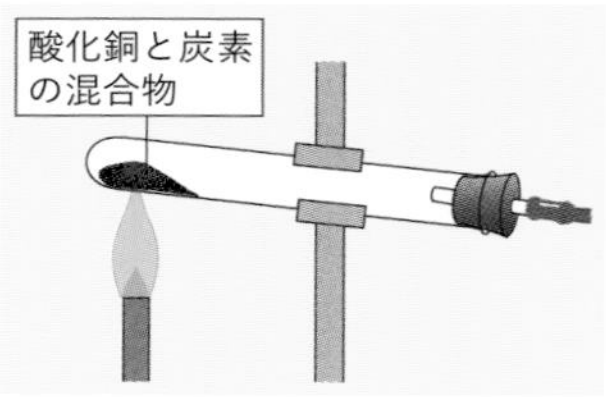


図3　酸化銅の炭素による還元

銅の粉末4.00gとさまざまな質量の炭素の粉末との混合物をそれぞれ入れ，図3のように十分に加熱する。

ゴム管を閉じて冷ましてから，試験管に残った物質の質量をはかり，発生した二酸化炭素の質量も求める。この結果は，表1のようになる。これをグラフにしたものが図4である。

図4の赤色の破線のグラフは用いた炭素と残った固体の質量の関係を，緑色のグラフは用いた炭素と発生した二酸化炭素の質量の関係を表している。

青色のグラフは，赤色のグラフからわかる，用いた炭素とできた銅の質量の関係である。図4から，**過不足なく反応するまで，できる銅と二酸化炭素の質量は，炭素の質量にそれぞれ比例する。**

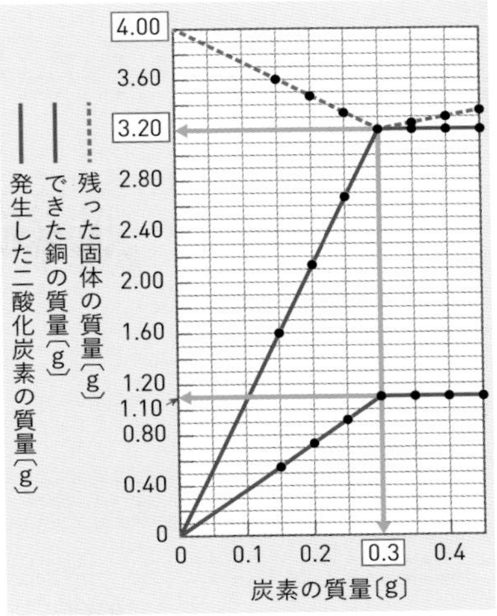


図4　**炭素による酸化銅の還元における質量の関係**

表1　**酸化銅と炭素の質量と反応後に残った固体の質量および発生した二酸化炭素の質量**

| | | | | | | | |
|---|---|---|---|---|---|---|---|
| 酸化銅の質量〔g〕 | 4.00 | 4.00 | 4.00 | 4.00 | 4.00 | 4.00 | 4.00 |
| 炭素の質量〔g〕 | 0.15 | 0.20 | 0.25 | 0.30 | 0.35 | 0.40 | 0.45 |
| 残った固体の質量〔g〕 | 3.60 | 3.47 | 3.33 | 3.20 | 3.25 | 3.30 | 3.35 |
| 発生した二酸化炭素の質量〔g〕 | 0.55 | 0.73 | 0.92 | 1.10 | 1.10 | 1.10 | 1.10 |

## 例題 2　化学変化の質量の比

酸化銀2.9gを十分に加熱すると銀が2.7gできる。酸化銀7.2gを加熱して質量が6.8gになったとき，分解しなかった酸化銀は何g残っているか。

解き方

**あたえられた質量の比から求めたい物質を含《ふく》む質量の比を考える。**

酸化銀──→銀＋酸素　の反応である。

酸化銀と分解して発生する酸素の質量の比は，

$2.9\,g : (2.9-2.7)\,g = 29 : 2$

よって，酸素が，$7.2\,g - 6.8\,g = 0.4\,g$発生したとき，分解された酸化銀の質量は，

$0.4\,g \times \dfrac{29}{2} = 5.8\,g$

まだ分解していない酸化銀は，

$7.2\,g - 5.8\,g =$ **1.4g** ……㊀答

UNIT 7

# いろいろな反応の前後での質量の割合

着目 一定量の物質から発生する二酸化炭素の質量には限度がある。

要点

- **石灰石《せっかいせき》と塩酸《えんさん》の反応** 一定量の塩酸に溶《と》ける石灰石と，発生する二酸化炭素《にさんかたんそ》の質量には限度がある。質量の比を求めるときは，限度に到達する前で計算する。
- **鉄《てつ》と硫黄《いおう》が結びつく質量の比** 鉄と硫黄の反応する質量の比は一定である。

## 1 石灰石から発生する二酸化炭素の質量

**塩酸《えんさん》**に**石灰石《せっかいせき》**を入れて反応させると，**二酸化炭素《にさんかたんそ》**が発生する。この石灰石の質量と発生する二酸化炭素の質量の関係を考える。

7つのビーカーに，塩酸をメスシリンダーで30cm$^3$ずつはかって入れ，異なる質量ずつ石灰石の粉末をはかりとった薬包紙とともに，それぞれ図1のように電子てんびんにのせて全体の質量をはかる。それぞれの石灰石を塩酸に加え，薬包紙を電子てんびんの上に戻《もど》して二酸化炭素の泡《あわ》が出終わってから反応後の全体の質量をはかり，発生した二酸化炭素の質量を求める。

図1 反応前の全体の質量のはかり方

図2のように，この塩酸30cm$^3$に含《ふく》まれている塩化水素と過不足なく反応する石灰石は2.0gで，石灰石をこれ以上加えても，**二酸化炭素は発生していない**。このときには反応が起こらず，石灰石も溶《と》けていかない。いいかえると，**石灰石の溶ける限度**といえる。そのため，反応する質量の比を求める際には，**限度に到達《とうたつ》する前の段階で計算する必要がある。**

**この限度の質量に到達するまでは，発生する二酸化炭素の質量は石灰石の質量に比例し，石灰石の質量：二酸化炭素の質量＝5：2**という比が得られる。

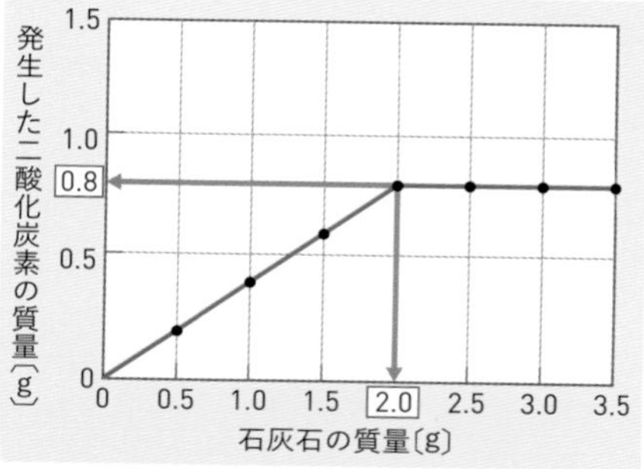


図2 一定量の塩酸に加えた石灰石と発生した二酸化炭素の質量の関係

表1 石灰石の質量と反応前後の全体の質量および発生した二酸化炭素の質量

| 石灰石の質量〔g〕 | 0.5 | 1.0 | 1.5 | 2.0 | 2.5 | 3.0 | 3.5 |
|---|---|---|---|---|---|---|---|
| 反応前の石灰石の塩酸の質量〔g〕 | 85.2 | 85.7 | 86.2 | 86.7 | 87.2 | 87.7 | 88.2 |
| 反応後の質量〔g〕 | 85.0 | 85.3 | 85.6 | 85.9 | 86.4 | 86.9 | 87.4 |
| 発生した二酸化炭素の質量〔g〕 | 0.2 | 0.4 | 0.6 | 0.8 | 0.8 | 0.8 | 0.8 |

## 2 鉄と硫黄が結びつく質量の比

図 3 のように鉄《てつ》と硫黄《いおう》の粉末を混ぜて加熱すると，**鉄と硫黄が結びつく反応**(→ p.36)が起こり，**硫化鉄《りゅうかてつ》**が発生する。

このとき，鉄と結びつくべき硫黄が気体となるため，密閉していても反応しないままの硫黄が残ってしまう。そのため，すべての硫黄を反応させることは難しい。

このような場合，あらかじめ特別な手段で測定したり，化学反応式と原子の質量をもとに計算したりして得られた**過不足なく反応する場合の**質量の関係をもとにして，求めたい値を計算する場合がある。

たとえば図 4 をもとに考える場合，鉄と硫黄の質量の比を読みとれば，**鉄の質量：硫黄の質量＝7：4** であることがわかるので，これをもとに計算を進めていく。

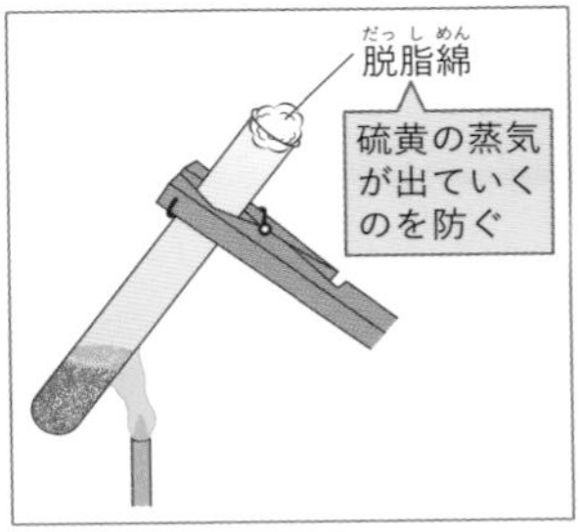

図 3　**鉄と硫黄の混合物の加熱方法**

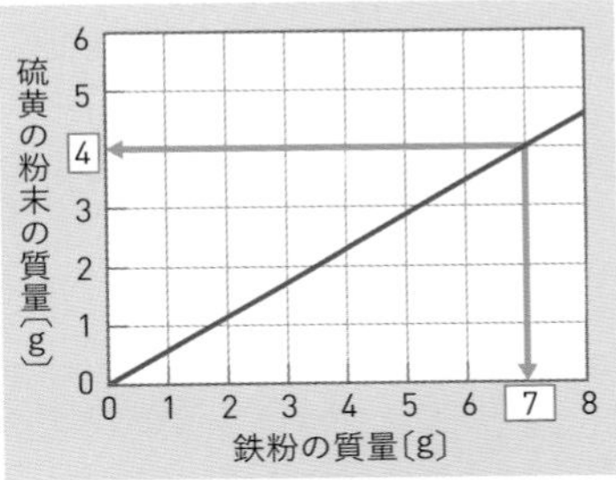

図 4　**過不足なく結びつく鉄と硫黄の質量の関係**

### 例題 3　一定量の物質と過不足なく反応する質量

(1)　炭酸水素ナトリウム 1.60 g を十分に加熱すると固体が 1.00 g 残った。炭酸水素ナトリウム 2.00 g を十分に加熱すると，固体の質量は何 g 減少するか。

(2)　鉄と硫黄が 7：4 の質量の比で結びつくとき，3.5 g の鉄粉から硫化鉄が最大何 g できるか。

解き方

**あたえられた質量の比から求めたい物質を含む質量の比を考える。**

(1)　炭酸水素ナトリウム ⟶ 炭酸ナトリウム＋水＋二酸化炭素　の反応である。減少する固体の質量は，発生した気体や液体の質量に等しいので，これを求める。

もとの炭酸水素ナトリウムと，分解して発生する気体・液体の質量の比は，

$$1.60\,\text{g} : (1.60 - 1.00)\,\text{g} = 8 : 3$$

なので，求める質量は

$$2.00\,\text{g} \times \frac{3}{8} = \mathbf{0.75\,g}$$ ……㊟

(2)　鉄＋硫黄 ⟶ 硫化鉄　の反応である。

鉄とできる硫化鉄の質量の比は，$7\,\text{g} : (7+4)\,\text{g} = 7 : 11$ なので，求める質量は，

$$3.5\,\text{g} \times \frac{11}{7} = \mathbf{5.5\,g}$$ ……㊟

# 定期テスト対策問題

解答 → 別冊p.4

## 問 1 沈殿ができる反応

**次の文を読んで，あとの問いに答えなさい。**

図１のように，うすい硫酸《りゅうさん》と水酸化バリウム水溶液を別のビーカーに入れ，全体の質量をはかった。次に，うすい硫酸と水酸化バリウム水溶液を混ぜると，沈殿《ちんでん》ができた。さらに，図２のように，反応させた物質が入ったビーカーと空になったビーカーの全体の質量をはかった。

図1　図2

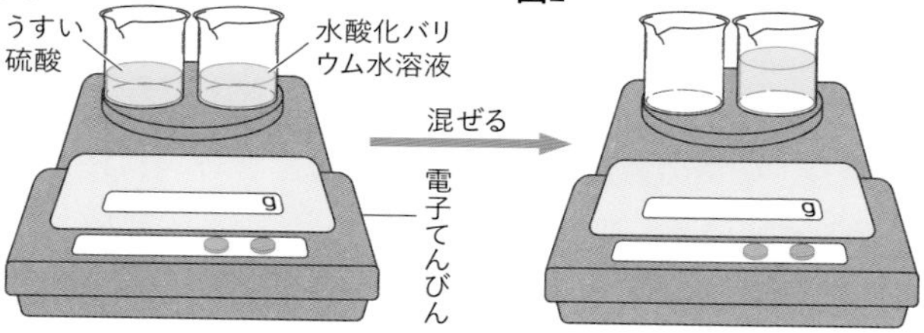


(1) この実験でできた沈殿は何か。物質名を答えよ。

(2) 実験後にはかった質量は，実験前にはかった質量と比べてどうか。次の**ア〜ウ**から１つ選べ。

**ア** 大きくなっている。　**イ** 小さくなっている。　**ウ** 変わっていない。

(3) (2)のようになることを，何の法則というか答えよ。

(4) (2)のようになるのはなぜか。その理由を次の**ア〜エ**から１つ選べ。

**ア** 化学変化によって原子の総数は変化しないが，原子の種類は変化するから。

**イ** 化学変化によって原子の種類は変化しないが，原子の総数は変化するから。

**ウ** 化学変化によって原子の種類と総数がどちらも変化するから。

**エ** 化学変化によって原子の組み合わせは変化するが，原子の種類と総数は変化しないから。

## 問 2 気体が発生する反応

**次の実験１，実験２について，それぞれあとの問いに答えなさい。**

［**実験１**］ 図１のようにうすい塩酸の入ったビーカーと薬包紙《やくほうし》の上の炭酸水素ナトリウムの質量をはかった。次に，炭酸水素ナトリウムをうすい塩酸に加えると気体が発生した。しばらくして反応が落ち着いたあと，図２のように再び全体の質量をはかった。

(1) 発生した気体は何か答えよ。

(2) 反応後にはかった質量について次の**ア〜ウ**から適当なものを１つ選び，記号で答えよ。

**ア** 反応後にはかった質量は，反応前にはかった質量に比べて大きい。

**イ** 反応後にはかった質量は，反応前にはかった質量に比べて小さい。

**ウ** 反応後にはかった質量は，反応前にはかった質量と同じ。

(3)　(2)のようになる理由を簡単に説明せよ。

**図1**　　**図2**

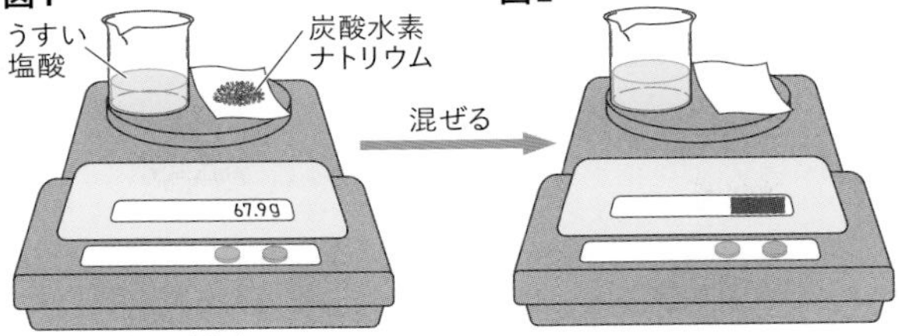


［**実験2**］　図3のように，密閉容器《みっぺいようき》にうすい塩酸と炭酸水素ナトリウムを入れ，装置全体の質量をはかる。次に，図4のように，びんを傾《かたむ》けて反応させて気体を発生させ，しばらくして図5のように装置全体の質量をはかる。

**図3**　　**図4**　　**図5**

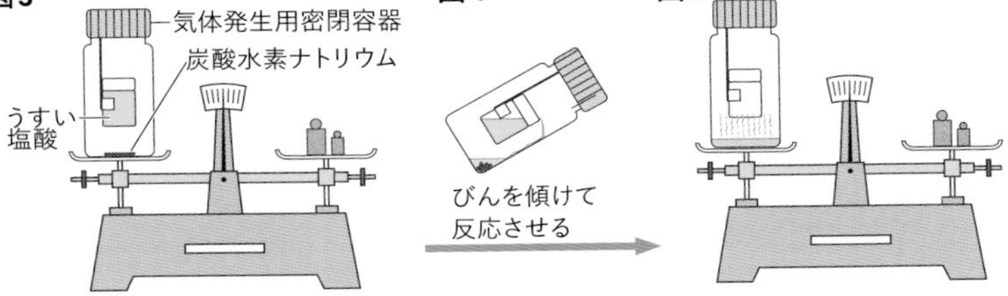


(4)　反応後にはかった質量について次の**ア**～**ウ**から適当なものを1つ選び，記号で答えよ。

**ア**　反応後にはかった質量は，反応前にはかった質量に比べて大きい。

**イ**　反応後にはかった質量は，反応前にはかった質量に比べて小さい。

**ウ**　反応後にはかった質量は，反応前にはかった質量と同じ。

(5)　実験2の結果が(4)のようになる理由を，実験1の結果とのちがいがわかるように説明せよ。

## 問 3　化学変化と質量の変化

**次の(1)～(6)の操作を行い，それぞれ操作の前後で容器ごと質量をはかったとき，操作後の質量は操作前の質量に比べてどのように変化するか。それぞれア～ウから選び，記号で答えなさい。**

(1)　空気中でスチールウールを燃焼させる。

(2)　水酸化バリウムとうすい硫酸を混ぜ合わせる。

(3)　炭酸水素ナトリウムを蒸発皿に入れて熱する。

(4)　うすい塩酸が入っている試験管に，マグネシウムを入れる。

(5)　密閉した容器の中で，うすい塩酸と石灰石を反応させる。

(6)　鉄と硫黄《いおう》の粉末を混ぜ合わせて脱脂綿《だっしめん》でせんをした試験管の中で熱する。

**ア**　大きくなる。　　**イ**　小さくなる。　　**ウ**　変わらない。

## 問 4 化学変化と質量の比

**次のような実験を行った。加熱後質量が変化しなくなった段階でマグネシウムが100%反応したものとして，あとの問いに答えなさい。**

［**操作 1**］ 電子てんびんにステンレス皿をのせて 0 点調整し，マグネシウム粉を0.45gはかりとってステンレス皿全体にうすく広がるようにのせた。

［**操作 2**］ ステンレス皿を図 1 のように三脚にのせてガスバーナーで 5 分間加熱したあと空気中で冷まし，十分に冷えたところで皿ごと質量を測定した。

［**操作 3**］ 質量が変化しなくなるまで，操作 2 をくり返した。この結果が図 2 である。

**図 1**

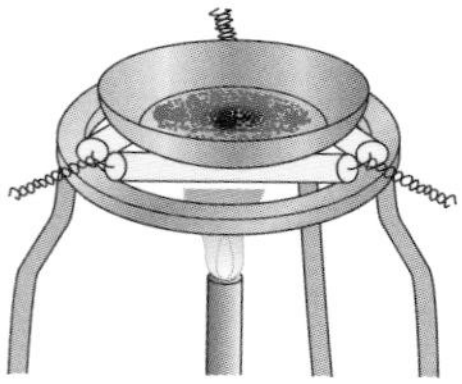

**図 2**

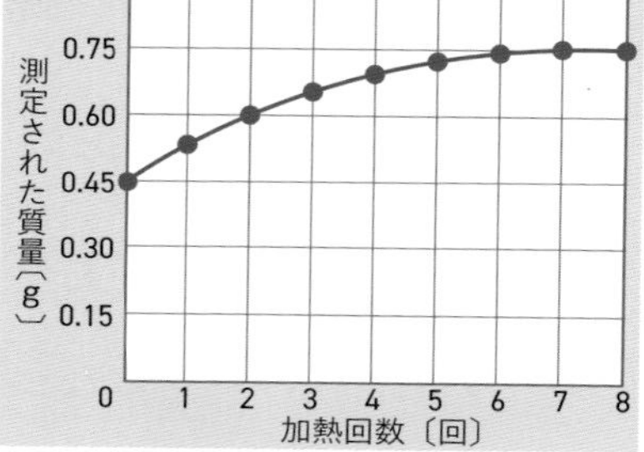


(1) マグネシウム粉0.45gを完全に酸化させるのに必要な酸素の質量を求めよ。

(2) 操作 1 でマグネシウム粉を皿全体にうすく広がるようにのせた理由を，簡単に説明せよ。

(3) 2 回目の加熱が終わった時点では何%のマグネシウムが未反応だったか求めよ。

## 問 5 物質を完全に酸化させたときの質量比

**右の図は，マグネシウム，銀，銅の質量に対する，最大で結びつくことのできる酸素の質量との関係を表したグラフである。これについて，次の問いに答えなさい。**

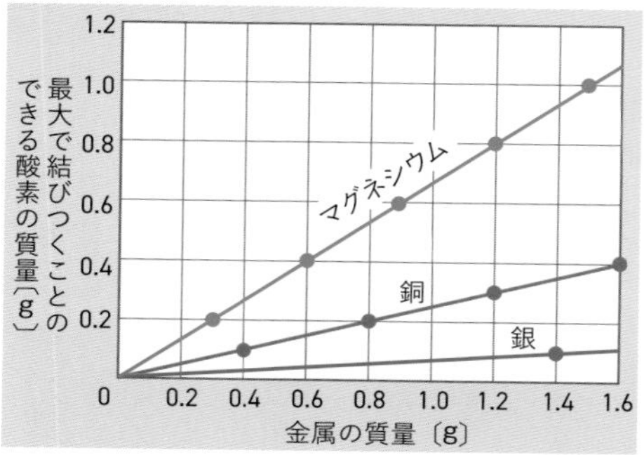


(1) マグネシウム9.0gを完全に酸素と反応させた。

① このときできた化合物は何か。

② ①の化合物は何gできたか。

(2) 銅6.0gと酸素1.0gを完全に反応させた。

① 反応せずに残った物質は何か。

② ①の物質は何g残ったか。

③ このときできた化合物は何か。

④ ③の化合物は何gできたか。

(3) 同じ量の酸素と反応する金属の質量比を，マグネシウム：銅：銀という順に，簡単な整数比で表すとどうなるか。次の**ア**～**エ**から 1 つ選べ。

**ア** 1：2：7　　**イ** 3：8：28

**ウ** 3：4：14　　**エ** 3：4：28

# 2章

# 生物のからだのつくりとはたらき

UNIT 1

# 生物と細胞

着目 すべての生物は細胞からできている。

要点

- **細胞《さいぼう》** すべての生物は小さな細胞が集まってできている。
- **細胞の形・大きさ** 生物の種類やからだの部分によって細胞の大きさや形はさまざまである。
- **細胞の観察** 酢酸《さくさん》カーミン液で細胞を染色《せんしょく》すると，顕微鏡《けんびきょう》で核《かく》を観察することができる。

## 1 細胞

ツバキの葉の断面を顕微鏡《けんびきょう》で観察すると，小さな部屋のようなつくりがたくさん見える(図1)。この1つ1つの部屋を細胞《さいぼう》という。植物も動物も，すべての生物のからだは細胞からできている。

**細胞の大きさや形は生物の種類やからだの部分によってさまざまである。**ニワトリのたまご(卵《らん》)は1個の細胞で非常に大きいが，ヒトの卵は，直径が約0.14mmである。また，ヒトの座骨神経《ざこつしんけい》*1の細胞は非常に細長く，長さが1m以上もある(図2)。

しかし多くの場合，細胞1個はとても小さく，肉眼で観察することは難しい。ヒトの肉眼は，約0.1mmの大きさのものまで見ることができるが，ヒトのからだの細胞の多くは0.02mmほどの大きさで，顕微鏡を使わないと見ることができない。血液に含《ふく》まれる赤血球《せっけっきゅう》という細胞(➡ p.140)は約0.007mmである。

細菌類《さいきんるい》ではさらに小さく，大腸菌《だいちょうきん》の細胞は0.005mm程度しかない。

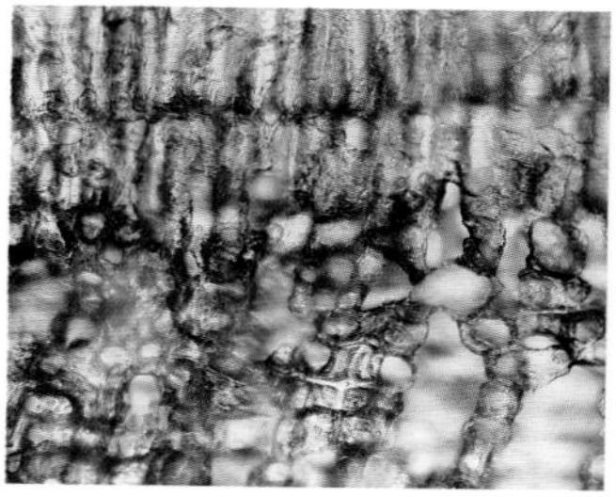

図1 ツバキの葉の細胞

*1
**座骨神経**は背骨の腰の部分から出ておしり側を通り足へのびる神経で，足の動きにかかわる神経。

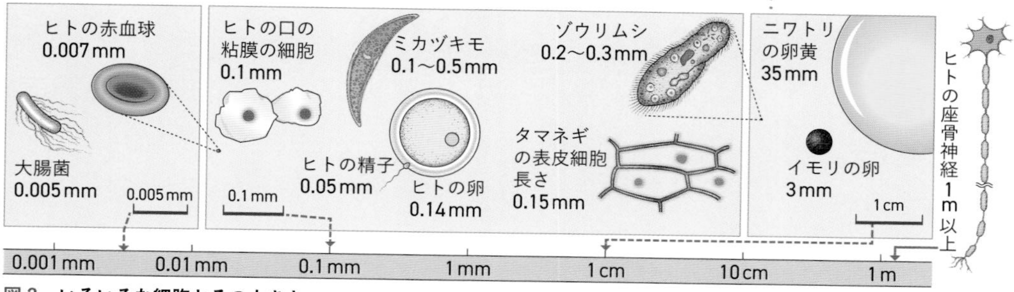


図2 いろいろな細胞とその大きさ

## 2 植物と動物の細胞のようすを調べる　実験

### Ⓐ 方法・手順

① タマネギのりん茎《けい》(食べる部分)の一片をとり，内側にカミソリの刃《は》を使って約5mm四方の切れ目をつける。そして，ピンセットで表皮を１枚はぎとり，スライドガラスにのせる(図3❶)。

② 口をよくすすいでから，綿棒でほおの内側の粘膜を軽くこする。こすりとったものをスライドガラスにこすりつける(図3❷)。

③ ①と②それぞれのスライドガラスに，染色液《せんしょくえき》(酢酸《さくさん》カーミン液または酢酸オルセイン液)を１滴たらし，３分間置いた後，カバーガラスをかぶせる。余分な液はろ紙で吸いとる(図3❸❹)。**➡酢酸カーミン液や酢酸オルセイン液は細胞の中の核《かく》(****➡p.86)****というつくりを赤紫色《あかむらさきいろ》に染色する。**

④ ③でできたプレパラートを顕微鏡で観察する。

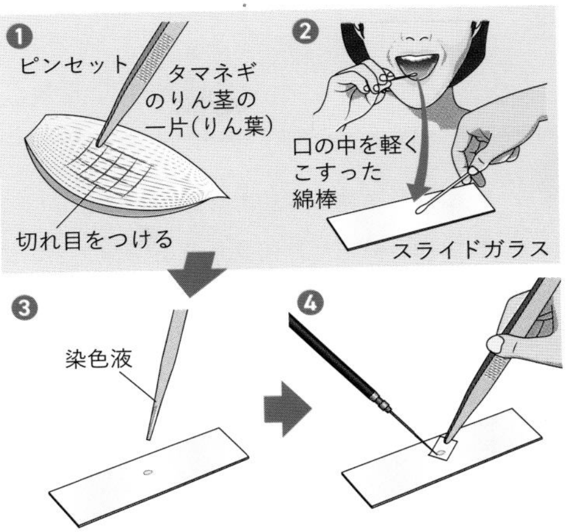


図3　**細胞の観察**

### Ⓑ 結果・考察

① タマネギの表皮でもほおの内側の粘膜でも，たくさんの細胞が観察できる(図4，図5)。**タマネギの表皮の細胞はじょうぶな壁のようなものでしきられてくっついている。**

② タマネギの表皮の細胞もほおの内側の粘膜の細胞も，**細胞の中には赤紫色に染まる球形の核が１つ確認できる。**

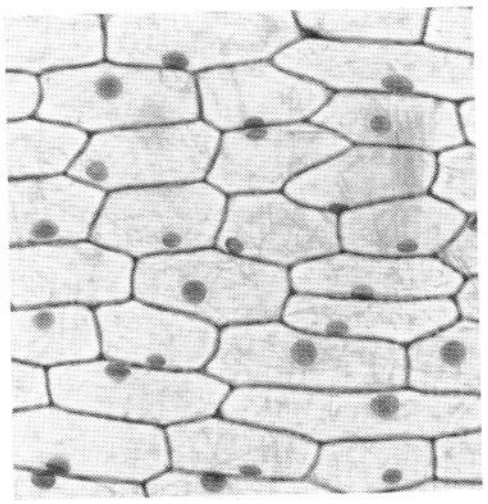

図4　**タマネギの表皮の細胞**

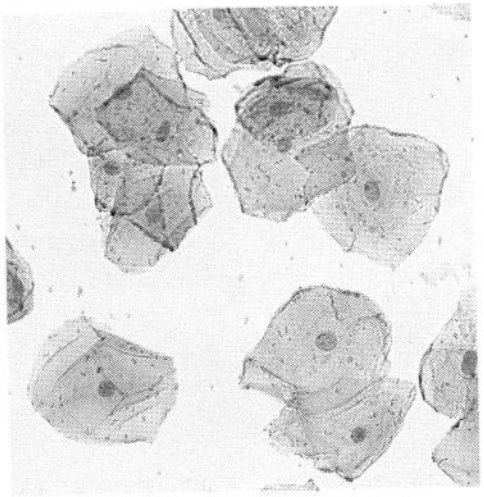

図5　**ヒトのほおの内側の粘膜の細胞**

TRY! 思考力

**上の実験の方法・手順③で，染色液をろ紙で吸いとったのはなぜか，説明しなさい。**

ヒント　スライドガラスとカバーガラスの間の液体が多いとどのような問題があるか考える。

解答例　染色液が多いと，ゆれで細胞が動いたり，ピントが合わせにくくなったりするため。プレパラートを動かすときに染色液がこぼれてまわりをよごすことを防ぐため。

UNIT 2

# 細胞のつくりとはたらき

着目 細胞は，ふつう核を１つもち，細胞膜で包まれている。

**要点**

- **動物と植物の細胞《さいぼう》の共通点**　中に核《かく》が１つある。細胞はうすい細胞膜《さいぼうまく》で包まれている。
- **植物の細胞だけに見られる特徴《とくちょう》**　植物の細胞には，細胞膜の外側に細胞壁《さいぼうへき》というじょうぶなつくりや，光合成を行う葉緑体《ようりょくたい》，大きな液胞《えきほう》が見られる。

## 1 動物と植物の細胞に共通するつくり

細胞《さいぼう》にはさまざまな形や大きさをもつものが見られるが，細胞は，**核《かく》**というつくりをもつこと，**細胞膜《さいぼうまく》**で包まれていること，という共通の特徴《とくちょう》をもっている(図１)。

核《かく》は，酢酸《さくさん》カーミン液や酢酸オルセイン液などの染色液《せんしょくえき》でよく染まるつくりで，ほとんどの場合，１つの細胞は１個の核をもっている。[*1]核の中には遺伝《いでん》にかかわる物質が含《ふく》まれている。

細胞のいちばん外側は細胞膜《さいぼうまく》といううすい膜になっていて，細胞膜によって細胞は包まれている。細胞膜は細胞の中と外をしきるつくりであり，細胞膜によってさまざまな物質の出入りが調節されている。

細胞膜を含む，核以外の部分を細胞質《さいぼうしつ》という。

＊1
ヒトの血液に含まれる赤血球は核をもたない細胞である。また，ヒトのからだを動かす筋肉の細胞は複数の核をもつ。

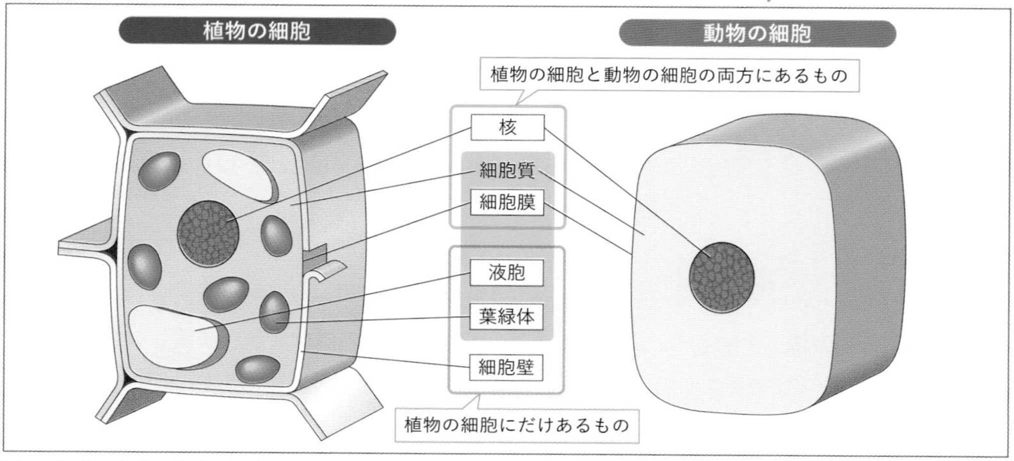


**図１　植物の細胞と動物の細胞のつくり**

## 2 植物の細胞だけがもつ特徴

植物の細胞には，動物の細胞にはないつくりとして，細胞壁《さいぼうへき》，葉緑《ようりょく》体《たい》，大きな液胞《えきほう》が見られる(図 1)。

細胞壁《さいぼうへき》は，細胞膜の外側にあり，じょうぶな厚いつくりである。細胞壁は，植物のからだを支えるはたらきがある。

葉や茎《くき》などの緑色の部分の細胞には，顕微鏡《けんびきょう》で観察すると緑色の粒《つぶ》に見える葉緑体《ようりょくたい》というつくりがある。葉緑体では光のエネルギーを使って栄養分を合成する**光合成《こうごうせい》**というはたらき(➡ p.98)が行われている。

植物の細胞では，成長すると，液胞《えきほう》という大きな袋状《ふくろじょう》のつくりが見られることが多い。*2 液胞の中には，さまざまな物質がたくわえられている。

*2
動物の細胞にも液胞は見られるが，小さいため，**光学《こうがく》顕微鏡《けんびきょう》**では観察できないことが多い。

*3
光学顕微鏡で見ることができる(2 つの点を区別できる)大きさは約 0.0002 mm までで，より小さいものを観察するには**電子顕微鏡《でんしけんびきょう》**という装置が用いられる。

### 発展 細胞質中のくわしいつくり

細胞質には，光学顕微鏡では見づらい*3 次のような細かい小さなつくりがあり(図 2)，それぞれ生物が生きるために必要なはたらきをしている。

❶ **ミトコンドリア**　**細胞《さいぼう》の呼吸《こきゅう》**(➡ p.106，132)が行われる場所で，酸素を用いて有機物を分解し細胞が生きるためのエネルギーをつくり出す。

❷ **リボソーム**　核からの情報にしたがってタンパク質をつくる。

❸ **ゴルジ体《たい》**　扁平《へんぺい》な袋状のつくりの集まりで，細胞内でつくられた物質が適切な場所ではたらけるようにする。

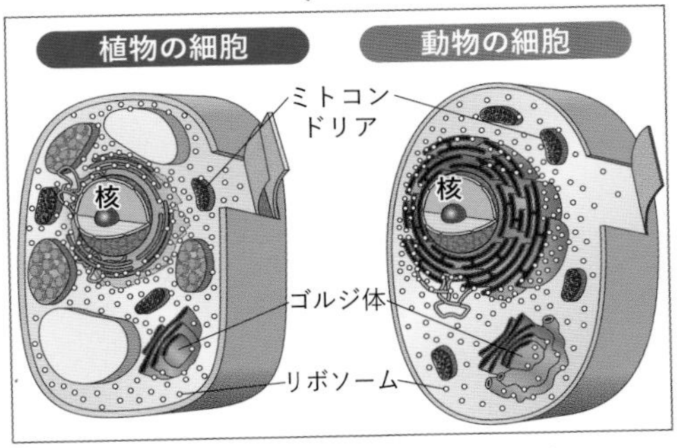


図 2　植物の細胞と動物の細胞の細かいつくり

TRY! 表現力

**植物の細胞と動物の細胞について，共通する点，ちがっている点を比較《ひかく》しながら説明しなさい。**

ヒント　すべての細胞に共通するつくりと植物の細胞だけがもつ特徴について説明する。

解答例　植物の細胞と動物の細胞は，核と細胞膜をもつことが共通している。植物の細胞は動物の細胞と異なり，葉緑体，細胞壁，発達した液胞が見られる。

UNIT 3

# 単細胞生物と多細胞生物

着目 生物は１個の細胞からなる単細胞生物と，多くの細胞からなる多細胞生物がある。

**要点**

- **単《たん》細《さい》胞《ぼう》生《せい》物《ぶつ》** ゾウリムシ，アメーバなどの１個の細胞でからだができている生物。細胞の中にさまざまな役割をもつつくりをもつ生物が多い。
- **多《た》細《さい》胞《ぼう》生物** からだがたくさんの細胞でできている生物のこと。

## 1 単細胞生物

### A 単細胞生物と多細胞生物

肉眼で見ることができる植物や動物のからだは，多くの細胞でできている。このような生物を**多《た》細胞生物《さいぼうせいぶつ》**という。これに対して，１つの細胞からできている生物を単《たん》細胞生物《さいぼうせいぶつ》という。単細胞生物には，ゾウリムシ，アメーバ，ミカヅキモ，ミドリムシなどがいる(図１)。

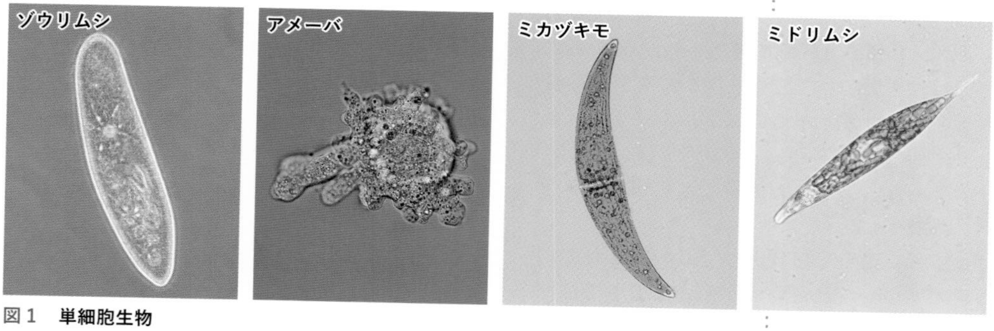


図１　**単細胞生物**

**参考** 光合成を行う単細胞生物

ミカヅキモやミドリムシは，葉緑体《ようりょくたい》をもち，光合成(➡ p.98)を行うことができるが，植物のなかまには含まれない。

### B 単細胞生物の細胞のつくり

単細胞生物では，すべてのはたらきを１つの細胞の中だけで行っている。それぞれの生活に合った，複雑なつくりをもつ生物が多い。

たとえば，**ゾウリムシ**は，大小２つの**核《かく》**をもつほか，からだを動かすつくり(**せん毛《もう》**)，養分をとり込《こ》むつくり(**細胞口《さいぼうこう》**)，消化を行うつく

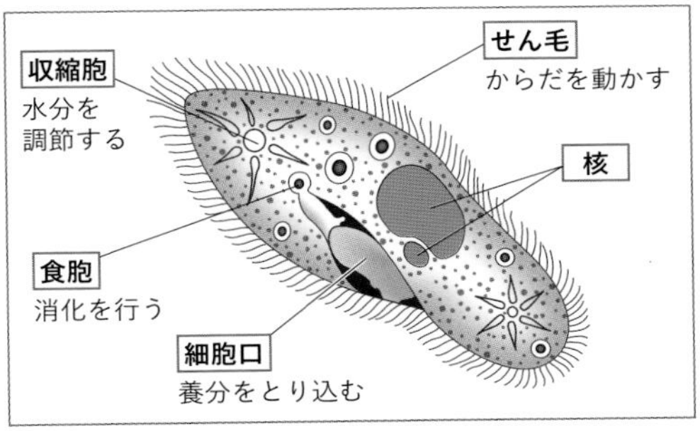


図2　ゾウリムシのくわしい細胞のつくり

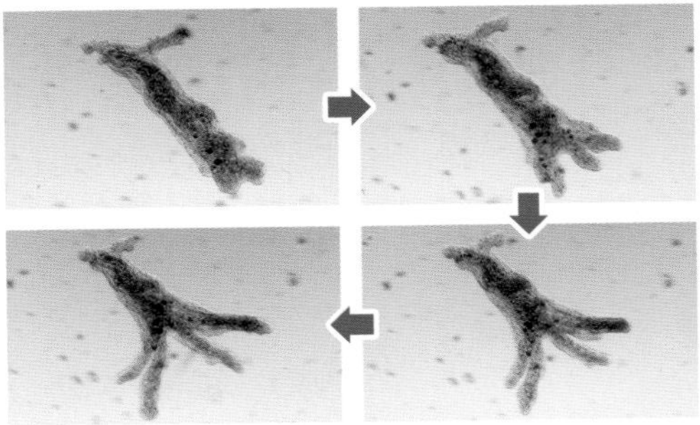

図3　アメーバの運動のようす

り(**食胞**《しょくほう》)，細胞の中の水分を調節するつくり(**収縮胞**《しゅうしゅくほう》)など，さまざまなつくりを１つの細胞の中にもっている(図２)。

アメーバは，からだの一部分(**仮足**《かそく》)の形を変えながら移動する(図３)。食物を見つけると，仮足で食物を包み込んで，体内にとり込み，消化や吸収を行う。

## 2　多細胞生物

多細胞生物のからだは，たくさんの細胞からできているが，すべての細胞が，同じ形・はたらきをしているわけではない。いろいろな種類の細胞が集まり，１つの独立した生物である**個体**《こたい》をつくっている。

形やはたらきが似た細胞が集まって，**組織**《そしき》をつくり，いくつかの組織が集まって**器官**《きかん》をつくっている。さらに，いくつかの器官が集まり，１つの**個体**がつくられている。そのしくみについて植物は**植物の組織と器官**(➡ p.90)で，動物については**動物の組織と器官**(➡ p.92)で学習する。

TRY! 表現力

**単細胞生物と多細胞生物の細胞のつくりについて，ちがっている点を簡単に説明しなさい。**

ヒント　単細胞生物の細胞は生物のからだ全体に相当する。

解答例　単細胞生物の細胞は，生きるためのすべてのはたらきを行うために必要なつくりを備えているが，多細胞生物の細胞はからだの一部分の特定の役割を果たすために必要なつくりをもつ。

UNIT 4

# 植物の組織と器官

着目 植物のからだは根，茎，葉などの器官でできていて，器官は組織でできている。

**要点**

- **植物の組織《そしき》** 同じような形やはたらきをもつ細胞《さいぼう》が集まって，組織をつくる。表皮細胞《ひょうひさいぼう》からなる表皮組織《ひょうひそしき》，葉肉細胞《ようにくさいぼう》からなる葉肉組織《ようにくそしき》などがある。
- **植物の器官《きかん》** いくつかの組織が集まって器官をつくる。根《ね》，茎《くき》，葉《は》，花《はな》，種子など。

## 1 植物のからだのつくり

多細胞生物《たさいぼうせいぶつ》の**細胞《さいぼう》**には，さまざまなはたらきをもつものがあり，生物のからだの中では同じような形とはたらきをもつ細胞が集まって，組織《そしき》をつくっている。いくつかの組織が集まって１つのまとまった形になり，特定のはたらきをもつようになったものが器官《きかん》で，植物には，根《ね》，茎《くき》，葉《は》，花《はな》などの器官がある。これらが集まって，１つのからだをもつ個体ができている(図１)。

## 2 植物の組織と器官

たとえば，植物の**葉**の表面は，じょうぶな細胞壁をもつ**表皮細胞《ひょうひさいぼう》**が集まってできている**表皮組織《ひょうひそしき》**におおわれていて，内側の組織を守るはたらきをしている。*1

葉の内部には，葉緑体を多く含《ふく》む**葉肉細胞《ようにくさいぼう》**からできていて，光合成(➡p.98)をさかんに行う**葉肉組織《ようにくそしき》**がある。このような組織が集まって，光合成を行う葉という器官がつくられている。

葉のほかに，からだを支えて水分や養分を吸収するはたらきをもつ**根**(➡p.110)，葉を上にのばし水分や養分の通り道になるはたらきをもつ**茎**(➡p.112)，なかまをふやすはたらきをもつ**花**や種子などの器官が集まって，１つの植物の個体がつくられている。

**細胞…表皮細胞，葉肉細胞，孔辺細胞など**
**組織…表皮組織，葉肉組織など**
**器官…根，茎，葉，花など**
**個体…１つのからだをもつ独立した植物のこと**

*1
葉の表皮組織には，**気孔《きこう》**(➡p.108)をつくる**孔辺細《こうへんさい》胞《ぼう》**もところどころに存在している。

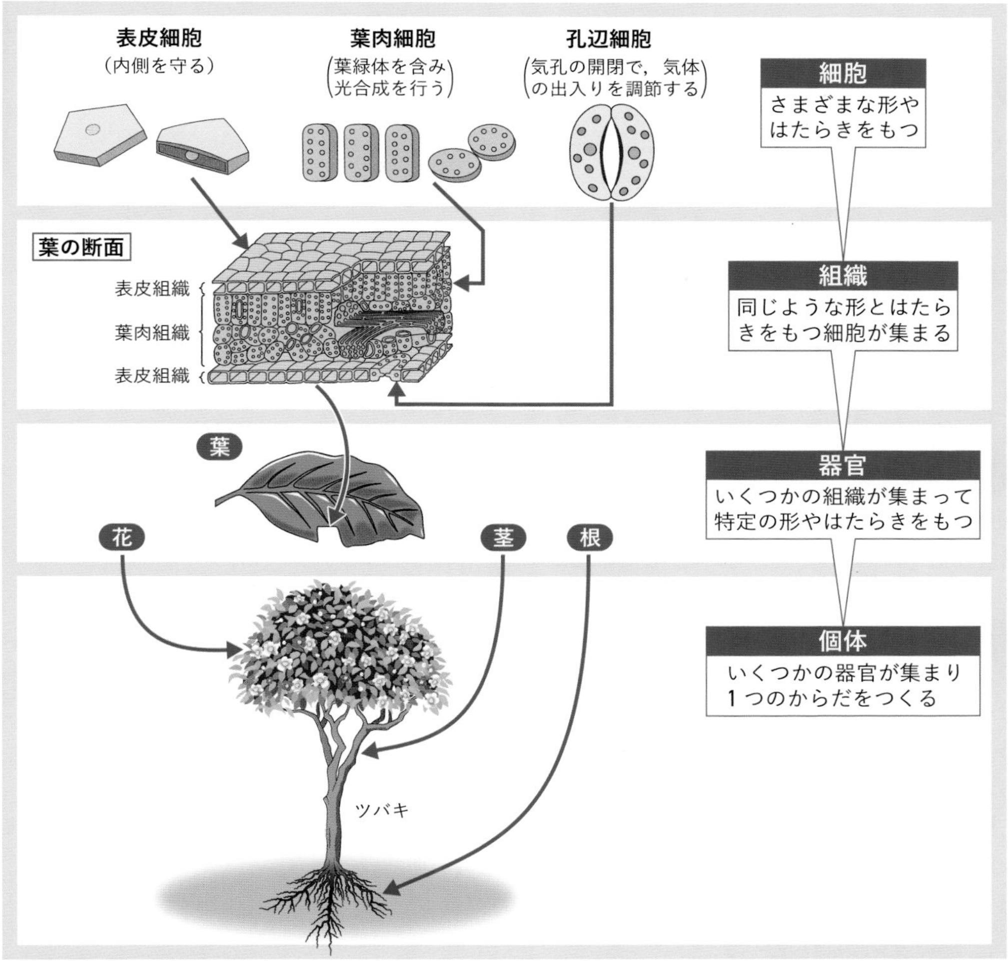


図1　植物のからだのつくり

TRY! 思考力

**植物の葉肉組織について，どのような細胞でできているか，成り立ちとはたらきについて簡単に説明しなさい。**

ヒント　生物の組織は同じような形やはたらきをもつ細胞によってできている。

解答例　葉肉組織は，葉緑体を多く含む葉肉細胞が多数集まってできていて，光合成をさかんに行う。

UNIT 5

# 動物の組織と器官

着目 ヒトなどの動物のからだは，目，耳，心臓，小腸などの器官からできている。

要点

- **動物の細胞《さいぼう》と組織《そしき》** 同じような形やはたらきをもつ細胞が集まって，組織をつくる。
- **動物の器官《きかん》** 目，耳，心臓，小腸など植物よりも多くの器官があり，消化・吸収のための器官，光や音を感じるための器官など，役割ごとにまとめることができる。

## 1 動物のからだのつくり

ヒトなどの動物でも植物と同様に，同じような形やはたらきをもつ細胞《さいぼう》が集まって，組織《そしき》をつくる。たとえば，からだが外部と接する表面は，上皮細胞《じょうひさいぼう》という細胞が集まってできた**上皮組織《じょうひそしき》**でおおわれている。そしてからだの内側には，からだを動かすはたらきをもつ筋細胞《きんさいぼう》が集まった**筋組織《きんそしき》**が見られる。[*1]

そして，さまざまな組織が集まって，特定のはたらきをもつ器官《きかん》がつくられている。ヒトの小腸を例とすると，小腸の内側の表面で栄養分を吸収する上皮組織や，小腸を動かすのにはたらく筋組織が見られる。これらの組織が集まって，食物を消化して栄養分を吸収するはたらきをもつ小腸という器官がつくられている(図 1)。

動物の器官は，小腸のほか，目，耳，鼻，舌，皮膚《ひふ》，心臓，肺，胃，大腸，肝臓《かんぞう》，筋肉，骨，じん臓など，さまざまなものがある。これらは，そのはたらきによって表 1 のようにまとめることができる。

*1
上皮組織や筋組織のほかに，ほかの組織の間を埋《う》めてつなげる**結合組織《けつごうそしき》**や，神経細胞の集まりである**神経組織《しんけいそしき》**という組織もある。

*2
複数の器官がいっしょになって特定のはたらきをする場合にはそのまとまりを「○○系」とよぶ場合がある。

表 1　**動物の器官の種類とはたらき**[*2]

| 器官の種類 | はたらき | おもな器官 | 説明 |
|---|---|---|---|
| **消化器官(消化系)** | 食物を消化し吸収する | **食道，胃，小腸，大腸，肝臓** | ➜ p.124 |
| **呼吸器官** | 酸素をとり入れ二酸化炭素を出す | **肺，気管** | ➜ p.134 |
| **循環系《じゅんかんけい》** | 血液を循環させ物質を交換《こうかん》する | **心臓，動脈，静脈，毛細血管** | ➜ p.140 |
| **排出系《はいしゅつけい》** | 不要な物質を尿《にょう》として排出《はいしゅつ》する | **じん臓，ぼうこう，肝臓** | ➜ p.146 |
| **感覚器官** | 光や音などの刺激《しげき》を受けとる | **目，耳，鼻，舌，皮膚** | ➜ p.152 |
| **神経系** | 情報を伝え，処理する | **脳，脊髄《せきずい》，運動神経，感覚神経** | ➜ p.162 |
| **運動器官** | からだを支え，動かす | **筋肉，骨** | ➜ p.168 |

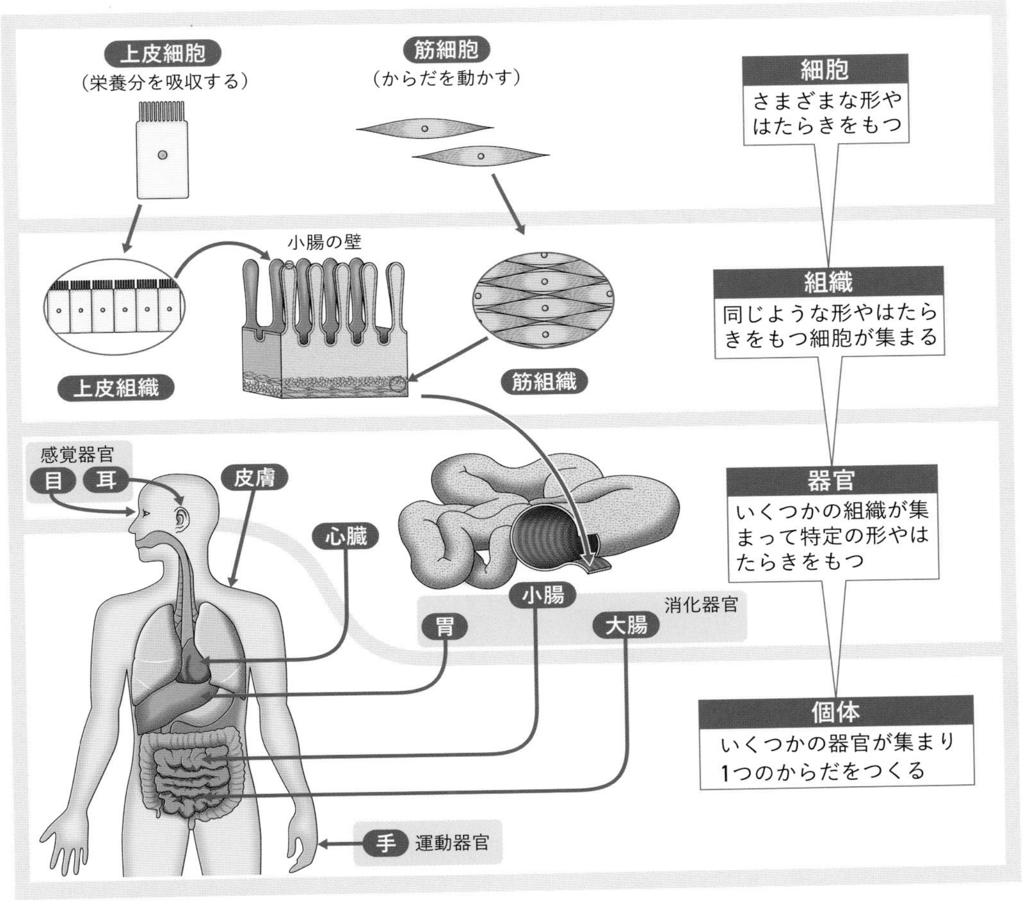


**図1　動物の器官の種類とはたらき**

これらの器官が集まって，１つの動物の個体がつくられている(図1)。

TRY! 思考力

**ヒトの小腸などの消化管の中は，体内と体外のどちらだと考えられるか，理由とともに答えなさい。**

ヒント　消化管は，口から始まり肛《こう》門《もん》までつながる１つの管で外部に開いている。

解答例　消化管の内部はからだをとり巻く空気とつながっていて，血液や筋肉などがあるからだの内部とは上皮組織でへだてられているので体外である。

# 定期テスト対策問題

解答 ➡ 別冊p.5

## 問1 生物をつくる基本的なつくり

**右の図は，ロバート・フックという科学者が顕微鏡《けんびきょう》でコルクを観察したときに残したスケッチである。これについて，次の問いに答えなさい。**

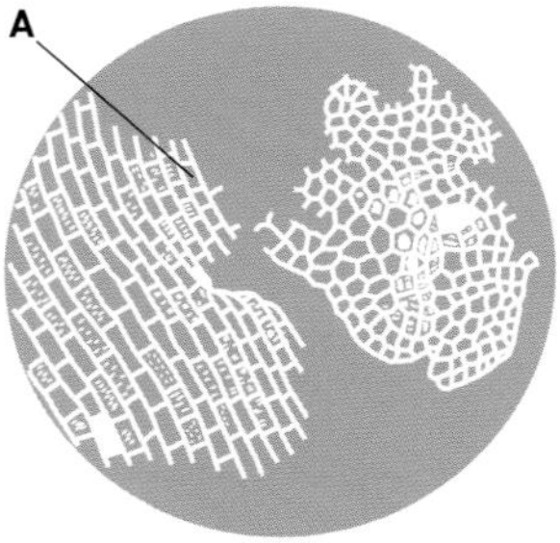


(1) **A**のように，小さな部屋のような形をしたつくりが多く見られる。このようなつくりを何というか。

(2) (1)のつくりについて述べた次の**ア**～**エ**のうち，正しいものを１つ選び，記号で答えよ。

**ア**　１つの生物のからだをつくっている**A**は，どれも同じぐらいの大きさである。

**イ**　１つだけの**A**からできている生物と，複数の**A**からできている生物がいる。

**ウ**　ヒトのからだの**A**の多くは，ルーペを使って観察することができる。

**エ**　**A**をもっている生物は，どれも動物か植物のどちらかである。

## 問2 細胞の観察

**次のような操作で，さまざまな生物の細胞《さいぼう》を観察した。これについて，あとの問いに答えなさい。**

［**操作１**］　タマネギの表皮の内側の薄皮《うすかわ》をはがした。これを試料**A**として，スライドガラスにのせた。

［**操作２**］　口をよくゆすいだ後，綿棒でほおの内側の粘膜《ねんまく》を軽くこすりとった。これを試料**B**として，スライドガラスにのせた。

［**操作３**］　試料**A**と試料**B**をのせたスライドガラスに酢酸カーミン液を１滴たらしたあと，３分間置いた。

［**操作４**］　スライドガラスにカバーガラスをかぶせ，試料**A**，試料**B**の□をつくった。

［**操作５**］　操作４でつくった□を，それぞれ顕微鏡を使って観察した。

(1) 操作３によって，試料**A**，試料**B**ともに細胞中のあるつくりが色づけされた。何というつくりが何色に色づけされたか簡単に説明せよ。

(2) 操作４，操作５の□には，顕微鏡で観察しやすいようにした試料を表す同じことばが入る。あてはまることばを答えよ。

(3) 右の図は，操作５でかいたスケッチの１つである。試料**A**と試料**B**どちらのスケッチか記号で答えよ。

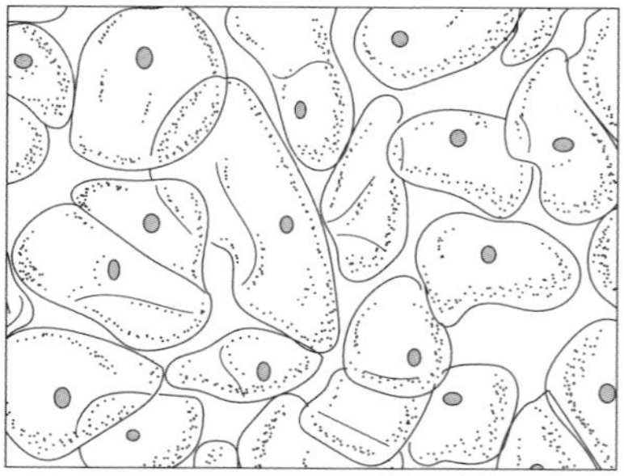

## 問3 細胞のつくり

**右の図について，次の問いに答えなさい。**

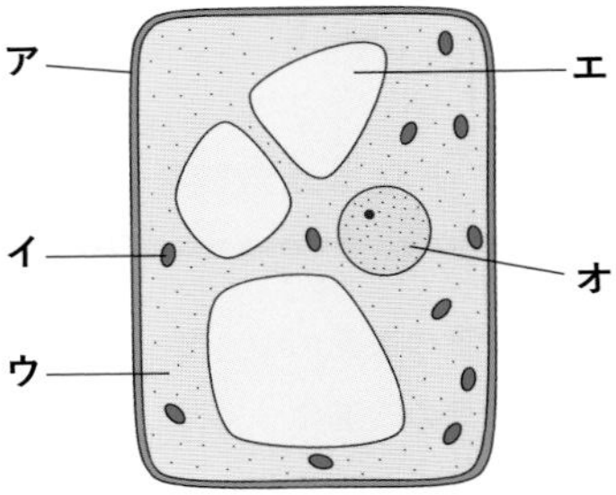


(1) 図の**ア〜オ**のつくりの名前をそれぞれ答えよ。

(2) 次のはたらきをするのは，図の**ア〜オ**のうちどれか。それぞれ1つ選び，記号で答えよ。

① さまざまな物質をたくわえる。

② 光合成を行い，栄養分をつくり出す。

③ 細胞内を保護し，細胞の形を保つ。

(3) 図の細胞は，植物の細胞と動物の細胞のどちらか。

(4) 図の**ア〜オ**のうち，細胞質に含まれないつくりはどれか。すべて選び，記号で答えよ。

## 問4 細胞の数による分類

**次の問いに答えなさい。**

(1) 単細胞生物《たんさいぼうせいぶつ》に分類されない生物を何というか答えよ。

(2) 次の**ア〜オ**の生物のうち，(1)にあてはまるものはどれか。すべて選び，記号で答えよ。

**ア** ミドリムシ　**イ** ミジンコ　**ウ** アメーバ

**エ** ミカヅキモ　**オ** ゾウリムシ

## 問5 生物のからだの成り立ち

**表は，植物のからだの成り立ちを表している。これについて，あとの問いに答えなさい。**

| A | B | C | D（からだ） |
|---|---|---|---|

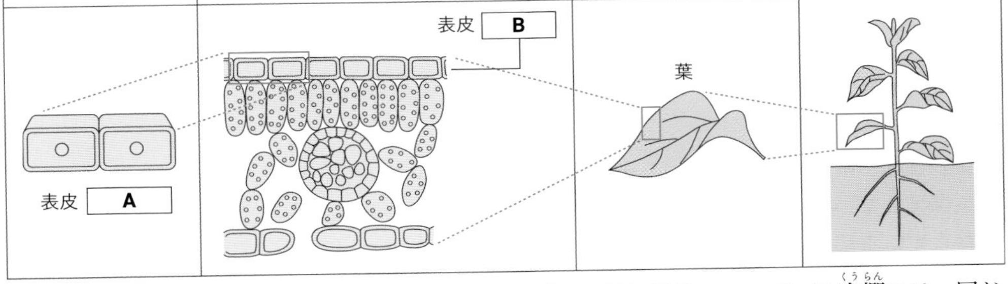


(1) 図中の［　　］に入る語をそれぞれ答えよ。ただし，同じ記号のついている空欄《くうらん》には，同じことばが入るものとする。

(2) 生物のからだのつくりである次の①〜⑥はそれぞれ**A〜D**のどれにあたるか。記号で答えよ。

① 小腸《しょうちょう》　② 筋組織《きんそしき》　③ 赤血球

④ 茎《くき》　⑤ 心臓　⑥ 孔辺細胞《こうへんさいぼう》

UNIT 1

# 葉のつくり

着目 葉は光合成を行う器官で，表皮組織，葉肉組織，維管束からできている。

**要点**

- **葉の表面のつくり** 1層の細胞《さいぼう》が並んだ表皮《ひょうひ》があり，気孔《きこう》という穴があいている。
- **葉の内部のつくり** 葉肉組織《ようにくそしき》は葉緑体《ようりょくたい》を多く含《ふく》む細胞でできていて，光合成《こうごうせい》を行う。
- **葉脈《ようみゃく》のつくり** 水や養分の通り道となる維管束《いかんそく》が通っている。

## 1 葉のつくり

植物の葉は，次の図1のように，おもに光合成を行う**葉肉組織《ようにくそしき》**と，それを保護する**表皮組織《ひょうひそしき》**，水や養分が通る**維管束《いかんそく》**でできている。*1

*1
表皮組織や維管束の組織は，葉だけでなく根(➡p.110)や茎《くき》(➡p.112)にも見られる。

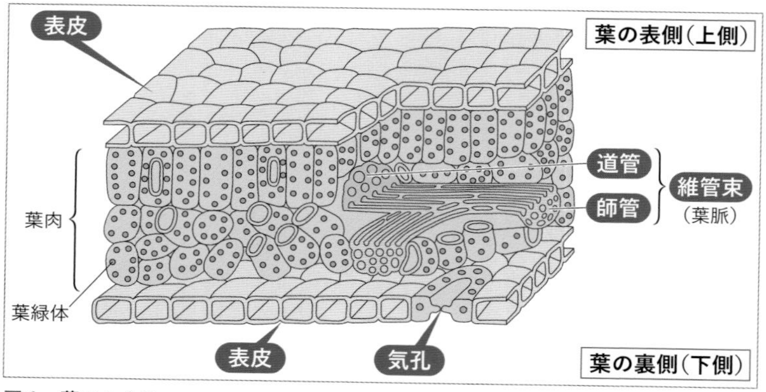


図1 **葉のつくり**

### Ⓐ 葉の表皮のつくり

葉の表面には，細胞《さいぼう》がすき間なく並んだ表皮《ひょうひ》があり，葉の内部を保護している。表皮をはがしてプレパラートをつくると，重ならずに1層に並んだ細胞を顕微鏡《けんびきょう》で観察することができる(図2)。

表皮細胞は表面がじょうぶで水を通さない物質でおおわれていて，水分が蒸発しないようになっている。

表皮では，2つの三日月形の**孔辺細胞《こうへんさいぼう》**にはさまれた穴である気孔《きこう》がところどころにあいている。気孔は気体の出入り口で，葉は気孔を通して外部から二酸化炭素をとり込《こ》み，酸素と水蒸

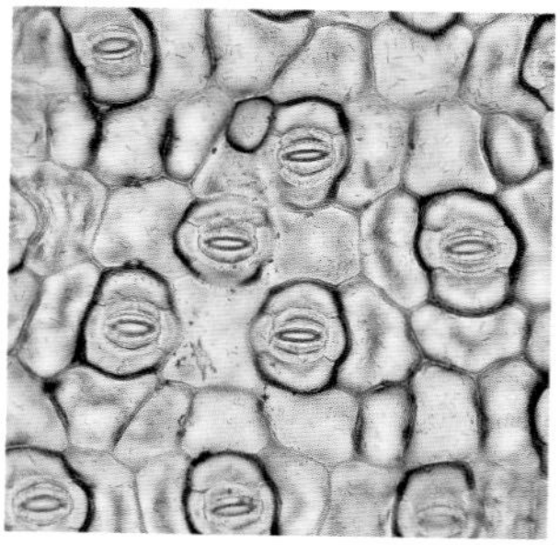

図2 **ツユクサの葉（裏側）の表皮**

気を大気へ放出している(➡ p.108)。植物は気孔を開閉することによって，水分の蒸発(**蒸散**《じょうさん》という)を調節することができる。

一般に，気孔は葉の表側よりも**裏側の表皮に多く見られる。**

### B 葉肉組織

葉の内部は，緑色をした**葉緑体**《ようりょくたい》を多く含《ふく》んだ細胞からなる葉肉組織でできている(図1，図3)。葉肉組織は葉の表側と裏側で大きく2つの層に分かれていて，葉の表側のほうでは細胞がすきまなく並び，裏側のほうは細胞と細胞の間にすきまが見られる。葉肉組織は，葉の重要なはたらきである**光合成**《こうごうせい》を行う部分である(➡ p.104)。

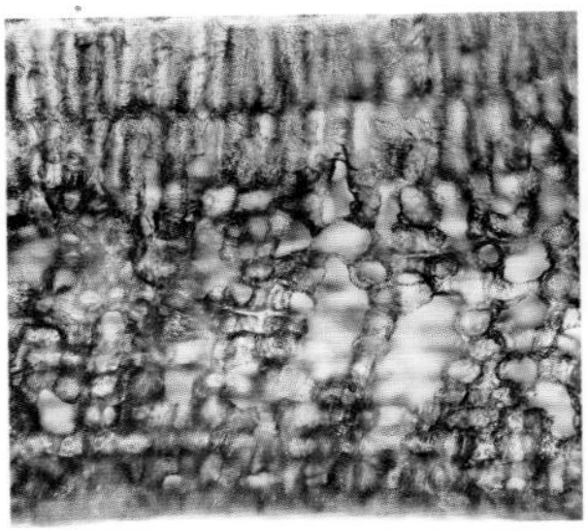

図3　ツバキの葉肉組織

## 2 葉と葉脈

葉に見られるすじのようなつくりを葉脈《ようみゃく》という。[*2] 葉脈には，根から吸収された水の通り道である**道管**《どうかん》と葉でつくられた栄養分の通り道である**師管**《しかん》がそれぞれ束になって通っており，この2つを合わせて維《い》管束《かんそく》という。

＊2
着色した水を植物にとり込ませると，葉脈が着色されるので，葉脈のようすを観察することができる。

葉では，道管の集まりが葉の表側，師管の集まりが葉の裏側を通っている。

被子植物《ひししょくぶつ》は単子葉類と双子葉類《そうしようるい》に分けられるが，単子葉類の葉脈は**平**《へい》**行脈**《こうみゃく》，双子葉類の葉脈は**網状脈**《もうじょうみゃく》というちがいが見られる(図4)。

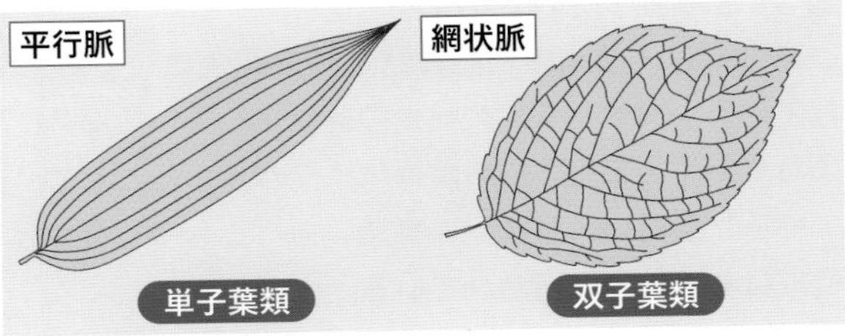


図4　平行脈と網状脈

**TRY! 表現力**

**スイレンのように水面に葉を浮かべる植物では，気孔は葉の表側に見られる。この理由を説明しなさい。**

ヒント　植物は，気孔を通して気体を大気へ出し入れしている。

解答例　葉の裏側は水中にあるため，気孔があっても水蒸気や酸素，二酸化炭素などの気体が出入りできないから。

UNIT 2

# 光合成が行われる場所

着目 植物は光合成によって光のエネルギーと無機物から栄養分をつくることができる。

**要点**

- **光合成《こうごうせい》** 植物が光を利用してデンプンなどの栄養分をつくり出すこと。
- **光合成が行われる場所** 光合成は植物の細胞《さいぼう》に含《ふく》まれる葉緑体《ようりょくたい》で行われる。このため植物のからだのうち，おもに葉で行われている。

## 1 光合成

### A デンプンなどをつくるはたらき

小学校でも学んだように，植物は，太陽の光を使ってデンプンなどの栄養分をつくり出すことができる。植物のこのようなはたらきを**光《こう》合成《ごうせい》**という。植物は，光合成によって，からだをつくる物質やエネルギーのもとになる栄養分を自分でつくり出すことができる。[*1]

### B 光合成が行われる場所

**光合成**は，植物の細胞《さいぼう》に含《ふく》まれる緑色の粒《つぶ》である**葉緑体《ようりょくたい》**[*2]**で行われている**。葉や茎《くき》などの植物の緑色をしている部分に葉緑体は多く含まれていて，細胞の中の葉緑体に光が当たることで，光合成が行われている。[*3]葉緑体は葉の葉肉細胞《ようにくさいぼう》にもっとも多く含まれているため，**光合成はおもに葉で行われている**。

## 2 光合成が行われる場所を調べる 実験

### A ふ入りの葉を使う方法

① アサガオのふ(斑《ふ》)入りの葉を選び，十分に光を当てたあとにとる。
➡葉は，ふつう，葉緑体を多く含み緑色をしているが，ふの部分には葉緑体がなく白くなっている。

② ふ入りの葉を熱湯につけたあと，**あたためたエタノールにつけて脱色《だっしょく》する**。➡葉緑体の色を除いてヨウ素液につけたときの色の変化をわかりやすくするため。

③ 葉を水で洗ってやわらかくし，うすい**ヨウ素液《そえき》につける**。➡光合成でデンプンができた部分は青紫色《あおむらさきいろ》になる。[*4]

*1
動物は光合成を行うことができないため，食物からからだをつくる物質やエネルギーのもとになる有機物を得ている。

*2
葉緑体の中には**クロロフィル**(**葉緑素《ようりょくそ》**)という色素が含まれている。クロロフィルは，光のエネルギーを吸収して光合成の化学反応を起こさせる。

*3
植物のほかにも，葉緑体をもつ水中の微生物《びせいぶつ》や藻類《そうるい》も光合成を行う(➡p.88)。

*4
**ヨウ素液**は，デンプンと反応して青紫色になる。

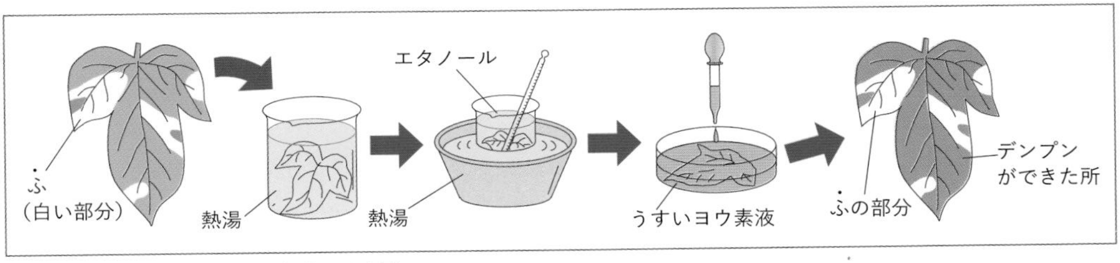


図１　光合成が行われる場所を調べる実験

## B オオカナダモを使う方法

① 数時間光を当てたオオカナダモ(**A**)と，光を当てないようにしたオオカナダモ(**B**)を用意する。

② **A**と**B**のそれぞれ同じ部分(先端《せんたん》近くなど)から葉を１枚ずつとって熱湯に数分ひたす。その葉をスライドガラスにのせてヨウ素液を１滴《てき》落としてカバーガラスをかけ，顕微鏡《けんびきょう》で観察する。

## C 結果・考察

① 結果は図１の右の図のようになり，葉のふの部分ではヨウ素液にひたしても色が変化しなかった。ふの部分ではデンプンができておらず，光合成が行われていないことがわかる。

② 葉の緑色の部分では，ヨウ素液にひたすと青紫色に変化した。

③ ①と②の結果から，**葉の緑色の部分に光が当たると，光合成が行われ，デンプンができる**ことがわかる。

④ オオカナダモの葉は，光を当てた**A**の葉では葉緑体がヨウ素に対する反応によって青紫色に変化し，**B**の葉では変化があまり見られなかった(図２)。

⑤ ④の結果から，**葉緑体で光合成が行われて**デンプンができることがわかる。

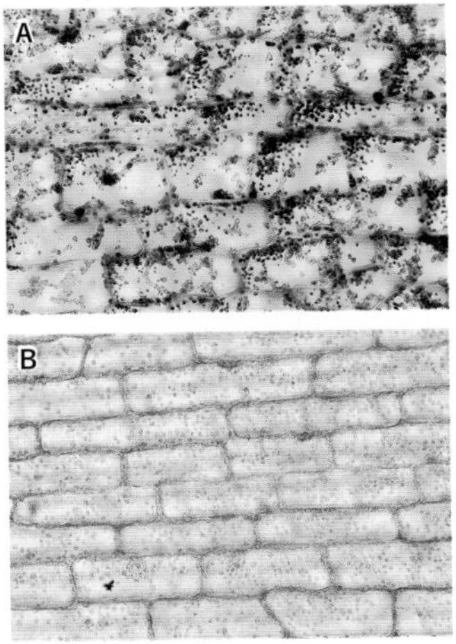


図２　光を当てたオオカナダモの葉(A)と光を当てなかった葉(B)にヨウ素液をかけた結果

TRY!
思考力

**オオカナダモは葉緑体のようすを顕微鏡で観察するのにつごうがよい実験材料である。その理由を答えなさい。**

ヒント　オオカナダモの葉は表と裏の２層の細胞からなる。

解答例　うすくて細胞の重なりが少ないため。

UNIT 3

# 光合成に必要な物質

着目 光合成にはデンプンなどをつくる材料として二酸化炭素と水が必要である。

**要点**

- **光合成《こうごうせい》に必要な材料**　光合成には二酸化炭素《にさんかたんそ》と水《みず》が必要である。
- **光合成に二酸化炭素が必要なことを確かめる実験**　石灰水またはBTB溶液《ようえき》，気体検知管《きたいけんちかん》を用いて，光合成を行う前後で二酸化炭素が減少したことを確かめる。

## 1 光合成に必要な材料

**植物が光合成《こうごうせい》を行うためには，光のほかに，二酸化炭素《にさんかたんそ》と水《みず》が必要である。**光，二酸化炭素，水のどれか 1 つでも欠けると，植物は光合成を行うことができなくなる。

陸上の植物では，空気中の二酸化炭素を葉の気孔《きこう》(➡ p.108)からとり込《こ》み，*1 水は根から吸収して，道管(➡ p.110)を通って葉まで運ばれている。

*1
水中の植物は，水に溶《と》けている二酸化炭素をからだの表面からとり込んでいる。

## 2 光合成に二酸化炭素が使われることを確かめる　実験

### A 方法・手順

① 3 つの試験管を用意して，図 1 のように**ア**と**イ**にはタンポポの葉を入れて，**ウ**には何も入れず，**イ**にはアルミニウムはくを巻く。

② 息を吹《ふ》き込《こ》んで試験管の中に二酸化炭素を加え，ゴムせんをしたあと，3 つの試験管に20〜30分間光を当てる。

③ それぞれの試験管に静かに少量の石灰水を入れてよく振《ふ》る。

### B 結果・考察

**イ**，**ウ**では石灰水は白くにごったが，**ア**だけ石灰水がにごらなかった。このことから，**ア**の試験管では光を当てたタンポポの葉が二酸化炭素を吸収したことがわかる。

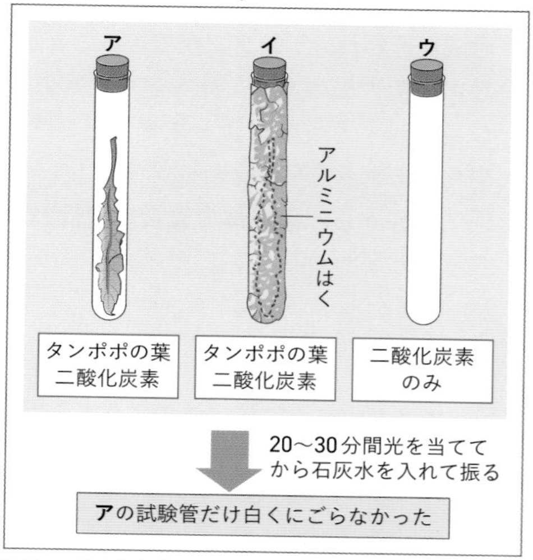


図 1　**石灰水を使って光合成に二酸化炭素が使われることを確かめる実験**

## 参考　対照実験

　この実験では，**ア**と**ウ**を比べると，**ア**にタンポポの葉が入っていて**ウ**にはタンポポの葉が入っていない以外の条件はすべて同じにしてある。この２つの実験結果を比べることで，**ア**の結果(石灰水が白くにごらないこと)は，タンポポの葉のはたらきによるものであることがはっきりする。また，**ア**と**イ**を比べることで，タンポポの葉は光を当てたときに二酸化炭素を吸収したことがわかる。

　このように，**ある実験で調べようとすることがら以外の条件をすべて同じにして行う実験**を**対照実験《たいしょうじっけん》**という。

**表１　実験の条件**

| | | タンポポの葉 | |
|---|---|---|---|
| | | あり | なし |
| 光 | あり | **ア** | **ウ** |
| | なし | **イ** | |

## 3　BTB溶液や気体検知管を用いる方法

　二酸化炭素の吸収は，石灰水を使うほかに，**BTB溶液《ようえき》**[*2]を使う方法(図２)や，**気体検知管《きたいけんちかん》**を使う方法(図３)で確認することもできる。

＊2
BTB溶液は，酸性で黄色，中性で緑色，アルカリ性で青色になる。二酸化炭素は水に溶けると炭酸になり，溶液は酸性になる。

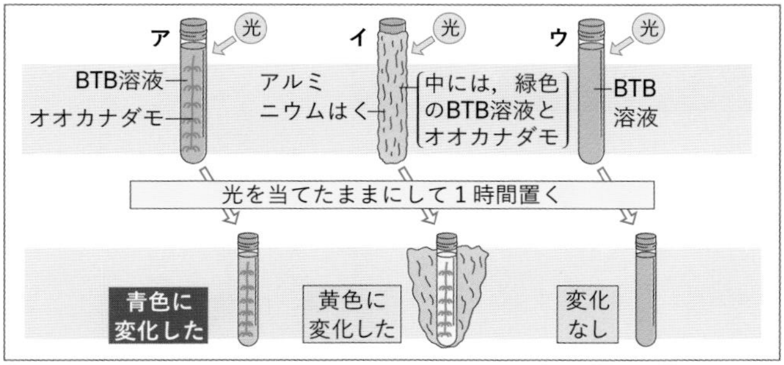


**図２　BTB溶液を使った実験**
３本の試験管に青色に調整したBTB溶液を入れて息(二酸化炭素)を吹き込んで緑色にしておく。そこへタンポポの葉のかわりにオオカナダモを入れて，**光合成によって酸素ができることを確かめる実験**(➡ p.102)のような条件で実験を行うと試験管**ア**の液は青色に変化した。試験管**イ**の液が黄色に変化したのは，オオカナダモの呼吸によって二酸化炭素が放出され酸性に変わったからである。

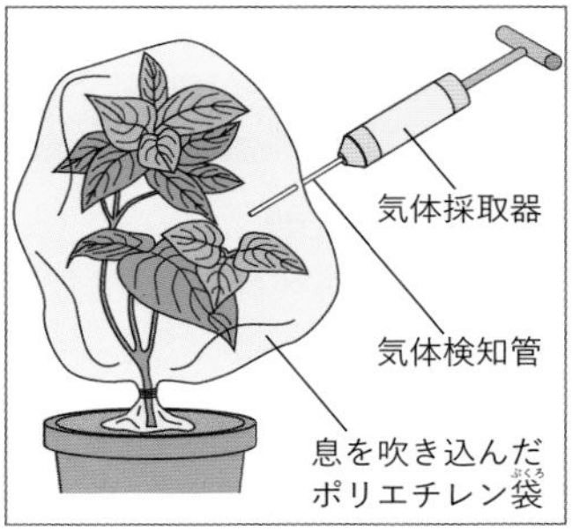


**図３　気体検知管を使った実験**
光を当てる前後での二酸化炭素濃度《のうど》を直接測定する。光合成が行われると二酸化炭素濃度が低くなる。

TRY! 思考力

**図１～図３の実験で，光を当てる前に，植物を入れた試験管やポリエチレン袋に息を吹き込むのは何のためか答えなさい。**

ヒント　空気中の二酸化炭素は0.04％と非常に少ない。

解答例　二酸化炭素濃度を高くすることで，光合成による二酸化炭素の量や濃度の変化を測定しやすくするため。

UNIT 4

# 光合成で発生する気体

着目 光合成によって，デンプンができるほかに酸素が発生する。

**要点**

- **光合成《こうごうせい》でつくられるもの** 植物の光合成によって，デンプンのほか酸素《さんそ》も発生する。
- **酸素の発生を確かめる実験** ペットボトルにオオカナダモを入れて光合成を行わせると，気泡《きほう》として放出された酸素を集めることができる。

## 1 光合成と酸素

植物は，**光合成《こうごうせい》**を行う際に，二酸化炭素を吸収すると同時に**酸素《さんそ》を放出している**。葉緑体でデンプンとともにつくられた酸素は，葉の気《き》孔《こう》から外へ放出されている（➡ p.108）。

## 2 光合成によって酸素ができることを確かめる 実験

### A 方法・手順

① 水を入れたペットボトルを2本用意し，それぞれストローで息を十分に吹《ふ》き込《こ》む。

② ①のペットボトルにオオカナダモを入れてふたをし，一方をA，もう一方はアルミホイルで包み光が入らないようにしてBとする。

③ ②のペットボトルを数時間光に当て，オオカナダモから出た気泡《きほう》（気体）を，それぞれ試験管に集める（図1下）。

④ 気体を集めた試験管に火のついた線香を入れる。

### B 結果・考察

① Aの試験管に火のついた線香《せんこう》を入れると，線香が炎《ほのお》をあげて燃えた。➡オオカナダモから発生した気泡は酸素である。

② Bの試験管ではほとんど気泡は集められなかった。

③ 結果①から，**オオカナダモは酸素を発生し**，対照実験《たいしょうじっけん》（➡ p.101）である結果②との比較《ひかく》から，発生した酸素は**光合成による**ものであることがわかる。

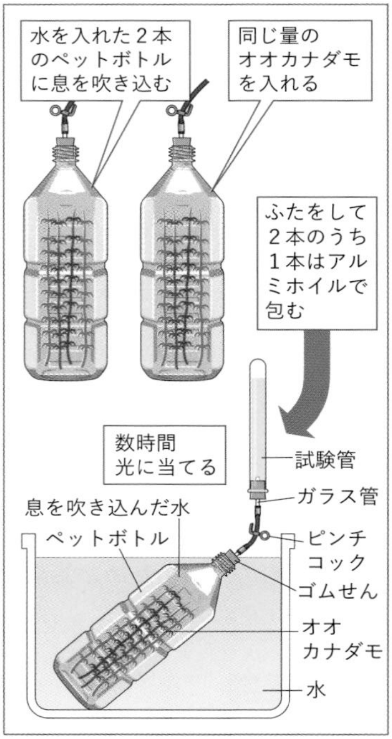


図1 酸素の発生を確かめる実験

## 発展　光の強さと光合成量の関係を調べる実験

光合成は，ある程度の光の強さまでは，光が強くなるほどさかんに行われる。このことは，次のような実験で確認することができる。

二酸化炭素を十分に溶《と》け込《こ》ませた水，試験管，オオカナダモを用意して，図2のような装置を用意する。蛍《けい》光灯《こうとう》とオオカナダモを入れた試験管の距離《きょり》を変えて，1分間あたりに出る気泡の数(酸素の発生量)を調べる。その結果，光源(蛍光灯)からオオカナダモを入れた試験管までの距離と1分間に出る気泡(酸素)の数は図3のようになり，オオカナダモから出る気泡の数は，光源からの距離が近くなるほど多くなる。

この気泡の数は，酸素の発生量，つまり光合成量を表している。光源からの距離が近いほど，オオカナダモが受ける光が強くなることから，**光が強くなるほど光合成がさかんになる**，と考えられる。

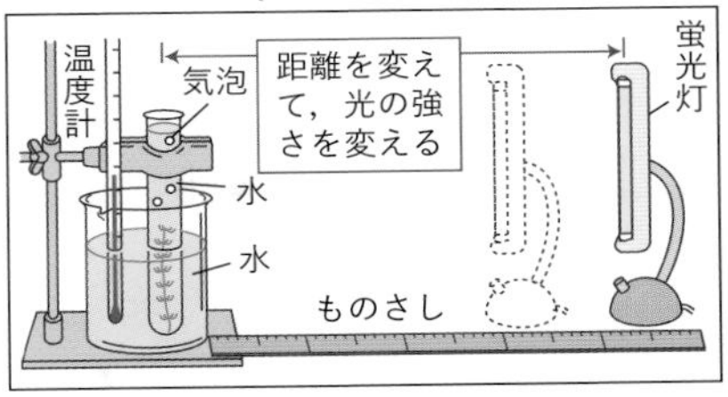


図2　光の強さと光合成量の関係を調べる実験

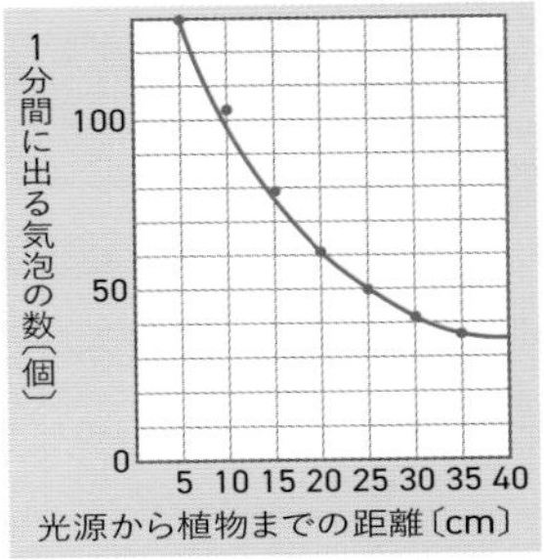


図3　光の強さと光合成量の関係

## 発展　光合成量と環境条件

植物は，**光の強さ**，**二酸化炭素の濃度**，**温度**によって光合成を行う量が変化する。受ける光が強くなるほど，二酸化炭素の濃度が高くなるほど，光合成をさかんに行うことができる。

一般的《いっぱんてき》に，十分に強い光が当たっている場合，30℃くらいまでの温度では，**温度が高くなるほど光合成量がふえる**。p.102の実験でオオカナダモを入れたペットボトルを水を入れた水槽に入れたり，上の実験でオオカナダモを入れた試験管を水を入れたビーカーに入れているのは，蛍光灯が出す熱などの光以外の変化による影響《えいきょう》を防ぐためである。

温度は，高すぎると逆に光合成量は減る。また，弱い光の場合，光合成量は温度によってほとんど変化せず，小さいままになる。

TRY! 思考力

**図1の実験で2本のペットボトルAとBを用意する際に気をつけるべきことをあげなさい。**

ヒント　BはAの対照実験で，光を当てないという条件がAと異なる。

解答例　ペットボトルは同じものを用意する。水の量および息を吹き込む量(強さや時間)を同じにする。入れるオオカナダモの本数や長さ，葉の数や大きさが同じくらいになるようにする。

UNIT 5

# 光合成のしくみと産物

着目 光合成ではデンプンがつくられ，水に溶けやすい物質に変えられる。

**要点**

- **光合成《こうごうせい》のしくみ**　二酸化炭素《にさんかたんそ》と水《みず》から，デンプンがつくられ，酸素も発生する。
- **デンプンの移動と利用**　デンプンは水に溶けやすい物質に変えられて植物の各部に運ばれ，栄養分として使われたりデンプンに再合成されて貯蔵されたりする。

## 1 光合成の材料とつくられる物質

### A 光合成の反応

光合成《こうごうせい》は，おもに植物の葉で行われるはたらきで，**二酸化炭素《にさんかたんそ》**と**水《みず》**を材料として，**光のエネルギーを利用してデンプンと酸素がつくられる**(図1)。[*1]

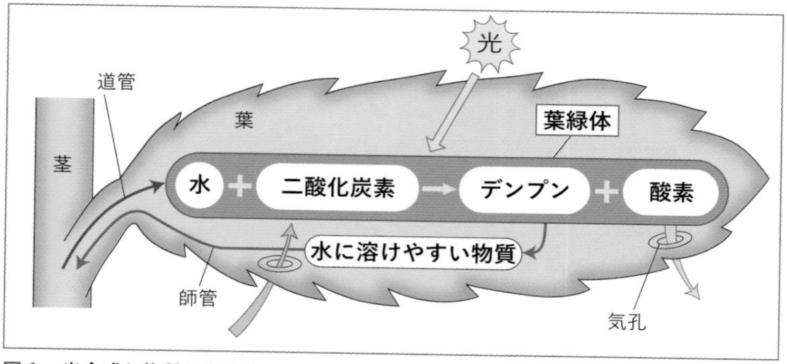


図1　**光合成と物質の出入り**

### B 光合成にかかわる物質の出入り

光合成に必要な水は，根から吸収されたあとに道管を通って葉に運ばれている(➡ p.110)。

また，**二酸化炭素**は，葉の表面にある気孔《きこう》から葉の内部にとり込《こ》まれて，光合成に使われている(➡ p.108)。

光合成によってつくられた**デンプン**は，水に溶《と》けやすい小さな分子の物質となり，師管を通って植物の各部に運ばれる。

光合成によってつくられた**酸素《さんそ》**は，葉の表面(おもに葉の裏側の表皮)にある気孔を通して，からだの外に放出される(➡ p.114)。

*1
デンプンは，炭素(C)，酸素(O)，そして水素(H)の3種類の元素(➡ p.18)でできており，この3つの元素は二酸化炭素($CO_2$)と水($H_2O$)から得られる。

### 参考 デンプンと糖

デンプンは**炭水化物**《たんすいかぶつ》の1つであり，ブドウ糖のような小さい分子の糖がたくさんつながったものである(➡p.120)。デンプンは**水に溶けにくい**性質があるため，細胞《さいぼう》の内外に多くの水分が存在するからだの中で貯蔵するのには向いているが，体内の別の場所で使うためには運びにくい。それに対して，ブドウ糖やショ糖のような，分子が小さくて水に溶けやすい糖は，運ぶのに都合がよい。光合成を行う植物は，葉緑体の中でまず糖をつくり，糖をデンプンにつくり変えている。*2

*2
アヤメ，ユリ，タマネギ，ネギなど一部の植物の葉では，糖までで反応が終わり，デンプンがつくられない。これらの植物の葉のことを**糖葉**《とうよう》といい，デンプンを合成する多くの種類の植物の葉(**デンプン葉**《よう》)と区別される。

## 2 つくられた栄養分の使われ方

植物の各部へ運ばれた栄養分(糖)は，呼吸《こきゅう》(➡p.106)や成長の材料として使われたり，種子や果実・根・茎《くき》などに貯蔵されたりする。

呼吸とは酸素を使って栄養分を分解し，エネルギーを得るはたらきである。植物のからだをつくるすべての細胞は呼吸を行っており，糖は呼吸の材料として使われる。

糖はエネルギー源としてだけではなく，デンプンなどの炭水化物や脂肪《しぼう》，タンパク質などの材料にもなり，植物が成長することに使われる。

**表1 植物体に貯蔵される栄養分**

| 貯蔵場所 | おもな貯蔵養分 | 植物の種類 |
|---|---|---|
| 根 | デンプン | サツマイモ |
| 地下茎《ちかけい》 | デンプン | ジャガイモ |
| | 糖 | タマネギ*3 |
| 種子 | デンプン | イネ，コムギ |
| | デンプン，糖 | トウモロコシ |
| | 脂肪 | アブラナ，ゴマ |
| | デンプン，脂肪 | ブドウ，カキ |
| | 脂肪，タンパク質 | ダイズ |
| 果実 | 糖 | ブドウ，カキ |

*3
タマネギの食べられる部分は**りん葉**《よう》とよばれる葉が変化したもの。根元のかたい短い部分が茎で，合わせて**りん茎**《けい》とよばれる地下茎の一種である。

糖は種子や果実，根，茎などに運ばれてから，たくわえられる。種子や球根などが発芽するときには，中に貯蔵されている栄養分からエネルギーを得ている。貯蔵される栄養分は，糖だけでなく，糖からつくり変えられてできたデンプンや，脂肪，タンパク質であることも多い(表1)。

TRY! 表現力

**光合成でつくられたデンプンは，その後植物の体内でどのように利用されるか，1つあげて説明しなさい。**

ヒント 葉でつくられたデンプンは別の物質につくり変えられて運ばれ，利用される。

解答例 糖に変えられて呼吸の材料として使われる。からだをつくる材料として使われる。

UNIT 6

# 光合成と呼吸

着目 植物は常に呼吸を行い，酸素をとり込んで二酸化炭素を外に出している。

**要点**

- **植物の呼吸《こきゅう》** 植物は呼吸を行い，酸素を吸収して二酸化炭素《にさんかたんそ》を出している。
- **呼吸の反応** 酸素を使って栄養分を分解し，エネルギーと二酸化炭素・水《みず》をつくる。
- **光合成《こうごうせい》と呼吸** 材料とつくられる物質を比べると，光合成と呼吸は逆の変化である。

## 1 植物の呼吸

### A 植物と呼吸

植物も，動物と同じように呼吸《こきゅう》を行い，[*1]**酸素を吸収して，二酸《にさん》化炭素《かたんそ》をからだの外に出している。**

呼吸を行うのは，植物のからだをつくる1個1個の細胞《さいぼう》である。成長する部分の細胞は特に活発に呼吸を行う。図1のように，発芽し始めたダイズの種子をびんに入れてふたをし，数時間たってから火のついたろうそくを中に入れると，火はすぐ消える。

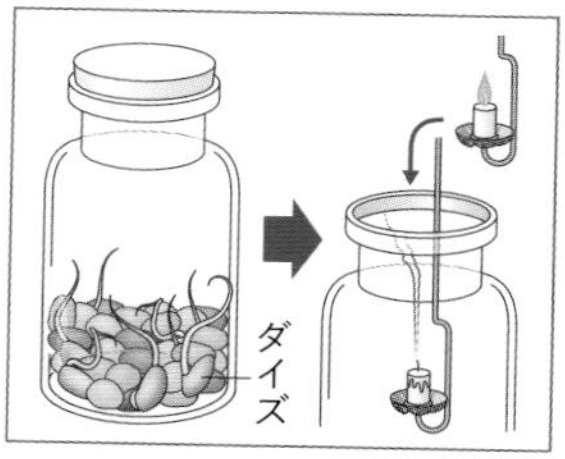


**図1 ダイズの種子の呼吸を確かめる実験**

### B 呼吸の反応

呼吸は，とり込《こ》んだ**酸素を使って栄養分**[*2]**を分解し，エネルギーをとり出す**とともに，**二酸化炭素**と**水《みず》**ができる反応である。

**栄養分 ＋ 酸素 ⟶ 二酸化炭素 ＋ 水 ＋ エネルギー**

## 2 植物の呼吸を確かめる 実験

### A 方法・手順

① ポリエチレン袋《ぶくろ》を3つ用意し，図2のように，AとBには新鮮《しんせん》なホウレンソウなどの植物を入れ，Cには何も入れない(図2)。

② Aは明るいところに，BとCは暗いところに，数時間置く。

③ それぞれの袋の中の空気を石灰水に通して，石灰水の変化を調べる。

### B 結果・考察

Bの袋では石灰水が白くにごったが，AやCの袋では，石灰水に変化は見られなかった。このことから，Bの袋では**植物が呼吸を行って二酸化炭素を外に出している**ことがわかる。[*3]

*1
動物の細胞の呼吸については**ヒトの呼吸**(➡p.132)で学習する。

*2
呼吸には栄養分として糖がもっともよく使われるが，糖が足りなくなると，デンプンや脂肪・タンパク質が使われることもある。

*3
光を当てたAの袋で石灰水に変化が見られなかったのは，呼吸によって出された二酸化炭素が光合成によって使われたからと考えられる。

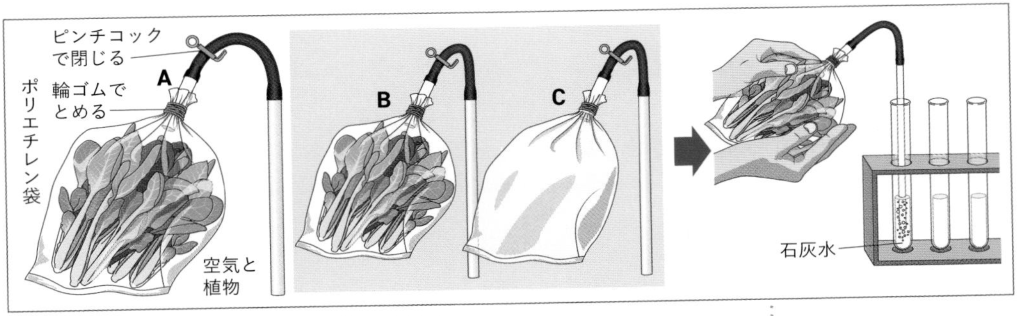


図 2　**植物が呼吸を行っていることを確かめる実験**

## 3 光合成と呼吸のちがい

　これまで学んできたことから，**光合成《こうごうせい》**と**呼吸**は，エネルギーや気体の出入りを見ると，**逆の変化であること**がわかる。両者のちがいをまとめると，**図 3** および**表 1** のようになる。

　植物は葉緑体をもつ細胞が光の当たるときだけ光合成を行うが，呼吸はすべての細胞が一日中行っている。日中は呼吸よりも光合成による気体の出入りのほうが大きいため，光合成だけが起きているように見える(➡p.114)。

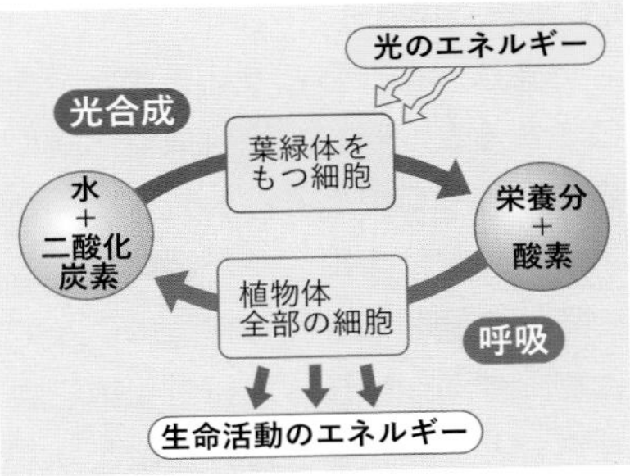


図 3　**光合成と呼吸の関係**

表 1　**光合成と呼吸のちがい**

| | 行われる場所 | 行われるとき | 行われる反応 |
|---|---|---|---|
| **光合成** | 葉緑体をもつ植物の細胞 | 光のエネルギーが必要なため昼だけ行う | 水＋二酸化炭素＋光のエネルギー → デンプン＋酸素 |
| **呼吸** | 生きているすべての細胞 | 一日中行う | 栄養分＋酸素 → 二酸化炭素＋水＋エネルギー |

TRY! 表現力

**図 2 の実験で，植物の呼吸によって二酸化炭素が発生したことを確かめるための対照実験はA～Cの袋のうちのどれか，簡単に説明しなさい。**

ヒント　実際に二酸化炭素が発生している実験はBである。

解答例　植物が入っているBに対して，植物が入っていない以外は同じ条件のCが対照実験である。

UNIT 7

# 気孔と蒸散

着目 ▶ 植物の表面から水蒸気が出ていくことを蒸散といい，おもに気孔で行われる。

**要点**

- **気孔《きこう》の開閉**　2つの孔辺細胞《こうへんさいぼう》の変形によって，気孔の開閉が調節されている。
- **蒸散《じょうさん》**　植物のからだの表面から水蒸気として水が蒸発すること。
- **葉の表裏と蒸散量**　蒸散はおもに気孔の多い葉の裏側で行われている。

## 1 気孔のはたらき

### Ⓐ 気孔の開閉

気孔《きこう》は，根からとり込《こ》まれた水を**水蒸気として排出《はいしゅつ》する出口**であると同時に，光合成や呼吸にかかわる**酸素や二酸化炭素の出入り口**でもある。気孔が開いたり閉じたりすることによって，気体の出入りが調節されている。

気孔の開閉は，孔辺細胞《こうへんさいぼう》によって行われている。2つ1組になって向かい合っている孔辺細胞が水をたくさん含《ふく》んでふくらむと，細胞が三日月形になり，2つの細胞の間にすき間ができて，気孔が開く(図1)。[*1]逆に，孔辺細胞内の水が少なくなると，細胞の形がもとにもどり，気孔が閉じる。気孔は，ふつう，昼に開き，夜閉じる。[*2]

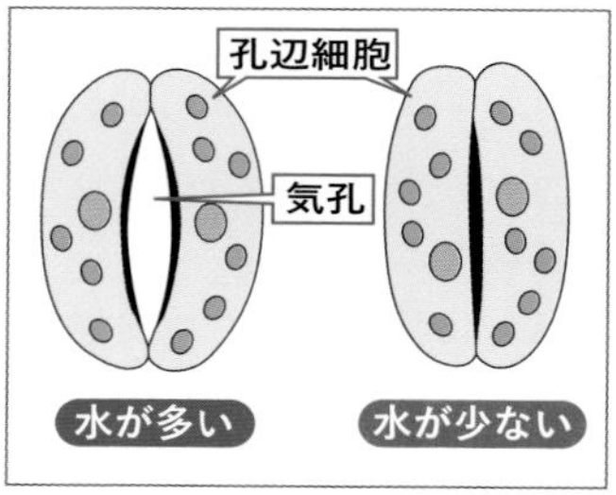


図1　孔辺細胞と気孔の開閉

*1
よく晴れている日中など，光合成がさかんに行われるときに気孔が開くことが多い。

*2
風が強いときなど，水分が蒸発しやすいときは，水分が減りすぎないようにするために，気孔は閉じることが多い。

### Ⓑ 蒸散

植物のからだから水蒸気として水が放出される現象を蒸散《じょうさん》という。**蒸散はおもに気孔で起こり，気孔が多い葉の裏側でもっともさかんに行われる。**蒸散量の調節は，気孔の開閉によって行われる。

根，茎《くき》，葉の中を通る道管およびその中の水は1つにつながっている。蒸散を行うことで葉から水が水蒸気として失われると，道管の中の水を引き上げる力がうまれ，根から水分を吸い上げる力が生じる(➡p.116)。蒸散によって，道管の中に一定の水分量が保たれ，**植物のからだの中の水分量が一定になるように調節**されている。

また，水は水蒸気として蒸発するときにまわりの**温度を下げる**はたらきがあるので，蒸散は，植物のからだの温度が高くなりすぎるのを防ぐ効果もある。

## 2 葉からの蒸散量を調べる　実験

### A 方法・手順

① ついている葉の大きさと枚数が同じ植物の枝を4本用意し，図2のA～Dのように処理する。➡ワセリンは，気孔をふさぎ，気孔からの蒸散が起こらないようにするためにぬる。

② それぞれの枝を，同じ量の水を入れた試験管に立てて，水面に油をたらす。➡油は水面からの水の蒸発をふせぐためにたらす。

③ 数時間後，それぞれの試験管の水の減った量を調べる。*3

*3 植物が蒸散を行うと植物のからだから水が失われ，それを補うように植物が水を吸い上げるので，水の減った量を測定することで，蒸散量を調べることができる。

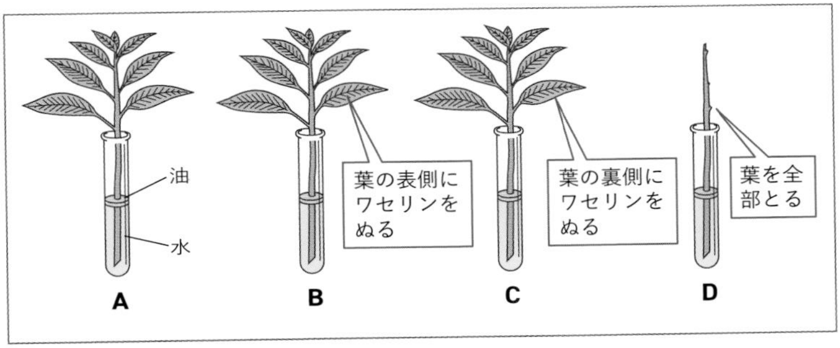


図2　**蒸散量を調べる実験**

### B 結果・考察

① 結果は表1のようになり，水の減った量は，**A＞B＞C＞D**の順に多かった。

表1　**実験の結果**

| 試験管 | A | B | C | D |
|---|---|---|---|---|
| 水の減少量〔$cm^3$〕 | 4.0 | 3.2 | 0.5 | 0.3 |

② **D**の水の減少量は茎からの蒸散量で，**A**の水の減少量は葉と茎からの蒸散量である。**D**と**A**を比べると，**D**の水の減少量がとても少ないことから，**蒸散**は茎でも行われているが**ほとんどは葉で行われている**ことがわかる。

③ 葉の表側からの蒸散量，葉の裏側からの蒸散量は右のようにして求められ，蒸散はおもに葉の裏側で行われていることがわかる。*4

葉の裏側からの蒸散量
**B**－**D**＝2.9 $cm^3$
葉の表側からの蒸散量
**C**－**D**＝0.2 $cm^3$

*4 気孔は，ふつう葉の表側よりも裏側に多い（➡p.97）。

TRY! 表現力

**上の実験で試験管の中に油を加えている目的を簡単に説明しなさい。**

ヒント　油は膜《まく》を形成して水の上をおおっている。

解答例　水面からの蒸発を防ぎ，植物体表面からだけの蒸散量を求めるため。

UNIT 8

# 根のつくりとはたらき

着目 根は先端にある根毛から水を吸収し，道管を通じてからだ全体に送る。

**要点**

- **根のつくり** 先端《せんたん》の表面には根毛《こんもう》が，内部には師管《しかん》と道管《どうかん》からなる維管束《いかんそく》がある。
- **根のはたらき** 植物のからだ全体を支え，根の先端にある根毛から水や養分をとり込《こ》む。とり込まれた水や養分は道管を通って，植物のからだ全体に運ばれる。

## 1 根のつくり

### A 全体のつくり

トウモロコシやイネなどの単子葉類《たんしようるい》と，ツバキやヒマワリなどの双子葉類《そうしようるい》では，根のつくりが大きくちがっている(図1)。単子葉類の植物では，**ひげ根《ね》**という多くの細い根が見られる。一方，双子葉類の植物では，**主根《しゅこん》**という太い根が中心にあり，主根から枝分かれした細い**側根《そっこん》**が見られる。

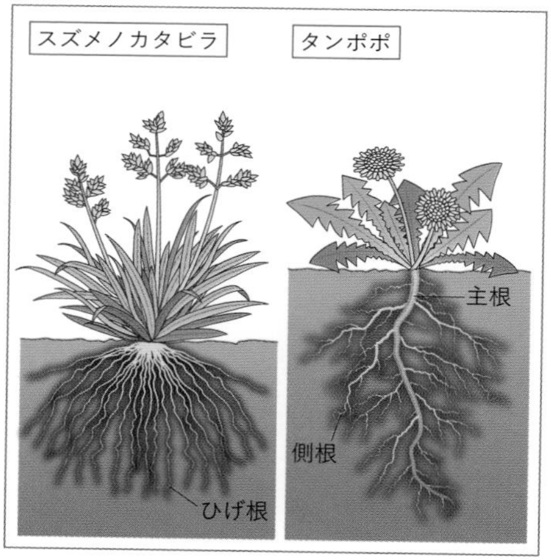


図1 **単子葉類と双子葉類の根**

### B 根毛

根の先端には，綿毛のような細かい根毛《こんもう》というつくりが多数見られる(図2)。根毛は根の表面の細胞《さいぼう》から出ている毛のような突起《とっき》で，土の細かい粒《つぶ》の間に入《はい》り込《こ》むことができる。根毛によって，根と土が接する面積が広くなり，地中の水分や水に溶《と》けた養分を効率よく吸収することができる。

### C 根の道管と師管

根の内部には，**道管《どうかん》**と**師管《しかん》**という管の束が通っている(図3)。

根の中心には道管があり，根毛でとり込まれた水や水に溶けた養分は道管に入っていく。根の道管は茎《くき》や葉などの道管とつながっていて，根から吸収された**水や養分は，道管を通って**植物のからだの各部へ送り届けられる。

道管のまわりには師管が通っている。光合成(➜ p.98)によって葉でつくられた**栄養分は，師管を通って**植物のからだの各部へ運ばれる。

図2 **発芽したダイコンの根毛**

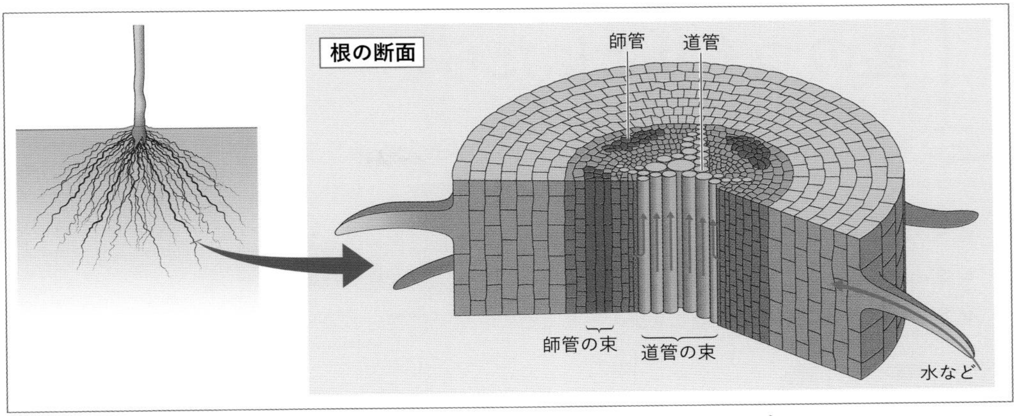


図 3　**根の断面図**

道管の束と師管の束を合わせて**維管束**《いかんそく》という。維管束は，根から茎，茎から葉へとつながっていて，植物のからだ全体に必要な物質を運ぶという重要なはたらきをしている。

### 参考　道管と師管のくわしいつくり

**道管**は死んだ細胞からできていて，細胞の上下のしきりがなくなった筒状《つつじょう》の管である。道管は顕微鏡《けんびきょう》で見るといろいろな種類がある。いっぽう，**師管**は生きた細胞がつながってできていて，細胞の上下のしきりにふるいのように小さい穴がたくさんあいている（図 4）。

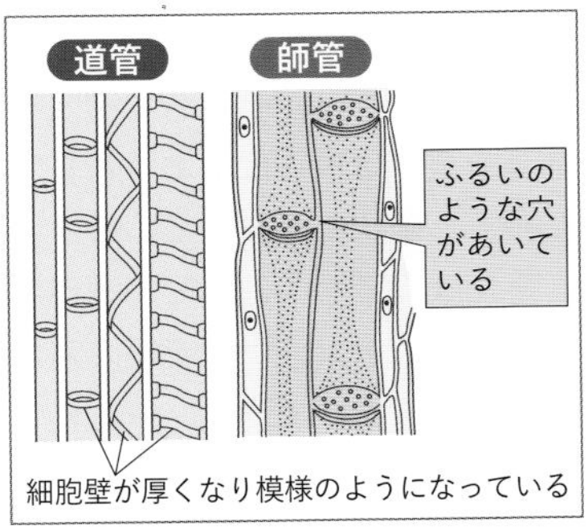


図 4　**道管と師管のくわしいつくり**

## 2　根のはたらき

根のおもなはたらきは，土の中の**水分や水に溶けた養分を吸収し，**植物の**体内にとり込む**ことである。また，根は，地中に深くのびて広がることで，**植物全体を支える**はたらきもしている。

TRY! 表現力

**根毛というつくりの役割を説明しなさい。**

ヒント　根毛は根の表面にある毛のような突起で，土の粒と密着している。

解答例　根と土が接する面積をふやすことで，水や水に溶けた養分を効率よく吸収できるようにする。

UNIT 9

# 茎のつくりとはたらき

着目 茎には維管束(道管＋師管)が通り，水や栄養分の通り道になっている。

要点

- **茎《くき》のつくり**　茎には道管《どうかん》と師管が集まった束である維管束《いかんそく》が通っている。
- **茎の維管束の分布**　単子葉類《たんしようるい》では散らばっていて，双子葉類《そうしようるい》では輪状に並ぶ。
- **茎のはたらき**　植物のからだを支えるとともに，水や栄養分の通り道になっている。

## 1 茎のつくり

茎《くき》のつくりは，トウモロコシなどの**単子葉類《たんしようるい》**とホウセンカなどの**双子葉類《そうしようるい》**でちがっている。図1のように着色した色水を植物に吸収させたあと，茎をうすく切って観察すると，水の通り道である道管が着色されて，表1のように見える。

縦断図を見ると，茎では，上下でつながった道管の管が多数通っていることがわかる。横断図を見ると，**道管《どうかん》**は**単子葉類では茎の全体に散らばって**分布していて，**双子葉類では茎の周辺に多く，輪状に分布している**ことがわかる。

茎には，道管の外側に師管《しかん》がある。この道管と師管の集まりである維管束《いかんそく》は，単子葉類の茎ではばらばらに散らばっていて，双子葉類の茎では輪状に分布している(図2)。

図1　植物に色水を吸水させる実験

表1　単子葉類と双子葉類の道管の分布

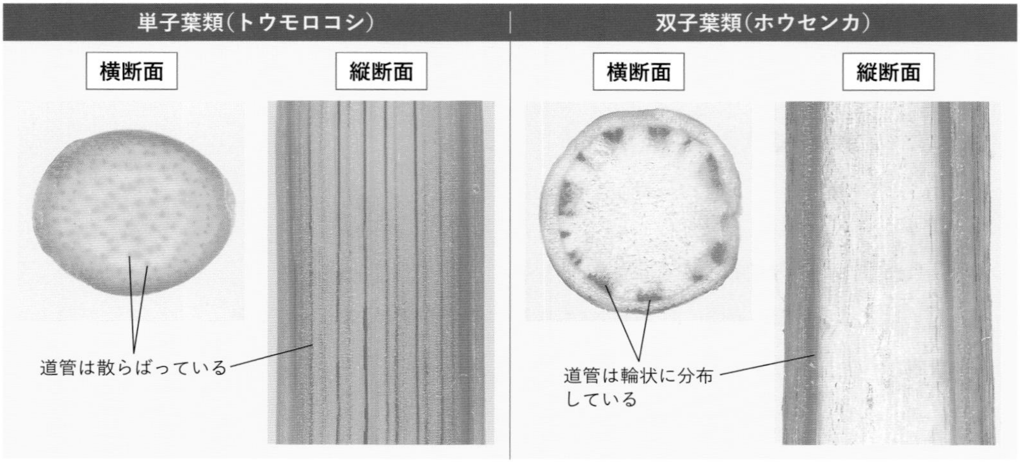

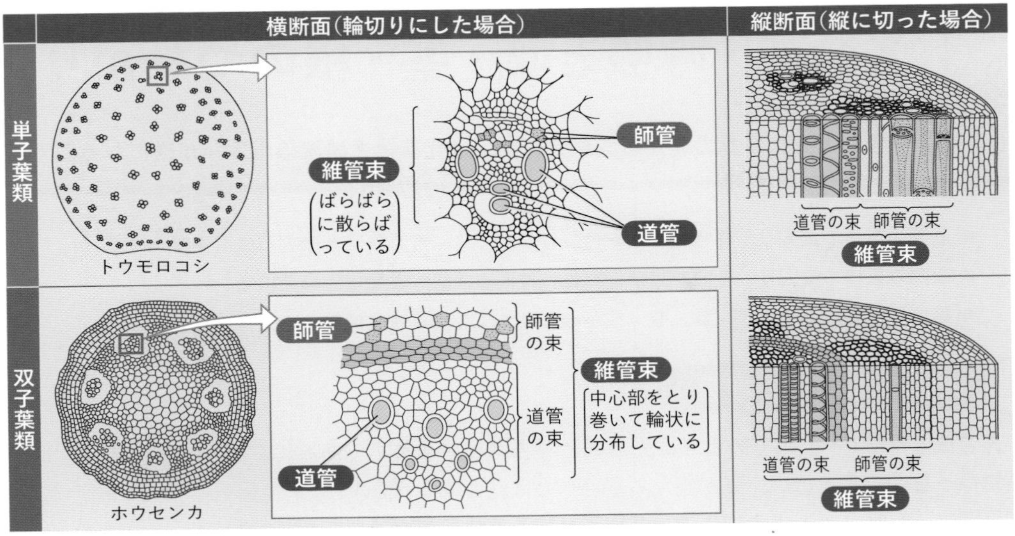


図2 **単子葉類と双子葉類の茎のつくり**

## 2 茎のはたらき

茎は，かたくじょうぶなつくりになっていて，**植物のからだを支えて**，よく光を受けられるところに**葉を広げるのを助ける**はたらきがある。また，茎には維管束がたくさん通っていて，**根からとり込《こ》んだ水や葉でつくられた栄養分の通り道**となる。

### 参考 双子葉類の師管だけを除く実験

双子葉類であるカキの枝の表面をはがすと，2～3か月後にははがした部分の上部がふくらんでくる(**図3**)。このとき表皮のすぐ内側を通る師管が切られたために，栄養分の流れはそこで止まっているが，内側を通る道管は切れていないので水の流れは止まらない。

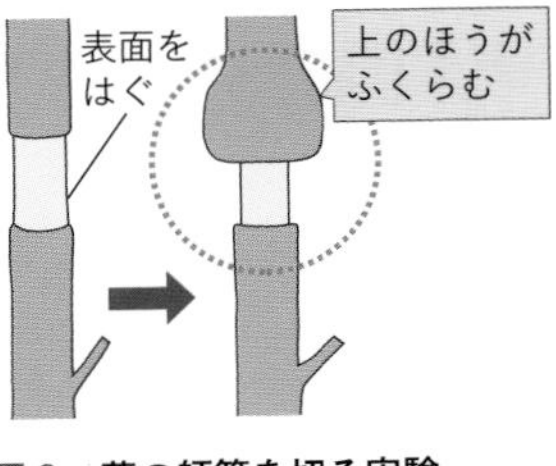


図3 **茎の師管を切る実験**

TRY! 表現力

**双子葉類の根と茎を比べたときの維管束の分布のちがいを説明しなさい。**

ヒント 双子葉類の根では，維管束は全体でまとまって通っている。

解答例 双子葉類では，根では維管束は根の中心付近に見られるが，茎では維管束は輪状に並んでいる。

UNIT 10

# 光合成・呼吸と葉・茎・根のつながり

着目 ➤ 呼吸量と光合成量の差から，昼と夜で二酸化炭素と酸素の出入りが逆になる。

**要点**

- **昼間の気体の出入り**　呼吸量《こきゅうりょう》より光合成量《こうごうせいりょう》が多く，二酸化炭素を吸収，酸素を排出《はいしゅつ》。
- **夜間の気体の出入り**　呼吸だけが行われ，酸素を吸収，二酸化炭素を排出。
- **植物のからだのつくり**　葉・茎《くき》・根が維管束《いかんそく》でつながり水や栄養分をやりとりする。

## 1 植物の光合成と呼吸

**光合成と呼吸**(➡ p.106)のように光合成と呼吸は反対の反応である。植物は一日中呼吸を行い，光が当たる昼(日中)は光合成も行う。

**昼間**は，呼吸よりも**光合成によって出入りする気体の量が多い**ため，植物は**二酸化炭素をとり入れて酸素を外に出している**ように見える(図1の左の図)。**夜間**は，植物は光合成は行わず，**呼吸だけを行っているので，酸素をとり込《こ》んで二酸化炭素を放出している**(図1の右の図)。

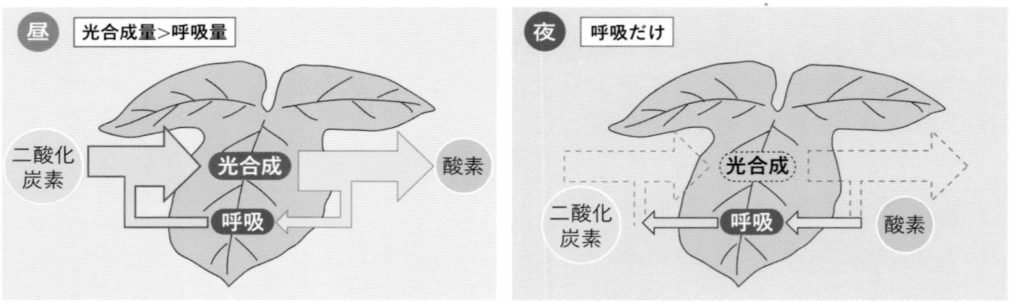


図1　昼間と夜間での光合成と呼吸の関係

## 2 植物のからだのつくりとはたらき

これまで学んできた植物のつくりとはたらきについてまとめると，図2のようになる。葉・茎《くき》・根は維管束《いかんそく》によってつながり，物質のやりとりをしている。根から吸収された**水**は**道管《どうかん》**を通じて葉まで運ばれ，最終的には気孔《きこう》からの蒸散《じょうさん》で放出される。葉で合成された**デンプンなどの栄養分**は，水に溶《と》けやすい物質に変わり，**師管《しかん》**を通じて全身に運ばれ，エネルギー源として使われたりたくわえられたりする。[*1]

*1
たくわえられる場所は根や地下茎《ちかけい》，果実，種子などさまざまである(➡ p.105)。

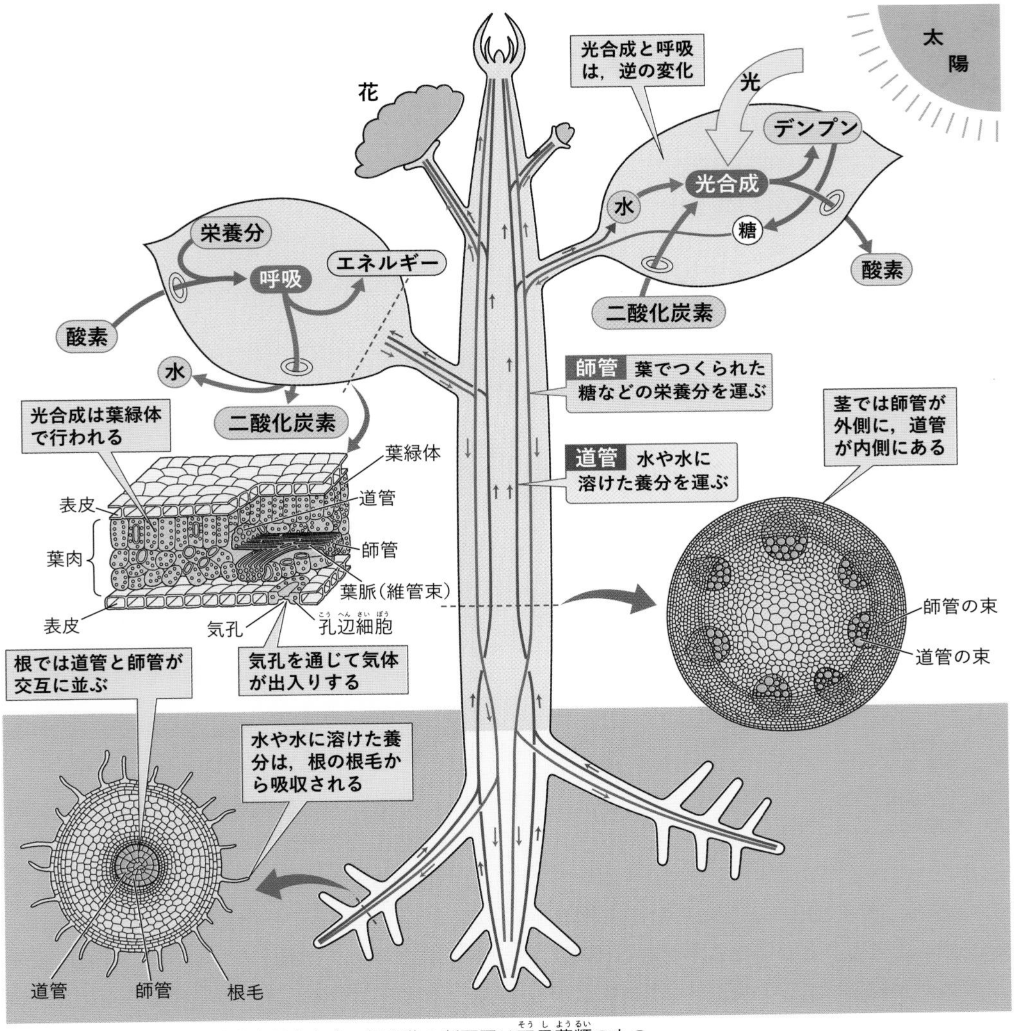


図２　**植物のからだのつくりとはたらき**　根や茎の断面図は双《そう》子《し》葉《よう》類《るい》のもの。

TRY! 思考力

**植物に８時間光を当てたあと16時間暗所に置き，気体の増減を測定したところ，二酸化炭素も酸素も実験前と比べて増減がなかった。この結果から考えられることを答えなさい。**

ヒント　この実験で，光合成は８時間，呼吸は24時間かけて行われた。

解答例　同じ時間あたりで比べると光合成による二酸化炭素と酸素の出入りは呼吸の３倍である。

特集

# 植物はどのようにして水を運ぶのか

## ● 大気圧では，10 mの高さまでしか水は上がらない

図１のように片方が閉じたガラスの管を水に沈《しず》め，中に水を満たした状態で，管の開いたほうを水の中に沈めたまま閉じたほうを水の上に持ち上げると，管の中には水が入ったままになる。これは，大気が水面の水を押《お》しているためである。この大気の力(圧力)を**大気圧**《たいきあつ》という。この大気圧によって水を押し上げられるのは約10 mまでである(➡ p.183)。

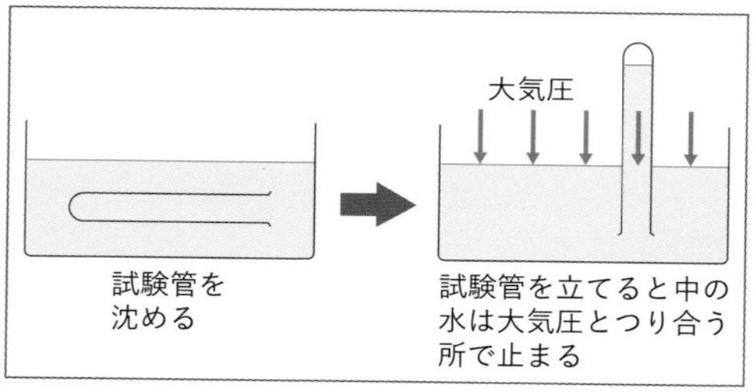

図１　大気圧

しかし，セコイアやユーカリなど，大きいものになると，**高さ100 m以上にもなる先端《せんたん》まで水を吸い上げることができる木がある**(図２)。水や養分をどのようにして根から100 m以上の高さまで運んでいるのか，考えてみよう。

## ● 根が水を吸い上げる力

「根で水を吸い上げる」と言われるように，根には水を吸収するしくみがある。水は，溶液《ようえき》の濃度《のうど》が低い側から高い側へと移動する性質がある。根の細胞《さいぼう》中にある溶液の濃度は，根のまわりの土の中の濃度より高いことが多く，根の細胞《さいぼう》の中に水が入ってこようとする力になる。根には，細かい**根毛**《こんもう》がたくさんあり，その根毛

図２　セコイア

ひとつひとつで水を吸う力がはたらくため，根全体では多くの水が吸収され，それが根から茎《くき》につながる道管《どうかん》の中の水を押し上げる力となる(図３)。このように，根で水が押し上げられる力を**根圧**《こんあつ》という。根圧の大きさは，植物の種類によってちがうが，ふつう２気圧くらいで，根圧だけでは約20 mしか水を上げられない。

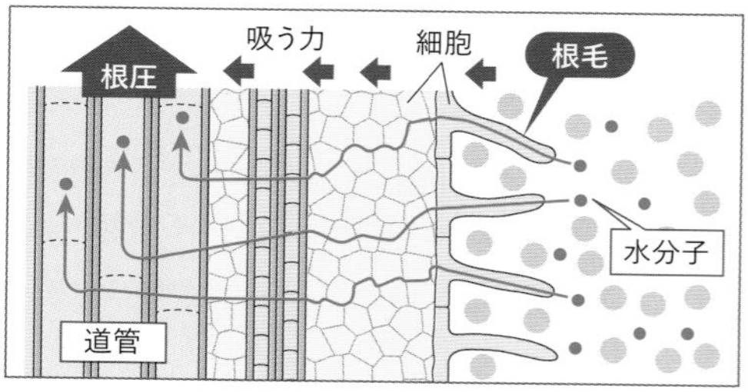

図３　根圧のしくみ

## ● 葉からの蒸散と水の凝集力が水を吸い上げる

植物は，葉で二酸化炭素を吸収するために**気《き》孔《こう》**を開くと，そこから水分が蒸発する。これを**蒸散《じょうさん》**という。蒸散によって水分が蒸発すると，それを補《おぎな》おうと気孔のまわりから水分が移動してくる。これが植物全体で水を吸い上げる力になる(**図 4**)。

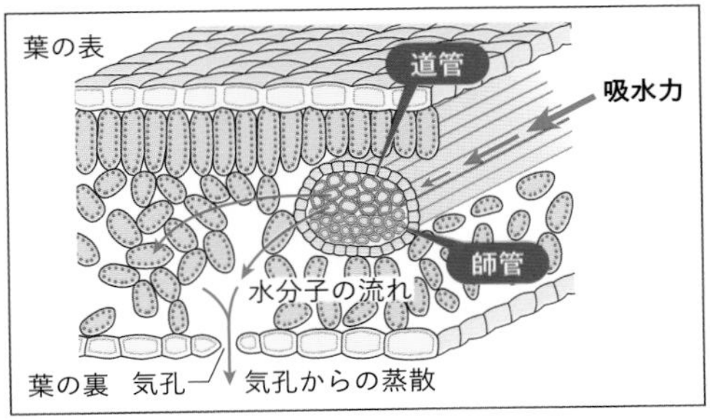


図 4　**葉での蒸散と吸水力**

水の分子と分子は**凝集力《ぎょうしゅうりょく》**という力でたがいにくっついており，水の分子どうしを引《ひ》き離《はな》そうとすれば，200気圧以上の圧力を必要とする。植物体内の水は，この凝集力によって根から葉まですべてつながっているため，葉における蒸散によって生じた吸水力が，根から水を吸い上げる力につながるのである。葉から水を引き上げる吸水力は10～20気圧もあり，100m以上もある植物の先端まで水を吸い上げることなどわけなくできるほどである。

これらの力や根圧がはたらき合って，植物は根から吸収した水を葉の先端まで上昇《じょうしょう》させて運んでいるのである(**図 5**)。

**① 根では，根圧により水を押し上げる。**
**② 葉では蒸散により吸水力が生じ，水を引き上げる。**
**③ 凝集力により水は切れることなく上がる。**

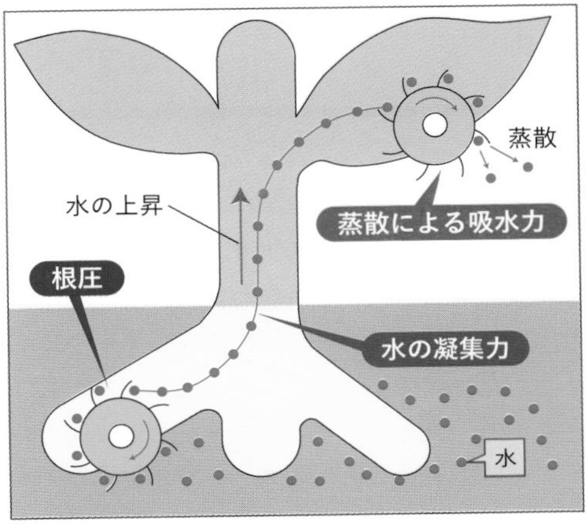


図 5　**植物が水を引き上げるしくみ**

## ● 道管の太さと吸水力

**道管の吸水力は，道管が細いほど強くはたらく。**これは**毛管現象《もうかんげんしょう》**という現象による。

たとえば，穴の直径が1mmぐらいのガラスの管の先端を水につけると，毛管現象によって自然と水が管の中に入る。紙や布に水がしみ上がっていくのも，繊維《せんい》のすき間で毛管現象が生じているからである。

また，太い道管は，多くの水を通すことができる反面，道管の中に気泡《きほう》ができやすいという問題がある。道管の水が気泡によって途切《とぎ》れると，蒸散による吸水力がなくなり，葉まで水分が運べなくなる。このような気泡は，冬に道管の中の水が凍結《とうけつ》したときに生じやすい。冷凍庫で水をこおらせると，小さい気泡が出てきて，氷が白く見えることがあるのと同じである。こおったりとけたりをくり返すことで，気泡が大きくなり，道管をふさいでしまう。

最適な道管の太さは，その植物に水が多く必要かどうかや，その場所の水分の多さや冬の凍結のしやすさによって異なる。このことは，道管の太さが植物によってさまざまである理由の1つである。

# 定期テスト対策問題

解答 → 別冊p.6

## 問1 光合成に必要な条件

**右のようなふ入りのアサガオの葉を用いて，光合成《こうごうせい》についての実験を行った。これについて，あとの問いに答えなさい。**

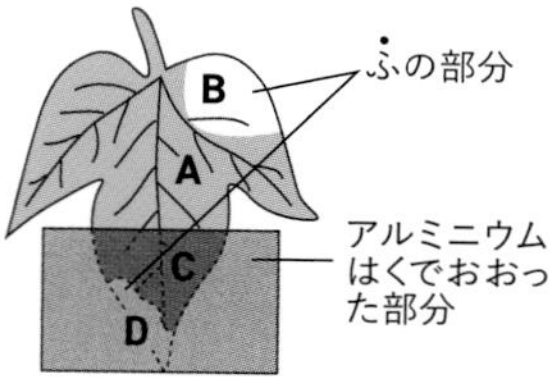


［**実験**］ ① 夕方，葉の一部をアルミニウムはくでおおう。

② 次の日，強い日光に数時間当てる。

③ 葉をつみとって，1～2分間湯につける。

④ あたためたエタノールにつける。

⑤ 水で洗い，ヨウ素液にひたして色の変化を調べる。

［**結果**］ ⑤のとき，**A**の部分だけ青紫色《あおむらさきいろ》になり，**B**，**C**，**D**は変化が見られなかった。

(1) 葉をエタノールにつけるのはなぜか。

(2) 光合成によって，できたものは何か。この実験からわかるものを答えよ。

(3) 光合成に光は必要か，必要ないか。また，それは，**A**～**D**のどれとどれの実験の結果を比べることによってわかるか。

(4) 光合成に葉緑体《ようりょくたい》は必要か，必要ないか。また，それは，**A**～**D**のどれとどれの実験の結果を比べることによってわかるか。

## 問2 光合成で生じる物質

**次の実験について，あとの問いに答えなさい。**

［**実験**］ ① 図1のように，タンポポの葉を入れた試験管**A**と何も入れていない試験管**B**を用意する。両方の試験管に息を吹《ふ》き込み，ゴムせんをして，図2のように20～30分間，光を当てる。

② 図3のように，両方の試験管内に石灰水を入れ，すばやくせんを閉めて，図4のように**A**と**B**の試験管をよく振り，石灰水のにごり方を調べる。

**図1**

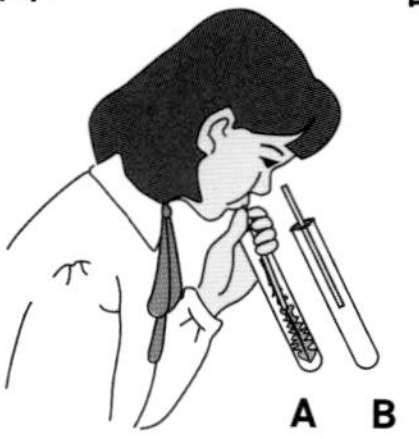


**図2**

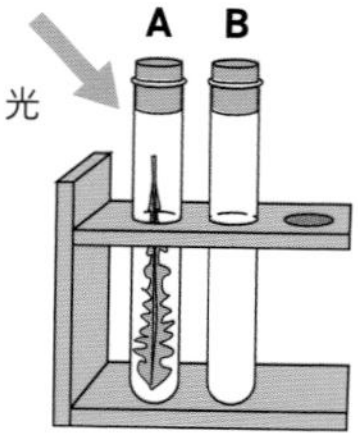


**図3**

**図4**

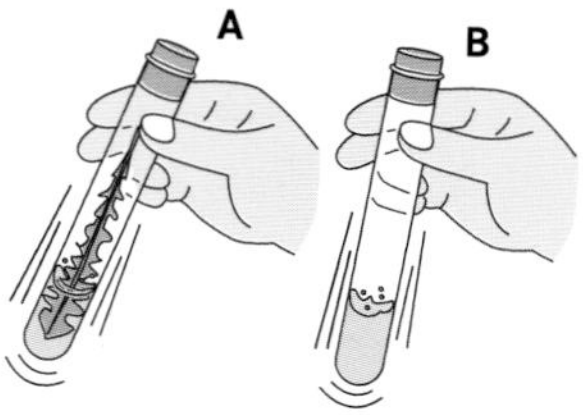

(1)　このときの実験結果はどのようになるか。次の**ア**～**エ**から１つ選べ。

**ア**　**A**と**B**のどちらの試験管に入った石灰水も白くにごる。

**イ**　**A**と**B**のどちらの試験管に入った石灰水も変化しない。

**ウ**　試験管**A**に入った石灰水は白くにごるが，試験管**B**に入った石灰水は変化しない。

**エ**　試験管**A**に入った石灰水は変化しないが，試験管**B**に入った石灰水は白くにごる。

(2)　(1)の結果から，どのようなことがわかるか。次の**ア**～**エ**から１つ選べ。

**ア**　光合成により，酸素が吸収される。

**イ**　光合成により，二酸化炭素が吸収される。

**ウ**　光合成により，酸素が放出される。

**エ**　光合成により，二酸化炭素が放出される。

(3)　この実験の試験管**B**のように，比較《ひかく》のために，調べようとするもの以外の条件は同じにして行う実験を何というか。

## 問 3　気孔と蒸散作用

**オシロイバナを用いて次の実験をした。これについて，あとの問いに答えなさい。**

右図のように，目盛りをつけた試験管３本に同量の水を入れ，それぞれに同じくらいの大きさの葉が４枚ついたオシロイバナの茎《くき》をさし，水面に油を浮《う》かせたあと綿をつめて固定した。そして，**A**～**C**のように処理して，これらを日の出ごろから風通しのよい窓ぎわに置き，葉に日光を十分に当てておいた。６時間後，それぞれの試験管内の水の減少量を測定した。次に，**A**，**B**，**C**の葉を切りとり，ワセリンをぬった葉からはワセリンをとり除いて，ヨウ素液につけ，反応を調べた。右の表は，その結果を表したものである。

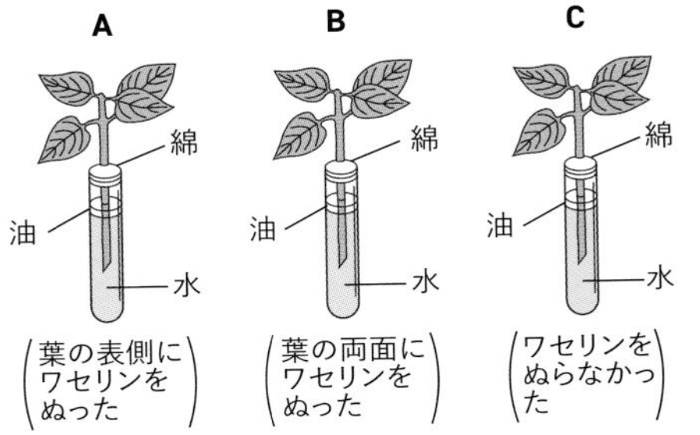


| | A | B | C |
|---|---|---|---|
| 試験管内の水の減少量〔$cm^3$〕 | 3.2 | 0.4 | 4.0 |
| 切りとった葉のヨウ素液との反応 | あり | なし | あり |

(1)　実験の結果から，オシロイバナの葉の蒸散量は，葉の表側と裏側のどちら側で多いか。

(2)　(1)のようになるのはなぜか。おもな理由を，葉のつくりから考えて書け。

(3)　ヨウ素液との反応の結果，**A**と**C**の葉では，ある物質がつくられたことがわかる。その物質は何か。

(4)　**B**の葉では，ヨウ素液との反応を示す物質がつくられていなかった。その理由としてもっとも適当なものを，次の**ア**～**エ**から１つ選べ。

**ア**　葉の細胞《さいぼう》の水が失われたため。

**イ**　二酸化炭素がとり入れられなかったため。

**ウ**　酸素がとり入れられなかったため。

**エ**　光が葉緑体まで達しなかったため。

UNIT 1

# 消化

着目 動物は栄養分をとり入れるために消化を行う。

**要点**

- **食物の栄養分**　おもな栄養分は炭水化物《たんすいかぶつ》，タンパク質《しつ》，脂肪《しぼう》などの有機物《ゆうきぶつ》である。
- **消化《しょうか》**　消化管の中では炭水化物，タンパク質，脂肪などの栄養分を分解して吸収されやすい形に変えている。

## 1 食物に含まれる栄養分

### Ⓐ 有機物

わたしたち動物は，生きていていくためにさまざまな食物を体内にとり入れている。食物にはいろいろな栄養分が含《ふく》まれているが，おもには，炭水化物《たんすいかぶつ》や脂肪《しぼう》，タンパク質《しつ》などの有機物《ゆうきぶつ》である。有機物は，**炭素《たんそ》**(C)を含む化合物[*1]で，燃やすと二酸化炭素が発生する。

炭水化物や脂肪は，おもに**細胞《さいぼう》の呼吸《こきゅう》**(➡ p.132)に使われて，**エネルギー源となる。**タンパク質はおもに**からだをつくる材料になる**が，エネルギー源にもなる(**表1**)。

また，からだのはたらきの調整に必要な**ビタミン**も有機物で，炭水化物などよりも少ない量でよいが，体内でつくることができないため食物からとり入れる必要がある。

**表1　食物に含まれる有機物**

| | 炭水化物 | タンパク質 | 脂 肪 |
|---|---|---|---|
| つくり | **ブドウ糖** <br>**麦芽糖《ばくがとう》** <br>ブドウ糖が２つ<br>**デンプン** <br>ブドウ糖がたくさんつながっている | 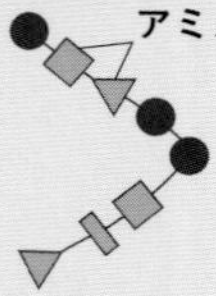<br>アミノ酸がたくさんつながっている | **モノグリセリド**<br>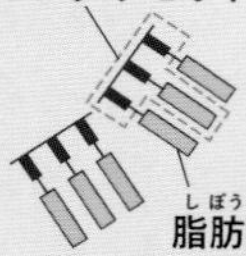<br>**脂肪酸《しぼうさん》**<br>モノグリセリドと脂肪酸からなる |
| おもなはたらき | エネルギー源になる | からだをつくる材料になる<br>エネルギー源になる | エネルギー源になる |
| 多く含む食品 | 米　麦　いも | 肉　魚　とうふ | 油　バター　ごま |

*1
**一酸化炭素《いっさんかたんそ》**(CO)，**二酸化《にさんか》炭素《たんそ》**($CO_2$)，**炭酸《たんさん》**($H_2CO_3$)，**炭酸《たんさん》カルシウム**($CaCO_3$)などの構造が簡単な物質は炭素を含んでいるが無機物に分類される。

### B 無機物

有機物のほかにも，食塩やカルシウム，鉄などの**無機物《むきぶつ》**も，生きていくために食物からとり入れる必要がある。これらの物質はからだの調子を整えるほか，からだをつくる材料としても重要である。*2

*2
カルシウムは骨の成分などに，鉄やナトリウムは血液の成分などになっている。

## 2 消化のはたらき

### A 消化と吸収

食物に含まれている炭水化物，タンパク質，脂肪などの栄養分は，大きな分子でできているため，そのままの形では体内に吸収できないことが多い。そのため消化管《しょうかかん》(→p.124)の中では，**消化《しょうか》**というはたらきで，栄養分を分解して，吸収しやすい状態にしている(図1)。

消化によって，食物に含まれている栄養分は，大きな分子が分解されて小さな分子になり，消化管や血管の壁《かべ》を通過できるようになる。また，栄養分が水に溶《と》けやすい物質になり，血液中に溶けることで血管を通ってからだ全体に運ばれ，エネルギー源や成長の材料となる。

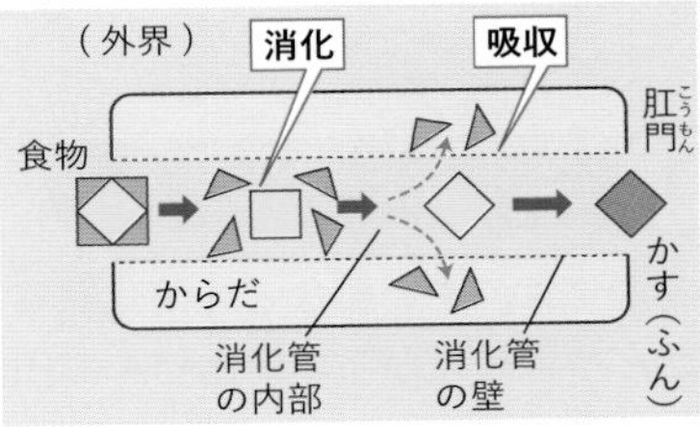


図1 **消化管での消化・吸収のモデル**

### B 大きな分子と小さな分子

同じ量のデンプンとブドウ糖を溶かした水溶液《すいようえき》をセロハンの袋《ふくろ》に入れた。さらに，水を入れたビーカーに1時間つけたあと，ビーカーの水を調べると，ブドウ糖があることを示すベネジクト液《えき》との反応*3は見られたが，デンプンがあることを示すヨウ素液との反応は見られなかった(図2)。

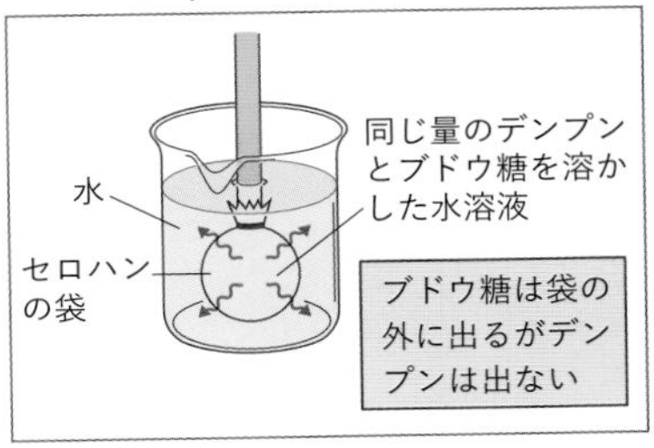


図2 **セロハンを通る物質のちがいを調べる実験**

*3
**ベネジクト液《えき》**を加えて加熱すると，ブドウ糖や麦芽糖があれば赤褐色《せきかっしょく》の沈殿が生じる(→p.123)。

消化管の壁はセロハンと同様に小さな分子を通し大きな分子は通さない性質をもつため，デンプンのような大きな分子をとり込《こ》むためには一度消化する必要がある。

TRY! 思考力

**図2の実験を行ったところ，セロハンの袋がふくらんだ。どのようなことが起こったと考えられるか，簡単に説明しなさい。**

ヒント 水の分子は小さく，セロハンの袋を通過できる。

解答例 水がセロハンを通過して，袋の中から外へ出るよりも多く外から中に移動した。

UNIT 2

# 消化液と消化酵素

着目 消化は，消化液に含まれる消化酵素によって行われる。

**要点**

- **消化液《しょうかえき》**　消化液には栄養分を分解する消化酵素《しょうかこうそ》が含まれている。
- **消化酵素**　消化酵素が分解する栄養分の種類は決まっていて，デンプンやタンパク質《しつ》は複数の消化酵素によってブドウ糖《とう》およびアミノ酸《さん》にそれぞれ分解される。

## 1 消化液と消化酵素

消化は，すい臓などの**消化器官《しょうかきかん》**(➡ p.124)や，消化器官にあるだ液《えき》せんや胃《い》せんなどの**消化《しょうか》せん**(消化腺《しょうかせん》)から出される**消化液《しょうかえき》**によって行われる。消化液には，**だ液《えき》**，**胃液《えき》**，**胆汁《たんじゅう》**，**すい液《えき》**などがあり，胆汁以外の消化液には**消化酵素《しょうかこうそ》**[*1]が含《ふく》まれている(表1)。消化酵素には，食物を分解して体内に吸収されやすい状態に変えるはたらきがある。

＊1
**酵素**はタンパク質の一種で1つの分子がくり返しはたらくことができるため，少量で多量の物質にはたらくことができる。

表1　消化液と消化酵素

| 消化液を出す器官 | 消化液 | 消化酵素 |
|---|---|---|
| だ液せん | だ液 | アミラーゼ |
| 胃せん | 胃液 | ペプシン |
| すい臓 | すい液 | アミラーゼ　リパーゼ<br>トリプシン　ペプチダーゼ |

## 2 消化酵素のはたらくしくみ

消化酵素には多くの種類があり，それぞれはたらく相手の物質が決まっている。たとえば，胃液に含まれるペプシンはタンパク質を分解するが，デンプンや脂肪《しぼう》にははたらくことができない。

栄養分は，何種類かの消化酵素のはたらきを段階的に受けて，分解される。たとえば，ブドウ糖がたくさんつながってできている**デンプン**は，口の中で，**だ液**中の**アミラーゼ**によってブドウ糖が2つつながっている**麦芽糖《ばくがとう》**に分解される。次に，麦芽糖は，小腸で，**小腸《しょうちょう》**の壁《かべ》から分泌《ぶんぴつ》される**マルターゼ**のはたらきを受けて**ブドウ糖《とう》**にまで分解される(図1)。

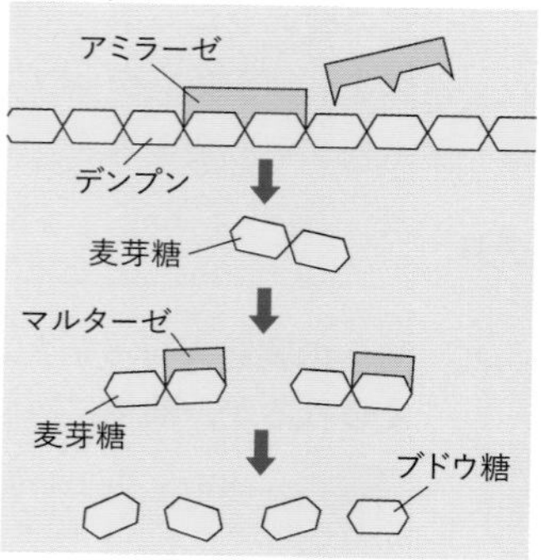


図1　消化酵素によるデンプンの分解のしくみ

## 3 デンプンに対するだ液のはたらきを調べる 実験

### A 方法・手順

① うすいデンプンのりをA～Dの4本の試験管に同じ量ずつとる。

② 口の中に脱脂綿《だっしめん》または綿棒を入れ，1分間程度たったあとにとり出す。だ液のついた脱脂綿《だっしめん》(綿棒)をビーカーに入れて水を加え，うすめただ液とする。

③ 試験管**A**と**B**にはうすめただ液を加え，**C**と**D**には同じ量の水を加えて，それぞれの試験管を37°Cくらいの湯に10分間つける。

④ **A**と**C**には**ヨウ素液《そえき》**を入れて観察する。**B**と**D**には**ベネジクト液《えき》**を入れて加熱し，反応を確認する。

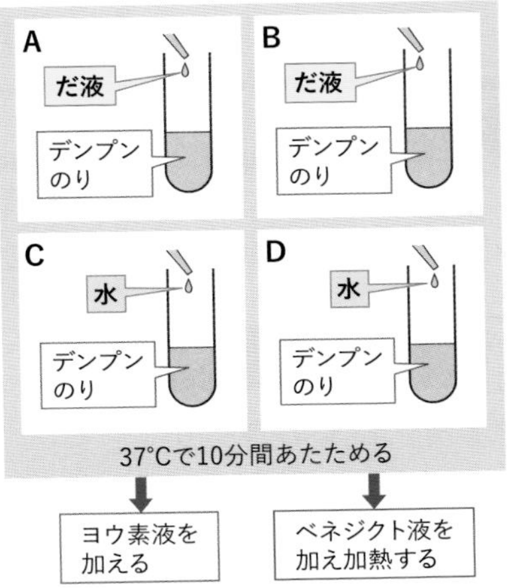


**図2 デンプンに対するだ液のはたらきを調べる実験**

### B 結果・考察

① **ヨウ素液《そえき》**(デンプンがあると青紫色《あおむらさきいろ》になる)，**ベネジクト液《えき》**(ブドウ糖や麦芽糖がある状態で加熱すると赤《せき》褐色《かっしょく》の沈殿ができる)との反応が見られたものを○，見られなかったものを×とすると，**表2**のようになる。

**表2 実験の結果**

| 試験管 | A | B | C | D |
|---|---|---|---|---|
| 加えるもの | だ液 | だ液 | 水 | 水 |
| 確かめる反応 | ヨウ素液との反応 | ベネジクト液との反応 | ヨウ素液との反応 | ベネジクト液との反応 |
| 反応の有無 | × | ○ | ○ | × |

② だ液を加えた**A**と**B**では，**A**でヨウ素液との反応が起こらず**B**でベネジクト液との反応だけが見られたことから，デンプンが分解されてなくなり，麦芽糖またはブドウ糖になったことがわかる。また，水を加えた**C**と**D**では，**C**でヨウ素反応だけが見られたことから，デンプンが分解されずそのまま残っていることがわかる。*2 これらのことから，だ液のはたらきによって，デンプンが分解されたことがわかる。

*2 この実験からは，麦芽糖とブドウ糖のどちらなのか，または両方含まれているのかはわからない。

TRY! 思考力

**表2のAとCの結果を比べることでわかることを簡単に説明しなさい。**

ヒント AとCのちがいはだ液の有無である。

解答例 デンプンの分解はだ液のはたらきによるもので，37°Cにあたためたことによるものではない。

UNIT 3

# 消化器官のつくりとはたらき

着目 食物は口→食道→胃→小腸→大腸→肛門を通る間に消化され栄養分が吸収される。

**要点**

- **ヒトの消化器官《しょうかきかん》** 口《くち》→食道《しょくどう》→胃《い》→小腸《しょうちょう》→大腸《だいちょう》→肛門《こうもん》の順でつながる消化管《しょうかかん》と消化液《しょうかえき》にかかわる肝臓《かんぞう》，胆《たん》のう，すい臓がある。
- **消化のしくみ** 消化管が動いて食物を細かくするはたらきと消化液によって分解するはたらき。

## 1 ヒトの消化器官

### A 消化器官のつくり

消化器官《しょうかきかん》とは，食物を消化して，食物中の栄養分を体内にとり入れるはたらきをしている器官のことである。

ヒトの消化器官には，食物の通り道として**口《くち》**→**食道《しょくどう》**→**胃《い》**→**小腸《しょうちょう》**→**大《だい》腸《ちょう》**→**肛門《こうもん》**の順につながる1本の管である消化管《しょうかかん》と，消化管ではたらく**消化液《しょうかえき》**をつくったり，たくわえたりする**肝臓《かんぞう》**，**胆《たん》のう**，**すい臓《ぞう》**がある(図3)。消化管はだ液を出す**だ液《えき》せん**や胃液を出す**胃《い》せん**などの消化《しょうか》せん(消化腺《しょうかせん》)をもつ。

これらの消化器官をまとめて消化系《しょうかけい》とよぶ。消化系では，いろいろな消化液のはたらきによって食物を消化している。

### B 消化管の動きと消化酵素による消化

消化は，消化管の運動と，消化液による分解という2つのはたらきによって行われている。*1 食物は，歯でかみくだいて食物を小さくしたり，消化器官の壁《かべ》の筋肉が動いて食物と消化液を混ぜ合わせたりする消化管の運動で細かくされる。そして，食物中の栄養分は，消化液中の消化酵素《しょうかこうそ》(➡ p.122)によって吸収できる大きさまで分解される。

*1
消化管の運動によって食物を細かくするはたらきを**物《ぶつ》理的分解《りてきぶんかい》**，消化液のはたらきによって栄養分を分解するはたらきを**化学的分解《かがくてきぶんかい》**という。

### 発展 消化管の運動と消化

消化にはたらく消化管の運動には，大きく次の2種類がある。

1つは，消化管の壁の筋肉が収縮して深いくびれができ，それがしだいに下のほうに伝わっていくことで食物を送る運動で，**ぜん動運動《どううんどう》**という。ぜん動運動は，食道や小腸，胃で活発に行われている(図1)。

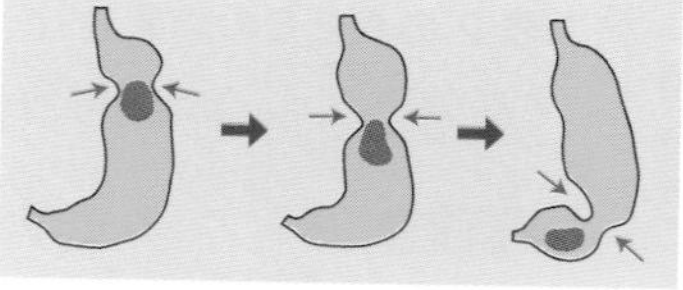

図1 胃のぜん動運動

もう１つの運動は，腸の同じ部分が収縮と拡張をくり返して節《ふし》のようなものをつくる運動で，**分節運動《ぶんせつうんどう》**という（**図２**）。くびれの位置が交互《こうご》に変化して食物と消化液が混ぜ合わされる。分節運動は小腸で見られる。

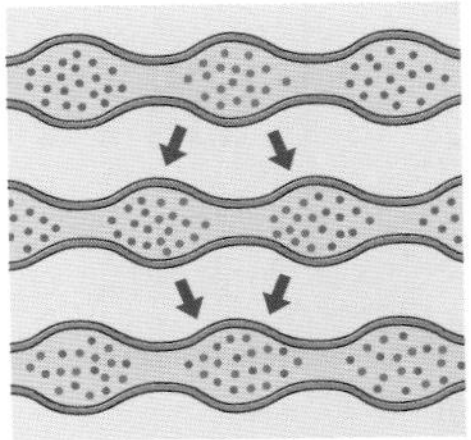

**図２　小腸の分節運動**

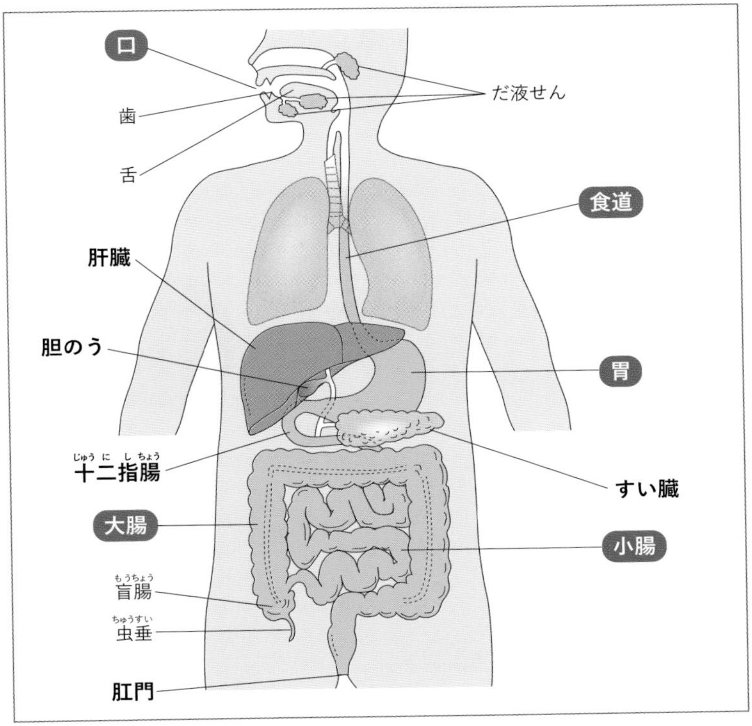


**図３　ヒトの消化系**

十二指腸は小腸の始まりの部分（➡p.127）。盲腸は大腸の始まりの部分で，行き止まりの腸という意味の名前。

次の**消化器官と食物の消化**（➡p.126）では，これらの消化器官の消化のはたらきについて，口から食物が通る順を追って学習する。

TRY! 表現力

**ヒトの消化器官（消化系）には食物の通り道となる器官（消化管）以外のものも含まれる。そのような器官はどのようなはたらきをもつか，説明しなさい。**

ヒント　消化管以外の消化器官は肝臓，胆のう，すい臓があり，消化管と管でつながっている。

解答例　消化管の中ではたらく消化液をつくったりたくわえたりするはたらき。

UNIT 4

# 消化器官と食物の消化

着目 食物は，口→食道→胃→小腸→大腸→肛門の順で消化管を通る。

**要点**

- **胃《い》での消化**　胃《い》液《えき》中のペプシンによってタンパク質《しつ》が分解される。
- **小腸《しょうちょう》での消化**　すい液《えき》や小腸の壁《かべ》にある消化《しょうか》酵素《こうそ》によって栄養分が完全に分解される。
- **大腸《だいちょう》のはたらき**　残っている水分を吸収し，食物のかすを肛門《こうもん》へ送る。

## 1 口での消化

口からとり込《こ》まれた食物は，舌によって**だ液《えき》せん**から出た**だ液《えき》**と混ぜ合わされながら，歯によって細かくくだかれる。

食物に含《ふく》まれる**デンプン**は，だ液に含まれるアミラーゼという消化《しょうか》酵素《こうそ》のはたらきによって**麦芽糖《ばくがとう》**に分解される。タンパク質《しつ》や脂肪《しぼう》は，消化作用を受けずにそのまま**食道《しょくどう》**に送られる。食道はぜん動運動(➡p.124)によって食物を胃へ送《おく》り込《こ》む。

## 2 胃での消化

胃《い》では，食道から送られてきた食物は**胃《い》液《えき》**のはたらきにより，栄養分のうち，**タンパク質**だけが分解される。

胃での消化は次のようにして行われる。

胃に食物が入ってくると，胃の壁《かべ》の粘膜《ねんまく》にある**胃《い》せん**から，**胃液**が分泌《ぶんぴつ》される(図1)。胃液には，0.5％の塩酸と消化酵素のペプシンが含まれている。タンパク質はアミノ酸が何百個とつながった物質であるが，胃のぜん動運動によって胃液と混ざり，ペプシンによってアミノ酸が数十個程度つながった物質に分解される。

食物は2～4時間くらい胃の中で消化を受け，少しずつ小腸に送られる。

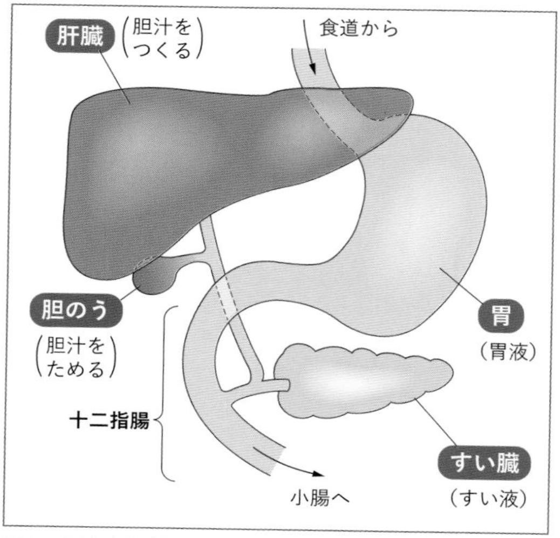


図1　胃や小腸(十二指腸)と分泌される消化液

## 3 小腸での消化と大腸のはたらき

### A すい液による消化と胆汁のはたらき

**小腸**《しょうちょう》の始まりの部分である**十二指腸**《じゅうにしちょう》*1では，**胆汁**《たんじゅう》と**すい液**《えき》が分泌される。これらの消化液は，小腸で栄養分とよく混ぜ合わされて，消化にはたらく。

胆汁は**肝臓**《かんぞう》でつくられて，**胆**《たん》**のう**にたくわえられてから分泌される。胆汁には消化酵素は含まれていないが，**脂肪を水と混ざりやすくするはたらき**(乳化《にゅうか》という)があり，脂肪の分解を助けている。*2

すい液はすい臓から分泌され，アミラーゼ，トリプシン，リパーゼという消化酵素を含んでいる。アミラーゼは**デンプンを麦芽糖**《ばくがとう》**に**，リパーゼは**脂肪を脂肪酸**《しぼうさん》**とモノグリセリドに**，トリプシンは**タンパク質の長い分子を短い分子に分解する**。

### B 小腸でつくられる消化酵素による消化

小腸の壁ではマルターゼとペプチダーゼがつくられる。マルターゼは**麦芽糖をブドウ糖に**，**ペプチダーゼ**は分解されたタンパク質をさらに分解して**アミノ酸にする**。

小腸での消化酵素のはたらきをまとめると表1のようになる。小腸では分解されたこれらの栄養分と水分を吸収する(➡ p.130)。

表1　小腸ではたらく消化酵素

| 消化酵素 | 分解される栄養分とつくられる物質 |
| --- | --- |
| アミラーゼ | デンプン　→　麦芽糖 |
| リパーゼ | 脂肪　→　脂肪酸　＋　モノグリセリド |
| トリプシン | タンパク質　→　短いタンパク質の分子 |
| マルターゼ | 麦芽糖　→　ブドウ糖 |
| ペプチダーゼ | 短いタンパク質の分子　→　アミノ酸 |

*1
十二指腸の名前は，この部分がにぎりこぶしを3つ並べた長さ(指の幅12本分)に相当することに由来する。

*2
消化が起こるには消化される栄養分と消化酵素が水と混ざり合うことが必要であるが，脂肪は，脂肪の分子どうしで集まってかたまりとなり，そのままでは水と混ざりにくい。

## 4 大腸のはたらき

**大腸**では，小腸で吸収されなかった水分が吸収される。また，消化されずに残ったかすをぜん動運動によって**肛門**《こうもん》へ送り，**便**《べん》(ふん)として排出《はいしゅつ》する。

TRY! 思考力

**すい液によって分解された栄養分は，小腸でつくられた消化酵素でさらに分解されて吸収される。小腸でつくられる消化酵素が，消化液ではなく小腸の壁に存在することによって，どんな利点があるか説明しなさい。**

ヒント　消化液で消化される段階の栄養分は，消化管を通過する途中のものである。

解答例　吸収できる大きさまで分解された物質を，そのまますべて吸収することができる。

UNIT 5

# 消化による栄養分の分解

着目 デンプン，タンパク質，脂肪は，消化酵素によってそれぞれ完全に分解される。

**要点**

- **デンプンの分解**　アミラーゼやマルターゼによってブドウ糖《とう》に分解される。
- **タンパク質の分解**　ペプシン，トリプシン，ペプチダーゼによりアミノ酸《さん》に分解される。
- **脂肪《しぼう》の分解**　乳化のあと，リパーゼによって脂肪酸《しぼうさん》とモノグリセリドに分解される。

## 1 デンプンの消化

デンプンはブドウ糖《とう》が多数つながった物質である。口からとり込《こ》まれたデンプンの一部は，だ液中のアミラーゼによってブドウ糖が2つつながった**麦芽糖《ばくがとう》**に分解される。

食物は胃を通過したあとに小腸に入り，残ったデンプンがすい液中の**アミラーゼ**によって麦芽糖に分解される。さらに，小腸の壁《かべ》でつくられたマルターゼによって，麦芽糖は**ブドウ糖**に分解される。

## 2 タンパク質の消化

タンパク質はアミノ酸《さん》が多数つながった物質である。口からとり込まれたタンパク質は胃に送られ，胃液中のペプシンによって，アミノ酸が数十個つながった物質に分解される。その後，すい液中のトリプシンや小腸の壁から分泌《ぶんぴつ》されるペプチダーゼによって**アミノ酸**に分解される。

### 発展　胃液と塩酸

胃液中には質量《しつりょう》パーセント濃度《のうど》で約0.5%の塩酸《えんさん》が含《ふく》まれているため，胃液は強い酸性を示す。ペプシンは強い酸性のもとでよくはたらく消化酵《しょうかこう》素《そ》で，胃の中でタンパク質を分解する。

胃には食物といっしょに口からアミラーゼを含むだ液も入ってくるが，アミラーゼは酸性のもとでははたらきが失われる。

## 3 脂肪の消化

脂肪《しぼう》は，胃を通過して小腸に入り，胆汁《たんじゅう》のはたらきによって水と混ざりやすい状態になる(脂肪の乳化)。その後，**すい液**に含まれる**リパーゼ**によって，脂肪は**モノグリセリドと脂肪酸《しぼうさん》に分解される**。[*1]

*1
脂肪は，**グリセリン**という物質に脂肪酸が3つ結合した物質であるが，リパーゼによって消化されると，グリセリンに脂肪酸が1つ結合したモノグリセリドと2つの脂肪酸になる。

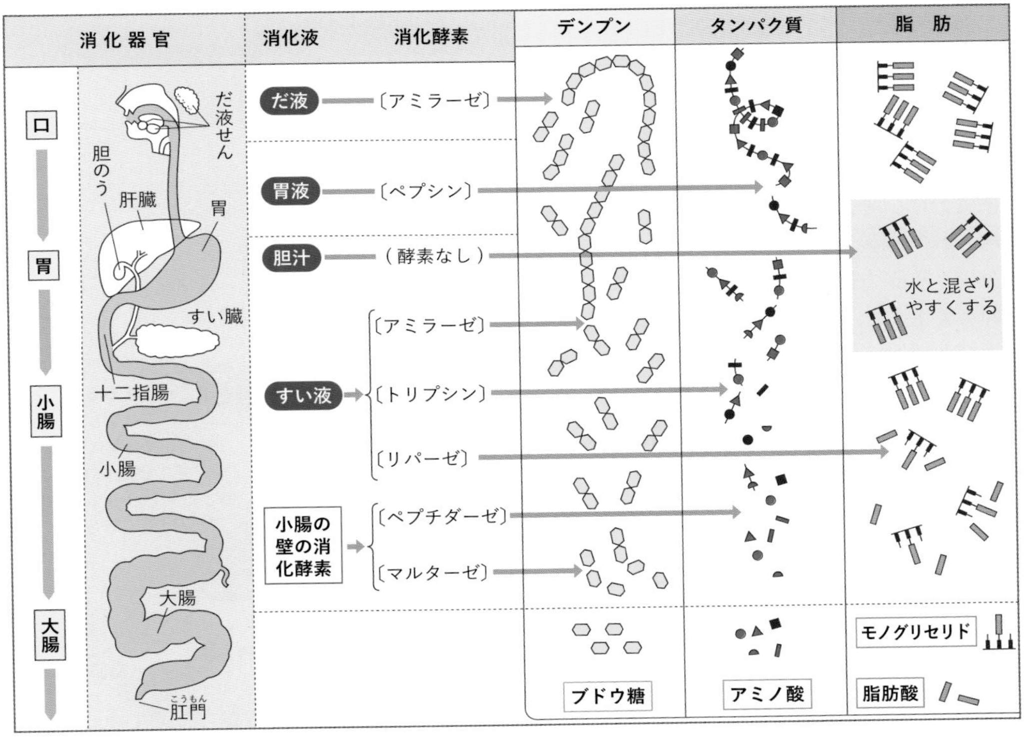


図1　ヒトの消化のしくみ

TRY! 思考力

**タンパク質の消化の流れについて，消化酵素の名称《めいしょう》とその酵素がはたらく場所，酵素がはたらく物質を明確にして，説明しなさい。**

ヒント　胃液中にはペプシンが含まれ，小腸の壁ではペプチダーゼがつくられる。

解答例　口からとり込まれたタンパク質は，胃でペプシンによって分解され，さらに小腸でペプチダーゼによってアミノ酸に分解される。

UNIT 6

# 栄養分の吸収と運搬

着目 栄養分は小腸の柔毛で吸収されて，毛細血管やリンパ管で全身に運ばれる。

要点

- **栄養分の吸収《きゅうしゅう》** 栄養分は小腸の柔毛《じゅうもう》でからだの中にとり込《こ》まれる。ブドウ糖《とう》とアミノ酸《さん》は毛細《もうさい》血管《けっかん》に入る。脂肪酸《しぼうさん》とモノグリセリドはリンパ管《かん》に入る。
- **栄養分の運搬《うんぱん》** 吸収された栄養分は血液やリンパ液に溶《と》けて全身に送られる。

## 1 小腸での栄養分の吸収

栄養分は小腸《しょうちょう》を通る間に完全に消化され，小さい物質に分解される。分解された栄養分が体内にとり込《こ》まれることを**吸収《きゅうしゅう》**という。多くの栄養分は，小腸の壁《かべ》から吸収される。

図1のように，小腸の内側の壁にはたくさんの粘膜《ねんまく》のひだがある。そのひだの表面には，柔毛《じゅうもう》というたくさんの突起《とっき》が見られる。*1

柔毛の中には，毛細血管《もうさいけっかん》(➡ p144)とリンパ管《かん》(➡ p.143)が通っている。**ブドウ糖《とう》**や**アミノ酸《さん》**は**柔毛の毛細血管**に吸収され，**脂肪酸《しぼうさん》とモノグリセリド**は**柔毛のリンパ管**に吸収される。

*1
小腸がただの円筒であった場合，内側の表面積はわずか約0.6 $m^2$であるが，実際には，ひだ状になり，さらに柔毛があることでテニスコート1面分の広さに匹《ひっ》敵《てき》する約200 $m^2$にもなる。

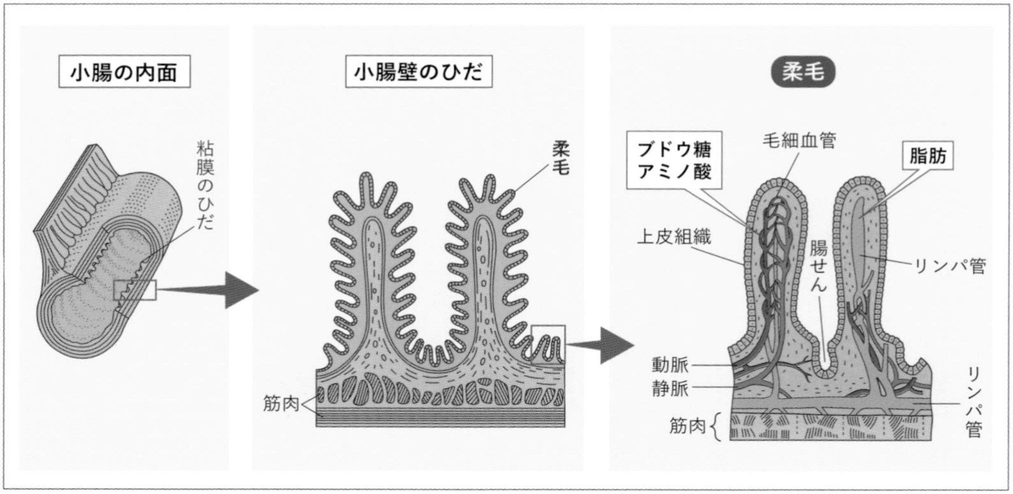


図1 小腸のつくりと栄養分の吸収

## 2 栄養分のゆくえ

### A ブドウ糖・アミノ酸の運搬と貯蔵

小腸の柔毛で吸収された**ブドウ糖**と**アミノ酸**は，毛細血管から**肝門脈**《かんもんみゃく》*2 を通って肝臓《かんぞう》に運ばれたあと，心臓によって全身に送られる（図 2）。

肝臓では，ブドウ糖の一部はグリコーゲンという物質に合成されて一時的にたくわえられる。からだに必要な量だけがブドウ糖に分解されて，血液によって全身に運搬《うんぱん》される。

アミノ酸の一部は，肝臓でからだに必要なタンパク質につくり変えられて，血液によって全身に運ばれる。

### B 脂肪酸・モノグリセリドの運搬と貯蔵

脂肪酸とモノグリセリドは，小腸の柔毛で吸収されたあと，脂肪にもどってリンパ管に入り，リンパ液（➡ p.143）によって運ばれる。リンパ管は，心臓の近くで太い静脈と合流していて，脂肪もここで血液に入り，全身に運ばれる（図 2）。

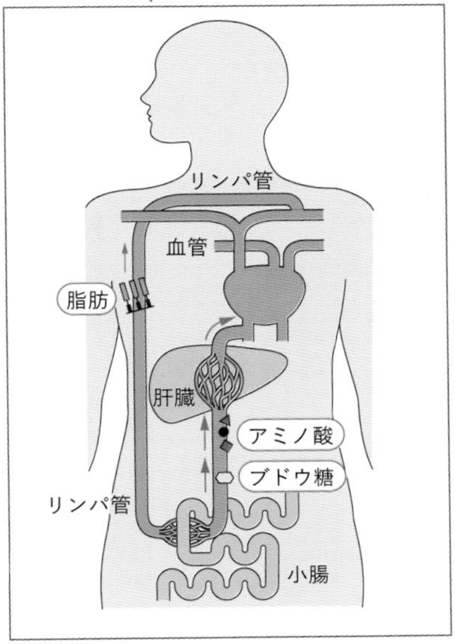


図 2　**吸収された栄養分のゆくえ**

*2
ある器官から心臓ではなく別の器官に血液を運ぶ静脈を**門脈**《もんみゃく》という。消化管の毛細血管から肝臓につながる血管は特に**肝門脈**とよばれる。

### C 吸収された栄養分の利用

小腸の柔毛で吸収された栄養分は，血管やリンパ管を通して全身に運ばれて，生命活動に利用されている。全身の細胞《さいぼう》に運ばれたブドウ糖，脂肪などは，呼吸（➡ p.132）というはたらきによって二酸化炭素と水に分解され，このときに出るエネルギーが生命活動に使われる。また，吸収されたアミノ酸などの栄養分は，からだをつくるタンパク質などの材料にもなっている。

TRY! 思考力

**小腸の内側の壁には，胃や大腸と比べて非常に多くのひだがあり，さらにその表面には無数の柔毛がある。このようなつくりの利点について説明しなさい。**

ヒント　表面に非常に多くの凹《おう》凸《とつ》があることによってどのようなちがいが生じるかについて，小腸の大きな役割との関係と関連づけて考える。

解答例　小腸内部の表面積が非常に大きくなることで，栄養分の吸収を効率的に行うことができる。

UNIT 7

# ヒトの呼吸

着目 呼吸には，肺でガス交換を行う肺の呼吸と細胞で行う細胞の呼吸がある。

**要点**

- **細胞《さいぼう》の呼吸《こきゅう》** 細胞が有機物《ゆうきぶつ》を分解してエネルギーをとり出すはたらき。酸素《さんそ》を使い，二酸化炭素と水が生じる。
- **肺《はい》の呼吸《こきゅう》** 肺で体内に酸素をとり込み二酸化炭素を放出すること。

## 1 細胞の呼吸

からだを動かしたり，考えたり，からだをつくる物質を合成するなどの生命活動は，細胞《さいぼう》の集まりである組織や器官がはたらくためのエネルギーが必要である。

生命活動のエネルギーは食物から吸収された栄養分《えいようぶん》を細胞がとり込《こ》み，分解することで得ている。

すべての細胞は，**酸素《さんそ》**を使って炭水化物などの**栄養分(有《ゆう》機物《きぶつ》)を分解して，エネルギーをとり出す**細胞《さいぼう》の呼吸《こきゅう》(細胞呼《さいぼうこ》吸《きゅう》)を行い，得たエネルギーを生きていくための活動に使っている。このとき，二酸化炭素と水ができる(図1，図2)。

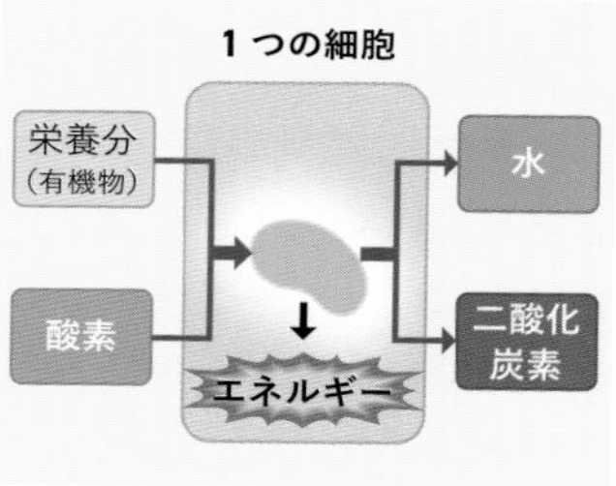


図1 細胞の呼吸

栄養分 ＋ 酸素 → 二酸化炭素 ＋ 水
エネルギー

図2 呼吸の反応

これは，植物が行う**光合成《こうごうせい》**とは逆の反応といえる(➡ p.107)。*1

また，ガソリン車やディーゼル車が燃料であるガソリンや軽油に含まれる有機物を燃焼させ，発生するエネルギーを動力として利用しているように，細胞の呼吸も有機物と酸素を反応させて二酸化炭素と水に分解してエネルギーをとり出すという点で共通している。

このとき，必要な酸素を体外から全身の細胞まで運ぶ必要がある。また，細胞の呼吸によってできた二酸化炭素は不要物なので，からだの外へ排出《はいしゅつ》しなければならない。

*1
植物の細胞の呼吸も動物の細胞の呼吸も，同じ化学反応である。

## 2 肺の呼吸

### A 肺による気体の交換

ヒトや多くの動物では，細胞の呼吸に必要な酸素を空気中から血液にとり込み，細胞の呼吸で生じた二酸化炭素を血液から体外に排出する役割を肺《はい》が果たしている。

このような，**肺で酸素をとり込み，二酸化炭素を放出する**気体の交換のことを，**肺《はい》の呼吸《こきゅう》**（**肺《はい》呼吸《こきゅう》**）という（図3）。酸素や二酸化炭素は，血管を流れる血液によって肺と細胞の間を運ばれる。

### B 吸気と呼気

**呼気《こき》**（はく息）では，**吸気《きゅうき》**（鼻や口からとり入れた空気）と比べて，酸素の割合が減り，二酸化炭素の割合がふえている（図4）。これは，肺の呼吸によって，酸素が体内にとり込まれて，二酸化炭素が排出されているからである。

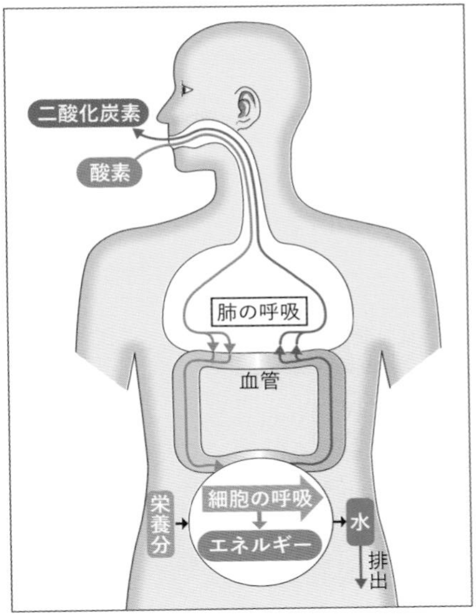

図3　細胞の呼吸と肺の呼吸

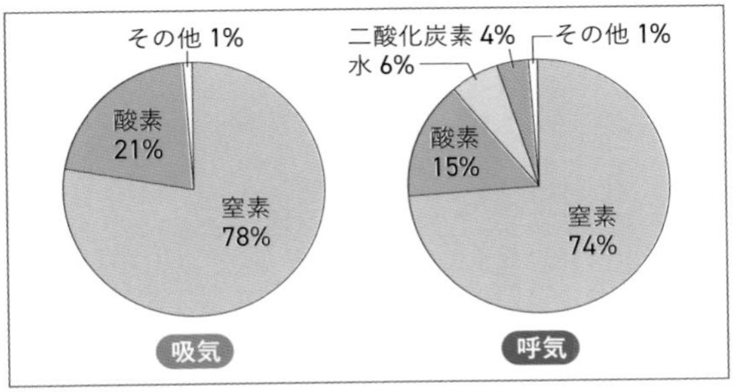

図4　吸気と呼気に含まれる成分の割合（体積比）

**TRY! 表現力**

**肺の呼吸と細胞の呼吸のちがいを，簡単に説明しなさい。**

ヒント　細胞の呼吸はエネルギーをとり出すはたらき，肺の呼吸はそのための物質の出し入れ。

解答例　肺の呼吸が肺で行われる気体の交換であるのに対して，細胞の呼吸はすべての細胞で行われる，生命活動に必要なエネルギーをとり出す反応である。

UNIT 8

# ヒトの呼吸器官

着目 肺にとり込まれた空気は肺胞に入り毛細血管の酸素と二酸化炭素の交換を行う。

**要点**

- **肺《はい》のつくり**　吸《す》い込《こ》まれた空気は気管から細かく分かれた気管支《きかんし》の先の肺胞《はいほう》に入る。
- **肺のはたらき**　肺胞のまわりは毛細血管《もうさいけっかん》でおおわれていて，肺胞内の空気と毛細血管内の血液との間で酸素と二酸化炭素の交換《こうかん》が行われる。

## 1 肺のつくり

ヒトは**肺《はい》**という呼吸器官《こきゅうきかん》で，体外の空気から酸素をとり入れ二酸化炭素を排出《はいしゅつ》する気体の交換《こうかん》を行っている。鼻や口からとり込《こ》んだ空気は，次のような順に呼吸器官を通っていく(図1)。

### Ⓐ 気管

とり込まれた空気は，気管《きかん》に入る。気管は，のどと肺をつなぐ管で，内側は目に見えないくらい細かい毛が多数はえた粘膜《ねんまく》でおおわれている。*1 気管には，空気といっしょに入ってきたほこりや微生物《びせいぶつ》などを，細かい毛の運動によって，のどのほうに送り返すはたらきがある。

### Ⓑ 肺と気管支

肺は左右に1個ずつあり，**ろっ骨《こつ》**に囲まれ(➔ p.136)，二重の袋《ふくろ》になったじょうぶな胸膜《きょうまく》(ろく膜《まく》)に包まれている。

**気管は，肺に入ると細かく枝分かれし，**気管支《きかんし》と**よばれる**。内側は気管と同じように粘膜でおおわれている。気管支の先はさらに細かく枝分かれして，肺胞《はいほう》という小さな袋《ふくろ》になっている。

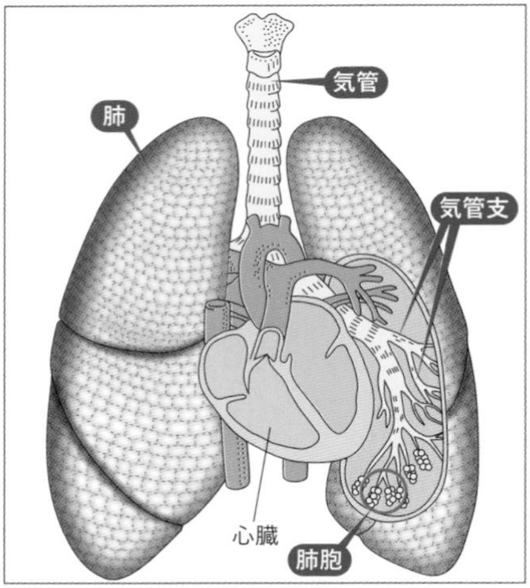


図1　**ヒトの呼吸器官(呼吸系)**

*1
ヒトの呼吸器官の粘膜にはえている毛の長さはおよそ$\frac{1}{100}$mmである。

### 参考　2つの肺のちがい

肺は，ふつう，左の肺より右の肺のほうがわずかに大きい。これは，心臓がからだの左側寄りに存在しているためである。また，**図1**からわかるように，切れ込みによって，右の肺は3つの部分に分かれるが，左の肺は2つの部分にしか分かれない。

### Ⓒ 肺胞

肺胞は，気管支の先端《せんたん》にあり，直径約0.2 mmの袋状のつくりである（図2）。[*2] 肺胞のまわりには，**毛細血管《もうさいけっかん》**が網《あみ》目《め》状《じょう》にはりめぐらされている。

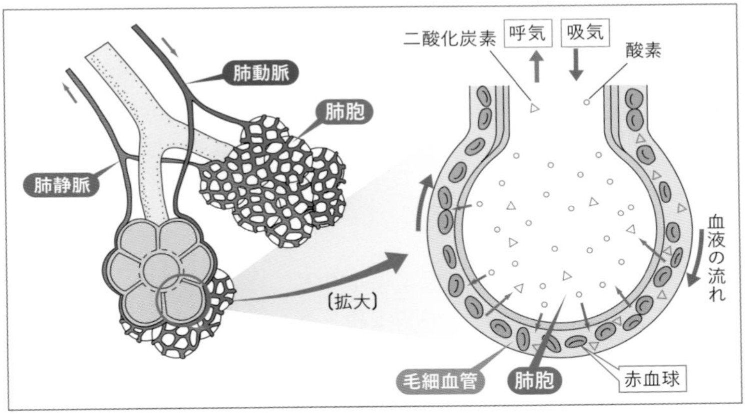


図2　**肺胞のつくりと，酸素と二酸化炭素の交換のしくみ**

## 2　肺胞での酸素と二酸化炭素の交換

毛細血管は1層の細胞でできた血管で，血管の壁《かべ》を通して物質が出入りしやすくできている。[*3]

肺胞中の空気の酸素は，毛細血管に入り，血液中の赤血球の中にあるヘモグロビンと結びついて体内に運ばれていく。[*4]

全身の組織の細胞から排出された二酸化炭素は血液の血しょうに溶《と》け込んで肺まで運ばれ，毛細血管から肺胞内に出されて，はく息とともに体外に出ていく。

＊2
ヒトの肺胞の数は左右の肺で合わせて数億個もあり，表面積は約60 $m^2$ に達する。これは，ちょうど教室の広さと同じくらいである。

＊3
毛細血管などの血管のつくりについては，**血管と心臓**（➡ p.144）でくわしく学習する。

＊4
赤血球や血しょうなどの血液の成分については，**血液の成分とはたらき**（➡ p.140）で学習する。

TRY! 表現力

**肺の内部が肺胞という直径1 mmにも満たない小さな袋にしきられていることの利点を，説明しなさい。**

ヒント　細胞の呼吸はエネルギーをとり出すはたらき，肺の呼吸はそのための物質の出し入れ。

解答例　肺の内部の表面積が大きくなることで，毛細血管がはりめぐらされ空気と接する面積がふえ，酸素と二酸化炭素の交換を効率よく行うことができる。

# UNIT 9 呼吸運動のしくみ

着目 肺ののび縮みは，横隔膜とろっ骨の上下にともなう胸こうの容積の変化で起こる。

**要点**

- **呼吸運動《こきゅううんどう》**　息を吸ったりはいたりすること。ヒトでは肺《はい》がふくらんだりもどったりする。
- **肺の呼吸運動**　息を吸うときは横隔膜《おうかくまく》が下がり，ろっ骨《こつ》が引き上げられて，肺が広がる。息をはくときは逆に横隔膜が上がり，肺が縮む。

## 1 呼吸運動とは

息を吸ったり，息をはいたりすることを**呼吸運動《こきゅううんどう》**という。ヒトなどの肺呼吸《はいこきゅう》をする脊椎動物《せきついどうぶつ》は，肺をふくらませて息を吸い，肺を縮ませて息をはく**肺の呼吸運動**を行う。魚類ではえらが呼吸器官である(➡ p.139)が，図1のように魚がえらぶたを動かして，えらの表面を水が流れるようにすることも呼吸運動の1つである。

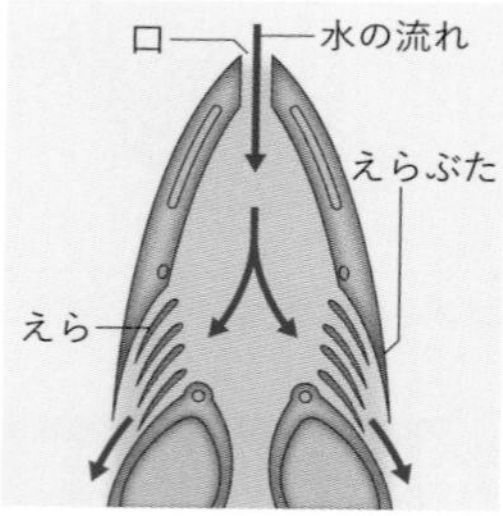

図1　魚類のえらの呼吸運動

## 2 肺の呼吸運動のしくみ

### A 呼吸運動にかかわる肺のつくり

ヒトの呼吸運動は，肺を広げたり(拡張《かくちょう》)，肺を縮めたり(収縮)することで起こる。肺には筋肉がなく，自分では動くことができない。

図2のように，肺は**ろっ骨《こつ》**でまわりをおおわれている。ろっ骨の間には，**ろっ間筋《かんきん》**という強い筋肉がついている。そして肺の下側は，**横隔膜《おうかくまく》**というじょうぶな筋肉で，胃や肝臓《かんぞう》などが入っている腹部の空間としきられている。肺は，このろっ骨とろっ間筋，横隔膜で囲まれた**胸《きょう》こう**(胸腔《きょうこう》)という空間の中にある。

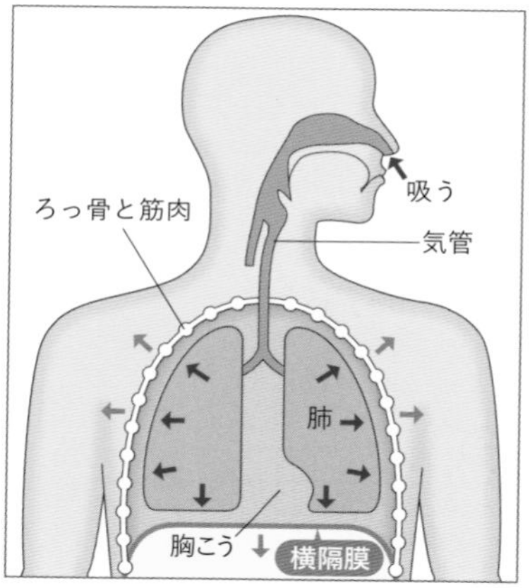

図2　呼吸運動にかかわる肺のつくり

### B 息を吸うしくみ

**息を吸う**ときには，横隔膜が収縮して下がり，ろっ間筋が収縮して**ろっ骨を引き上げる**。これらの動きで，**胸こうの容積が大きくなり**，中の圧力(➡ p.180)が低くなって，空気が口や鼻から気管を通り肺の中に吸《す》い込《こ》まれる(図3)。

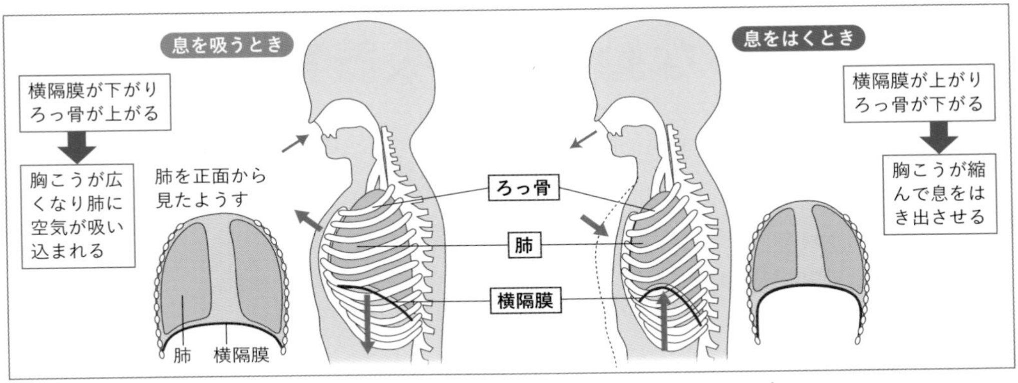


図3　ヒトの呼吸運動のしくみ

## C 息をはくしくみ

息をはくとき，収縮していた横隔膜の筋肉やろっ間筋がもとにもどり，横隔膜が上がり，ろっ骨が下がる。これらの動きで，胸こうの容積が小さくなり，肺が押《お》し縮《ちぢ》められてもとの大きさにもどり，空気が肺から出ていく。

## D 肺の呼吸運動のモデル実験

ペットボトルを半分に切ったものを使って，図4のような装置をつくり，ひもを引いたり，離《はな》したりして，ゴム風船のようすを観察する。ガラス管は気管，ペットボトルの中の空間が胸こうにあたる。

ひもを引いたときは息を吸ったときにあたり，ペットボトルの中の気圧が低くなり，ゴム風船は空気が入りふくらむ。

ひもを離したときは息をはくときにあたり，ゴム風船の空気が外に出て，ゴム風船は縮む。

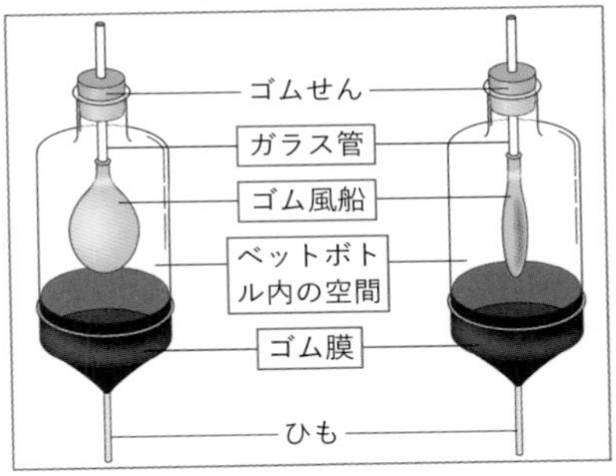


図4　肺の呼吸運動のモデル実験

TRY! 思考力

**図4の実験で，肺と胸こう，横隔膜にあたるものはそれぞれ何か答えなさい。**

ヒント　ひもを引いたときが息を吸ったときにあたり，ふくらむものが肺に相当する。

解答例　ゴム風船が肺，ペットボトルの中の空間が胸こう，ゴム膜が横隔膜にあたる。

UNIT 10

# いろいろな動物の呼吸器官

着目 動物の呼吸には，肺呼吸のほかに，皮膚呼吸，えら呼吸，気管呼吸などがある。

**要点**

- **肺呼吸《はいこきゅう》を行う動物**　両生類《りょうせいるい》(成体)，は虫類《ちゅうるい》，鳥類《ちょうるい》，哺乳類《ほにゅうるい》は肺呼吸を行う。
- **いろいろな動物の呼吸器官**　ミミズなどが行う皮膚呼吸《ひふこきゅう》，魚類や両生類(幼生)などが行うえら呼吸《こきゅう》，昆虫類《こんちゅうるい》などが行う気管呼吸《きかんこきゅう》がある。

## 1 肺で呼吸する動物

呼吸のための器官を**呼吸器官《こきゅうきかん》**という。哺乳類《ほにゅうるい》のほかに，ハトなどの鳥類《ちょうるい》，トカゲなどのは虫類《ちゅうるい》，カエルなどの両生類《りょうせいるい》の成体も，呼吸器官として**肺《はい》**をもち，**肺呼吸《はいこきゅう》**を行う。*1 肺呼吸では，肺で，血管と外界との間で気体の交換《こうかん》をしている(➡ p.133)。

図1のように，**哺乳類**や**鳥類**の肺はたくさんの**肺胞《はいほう》**をもち，肺の構造が発達している。**は虫類**の肺では，内面はひだ状になっているが，肺胞はない。

**両生類**の肺は簡単なつくりをしていて，うすい膜状《まくじょう》の袋《ふくろ》が見られるだけである。

肺の組織が空気にふれる表面積が大きいほど，酸素と二酸化炭素の交換の効率がよくなる。酸素と二酸化炭素の交換の効率は，哺乳類や鳥類でもっとも高く，は虫類→両生類の順に低くなっていく。

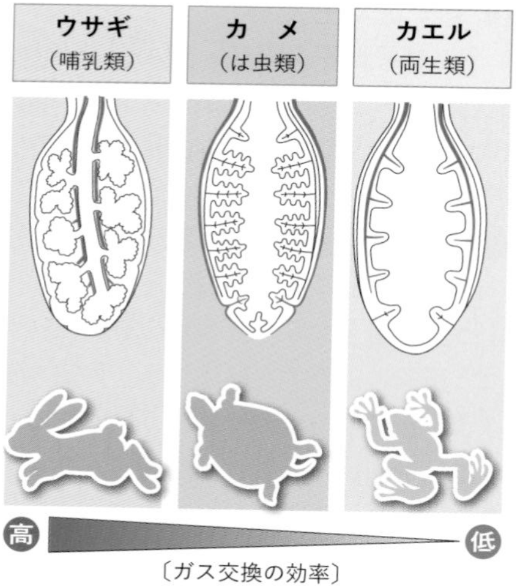


図1　**いろいろな動物の肺のつくり**

*1
イモリやカエルなどの両生類では，幼生は水中生活だが成体は陸上生活と生活場所が変化するため，呼吸器官も，幼生はえら呼吸，成体は肺呼吸へと変化する。

## 2 いろいろな動物の呼吸器官

### A 皮膚呼吸

特別な呼吸器官をもたない動物は，体表や皮膚《ひふ》を通った血管と外界との間で，直接酸素と二酸化炭素を交換する**皮膚呼吸《ひふこきゅう》**を行う(図3)。プラナリア，カイチュウ，ミミズなどは皮膚呼吸をおもに行う。

えらなどの呼吸器官をもつ動物でも，皮膚呼吸も同時に行うものもいる。*2

*2
両生類は，幼生も成体も，皮膚呼吸も合わせて行っている。

## B えら呼吸

**魚類《ぎょるい》**などは，**えら**という呼吸器官をもち，えらの毛細血管から水中に溶《と》けている酸素をとり入れ，水中の二酸化炭素を放出する**えら呼吸《こきゅう》**を行う(図2)。えらはくしの歯のように細かく分かれていて，水と接する面積を大きくしている。えらの中には，毛細血管が網目状《あみめじょう》にはりめぐらされている。

えら呼吸は，フナ，コイ(魚類)，イカ，ハマグリ(軟体動物《なんたいどうぶつ》)，エビ，カニ(甲殻類《こうかくるい》)などが行う。

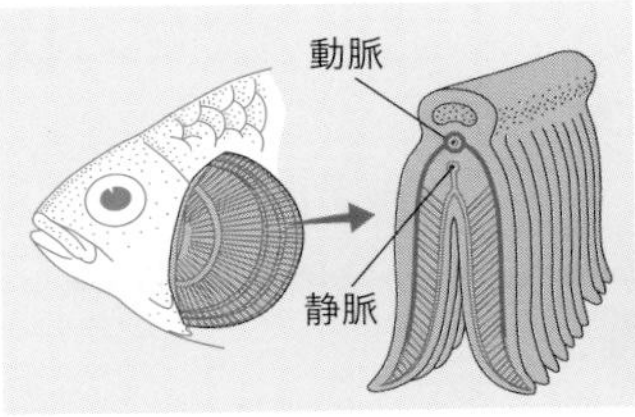

図2　**魚類のえらの拡大図**

## C 気管呼吸

**昆虫類《こんちゅうるい》**などは，体壁《たいへき》に**気門《きもん》**という穴が開いていて，その穴につながる**気管《きかん》**という管がある(図3)。気管はからだ中に網目状に広がっていて，気管内の空気と体液との間で，酸素と二酸化炭素を交換する**気管呼吸《きかんこきゅう》**が行われている。

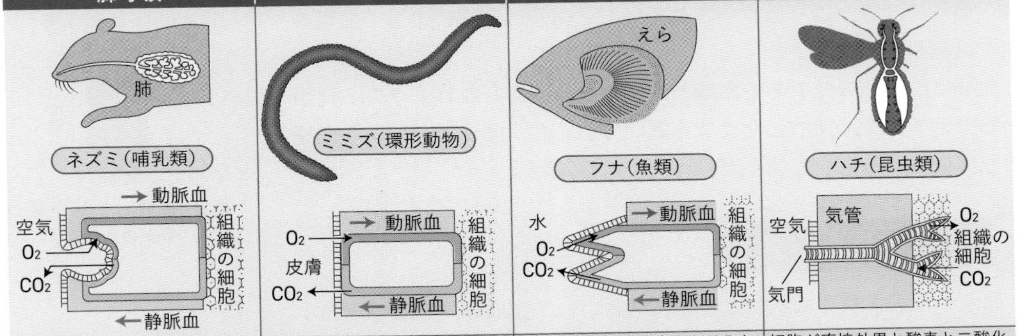


| 肺呼吸 | 皮膚呼吸 | えら呼吸 | 気管呼吸 |
|---|---|---|---|
| 空気中の酸素をとり入れて血液中の二酸化炭素と交換する | 特別な呼吸器官をもたない | 水に溶けている酸素をとり入れ二酸化炭素との交換を行う | 細胞が直接外界と酸素と二酸化炭素の交換を行う |
| 哺乳類，鳥類，は虫類，両生類(成体)など | ミミズ，プラナリア，両生類など | 両生類(幼生)，魚類，軟体動物，甲殻類など | 昆虫類など |

図3　**いろいろな動物の呼吸器官と呼吸のしくみ**

TRY! 思考力

**肺でガス交換が効率よく行えるようになると，生物にとってどのような利点があると考えられるか，説明しなさい。**

ヒント　酸素をより多くとり込めるようになると細胞の呼吸をよりさかんに行える。

解答例　酸素をたくさんとり込めるので，細胞の呼吸をよりさかんに行ってエネルギーをより多く得ることができ，活発に活動できるようになる。

UNIT 11

# 血液の成分とはたらき

着目 血液は，赤血球・白血球などの固形成分と血しょうという液体成分からなる。

要点

- **血球《けっきゅう》** 血液に含《ふく》まれる固形成分のこと。酸素を運ぶ赤血球《せっけっきゅう》，体外からの病原体などを分解する白血球《はっけっきゅう》，出血を止める血小板《けっしょうばん》がある。
- **血《けっ》しょう** 血液の液体成分のこと。不要物や栄養分を溶《と》かして運搬《うんぱん》する。

## 1 血液のはたらき

細胞《さいぼう》に必要な酸素や栄養分は，血液の流れによって全身の細胞に届けられる。また，細胞で生じた二酸化炭素やアンモニアなどの不要な物質は血液によって運ばれて，からだの外に排出《はいしゅつ》されている。ヒトでは，全身に血管がはりめぐらされていて，血液は心臓によって血管の中を循環《じゅんかん》している。

血液は，固形成分である**血球《けっきゅう》**と，液体成分である**血《けっ》しょう**の2種類からできていて，採取した血液を置いておくと，固形成分である血球と液体成分である血しょうが分かれてくる(図1)。

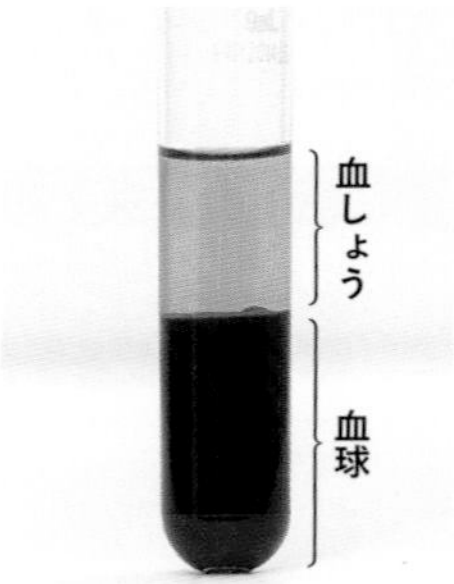


図1 採取して30分後のヒトの血液

## 2 血球のはたらき

血液中に含《ふく》まれる細胞のことを血球《けっきゅう》といい，**赤血球《せっけっきゅう》**，**白血球《はっけっきゅう》**，**血小《けっしょう》板《ばん》**などがある(図2，表1)。

赤血球は，中央がくぼんだ円盤状《えんばんじょう》をしている。**ヘモグロビン**という色素をもち，**酸素の運搬《うんぱん》**にかかわっている(➜ p.142)。

白血球は，**体内に侵入《しんにゅう》した細菌《さいきん》などを分解してからだを守る**はたらきをもつ。球形のものが多いがアメーバのように変形することもある。

血小板は，形は一定ではなく，小さい。血管が破れて出血したときに，**血液を固《かた》まらせるはたらき**にかかわっている。

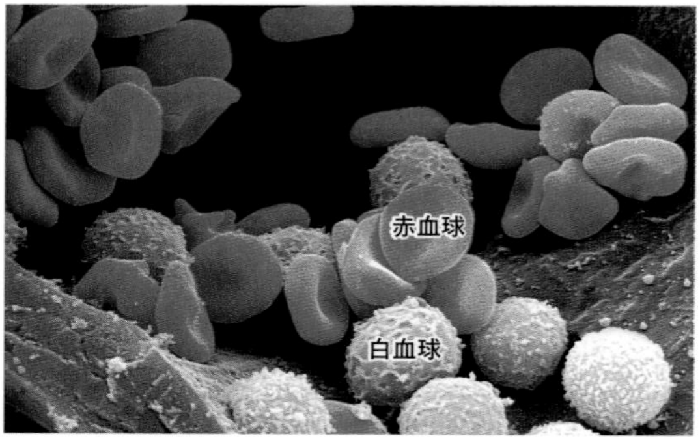


図2 ヒトの血球(電子顕微鏡写真《でんしけんびきょうしゃしん》を着色したもの)

表 1　血球の特徴とはたらき

| 血球 | 形 | | おもなはたらき | 血液 1mm³ あたりの数 |
|---|---|---|---|---|
| 赤血球 | 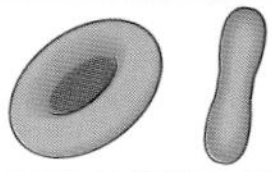 | 中央がくぼんだ円盤状 | ヘモグロビンを含み酸素を運ぶ | 男　500 万<br>女　400 万 |
| 白血球 |  | アメーバ状で変形する | 侵入してきた細菌などを分解する | 5000～8000 |
| 血小板 | 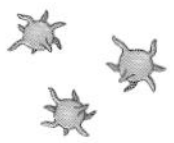 | さまざまな形をとる | 血管が傷ついたとき血液を固まらせてふさぐ | 20 万～50 万 |

### 発展　出血が止まるしくみ

血管が傷ついてそのままだと血液が流れ出て，死んでしまう。[*1] しかし，多くの場合，出血してもやがて出血は止まる。これは，血小板と血しょう，傷ついた組織のはたらきによるものである。

出血すると，傷ついた組織や血小板から血液を固まらせるようにはたらく物質が血しょう中に出てくる。すると，血しょう中の物質が変化して，繊《せん》維《い》状《じょう》になり，血球をからめてできたかたまりが血管の傷をふさぐ。

*1
一般に，ヒトは体内の血液量の 30％が失われると生命の危険があるとされている。

## 3　血しょうのはたらき

**血液の液体成分**である血しょうは，さまざまな物質を溶《と》かすことで，からだの中の**物質の運搬**に役立っている。

血しょうは，細胞の呼吸(➡ p.132)で生じた二酸化炭素を溶かして運搬したり，ブドウ糖・アミノ酸などの栄養分や細胞の活動で生じたアンモニアなどの不要物を溶かして運搬したりするはたらきがある。このほかに，からだのはたらきを調節する物質(ホルモン)やからだを守るはたらきをする物質[*2] なども血しょうの中に含まれている。

*2
血しょうには，病原体や毒素のはたらきを弱めたり，なくしたりするはたらきをもち，からだを守るはたらきをもつ**抗体**《こうたい》という物質も含まれている。

TRY! 表現力

**血液中の固形成分を 3 つあげて，それぞれのはたらきを説明しなさい。**

ヒント　血液の固形成分である血球は細胞で，大きく 3 種類に分けられる。

解答例　酸素を運ぶはたらきをもつ赤血球，細菌などを分解してからだを守るはたらきをもつ白血球，血液を固まらせるはたらきをもつ血小板がある。

UNIT 12

# 酸素を運ぶしくみ

着目 赤血球の中に含まれるヘモグロビンによって酸素は運ばれている。

**要点**

- **酸素の運ばれ方** ヘモグロビンは酸素の多い肺で酸素と結びつき，体内の酸素の少ない場所で酸素をはなすことで，全身に酸素を運んでいる。
- **組織液《そしきえき》** 血しょうが毛細血管からしみ出したもので，一部はリンパ液《えき》になる。

## 1 ヘモグロビンのはたらき

### A ヘモグロビンの性質

赤血球は酸素を運ぶ役割があるが，この役割は赤血球に含《ふく》まれているヘモグロビンという色素の性質によるものである。

ヘモグロビンはタンパク質の一種で，鉄を含んでいる。血液が赤く見えるのは，赤血球に含まれるヘモグロビンが赤いからである。[*1] **ヘモグロビンは酸素が多いところでは酸素と結びつき，酸素の少ないところでは酸素をはなす**性質がある。[*2]

### B 酸素を運ぶしくみ

血液が酸素の多い肺にいくと，赤血球中のヘモグロビンが酸素と結びつく。赤血球は血液の流れにのってからだ全体に運ばれる。

血液が酸素の少ないからだの各部(組織)に流れていくと，赤血球中のヘモグロビンが酸素をはなし，細胞《さいぼう》に受けわたされる(図1)。酸素をはなした赤血球は血液の流れによって心臓にもどり，再び肺へ送られる。

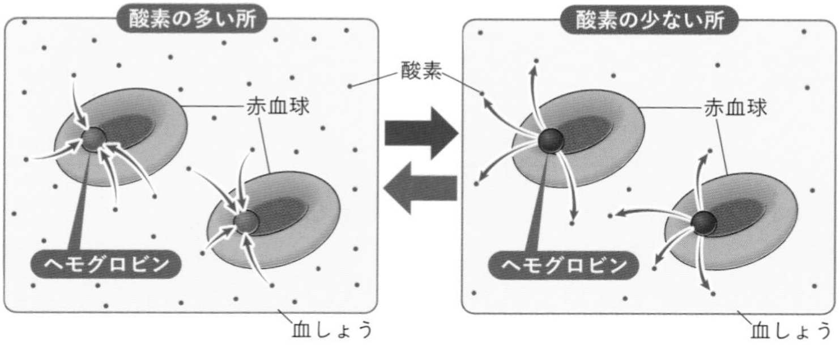


図1 赤血球が酸素を運ぶしくみ

＊1
イカなどの軟体動物《なんたいどうぶつ》では，酸素を運ぶために血しょう中に銅を含んだヘモシアニンという色素をもっている。このヘモシアニンは酸素と結びついて青色を示す。

＊2
ヘモグロビンが酸素と結びつきやすい性質をもつため，血液が運ぶことのできる酸素の量は，水に溶け込む酸素の量の60～70倍にもなる。

## 2 組織液とリンパ液

### A 血しょうの血管の出入り

血液の成分のうち，赤血球は毛細血管(➡ p.144)の壁《かべ》を通《とお》りぬけることができないが，血しょうは外にしみ出して**組織液《そしきえき》**となる。血液と細胞は，組織液を通して物質のやりとりをしている。組織液の多くは再び毛細血管にもどるが，一部はリンパ管《かん》に入り，リンパ液《えき》となる。

### B 組織液

**組織液**は，血液の中の血しょうが毛細血管の壁を通りぬけて外にしみ出したもので，細胞と細胞の間を満たしている。血しょう中に含まれていた酸素や栄養分は，組織液から細胞に受け渡される。また，細胞の活動によって生じたアンモニアや二酸化炭素などの不要な物質は，組織液に溶け込んでから血管やリンパ管へ入り，血液やリンパ液となって運ばれる。

### C リンパ液

一部の組織液は**リンパ管**に入り，**リンパ液**となる。リンパ液の中には，白血球のなかまであるリンパ球が含まれていて，外部から入ってきた病原体などからからだを守るはたらき(免疫《めんえき》という)にかかわっている。また，小腸で吸収された脂肪《しぼう》はリンパ管に入り，運搬《うんぱん》されている。

リンパ管は，血管と同じようにからだ中にはりめぐらされているが，次第に集まって太い管になり，首の下の静脈で血管とつながっている。

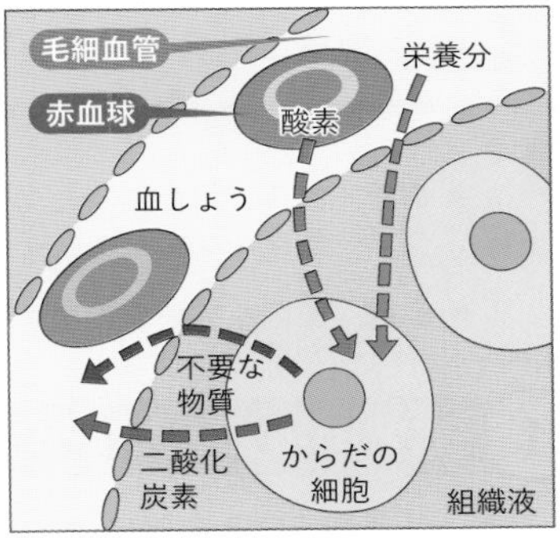


図2 血液と細胞での物質の交換

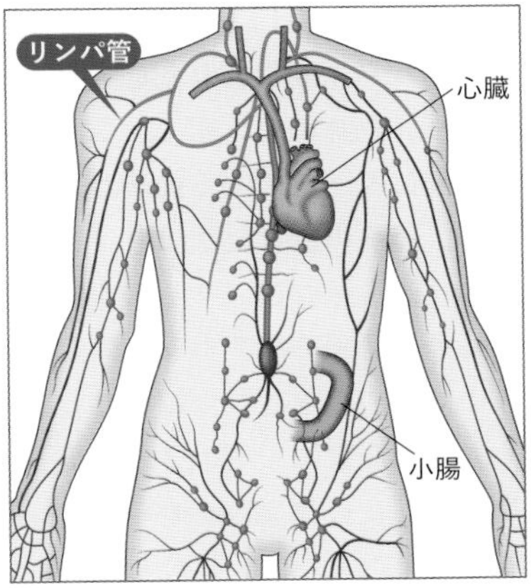


図3 ヒトのリンパ管

**TRY! 表現力**

**体内で酸素はどのように運ばれているか，関係する物質名を使って説明しなさい。**

ヒント 赤血球に含まれるヘモグロビンは，酸素の多いところでは酸素と結びつき，酸素の少ないところでは酸素をはなす性質がある。

解答例 酸素が多い肺で赤血球中のヘモグロビンが酸素と結びつき，酸素の少ない組織でヘモグロビンが酸素をはなすことで，からだの各部に酸素を運んでいる。

UNIT 13

# 血管と心臓

着目 血液は動脈・毛細血管・静脈の３種類の血管を通り心臓によって循環している。

**要点**

- **血管**　心臓《しんぞう》から出てきた血液が通る動脈《どうみゃく》，心臓にもどってくる血液が通る静脈《じょうみゃく》，動脈と静脈の間をつなぐ毛細血管《もうさいけっかん》の３種類がある。
- **心臓**　収縮と拡張をくり返してポンプのようにはたらき，血液を全身に循環《じゅんかん》させる。

## 1 血管の種類とつくり

血液が流れている血管には，**動脈《どうみゃく》**，**静脈《じょうみゃく》**，**毛《もう》細血管《さいけっかん》**の３種類があり，それぞれちがう特徴《とくちょう》をもっている（図１）。

心臓から送り出された血液が通る血管を動脈という。動脈の壁《かべ》は厚く，弾力性《だんりょくせい》に富んでいる。

心臓にもどってくる血液が通る血管を静脈という。静脈の壁は動脈よりうすい。血管内に弁《べん》があり，血液が逆流するのを防いでいる。

動脈と静脈の間をつなぐ，全身に網の目のようにはりめぐらされた細い血管を毛細血管という。毛細血管は１層のうすい細胞《さいぼう》でできている。毛細血管からしみ出した血しょうは組織液《そしきえき》（➡ p.143）となり，細胞と栄養分や不要物のやりとりを行う。

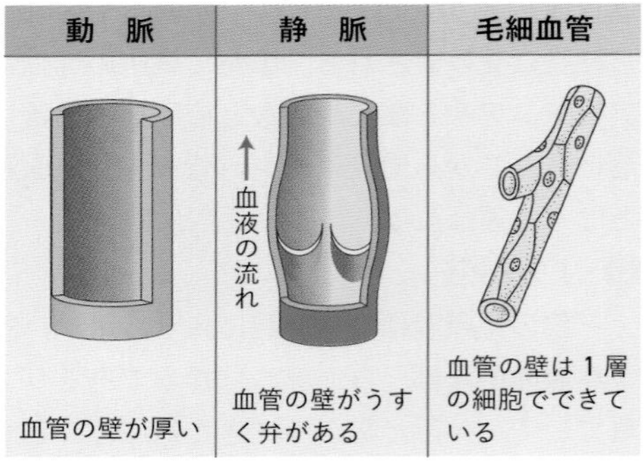


図１　**ヒトの３種類の血管のつくり**

## 2 心臓のつくりとはたらき

### Ⓐ 心臓のつくり

血液は，心臓のはたらきによって，からだ中を循環《じゅんかん》している。ヒトの心臓はじょうぶな筋肉でできていて，にぎりこぶしくらいの大きさをしている。

心臓は，収縮と拡張をくり返すことで，血液に圧力をかけていて，血液をからだ中に循環させるポンプの役割をしている。このように，心臓が収縮と拡張をくり返す動きを拍動《はくどう》という。

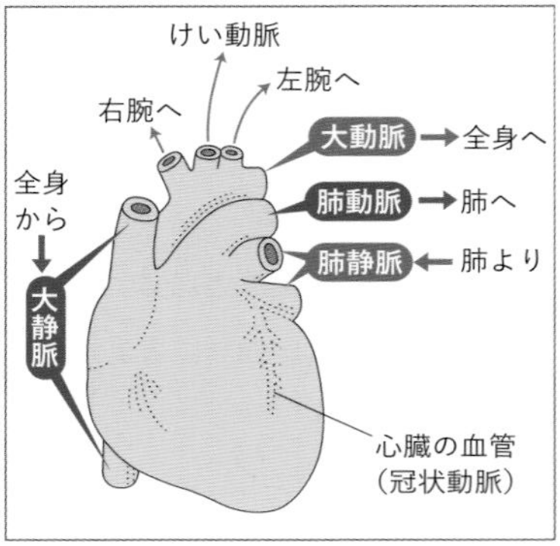


図２　**心臓の外部のようす**

### B 心臓の内部のつくり

心臓には左右に1つずつのポンプがあり，それぞれ**心房**《しんぼう》と**心室**《しんしつ》に分かれている。**心房は心臓の上部にあり，静脈から血液が入る**部屋で，右《う》心房《しんぼう》と左《さ》心房《しんぼう》がある。**心室は心臓の下部にあり，心房から流れてきた血液が入る**部屋で，動脈へ血液を送り出す右《う》心室《しんしつ》と左《さ》心室《しんしつ》がある。心房と心室，心室と動脈の間には，血液の逆流を防ぐ**弁**《べん》がある。

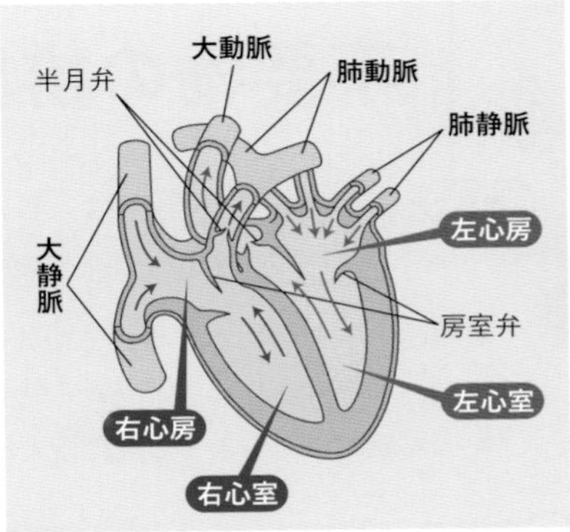


図3　**心臓の内部のようす**

### C 心臓の動き方

心臓は図4のように，心房が拡張すると静脈から血液が入り，心房が収縮することで，心室に血液が移動する。その後，心室が収縮すると動脈へ血液が押《お》し出《だ》され，[*1] 血液が動脈へ出て行く。

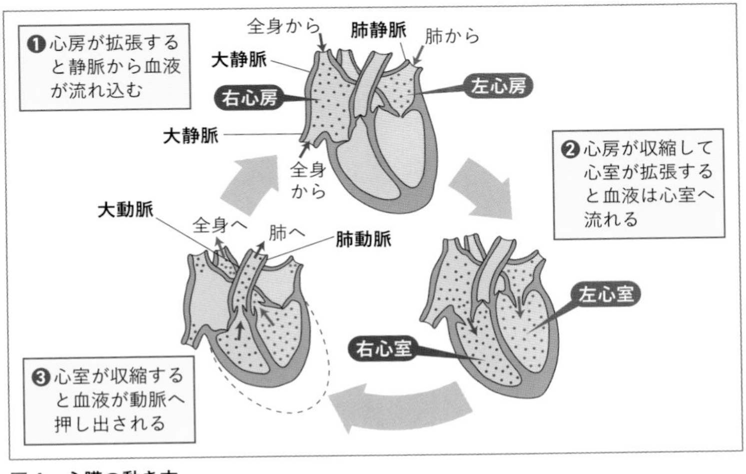


図4　**心臓の動き方**

＊1
血液が血管の壁におよぼす圧力を**血圧**《けつあつ》という。血圧は，心臓に近い大動脈でもっとも高く，動脈が毛細血管に近づくにつれて低くなる。血圧は，心臓が収縮したときに高くなり，心臓が広がる（拡張する）ときに低くなる。

TRY! 思考力

**心臓の左心室は，心臓の他の部分よりも厚い筋肉におおわれている。この理由を説明しなさい。**

ヒント　血液は左心室から全身に送り出される。

解答例　血液を全身に送り出すため，強く収縮する必要があるから。

UNIT 14

# 不要物の排出のしくみ

着目 尿素などの不要物は，じん臓でこし出されて，尿として排出される。

**要点**

- **排出《はいしゅつ》** 不要物をとり除いて体外に出すこと。二酸化炭素は肺から排出されて，尿素《にょうそ》などはじん臓のはたらきで排出される。
- **じん臓のはたらき** 血液に含《ふく》まれる尿素《にょうそ》などの不要物をこし出し，尿《にょう》として排出する。

## 1 体内でできる不要物と排出

### A 二酸化炭素とアンモニアの排出

細胞《さいぼう》では，呼吸《こきゅう》などのはたらきによって，二酸化炭素やアンモニアなどのさまざまな不要物ができる。これらの不要物をとり除いて体外に出すことを**排出《はいしゅつ》**という。

呼吸によって生じた**二酸化炭素《にさんかたんそ》**は，血しょうに溶《と》けて肺《はい》まで運ばれ，体外に排出される(➡ p.135)。

タンパク質が分解されると，有害な**アンモニア**が生じる。アンモニアは血しょうに溶け込んで運ばれるが，非常に毒性が高いので，肝臓《かんぞう》で毒性の弱い尿素《にょうそ》につくりかえられる。尿素はさらにじん臓《ぞう》に運ばれて，じん臓のはたらきで尿《にょう》として排出される。

### 発展 いろいろな動物のアンモニアの排出のしかた

アンモニアの排出のしかたは，動物によって異なる。水中で生活する魚類は，まわりに水がたくさんあるので，水に溶けやすい**アンモニア**のまま排出している。陸上で生活している哺乳類《ほにゅうるい》や両生類の成体は，アンモニアを毒性の弱い**尿素**につくりかえて濃縮《のうしゅく》してから尿として排出する。これに対して鳥類やは虫類は，アンモニアを水に溶けにくい**尿酸《にょうさん》**につくりかえて排出している。これは，排出のための水分を体内に多くもたずにすませることに加えて，これらの動物は殻《から》をもつ卵をうむことにも関係している。*1

図1 いろいろな動物のアンモニアの排出

*1
子はふ化するまで卵の殻の中で液体にひたされて成長するので，アンモニアや尿素のように水に溶けるものを排出すると有害な溶液の中で成長することになる。

### B 肝臓のはたらき

肝臓は，**胆汁《たんじゅう》の生成**(➡ p.127)や**栄養分の貯蔵**(➡ p.131)といった栄養分の消化・吸収に重要なはたらきをする器官であるほか，**アンモニアを尿素につくりかえる**排出物の処理も行う。

このほかにも**古くなった赤血球を破壊《はかい》**したり，体内に入った**有害物質を無毒化**するなど，物質の分解や合成をともなうさまざまなはたらきをもっている。このとき，多量の熱が発生するため，**体温の維持《いじ》**にも役立っている。

## 2 じん臓のはたらき

じん臓は，図2のように，ソラマメのような形をしていて，体内のやや背中側に，左右1個ずつある器官である。じん臓には太い動脈と静脈が通っていて，内部には毛細血管がはりめぐらされている。血液に含まれる尿素などの不要物は，じん臓で血液中からこし出されて，尿となる。尿は**輸《ゆ》尿管《にょうかん》**を通ってぼうこうにためられたあと，体外に排出される。

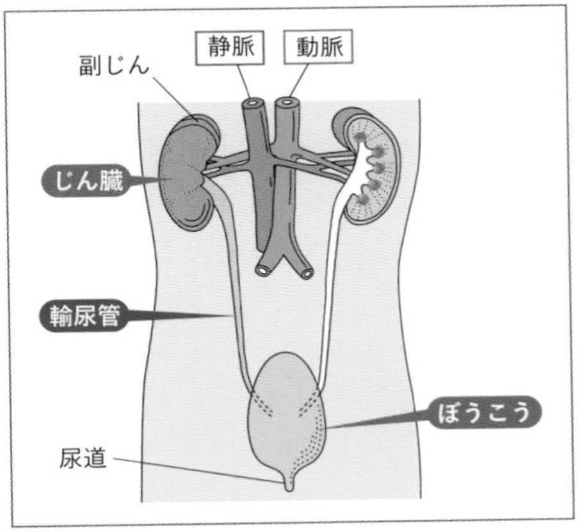


図2　ヒトのじん臓のつくり

### 発展　ろ過と再吸収

じん臓の血液から不要物をこし出す部分は毛細血管が集まった構造をしている。この部分を血液中の血しょうが通る間に，輸尿管につながる管にこし出される。これを**ろ過《か》**という。ろ過された血しょうの成分のうち，ブドウ糖や水分，塩類などのからだに必要な物質は，毛細血管に再びとり込まれる。これを**再吸収《さいきゅうしゅう》**という。残った成分が尿となる。

**TRY! 表現力**

**タンパク質を分解すると毒性の高いアンモニアができる。ヒトは体内で生じたアンモニアをどのように処理して排出しているのか，説明しなさい。**

ヒント　毒性の低い物質につくりかえる処理と，それを体外に出す方法について述べる。

解答例　アンモニアは血しょうに溶けて運ばれ，肝臓で尿素につくりかえられたあと，じん臓で血管からこし出され，尿として排出される。

UNIT 15

# 血液の循環

着目 血液の循環には，肺を通る肺循環と，からだの各部を通る体循環の 2 つがある。

**要点**

- **動脈血《どうみゃくけつ》と静脈血《じょうみゃくけつ》**　血液には酸素を多く含む動脈血と，酸素が少ない静脈血がある。
- **肺循環《はいじゅんかん》**　心臓→肺→心臓の順に流れる，肺を通る血液の循環。
- **体循環《たいじゅんかん》**　心臓→からだの各部→心臓の順に流れる，からだの各部を通る血液の循環。

## 1 血液の循環と酸素

### A 血液の循環

心臓(→p.144)から出た血液が，からだの各部をめぐって再び心臓にもどることを**血液《けつえき》の循環《じゅんかん》**という。血液は心臓を出て**動脈《どうみゃく》**→**毛細血管《もうさいけっかん》**→**静脈《じょうみゃく》**の順で血管を通り，血管を出ることなく心臓にもどってくる(図 1)。

ただし，液体成分の血しょうは毛細血管の壁《かべ》からしみ出し**組織液《そしきえき》**(→p.143)となる。

### B 動脈血と静脈血

血液には，酸素を多く含《ふく》んでいてあざやかな赤色に見える**動脈血《どうみゃくけつ》**と，酸素をあまり含んでおらず暗い赤色をしている**静脈血《じょうみゃくけつ》**の 2 種類がある。血液は，肺で酸素を受けとると動脈血になり，からだの各部で酸素をはなすと静脈血になる。

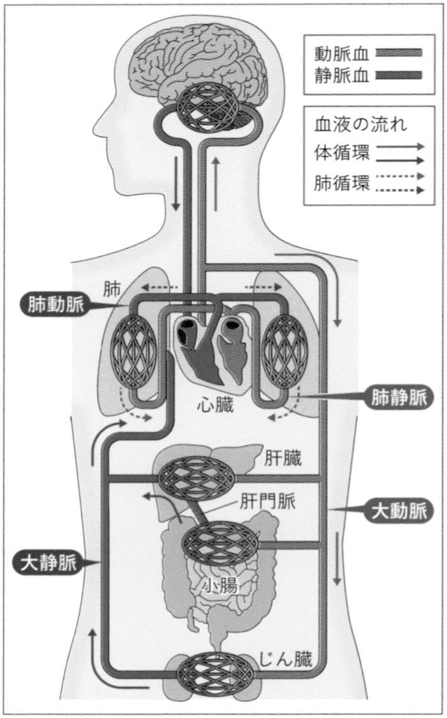


図 1　ヒトの血液循環

## 2 肺循環と体循環

血液の循環には，肺を通って血液に酸素をとり込《こ》む**肺循環《はいじゅんかん》**と，からだの各部に酸素を運ぶ**体循環《たいじゅんかん》**という 2 つの経路がある。

### A 肺循環

血液は，心臓から**肺動脈《はいどうみゃく》**という動脈(→p.144)を通って**肺**に送られ，酸素を受けとり，**肺静脈《はいじょうみゃく》**という静脈(→p.144)を通って心臓にもどってくる(図 2)。肺の毛細血管(→p.144)では，血液は二酸化炭素を放出して酸素を受けとり**動脈血**になる。肺循環では，**肺動脈に静脈血が流れ，肺静脈に動脈血が流れている。**

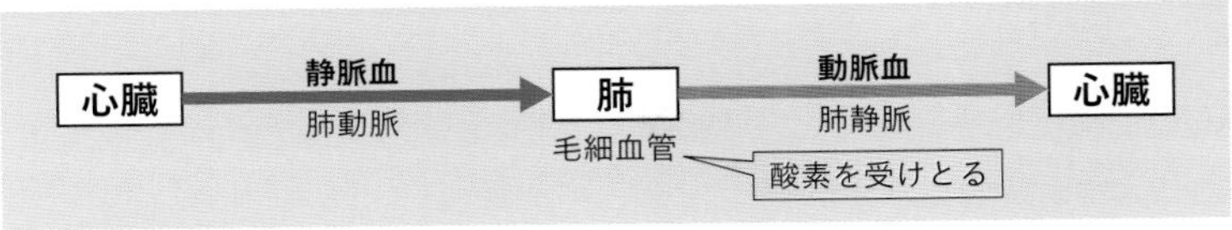


図 2　**肺循環**

### B 体循環

肺で酸素を受けとり動脈血となって心臓にもどった血液は，心臓を出て，**大動脈**《だいどうみゃく》を通り，からだの各部をめぐり，**大静脈**《だいじょうみゃく》を通って心臓にもどってくる(**図 3**)。血液は，からだの各部の**毛細血管**で細胞に酸素や栄養分をあたえて，二酸化炭素や不要物を受けとる。**体循環では，動脈に動脈血が流れ，静脈に静脈血が流れている。**

図 3　**体循環**

## 3 栄養分のとり込みと不要物の処理

消化管で消化された食物の栄養分は，おもに小腸で吸収される。そして，**肝門脈**《かんもんみゃく》から**肝臓**《かんぞう》に運ばれ,[*1] 貯蔵されたり必要なときに放出されたりする(➡ p.131)。

肝臓には，からだの各部で生じたり体外から侵入《しんにゅう》した有害な物質を害の少ないものに変えるはたらきもある。不要な物質は**じん臓**で血液からこし出され,[*2] **尿**《にょう》として排出《はいしゅつ》される(➡ p.147)。

*1
肝臓に入る血液の約 70％は肝門脈からで，残りは肝臓に酸素を運ぶ肝動脈からである。

*2
じん臓を通過する血液の量は，大人で 1 日に 150 L にもおよぶ。

TRY!
表現力

**大動脈，大静脈，肺動脈，肺静脈のうちで，もっとも多くの酸素を含む血液が流れる血管はどれか，理由とともに答えなさい。**

ヒント　酸素を外部の空気からとり込んだ血液が，酸素をもっとも多く含む。

解答例　肺静脈は肺で血液中に酸素をとり込んだ直後の血液が流れ，それ以外の血管では酸素がとり込まれることはないため，肺静脈を流れる血液がもっとも多くの酸素を含む。

# 定期テスト対策問題

解答 ➡ 別冊 p.6

## 問 1 消化酵素のはたらき

**右の図のように，A～Dの４本の試験管にうすいデンプンのりを入れ，AとCにはだ液2$cm^3$，BとDには水2$cm^3$を加え，AとBは0℃の氷水の中，CとDは40℃の湯の中に入れ，５分間そのままにしておいた。これについて，次の問いに答えなさい。**

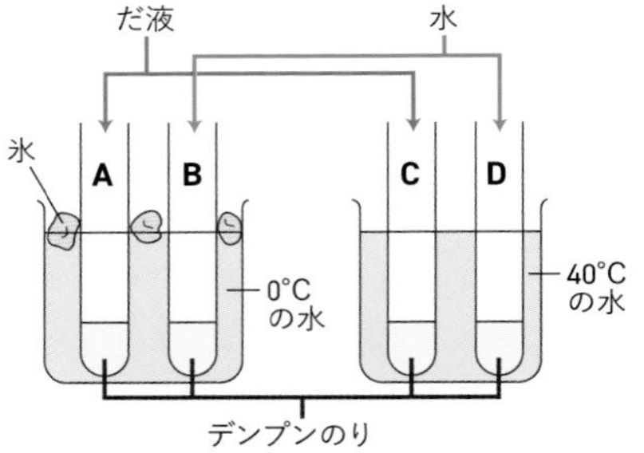


(1)　５分後に各試験管の中の液を少量とり，ヨウ素液を加えたところ，１つだけ青紫色《あおむらさきいろ》に変化しなかったものがあった。これはどの試験管の中の液か。**A～D**から１つ選べ。

(2)　(1)と同じように，各試験管の中の液を少量とり，ベネジクト液を加えて加熱したところ，(1)の試験管の中に入った液だけ，赤褐色《せきかっしょく》に変化した。このことから，(1)の試験管に入っていたデンプンのりは，何という物質に変化したと考えられるか。次の**ア～オ**から１つ選べ。

**ア**　脂肪酸《しぼうさん》　　**イ**　タンパク質　　**ウ**　麦芽糖などの糖

**エ**　アミノ酸　　**オ**　モノグリセリド

## 問 2 消化器官のつくりとはたらき

**右の図は，ヒトの消化器官を表したものである。これについて，次の問いに答えなさい。**

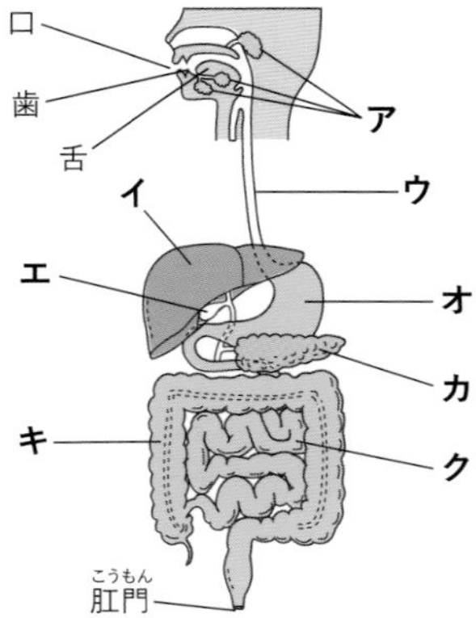


(1)　図の中の**ア～ク**の器官の名前を，それぞれ答えよ。

(2)　タンパク質を分解するペプシンという消化酵素を含《ふく》む消化液が出される器官はどこか。**ア～ク**から１つ選べ。

(3)　脂肪を分解するリパーゼという消化酵素を含む消化液がつくられる器官はどこか。**ア～ク**から１つ選べ。

(4)　胆汁《たんじゅう》がつくられる器官はどこか。**ア～ク**から１つ選べ。

(5)　胆汁を一時たくわえておく器官はどこか。**ア～ク**から１つ選べ。

(6)　消化された栄養分が吸収《きゅうしゅう》される器官はどこか。**ア～ク**から１つ選べ。

## 問3 血液の循環

**右の図は，ヒトの血液が循環《じゅんかん》するようすを模式的に表したものであり，赤い矢印は血液の動く向きを示している。これについて，次の問いに答えなさい。**

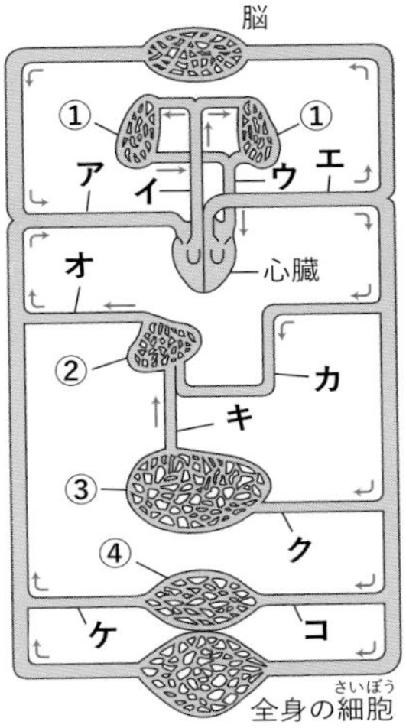


(1)　①〜④は，それぞれ何という器官を表しているか。ただし，③は消化された栄養分を血管の中に吸収《きゅうしゅう》する器官で，④は血液中の不要物をこしとる器官である。

(2)　**ア〜エ**の血管の名前をそれぞれ答えよ。

(3)　動脈血が流れている血管を，**ア〜コ**からすべて選べ。

(4)　下の図の**A**，**B**は，動脈と静脈の断面を表したものである。

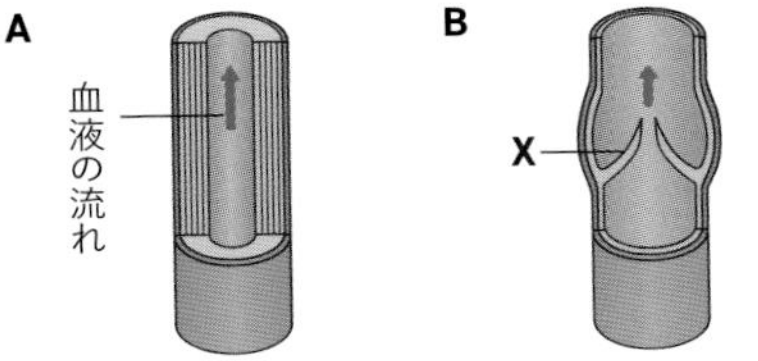


①　**A**と**B**で，静脈の断面を表しているのはどちらか。

②　**B**の**X**の部分を何というか。

③　**B**の**X**の部分のはたらきを簡単《かんたん》に説明せよ。

(5)　食後数時間の間，もっとも栄養分を多く含んだ血液が流れている血管はどれか。図の**ア〜コ**から1つ選べ。

(6)　24時間何も食べていないとき，もっとも栄養分を多く含んだ血液が流れている血管はどれか。図の**ア〜コ**から1つ選べ。

## 問4 呼吸器官のつくりとはたらき

**右の図は，肺の一部を表したものである。これについて，次の問いに答えなさい。**

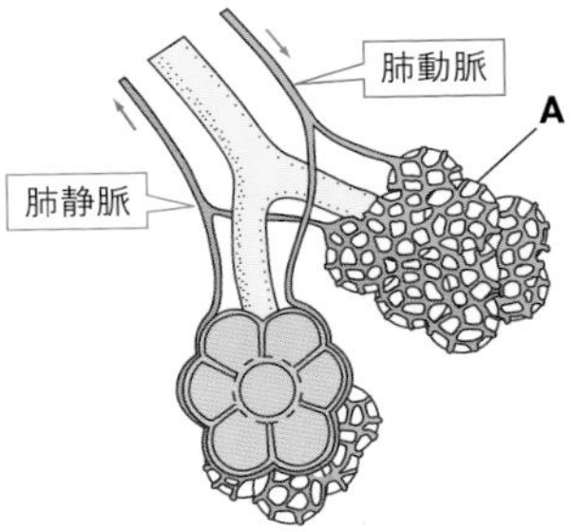


(1)　肺では，何という気体が体内にとり込《こ》まれているか。

(2)　肺は，右図の**A**のような小さな袋《ふくろ》に分かれている。この**A**のような小さな袋を何というか。

(3)　肺が**A**のような小さな袋に分かれているのは，どのような点でつごうがよいか。次の**ア**，**イ**から選べ。

**ア**　肺の表面積が広がるため，物質の交換能力《こうかんのうりょく》が高くなる。

**イ**　肺の容積が大きくなるため，物質の交換能力が高くなる。

UNIT 1

# 感覚器官

着目 動物は，感覚器官によって，外からの情報を刺激として受けとる。

**要点**

- **感覚器官《かんかくきかん》** 動物は感覚器官で外部の情報を受けとり，それに合った行動で反応《はんのう》する。感覚器官はそれぞれある決まった刺激《しげき》だけを受けとることができる。
- **ヒトの感覚器官** ヒトは，目《め》，耳《みみ》，鼻《はな》，舌《した》，皮膚《ひふ》などの感覚器官をもつ。

## 1 刺激と反応

ヒトなどの動物は，音や光などの外からの情報を**刺激《しげき》**として受けとり，それに合わせて行動する，つまり**反応《はんのう》**することで生活している。たとえば，暗い所から明るい所へ出ると，まぶしく感じて，目を閉じたり細めたりしようとする。[*1] このとき，強い光という刺激を目《め》が受けとり，ちょうどよい明るさの光が目に入るようにまぶたを調節する，という反応をしている。ここで目という器官が光という刺激を受けとるように，外界からの刺激を受けとる器官を**感覚器官《かんかくきかん》**という。

*1
暗いところから明るいところに出たとき，目に入る光の量を減らすように，目のひとみが小さくなる，という反応も起きている(➔p.157)。

## 2 感覚器官の種類と感覚

感覚器官は，特定の刺激を受けとる感覚細胞《かんかくさいぼう》が集まってできている。表1，図1のように，動物は，それぞれの生活に必要なさまざまな感覚器官をもっている。たとえば，目は光という刺激を受けとり，それによって，視覚《しかく》という感覚が生じている。目は光の刺激を受けとることはできるが，音《おと》の刺激は受けとることはできない。このように，感覚器官が受けとることができる刺激は，ある特定の刺激だけである。

表1　受けとる刺激と感覚器官

| 感覚器官 | 刺激の種類 | 感覚 | 説明 |
|---|---|---|---|
| 目(眼) | 光《ひかり》 | 視覚 | ➔p.156 |
| 耳《みみ》 | 音(空気などの振動《しんどう》) | 聴覚《ちょうかく》 | ➔p.158 |
| 鼻《はな》 | におい(気体の化学物質) | 嗅覚《きゅうかく》 | ➔p.160 |
| 舌《した》 | 味《あじ》(液体の化学物質) | 味覚《みかく》 | ➔p.161 |
| 皮膚《ひふ》[*2] | 圧力，熱さ，冷たさ，痛みなど | 触覚《しょっかく》 | ➔p.161 |

*2
皮膚には，ふれた，押《お》された，熱い，冷たい，痛いなどの刺激を感じる細胞がある。

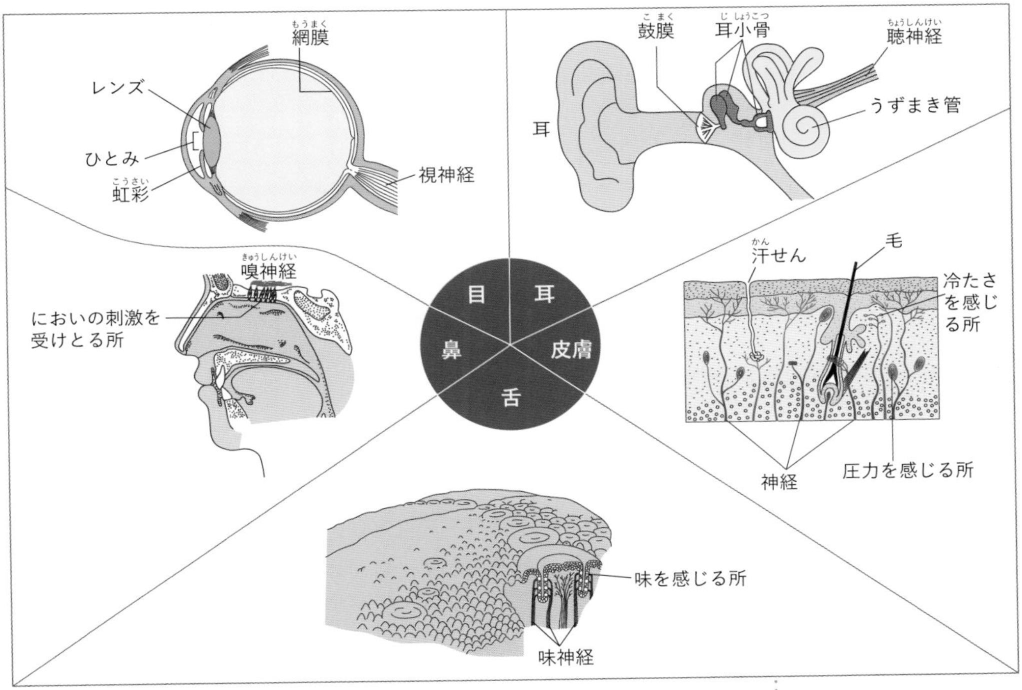


図１　**ヒトのおもな感覚器官**

## 参考　動物のさまざまな感覚器官

動物には，ヒトが受けとることができない刺激を受けとることができるものもいる。魚類の多くは体表に水の流れを受けとる**側線**《そくせん》という器官をもち，流水の中で泳ぐ姿勢を保ったり，外敵からすばやく逃げることができる。一部のヘビは，頭部に熱（赤外線《せきがいせん》）を受けとる**ピット器官**《きかん》という感覚器官をもっており，近くに温度の高いものがあればその位置を感じることができる。

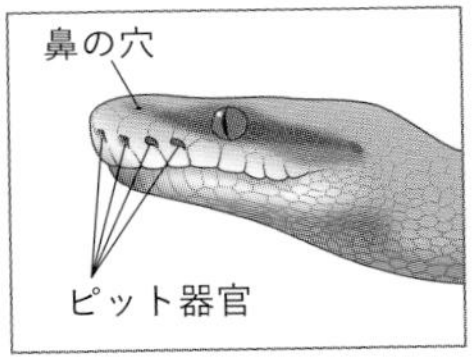


図２　**ヘビのピット器官**

TRY! 思考力

**一部のヘビは熱（赤外線）を受けとるピット器官という感覚器官をもつ。この器官をもつことで，ヘビにはどのような利点があると考えられるか，簡単に説明しなさい。**

ヒント　ピット器官をもつ多くのヘビは夜行性で，小形の哺乳類《ほにゅうるい》などを食物とする。

解答例　えさとなる哺乳類の体温を感じて捕《と》らえることに役に立つ。

UNIT 2

# 刺激と感覚

着目 感覚器官で受けとられた刺激は感覚神経で脳へ伝わり，脳で感覚が生じる。

要点

- **感覚《かんかく》** 感覚器官《かんかくきかん》で受けとられた刺激《しげき》が感覚神経《かんかくしんけい》で脳に送られて，脳で感覚が生じる。
- **動物の反応と行動** 脳から命令が出て運動神経《うんどうしんけい》を伝わり運動器官《うんどうきかん》が反応を起こす。メダカは体表や目で刺激を受けとり自分の位置を保つよう反応する。

## 1 感覚が生じるしくみ

**感覚器官《かんかくきかん》**にある**感覚細胞《かんかくさいぼう》**は，刺激《しげき》を受けとると，電気的な信号を出す。電気的な信号は，感覚細胞につながっている感覚神経に伝わる。感覚神経は脳や脊髄《せきずい》につながっていて，電気的な信号を脳などに伝える。**刺激**は脳に伝えられて，**脳で処理・判断されることで**，はじめて，**感覚**となる(図1)。[*1]

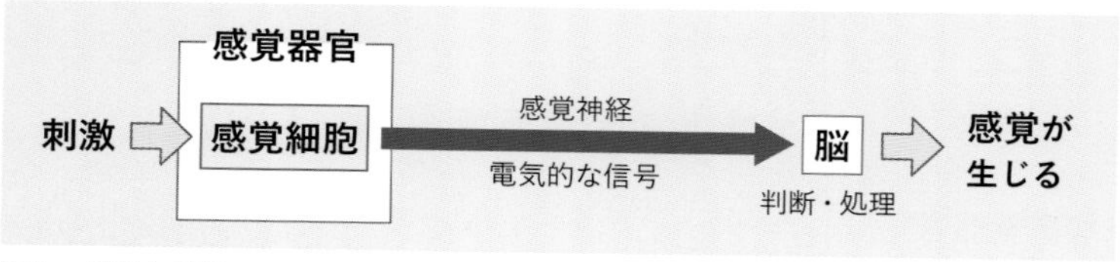


図1 **刺激と感覚**

*1
脳や脊髄(中枢神経《ちゅうすうしんけい》)などの神経のつくりやはたらきについては**神経系**(➡ p.162)でくわしく学習する。

## 2 感覚から反応まで

動物はえさをとったり，外敵から身を守るために安全な場所に移動したりするなど，感覚として得られた外部の情報に対し反応して生きている。

脳は，運動神経《うんどうしんけい》を通して手や足などの運動器官《うんどうきかん》の筋肉[*2]に命令を伝えて，行動を起こさせる。

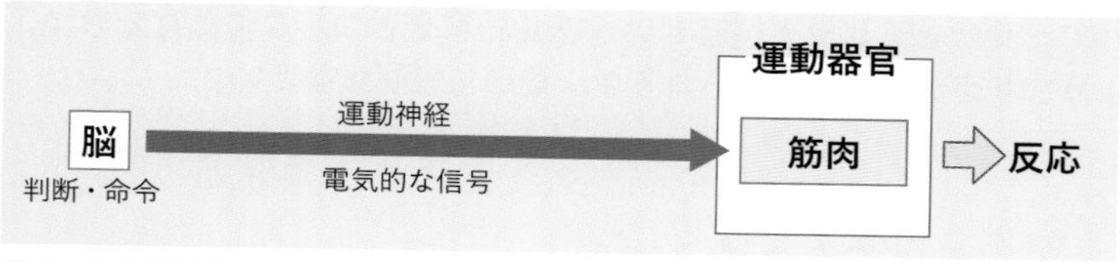


図2 **命令と反応**

*2
運動器官を動かす筋肉《きんにく》や骨《ほね》のはたらきは**骨と筋肉のはたらき**(➡ p.168)でくわしく学習する。

## 3 刺激に対するメダカの反応を調べる　実験

### Ⓐ 方法・手順

① 図3のⓐのような円形水槽《すいそう》にメダカを入れて，落ち着くまで置いておく。

② 図4のⓑのように，円形水槽に棒を入れて，ゆっくりかき回して，水流をつくり，メダカの反応を調べる。

③ 図4のⓒのように，円形水槽の外側に縦じま模様の円筒《えんとう》を置いて，糸でつるす。メダカが落ち着いたのち，円筒を回転させて，円筒の模様の動きに対するメダカの反応を調べる。

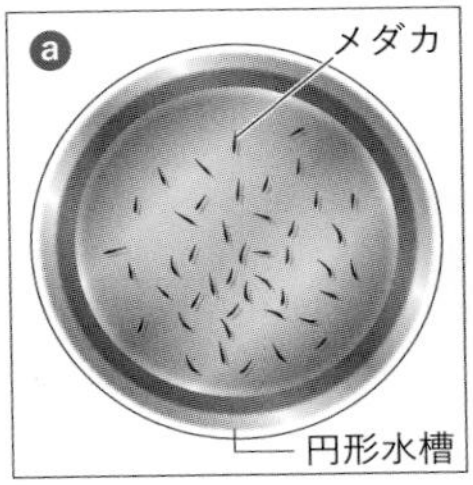


図3　**メダカの反応を調べる実験装置**

### Ⓑ 結果・考察

① 図4のⓑのように水流をつくると，図4のⓓのようにメダカは水流の向きに逆らうように泳いでいた。➡このときメダカは水の流れという刺激を体表で受けとり，それに合わせて反応していると考えられる。

② 図4のⓒのように水槽の外側の円筒を回転させると，図4のⓔのようにメダカは円筒と同じ向きに泳いでいた。➡このとき，メダカはまわりの景色が動いたことを目で受けとり，それに合わせて反応していると考えられる。

③ ①，②より，メダカは，体表や目で受けとった刺激から，水中における自分の位置を知り，水が動いたら流されないように，また景色に対して同じ場所にとどまるように反応すると考えられる。

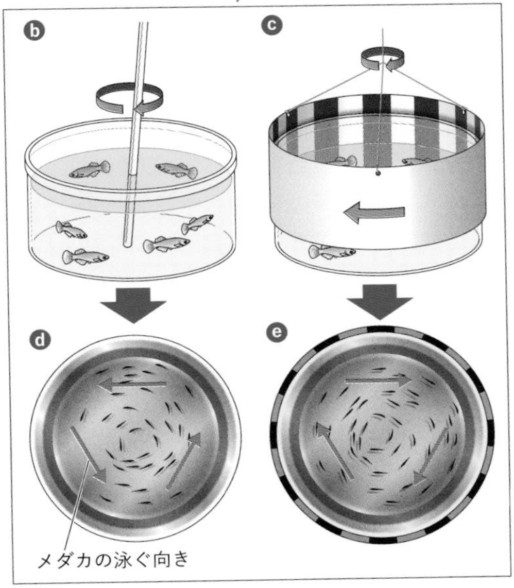


図4　**刺激に対するメダカの反応**

TRY! 思考力

**図4のメダカの実験について，メダカが水流の向きに逆らい，まわりの景色に合わせて泳ぐことは，メダカにとってどのような意味があると考えられるか，簡単に説明しなさい。**

ヒント　メダカは流れのある小川で生活している。

解答例　水に流されて今すんでいる場所から意図せずに離《はな》れてしまうことを防ぐ。

UNIT 3

# 目のつくりとはたらき

着目 光はレンズを通り網膜で受けとられたあと，視神経で大脳に伝わり視覚が生じる。

要点

- **光を受けとるつくり** 光は目《め》の角膜《かくまく》を通り，レンズで屈折《くっせつ》して，網膜《もうまく》上で像を結ぶ。
- **視覚《しかく》が生じるしくみ** 網膜が光の刺激《しげき》を受けとり視神経《ししんけい》で大脳に伝え，視覚が生じる。
- **目の調節のしくみ** 虹彩《こうさい》で光の量を調節し，レンズの厚さでピントを調節する。

## 1 ヒトの目のつくり

目《め》は**光の刺激《しげき》を受けとる感覚器官**である。図1は，上から見たヒトの右目の断面図である。目は次のようなつくりでできていて，物の形を像として見ることができる。*1

わたしたちが黒目とよんでいる部分は，**角膜《かくまく》**という透明《とうめい》な膜におおわれている。角膜は**レンズ**（**水晶体《すいしょうたい》**）を保護するはたらきがある。

**虹彩《こうさい》**はレンズの外側をおおい，明るいと広がり，暗いと縮《ちぢ》んで，レンズに入る光の量を調節する。虹彩に囲まれた光の入り口を**ひとみ**（瞳孔《どうこう》）という。

目（眼球《がんきゅう》）の内側は，**網膜《もうまく》**でおおわれている。網膜には，光を感じる感覚細胞《かんかくさいぼう》がたくさん並んでいて感覚神経（**視神経《ししんけい》**）とつながっている。

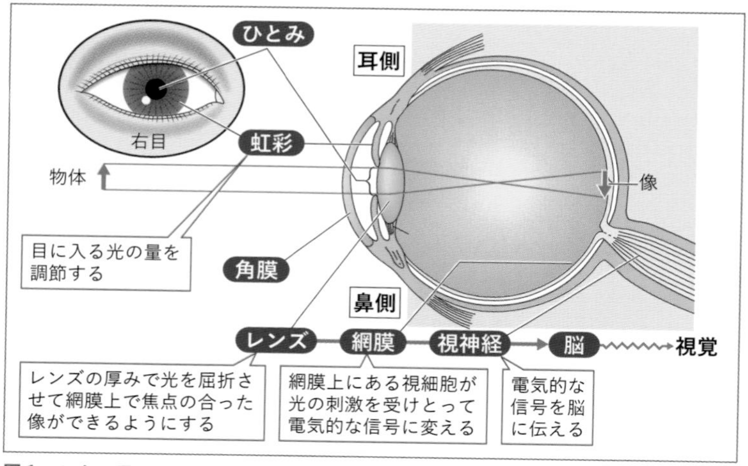


図1 ヒトの目のつくり（上から見た右目の断面図）

*1
簡単なからだのつくりの動物には，明るいか暗いかのちがいや，光のある方向がわかる程度の感覚器官しかもたないものも多い。

## 2 ものが見えるしくみ

目に入った光は，**角膜とレンズを通ったあと，網膜上に像を結ぶ。**

網膜にある感覚細胞(視細胞《しさいぼう》)は，光の刺激を受けとると，電気的な信号に変える。電気的な信号は**視神経**を通って，**脳《のう》**(➡ p.164)に送られる。脳では神経から届いた信号が判断・処理されて，形や色，動きなどの情報を含《ふく》んだ視覚《しかく》が生じる。*2

*2
網膜上に写る像は，レンズによって屈折《くっせつ》しているため，上下左右が逆になった倒立《とうりつ》像《ぞう》であるが，正しい向きになるよう脳で処理される。

## 3 目の調節

### A 光の量の調節

外界の光の強さに合わせて，目の中に入る光の量は調節されている。明るい場所では，**虹彩**が内側に広がり，**ひとみ**が小さくなることで，目に入る光の量が少なくなる。暗い場所では，逆にひとみが大きくなることで，目に入る光の量が多くなる。*3

*3
これは，意識とは関係なく起こる反応で，**反射《はんしゃ》**という(➡ p.167)。

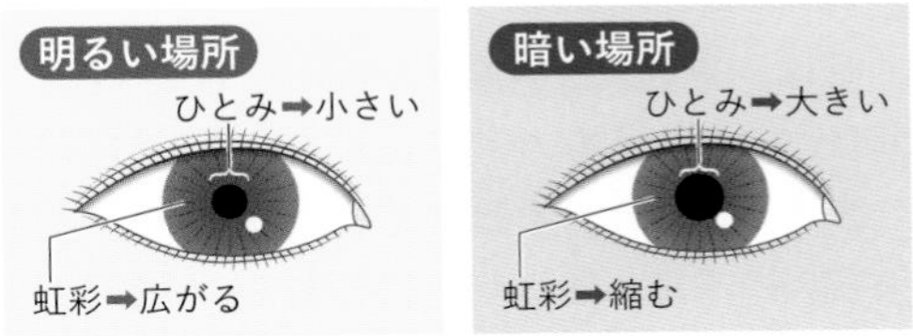


**図 2　ひとみの変化による光の量の調節**

### B ピントの調節

写真を撮《と》るときには，レンズを調節しないとピンボケの写真が撮れてしまう。このように，ものを見るときも，網膜上に焦点《しょうてん》の合った像を結ぶためには距離《きょり》に合わせてレンズを調節する必要がある。

**レンズは，まわりの筋肉のはたらきで厚みが変わり**，近くのものを見るときは厚く，遠くのものを見るときはうすく平らになることでピントを調節する。

### C 立体視

左右 2 つの目からの刺激を受けとった脳は，そのちがい*4 を比較《ひかく》して処理することで，見ているものまでの距離の情報を得て，立体的に見ることができる。これを**立体視《りったいし》**という。

*4
近くにあるものほど，左右の目で見える方向のちがい(両眼視差《りょうがんしさ》)が大きくなる。

TRY! 表現力

**光が目に入ってから視覚が生じるまでの経路を，簡単に説明しなさい。**

ヒント　光を受けとる場所と，感覚が生じる場所を区別すること。

解答例　光はひとみを通ったあと，レンズを通る際に屈折し，網膜で受けとられる。網膜は光の刺激を電気信号に変えて視神経を通して脳に伝え，脳で視覚が生じる。

UNIT 4

# 耳のつくりとはたらき

着目 音波は鼓膜→耳小骨→うずまき管と伝わり，聴細胞が刺激として受けとる。

**要点**

- **耳《みみ》のはたらき**　空気などの振動《しんどう》を音《おと》として受けとり，脳《のう》に伝える。
- **聴覚《ちょうかく》の生じるしくみ**　音の振動が鼓膜《こまく》→耳小骨《じしょうこつ》→うずまき管《かん》と伝わり，うずまき管内の聴細胞《ちょうさいぼう》が聴神経《ちょうしんけい》を通して脳に伝えて脳で聴覚が生じる。

## 1 ヒトの耳のつくり

耳《みみ》は，空気などの**振動《しんどう》**を**音《おと》**として受けとる感覚器官である。ヒトの耳は，次のようなつくりをしている(図1)。

耳の外側の部分を**耳《じ》かく**(耳殻《じかく》)といい，音による空気などの振動の波(音波)を集めるはたらきがある。外耳道《がいじどう》は集められた音波の通り道で，鼓膜《こまく》で行き止まりとなる。

鼓膜の内側には空洞《くうどう》[*1]があり，耳小骨《じしょうこつ》[*2]という骨が鼓膜とつながっている。耳小骨は人体でもっとも小さな骨で，鼓膜とうずまき管《かん》をつないでいる。うずまき管の中はリンパ液(➜ p.143)で満たされていて，音を受けとる感覚細胞《かんかくさいぼう》(**聴細胞《ちょうさいぼう》**)がある。聴細胞は，**聴神経《ちょうしんけい》**という感覚神経とつながっている。

## 2 音が聞こえるしくみ

### A 聴覚が生じるしくみ

外耳道を通って外から入ってきた音波によって**鼓膜**が振動すると，その振動が耳小骨に伝わる。**耳小骨**は振動を大きくして**うずまき管**に振動を伝え，振動はうずまき管内のリンパ液を伝わっていく。

うずまき管内のリンパ液の振動を**聴細胞**が受けとり，電気的な信号に変える。電気的な信号は**聴神経**を通して**脳《のう》**(➜ p.164)に伝えられ，情報として処理・判断されて，聴覚《ちょうかく》が生じる。

### B 音源の方向を知るしくみ

ヒトでは，顔の左右に1つずつ耳がついていて，両耳から送られてきた信号を脳が処理することで，音源の方向を知ることができる。

*1
この空洞は，**耳管《じかん》**という管で鼻とつながっている。

*2
**耳小骨**は3つの骨からなり，それぞれその形から，つち骨，きぬた骨，あぶみ骨という名前がある。つちはハンマー，きぬたは布や皮をたたいてのばしたりやわらかくしたりする台，あぶみは乗馬で足を乗せる金具のこと。

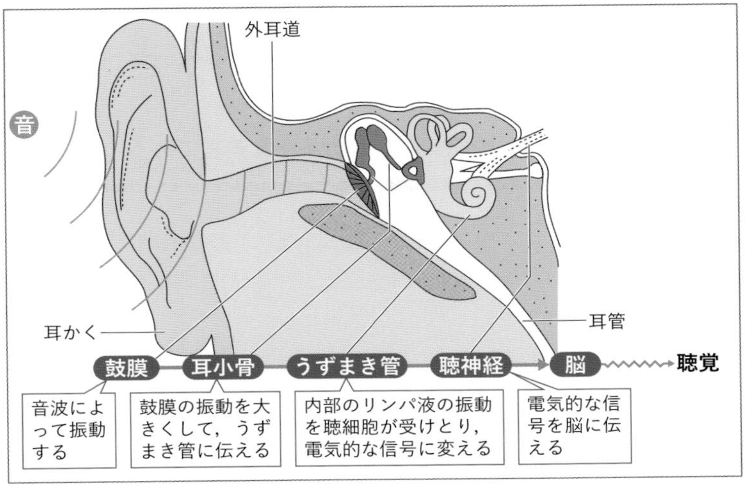


図 1　**ヒトの耳のつくりと音が聞こえるしくみ**

## 参考　音の高さを知るしくみ

うずまき管の中には数多くの聴細胞が並んでいて，それぞれの細胞は受けとる**音《おと》の高《たか》さ**(**振動数《しんどうすう》**)が異なる。大脳は，どの聴細胞につながる聴神経から電気信号が届いたかを処理し，音の高さとして感じる。

## 発展　耳はバランス感覚の器官でもある

耳の中には，音の刺激《しげき》を受けとるつくりのほかに，**からだの傾《かたむ》き**や**からだの動き**(からだの回転や，動いたり止まったりする変化)を刺激として受けとる器官もある(図 2)。うずまき管ととなり合う**前庭《ぜんてい》**という器官は，からだの傾きを受けとって脳に伝え，脳はこれをもとに姿勢が保たれるよう調整する。**半規管《はんきかん》**という器官は管の中にリンパ液がつまっていて，リンパ液の動きによってからだの回転や動きの刺激を受けとる。

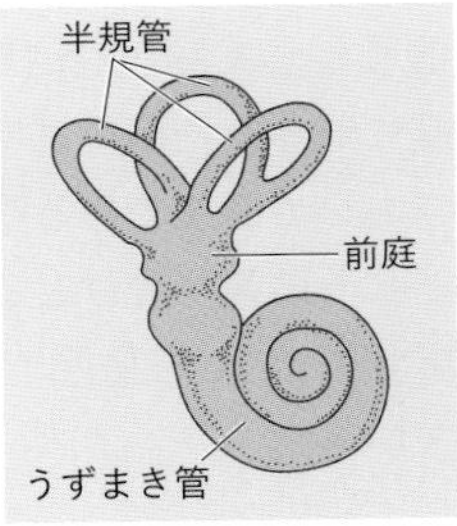


図 2　**前庭と半規管**

TRY! 思考力

**耳がからだの左右に 1 つずつついていることで，音の聞こえる方向を知ることができる。音の方向を判断するのに使われる情報は何か答えなさい。**

ヒント　離《はな》れた地点に音が伝わる場合，音が伝わる時間や強さが異なる。

解答例　左右の耳での音を受けとった時間や音の強さのちがいをもとに，音の方向を判断している。

UNIT 5

# 鼻・舌・皮膚のつくりとはたらき

着目 鼻はにおい，舌は味，皮膚は接触などの感覚にかかわる感覚器官である。

要点

- **鼻《はな》** 空気中の化学物質の刺激《しげき》を受けとる。この情報を脳《のう》で処理し，嗅覚《きゅうかく》が生じる。
- **舌《した》** 液体中の化学物質の刺激を受けとる。この情報を脳で処理し，味覚《みかく》が生じる。
- **皮膚《ひふ》** 圧力などの刺激を受けとる。この情報を脳で処理し，触覚《しょっかく》などが生じる。

## 1 鼻のつくりと嗅覚

鼻《はな》は，呼吸をする空気の通り道であるとともに，**空気中にただよう気体の化学物質を受けとる感覚器官《かんかくきかん》**である。

鼻の奥《おく》には広い空間があり，天井にあたる部分の粘膜《ねんまく》に，気体の化学物質を受けとる感覚細胞《かんかくさいぼう》がある(**図1**)。

においの刺激《しげき》を受けとる感覚細胞は神経細胞と同じ細胞(嗅神経細胞《きゅうしんけいさいぼう》)で，この細胞が受けとった刺激は電気的な信号として**脳《のう》**(➡ p.164)に伝えられる。脳に送られた信号は判断・処理されて，においの感覚である**嗅覚《きゅうかく》**が生じる。

ヒトの鼻が受けとることができる化学物質は10万種類以上あるといわれている。

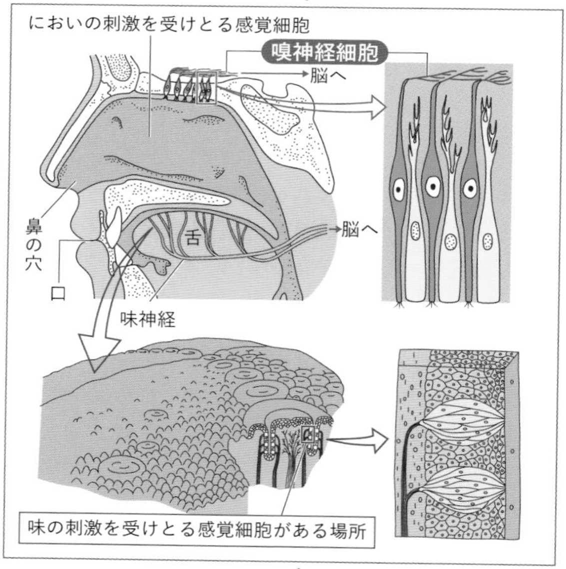


図1 **ヒトの鼻と舌のつくり**

### 参考 ヒトの嗅覚とイヌの嗅覚

ヒトでは，においを受けとる感覚細胞が並んでいる部分の面積は約5cm$^2$で，感覚細胞の数は約500万個ある。これに対してイヌでは，この部分にたくさんのひだがあって面積が広くなっている。このため感覚細胞の数が1けた多く，感覚細胞の感度も高いため，イヌの嗅覚は，ヒトの100～5000倍も敏感《びんかん》であるといわれる。

## 2 舌のつくりと味覚

舌《した》は，**液体中の化学物質を受けとる感覚器官**である。ヒトの舌は，図1のようなつくりをしていて，舌の表面にはつぶつぶがたくさんあり，でこぼこしている。舌には，液体中の化学物質(味)を受けとる感覚細胞がたくさんある。感覚細胞は，味を刺激として受けとると，それを電気的な信号に変える。信号は感覚神経を通って脳へと伝えられ，判断・処理されて味覚《みかく》が生じる。

### 発展 ヒトの味覚

舌で受けとることができる味覚には，**あまさ(甘味《あまみ》)**，**すっぱさ(酸味《さんみ》)**，**にがさ(苦味《にがみ》)**，**しおからさ(塩味《しおみ》)**，**だしの味《あじ》(うま味《み》)**の5種類がある。これらの強さの組み合わせと，においなどが合わさることにより，多様で複雑な味を味わうことができる。5つの味覚のうち，うま味は日本人研究者が発見した。

## 3 皮膚のつくりと感覚

皮膚《ひふ》は，**圧力《あつりょく》**(➡ p.180)，**熱《あつ》さ**，**冷《つめ》たさ**，**痛《いた》み**などの刺激を受けとる**感覚器官**である。これらの刺激を受けとる場所(感覚点)はそれぞれ別で，それぞれ皮膚の表面近くの内部にたくさん分布している。

これらの感覚点で受けとられた刺激は，感覚神経によって脳へ伝えられて，さわった感覚(**触覚《しょっかく》**)，痛み，熱さ，冷たさなどのいろいろな感覚が生じる。

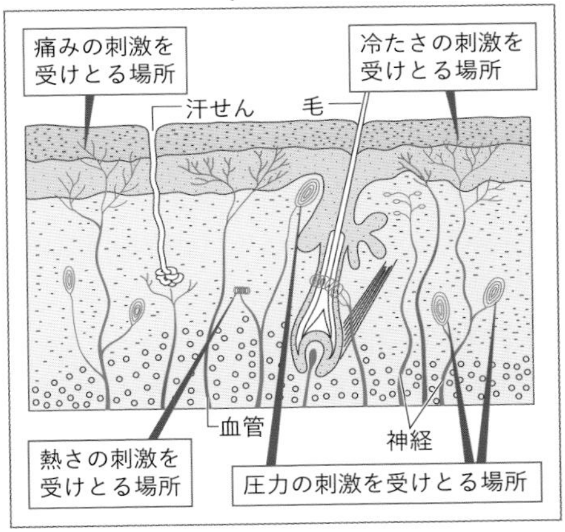

図2　ヒトの皮膚のつくり

TRY! 思考力

**皮膚には，面積あたりの痛みの感覚点が熱さや冷たさの感覚点より多く分布している。このちがいについて，考えられる理由を答えなさい。**

ヒント　感覚点が多い刺激ほど敏感に感じることができ，必要性が高いためと考えられる。

解答例　痛みを感じるときはからだが傷ついている状態であるため，気づかないことは危険であり，敏感に知る必要があるため。

UNIT 6

# 神経系

着目 神経系には，判断・処理を行う中枢神経と伝達を行う末しょう神経がある。

**要点**

- **神経系《しんけいけい》** 全身にはりめぐらされている神経のことで，神経には中枢神経《ちゅうすうしんけい》と末《まっ》しょう神経がある。
- **中枢神経** 脳と脊髄《せきずい》からなり，刺激《しげき》の判断・処理・命令を行う。
- **末しょう神経** 刺激《しげき》を伝える感覚神経《かんかくしんけい》と，命令を伝える運動神経《うんどうしんけい》がある。

## 1 神経系

### A 神経系とは何か

感覚器官で受けとられて脳(➔ p.164)に送られる刺激《しげき》の情報や，脳から運動器官に送られる命令は，電気的な信号として神経を通ってやりとりされている。動物のからだ全体には，**神経《しんけい》**がはりめぐらされていて，これを**神経系《しんけいけい》**という。

図1はヒトの神経系のようすで，頭や背骨の中にある，からだの中心を通る**中枢神経《ちゅうすうしんけい》**と，中枢神経から全身にのびている細い枝状の**末《まっ》しょう神経《しんけい》**からなる。

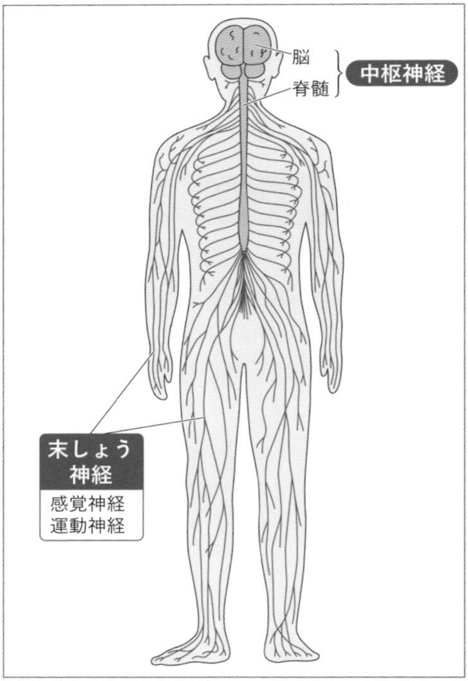


図1 **ヒトの神経系**

### B 神経をつくる細胞

神経をつくる細胞《さいぼう》のことを**神経細胞《しんけいさいぼう》**といい，電気的な信号を伝えるケーブルのようなはたらきをしている。体内を通る神経は，神経細胞の束でできている。

ヒトの神経細胞は，図2のような非常に細長い糸のような突起《とっき》をもっている。長いものになると，ヒトの座骨神経《ざこつしんけい》のように1mを超《こ》えるものもある。

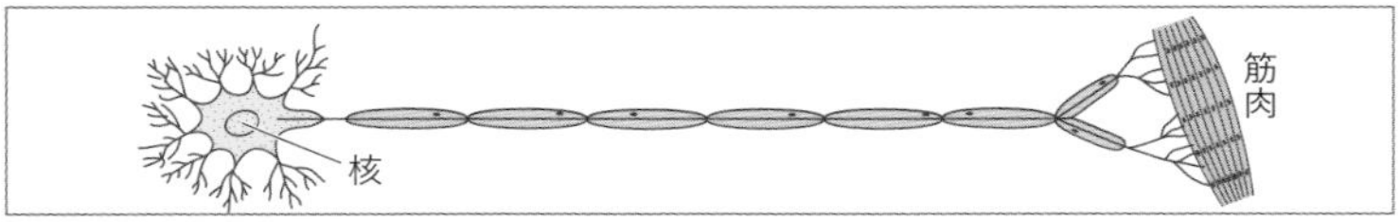


図2 **ヒトの神経細胞のつくり**

**発展**

神経細胞どうしの間で情報を伝える接続部は**シナプス**とよばれる。

## 2 神経系の種類とはたらき

神経系は，大きく分けると，中枢神経《ちゅうすうしんけい》(**中枢**《ちゅうすう》)*1 と，末《まっ》しょう神経に分類される。

**中枢神経**は神経細胞がたくさん集まっていて，**感覚器官から送られた刺激の信号を受けとって処理することで感覚を生じ，運動器官への判断や命令を行う役割がある**。ヒトの中枢神経は頭部にある脳《のう》と，背骨の中を通る脊髄《せきずい》からなる(➡ p.164)。

**末しょう神経**は，中枢神経以外の神経のことで，感覚神経《かんかくしんけい》と運動神《うんどうしん》経《けい》にわけられる。**感覚神経**は，**感覚器官からの刺激を中枢神経へ伝える**はたらきをする。**運動神経**は，**中枢神経からの命令を運動器官へ伝える**はたらきをする。

*1
感覚器官から送られてきた刺激の信号を受けとり感覚を生じる場所を**感覚中枢**《かんかくちゅうすう》，運動器官に命令を出す部分を**運動中枢**《うんどうちゅうすう》という。

表 1　神経系の種類

| 神経系 | | おもなはたらき |
|---|---|---|
| **中枢神経** | **脳，脊髄** | 受けとった刺激の信号を処理して感覚を生じる<br>運動器官への命令を出す |
| **末しょう神経** | **感覚神経** | 感覚器官が受けとった刺激の信号を中枢神経へ伝える |
| | **運動神経** | 中枢神経からの命令を運動器官へ伝える |

### 発展　自律神経

末しょう神経を分類する場合，感覚神経と運動神経のほかに，**自律神経**《じりつしんけい》という神経もある。自律神経は，内臓器官の一部の筋肉や心臓の筋肉，さらに分泌《ぶんぴつ》せんなどのはたらきを支配している神経で，わたしたちの意識とは無関係に自動的にはたらいている。

TRY! 表現力

**中枢神経と末しょう神経の役割のちがいについて，説明しなさい。**

ヒント　中枢神経はからだの中心にあり，末しょう神経はからだの外側のほうにある感覚器官や運動器官と中枢神経との間をつなぐ存在といえる。

解答例　中枢神経は感覚神経から受けとった刺激をもとに感覚を生じたり，運動器官への命令を出すなどの，情報処理を行う。末しょう神経は全身の感覚器官や運動器官と中枢神経との間の信号を伝達する。

UNIT 7

# 脳と脊髄

着目 中枢神経である脳と脊髄は生命活動の中枢で，役割を分担している。

要点

- **脳《のう》** 感覚器官《かんかくきかん》からの信号から感覚を生じたり，運動器官《うんどうきかん》に命令を出す。脳は部分によってさまざまなはたらきを担っている。
- **脊髄《せきずい》** 反射の命令を出すほか，感覚器官と脳の連絡路でもある。

## 1 脳のつくりとはたらき

脳《のう》は中枢神経《ちゅうすうしんけい》の中心となる器官であり，全身の行動やいろいろな生命活動をコントロールする重要なはたらきをしている。

### 発展 脳の各部のつくりとはたらき

ヒトの脳は，図1のようなつくりをしており，**大脳《だいのう》・脳幹《のうかん》・小脳《しょうのう》**の3つの部分に分けることができる。脳の各部のおもなはたらきは表1のようになっている。[*1]

＊1
意識のある感覚や行動・反応は大脳のはたらきによるものである。

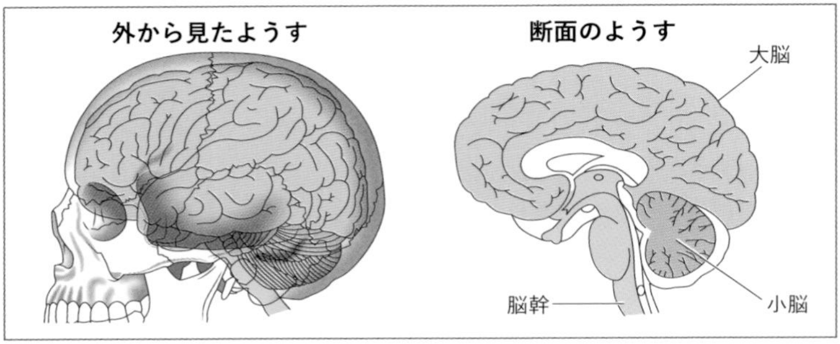


図1　ヒトの脳のつくり

表1　脳の各部分のおもなはたらき

| | おもなはたらき |
|---|---|
| 大脳 | 刺激《しげき》を受けとり感覚を生じる　記憶《きおく》・判断　運動の命令 |
| 脳幹 | 体温を一定に保つ　眼球の運動やひとみの大きさの調節<br>呼吸や消化の促進《そくしん》や抑制《よくせい》　心臓の拍動《はくどう》の調節 |
| 小脳 | からだの平衡《へいこう》を保つ |

### 発展　からだと大脳の関係は右と左が逆になっている

大脳は左右の2つの半球からできている。この右半球はからだの左半身をコントロールし，左半球は右半身をコントロールしている。[*2] このようにからだと大脳の関係が左右逆になるのは，感覚器官や筋肉と大脳を結んでいる神経が，脳に入る付近で交《こう》さしているからである。

*2
大脳の左右の半球がばらばらにはたらかず連携《れんけい》できるよう，左右の半球は脳梁《のうりょう》という部分でつながっている。

## 2 脊髄のつくりとはたらき

脊髄《せきずい》は中枢神経を構成する器官の1つで，背骨の中を通り，図2のようなつくりをしている。

脊髄からは神経の束が出ていて，この神経の束は，背側を通るものと腹側を通るものがある。背側は感覚神経の束が，腹側は運動神経の束が通っている。このように，**脊髄は運動神経や感覚神経の連絡路《れんらくろ》**であるとともに，いくつかの**反射《はんしゃ》**(➡ p.167)をつかさどる場所でもある。

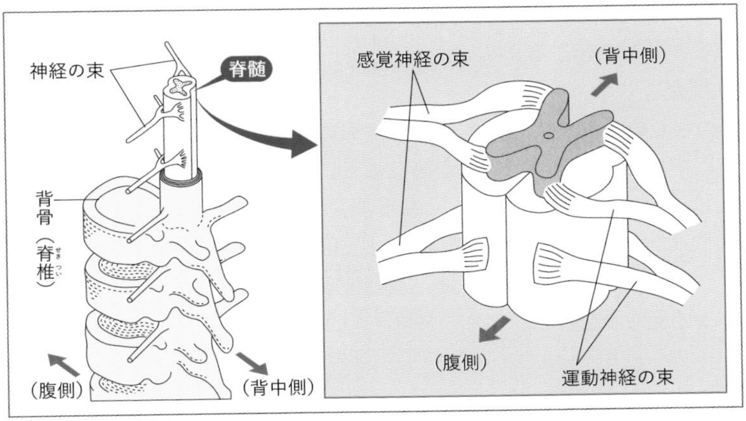


図2　**ヒトの脊髄のつくり**

**TRY! 思考力**

**ヒトの中枢神経である脳と脊髄は，頭骨と背骨でおおわれている。この理由について，簡単に説明しなさい。**

ヒント　骨はかたく，外からの衝撃《しょうげき》に強い。

解答例　脳や脊髄は傷つくと全身の行動や生命活動が損なわれる重要な器官なので，外からの衝撃などから守る必要があるから。

UNIT 8

# 刺激に対する反応

着目 脳を通り意識して起こる反応と，脳を通らず無意識に起こる反応(反射)がある。

要点

- **意識して起こる反応**　脳《のう》が判断して命令することで起こる反応である。
- **反射《はんしゃ》**　無意識に起こる，刺激に対して決まった反応。伝達する神経の経路が短く自動的に起こるので，刺激《しげき》に対してすばやく反応することができる。

## 1 意識して起こる反応

わたしたちが**意識的に行う反応**は，すべて**脳《のう》**(大脳)の命令によって行われている。意識的に行われる反応では，感覚器官で受けた刺激《しげき》が信号に変えられて，感覚神経を通って脳に伝わり，脳で処理されて感覚が生じ，どのように反応するかが決められ，命令が運動神経を通って筋肉に伝わり，筋肉が反応することで起こる。

### A 目からの刺激に対する反応

2人1組になり，1人はものさしの上端《じょうたん》を持ち，もう1人はものさしの下端(目盛り0のところ)に指をそえていつでもつかめるようにしておく。ものさしを持った人は予告せずに手をはなし，もう1人は，ものさしが落ち始めるのを見てすぐにつかむ。*1 この反応では，目に入った光の刺激が信号となり，**目《め》→感覚神経《かんかくしんけい》→脳→脊髄《せきずい》→運動神経《うんどうしんけい》→手《て》の筋肉《きんにく》**　の順で信号が伝わって反応が起こる。

*1 このとき，ものさしが落ちた距離《きょり》が5cmならかかった時間は約0.1秒，20cmなら約0.2秒である。

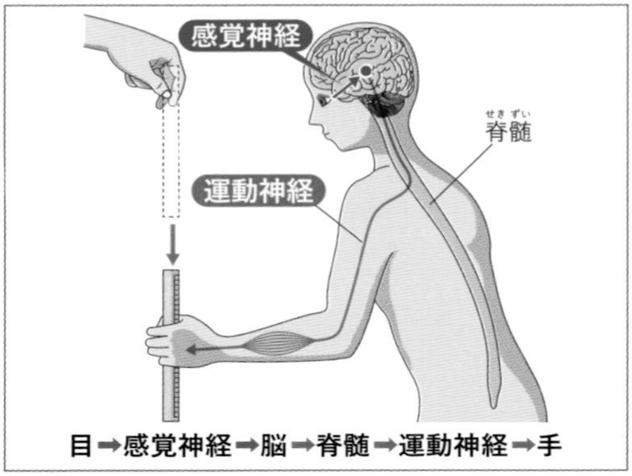

図1　目からの刺激に対する反応

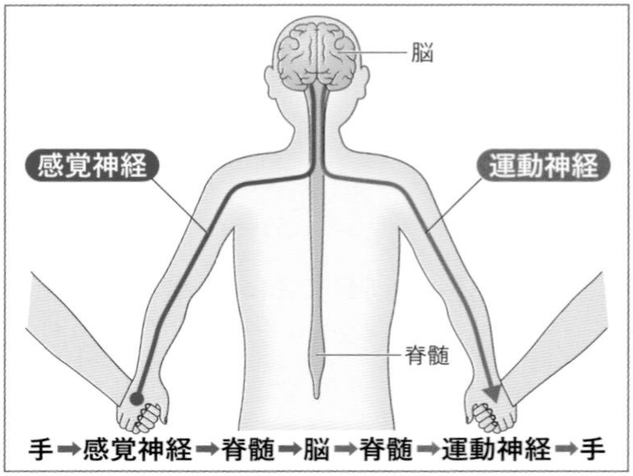

図2　皮膚からの刺激に対する反応

## B 皮膚からの刺激に対する反応

左右の手でそれぞれほかの人と手をつなぎ，片方の手を握《にぎ》られたらすぐに反対の手を握るという反応では，**手《て》の皮膚《ひふ》→感覚神経→脊髄→脳→脊髄→運動神経→手の筋肉**　という順で信号が伝わる(図 2)。

## 2 無意識に起こる反応

熱いものに気づかず手がふれたとき，熱いと感じる前に思わず手を引《ひ》っ込《こ》めるという反応が起こる。このように，**無意識《むいしき》に起こる，ある決まった反応**のことを**反射《はんしゃ》**という。

この熱いものに手がふれて無意識に引っ込める反射のしくみは次のようになる(図 3)。

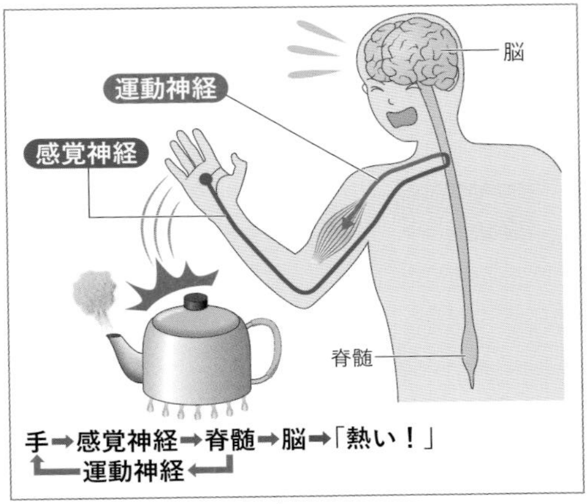


図 3　反射のしくみ

熱さの刺激を受けとった手の皮膚は電気的な信号を出し，信号が感覚神経を伝わり脊髄に入る。次に，**脊髄**は**刺激に応じた命令を運動神経に伝える**。このとき，同時に脳にも刺激の信号を伝えている。

脊髄からの命令は運動神経を通って運動器官である筋肉に伝わり，筋肉が反応して，無意識に手を引っ込める。

一方，刺激の信号が伝わった脳では，信号を処理して，「熱い」という感覚が生じる。

反射では，刺激とそれに対する反応が 1 セットになっていて，ある一定の刺激に対して，**無意識に，決まった反応を示す**。反射は，意識的な反応と比べて**信号が伝わる経路が短い**。このため，**反射では，刺激を受けてから短い時間で反応することができる**。反射は，身を守ったり，からだのはたらきを調節したりすることに役立っている。

**発展**

明るさによる**ひとみ**の変化(➡p.157)など，反射には**脳幹《のうかん》**(➡p.164)からの命令で起こるものもある。

**TRY! 思考力**

**トラックがすぐ近くまで走ってきたので，あわてて安全な道の端《はし》によけた。この反応は意識的な行動と反射のどちらといえるか。理由とともに答えなさい。**

ヒント　反射である場合，経験などで学んだことと関係なく決まった反応が生じる。

解答例　トラックが危険であることやどこへよけるかを判断した上での行動なので，意識的な行動である。

UNIT 9

# 骨と筋肉のはたらき

着目 からだは骨によって支えられ，筋肉ののび縮みによってうでや足が動く。

**要点**

- **内骨格《ないこっかく》**　ヒトなどで見られる，からだの中にある骨格のこと。
- **筋肉《きんにく》**　筋肉は関節《かんせつ》をはさんでとなりの骨とけんでつながっている。
- **うでの曲げのばし**　骨の両側の筋肉がたがいに逆にのび縮みして行う。

## 1 骨格

ヒトのからだには，約200個の骨《ほね》がある。このように動物のからだの中にはたくさんの骨があり，骨どうしが関節でつながったり，組み合わさったりして骨格《こっかく》をつくりあげている(図1の右側)。

ヒトなどの骨格のように，からだの中にある骨格のことを内骨格《ないこっかく》という。骨格は，からだを支えるはたらきがあり，**頭骨《とうこつ》**や**ろっ骨《こつ》**のように脳や内臓を包んで保護するはたらきももつ。

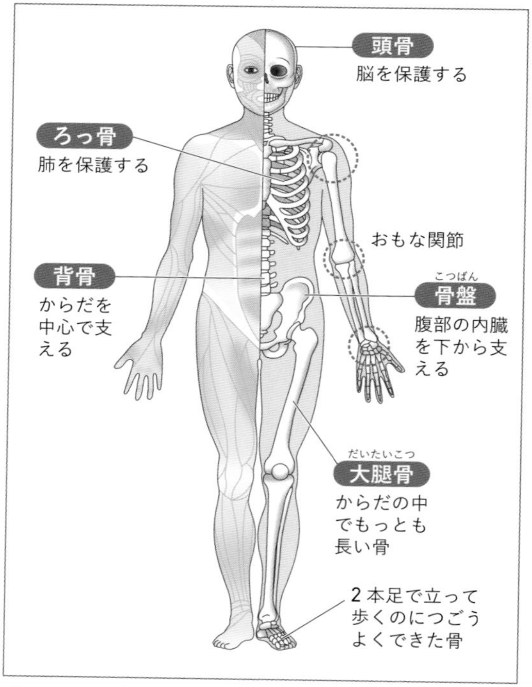


図1　ヒトの全身の骨格と筋肉

### 参考　外骨格

昆虫《こんちゅう》やエビ・カニなどのからだは，かたい殻《から》でおおわれ，その内側に筋肉がついている。この殻がからだを支える役割を果たしており，**外骨格《がいこっかく》**という(中学1年で学習)。

## 2 筋肉

骨のまわりにはからだを動かす筋肉《きんにく》がついている(図1の左側)。筋肉の両端《りょうたん》はけんというじょうぶなつくりになっていて，骨とくっついている。手，足，うでなどの運動器官を動かすときには，筋肉が縮んだりのびたりすることで，関節《かんせつ》の部分で骨格が曲げられている。

骨格を動かす筋肉のほか，消化管や心臓などの内臓を動かす筋肉もある。これらの内臓の筋肉の運動のように，意識しないで行われる運動もある。

これら筋肉もほかの組織《そしき》や器官《きかん》と同様に細胞《さいぼう》でできていて，収縮して運動を行うときには，呼吸(**細胞《さいぼう》の呼吸《こきゅう》**➡ p.132)を活発に行い，ブドウ糖などの有機物を分解してエネルギーをとり出している。

## 3 ヒトのうでの曲げのばしのしくみ

ヒトのうでの筋肉は，図2のように，両端に向かって細くなった形をしている。筋肉の両端はじょうぶな**けん**というつくりになっていて，関節をまたいだとなりの骨にくっついている。

筋肉は縮むことはできるが，自らのびることはできない。このため，うでの曲げのばしは，骨の両側についている1組の筋肉のうち，片方が縮んで，もう一方がゆるんでのばされることで行われる。[*1]

＊1
関節を曲げるときに縮む筋肉を**屈筋《くっきん》**，関節をのばすときに縮む筋肉を**伸筋《しんきん》**という。

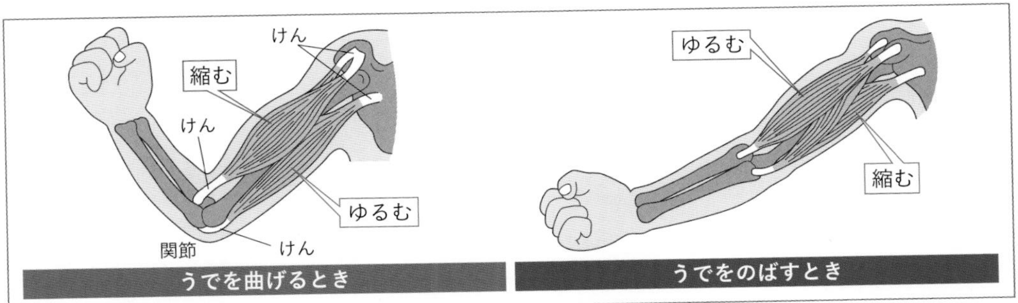


図2　ヒトのうでの曲げのばし

このように，骨格と筋肉がはたらき合うことで，強い力をはたらかせることができたり，刺激《しげき》に対してすばやく反応することができる。ヒトのうでや足は，筋肉だけでも骨だけでも動かすことはできない。

TRY! 思考力

**ヒトの骨格の役割について3つあげなさい。**

ヒント　骨格は動物のかたちや運動において重要なつくりである。

解答例　からだを支える。内臓を保護する。筋肉とはたらき合ってからだを動かす。

特集

# ミツバチの8の字ダンス

## ● 多くの動物は，生まれつきで複雑な行動をとることができる

昆虫《こんちゅう》やクモなどは，誰《だれ》かに教えてもらったわけでもないのに，とても複雑な行動《こうどう》をとることができる。たとえば，クモがきれいな幾何学模《きかがくも》様《よう》の巣をつくっているのを見たことがある人もいるだろう。

**行動**には，**経験や学習によって得られるもの**と，**生まれつきもっているもの**がある。多くの動物は，ある特定の刺激《しげき》をきっかけにして，1つのパターンにそった複雑な行動を行うことができる。

図1　**クモの巣**

## ● なかまと協力しあって生活するミツバチはダンスで情報伝達する

昆虫が生まれつきもっている行動のなかでも，**ミツバチ**の8の字《じ》ダンスは，昆虫がなかまに情報を伝えるというとてもたくみでめずらしい行動の例として知られている。

ミツバチは，1匹《ぴき》の**女王《じょおう》バチ**と，女王からうまれたきょうだいが1つの群れとして巣をつくり生活している。この群れは，卵をうむ女王と，子育てや食物(花の蜜《みつ》や花粉)集め，外敵との戦いなどを担当する**はたらきバチ**とで役割を分担していて，集団で協力し合いながら生活することで**社会性昆虫《しゃかいせいこんちゅう》**とよばれる。

ミツバチを飼育して蜂蜜《はちみつ》を集める場合，**図2**のように，四角い箱の中に，巣板《すいた》という板を垂直にいくつか入れて置く。すると，ミツバチはからだから蜜《みつ》ろうとよばれる物質を出して巣板の面に六角形の巣穴をたくさんつくり，その中で幼虫を育てたり，集めた蜜をためておいたりする。

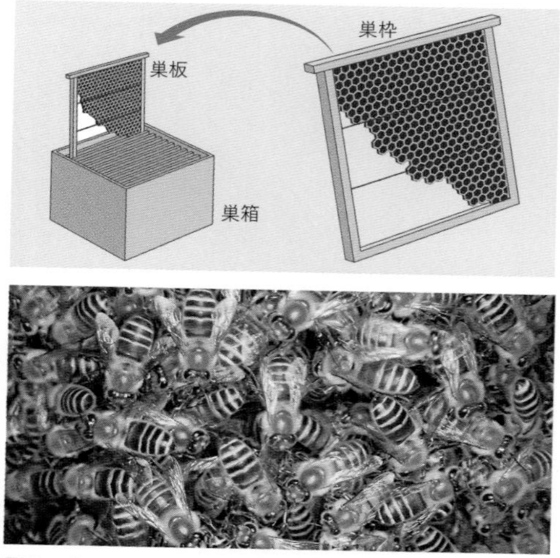


図2　**ミツバチの巣箱と巣箱の中のミツバチ**

## ● えさ場までの距離はダンスの速さで伝える

はたらきバチは野外で花の蜜を吸って体内に入れ，巣に持ち帰る。蜜の出る花がたくさんあるえさ場が見つかると，巣箱の面の上でダンスを踊《おど》り，そのえさ場の情報をなかまに伝える。知らせを受けたミツバチは，得た情報をもとにそのえさ場へと向かう。

巣箱からえさ場までの距離《きょり》は，ダンスの種類とその速さによって伝えられる。ダンスには，**円形《えんけい》ダンス**と**8の字ダンス**の2種類がある。

**【えさ場が巣箱から近いとき】**

巣箱とえさ場がおよそ80m以内のとき，ミツバチは，巣板の面の上で，図3のように，時計回りと反時計回りに回る円形ダンスをくり返す。踊り手のまわりのミツバチは，ダンスによって興奮し，踊り手のあとを追いかけて，からだについている花粉や蜜のにおいを触角《しょっかく》で感じとる。その後，そのミツバチは巣の外に出て，同じにおいを巣の近くで探すことで，えさ場を見つけることができる。

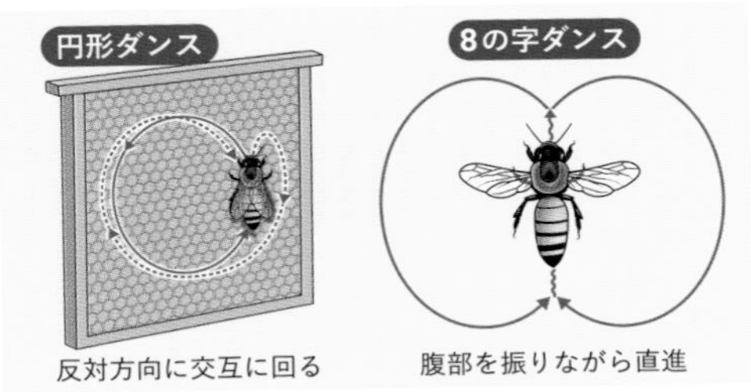


図3　**ミツバチの円形ダンスと8の字ダンス**

**【えさ場が巣箱から遠いとき】**

巣板の上で，図4のように，円形ダンスが左右に広がったような8の字ダンスを何度もくり返す。8の字ダンスの速さがおそくなるほど，えさ場までの距離が遠いことを示す。

## ● えさ場の方向はダンスの角度で知らせる

えさ場が遠いときのえさ場の方向は，8の字ダンスの角度で表される。まず，巣箱の中で，**巣板の真上**(重力とは反対の方向)を**太陽がある方向とみなして**，巣箱のある地点を中心として8の字ダンスをえさ場のある方角へと向かって行う。

たとえば，図4の❸の方向にあるえさ場を知らせる場合，同じ図の右側の図のような方向に8の字ダンスを行う。これによって，太陽を右に見ながら，太陽の方向と120°離《はな》れた方角へ飛んで行けば，えさ場にたどりつけることがわかる。

しかし太陽は時間とともに動いていくので，えさ場の方角との角度も変わっていく。巣の中は暗く，窓もないのにミツバチは8の字ダンスを長く続けていくと，太陽の動きに合わせてダンスの角度も変えていくことが知られている。

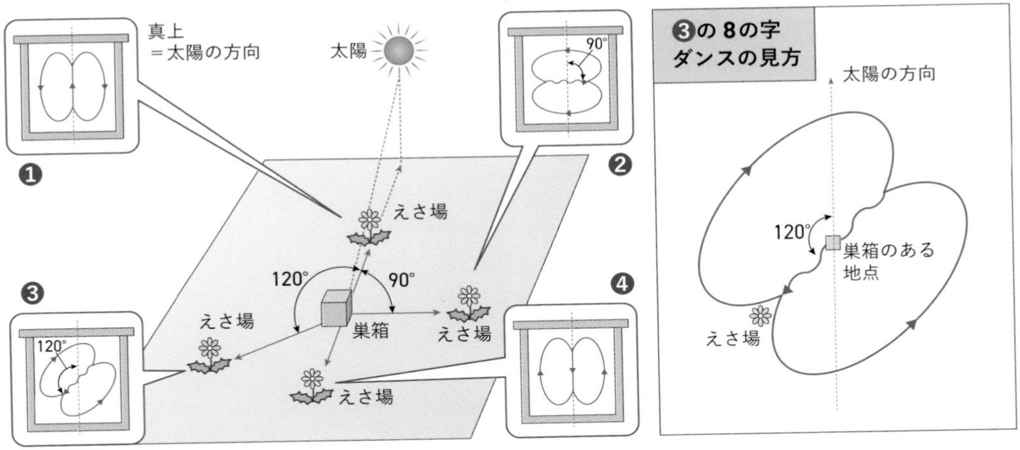


図4　**ミツバチの8の字ダンス**

# 定期テスト対策問題

解答 ➡ 別冊p.7

## 問 1 ヒトの目のつくりとはたらき

**右の図1は，ヒトの目のつくりを模式的に示したものである。これについて，次の問いに答えなさい。**

図1

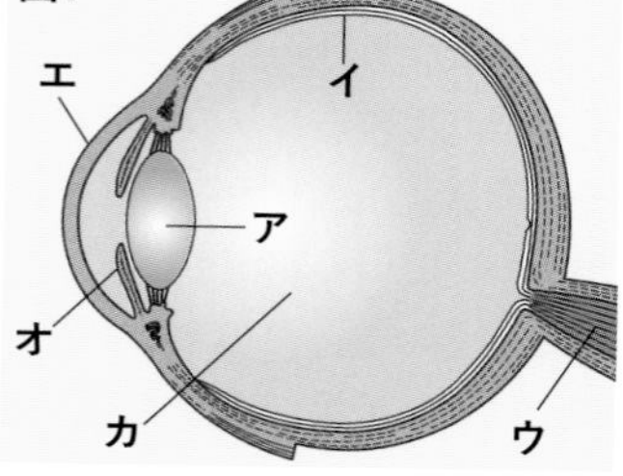


(1) 次のはたらきをする部分は，図1の**ア～カ**のどこか。

① ひとみの大きさを変えて，目に入る光の量を調節する。

② まわりの筋肉《きんにく》によって厚みが変わり，物体からの光を屈折《くっせつ》させ，網膜《もうまく》上に像を結ばせる。

③ 視細胞《しさいぼう》をもち，光の刺激《しげき》を受けとる。

④ 目に受けた光の刺激を脳《のう》に伝える。

(2) 次の図2のような燃えているろうそくを見るとき，ろうそくは網膜上にどのようにうつっているか。網膜の裏側から見たようすを**ア～エ**のなかから1つ選び，記号で答えよ。

図2

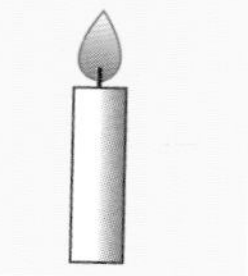

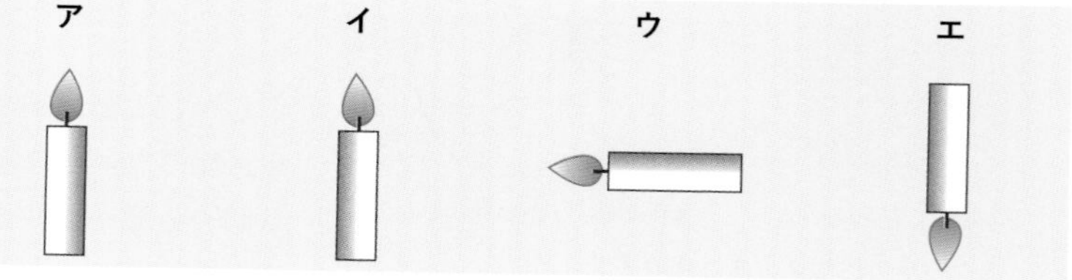


## 問 2 ヒトの耳のつくりとはたらき

**右の図は，ヒトの耳のつくりを模式的に示したものである。これについて，次の問いに答えなさい。**

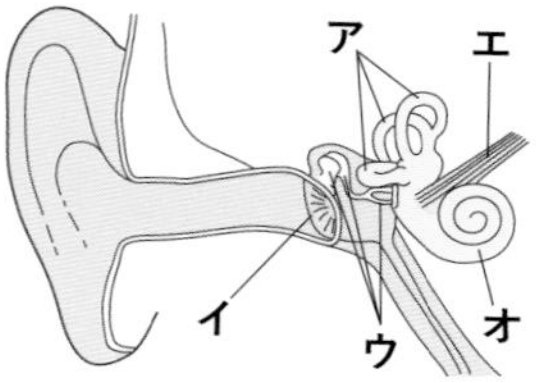


(1) 鼓膜《こまく》から伝わってきた振動《しんどう》を大きくするはたらきの部分はどこか。図中の**ア～オ**から選び，記号で答えよ。

(2) 音波が音として感じられるまでの経路はどれか。次の**ア～エ**のなかから正しいものを1つ選び，記号で答えよ。

**ア** 鼓膜 ⟶ うずまき管 ⟶ 耳小骨 ⟶ 運動神経 ⟶ 脳

**イ** 鼓膜 ⟶ うずまき管 ⟶ 耳小骨 ⟶ 感覚神経 ⟶ 脳

**ウ** 鼓膜 ⟶ 耳小骨 ⟶ うずまき管 ⟶ 運動神経 ⟶ 脳

**エ** 鼓膜 ⟶ 耳小骨 ⟶ うずまき管 ⟶ 感覚神経 ⟶ 脳

## 問3 ヒトの鼻のつくりとはたらき

**右の図は，ヒトの鼻のつくりを模式的に表したものである。これについて，次の問いに答えなさい。**

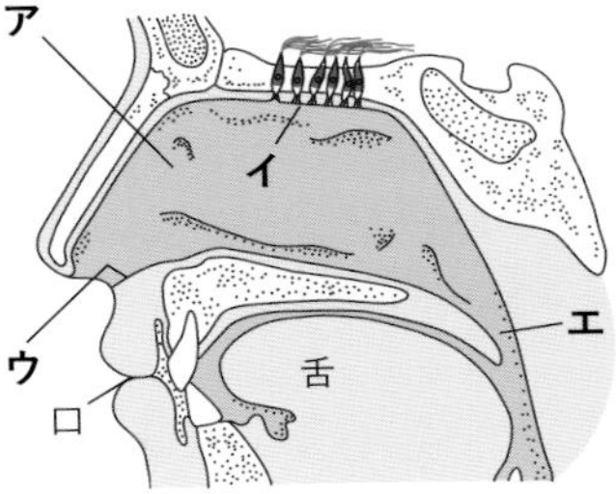


(1) においを感じる所はどこか。図の**ア〜エ**から１つ選べ。

(2) 次の［　　］にあてはまる語句を書け。

(1)にある嗅神経細胞《きゅうしんけいさいぼう》が受けとった刺激《しげき》の信号は，［　①　］を通って［　②　］に送られ，嗅覚《きゅうかく》が生じる。

(3) 鼻は，空気中の化学物質を受けとる感覚器官である。同様に，液体中の化学物質を受けとる感覚器官を何というか。

## 問4 刺激の信号の伝わり方と反応のしかた

**右の図は，刺激に反応するときに関係のあるいろいろな器官と神経を，模式的に示したものである。これについて，問いに答えなさい。**

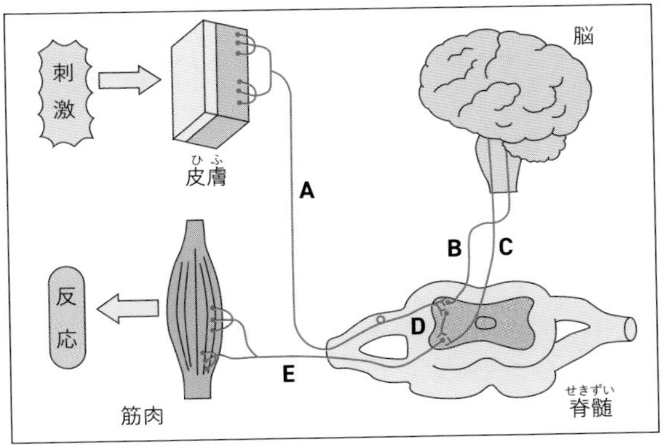


(1) **A**と**E**の神経を一般《いっぱん》に何というか。それぞれの名前を書け。

(2) 次の①，②の場合，刺激の信号がどのような経路で伝えられて，反応を起こすか。**ア〜オ**のなかから適当なものを１つずつ選び，記号で答えよ。

① 熱いものにふれて，思わず手を引《ひ》っ込《こ》めた。

② 手を強くにぎられたので，にぎり返した。

**ア** A→D→E　　**イ** A→D→C→B→E　　**ウ** A→D→C→B→D→E

**エ** A→B→C→E　　**オ** A→B→C→D→E

(3) (2)の①の反応を何というか。漢字２字で書け。

(4) 次の**ア〜エ**のなかから，(3)にあてはまる反応を１つ選べ。

**ア** トラックが見えたので，危険《きけん》を感じて安全な道の端《はし》によけた。

**イ** カが飛んできたので，目で追った。

**ウ** 明るい所から暗い屋内に入ると，ひとみが広がった。

**エ** 電話機が鳴ったので，電話機を手にとった。

## 問 5 刺激に対する反応時間

**次の実験について，あとの問いに答えなさい。**

右の図のように，右手にストップウォッチを持った人**A**を含《ふく》む6人で手をつないで輪をつくった。

**A**はストップウォッチをスタートさせると同時に左手を強くにぎる。右手をにぎられた人は，できるだけ早く左手を強くにぎることをくり返し，1周して**A**の右手首が強くにぎられたところでストップウォッチを止め，経過時間をはかった。

(1) 1周するのに平均で1.2秒かかった。この実験から，1人のヒトが，右手をにぎられてから左手をにぎるまでに必要な時間は，何秒と推定できるか。ただし，**A**が右手をにぎられてからストップウォッチを止めるまでの時間は，左手をにぎるまでの時間と同じと考える。

(2) この実験で左手を強くにぎったのは，反射か，反射ではない反応か。

## 問 6 ヒトのうでの曲げのばし

**右の図は，ヒトのうでの骨格《こっかく》と，それにつく筋肉A，Bを示したものである。これについて，次の問いに答えなさい。**

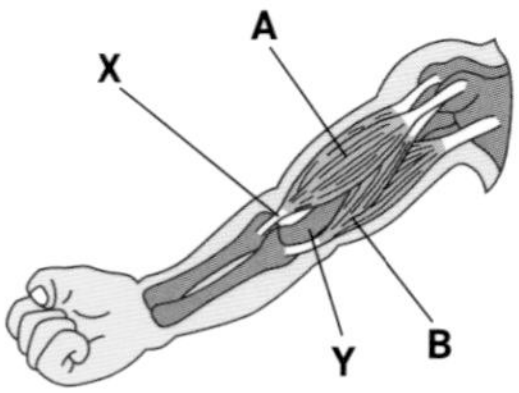


(1) 筋肉の端《はし》のほうにあり，骨についている部分**X**を何というか。

(2) 骨どうしのつなぎ目となっている部分**Y**を何というか。

(3) うでを曲げたりのばしたりするとき，筋肉**A**と筋肉**B**は，それぞれどのようになるか。次の表の①～④にあてはまることばを，それぞれあとの**ア**，**イ**から1つ選び，記号で答えよ。

| | 筋肉**A** | 筋肉**B** |
|---|---|---|
| うでを曲げるとき | ① | ② |
| うでをのばすとき | ③ | ④ |

**ア** ゆるむ。　　**イ** 縮む。

## 問 7 ヒトの骨と筋肉

**次の，ヒトの骨と筋肉について説明した文ア～オのなかで，正しいものはどれか。1つ選び，記号で答えなさい。**

**ア** 運動に関係する筋肉の両端《りょうたん》は，同じ1つの骨についている。

**イ** 筋肉には神経が通っているが，骨には神経が通っていない。

**ウ** 筋肉は縮んでまわりを引っぱることができるが，のびてまわりを押《お》すことはできない。

**エ** 骨はのびてまわりを押すことができるが，縮んでまわりを引っぱることはできない。

**オ** ヒトをはじめとした脊椎動物《せきついどうぶつ》のもっている骨格は，外骨格である。

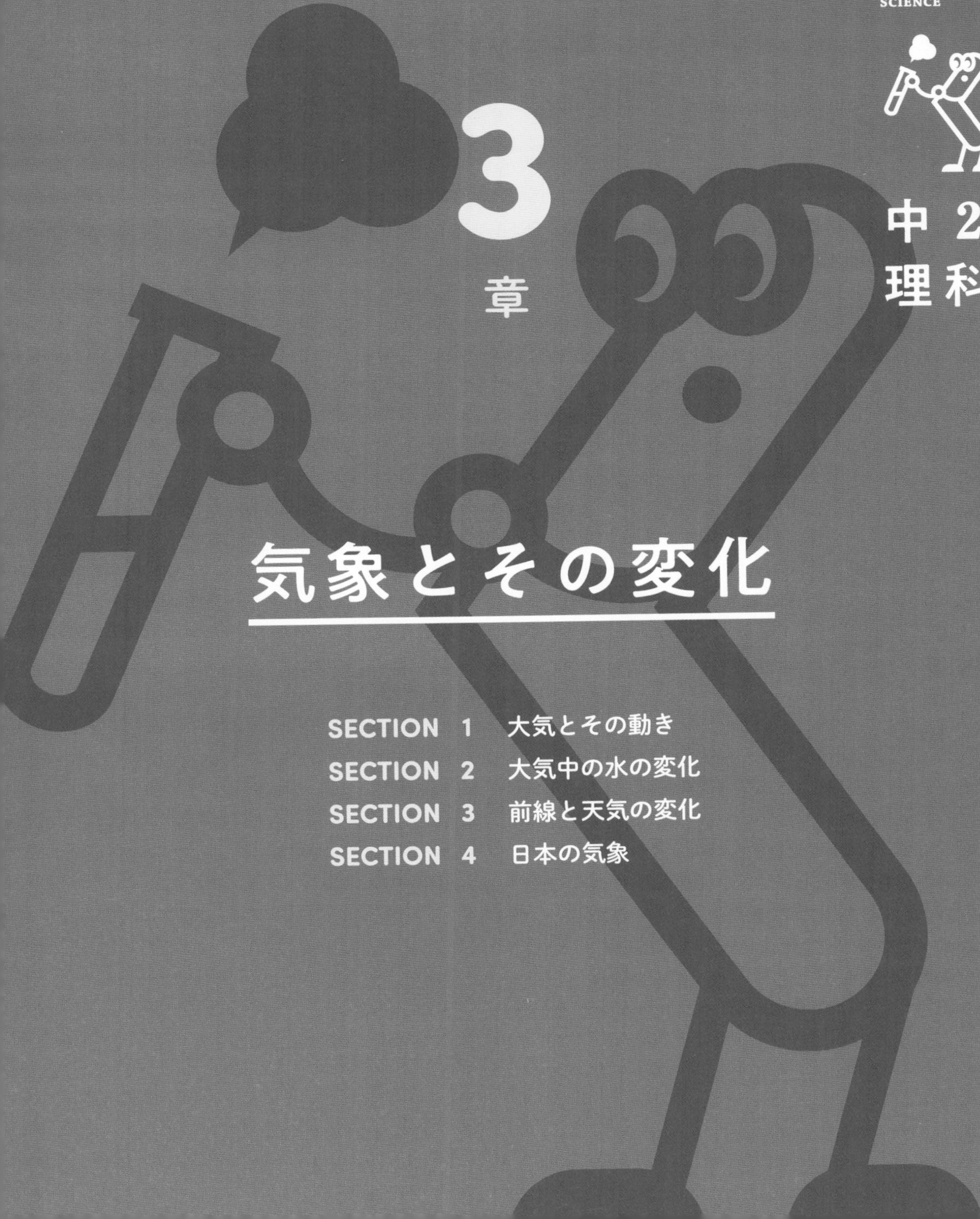

# 3章 気象とその変化

UNIT 1

# 気象要素と天気の観測

着目 気象観測では，天気，気温，湿度，気圧，風向，風速などの気象要素を調べる。

**要点**

- **気象《きしょう》** 大気の状態や大気中で起こっているさまざまな現象。
- **気象要素《きしょうようそ》** 雲量《うんりょう》や降水量《こうすいりょう》，気温《きおん》，風向《ふうこう》，風速《ふうそく》，気圧《きあつ》，湿度《しつど》などの気象に関する要素。
- **雲量と天気** 雨や雪が降っていないとき雲量が 8 以下は晴れ，9 ～10のときはくもり。

## 1 気象要素

気温が高いか低いか，晴れるか雨が降るかなどといった天気の変化は，服装や冷暖房《れいだんぼう》，農作物の収穫量《しゅうかくりょう》や災害による被害《ひがい》など，わたしたちの生活にさまざまな影響《えいきょう》をあたえている。大気の状態や大気中で起こっているさまざまな現象を気象《きしょう》といい，天気予報などの気象情報*1はわたしたちの生活に切り離《はな》せないものとなっている。

**雲量《うんりょう》**や**降水量《こうすいりょう》**，**気温《きおん》**，**風向《ふうこう》**，**風速《ふうそく》・風力《ふうりょく》**，**気圧《きあつ》**(**大気圧《たいきあつ》**)，**湿度《しつど》**などの要素を気象要素《きしょうようそ》という。*2 気象要素を調べることは，大気の状態をとらえて天気の変化を予測するうえで重要である。

＊1
気象情報は，気象庁や民間の気象会社などが発表する気象に関連した情報のこと。

＊2
風向，風速・風力はp.178～179，気圧はp.182，湿度はp.194でくわしく扱《あつか》う。

## 2 気象観測と天気図記号

気象観測はそれぞれの気象要素について次のようにして行う。調べた気象要素は天気図記号《てんきずきごう》で表すことができる。広い地域の気象要素を地図上にまとめたものが**天気図《てんきず》**である(➡ p.184)。

### A 雲量と天気

気象を観測するとき，まず，晴れか雨かなどの天気を決定する。雨が降っていれば「雨」のように状況《じょうきょう》から判断する。雨や雪が降っていない場合，雲量《うんりょう》によって晴れ(快晴)かくもりかが決まる。雲量は空を見上げ，空全体を10としたときの雲が占《し》める割合のことである(図 1)。

天気が決定できたら，**天気記号《てんききごう》**(図 2)で表す。

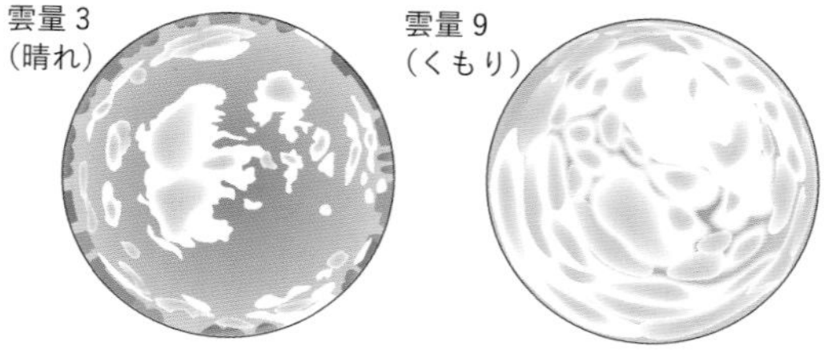


| 雲量 | 0，1 | 2〜8 | 9，10 |
|---|---|---|---|
| 天気 | 快晴 | 晴れ | くもり |

図 1　**雲量と天気**

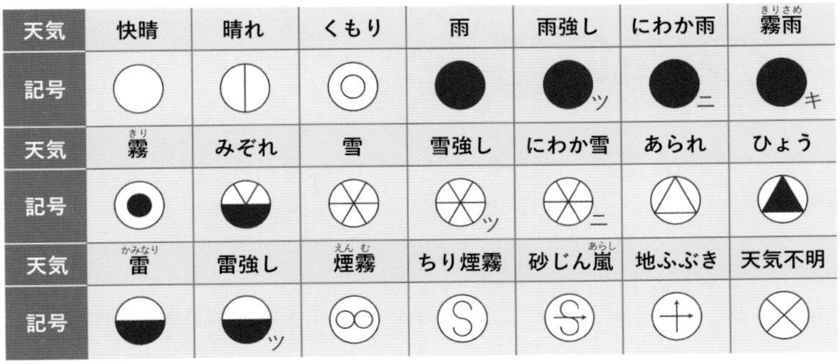


図 2　**天気記号**

## B 気温・湿度・気圧

**気温**は地上およそ1.5mの高さに**温度計**《おんどけい》または**乾湿計**《かんしつけい》の感温部を置き，直射日光が当たらないようにして測定する。このとき，乾湿計は乾球の温度をとる。

空気の湿《しめ》りぐあいを**湿度**《しつど》といい，乾湿計を用いて測定する。乾湿計は，乾球温度計と湿球温度計が 2 本横に並んだ器具で，湿度は，乾球と湿球の示す値《あたい》の差と湿度表を用いて求める。湿度の求め方について，くわしくは**湿度の求め方**(➡ p.196)で学習する。

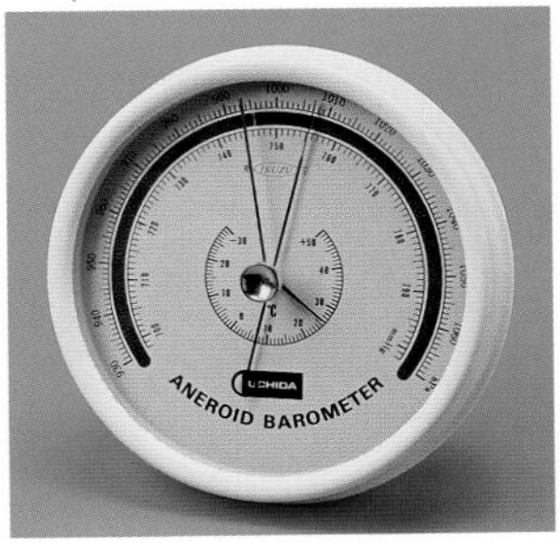


図 3　**アネロイド気圧計**

**気圧**(**大気圧**)は，**気圧計**で測定する。おもにアネロイド気圧計(図 3)を用い，単位はヘクトパスカル(記号hPa)である。気圧について，くわしくは**気圧**(➡ p.182)で学習する。

気温と湿度，気圧はこれらを同時に測定し，数値で示すことのできるデジタル機器もある。

風向・風速・風力の風に関する気象要素の観測は，次の**風の観測と天気図記号**(➡ p.178)で学習する。

TRY! 思考力

**空を見上げると，空全体の 8 割が雲で占められていた。このときの天気について考えられることを述べなさい。**

ヒント　天気は雨や雪が降っていないとき雲量で決まる。

解答例　雨や雪が降っていなければ雲量から晴れといえる。

UNIT 2

# 風の観測と天気図記号

着目 風に関する気象要素には風向，風速，風力があり，風向と風力は記号で表される。

**要点**

- **風向《ふうこう》** 風が吹《ふ》いてくる方向(風が吹いていく向きではない)。
- **風速《ふうそく》と風力《ふうりょく》** 風速は単位m/sで表される風の速さで，風力は0～12の階級で表される風の強さ。
- **風の気象要素の表し方** 風向は矢の向きで表し，風力は記号の矢羽根《やばね》の数で表す。

## 1 風に関する気象要素の観測

風向や風速は，建物などの障害物がない開けた場所で観測する。風が安定しない場合はしばらくようすを見て一番多い風向や風力をとる。

### A 風向

風の吹《ふ》いてくる方向を風向《ふうこう》といい，「風向が北」であれば北から南への風である。風向計(図1)*1で観測し，方向は16方位(図2)で表す。風向は風上の方角で表し，風が吹いていく向きではないので注意すること(図3)。

*1
図1のように風向と風速を同時にはかることができる**風向風速計《ふうこうふうそくけい》**を用いることも多い。

図1 **風向風速計**

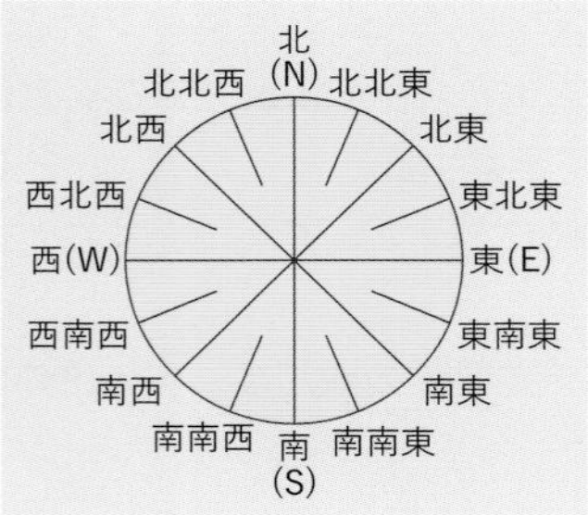



図2 **16方位**

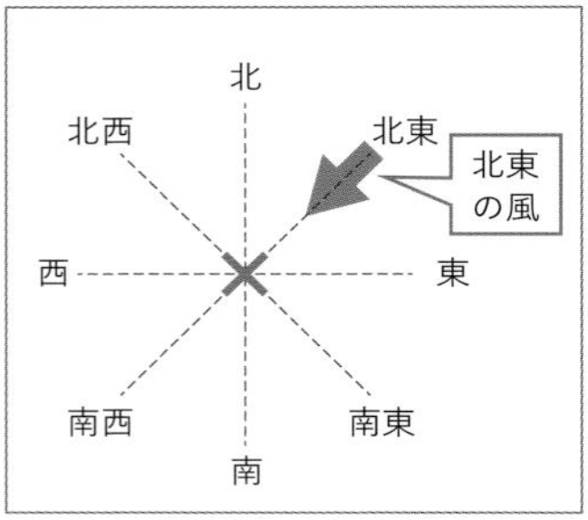



図3 **風向**

### 参考 方位のよび方

北と西のちょうど中間の方位は「北西」といい，「西北」とはよばない。方位のよび方は次のようなルールにしたがって決まっている。

① 東西と南北では南北を先につける。例 ○北西，南東　×西北，東南

② 北東・北西・南東・南西と北・南・東・西(4方位)の間の方位は，北東と北の間なら「北北東」，北東と東の中間なら「東北東」というように，4方位を先につける。

### B 風速・風力

風の強さは，風速や風力で表す。

**風速《ふうそく》**は，風の速さである。風速計で測定し，単位はm/sを用いる。

**風力《ふうりょく》**は，風速をもとに風の強さを樹木や建物などにおよぼす影響《えいきょう》によって段階的に表したもので，０～12の13階級に分けられている。風速計がない場合には，風力階級表(表１)を用いて，風力階級を求める。

## 2 風の表し方

天気図記号で風向と風力は**矢羽根《やばね》**で表す。風向は矢のついている向き，風力は矢羽根の数で表す(図４，表１)。

図４の天気図記号には，わかっているほかの天気の要素もかき込《こ》む。地点円○の部分には天気記号，地点円の左上に気温，右上に気圧の下２けたをかき入れる。気温と気圧については，かき入れない場合もある。

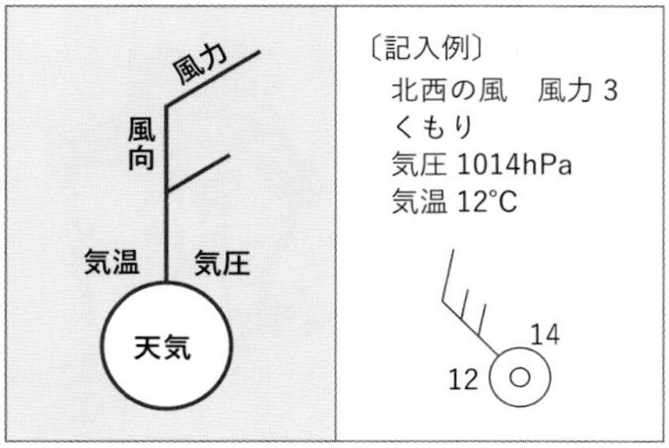


図４　**天気図記号**

表１　**風力階級表**

| 風力 | 記号 | 風速〔m/s〕 | 樹木や建物の影響 |
|---|---|---|---|
| 0 | | 0～0.3 未満 | 静かで，煙《けむり》がまっすぐ上がる |
| 1 |  | 0.3～1.6 未満 | 煙がなびくことでやっと風向がわかる |
| 2 |  | 1.6～3.4 未満 | 顔に風を感じる。木の葉が動き，風向計が動く |
| 3 |  | 3.4～5.5 未満 | 木の葉や小枝がたえず動く |
| 4 |  | 5.5～8.0 未満 | 砂ぼこりがたつ<br>小枝がかなり動く |
| 5 |  | 8.0～10.8 未満 | 葉のある低木がゆれ始める<br>池などの水面に波が立つ |
| 6 |  | 10.8～13.9 未満 | 大枝が動き，電線が鳴る<br>かさはさしにくい |
| 7 | 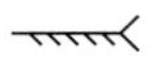 | 13.9～17.2 未満 | 樹木全体がゆれ，風に向かって歩きにくい |
| 8 | 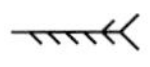 | 17.2～20.8 未満 | 小枝が折れ，風に向かって歩けない |
| 9 |  | 20.8～24.5 未満 | 建物に少し損害が出る |
| 10 |  | 24.5～28.5 未満 | 樹木が根こそぎ倒《たお》れ，<br>建物の損害も大きい |
| 11 |  | 28.5～32.7 未満 | 建物に大損害がある |
| 12 |  | 32.7 以上 | 被害《ひがい》がますます大きくなる |

TRY! 判断力

**風の強さをはかるために簡単な道具をつくるとしたらどのようなものが考えられるか。そのつくりと使い方について，簡単に説明しなさい。**

ヒント　風によって軽いものが動いたり持ち上げられたりするはたらきを利用する。

解答例　糸やうすいテープなどを棒の先につけ，風によってその先がどのくらい上がるかをはかる。風車をつくり，その回転する速さで風の強さをはかる。

UNIT 3

# 圧力

着目 単位面積を垂直に押す力を圧力といい，押す力と力を受ける面積によって決まる。

**要点**

- **圧力《あつりょく》** 単位面積あたりの面を垂直に押《お》す力。面を押す力が大きいほど，力が加わる面積が小さいほど圧力は大きい。
- **圧力の単位** 圧力はパスカル(記号Pa)で表す。1Paは1N/m$^2$に等しい。

## 1 気圧と圧力

気象要素(→p.176)の1つである**気圧《きあつ》**(**大気圧《たいきあつ》**)は，天気予報でもとり上げられるように，天気の変化にかかわる要素である。[*1]気圧は空気がその重さによって空気中の物体を押《お》す圧力《あつりょく》のことである。ここではまず圧力について理解しよう。

*1
くわしくは**気圧**(→p.182)で扱《あつか》う。気圧は風が吹く原因となったり(→p.186)，雲ができるときの重要な要素である(→p.198)。

## 2 圧力

### A 面を押す力

足が埋《う》もれるほど雪が積もっていても，スキー板やスノーボードを使うとあまり沈《しず》み込《こ》まずに移動することができる(図1)。

図2のように，水を入れた三角フラスコまたはペットボトルをスポンジの上にのせるとスポンジがへこむ。このとき，❶，❷，❸のように水の量や置き方の条件を変えると，スポンジのへこみ方がちがうことがわかる。

図1 雪への沈み方のちがい

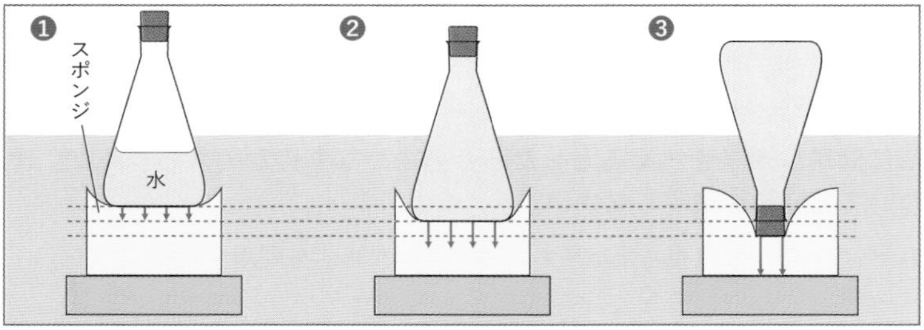


図2 面を押す力のはたらきと重さや面積の関係
赤い矢印の長さは力の大きさを表す。

フラスコの置き方が同じであれば，水の量が多く，スポンジを押す力が大きいほうがスポンジのへこみ方が大きい(❶と❷)。一方，水の量が同じ(スポンジを押す力が同じ)でも，スポンジに接する面積が異なるとスポンジのへこみ方も異なり，接する面積が小さいほうがへこみ方が大きいことがわかる(❷と❸)。

### B 圧力とその単位

物体どうしがふれあう面に力がはたらくとき，単位面積($1\,m^2$や$1\,cm^2$)あたりの面を垂直に押す力の大きさが**圧力**である。圧力には物体に対して気体や液体が押す力も含《ふく》まれる。

**圧力の大きさは力の大きさを面積で割って求められる**ため，ニュートン毎平方メートル(記号$N/m^2$)＊2またはニュートン毎平方センチメートル(記号$N/cm^2$)で表すことができるが，通常，圧力を表すときには，**パスカル**(記号Pa)という単位を用いる。$1\,Pa = 1\,N/m^2$と決められているので，圧力を求める式は次のとおりである。

$$\text{圧力}〔Pa〕= \frac{\text{面を垂直に押す力}〔N〕}{\text{力がはたらく面積}〔m^2〕}$$

＊2
1Nは，質量100gの物体にはたらく重力の大きさに等しい。

## 例題 1　圧力の大きさの求め方

図は，重さが25Nの直方体の同じブロックを，a～cのように異なる面を下にして板の上に置いたようすを表している。a～cそれぞれについて，板にはたらく圧力は何Paか求めなさい。

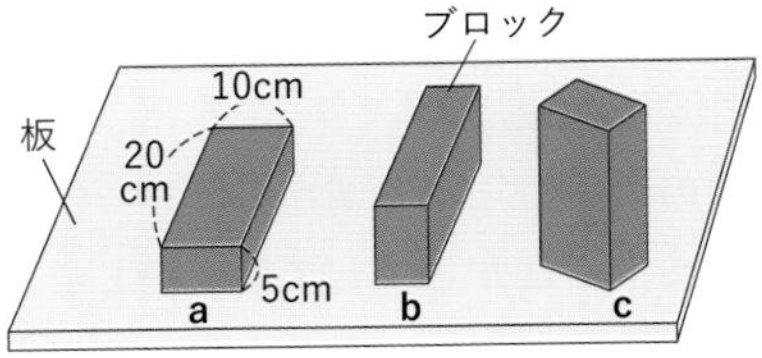


解き方

**$\text{圧力}〔Pa〕= \frac{\text{面を押す力}〔N〕}{\text{力がはたらく面積}〔m^2〕}$の式にそれぞれ値をあてはめて求める。a～cは，面を押す力の大きさはいずれも25Nで等しく，力のはたらく面積が異なる。また，単位を$m^2$に変えて面積を求めることに注意する。**

a　力がはたらく面積は，$0.2\,m \times 0.1\,m = 0.02\,m^2$　よって圧力は，$\frac{25\,N}{0.02\,m^2} = $ **1250 Pa** ……答

b　力がはたらく面積は，$0.2\,m \times 0.05\,m = 0.01\,m^2$　よって圧力は，$\frac{25\,N}{0.01\,m^2} = $ **2500 Pa** ……答

c　力がはたらく面積は，$0.1\,m \times 0.05\,m = 0.005\,m^2$　よって圧力は，$\frac{25\,N}{0.005\,m^2} = $ **5000 Pa** ……答

UNIT 4

# 気圧

着目 地上にある物体は，物体の上にある大気の重さによる圧力を受けている。

**要点**

- **気圧《きあつ》(大気圧《たいきあつ》)** 地球をとり巻く大気《たいき》には重さがあり，地表は大気による圧力を受けている。
- **気圧の性質** 上空ほど小さく，大気中の物体にあらゆる方向から垂直にはたらく。
- **空気の質量** 空気には質量があり，大気にも質量があることから大気圧が生じる。

## 1 空気の重さと気圧

### A 大気と気圧

地球のまわりは，厚い気体の層におおわれている。この気体の層を**大気《たいき》**といい，一般《いっぱん》に，大気の地表に近い部分を空気とよんでいる。ふだん感じることはないが，空気にも質量がある。[*1]

地表や空気中にある物体はすべてその上にある**大気の重さによって押《お》され，大気による圧力を受けている。**この圧力を**気圧《きあつ》(大気圧《たいきあつ》)**という。

気圧は，その場所の上にある大気の質量によって生じるので，高度が高い場所ほどその上にある大気は少なくなり，気圧も小さくなる(図1)。

＊1
地表付近での空気1Lの質量は，約1.2gである。

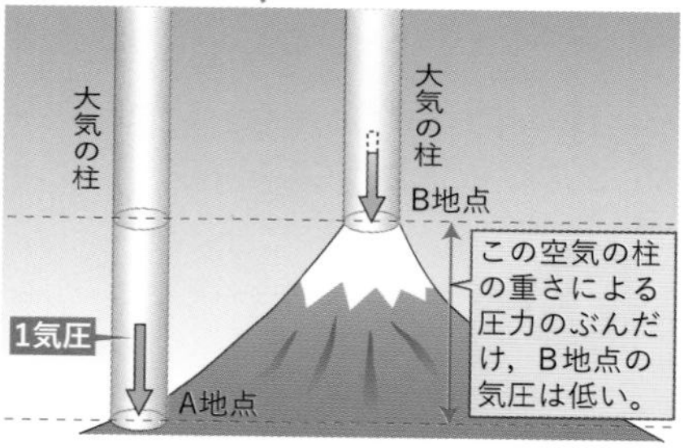


図1 **高度と気圧の関係**

### B 気圧による現象

図2のように，水で満たしたコップに厚紙をのせ，コップを上下さかさにして手を離《はな》しても厚紙は落ちず，水はこぼれない(❶)。これは気圧が厚紙をコップに押しつけているからで，吸盤《きゅうばん》がくっつくのも同じ理由である(❷)。

このほか，ストローで液体を吸い上げることができるのは，ストローの中の気圧を外の気圧より小さくしているからである(❸)。このように，**気圧はあらゆる方向から面に対して垂直にはたらく。**

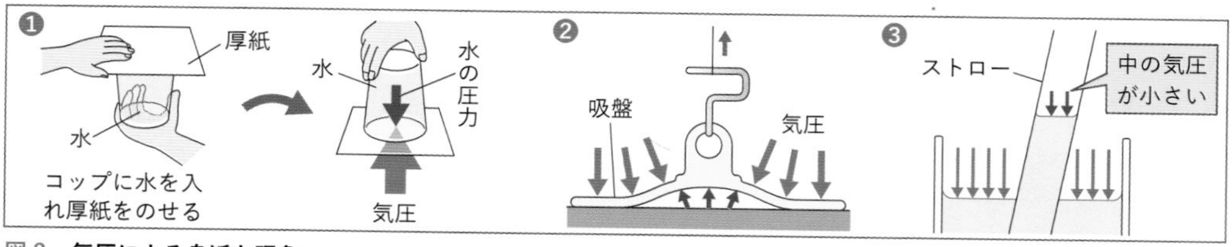


図2 **気圧による身近な現象**

## 2 気圧の大きさと単位

高度0mである海面1$m^2$の上には約10000kg（＝10t）の質量の大気が存在するため，圧力の大きさは約100000N/$m^2$になる。

圧力の単位はパスカル（Pa）が用いられる（➡p.181）が，約10万という数字は大きすぎて扱《あつか》いにくいので，気象情報などで扱う気圧の単位は**ヘクトパスカル（hPa）**が使われている。ヘクトは100を表すことば（接頭辞《せっとうじ》）で，1hPa＝100Paである。*2 高度0mでの標準的な気圧の大きさを**1気圧**とよび，1気圧は1013.25hPaと定められている。

*2
ヘクトを使った単位には，ほかにヘクタール（ha）がある。1ha＝100aで，1辺100mの正方形の面積（10000$m^2$）にあたる。

### 参考 水銀気圧計と気圧の単位

1気圧は1$m^2$あたり約10000kgの物体にはたらく重力に相当するので，ストローのしくみで密度1000kg/$m^3$の水の柱を約10m押し上げることができる。

イタリアのトリチェリは，水銀（**Hg**）の入った器に入れて水銀で満たした管を，口を下にして立てると，上部に真空ができ，1気圧のもとで液面から760mmの高さまで水銀の柱ができることを発見した（図3）。この高さは気圧が変われば変わることから，この装置が長らく気圧の測定に用いられてきた。ここから1気圧を760mmHgとする**mmHg**（水銀柱《すいぎんちゅう》ミリメートルまたはミリメートル・エイチジー）という単位がうまれ，一般的に使われていた。

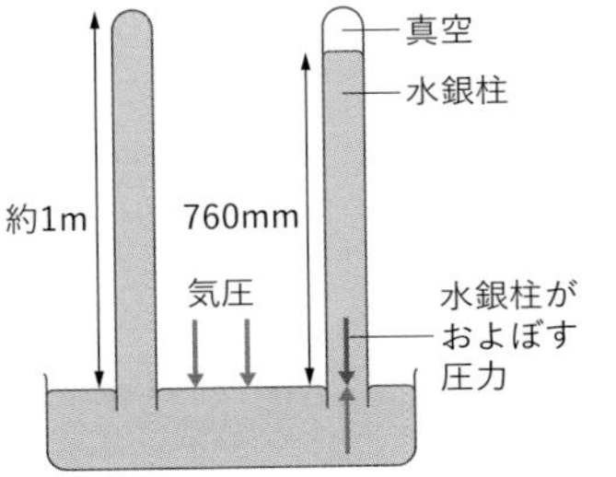

図3 **トリチェリの実験と水銀気圧計の原理**

水銀気圧計は持ち運びに向かないことや，水銀が有毒であることなどから使われなくなったが，mmHgは現在でも血圧の値を表す単位として使われている。1気圧が1013.25hPaという半端《はんぱ》な数字で定められているのは，760mmHgをhPaに換算《かんさん》した数字だからである。

現在は，中を真空にした金属製の缶《かん》が気圧によってへこんで厚みが変わることを利用した**アネロイド気圧計《きあつけい》**（図4）や，**電気式気圧計《でんきしききあつけい》**が使われている。

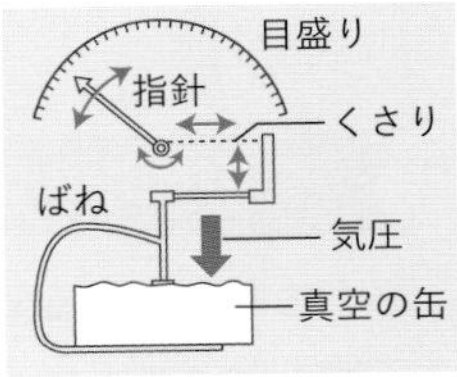

図4 **アネロイド気圧計のしくみ**

TRY! 思考力

**山のふもとから標高2000mの山頂に未開封《みかいふう》のスナック菓子《がし》の袋《ふくろ》を持っていくと，袋がふくらむ。この理由を説明しなさい。**

ヒント 高度の変化によって変わるものと変わらないものについて考える。

解答例 高度が高いほど気圧が小さくなっていき，外側の気圧より袋の内側の気体による圧力のほうが大きくなるから。

UNIT 5

# 天気図と気圧の表し方

着目 等圧線によって，高気圧，低気圧の分布，気圧配置を知ることができる。

**要点**

- **等圧線《とうあつせん》** 気圧が同じ地点を結んだ曲線で，ふつう，4hPaごとに引く。
- **高気圧《こうきあつ》・低気圧《ていきあつ》** まわりよりも気圧が高い部分を高気圧，低い部分を低気圧という。
- **気圧配置《きあつはいち》** 天気図に表された高気圧や低気圧などの気圧の分布を気圧配置という。

## 1 天気図

天気予報などで目にすることが多い，ある地域にわたる天気や気圧・風力・風向のようすを，決められた記号にしたがって地図上に表したものを天気図《てんきず》という。

○や◎などの天気記号(➡ p.177)に風向や風力を表す矢羽根(➡ p.179)などが組み合わさった天気図《てんきず》記号《きごう》でさまざまな気象の要素を表している。

わたしたちがテレビなどで目にする天気図は，地上付近の天気を表したもので**地上天気図《ちじょうてんきず》**という。図1は地上天気図である。

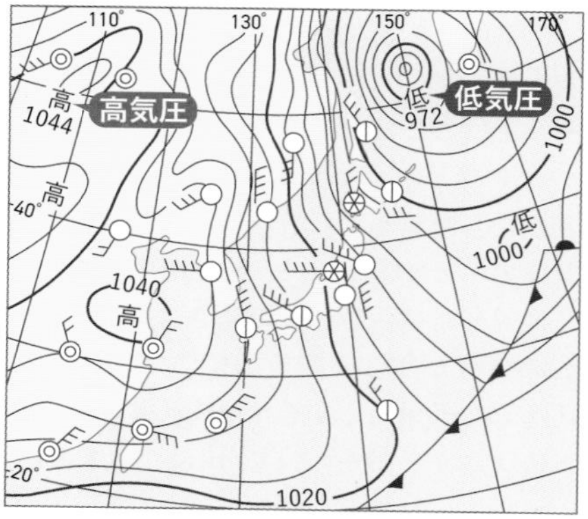


図1　**地上天気図**

## 2 等圧線の性質と引き方

図1**にも見られる気圧の等しい地点を結んだときにできる線を**等圧線《とうあつせん》という。等圧線はたがいに交わったり途《と》中《ちゅう》で枝分かれをしない1本の線で，途中で切れて終わることもない。つまり，ある1つの天気図において，等圧線は丸く閉じているか，天気図の端《はし》から端までつながっている1本の曲線であるかの2種類しかないことになる。

等圧線は**1000hPaを基準として，4hPaごとに実線で引く**。また，**1000hPaなど20hPaの倍数になる等圧線は太い線で引く**。観測地点での気圧が4hPaごとの等圧線上に表せない場合は，図2のようにとなり合う観測地点の間を比例配分して引く。

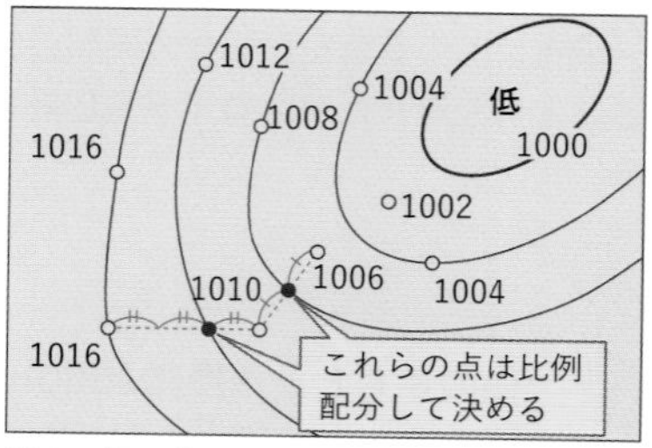


図2　**等圧線の引き方**

1010hPaの地点と1006hPaの地点のちょうど中間に1008hPaの等圧線を通す。となり合う地点が1010hPaと1016hPaの場合は3等分して1010hPaの側に1012hPaの線を通す。

## 3 高気圧と低気圧

**まわりよりも気圧が高い(大きい)所を**高気圧《こうきあつ》といい，**まわりよりも気圧が低い(小さい)所を**低気《ていき》圧《あつ》という。

高気圧，低気圧は，基準となる気圧の値があるのではなく，まわりとの比較《ひかく》で決まることに注意する。たとえば，図3の高気圧Aの中心気圧は1014 hPaであるのに対して，別の日に見られた低気圧Bの中心気圧は1018 hPaであった。このようにある日のある場所に見られた高気圧の気圧よりも別の日に見られた低気圧のほうが気圧が高いということもある。

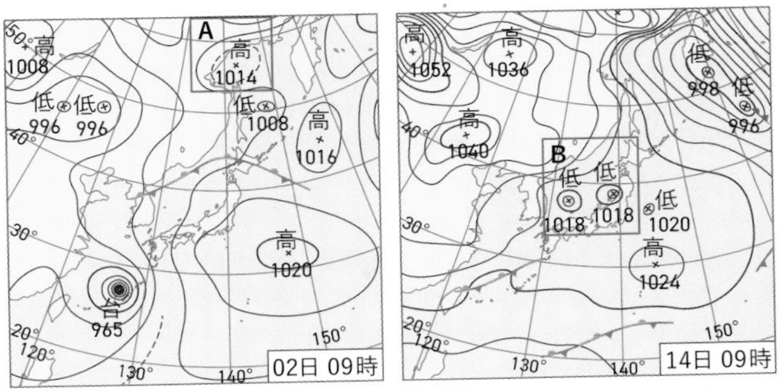


図3　天気図(左) 2018年7月2日9時(右) 2020年1月14日9時

## 4 気圧配置

**高気圧や低気圧などの気圧の分布のようすを**気圧配置《きあつはいち》という。図4は高気圧と低気圧がとなり合っている気圧配置を示した天気図の模式図である。高気圧も低気圧も等圧線が丸く閉じているが，間隔《かんかく》が等しくそろった同心円というわけではない。

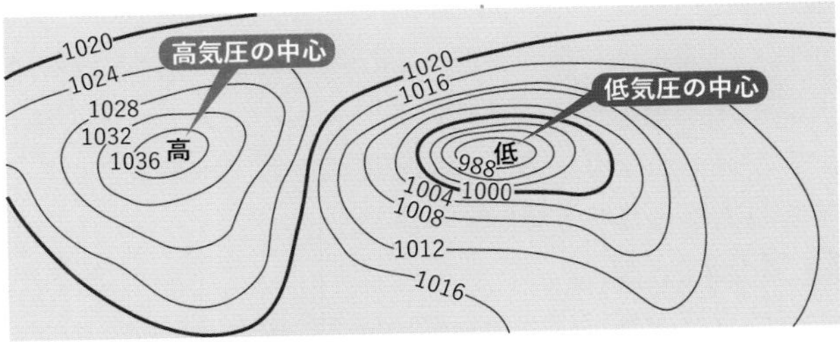


図4　天気図上での高気圧・低気圧(模式図)

高気圧では中心部ほど気圧が高く，中心に「高」または「H」と書く。低気圧では中心部ほど気圧が低く，中心に「低」または「L」と書く。*1

*1
HはHigh(高い)，LはLow(低い)の頭文字である。

TRY! 表現力

**ある日の天気図では中心が1001 hPaの低気圧が見られたが，3か月後のある日の天気図では同じ場所が1000 hPaで高気圧となっていた。気圧が低くなったのに高気圧となった理由を答えなさい。**

ヒント　高気圧，低気圧の定義を考える。

解答例　まわりの気圧が大きく下がり，その場所がまわりよりも気圧が高かったから。

UNIT 6

# 気圧と風の吹き方

着目 風は気圧が高い所から低い所に向かって吹く。

**要点**

- **気圧と風《かぜ》の吹《ふ》き方**　気圧の高い所から低い所へ，等圧線の間隔《かんかく》がせまいほど強く吹く。
- **高気圧・低気圧の空気の流れ**　北半球では，高気圧の中心から時計回りに風が吹き出し，低気圧の中心に反時計回りに風が吹《ふ》き込《こ》む。

## 1 気圧と風

### A 気圧の高低と風

地表近くでの空気の動きを風《かぜ》といい，地表近くではふつう，地表に対して**水平方向の空気の動きを風**という。*1

*1
上空の空気の動きや上下方向の空気の動きは**気流《きりゅう》**とよぶ。

空気を動かす力は地点間の気圧の差である。**風はいつも気圧の高い所から低い所に向かって吹《ふ》く**。また，2地点の風の強さを比べると，地点間の気圧の差が大きいときほど強い風が吹く。図1は，風が気圧の高い所から低い所へ向かって吹くことを水を使って模式的に表したものである。水の柱が高い**A**が高気圧，低い**B**が低気圧に相当し，水の重さに押《お》されて水は**A**から**B**へと移動する。

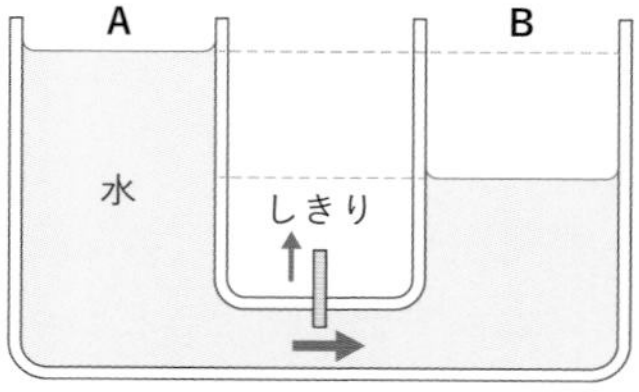


図1　**圧力の差と流れの関係**
水の高さがちがう容器の間のしきりを外すと，上からの圧力が高い(大きい)ほうから低い(小さい)ほうへ水が流れる。

### B 等圧線と風

風は気圧の高いほうから低いほうに向かって吹くので，等圧線を横切るように吹く。そしてこのとき，**等圧線の間隔《かんかく》がせまいところほど風力は大きく，強い風**が吹く。これは標高の高い所から低い所へ水が流れ，地形図で等高線の間隔《かんかく》がせまいところほど傾斜《けいしゃ》が急で水の流れが勢いよくなることと同じように考えることができる(図2)。

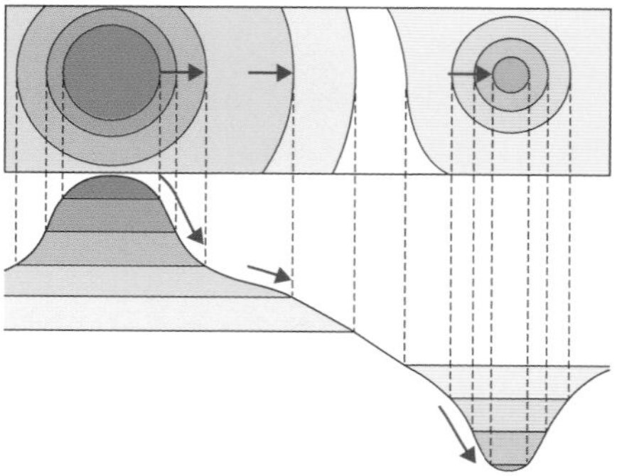

図2　**等圧線の間隔と風の強さ**
等高線にたとえると，間隔のせまい所は同じ水平距《すいへいきょ》離《り》で比べたとき高低差が大きく，水の流れも激しくなる。

### 発展　風向と等圧線

風が吹く方向は等圧線を垂直に横切る方向になるはずであるが，実際には北半球では少し右にそれた向きとなる。これは，地球の自転の影響《えいきょう》などを受けるためである。

## 2 北半球での高気圧・低気圧と風

### A 高気圧

地表付近では，風は**高気圧の中心からまわりに向かって時計回り（右回り）に吹き出している**。＊2

**高気圧の上空では空気が中心付近に集まって下降気流《かこうきりゅう》が生じており，**地表付近で吹き出した風は低気圧に向かって吹いていく。

下降気流が生じるところでは，雲ができにくい。そのため，**天気は雨やくもりになりにくく，晴れることが多い**（図 4 左）。

### B 低気圧

地表付近では，風は**まわりから低気圧の中心に向かって反時計回り（左回り）に吹《ふ》き込《こ》む**。＊3

低気圧の中心付近で，吹き込んできた風は**上昇気流《じょうしょうきりゅう》となる。この上昇気流によって雲ができることが多いため**（➡ p.199），**低気圧の付近では，天気はくもりや雨になることが多い**（図 4 右）。

＊2
高気圧の中心付近は等圧線の間隔が広く風は弱いことが多い。

＊3
低気圧の中心付近は等圧線の間隔がせまく，強い風が吹くことが多い。

図 4　**高気圧・低気圧と空気の流れ（北半球）**

TRY! 表現力

**天気図上の等圧線と風にはどのような関係があるか，簡単に説明しなさい。**

ヒント　風は空気の移動なので，1 か所の気圧で向きが決まるわけではない。

解答例　風は気圧の高い所から低い所に向かって吹き，気圧の変化が急な，等圧線の間隔がせまいところほど風力が強くなる。

# 定期テスト対策問題

解答 → 別冊p.9

## 問1 気圧の特徴

**気圧について，次の問いに答えなさい。**

(1) 気圧は，おもに何によって生じているか。次の**ア**～**エ**から1つ選び，記号で答えよ。

**ア** その高さより上空にある空気の重さ　**イ** その高さより低い所にある空気の重さ

**ウ** その高さの空気1m$^3$中に含《ふく》まれる水分の重さ　**エ** その高さで吹《ふ》いている風による圧力

(2) 右のグラフは，高さと気圧の関係を表したものである。高さ2kmでの気圧の値は，次の**ア**～**エ**のどれに近いか。1つ選び，記号で答えよ。

**ア** 約800気圧　**イ** 約800hPa

**ウ** 約800mmHg　**エ** 約800N/cm$^2$

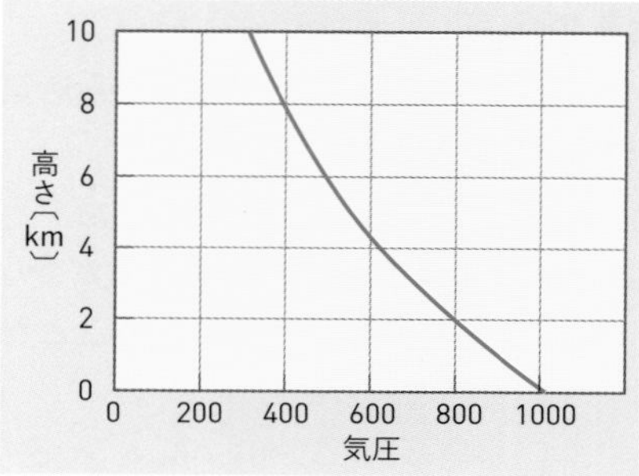


(3) 右のグラフからわかることを次の**ア**～**ウ**から1つ選び，記号で答えよ。

**ア** 気圧の値は，高い所ほど大きくなる。

**イ** 気圧の値は，高い所ほど小さくなる。

**ウ** 気圧の値は，高さによってほとんど変わらない。

## 問2 風向・風力の表し方

**ある時刻の風向は西南西，風力は4であった。これを右の図に記号でかきなさい。ただし，天気の記号は○で表しておくだけでよい。**

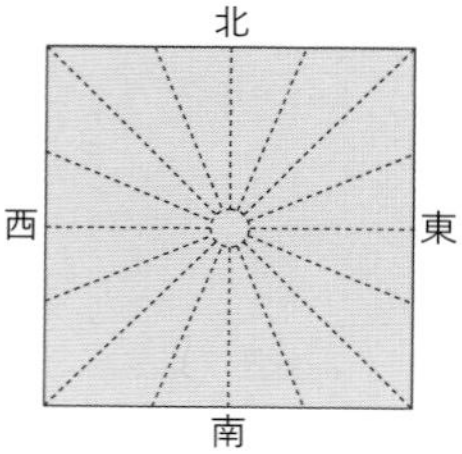


## 問3 等圧線の引き方

**次のア～オのなかから，等圧線の引き方で正しいものを選び，記号で答えなさい。**

**ア** 冬の天気図だけは，等圧線を2hPaごとに引く。

**イ** まれに，等圧線が途中《とちゅう》で枝分かれすることがある。

**ウ** 等圧線が前線にかかると，等圧線がその先でなくなってしまうこともある。

**エ** 1枚《まい》の天気図のなかに，同じ値を示す等圧線が2本以上あることはない。

**オ** 観測値がない所では，となり合う地点の値から比例配分して引く。

## 問 4 天気図記号

**右の天気図記号が表していることは，次のア～オのどれか。1つ選び，記号で答えなさい。**

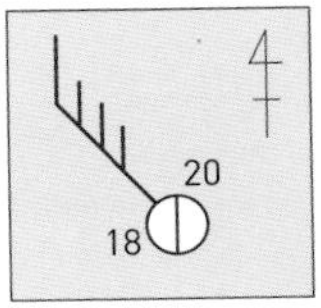


**ア**　北西の風，風力4，天気くもり，気温18℃，気圧1020hPa
**イ**　北西の風，風力4，天気晴れ，気温20℃，気圧1018hPa
**ウ**　北西の風，風力4，天気晴れ，気温18℃，気圧1020hPa
**エ**　南東の風，風力4，天気快晴，気温20℃，気圧1018hPa
**オ**　南東の風，風力4，天気晴れ，気温18℃，気圧1020hPa

## 問 5 高気圧と低気圧

**右図は3月のある日の天気図である。これについて，次の問いに答えなさい。**

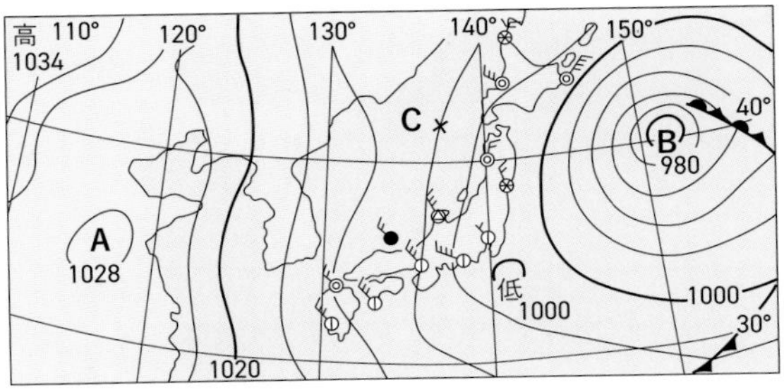


(1)　図の**A**，**B**は高気圧，低気圧のどちらか。次の**ア**～**エ**から1つ選び，記号で答えなさい。
**ア**　**A**は高気圧，**B**は低気圧
**イ**　**A**，**B**ともに高気圧
**ウ**　**A**は低気圧，**B**は高気圧
**エ**　**A**，**B**ともに低気圧

(2)　図の点**C**（×印）での気圧は何hPaか。次の**ア**～**エ**から1つ選び，記号で答えなさい。
**ア**　1002hPa　　**イ**　1004hPa　　**ウ**　1008hPa　　**エ**　1010hPa

## 問 6 圧力

**直径10cm，高さ4cmの円柱形のおもりA（質量1500g）と直径6cm，高さ4cmの円柱形のおもりB（質量432g）とがある。100gの物体にはたらく力を1N，円周率を3として，次の問いに答えなさい。ただし，十の位で四捨五入して，百の位までのがい数で答えること。**

図1　図2

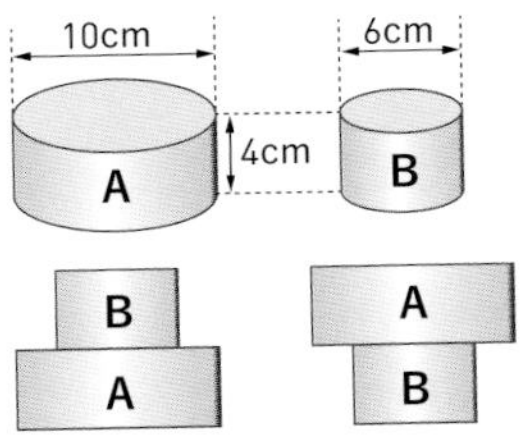


(1)　おもり**A**をスポンジの上に置くと，スポンジの受ける圧力は何Paか。
(2)　おもり**B**をスポンジの上に置くと，スポンジの受ける圧力は何Paか。
(3)　図1のように，おもり**A**の上におもり**B**を重ねてスポンジの上に置くと，スポンジの受ける圧力は何Paか。
(4)　図2のように，おもり**B**の上におもり**A**を重ねてスポンジの上に置くと，スポンジの受ける圧力は何Paか。

UNIT 1

# 飽和水蒸気量と露点

着目 空気中に含まれる水蒸気の量には限度があり，その量は気温によって変化する。

**要点**

- **飽《ほう》和《わ》水蒸《すいじょう》気《き》量《りょう》** 空気1m³中に含《ふく》むことができる水蒸気の最大量。気温によって決まる。
- **凝結《ぎょうけつ》** 水蒸気を含む空気の温度が下がり，水蒸気が水滴《すいてき》となること。
- **露点《ろてん》** 空気が冷えていったとき凝結が始まる気温。1m³中の水蒸気量によって決まる。

## 1 空気中に含まれる水蒸気

地球上の水は，状態変化により3つの姿《すがた》に変わりながら存在している。

**水蒸気（気体）** ⇄（冷却《れいきゃく》→ / ←加熱）**水（液体）** ⇄（冷却→ / ←加熱）**氷（固体）**

水は，沸点《ふってん》である100℃より温度が低くても一部が水蒸気に変わり，空気に含《ふく》まれている。水の蒸発は，気温や水温が高いときなど*1にさかんである。水蒸気は目に見えないが，いつも空気中に含《ふく》まれている。

*1
そのほかには，まわりの空気が乾燥《かんそう》しているときや，風が強いとき（蒸発した水蒸気を吹《ふ》きはらい，次々《つぎつぎ》と蒸発する）などに蒸発がさかんになる。

## 2 飽和と飽和水蒸気量

空気中に含むことのできる水蒸気の量には限度があり，最大限まで水蒸気を含んだ空気を，水蒸気で**飽和《ほうわ》**しているという。

水蒸気で飽和している空気が含む水蒸気の量，つまり，1m³の空気中に含むことのできる水蒸気の最大量〔g〕を**飽《ほう》和《わ》水蒸《すいじょう》気《き》量《りょう》**という。飽和水蒸気量の単位はg/m³で表す。

**飽和水蒸気量は気温によって変化し，気温が高いほど，飽和水蒸気量は多くなる**（表1，図1）。

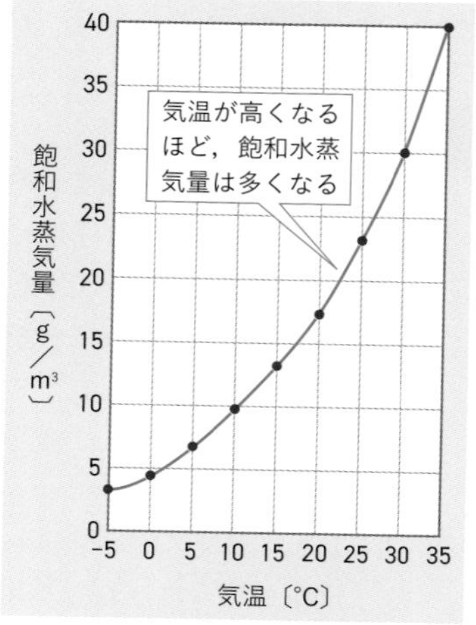

図1 気温と飽和水蒸気量の関係

表1 気温と飽和水蒸気量の関係

| 気温〔℃〕 | −5 | 0 | 5 | 10 | 15 | 20 | 25 | 30 | 35 |
|---|---|---|---|---|---|---|---|---|---|
| 飽和水蒸気量〔g/m³〕 | 3.4 | 4.8 | 6.8 | 9.4 | 12.8 | 17.3 | 23.1 | 30.4 | 39.6 |

## 3 露点

### A 凝結と露点

水蒸気が液体の水に変わることを**凝結**《ぎょうけつ》という。雲や霧《きり》ができたり，氷水を入れたコップの外側や寒い日の窓ガラスに水滴《すいてき》がついたりするのは空気中の水蒸気が凝結したものである。

飽和水蒸気量は温度が高いほど多いので，気温が下がると含むことができる水蒸気の量は少なくなっていく。水蒸気を含む空気の温度が下がり，その温度での飽和水蒸気量が空気が含む水蒸気を下回ってしまうと，水蒸気は，空気中に含みきれなくなり，水滴(液体)に変わる。このように**空気中に含まれる水蒸気が凝結し，水滴に変わり始める温度を露点**《ろてん》という。

**露点は，そのとき空気中に含まれている水蒸気量〔g/m³〕によって決まる**(図2)。

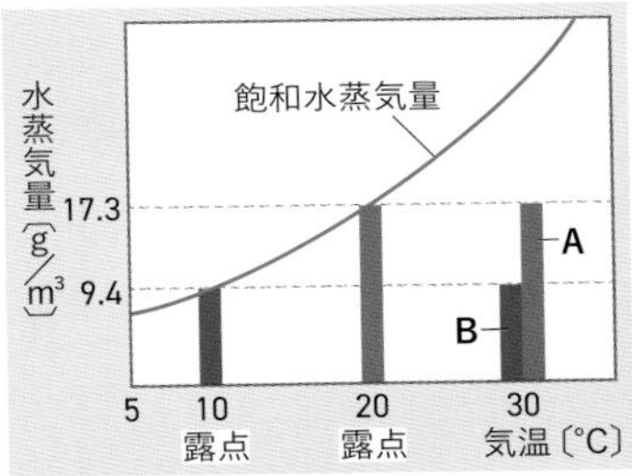


図2　**水蒸気量と露点の関係**

水蒸気量が17.3 g/m³のとき(**A**)露点は20°Cとなり，9.4 g/m³のとき(**B**)露点は10°Cである。

### B 露点を調べる方法

金属製のコップにセロハンテープをはり，室温と同じ温度の水を $\frac{1}{3}$ 程度入れてコップの中の水温をはかり記録する。

ガラス棒でかき混ぜながらゆっくりと氷水をコップに注いでいき，水温の変化とコップの表面のようすを観察する。

熱を伝えやすい金属のコップを使っているので，コップの中の水温とコップの表面付近の空気の温度は等しいと考えてよい。そのため，コップにはったセロハンテープのふちに水滴がつき始めたときの水温が測定時の空気の露点と等しい。

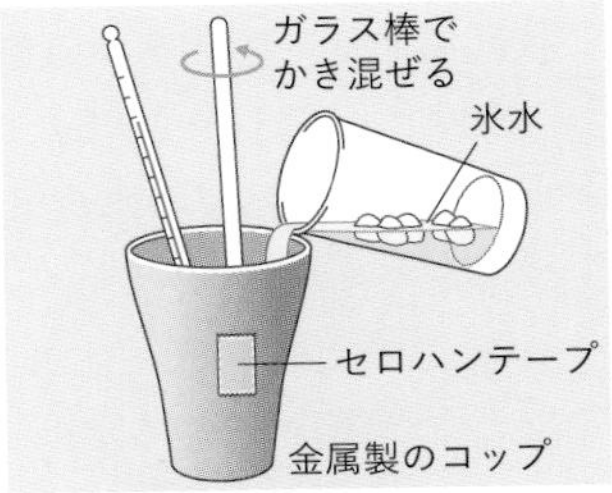


図3　**露点を調べる実験**

TRY! 表現力

**寒い朝に発生した霧《きり》が，昼間になり気温が上がるとともに消えた。この現象を水の状態変化に注目して説明しなさい。**

ヒント　霧は空気中に含みきれなくなった水蒸気が水滴となって現れたものである。

解答例　昼間になり温度が上がると飽和水蒸気量が多くなったため，水滴となって現れていた霧は水蒸気となり見えなくなった。

UNIT 2

# 気温の変化と水蒸気

着目 露点では，ある温度の空気での飽和水蒸気量を超えた分の水蒸気が水滴に変わる。

**要点**

- **飽和《ほうわ》していない空気**　$1m^3$中に含《ふく》まれる水蒸気量は飽和水蒸気量より少なく，水滴《すいてき》は現れない。
- **空気が飽和するとき**　空気の温度を下げていくと飽和状態に近づいていく。
- **凝結《ぎょうけつ》する量**　露点《ろてん》に達し，水滴となる量を飽和水蒸気量から求めることができる。

## 1 気温と飽和水蒸気量と露点の関係

ここまで，飽和水蒸気量《ほうわすいじょうきりょう》，露点《ろてん》がどのようなものか学んだ。ここでは**$1m^3$中に17.3gの水蒸気を含《ふく》む30℃の空気を例に**，飽和水蒸気量と露点の関係，露点に達した空気の温度をさらに下げた場合を考える。

### Ⓐ 飽和していない状態

30℃の空気の飽和水蒸気量は$30.4g/m^3$である(➡ p.190 表1)。

$1m^3$に17.3gの水蒸気 を含むこの空気は，30℃では飽和していない状態であり，飽和水蒸気量に達するまでに，空気$1m^3$あたりで

$$30.4g - 17.3g = 13.1g$$

となり，あと13.1gの水蒸気を含むことができる(図1 ❶)。

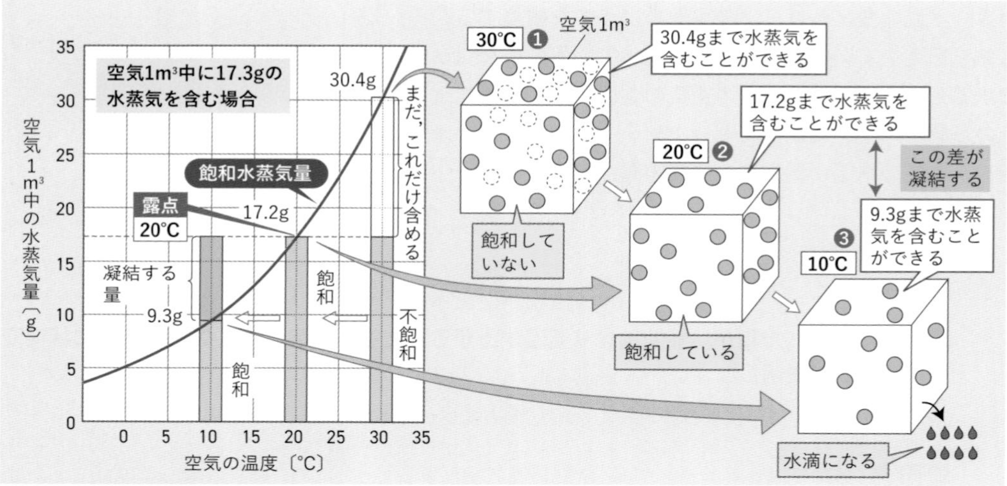



図1　**飽和水蒸気量と露点の関係**

## Ⓑ 飽和状態になるまで

この空気の温度を下げていくと，飽和水蒸気量は温度が低いほど少なく，含まれる水蒸気の量17.3g/$m^3$に変化はないので，しだいに飽和水蒸気量との差が小さくなっていくことになる。

20℃での飽和水蒸気量は17.3g/$m^3$であるから，空気の温度を20℃まで下げると，含まれる水蒸気の量と飽和水蒸気量が等しくなり飽和に達する。飽和に達した20℃がこの空気の露点[*1]であり，この空気はこれ以上水蒸気を含むことができない(図1❷)。

## Ⓒ 飽和状態からさらに温度を下げたとき

空気の温度を露点である20℃からさらに10℃まで下げると，飽和水蒸気量は17.3g/$m^3$から9.4g/$m^3$に減少し，含まれていた水蒸気量よりも少なくなる。すると，含まれていた水蒸気のうち飽和水蒸気量よりも多いぶんの水蒸気が凝結し，水滴として現れる。

このとき，空気1$m^3$あたりで水滴となる量は，17.3g－9.4g＝7.9gである(図1❸)。

＊1
露点は，その空気1$m^3$中に含まれる水蒸気の量が多いほど高い。



### 例題 1　飽和水蒸気量と露点の関係の読み取り

1$m^3$中に12.8gの水蒸気を含む23℃の空気がある。気温と飽和水蒸気量の関係を表す次の表を見て，以下の問いに答えなさい。

| 気温〔℃〕 | −5 | 0 | 5 | 10 | 15 | 20 | 25 | 30 | 35 |
|---|---|---|---|---|---|---|---|---|---|
| 飽和水蒸気量〔g/$m^3$〕 | 3.4 | 4.8 | 6.8 | 9.4 | 12.8 | 17.3 | 23.1 | 30.4 | 39.6 |

⑴ この空気の露点は何℃か。

⑵ この空気の温度を5℃まで下げたときに現れる水滴は1$m^3$あたり何gか。水滴が現れない場合は，「現れない」と答えること。

解き方

**1$m^3$中に含まれる水蒸気の量と飽和水蒸気量が等しくなる気温が露点である。**

⑴ 図より，15℃の飽和水蒸気量が12.8g/$m^3$で問題の空気1$m^3$中に含まれる水蒸気の量と等しいので，露点は**15℃** ……㊘

⑵ 1$m^3$中に含まれる水蒸気の量が5℃の飽和水蒸気量よりも多ければ，その分が凝結し，水滴として現れる。

表より，5℃の飽和水蒸気量は6.8g/$m^3$なので，

12.8g－6.8g＝6.0g

よって，**6.0gの水滴が現れる。** ……㊘

UNIT 3

# 湿度

着目 空気の湿りぐあいを湿度といい，百分率(%)で表す。

**要点**

- **湿度《しつど》**　空気1m³中に含《ふく》まれる水蒸気量の，その温度での飽《ほう》和《わ》水《すい》蒸《じょう》気《き》量《りょう》に対する割合。
- **湿度と気温**　空気1m³中の水蒸気量が同じとき，気温が高いほど湿度は低い。
- **湿度の１日の変化**　晴れた日は，気温と湿度がほぼ反対の変化のようすを示す。

## 1 湿度

### A 湿度

**空気の湿《しめ》りぐあいを数値で表したものを**湿度《しつど》という。湿度が高いとき「空気がじめじめしている」と感じ，湿度が低いときには「空気がからっとしている」と感じる。この空気の湿りぐあいは，**1m³の空気中に含《ふく》まれている水蒸気量の，その気温での飽和《ほうわ》水蒸気量に対する割合**で，百分率(%)で表される。つまり，**露点《ろてん》では空気中に含まれる水蒸気量と飽和水蒸気量が等しいので，湿度は100%である。**

### B 湿度を求める計算式

湿度は，次の式を用いて計算で求めることができる。

$$\text{湿度〔\%〕} = \frac{\text{空気中に含まれている水蒸気量〔g/m}^3\text{〕}}{\text{そのときの気温での飽和水蒸気量〔g/m}^3\text{〕}} \times 100$$

1m³中に12.8gの水蒸気を含む空気が気温30°Cのとき，30°Cでの飽和水蒸気量が30.4g/m³であることから，

$$\text{湿度} = \frac{12.8\,\text{g/m}^3}{30.4\,\text{g/m}^3} \times 100 \fallingdotseq 42.1$$　よって，42.1%

となる。

### C 気温と湿度の関係

飽和水蒸気量は気温によって変化するので，空気が含んでいる水蒸気量が同じでも，気温が変わると湿度も変わる。図1のように，同じ1m³中に12.8gの水蒸気を含む空気でも，湿度は気温が25°Cのとき55.4%，20°Cのとき74.0%，15°Cのとき100%となる。

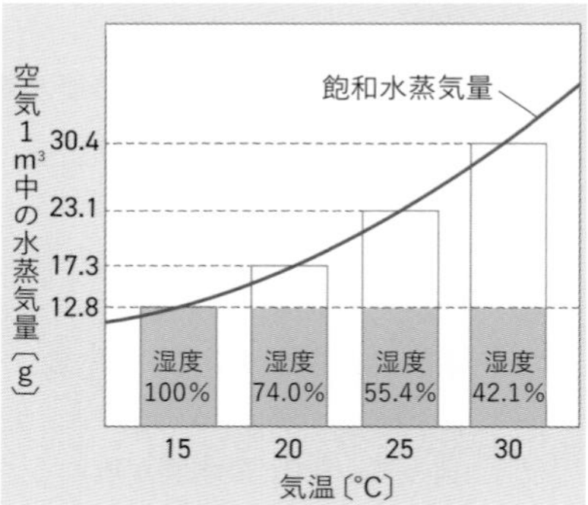


図1　気温と湿度の関係

## 2 1日の中での気温と湿度の変化

1日の中で気温が変化するように湿度も変化する。このとき天気によって次のようなちがいがあり，1日の気温と湿度の変化のグラフから，その日の天気を推定することができる。

### A 晴れの日

晴れの日は，図2の16日，17日のように明け方の最低気温から正午ごろまでに気温が大きく上昇《じょうしょう》する。[*1] $1\,\mathrm{m}^3$中の水蒸気量が同じであれば[*2]気温が高くなると湿度は低くなるため，**気温と湿度のグラフはほぼ反対の変化を示す**。気温のグラフは山型となり，その時間帯，湿度は谷型を示すことが多い。

### B くもり・雨の日

くもりや雨の日は，体感でじめじめしていることが感じられるように，空気$1\,\mathrm{m}^3$中の水蒸気量は多く，湿度は高い。図2の15日のように，**湿度は1日を通して高く，大きく変化しない**。

＊1
1時間ごとに気温をはかると，午後2時ごろに気温が最高になる。

＊2
この時間に水蒸気量がほとんど変化していないことが露点のグラフの変化が小さいことからわかる。

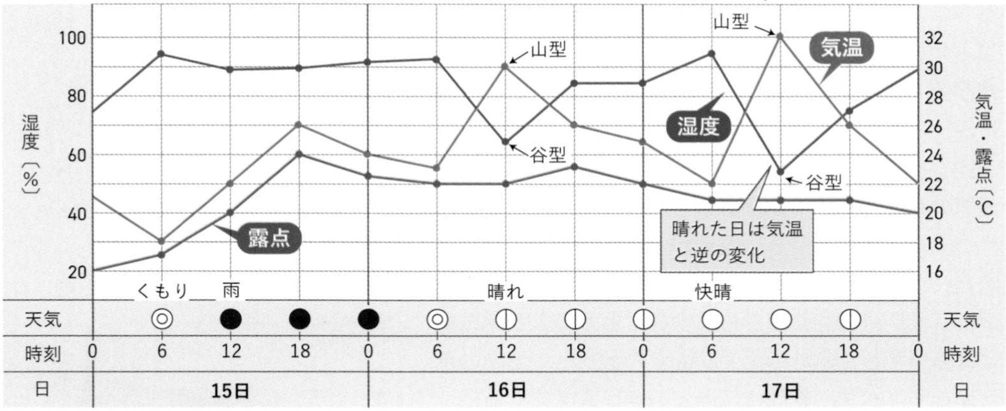


図2 **天気，気温，湿度の日変化**

TRY! 表現力

**図2の15日の6時から18時にかけて気温が上がり続けているのに湿度が90%前後で大きく変わらなかったのはなぜだと考えられるか。**

ヒント 気温が上がると飽和水蒸気量も上がるため$1\,\mathrm{m}^3$中の水蒸気量が同じとき湿度は下がる。

解答例 気温の上昇と同時に，雨によって体積あたりの水蒸気量もふえたため。

UNIT

# 4 湿度の求め方

着目 湿度は，乾湿計の値と湿度表ではかる方法や，露点と気温から求める方法がある。

**要点**

- **乾湿計《かんしつけい》** 乾球《かんきゅう》と湿球《しっきゅう》からなり，湿球の示す値《あたい》は乾球の示す値よりも小さいか等しい。
- **湿度表** 乾球の示す温度と，乾球と湿球の示す値の差から湿度を決定できる表。
- **湿度の求め方** 気温および乾球と湿球の示度《しど》の差から湿度表を用いて求める。

## 1 乾湿計による測定

### A 乾湿計

乾湿計《かんしつけい》**は，2本の同じ温度計を組み合わせた器具**である(図1)。1本は乾球温度計で，球部に何もほどこさず(**乾球《かんきゅう》**)，温度計そのままの状態であり，温度計と同じはたらきをする。

もう1本は湿球温度計で，こちらは乾球温度計と異なり，球部が水で湿《しめ》らせた布で包まれている(**湿球《しっきゅう》**)。

**乾湿計で気温をはかると，湿球の示度《しど》(示す値)は乾球の示度よりも低いか，等しい。**

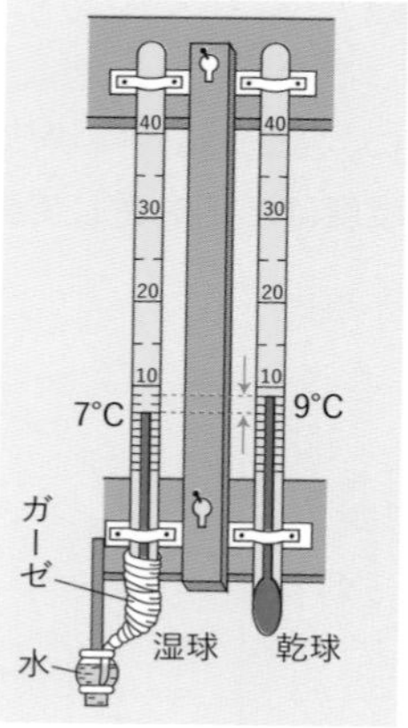


図1 **乾湿計**

### B 乾球と湿球

湿球の示度が乾球の示度よりも低いのは，図2のようにガーゼに含《ふく》まれた水が蒸発するときに湿球から熱をうばうためである。これを**気《き》化熱《かねつ》**という。

湿度が低いほど空気がさらに含むことができる水蒸気の量は多いため，水分の蒸発がさかんとなり，湿球の示度は大きく下がり，乾球の示度との差は大きくなる。

つまり，**乾球と湿球の示度の差が大きいほど，湿度は低い**と考えてよい。

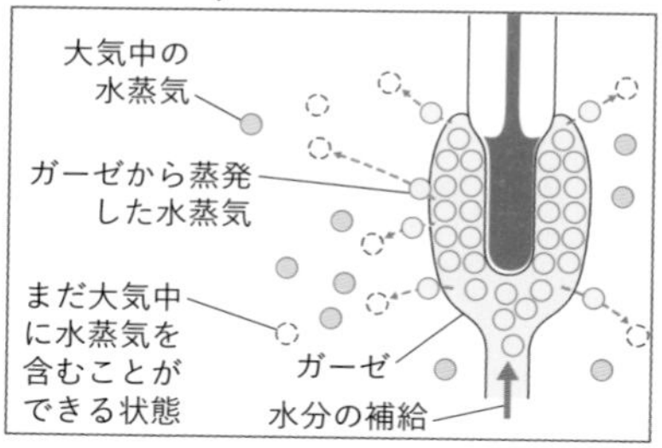


図2 **湿球の示度が低い理由**

乾球と湿球の示度の差が0になる場合は，ガーゼからの水分の蒸発がなく熱がうばわれない，つまり，空気が水蒸気で飽和しているため，これ以上水蒸気を含めない状態であることを表す。飽和している空気の湿度は100%であるから，**乾球と湿球の示度の差が0のときの湿度は100%である。**

### C 乾湿計と湿度表の使い方

湿度表は，縦に乾球の示度をとり，横に乾球と湿球の示度の差をとり，並べた表である。

**乾球示度の値から表を横に見ていき，乾球と湿球の示度の差の値から下に見ていって，この両者が交わったところの数値が湿度を示す。**

図3のようになったときを例に説明すると，まず乾球の示度が9.0°C，湿球の示度が7.0°Cであるから，乾球温度は9.0°C，乾球と湿球の差は9.0°C－7.0°C＝2.0°Cである。

次に，乾球示度と乾球と湿球の示度の差をもとに湿度表を読むと，青色の点線の矢印で示したそれぞれの値の交点が73なので，湿度は73%である。

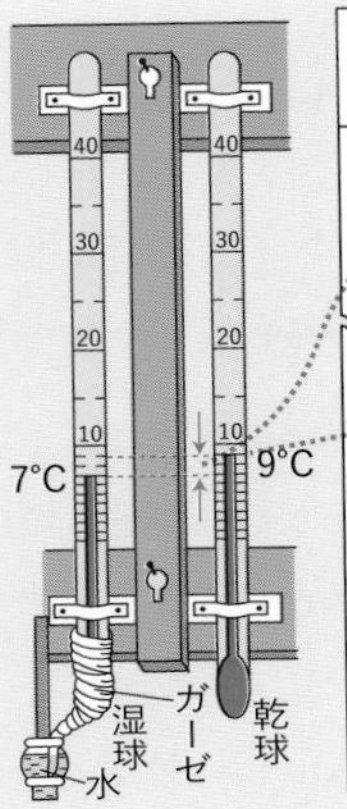


| 乾球示度〔°C〕 | 乾球と湿球の差〔°C〕 | | | | | |
|---|---|---|---|---|---|---|
| | 0.0 | 0.5 | 1.0 | 1.5 | 2.0 | 2.5 |
| 35 | 100 | 97 | 93 | 90 | 87 | 83 |
| 34 | 100 | 96 | 93 | 90 | 86 | 83 |
| 33 | 100 | 96 | 93 | 89 | 86 | 83 |
| 10 | 100 | 93 | 87 | 80 | 74 | 68 |
| 9 | 100 | 93 | 86 | 80 | 73 | 67 |
| 8 | 100 | 93 | 86 | 79 | 72 | 65 |
| 7 | 100 | 93 | 85 | 78 | 71 | 64 |
| 6 | 100 | 92 | 85 | 77 | 70 | 62 |
| 5 | 100 | 92 | 84 | 76 | 68 | 61 |
| 4 | 100 | 92 | 83 | 75 | 67 | 59 |

図3　**乾湿計と湿度表の使い方**

## 2 湿度を求めるほかの方法

気温と露点，そしてこの2つの温度における飽和水蒸気量がわかれば，p.194の湿度を求める式を用いて湿度を求めることができる。

たとえば露点が10°Cの空気の，気温20°Cのときの湿度を求める。露点である10°Cでの飽和水蒸気量は9.4 g/m$^3$なので，この空気に含まれる水蒸気量は9.4 g/m$^3$。20°Cでの飽和水蒸気量は17.3 g/m$^3$である。20°Cでの飽和水蒸気量に対するこの水蒸気量の割合を求めると，

$$\frac{9.4\,\mathrm{g/m^3}}{17.3\,\mathrm{g/m^3}} \times 100 \fallingdotseq 54.3\%$$

よって，湿度は54.3%となる。

その他，近年では日常的に使用できるデジタル湿度計など，さまざまな種類の湿度計によって湿度を計測できる。[*1]

＊1
気象庁では，湿度によって電気の通りやすさが変化する物質を用いた湿度計によって湿度を計測している。

TRY!
**表現力**

**乾湿計における乾球と湿球の示度の差の大きさと湿度の関係について，理由も含めて簡単に説明しなさい。**

ヒント　湿球はどのような場合により示度が下がるかを考える。

解答例　湿度が低いほど水の蒸発がさかんになり，湿球の示度がより下がるようになるので，湿度が低くなるほど乾球の示度との差が大きくなる。

UNIT 5

# 雲のでき方

着目 雲は，上空で露点に達した空気中の水蒸気が水滴や氷の結晶となったものである。

要点

- **雲《くも》と霧《きり》の正体** 露点《ろてん》以下になった空気中の水蒸気が上空や地表近くで凝結《ぎょうけつ》したもの。
- **気圧と気温** 気圧が低くなると温度が下がり凝結が起こりやすくなる。
- **雲のでき方** 空気が上昇《じょうしょう》することで膨張《ぼうちょう》して温度が下がり，露点に達する。

## 1 雲の正体

### A 霧と雲の正体

霧《きり》や雲《くも》は，**水蒸気を多く含《ふく》んだ空気が冷やされて**露点《ろてん》以下になり，水蒸気の一部が凝結《ぎょうけつ》して小さな水滴《すいてき》となって目に見えるようになったものである。*1 このとき，大気中の水蒸気は，空気中の小さなちりにくっつくようにして水滴をつくる。この水滴の芯《しん》になる空気中のちりを**凝結核《ぎょうけつかく》**という。霧と雲をつくっているものは同じで，**霧は地表近くにできた雲と考えることができる。**

### B 高さと気圧と気温と水蒸気の凝結

雲ができる空の上空は，上にある大気が減るぶん気圧が低くなるが，それと同時に気温も低くなる（図1）。その度合いは，高さが100m上《じょう》昇《しょう》するごとに気温が約0.6°Cの低下である。

図2のような装置を組み立て，注射器のピストンをすばやく引くと，フラスコの中の空気は温度が下がり，白くくもる。つまり，**同じ空気の気圧が下がると温度が下がり雲ができる**ことがわかる。*2

*1
1km先が見えない状態となったときに霧とよばれ，1km先が見えるときには**もや**とよばれる。

*2
ピストンを引くことでフラスコの中の空気は体積が大きくなり，気圧が小さくなった。

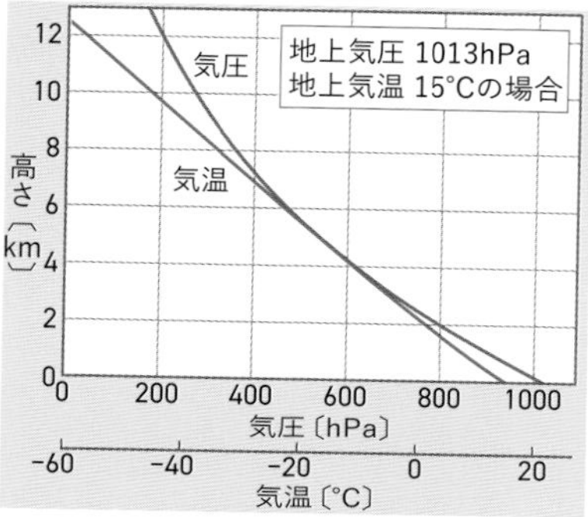


図1 高さと気圧と気温の関係

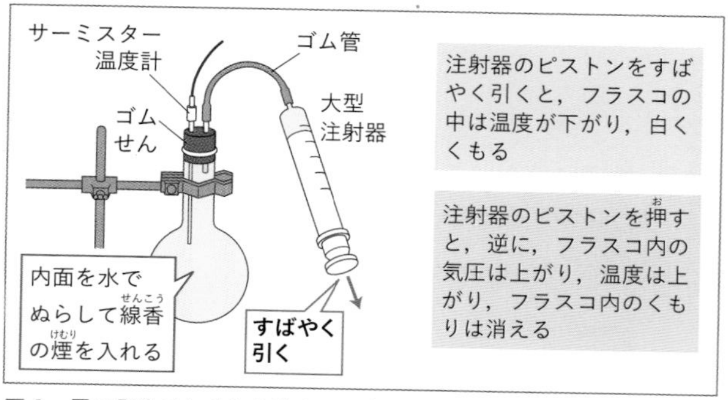


図2 雲の発生のしくみを確かめる実験

## ② 雲のでき方

大気中にできる雲は，空気が上昇することが原因で，次のようなしくみで発生する。

① 地表の，ある空気のかたまりが，上空に向かう空気の流れである上昇気流によって，上空へとのぼる。

② 上空ほど気圧が低いため，上昇した空気のかたまりはまわりから加わる気圧が小さくなるので膨張《ぼうちょう》する。これは，山のふもとよりも山頂でスナック菓《が》子《し》の袋《ふくろ》がふくらむ現象と同じしくみである。

③ 空気のかたまりは**上昇するにつれて，膨張し温度が下がる**。上昇中の空気のかたまりは，まわりの空気との熱のやりとりはほとんどない。

④ やがて空気のかたまりは**露点《ろてん》に達し，含まれている水蒸気が凝結し水滴となり始める。**

この時点が雲の発生である。さらに上昇を続けると，空気のかたまりの温度が0°Cとなり，氷の結晶《けっしょう》ができ始める。

上空でできた雲が地表に落ちてこないのは水滴や氷の結晶が上昇気流によって支えられているためである。

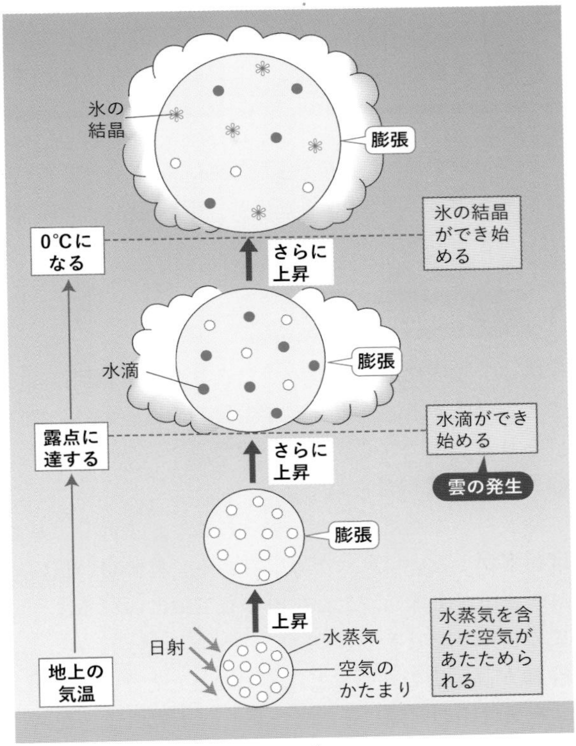


図3　空気の上昇と雲の発生

TRY! 思考力

**寒い日に息をはくと白くなるのはなぜか。**

ヒント　肺の中の空気は温度が高く，多くの水蒸気が含まれている。

解答例　息が冷やされて露点を下回り，含まれていた水蒸気が空気中のちりを凝結核にして凝結し，目に見える水滴の集まりとなるため。

UNIT 6

# 雨や雪のでき方

着目 雲は，地上付近で上昇気流が生じるところで発生する。

**要点**

- **上昇気流《じょうしょうきりゅう》**　地面が強く熱せられたり，風が山の斜面《しゃめん》にぶつかったりするなどして生じる。
- **降水《こうすい》**　雨《あめ》や雪《ゆき》などをまとめて降水といい，雲粒《くもつぶ》が集まって上昇気流で持ち上げられないほど大きくなったものが水滴《すいてき》または氷の粒として落ちてくる。

## 1 上昇気流の生じ方

雲は，地表付近の空気のかたまりが**上昇気流《じょうしょうきりゅう》**によって上空にのぼることで発生する。上昇気流が生じるのは，おもに次のような場合があげられる。

**❶ 地面が強く熱せられたとき**

地表付近の空気があたためられると，まわりよりも温度の高い空気は密度が小さい(軽い)ため上昇する。夏の暑い日に急激にあたためられた空気が上昇し，上空に向かって縦にのびるようにできる入道雲はこのしくみでできる雲の例である(図1❶)。

**❷ 風が高い山の斜面《しゃめん》などにぶつかったとき**

空気は山の斜面にそって上昇し，上昇気流となる(図1❷)。

**❸ あたたかい空気(暖気)と冷たい空気(寒気)がぶつかったとき**[*1]

暖気と寒気はすぐには混じり合わない。温度の高い空気は密度が小さく軽いため，寒気が暖気を押《お》し上《あ》げるか，または暖気が寒気の上をはい上がるかして，上昇気流となる(図1❸)。

*1
暖気と寒気がぶつかる境界を前線という(➡p.208)。

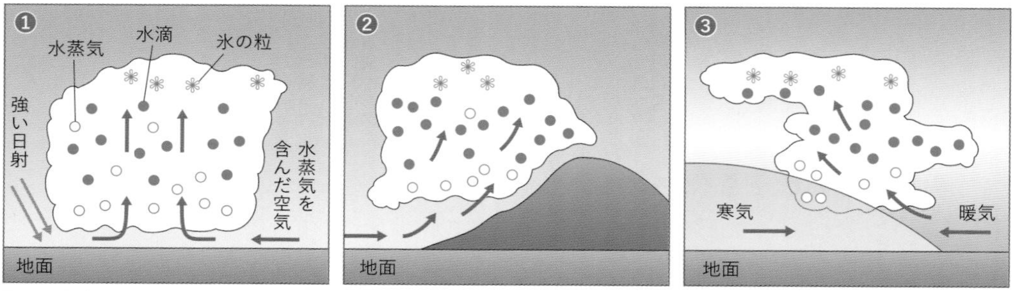


図1　雲を発生させるいろいろな上昇気流

## 2 降水(雨や雪)のでき方

**空から地上に降る雨《あめ》や雪《ゆき》，あられなどをまとめて降水《こうすい》という**。

雲は，空気が上昇し，水蒸気の一部が水滴《すいてき》や氷の粒《つぶ》となることにより発生する。これらの雲をつくる粒をまとめて雲粒《くもつぶ》とよぶ。雲粒は，水滴である場合と氷の粒(結晶《けっしょう》)である場合がある。おおよそ，地上から数千mの高さでは小さな水滴であり，数千mより上空では小さな水滴と氷の粒からなる。

小さな雲粒は上昇気流に支えられ落ちてこないが，雲粒が集まって大きくなり,[*2] 上昇気流が支えきれなくなると落ちてくる(図2)。

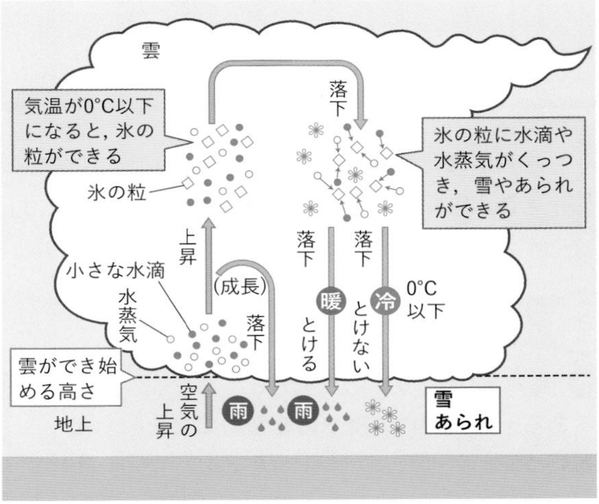

図2　雨や雪・あられのでき方

氷の粒がとけずに落下してきたものを**雪**や**あられ**，**ひょう**[*3]といい，とけて水滴となって落ちてきたものを**雨**という。

### 参考　露・霜とそのでき方

**露《つゆ》**は，気温が露点《ろてん》以下に下がり，**空気中の水蒸気の一部が凝結《ぎょうけつ》して水滴となって**，地面や植物などについたものである。

**霜《しも》**は，空気中の水蒸気が**0°C以下に冷えた**地上の植物や石などの表面で，直接氷の結晶《けっしょう》となったものである。

冬に見かけることがある**霜柱《しもばしら》**は，霜という文字が含まれているが，霜ができるしくみとは異なる。霜柱は，まず地表近くの水がこおり(凝固《ぎょうこ》)，さらにその下にある水が次々《つぎつぎ》にこおって持ち上がり，上向きにのびて柱状になったものである。

＊2
雲粒の大きさは直径0.01～0.02mm程度で，雨粒は直径が2mm程度である。1つの雨粒は雲粒が100万～800万個集まってできたものということになる。

＊3
雲から落下する氷の粒で，直径5mm未満のものを**あられ**，5mm以上のものを**ひょう**という。

TRY! 表現力

**ある日，雨が降っていた天気は雪に変わった。雨が雪に変わった理由を説明しなさい。**

ヒント　雨は水であり，雪は氷の粒であることから考える。

解答例　雨が降っているときより気温が下がり，雲から降ってくる氷の粒がとけなくなったため。

UNIT 7

# 降水と水の循環

着目 水は，水蒸気，水，氷と姿を変えながら地球上を循環している。

**要点**

- **降水量《こうすいりょう》**　ある時間内の降水の総量。日本は世界の中でも雨が多い地域である。
- **降水量の表し方**　降水量は水の深さ(mm)で表す。
- **水の循環《じゅんかん》**　水は，蒸発や降水をくり返し，地球上を循環している。

## 1 降水量

### A 降水量とそのはかり方

**ある一定時間内の降水の総量のことを降水量《こうすいりょう》**という。

降水量は雨量計《うりょうけい》(図1)を用いてはかる。雨量計のしくみは図2のようになっており，上から雨やとかした雪が中に入り，受水口を通って転《てん》倒《とう》ますに入る。転倒ますは，降水が一定量たまると転倒し，転倒したときに電流が流れる。一定時間の間に転倒ますが何回転倒したかが計測され，転倒ますに入る水の量と転倒した回数の積で降水量を求めることができる。

図1　**雨量計**

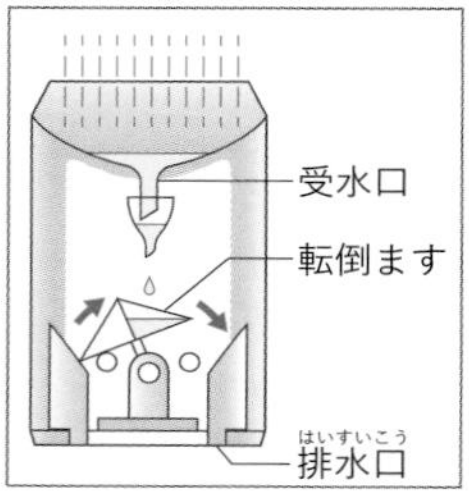


図2　**雨量計のしくみ**

### B 降水量の表し方

降水量の単位はmmで表す。正確にはミリメートルと読むが，一般《いっぱん》的な天気予報などではミリと読まれる。[*1] 雨量1mmは，降った雨がどこにも流れ去らずにそのままたまった場合の水の深さが1mmであることを表し，たとえば，「1時間で10mmの降水量」という場合，1時間で雨が水深1cmになる量の雨が降ったという意味である。

日本は世界でも有数の降水量が多い国で，ほとんどの観測点で年1000mmを超《こ》え，3000mmに達する場所もある。

**参考**　雪の深さの表し方

雪は以前降ったものが残り，その上に新しく降ったものが重なり続けることがあるので，自然の状態で積もったある時点の雪の深さを**積雪《せきせつ》**(**積雪《せきせつ》量《りょう》**),[*2] ある時間内に積もった雪の深さを**降雪《こうせつ》**(**降雪量《こうせつりょう》**)という。

*1
字数制限や伝わりやすさなどを考慮《こうりょ》し，報道機関などとの調整の上で，ミリという略した言い方を使用している。

*2
雪の深さは地上2～4mの高さに設置された積雪計から地面にレーザー光を当て，反射してもどってくる時間を計測してはかる。

## 2 水の循環

**水は，状態変化により，水蒸気(気体)，水(液体)，氷(固体)と姿《すがた》を変えながら地球上を循環《じゅんかん》している。**

地球上の水はその約97%が海水である(図3)。水は海面や陸地から蒸発して水蒸気として大気中に移動する。水蒸気は凝結《ぎょうけつ》して再び水となり，雨や雪となって地上にもどる。陸地の水は地表や川を流れたり，地面にしみ込《こ》んで地下水となったり，氷《ひょう》河《が》*3となったりする。そして再び海へともどる。

図4は地球全体の降水を100としたときの水の移動の内訳を示している。**水が姿を変えて地球上を移動しても，その総量は一定である。** 水の循環のもとになっているのは，太陽のエネルギーである。

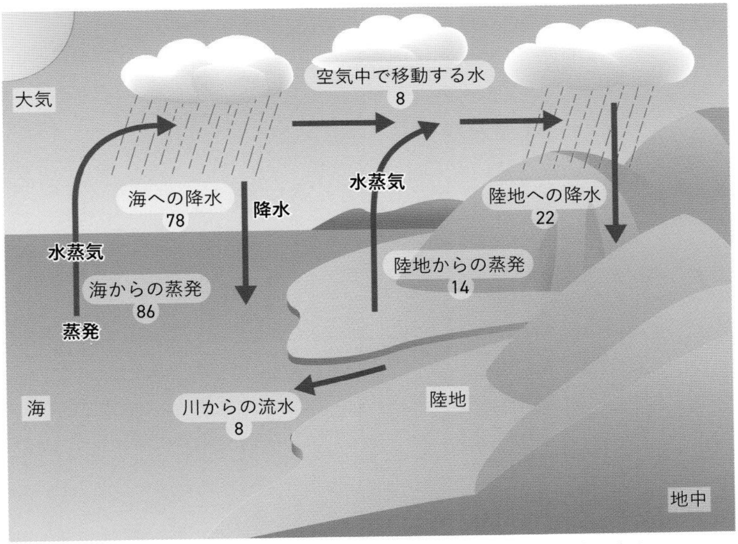


図4　**水の循環**　図の数値は地球全体の降水量を100としたときの値を表す。

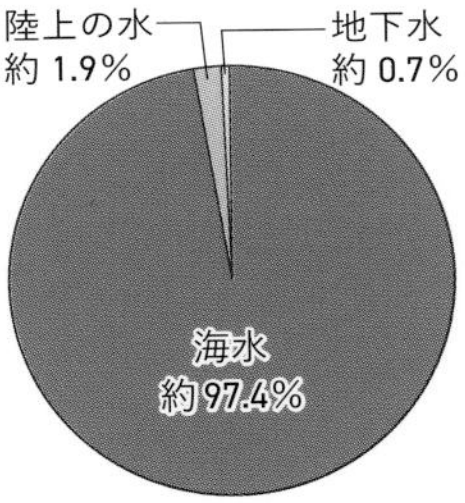


図3　**地球上の水の分布**
水蒸気や雲などの大気中の水は約0.001%。

*3
**氷河**は積み重なった雪が固まってできた巨大な氷のかたまりで，非常に少しずつ流動している。陸上の水の大部分を氷河が占めると考えられており，人間が利用しやすい川や湖の水は陸上の水のうち約0.5%とされている。

TRY! 表現力

**図4では海への降水よりも海からの蒸発が多いが，海水の量は減少せず一定である。その理由を図中のことばを用いて説明しなさい。**

ヒント　海から蒸発した水蒸気が循環し，どこにたどり着くかを読みとる。

解答例　海から蒸発して陸地に降った水も川からの流水として海にもどってくるため。

特集

# 代表的な10種類の雲（十種雲形）

## 上層雲

高さ：5～13km

**巻層雲《けんそううん》**（うす雲）

白いベール状の雲。太陽や月のかさをつくることが多い。

**巻積雲《けんせきうん》**（うろこ雲，いわし雲，さば雲）

丸みのあるうすく小さな雲が群らがっている。

## 中層雲

高さ：2～7km

**高層雲《こうそううん》**（おぼろ雲）

灰色や灰青色のベール状の雲。ときどき雨を降らせる。上層まで広がることが多い。

**高積雲《こうせきうん》**（ひつじ雲）

丸みのある大きな雲がかたまっている。雨や雪を降らせることは，ほぼない。

## 下層雲

高さ：2km以下

**層雲《そううん》**（きり雲）

地上数十mから数百mの低い空に，霧状《きりじょう》に広がる雲。

**層積雲《そうせきうん》**（うね雲，くもり雲）

凹凸《おうとつ》のあるかたまり状の雲や板状の雲が，低い空に横に広がる雲。

**巻雲《けんうん》**（すじ雲）

強い上空の風に流され，はけではいたように見えるすじ状の雲。

**乱層雲《らんそううん》**（あま雲，ゆき雲）

暗く灰色の雲。上層から下層まで広がり雨や雪を降らせることが多い。

## 雲の名前と高さ

| | | |
|---|---|---|
| 「巻」で始まる | ➡ | 上層雲 |
| 「高」で始まる | ➡ | 中層雲 |
| 「層」で始まる | ➡ | 下層雲 |

## 雲の名前と特徴

| | | |
|---|---|---|
| 「層」が入る | ➡ | 横に広がる雲 |
| 「積」が入る | ➡ | かたまり状の雲 |
| 「乱」が入る | ➡ | 雨や雪を降らせる雲 |
| 「積」で始まる | ➡ | 垂直に発達する雲 |

## 垂直に発達する雲

**積乱雲《せきらんうん》**（入道雲，かみなり雲）

下層から上層まで垂直に発達し，にわか雨や雷をもたらすことが多い。

**積雲《せきうん》**（わた雲）

もり上《じょう》がったドーム状の雲で，垂直に発達，雲の上端《たん》は，中層，上層まで達していることが多い。

＊ 乱層雲と積乱雲は，雨や雪を降らせる代表的な雲。

# 定期テスト対策問題

解答 ➡ 別冊p.9

## 問 1 水蒸気が凝結し始める温度の測定

**空気中の水蒸気が凝結《ぎょうけつ》し始める温度を測定するために，次のような実験を行った。これについて，あとの問いに答えなさい。**

**［実験］**

① 金属製のコップに，実験を行っている部屋**X**の中でくみ置きしておいた水を入れ，しばらくしてから水温をはかった。

② 右の図のように，氷を入れた試験管を水の中に入れ，水温が平均して下がるように試験管を静かに動かし続けた。

③ しばらくすると，コップの表面がくもり始めたので，そのときの水温をはかった。

④ 部屋**Y**でも同様の実験を行った。

(1) ③で，コップの表面がくもり始めた理由を，簡単に書け。

(2) ③で，コップの表面がくもり始めた温度を，このときの部屋**X**の中の空気の何というか。

(3) このときの実験で，部屋**X**でコップの表面がくもり始めたのは13℃，部屋**Y**でコップの表面がくもり始めたのは16℃であった。このときの部屋**X**と部屋**Y**の空気についての説明として正しいものを，次の**ア**～**エ**から１つ選べ。

**ア** 部屋**X**のほうが部屋**Y**より気温が高い。

**イ** 部屋**X**のほうが部屋**Y**より気温が低い。

**ウ** 部屋**X**のほうが部屋**Y**より空気1$m^3$中に含《ふく》まれている水蒸気量が多い。

**エ** 部屋**X**のほうが部屋**Y**より空気1$m^3$中に含まれている水蒸気量が少ない。

## 問 2 湿度の計算

**ある20℃の空気の露点《ろてん》を測定したところ，15℃であった。これについて，あとの問いに答えなさい。ただし，下の表は，気温と飽和水蒸気量《ほうわすいじょうきりょう》との関係を示したものである。**

| 気温〔℃〕 | 0 | 5 | 10 | 15 | 20 | 25 |
|---|---|---|---|---|---|---|
| 飽和水蒸気量〔g/$m^3$〕 | 4.8 | 6.8 | 9.4 | 12.8 | 17.3 | 23.1 |

(1) この空気の湿度《しつど》は何％か。小数第１位を四捨五入して整数で答えよ。

(2) この空気をあたためて25℃にした。空気1$m^3$中の水蒸気量は変化しなかったものとしたとき，このときの湿度は何％か。小数第１位を四捨五入して整数で答えよ。

(3) この空気を冷やして10℃にしたとき，空気1$m^3$中から凝結して現れる水滴《すいてき》の質量は何gか。

(4) (3)のときの湿度は何％か。

## 問 3 気温と湿度

**下の図は，ある連続した 3 日間の気温と湿度を測定した記録である。これについて，あとの問いに答えなさい。**

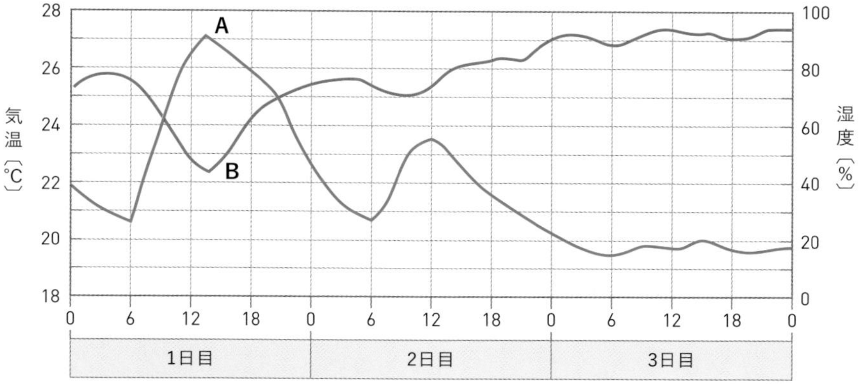


⑴　気温の変化を表しているのは，**A**と**B**のどちらか。

⑵　一日中晴れていたと考えられるのは何日目か。

⑶　一日中雨かくもりであったと考えられるのは何日目か。

⑷　一日中晴れていた日，気温と湿度とはどのような関係となっているか。

⑸　⑷のようになる理由を簡潔に書け。

## 問 4 雲のでき方を調べる実験

**右の図は，少量の水と線香の煙《けむり》を入れたフラスコに大型注射器をつないだものである。この装置で，注射器のピストンを急に操作したら，フラスコ内が白くくもり，温度が変化した。これについて，次の問いに答えなさい。**

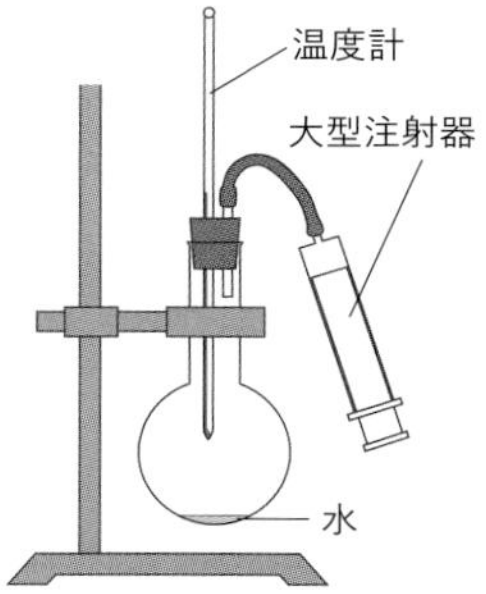


⑴　このときのピストンの操作と温度変化との関係について，次の**ア**～**エ**から正しいものを 1 つ選び，記号で答えよ。

**ア**　ピストンを急に引くと，温度が下がった。

**イ**　ピストンを急に押《お》すと，温度が下がった。

**ウ**　ピストンを急に引くと，温度が上がった。

**エ**　ピストンを急に押すと，温度が上がった。

⑵　この実験で起こった現象ともっとも関係が深いものを次の**ア**～**エ**から選び，記号で答えよ。

**ア**　蒸発　　**イ**　上昇《じょうしょう》気《き》流《りゅう》　　**ウ**　高気圧　　**エ**　風

⑶　フラスコの中に少量の水を入れたのはなぜか。その理由を簡単に説明せよ。

UNIT 1

# 前線とその構造

着目 異なる性質の空気のかたまりがぶつかることによって，前線面と前線ができる。

**要点**

- **前線《ぜんせん》** 暖気《だんき》と寒気《かんき》のかたまりの境界面を前線面《ぜんせんめん》，前線面と地表の交線を前線という。
- **前線の種類** 温暖前線《おんだんぜんせん》，寒冷前線《かんれいぜんせん》，停滞前線《ていたいぜんせん》，閉塞前線《へいそくぜんせん》があり，暖気と寒気のぶつかり方のちがいによって，構造の異なる前線ができる。

## 1 前線のでき方

**気温や湿度《しつど》がほぼ一様な空気のかたまりを**気団《きだん》という。気団は，あたたかいものや冷たいもの，乾燥《かんそう》したものや湿《しめ》ったものなどさまざまな性質のものがある。

たとえば，あたたかい空気(**暖気《だんき》**)をもつ気団を**暖気団《だんきだん》**，冷たい空気(**寒気《かんき》**)をもつ気団を**寒気団《かんきだん》**とよぶ。

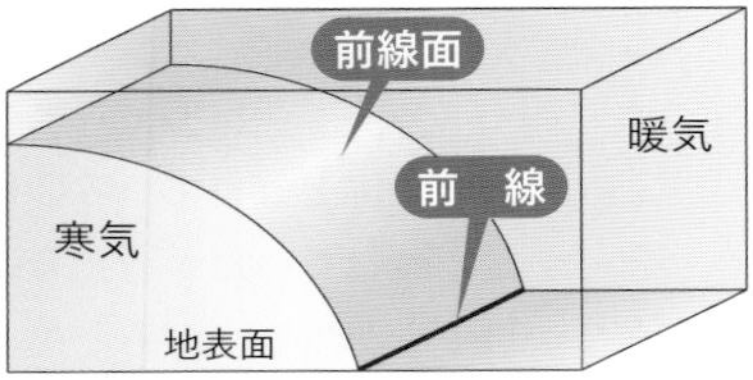


図1 **前線面と前線**

図1のように，性質の異なる空気である寒気と暖気がぶつかると，すぐには混じり合わずに，ぶつかった所に境界面，境界線ができる。**このときできる境界面を**前線面《ぜんせんめん》[*1]といい，**前線面が地表面や海面と交わってできる境界線を**前線《ぜんせん》という。

*1
前線面や前線は目に見える面や線ではなく，境界が面や線となっていると仮定して表したものである。

## 2 前線の種類

前線は**性質の異なる気団のぶつかり方によって，**温暖前線《おんだんぜんせん》，寒冷前《かんれいぜん》線《せん》，停滞前線《ていたいぜんせん》，閉塞前線《へいそくぜんせん》**の4種類**に分けられる。

天気予報などの天気図で，半円や三角形のような記号のついた曲線がのびているのを見ることも多いだろう。前線は天気図上に，決められた記号(表1)を用いて，前線ができている位置にかき入れる。

低気圧や高気圧が移動するように，前線も移動する。表1のそれぞれの前線の記号で，▲や◠などの記号の先が向いている方向に前線は移動する。ただし，停滞前線はその名のとおり，ほとんど移動しない。

表1 **前線の種類と記号**

| 名　称 | 記　号 |
|---|---|
| 温暖前線 |  |
| 寒冷前線 |  |
| 停滞前線 |  |
| 閉塞前線 |  |

## ③ 4種類の前線の構造

### Ⓐ 温暖前線

**暖気の勢力が寒気の勢力より強いとき，暖気が寒気の上にはい上がり，寒気を押《お》すように進む。**図2のように前線面の傾《かたむ》きはゆるやかで，暖気はゆるやかに上昇《じょうしょう》する(➡p.210)。

### Ⓑ 寒冷前線

寒気の勢力が暖気の勢力より強いとき，**寒気が暖気の下にもぐり込《こ》み，暖気を押し上げながら進む。**図3のように前線面の傾きは温暖前線よりも大きく，暖気が急激に上昇する(➡p.212)。

### Ⓒ 停滞前線

**寒気と暖気の勢力がほぼ等しいときにでき，ほとんど動かない**(図4➡p.215)。梅雨《ばいう》(つゆ)の時期に見られる**梅雨前線《ばいうぜんせん》**(➡p.230)，秋に見られる**秋雨前線《あきさめぜんせん》**(➡p.229)などがある。

### Ⓓ 閉塞前線

寒冷前線の移動の速さは温暖前線の移動の速さよりも速いため，**寒冷前線が温暖前線に追いつくことがあり**，そのときにできる(図5➡p.215)。寒気どうしがぶつかって暖気を地表から押し上げてしまうため，地表面は寒気でおおわれて気温が下がる。

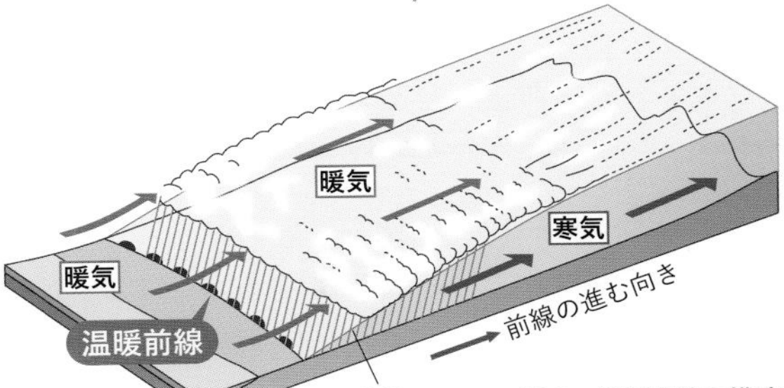

図2　温暖前線の構造

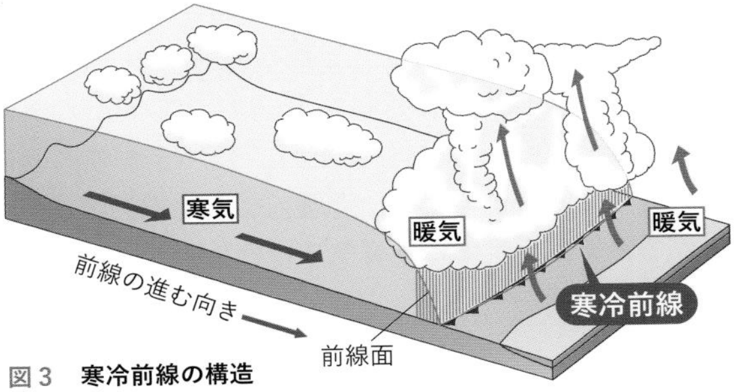

図3　寒冷前線の構造

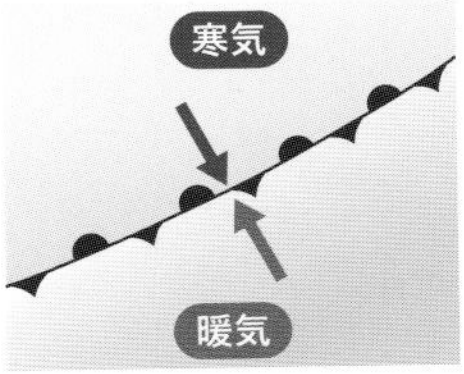

図4　停滞前線

図5　閉塞前線

TRY! 表現力

**温暖前線や寒冷前線が発生すると，その前線面にそって雲ができやすい。その理由を，寒気と暖気の動きに注目して説明しなさい。**

ヒント　寒気と暖気がぶつかったときに暖気がどのような動きをするか考える。

解答例　暖気と寒気がぶつかると，密度が小さい暖気の動きによって上昇気流が発生するため。

UNIT 2

# 温暖前線と天気の変化

着目 温暖前線の通過時には，弱い雨が広範囲に長時間降り，通過後気温が上昇する。

**要点**

- **温暖前線《おんだんぜんせん》と上昇気流《じょうしょうきりゅう》** 前線面の傾きがゆるやかなため，ゆるやかな上昇気流が生じる。
- **温暖前線と雲** 広い範囲に層状の雲ができ，乱層雲《らんそううん》は弱い雨を降らせる。
- **温暖前線と天気** 通過時に弱い雨が広範囲《こうはんい》に長時間降り，通過後は気温が上がる。

## 1 温暖前線による上昇気流

温暖前線《おんだんぜんせん》は，寒冷前線《かんれいぜんせん》*1と比べて前線面の傾《かたむ》きがゆるやかである。温暖前線の前線面の傾きは，1/200～1/300と表され，これは水平《すいへい》距離《きょり》200～300kmに対して垂直に1km上昇《じょうしょう》する程度の傾きであることを意味する。このため，**温暖前線の前線面で寒気の上に暖気がはい上がるときに発生する上昇気流はゆるやかである。**

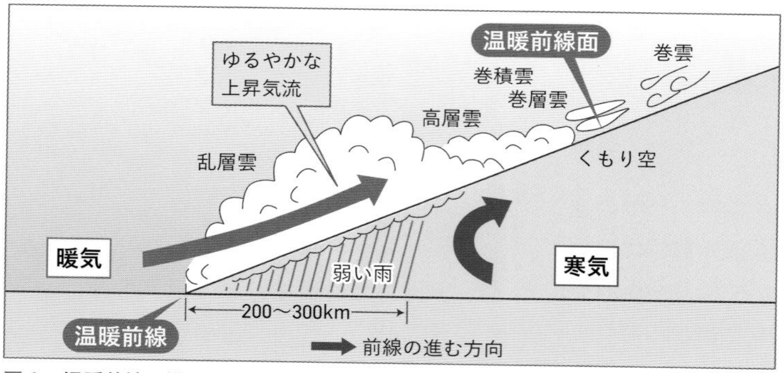


図1 **温暖前線の構造と雲**

*1
**寒冷前線**については**寒冷前線と天気の変化**(➡p.212)で学習する。

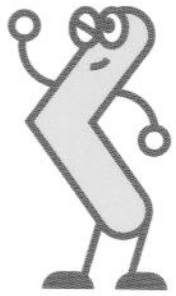

## 2 温暖前線付近にできる雲

ゆるやかな上昇気流によってできる雲は，ふつう，層状で，数百kmにもわたる広い範囲《はんい》に広がる雲となる(図1)。

温暖前線が近づいてくると空の高い所では**巻積雲《けんせきうん》**(丸みのある小さな雲の集まりでうろこ雲ともよばれる)，**巻層雲《けんそううん》**(白いベール状のうすい雲でうす雲ともよばれる)や**巻雲《けんうん》**(はけではいたような白くうすい雲ですじ雲ともよばれる)*2などが現れる。

*2
雲は，大きく10種類に分けられる(➡p.204)。そのなかで，巻積雲，巻層雲，巻雲は，もっとも高い所にできる雲である。

低い所ではおもに**乱層雲**《らんそううん》(あま雲ともよばれる)，**高層雲**《こうそううん》(おぼろ雲ともよばれる)などができる。

乱層雲，高層雲は，**水平方向の広い範囲に広がるだけでなく，厚みをもつ。乱層雲は暗い灰色の雲で，全天をおおい雨を降らせる**(図2)。高層雲は灰色や灰青色の厚いベール状の雲で，雨が降る前に現れることが多い(図3)。

図2　乱層雲

図3　高層雲

## 3 温暖前線と天気の変化

温暖前線が近づいて通過するまでの間には，おだやかで弱い雨が，比較的《ひかくてき》長時間，広い範囲に降る。

温暖前線が近づいてくると，空の比較的低い所に雲ができ，しだいに厚くなり，ポツポツと弱い雨が降り始める。この雨はおもに乱層雲から降る雨で，**おだやかで弱い雨**となる。

**乱層雲の広がる範囲が広いため，雨は200～300kmにもわたる広い範囲に降る**。また，雲の広がる範囲が広いため，**雲が近づいてから雲が通り過ぎるまでの時間が長く，雨は長い時間降り続く**。

温暖前線の通過後は，雲は前線とともに通過するため雨は上がる。また，しだいに天気は回復する。

温暖前線の進む方向の前には寒気，後ろには暖気があるため，前線の通過前は寒気におおわれていた地点が，前線の通過後は暖気におおわれるようになる。暖気はあたたかい空気のかたまりなので，**気温は上がる**。また，低気圧の中心に向かって反時計回りに風が吹《ふ》き込《こ》むため，南寄りの風が吹くようになる。

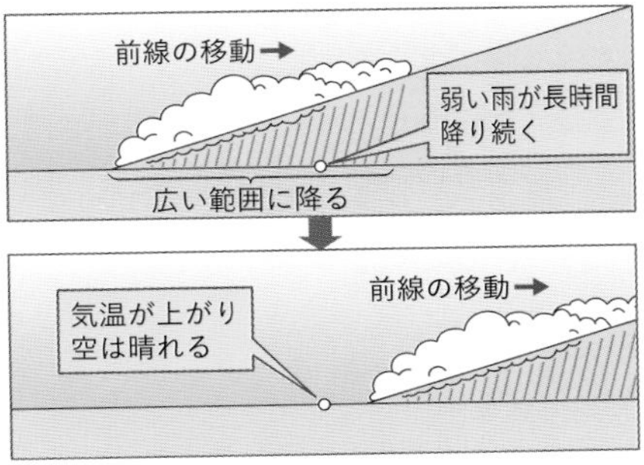


図4　温暖前線の通過と天気の変化

TRY! 思考力

**温暖前線が通過するときに降る雨が長時間続く理由を説明しなさい。**

ヒント　雨を降らせる雲の広がり方と天気の変わり方を考える。

解答例　温暖前線は前線面の傾きがゆるやかで，雨を降らせる乱層雲が前線の進行方向の上空の広い範囲に広がること。

UNIT

# 3 寒冷前線と天気の変化

着目 寒冷前線の通過時，強い雨がせまい範囲に短時間降り，通過後気温が低下する。

要点

- **寒冷前線《かんれいぜんせん》と雲** 前線面の傾《かたむ》きが急なため，激しい上昇気流《じょうしょうきりゅう》による積乱雲《せきらんうん》ができる。
- **寒冷前線と天気** 通過時にせまい範囲《はんい》に激しい雨が降り，通過後気温は急低下する。
- **寒冷前線の通過** 気象要素の変化のデータから，寒冷前線の通過時刻を読みとれる。

## 1 寒冷前線付近にできる雲

寒冷前線《かんれいぜんせん》は，寒気が暖気を激しく押《お》し上《あ》げながら進み，温暖前線に比べて前線面の傾斜《けいしゃ》が急である。[*1]

寒冷前線の**傾斜が急な前線面にそって，激しい上昇気流が生じる。**

激しい上昇気流によって，**上下方向に垂直に発達する積雲《せきうん》**(わた雲)**や積乱雲《せきらんうん》**(入道雲・かみなり雲)**ができる**(図1)。

＊1
寒冷前線の前線面の傾《かたむ》きは1/50～1/100程度であり，温暖前線の前線面の傾き(➔p.210)の3倍程度かそれ以上である。

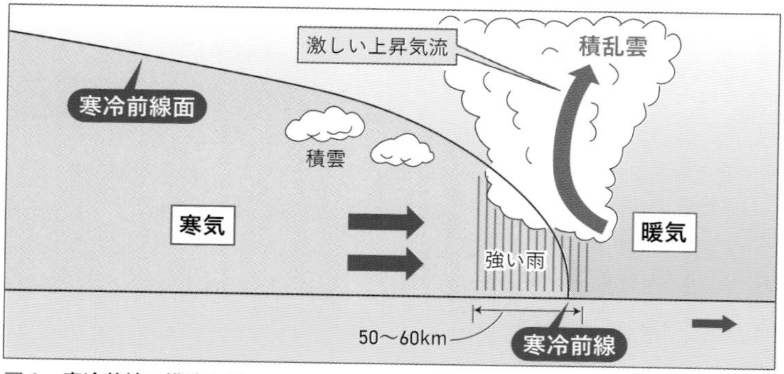


図1 **寒冷前線の構造と雲**

## 2 寒冷前線と天気の変化

寒冷前線が近づくと，積雲状の雲が現れ，やがて空全体をおおう。寒冷前線の通過時には天気は急変し，**発達した積乱雲から激しく強い雨が降る**。雷《かみなり》が鳴ったり，突風《とっぷう》が吹いたり，ひょうが降ることなどもある。

このとき，積乱雲は水平方向の距離《きょり》が短く積乱雲が通過するまでの時間も短いため，**雨が降る範囲《はんい》はせまく，雨が続く時間も短い**。

図2 **積乱雲**

寒冷前線が進む方向の前には暖気，後ろには寒気がある。ある地点を寒冷前線が通過すると，通過後は寒気におおわれるため，急激に気温が下がり，北寄りの風が吹くようになる。

## 3 寒冷前線の通過の例

右の図 3 は，ある地点で実際に寒冷前線が通過したときの気象要素の変化を表したグラフである。

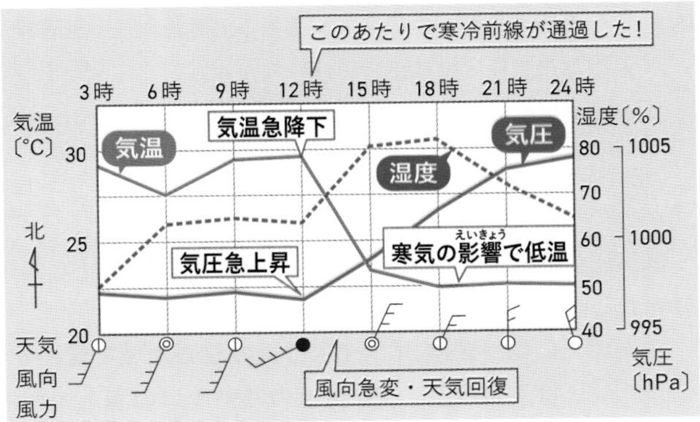


図 3　**寒冷前線通過前後の気象要素の変化**

### A 気温と湿度

12 時ごろに**寒冷前線が通過しており，その後寒気におおわれるため気温は急激に低下している。**また，通過時に降った雨と気温の低下によって**湿度《しつど》は上昇している。**

### B 天気と風向

天気は寒冷前線通過時に**突然《とつぜん》雨となり，通過後は短時間で回復**していることがわかる。急に空が真っ暗になり大雨が降り，短時間で何事もなかったように晴れ上がるような天気の変化を経験したことがあるだろう。そのような天気の変わり方は，寒冷前線の通過によるものである可能性がある。

風向は，**前線通過前は南寄りであるが，寒冷前線の通過とともに北寄りに変化**している。また，寒冷前線の通過後は気圧が急激に上昇することもわかる。

このようなことから，**気象要素のデータから寒冷前線が通過したおおよその時刻を読みとることができる。**特に**気温の急激な低下と天気，風向の変化**に注目するとわかりやすい。

TRY! 表現力

**寒冷前線が通過するときには急に激しい雨が降り，短時間でやむ。雨が降る時間が短い理由を，雨を降らせる雲に注目して説明しなさい。**

ヒント　雨を降らせる雲の広がり方を考える。

解答例　寒冷前線は前線面の傾きが急で，せまい範囲に垂直に発達した積乱雲から雨が降るため。

UNIT 4

# 低気圧の種類と一生

着目 温帯低気圧は，停滞前線がうずを巻いてでき，寒冷前線と温暖前線をともなう。

**要点**

- **低気圧の種類**　中緯度《ちゅういど》で発生する温帯低気圧《おんたいていきあつ》と低緯度で発生する熱帯低気圧《ねったいていきあつ》がある。
- **温帯低気圧**　南西側にのびた寒冷前線《かんれいぜんせん》と南東側にのびた温暖前線《おんだんぜんせん》付近に雨を降らせる。
- **熱帯低気圧**　等圧線がほぼ同心円状で前線をともなわない。

## 1 低気圧の種類

低気圧には，発生する場所によって，温帯低気圧《おんたいていきあつ》と熱帯低気圧《ねったいていきあつ》に分けられる。

温帯低気圧**は，緯度《いど》30°～60°付近の温帯地域で発生する**低気圧で，熱帯低気圧**は，緯度 5°～20°付近の熱帯地域の海上で発生する**低気圧である。

### A 温帯低気圧

北の寒気と南の暖気がぶつかってできる前線上で発生する。前線上でできるため，**前線をともなう低気圧**となり，中心から南西にのびる寒冷前線《かんれいぜんせん》と南東にのびる温暖前線《おんだんぜんせん》が見られる(図1**A**)。

また，温帯低気圧は発達しながら西から東*1へ移動し，やがて衰《すい》退《たい》する。

### B 熱帯低気圧

熱帯低気圧は，等圧線がほぼ同心円状で中心に近いほど等圧線の間隔《かんかく》はせまくなっている(図1**B**)。また，前線をともなわず，中心部近くでは激しい上昇気流《じょうしょうきりゅう》が生じている。

移動の道すじは，時期によってほぼ決まっており，熱帯低気圧のうち，**最大風速が17.2m/s以上に発達したもの**を台風《たいふう》**という**(➡ p.230)。

台風と同様に発達した熱帯低気圧でも，北太平洋東部や北大西洋で発達したものを**ハリケーン**，インド洋のベンガル湾《わん》やアラビア海で発達したものを**サイクロン**とよぶなど，発達した場所によって名前が異なる。

＊1
中緯度地域の上空に一年中**偏西風《へんせいふう》**とよばれる西寄りの風が吹《ふ》いているためである(➡ p.222)。

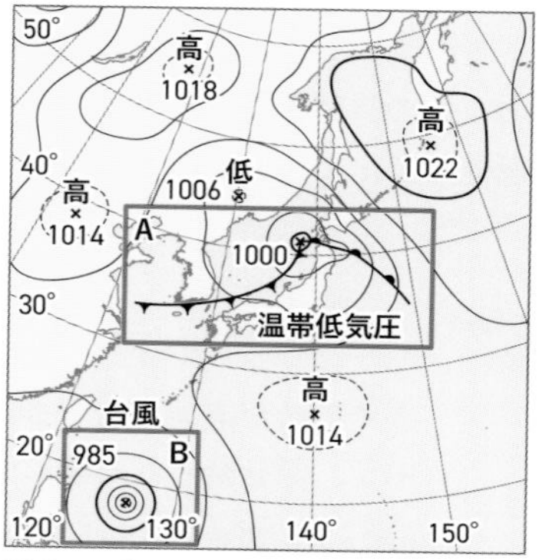


図1　天気図上での温帯低気圧と台風

## 2 温帯低気圧の一生

### A 温帯低気圧の発生

同じくらいの勢力の**寒気と暖気がぶつかると，ほとんど動かない停《てい》滞前線《たいぜんせん》**ができる(図2❶)。次に，停滞前線が波打ち，前線上に大気のうずができて温帯低気圧**が発生する。**うずの西側には寒気が暖気を押《お》す寒冷前線ができ，うずの東側には暖気が寒気側に進む温暖前線ができる(図2❷)。

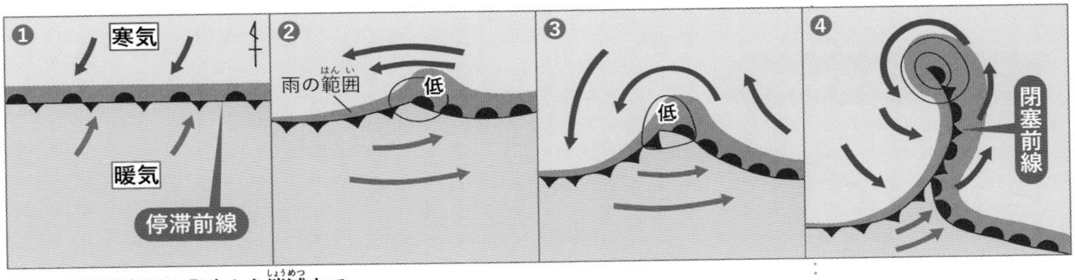


図2　**温帯低気圧の発生から消滅《しょうめつ》まで**

### B 温帯低気圧の成長から消滅

寒冷前線付近の寒気は暖気の下にもぐり込《こ》み，暖気が寒気に押し上げられる動きが進むと**全体のうずはさらに激しくなり，低気圧も激しいうずとなり，発達する。**低気圧の**南西方向に**寒冷前線，**南東方向に**温暖前線がのび，低気圧はもっとも発達した状態となり，風雨が激しい時期となる(図2❸)。

寒冷前線の進む速さは温暖前線よりも速いことが多いため，やがて寒冷前線が温暖前線に追いつき，閉塞前線《へいそくぜんせん》ができる。閉塞前線におおわれると，地表はすべて寒気におおわれるので(図3)，上昇気流が発生しなくなり，低気圧はやがて消滅《しょうめつ》していく(図2❹)。

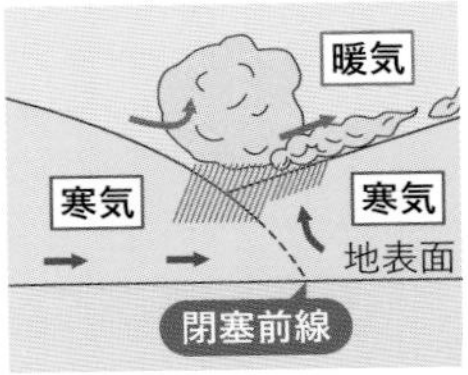


図3　**閉塞前線の構造**
あとから追いついた寒気のほうが前の寒気より温度が低い場合の構造。

TRY! 表現力

**温帯低気圧が発生するとき，はじめにどのような空気の動きが起こっているか。そのときにできる前線の名称《めいしょう》とともに説明しなさい。**

ヒント　温帯低気圧は温暖前線と寒冷前線をともなっているが，最初は1つの前線から始まる。

解答例　寒気と暖気がぶつかる停滞前線が波打ってうずができ，前線上に低気圧が発生する。

UNIT 5

# 低気圧の構造と天気

着目 温帯低気圧は，中心から温暖前線と寒冷前線がのび，その間は暖気におおわれる。

**要点**

- **温帯低気圧の立体的な構造**　中心から南西にのびる温暖前線《おんだんぜんせん》の前側と南東にのびる寒冷前線《かんれいぜんせん》の後ろ側に雲が広がる。
- **温帯低気圧と天気の関係**　温暖前線，寒冷前線が順に通過し，それぞれのとき天気は変化する。

## 1 温帯低気圧の構造

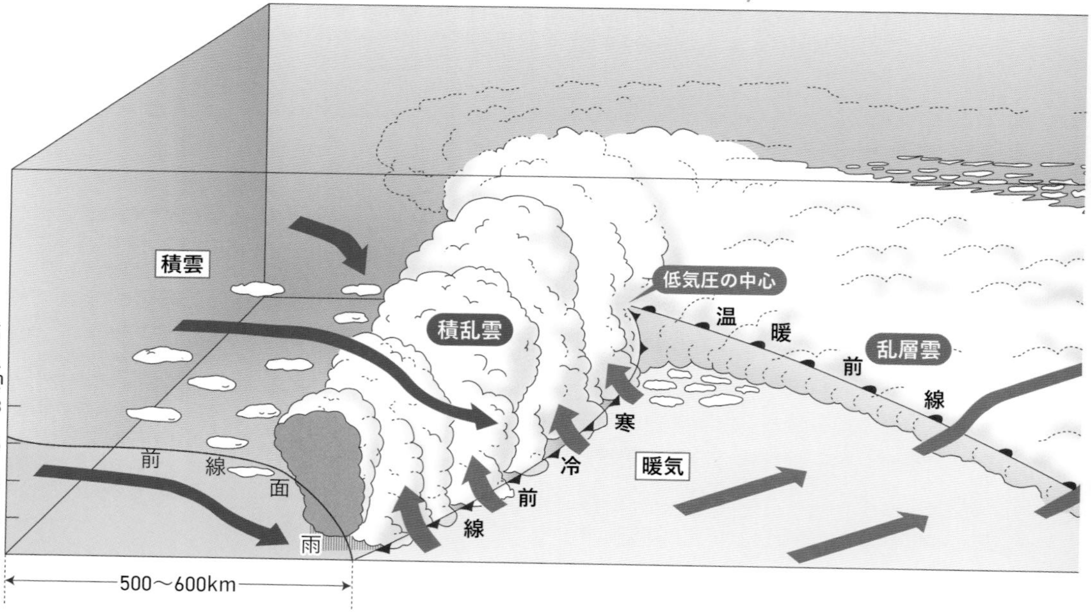


図1　温帯低気圧の構造の模式図

温帯低気圧は，低気圧の中心から**南西方向に寒冷前線《かんれいぜんせん》，南東方向に温暖前線《おんだんぜんせん》がのび**，温暖前線の進む方向の前側と寒冷前線の後ろ側には寒気，**2つの前線の間には暖気が分布**している(図1)。天気図上で，温帯低気圧は図2のように前線の記号を用いて表される。図2でのA－Bの垂直断面図を立体的に表したものが図1であり，雲の厚さなどが比較《ひかく》できる。

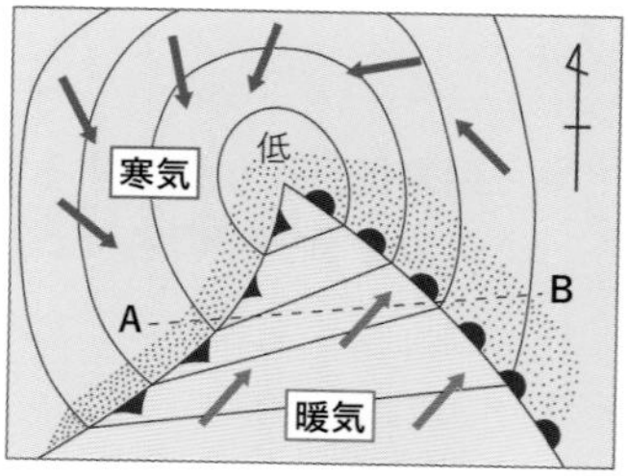


図2　天気図上の温帯低気圧

## 2 温帯低気圧と天気

**温暖前線の進む方向には乱層雲《らんそううん》を中心とした層状の雲**が広い範囲《はんい》に広がり，**寒冷前線の後ろ側には垂直にのびる積乱雲《せきらんうん》や積雲《せきうん》**がせまい範囲に発生している。*1 このため，**温暖前線は通過するまでに広範囲で弱い雨が長時間降り，寒冷前線は通過時にせまい範囲に激しい雨が短時間降る。**温暖前線と寒冷前線の間の暖気におおわれた所では雲が少ないことが多く，雨はあがることが多い。

風向は，低気圧全体では，**低気圧の中心に向かって反時計回り（左回り）に風が吹《ふ》き込《こ》むような向きである。**寒冷前線の通過前は南寄りの風，通過後は北寄りに風向が変わる。

*1
低気圧の影響《えいきょう》がおよび，天気が変化する範囲は2000〜3000kmと広範囲である。



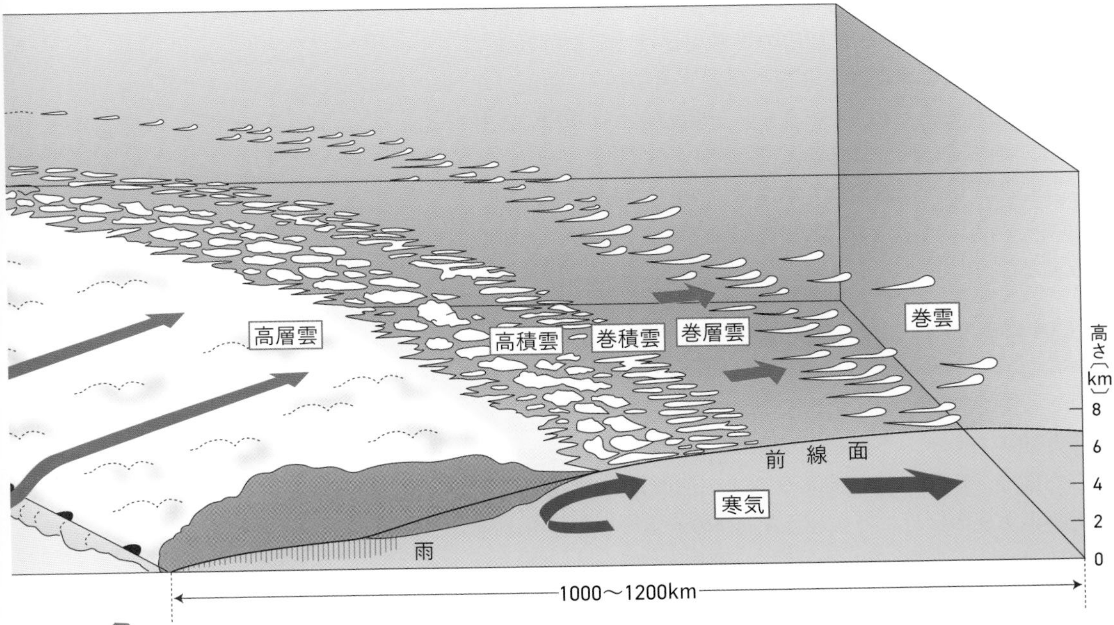


TRY! 表現力

**温帯低気圧全体で見たときの雨の降る範囲について，２つの前線ののび方にふれながらそれぞれ説明しなさい。**

ヒント　前線の種類と雨の降り方の関係を考える。

解答例　南東側にのびる温暖前線の前側の広い範囲と，南西側にのびる寒冷前線の後ろ側のせまい範囲。

UNIT 6

# 低気圧の移動と天気

着目 温帯低気圧の移動により，ある地点の天気は刻々と変化する。

要点

- **温帯低気圧《おんたいていきあつ》の移動のしかた**　ふつう，偏西風《へんせいふう》によって西寄りから東寄りに移動する。
- **温帯低気圧の移動と天気**　まず温暖前線《おんだんぜんせん》の接近と通過によって弱い雨が長時間降り，晴れたあと，寒冷前線《かんれいぜんせん》の通過によって激しい雨が短時間降る。

## 1 温帯低気圧の移動

**温帯低気圧《おんたいていきあつ》**は，中緯度地域《ちゅういどちいき》の上空を1年中吹《ふ》いている西寄りの風である**偏西風《へんせいふう》**(➡ p.222)の影響を受け，日本付近では**西から東，または南西から北東へ移動する**(図1)。西寄りから東寄りに移動すると考えてよい。移動の速さは季節により異なり，冬に速い傾向《けいこう》にある。

温帯低気圧は，温暖前線と寒冷前線をともなうので，接近，通過するときには2つの前線も通過することになり，天気が変化する。

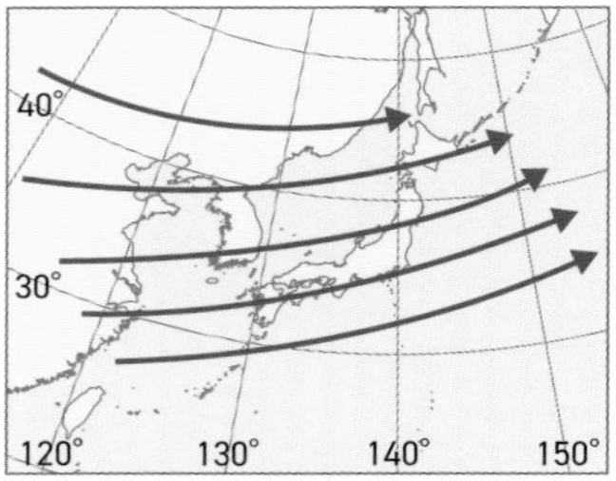

図1　温帯低気圧の移動経路の例

## 2 温帯低気圧の移動と天気の変化

図2，3に示したA地点は温帯低気圧からのびる温暖前線の前方にあった地点である。それぞれの図の下の図は上の図を平面の天気図に表した図で，X−Yの垂直断面図が上の図のX−Yである。*1

温帯低気圧の接近にともなうA地点の天気の変化はおよそ次のようになる。

① A地点が温暖前線のはるか前方にあるとき(図2❶)，西の空の高い所に巻雲《けんうん》，巻層雲《けんそううん》，巻積雲《けんせきうん》が現れ，天気は晴れから**少しずつくもりに変わってくる。**

② A地点に温暖前線が接近すると(図2❷)，雲がだんだん低く厚くなり，空全体が乱層雲《らんそううん》**におおわれるようになる。ポツポツと弱い雨が降り始める。**

③ A地点を温暖前線が通過している間(図2❸)は，**数時間，弱い雨が降り続く**。やがて西のほうの空が明るくなってくる。

*1
低気圧の影響がおよび，天気が変化する範囲《はんい》は2000〜3000 kmと広範囲である。

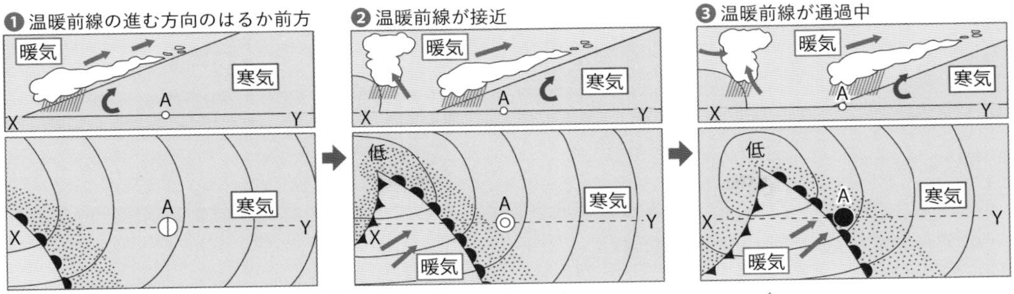


図 2　**温帯低気圧の移動とある地点の天気の変化（温暖前線の通過）**

④ 温暖前線が通過後（図 3 ❹），**A**地点は暖気におおわれた場所に位置するので，**雨はあがることが多く，気温は上がる。風は，それまでの東寄りの風から南寄りの風に変わる。**

⑤ **A**地点を寒冷前線が通過するとき（図 3 ❺），西から発達した**積乱雲**《せきらんうん》**が近づいてきて，激しい雨が降り始める。**雷《かみなり》が発生したり，突風《とっぷう》が吹いたり，ひょう*2が降ったりすることもある。このような激しい雨は**数十分から 1 時間程度の短時間であがることが多い。**

⑥ 寒冷前線の通過後（図 3 ❻），**A**地点の天気は急激に回復し，晴れることが多い。**寒気におおわれるため気温は急激に低下する。**

*2
**ひょう**は積乱雲の中で上昇《じょうしょう》と下降をくり返す間に大きくなった氷のかたまりで，野球のボールほどの大きさになることもある。直径 5 mm 未満の小さなものは**あられ**という（➡p.201）。

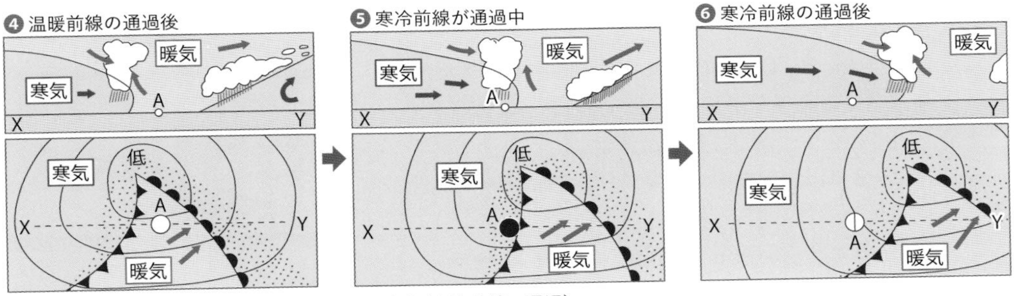


図 3　**温帯低気圧の移動とある地点の天気の変化（寒冷前線の通過）**

TRY! 表現力

**温帯低気圧の接近にともなって弱い雨が数時間降り続いたあと，雨がやんで空が晴れ，気温が上昇した。この後，どのように天気が変化すると考えられるか説明しなさい。**

ヒント　温帯低気圧が移動すると，まず温暖前線が通過する。その後の変化を考える。

解答例　寒冷前線の通過とともに短時間激しい雨が降り，気温が低下する。

TEST

# 定期テスト対策問題

解答 ➡ 別冊 p.10

## 問 1 前線の種類

**次の(1)〜(3)のそれぞれにあてはまる前線名《ぜんせんめい》を答え，さらにそれぞれにあてはまる前線記号をあとのア〜エから選んで記号で答えなさい。**

(1) この前線では，寒気が暖気の下に入《はい》り込《こ》み暖気を激しく持ち上げるので，せまい範囲《はんい》でにわか雨が降《ふ》ったり，突風《とっぷう》が吹《ふ》いたりすることが多い。

(2) 北からの寒気と南からの暖気がほぼ同じ勢力でぶつかると，どちらへも動かない前線ができる。梅雨前線《ばいうぜんせん》は，その代表例である。

(3) この前線では，暖気が寒気の上へゆるやかにはい上がっていくので，層状の雲ができ，そこから弱い雨が長時間降り続く。

**ア** 　**イ** 　**ウ** 　**エ** 

## 問 2 前線の構造

**右の2つの図は，温帯低気圧にともなっている2種の前線の東西方向の垂直断面図である。これについて，次の問いに答えなさい。**

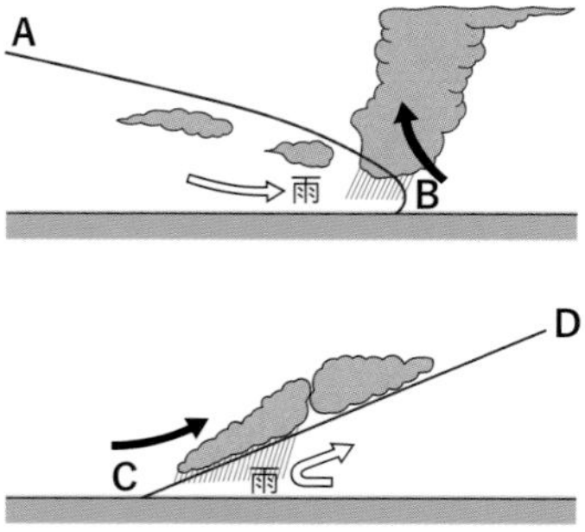


(1) 図中のA—B，C—Dはそれぞれ前線面を，また，⇨と➡は空気の動きを示している。次の**ア**〜**エ**のうちで，正しいものを1つ選び，記号で答えよ。

**ア** A—Bは温暖前線面で，寒気(⇨)が暖気(➡)の下にもぐり込んで，暖気を持ち上げている。

**イ** A—Bは寒冷前線面で，暖気(⇨)が寒気(➡)の下にもぐり込んで，寒気を持ち上げている。

**ウ** C—Dは温暖前線面で，暖気(➡)が寒気(⇨)の上にはい上がっている。

**エ** C—Dは寒冷前線面で，寒気(➡)が暖気(⇨)の上にはい上がっている。

(2) 次の**ア**〜**オ**のうち，もっとも適当なものを2つ選び，記号で答えよ。

**ア** 前線面A—B付近で降る雨は，前線面C—D付近で降る雨より強い。

**イ** 前線面A—B付近で降る雨は，前線面C—D付近で降る雨より弱い。

**ウ** 前線面A—B付近で降る雨は，前線面C—D付近で降る雨より長く降り続く。

**エ** 前線面A—B付近で降る雨は，前線面C—D付近で降る雨より短い時間しか降らない。

**オ** どちらの前線面付近で降る雨も，ほとんど同じような長さで降る。

## 問 3 前線の通過と天気の変化

**右の図は，ある地点を前線が通過した日の気象観測の結果をまとめたものである。この図を見て，次の問いに答えなさい。**

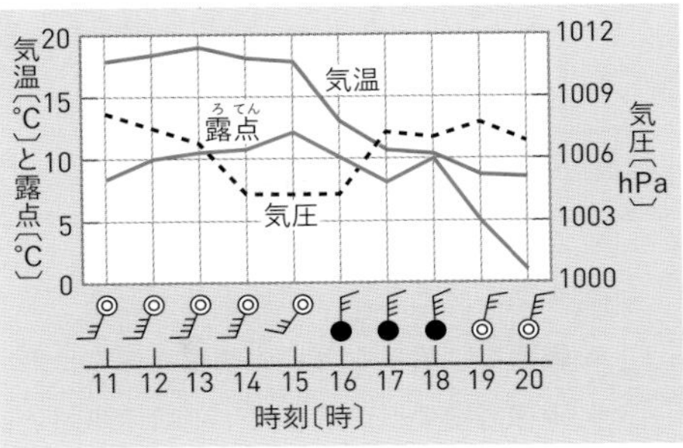


(1)　前線が通過したと考えられるのは，何時ごろか。次の**ア〜エ**から1つ選んで，記号で答えよ。

**ア**　12時〜13時　　**イ**　15時〜16時

**ウ**　17時〜18時　　**エ**　18時〜19時

(2)　このとき通過したと考えられるのは，次の**ア〜エ**のうちどれか。1つ選んで，記号で答えよ。

**ア**　温暖前線　　**イ**　寒冷前線　　**ウ**　停滞前線《ていたいぜんせん》　　**エ**　閉塞前線《へいそくぜんせん》

(3)　この前線の通過後，天気はどのように変化していったと考えられるか。次の**ア〜エ**から1つ選んで，記号で答えよ。

**ア**　天気は回復し，むし暑くなった。

**イ**　激しいにわか雨ののち，天気が回復し，むし暑い天気になった。

**ウ**　気温が下がり，激しいにわか雨ののち，天気が回復した。

**エ**　おだやかな雨が続いたのち，天気が回復し，暖かくなった。

## 問 4 低気圧の移動と天気

**次の文は，日本のある地点の近くを温帯低気圧の中心が通ったときの天気の変化を，おおまかに記録したものである。これを読んであとの問いに答えなさい。**

昨日《きのう》は晴れていたが，けさになって A層状に発達した雲ができ，やがておだやかな雨が降り出した。雨がやみ，気温が上がり，風の向きも変わり，天気は一時よくなった。その後，再び天気は悪くなり，B垂直に発達した雲が近づいてきて，雨が強く降り出した。それと同時に，気温が下がり，風の向きも変わった。やがて天気はよくなったが，気温は下がったままであった。

(1)　下線部**A**のような天気の変化が見られたとき，通過したと考えられる前線は何か。

(2)　下線部**B**のような天気の変化が見られたとき，通過したと考えられる前線は何か。

(3)　低気圧の中心は，ある地点のどちら側をどちら向きに進んだと考えられるか。次の**ア〜エ**からもっとも適当なものを1つ選び，記号で答えよ。

**ア**　北側を東から西へ　　**イ**　北側を西から東へ

**ウ**　南側を東から西へ　　**エ**　南側を西から東へ

(4)　下線部**B**の垂直に発達した雲ができる理由を，簡単に説明せよ。

UNIT 1

# 地球規模の大気の流れ

着目 地球規模では，緯度帯ごとに特徴的な風が吹いている。

**要点**

- **大気の層と気象《きしょう》** 気象現象が発生する大気の層は地表から約10 kmの範囲《はんい》。
- **偏西風《へんせいふう》** 日本などの中緯度地域《ちゅういどちいき》では西から東に向かう偏西風が吹《ふ》いている。
- **地球規模の風の吹き方** 低緯度地域と高緯度地域の温度差による気圧の差で生じる。

## 1 大気の層

地球は厚い大気の層におおわれている。地球の半径は約6400 km（直径は約12800 km）で，大気の層の厚さは地上数百kmである。

私たちがふだん体験している雲の発生や降水などの**気象現象《きしょうげんしょう》は，地表から約10 kmまでの範囲《はんい》で起こっている。この範囲は**大気の層のうちのほんのわずかな部分で，上昇気流《じょうしょうきりゅう》や下降気流が起こり空気が対流していることから**対流圏《たいりゅうけん》**とよばれる。これは地球を直径13 cmのリンゴの実にたとえると，約0.1 mmのリンゴの皮の厚さに相当する（図1）。

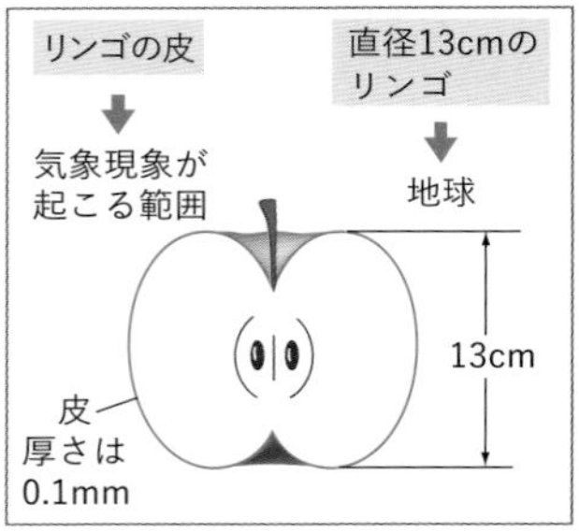


図1　**気象現象が起こる範囲の厚さの模式図**

## 2 地球規模での大気の動き

地球上では，低緯度地域《ていいどちいき》（緯度約0°〜30°），中緯度地域（緯度約30°〜60°），高緯度地域（緯度約60°〜90°）の緯度帯ごとに特徴的《とくちょうてき》な風が吹《ふ》いている。

### A 中緯度地域に吹く風

中緯度地域の上空を，**南北に蛇行《だこう》しながら西から東へ地球を1周するように吹く風を偏西風《へんせいふう》**という（図2）。

**日本列島は中緯度地域に位置しているので，日々《ひび》の天気は偏西風の影響《えいきょう》を受けている。**ふつう，低気圧は西から東に移動し，天気の変化も西から東に移り変わる。

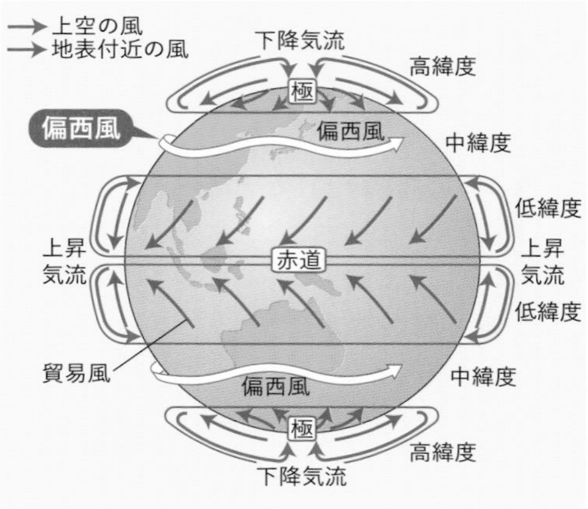


図2　**地球規模での大気の動き**

## B 低緯度地域に吹く風

低緯度地域では，赤道に近いほど太陽から受ける熱は多い。太陽の光を受ける面が太陽の光に対して垂直に近いほど，一定面積あたりに受ける熱は多いためである。

図3で，同じ地表面積に対して太陽から受ける熱が多い順に**ア**，**イ**，**ウ**となる。赤道に近い低緯度地域ほど地表付近はあたためられ，温度は上昇する。

温度が高い空気は上昇気流となり，高緯度側へ向かい，中緯度付近との境目付近で温度が下がり下降気流となる。[*1] このとき，地表付近では，**北半球では北東からの風，南半球では南東からの風が吹く**。この風を**貿易風《ぼうえきふう》**とよぶ(図2)。

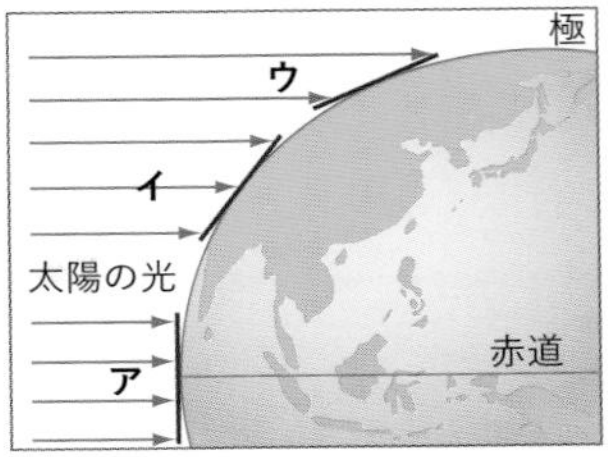


図3　**緯度による太陽の熱の受け方のちがい**

＊1
この下降気流によって，赤道付近の熱帯地域と中緯度地域の境目にある亜《あ》熱帯《ねったい》地《ち》域《いき》は雨が少なく，サハラ砂《さ》漠《ばく》や，グレートビクトリア砂漠(オーストラリア)，アラビア砂漠などの巨大《きょだい》な砂《さ》漠《ばく》が分布している。

## C 高緯度地域に吹く風

高緯度地域では中緯度付近との境目で上昇した空気が下降気流となり，地表付近では高緯度から低緯度に向かう風が吹いている。

## D 地球規模での大気の循環

このように，緯度のちがいによる温度の差がうまれることで，大気は地球規模で循環《じゅんかん》している。つまり，これらの大気の流れは太陽からのエネルギーによって生じている。また，地球全体で見ると，上空の風が**低緯度地域から高緯度地域に熱を運ぶはたらき**をしており，地球全体の気温の差を小さくしている。

### 発展　地球の自転と大気の動きの役割

たとえば，低緯度地域を吹く貿易風が真北から真南，真南から真北に向かって吹かないのは，低気圧に吹《ふ》き込《こ》む風が等圧線に垂直にならない理由(➡ p.186)と同じで，**地球の自転の影響を受けるため**である。さらに大陸と海岸のちがいや山脈などの地形の影響も受け，実際の風は図2よりも複雑な動きをする。

TRY! 表現力

**日本列島において天気はふつう西から東へ移り変わる。この理由を，上空を吹く風に注目して説明しなさい。**

ヒント　日本の位置する地域と風の関係および天気の変化のおもな要因について考える。

解答例　中緯度地域の上空を吹く偏西風の影響で，低気圧が西から東へ移り変わるため。

UNIT 2

# 季節風と海陸風

着目 陸と海の間の温度変化のずれによって季節風や海陸風などの風が生じる。

要点

- **海と陸の温度差**　海は陸よりあたたまりにくく，冷えにくい。
- **日本に吹《ふ》く季節風《きせつふう》**　冬は北西《ほくせい》の季節風《きせつふう》，夏は南東《なんとう》の季節風《きせつふう》が特徴的《とくちょうてき》に吹く。
- **海風《うみかぜ》と陸風《りくかぜ》**　季節風と同様のしくみで，沿岸部では海風，陸風(海陸風《かいりくふう》)が吹く。

## 1 季節風

### A 陸と海の間の風

陸地をつくる岩石と比べ，**水は，あたたまりにくく冷えにくいという性質がある**。そのため，海は陸よりも温度が上がりにくく下がりにくい。このちがいによって，季節によって海と陸で温度差ができ，季節ごとに特徴的《とくちょうてき》な風が吹《ふ》く。これを**季節風《きせつふう》**という。

太平洋とユーラシア大陸の間に位置する日本列島は季節風の影響《えいきょう》を大きく受ける。

### B 冬の季節風

冬には陸のほうが冷えやすいため，太平洋の温度がユーラシア大陸の温度よりも高くなる。

温度が高い太平洋では上昇《じょうしょう》気流《きりゅう》が生じ，低気圧が発生する。温度が低いユーラシア大陸では下降気流が発生し高気圧が発生する。これによって，冬はユーラシア大陸から日本列島を横切るように太平洋に向かって**北西の季節風が吹く**(図1)。

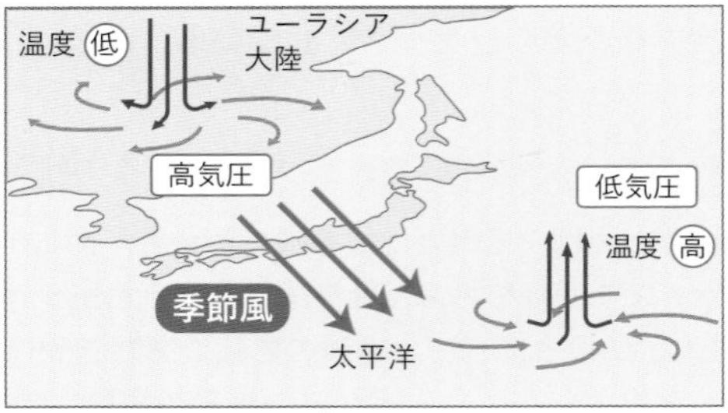

図1　**冬の季節風**

### C 夏の季節風

夏は，冬とは反対に陸のほうがあたたまりやすいため，ユーラシア大陸のほうが太平洋よりも温度が高くなる。このため，夏は太平洋の高気圧からユーラシア大陸の低気圧に向かって**南東の季節風が吹く**(図2)。

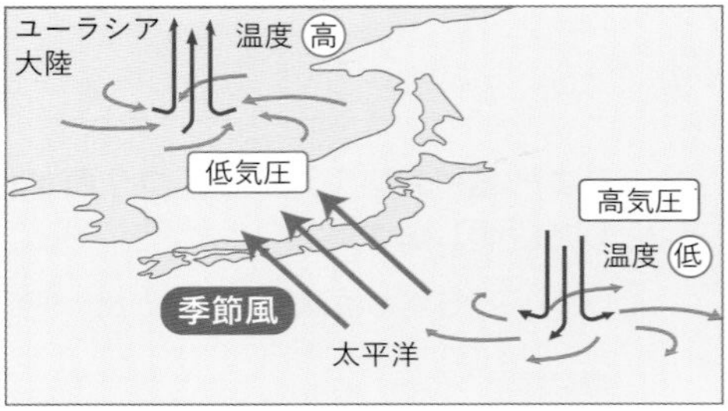

図2　**夏の季節風**

## 2 海陸風

季節風と同じように，陸と海の温度変化のちがいによって沿岸部で吹く風に**海風**《うみかぜ》，**陸風**《りくかぜ》がある(図 3)。これらをまとめて**海陸風**《かいりくふう》といい，季節風の規模の小さいものと考えてよい。

### A 海風

日中は太陽から受ける熱によって，あたたまりやすい陸のほうが温度は高く，上昇気流が生じ，低気圧となる。反対に，海上では温度が低く下降気流が生じ高気圧となる。風は気圧の高いほうから低いほうに向かって吹くので，地表付近では**海から陸に向かって風が吹く**。この風を**海風**という。

### B 陸風

太陽からの熱を受けない夜間は，日中とは反対に，冷えやすい陸のほうが温度は低く，海のほうが温度が高くなる。海で上昇気流が生じて低気圧となり，陸で下降気流が生じ高気圧となるため，地表付近では**陸から海に向かって風が吹く**。この風を**陸風**という。

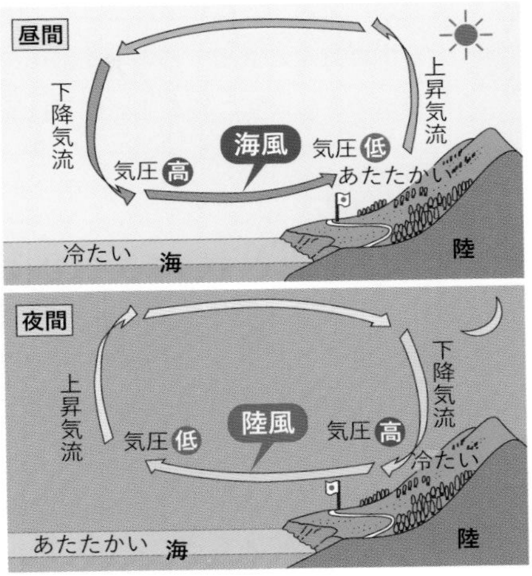


図 3　**海風(上)と陸風(下)の吹き方**

### C なぎ

海風から陸風へ，または陸風から海風へ変化する間の朝方と夕方の数時間は，風がやむことがある。この状態を**なぎ**(**凪**《なぎ》)といい，朝方の場合を朝なぎ，夕方の場合を夕なぎという。

TRY! 表現力

**海陸風と季節風が吹くしくみは似ている。それぞれの風は，もとは何のちがいから生じるか。「海」，「陸」ということばを用いて説明しなさい。**

ヒント　海と陸で何がちがうのかを考え，そのちがいと風が吹く原因となる気圧との関係を考える。

解答例　海をつくる水と陸をつくる岩石のあたたまりやすさ，および冷えやすさのちがいによって生じる。

UNIT 3

# 日本周囲の気団と冬の天気

着目 日本の冬の天気はシベリア気団の影響を受け，西高東低(型)の気圧配置となる。

**要点**

- **気団《きだん》**　気温，湿度《しつど》がほぼ一様な大きな空気のかたまりで，さまざまな性質をもつ。
- **日本の気象と気団**　日本の季節の天気は，おもに 3 つの気団の影響《えいきょう》を受けている。
- **日本の冬の天気**　西高東低《せいこうとうてい》の気圧配置《きあつはいち》，北西《ほくせい》の季節風《きせつふう》などが特徴《とくちょう》である。

## 1 気団

**気温や湿度《しつど》がほぼ一様な大きな空気のかたまりを気団《きだん》**という。

気団は，広大な大陸や海洋上に大規模な高気圧ができ，長時間同じ場所にとどまっていると，その間に地面や海洋の影響《えいきょう》を受けて空気のかたまり全体が同じような性質をもつようになってできる。

気団は発生する場所によって温度，湿度の性質がそれぞれ異なっており，どのような性質の気団が近づいてくるかによって，その地域の天気に特有の影響をあたえる。

## 2 日本の気象に影響をあたえる気団

日本の周囲には図 1，表 1 のような 3 つの気団が発生する。これらの気団はそれぞれ決まった季節に発達し，日本の天気に大きな影響をあたえる。季節ごとに異なる気団の影響を受けるため，次のように，日本では季節ごとに特徴的《とくちょうてき》な天気となる。

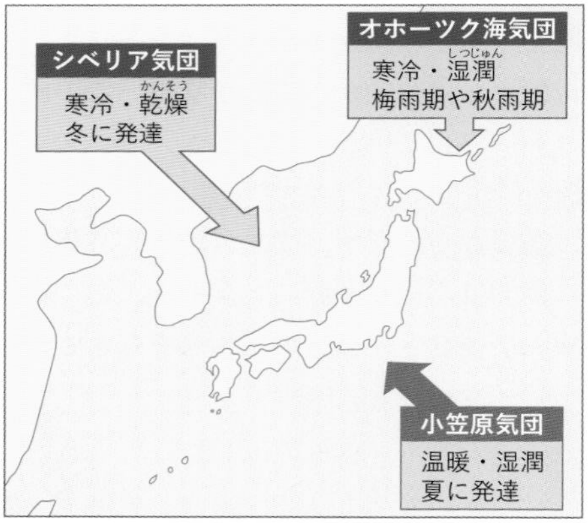


図 1　日本周辺に発達する気団

表 1　日本周辺の気団の性質

| | 高気圧 | 発達する季節 | 発生地 | 性質 |
|---|---|---|---|---|
| **シベリア気団《きだん》** | シベリア高気圧<br>(大陸高気圧) | 冬 | モンゴル北部<br>～シベリア | 冷たい<br>乾燥している |
| **小笠原気団《おがさわらきだん》** | 太平洋高気圧<br>(小笠原高気圧) | 夏 | 北太平洋西部 | あたたかい<br>湿《しめ》っている |
| **オホーツク海気団《かいきだん》** | オホーツク海高気圧 | 初夏(梅雨期)<br>秋(秋雨期) | オホーツク海 | 冷たい<br>湿っている |

## 3 日本の冬の天気

### A 冬の気圧配置

ユーラシア大陸でシベリア高気圧が発達し，気圧配置（気圧の分布のようす）は，西側の気圧が高く，東に低気圧が存在する**西高東低《せいこうとうてい》の冬型《ふゆがた》の気圧配置《きあつはいち》**となる（図2）。天気図上では**等圧線は南北に縦じまのように並び，間隔《かんかく》はせまい。**

これによって，**シベリア気団から北西《ほくせい》の季節風《きせつふう》として強い風が日本に吹く**。この風向にそってすじ状に並んだ雲の列が衛星写真で見られる（図3）。

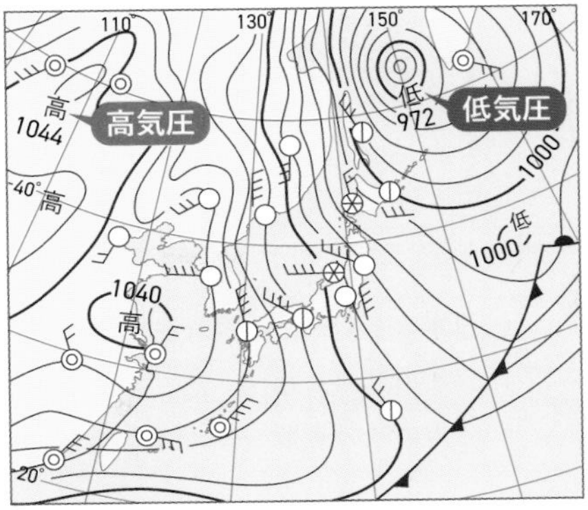


図2　冬に特徴的な天気図

### B 日本海側と太平洋側の天気

冬の天気の特徴として，**日本海側では雨や雪が多く，太平洋側では乾燥《かんそう》した晴れの日が続くことが多い**。これは，冬の北西からの季節風の日本列島の通過のしかたによるものである。

北西の季節風は，大陸で発達したシベリア気団から吹き出すため，もともと乾燥しているが，**日本海をわたるときに日本海で蒸発した水蒸気を含《ふく》み**，湿った空気となる。この空気が日本列島の南北に連なる山脈にぶつかると上昇気流《じょうしょうきりゅう》となり，雲ができる。**できた雲は日本海側に雨や雪を降らせる。**

日本海側で雨や雪として水分を放出した空気は再び冷たく乾燥した空気となり，山脈を越《こ》えた**太平洋側は乾燥した晴れた天気となる**（図4）。

図3　冬の雲の衛星写真

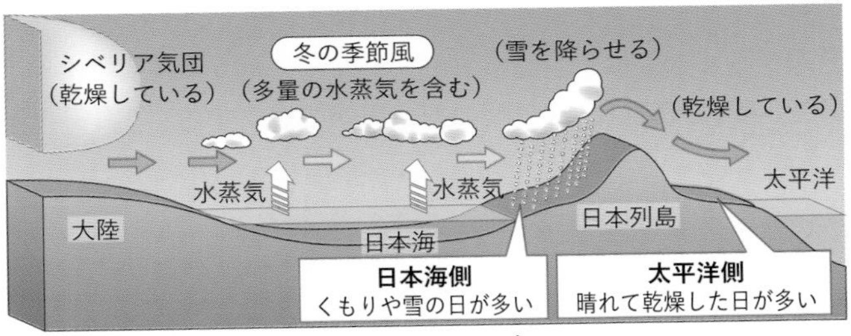


図4　冬の季節風と日本の天気

TRY! 表現力

**冬の日本海側には大雪が降ることが多い。冬の季節風は大陸の高気圧からの風で乾燥しているにもかかわらず大雪が降る理由を説明しなさい。**

ヒント　季節風が水分を含む理由と雪を降らせる雲ができる条件に注目して考える。

解答例　冬の北西からの季節風が日本海をわたる間に水分を含むことで，山脈にぶつかって生じた上昇気流によって雪を降らせる雲が生じるため。

UNIT 4

# 春・夏・秋の天気

着目 日本の夏の天気は高温でむし暑く，春・秋の天気は短い周期で変化する。

**要点**

- **日本の春の天気**　移動性高気圧《いどうせいこうきあつ》と低気圧が交互《こうご》に通過し，天気は短い周期で変わる。
- **日本の夏の天気**　小笠原気団《おがさわらきだん》の勢力が強まり，湿度《しつど》が高くむし暑い晴天が続く。
- **日本の秋の天気**　春と似ており，短い周期で変わるが，停滞前線《ていたいぜんせん》による秋雨《あきさめ》が降る。

## 1 日本の春の天気

冬に発達していたシベリア気団が勢力を弱め，**小《お》笠原気団《がさわらきだん》**が勢力を増すまでの間の時期が春である。

ユーラシア大陸の南東部で発生した高気圧が移動《いどう》性高気圧《せいこうきあつ》**となり西から東へ日本列島付近を通過する**(図 1)。移動性高気圧と次の高気圧の間は気圧の谷となり，低気圧ができる。この温帯低気圧も西から東へ移動してくるため，**日本列島では移動性高気圧と温帯低気圧が 4 ～ 6 日周期で交互《こうご》に通過する。**

高気圧が通過するときには天気は晴れ，低気圧が通過するときには天気はくずれ，くもりや雨が多くなる。**春の天気は，数日間の短い周期で変化する。**

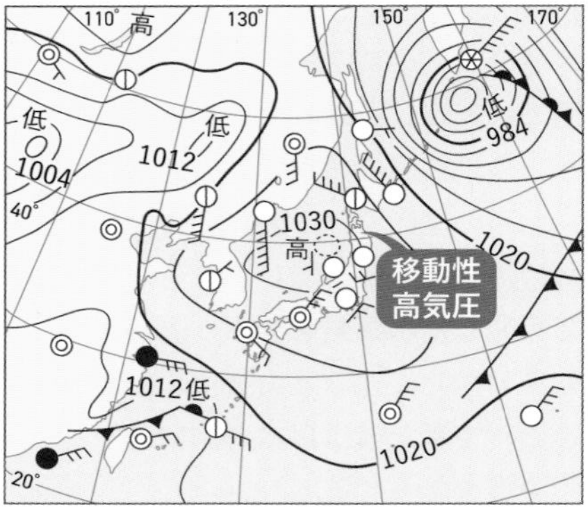


図 1　春や秋に特徴的な天気図

### 参考　春のおそ霜

高気圧が近づくと乾燥《かんそう》したあたたかい晴天となるが，上空に雲がないため，夜には地表の熱が上空に逃《に》げ，気温が下がることがある。この現象を**放射冷却《ほうしゃれいきゃく》**といい，温度が大きく下がると，季節はずれの霜《しも》がおりることがある。この霜を**おそ霜《じも》**，**晩霜《ばんそう》**などといい，農作物に被害《ひがい》をあたえることがある。

## 2 日本の夏の天気

日本列島の南東にある小笠原気団**が勢力を強め**，日本列島をすっぽりとおおうようになる。

天気図上では小笠原気団は太平洋上にある高気圧として表される。北には低気圧があり，**南高北低《なんこうほくてい》の気圧配置**となる(図 2)。

あたたかく湿った小笠原気団からは，湿った**南東の季節風**が吹き出す。このため，全国的に高温で湿度が高く，また，高気圧におおわれるため日本列島上空にはほとんど雲がない状態となる(図3)。これらのことから，日本の夏は**むし暑い晴天の日が続くことが多い**。

激しい日射により地面があたためられることで上《じょう》昇《しょう》気《き》流《りゅう》が発生し，積乱雲が急激に発達することで雷《かみなり》や夕立《ゆうだち》が発生することも多い。

一方で，小笠原気団の勢力があまり強くない年には，日照時間が少なくなり**冷夏**《れいか》となることもある。

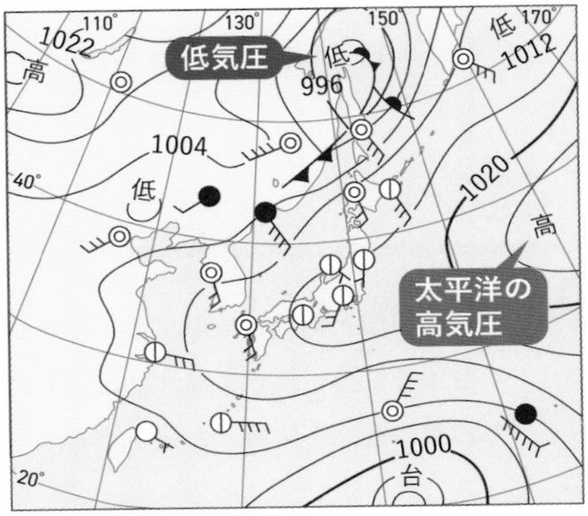

図2　夏に特徴的な天気図

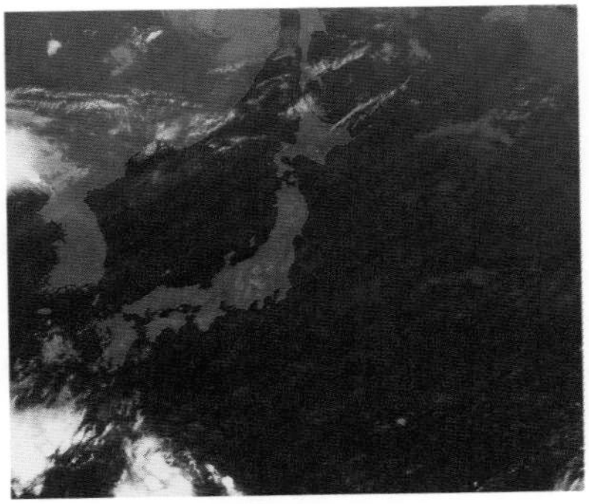
図3　夏の雲の衛星写真

## 3 日本の秋の天気

小笠原気団が勢力を弱めると夏が終わり秋となる。このころ，北にある冷たい**オホーツク海気団と南の暖かい小笠原気団の勢力がほぼつり合い，停滞前線**《ていたいぜんせん》ができる。

この停滞前線を**秋雨前線**《あきさめぜんせん》ともいい，ぐずついた天気の日が続く。このようにして降るこの時期の雨を**秋雨**《あきさめ》という。

小笠原気団の勢力がさらに弱まり，停滞前線が南に去ると，**春と同様に日本列島付近を移動性高気圧と温帯低気圧が交互に通過する**ようになる。これによって，天気の変化も春と同様に，**晴れの日とくもりや雨の日が短い周期で移り変わる**。

春と秋の天気は基本的に似ており，秋のはじまりには秋雨という雨が続くという点がちがうと考えればよい。

TRY! 表現力

**夏が終わり秋が始まるころに停滞前線である秋雨前線が発生する理由を，「気団の勢力」ということばを用いて説明しなさい。**

ヒント　停滞前線は，暖気と冷気の勢力がほぼつり合い，動かない状態である。

解答例　夏に日本列島をおおっていたあたたかく湿った小笠原気団の勢力が弱まり，北から強まってきた冷たく湿ったオホーツク海気団の勢力とつり合うため。

UNIT 5

# 梅雨と台風

着目 夏の前には梅雨前線により長雨が続き，夏には台風が日本に接近する。

**要点**

- **梅雨前線《ばいうぜんせん》と梅雨《ばいう》** 東西にのびる停滞前線《ていたいぜんせん》(梅雨前線)により，ぐずついた天気が続く。
- **台風《たいふう》の性質** 熱帯低気圧《ねったいていきあつ》が発達したもので，海上からの水蒸気がエネルギー源である。
- **台風の進路と影響** 台風は夏から秋にかけて日本に接近し，暴風雨《ぼうふうう》などをもたらす。

## 1 梅雨

5月中旬《ちゅうじゅん》から7月上旬にかけて，冷たく湿《しめ》っているオホーツク海気団《かいきだん》とあたたかく湿っている小笠原《おがさわら》気団《きだん》がぶつかる。2つの気団は勢力がほぼ同じなため，間に**東西を横断するように停滞前線《ていたいぜんせん》ができる**(図1)。この時期の停滞前線を特に梅雨前線《ばいうぜんせん》といい，日本列島付近を横断するような位置に停滞する。ぶつかりあった2つの気団はどちらも湿っていて，大量の水蒸気を含《ふく》み，雲ができ続けるため長い期間雨が降り続く。**梅雨前線による雨が続く時期を梅雨《ばいう》(つゆ)という**。

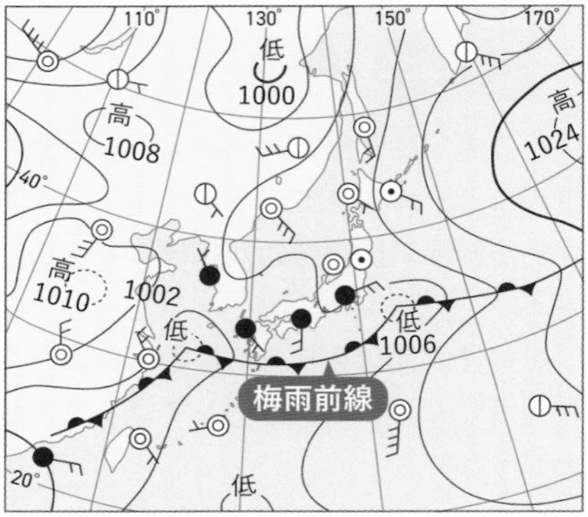

図1 梅雨のころに特徴的な天気

小笠原気団の勢力が強まり，オホーツク海気団が北上していくと，**つゆ明《あ》け**となり，夏のおとずれとなる。

## 2 台風の特徴と発達

### Ⓐ 台風の特徴

熱帯地方の太平洋上で発生した**熱帯低気圧《ねったいていきあつ》が発達し，最大風速が毎秒17.2m以上になったものを**台風《たいふう》といい，衛星写真では雲のかたまりとして見える(図2)。

**台風の等圧線はほぼ同心円状で，非常に間隔《かんかく》がせまく密であり，前線をともなわない**(図3)。

図2 台風の雲のようす

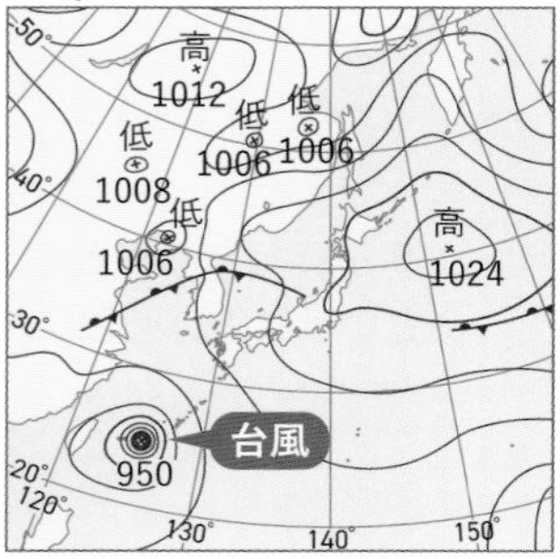

図3 天気図での台風

## B 台風の発達

台風はあたたかい海上で供給された大量の水蒸気をもとに発達する。海面から蒸発した水蒸気が上空で凝結《ぎょうけつ》する際には熱が放出され，[*1] この熱によってさらに雲をつくる上昇気流《じょうしょうきりゅう》が強くなる。

台風の中心には直径20km～100km程度の目《め》とよばれる部分があり，この部分では下降気流が生じ，**雲がない**（図 4）。

*1
水は蒸発するときに熱を吸収し，凝結するときには熱を放出する。

地上では中心に向かって激しい風が吹《ふ》き込《こ》み，上昇気流を生じるため大量の積《せき》乱雲《らんうん》が発達している。

中心部に向かって送り込まれる水蒸気が積乱雲をつくり続け，台風のエネルギーを維持《いじ》したり，発達させたりする。

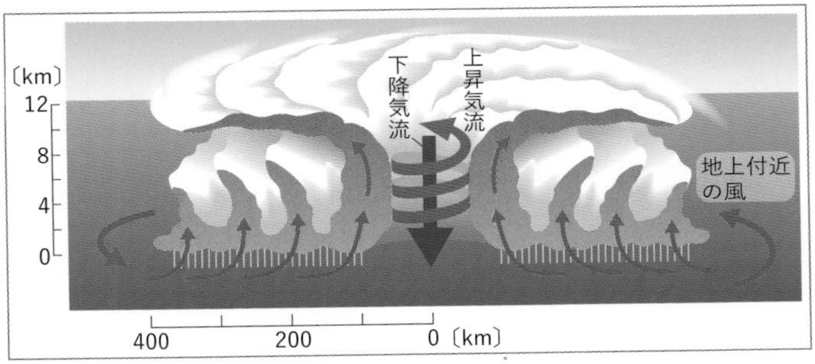

図 4　台風の断面の模式図

## 3 台風の進路

台風は，ふつう，小笠原気団のふちにそって進み，中緯度地《ちゅういどち》域《いき》では偏西風《へんせいふう》の影響を受ける。小笠原気団の勢力が強いときには大陸寄りを，弱いときには太平洋側を通ることが多いため，発生する時期によって進路は異なる傾向《けいこう》が見られる（図 5）。

**夏から秋にかけては日本列島に接近することが多く，暴風雨《ぼうふうう》をともなう**。台風は陸地に上陸すると勢力が弱まり，目もはっきりしなくなってくる。

なお，台風の進行方向と地上の風が流れ込む方向が重なる進路の東側（天気図では右側）では風が強くなる（➡ p.234）。

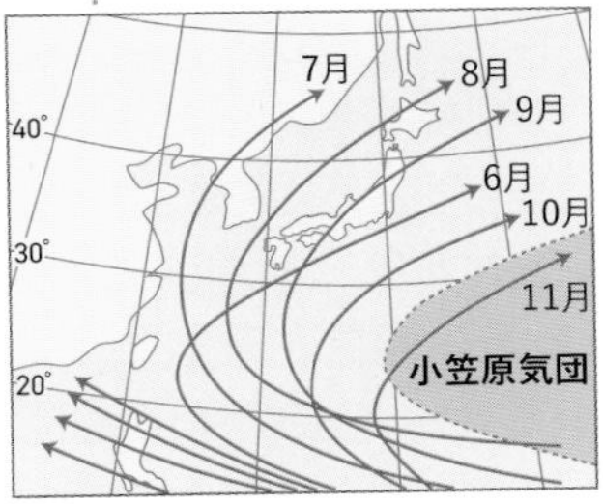

図 5　台風の一般的な進路

TRY! 思考力

**台風は一般《いっぱん》に，陸上を通過するとき勢力が弱まる。この理由を台風のエネルギー源に注目して説明しなさい。**

ヒント　台風を発達させるものは何か，陸上と海洋上のちがいは何かを考える。

解答例　台風を発達させていた海面からの水蒸気の供給が少なくなるため。

UNIT 6

# 天気予報

着目 気象庁やその他の機関から，日々天気予報が発表されている。

**要点**

- **天気の変化** 日本付近では１日で500～1000 kmほど西から東へ移動することが多い。
- **天気予報《てんきよほう》** 次の日から数か月先まで，さまざまな期間の天気を予測し発表している。
- **天気予報の方法** 各種の観測データをコンピュータで解析《かいせき》し，気象予報士《きしょうよほうし》が分析する。

## 1 天気の予想

気象の変化は災害から身を守ったり農業や漁業などに大きな影響《えいきょう》をあたえるものであるため，古くから雲の動きや風の吹《ふ》き方《かた》，遠くの景色の見え方などから，未来の天気予測が行われてきた。

身近な自然現象を見てその地域の天気を予測することを**観天望気《かんてんぼうき》**という。これらは言い伝えられ法則化し，今でも「朝の虹《にじ》は雨，夕方の虹は晴れ」*1などのことわざとして役に立つことも多い。

*1
**虹**は太陽の反対側の空に大《おお》粒《つぶ》の水滴《すいてき》が存在するときにできるので，朝に見られる虹は西のほうが雨であることを意味する。

## 2 天気のようすを決めるおもな要素

場所ごとの天気はさまざまな要素によって決まるが，ある程度の規則性があり，次のような天気図上の要素から予測することができる。

### Ⓐ 気圧配置と天気

① 移動性高気圧《いどうせいこうきあつ》*2の**中心付近**や進行方向となる**東側**では，下降気流を生じているため雲ができず，またはできていた雲が消えるため，**晴れることが多い**。逆に，**低気圧付近では上昇気流《じょうしょうきりゅう》が生じ，雲が発生しやすいため，くもりや雨になることが多い**（➜ p.187）。

② **温暖前線《おんだんぜんせん》，寒冷前線《かんれいぜんせん》などの前線付近**では，上昇気流が生じ，雲が発生しやすいため，**くもりや雨になることが多い**（➜ p.217）。

③ **台風が接近すると，風雨が強くなる**（➜ p.230）。

*2
大陸上や海洋上に発達する高気圧はほとんど動かないが，春や秋に日本付近に現れる**移動性高気圧**は偏西風によって西から東に移動し，天気の変化に影響をあたえる。

### Ⓑ 天気の移り変わり

天気のようすにかかわる高気圧・低気圧・前線などは，日本付近では**偏西風《へんせいふう》の影響を受け，ほぼ西から東へ**，１日に500～1000 km程度移動する。天気図上では，特に低気圧が複数見られる場合は，まとめて西から東に移動しているように見える。

目安として，福岡と大阪，大阪と東京の間の距離《きょり》はそれぞれ約500kmなので，福岡で雨が降っていたら，翌日の同じ時刻には，大阪から東京にかけて雨が降ると考えられる(図1)。

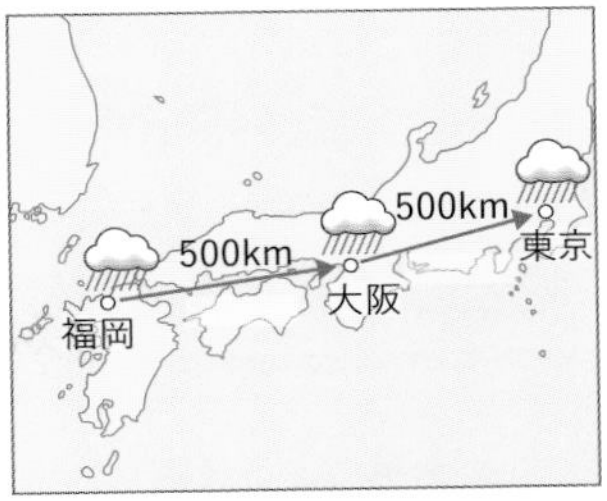


図1　**日本列島における雨雲の移動**

## 3 現在の天気予報

### A 天気予報

近い将来の天気のようすを予想し，一般《いっぱん》の人々《ひとびと》に知らせることを**天気予報《てんきよほう》**という。天気予報は，気象庁，各地の気象台や測候所，民間で気象予報を行う企業《きぎょう》*3などから出され，新聞，テレビ，ラジオ，インターネットなどを通じて発表される。

天気予報は予報する期間によって分けられている。1日，2日先までの天気を予測するものを短期予報，1週間先までの天気を予測するものを週間予報，1か月，3か月先までの天気を予測するものを長期予報という。気象庁が発表する予報は各都道府県をいくつかに分けた地方ごとに毎日5時，11時，17時に発表され，このほか災害の危険がある際には注意報や警報が出される(➡ p.236)。

### B 天気予報のしくみ

天気予報が発表されるまでには，まず，高層の大気の観測，人工衛星による観測，レーダーによる観測，約1300か所*4の観測所で自動的に観測を行う**アメダス(地域気象観測《ちいききしょうかんそく》システム)**による資料，地上観測による資料などさまざまな手段で観測情報が集められる。

得られた情報は大型コンピュータで解析《かいせき》され，地上付近の気圧配置や上空を含《ふく》めた大気の気温・湿度《しつど》・風向・風速・降水量などに関する**数値予報《すうちよほう》**が出される。これをもとに気象予報士が知識や経験をもとに予報を行う。

*3
**気象予報士《きしょうよほうし》**という国家資格を取得すれば，気象庁職員以外でも気象庁が出す情報をもとに天気予報を行い，発信することができる。

*4
降水量を計測する観測所の数。このうち約840か所では降水量に加えて，風向・風速，気温，日照時間も計測。

TRY! 判断力

**天気予報によって企業や自治体などが影響を受けることの例をあげ，誰《だれ》がどのような情報や予報によって，どのような判断や決定を行うか説明しなさい。**

ヒント　天気予報は短期のものも長期のものも経済活動に活用されている。

解答例　台風の接近によって漁師が出漁をとりやめる。冷夏の予報によってエアコンのメーカーが生産数を減らす。大雨の予報によって市町村が避難所《ひなんじょ》の準備をする。

UNIT 7

# 日本の気象災害

着目 日本は台風による大雨，強風，大雪など世界的にも多様な災害が起こる。

要点

- **台風《たいふう》による災害** 大雨，強風によるものが多く，沿岸部では高潮《たかしお》の危険もある。
- **梅雨《ばいう》，温帯低気圧《おんたいていきあつ》による大雨** 台風以外にも長雨や豪雨《ごうう》による被害《ひがい》も多い。
- **大雪による災害** 家屋の倒壊《とうかい》，転落事故，停電，断水，交通機能の停止などが起こる。

## 1 台風による災害

### A 大雨と強風による被害

**台風《たいふう》**は激しい風雨をともなう。大量の降雨は，斜面《しゃめん》が水を含《ふく》むことによる**土砂《どしゃ》くずれ**，**河川のはんらん**，**建物への浸水《しんすい》**などの被害《ひがい》をもたらす。また，強風による**家屋の倒壊《とうかい》**や倒木，送電用の鉄塔《てっとう》の倒壊による停電などの被害も起こっている。

台風による災害の規模は，台風の大きさ(強風が吹《ふ》く範囲《はんい》)や風力，進路などにより異なる。

1959年(昭和34年)の伊勢湾台風《いせわんたいふう》では5000人を超《こ》える死者・行方不明者が出た。近年では大規模な人的被害が発生することは少なくなってきたが，2011年(平成23年)の台風第12号では，紀伊半島《きいはんとう》を中心に土砂くずれなどで100人近くの死者・行方不明者が出ている。

### B 高潮

台風は低気圧の一種であるため，海面上を台風が通過する際，海上の気圧が低下し，海水が吸い上げられるように**海面が上昇《じょうしょう》する。この現象を**高潮《たかしお》という(図1)。津波のように膨大《ぼうだい》な量の海水が上昇するため，強風によって吹《ふ》き寄《よ》せられ，沿岸部に大きな浸水被害《しんすいひがい》が生じることがある。

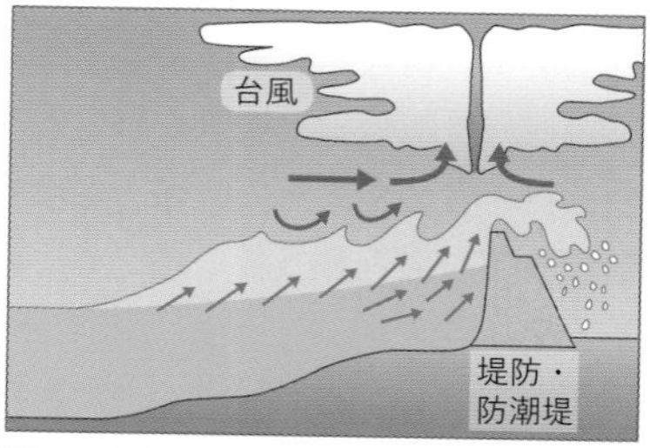

図1 高潮が起こるしくみ

参考 危険半円

台風の風は左回りに吹き込むため，進行方向と風向きが同じになる台風の右側は被害が大きくなる**危険半円《きけんはんえん》**とよばれる(図2)。特に海上を航行する船にとっては台風の中央に吹き寄せられるため危険とされている。

図2 危険半円

## 2 梅雨，温帯低気圧，竜巻による災害

### A 長雨・豪雨と災害

**梅雨前線**《ばいうぜんせん》や**秋雨前線**《あきさめぜんせん》による長雨の時期には，豪雨《ごうう》や**長期間の雨の連続によって土砂災害**や**洪水**《こうずい》が起こることがある。中緯度地域《ちゅういどちいき》の**温帯低気圧**《おんたいていきあつ》**は，発達すると台風並みに気圧が低くなることがあり，大雨や暴風をもたらす**。また，梅雨が長引くと，**日照不足**《にっしょうぶそく》が起こり，農作物に被害をおよぼすこともある。

逆に，梅雨前線が発達せず，梅雨の時期に雨がほとんど降らない**からつゆ**になると，深刻な水不足が起こる。

図3　冠水《かんすい》した住宅地（平成30年西日本豪雨，岡山県倉敷市《くらしきし》）

### B 竜巻

竜巻《たつまき》は**上下に長くのびる強烈**《きょうれつ》**なうず巻き状の上昇気流で，局地的に，自動車や家屋の一部が巻き上げられるほどの被害をもたらす**ことがある。竜巻は積乱雲《せきらんうん》の下で発生しやすく，積乱雲の下ではダウンバースト[*1]などによる激しい突風《とっぷう》が発生することもある。

*1
**ダウンバースト**は，積乱雲《せきらんうん》から冷えて重くなった空気が強い下降気流となって地表に吹きつけ，激しい風が広がる現象である。

## 3 大雪，暴風雪による災害

北海道や本州の日本海側は冬の季節風によって世界的にも非常に雪の多い地域である。大雪や暴風雪《ぼうふうせつ》は，家屋の倒壊，転落事故，停電，断水，交通機能の停止などの被害をもたらし，近年でも人的被害をともなう豪雪《ごうせつ》[*2]が起こっている。

2006年の平成18年豪雪では，北海道・東北地方や日本海側を中心に死者152名，重傷者902名，家屋の損壊約4700件，停電約140万件という大きな被害が出た。雪の少ない地域では，数cmの積雪でも転倒事故のほか，交通に大きな障害が発生することがある。

*2
いちじるしい災害が発生した大雪現象を**豪雪**という。

**TRY! 思考力**

**台風の接近時期が満潮時と重なるとき，沿岸部では特に注意が必要である。それはなぜか簡単に説明しなさい。**

ヒント　大きな低気圧である台風によって海面にもたらされる変化を考える。

解答例　満潮で海面が高いときに台風による高潮が重なることで浸水の危険が高まるから。

UNIT 8

# 気象災害と対策

着目 気象災害に対して危険を知らせる情報発信のほか，水害対策の施設などもある。

**要点**

- **警報《けいほう》・注意報《ちゅういほう》** 警報が注意報より災害の危険度が高く，さらに高い特別警報《とくべつけいほう》がある。
- **ハザードマップ** 地域で予測される災害の被害《ひがい》の範囲《はんい》や避難場所《ひなんばしょ》をまとめた地図。
- **水害対策** 堤防《ていぼう》や遊水地《ゆうすいち》のほか，河川の水を地下に集めて排水《はいすい》する施設《しせつ》などがある。

## 1 災害に関する情報発信

### A 警報・注意報・気象情報

気象災害が発生する際には，被害《ひがい》が起こる前に強風や浸水《しんすい》の対策を行ったり，身を守るために避難《ひなん》したりすることが重要である。

気象に関する災害が発生するおそれがあるとき，気象庁は，まず，気象情報《きしょうじょうほう》や早期注意情報《そうきちゅういじょうほう》を発表して注意をうながし，**危険度が高まる(警戒《けいかい》レベルが高くなる)につれて，注意報《ちゅういほう》，警報《けいほう》，特別警報《とくべつけいほう》*1 の順に段階的に発表する**(表1)。

*1 特別警報は，2011年に発生した東北地方太平洋沖地震をきっかけに，2013年に新設された。

表1 **気象庁から出される警報・注意報の種類** 上のものほど警戒レベルは高い。

| | 目的 | 種類 |
|---|---|---|
| 特別警報 | 警報の発表基準をはるかに超《こ》える数十年に一度の強度の大雨などが予想され，重大な災害が発生するおそれがいちじるしく高まっている場合，特別警報を発表し最大級の警戒をよびかける。 | 大雨(土砂災害，浸水害)，暴風，暴風雪，大雪，波浪《はろう》，高潮《たかしお》 |
| 警報 | 重大な災害が発生するおそれがあるときに警戒をよびかける。 | 大雨(土砂災害，浸水害)，洪水《こうずい》，暴風，暴風雪，大雪，波浪，高潮 |
| 注意報 | 災害が発生するおそれがあるときに注意をよびかける。 | 大雨，洪水，強風，風雪，大雪，波浪，高潮，雷《かみなり》，融雪《ゆうせつ》，濃霧《のうむ》，乾《かん》燥《そう》，なだれ，低温，霜《しも》，着氷，着雪 |
| 早期注意情報(警報級の可能性) | 災害に結びつくような激しい現象が予想される数日前から警戒をよびかける。警報級の可能性もある。 | 大雨，暴風(暴風雪)，大雪，波浪 |
| 気象情報 | 警報・注意報に先立って注意をよびかける。 | 台風，低気圧，大雨，低温，日照不足など |

### B ハザードマップ

**ハザードマップ**は災害のおそれがある地域で被害の予想される範囲《はんい》や避難所の情報を地図に示したもので，土砂災害や洪水による浸水など，予想される災害別に自治体などによって公開されている。

役所やインターネットから入手できるので，自分の住む場所について知り，災害が発生した場合の避難場所や避難経路の確認に活用する。

## 2 大雨被害を防ぐ対策

大雨に対しては，河川のはんらんや土砂災害，洪水の被害を軽減するための対策がとられている。

川岸に**堤防**《ていぼう》をつくったり，傾斜《けいしゃ》しているところがくずれないように，斜面をコンクリートなどで固めたりすることが行われている。

住宅地や住宅地に近い川のそばなどでは，洪水による浸水を抑《おさ》えるために，**遊水地**《ゆうすいち》が設けられる。遊水地はふだんは公園などとして利用され，大雨の際には河川から導かれた水をためる**遊水池**《ゆうすいち》となる(図 1)。

家屋や人口が多い都市部では災害が起こると被害が大きくなりやすい。首都圏《しゅとけん》では，**首都圏外郭放水路**《しゅとけんがいかくほうすいろ》などを建設し，洪水に備えている。首都圏外郭放水路は，関東平野を流れる中川《なかがわ》，倉松川《くらまつがわ》などの中小河川にはんらんのおそれが生じた際に水を集め，ゆとりのある江戸川《えどがわ》に流すしくみで(図 2)，これまで大きな被害を受けてきた洪水の被害を大幅に軽減することに成功している。

図 1 **鶴見川多目的遊水地**《つるみがわたもくてきゆうすいち》**(神奈川県)**
上が平常時，下が大雨のときのようす。

図 2 **首都圏外郭放水路の調圧水槽**《ちょうあつすいそう》**(埼玉県)**
河川から集められた水の勢いを弱め，スムーズに排水《はいすい》するための施設《しせつ》。



TRY! 思考力

**Aさんの自宅の近くを流れる川の堤防には，切れ目のように一部分低くなっているところがある。これはどのような目的によるものと考えられるか，簡単に説明しなさい。**

ヒント 堤防は川のはんらんによる浸水被害を防いだり低減させるためのものである。

解答例 水が流出しても被害の少ない遊水地などに水を流して，被害が大きくなる住宅地などへの浸水を減らすため。

UNIT 9

# 気象現象がもたらす恵み

着目 日本は降水や台風，土砂災害の被害も多いが，同時に大きな恩恵も受けている。

**要点**

- **日本の季節**　日本は四季があり，梅雨《ばいう》や秋雨《あきさめ》，台風《たいふう》や大雪による降水量《こうすいりょう》が多い。
- **降水による恵《めぐ》み**　大量の雨や雪は災害ももたらすが，貴重な水資源の源《みなもと》でもある。
- **土砂災害《どしゃさいがい》と恵み**　わたしたちは洪水《こうずい》で運ばれた土砂がつくった土地を利用してきた。

## 1 日本の自然

日本列島は北半球の中緯度《ちゅういど》の大陸の東側に位置し，海に囲まれており，起伏《きふく》に富む。気候は，四季の変化に富み，天気には季節ごとにはっきりとした特徴《とくちょう》がある。

冬には大陸から北西の季節風が吹《ふ》き，日本海側では雪や雨，太平洋側では晴れの日が続くことが多い。

夏には南東の季節風が吹き，むし暑い日が続き，雷《かみなり》や夕立が多く発生する。

春や秋は晴れる日も多いが，**夏の前に梅雨《ばいう》(つゆ)，夏のあとには秋雨《あきさめ》の時期がおとずれ，雨の日も多い。7月～10月ごろには**強い風雨をともなう**台風《たいふう》**が日本列島に接近する。

図1　**日本の自然**
日本は四季に加えて梅雨(つゆ)があり，季節の変化がはっきりしている。

## 2 降水がもたらす恵み

### Ⓐ 雨による恵み

台風や梅雨の時期の大雨などのさまざまな気象現象は，被害《ひがい》をもたらすとともに，恵《めぐ》みももたらす。特に，**降水《こうすい》による水は**農業用水や工業用水，生活用水として**必要不可欠な資源となる。**

年間を通じて日本の降水量は世界のなかでも非常に多い(図2)。多量の雨は豊富な水をもたらし，**稲作《いなさく》**によって多くの人口を支える[*1]など直接人間に利用されてきたほか，森林を豊かにしたり，美しい自然の景観をつくり出している。

ただし，日本の河川はこう配が急なものが多く，降水による水が短時間で海に流《なが》れ込《こ》んでしまい，常に安定して豊富な量を利用できるわ

＊1
稲作は麦などのほかの作物と比べて耕地面積あたりで収穫《しゅうかく》されるエネルギー量が大きいが，年1000mm以上の降水が必要とされる。

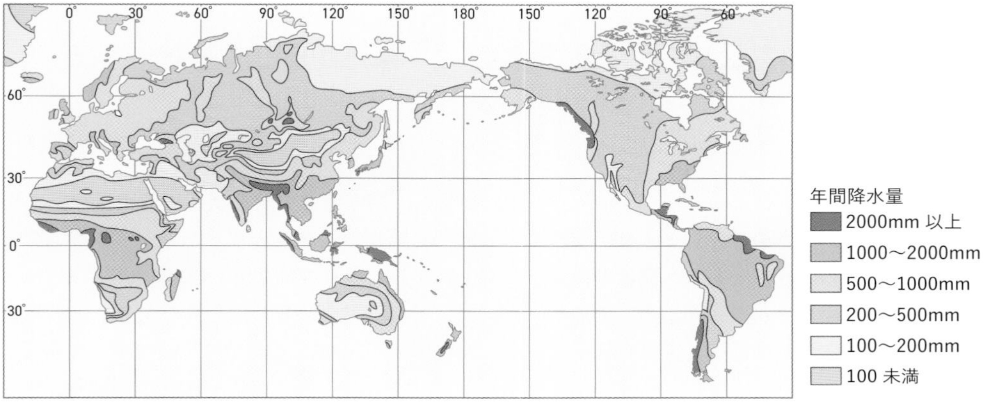


図 2　**世界の年間降水量**

けではない。そこで，水をためておくための**ため池《いけ》**や**ダム**(図3)などが各地に見られる。ダムに貯蔵された水は，大量の水が必要となる水力発電にも利用されてきた。

### B 雪による恵み

冬の間山地に積もった雪は，春になると雪どけ水として河川や山地に建設されたダムに**安定した水資源をもたらし**，私たちのくらしや水力発電に利用されている。[*2]

図 3　**貯水ダム(神奈川県宮《みや》ヶ《が》瀬《せ》ダム)**

＊2
このほか，冬の間に雪を貯蔵してあたたかい季節まで保つ**氷室《ひむろ》**は古来より冷温貯蔵庫などに利用されており，冷房《れいぼう》に利用する施設《しせつ》もある。

## 3 流水がもたらす恵み

川のはんらんや地すべりなどによって運ばれた**土砂は平らな土地をつくることもあり，現在人が住んでいる土地の多くは水によって運ばれた土砂が堆積《たいせき》してできたものである。**

川が運んできた土砂は，養分が豊富で農作物を育てるのに適した土地となることも多い。世界的にも古くから文明の発達した地域は河川の下流域で農業の発達によって栄えた所が多い。

TRY! 思考力

**長期予報で深刻な水不足が予想されることがあるが，夏に水不足をもたらすと考えられる要因について，日本の季節，気象に注目して説明しなさい。**

ヒント　夏の前に起こる日本の気象現象について考える。

解答例　夏の前に起こる梅雨の時期の雨量が少なければ水不足となる。

特集

# 気温に関するさまざまな気象現象

## ● フェーン現象

高い山の頂上はふつう山のふもとより気温が低い。しかし，山の上からふもとへ温度の高い風が吹《ふ》き下《お》りるということがよくある。このような現象を，アルプス山中に吹く南風をさすドイツ語フェーンから，**フェーン現象《げんしょう》**とよぶ。

フェーン現象は，**湿《しめ》った空気が山を越《こ》えたあと山の反対側に乾燥《かんそう》した高温の風として吹き下りる**もので，季節外れの気温上昇《きおんじょうしょう》の原因となる。

## ● フェーン現象が起こるしくみ

空気のかたまりは**100m上昇または下降するごとに温度が約0.6℃変化する**ことをp.198で学習したが，これはさまざまな条件を合わせて求められた標準的な値で，この変化の大きさは条件によって異なる。

水蒸気で**飽和《ほうわ》していない空気**のかたまりは，ふつう100m上昇（下降）するにつれて**1℃**ずつ温度が下がる（上がる）。これに対し，**水蒸気で飽和《ほうわ》し，雲ができている状態の空気**のかたまりは，凝結《ぎょうけつ》時に熱を放出するため，ふつう100m上昇するにつれて約**0.5℃**ずつ気温が下がる。

図1で，露点《ろてん》が8℃の空気のかたまりが標高2500mの山を越える場合について考えてみる。

① 風上の山のふもと（標高0m）で，飽和していない20℃の空気のかたまりが山の斜面《しゃめん》にそって上昇すると，標高1200mで温度は露点である8℃まで下がる。

② 標高1200mから上では水蒸気が凝結《ぎょうけつ》して雲ができ，雨や雪を降らせながら上昇し，2500mの山頂では1.5℃となる。

③ 山頂から反対側に下降するとき，雨や雪を降らせた空気は乾燥しているため100m下降するごとに1℃上昇する。これにより，風下側の山のふもとの温度は26.5℃となり，乾燥した高温の空気となる。

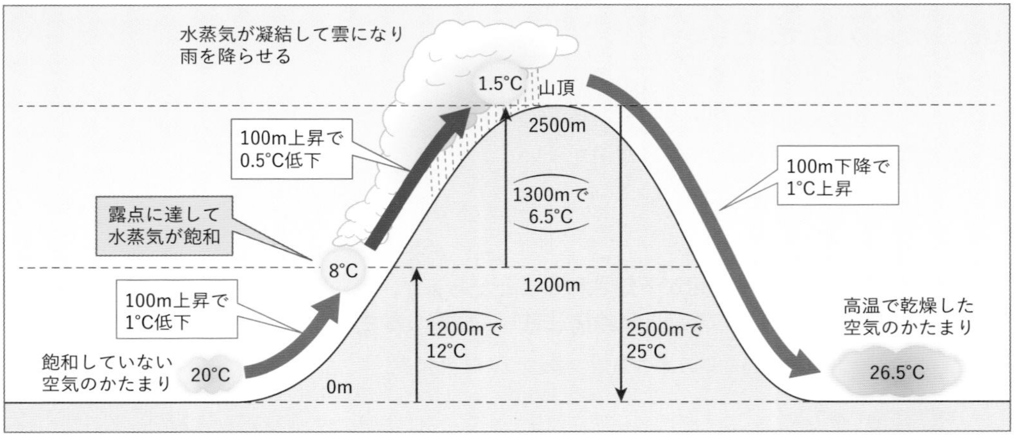


図1　フェーン現象が起こるしくみ

フェーン現象は，「春一番」のように２月上《じょう》旬《じゅん》の立春から３月下旬の春分までの間に吹くあたたかい南寄りの強い風や，台風の通過後に吹く強い南風が，日本列島の中央の山脈を越えて太平洋側から日本海側へ向けて吹くときに起こることが多い。このとき，日本海側では乾燥した高温となる。

## ● ヒートアイランド現象

英語で「熱の島」という意味をもつ**ヒートアイランド現象《げんしょう》**とは，**都市部の気温が，そのまわりの気温と比較《ひかく》して高くなる現象**である。

気温分布を地図に示すと，都市部へいくほど気温は高くなり，気温の高い部分が島のように浮《う》き上がって見える(図２)。

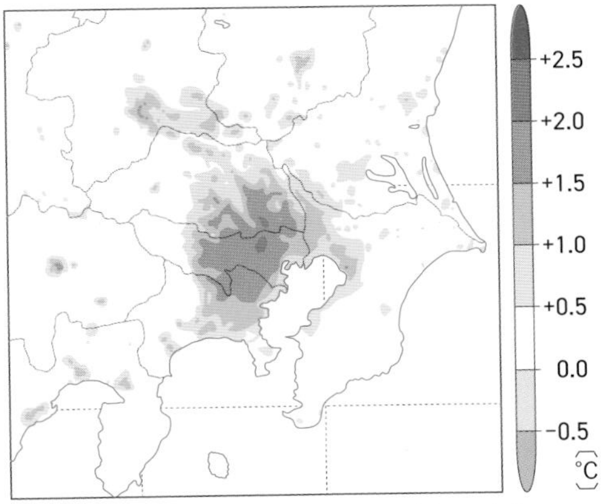


図２　**都市化の影響による８月の平均気温の変化（関東地方，2009～2017年）**

ヒートアイランド現象は，都市部の次のような条件が重なることで起こると考えられる。

① 都市部のアスファルトやコンクリートが熱を吸収しやすい。

② エアコンの室外機などからの人工排熱《じんこうはいねつ》が多い。

③ 都市部では緑地や水辺が少ない上に地面が舗装《ほそう》されているので，温度を下げる要因となる水分の蒸発量が低下している。

④ 高層ビルが海風をさえぎっている。

## ● エルニーニョ現象とラニーニャ現象

**エルニーニョ現象**は，数年に１度南太平洋の**ペルー沖の海水温が平年に比べて１～２℃高くなる現象**である(図３)。世界各地の気象に影《えい》響《きょう》をおよぼし，日本では冷夏・暖冬になることが多い(図４，５)。**ラニーニャ現象**は逆に，ペルー沖の海水温が平年に比べて低くなる現象である。ラニーニャ現象も世界各地の気象に影響をおよぼし，日本では猛暑《もうしょ》・厳冬になることが多い。

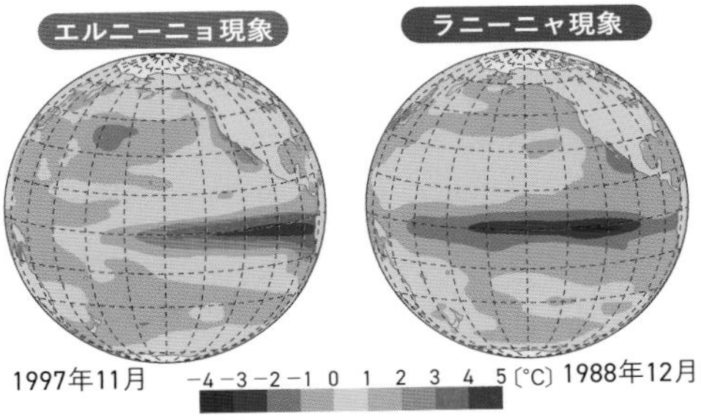


図３　**エルニーニョ現象発生時とラニーニャ現象発生時の海水面の平年との温度差分布**

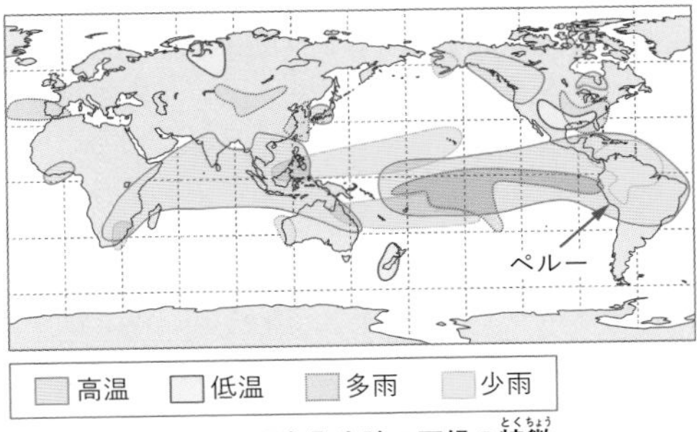


図４　**エルニーニョ現象発生時の天候の特徴《とくちょう》**

「**エル・ニーニョ**」とはスペイン語で男の子(幼子《おさなご》イエス・キリスト)という意味で，ペルー沖を漁場とする漁師がイエスの誕生日とされるクリスマスのころにペルー沖を流れる暖流のことをよんでいたことばが使われるようになったものである。これに対して「**ラ・ニーニャ**」は女の子という意味のスペイン語である。

# 定期テスト対策問題

解答 ➡ 別冊p.10

## 問 1 地球規模の大気の流れ

**右の図は，地球をとり巻く大気の流れを模式的に表したものである。これについて，次の問いに答えなさい。**

(1)　図の中《ちゅう》緯《い》度《ど》地《ち》域《いき》に見られる**A**のような大気の流れを何というか。

(2)　飛行機で，東京からハワイのホノルルへ行くのにかかる時間と，ホノルルから東京へ帰るのにかかる時間は，ふつうどちらのほうが短いか。次の**ア**～**ウ**から１つ選べ。

**ア**　東京からホノルルへ行くほうが短い。

**イ**　ホノルルから東京へ行くほうが短い。

**ウ**　どちらもほぼ同じくらいの時間である。

(3)　(2)のようになるのはなぜか。その理由を，簡単に説明せよ。

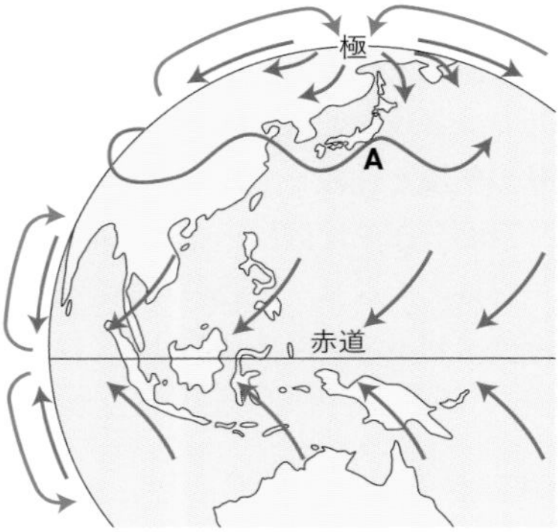


## 問 2 天気の変化の規則性

**右の天気図を見て，次の問いに答えなさい。**

(1)　低気圧の中心付近では，上昇《じょうしょう》気《き》流《りゅう》と下降気流のどちらが生じているか。

(2)　低気圧が近づいてくると，天気はよくなるか，悪くなるか。

(3)　高気圧・低気圧・前線などは，日本付近では，ほぼどの向きに移動するか。次の**ア**～**エ**から１つ選べ。

**ア**　北から南へ　　**イ**　南から北へ

**ウ**　東から西へ　　**エ**　西から東へ

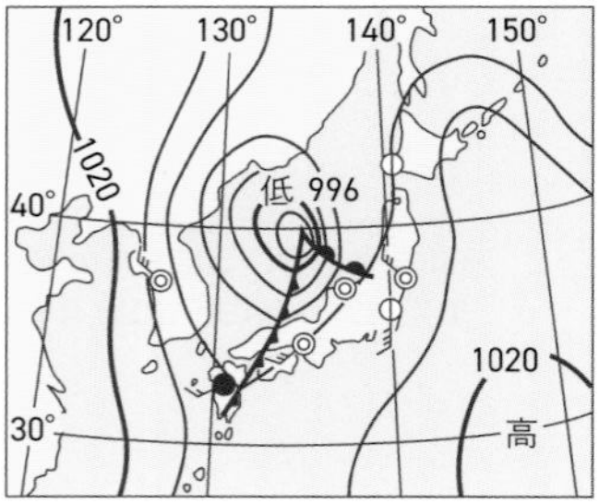


(4)　(3)から考えて，大阪の天気は，このあとどのように変化すると考えられるか。次の**ア**～**エ**から１つ選べ。

**ア**　急に強い雨が降りだして気温が上がる。

**イ**　おだやかな雨が降りだして気温が上がる。

**ウ**　急に強い雨が降りだして気温が下がる。

**エ**　おだやかな雨が降りだして気温が下がる。

## 問 3 日本付近の気団

**右の図のA～Cは，日本付近に発生する３つの気団《きだん》を表している。これについて，次の問いに答えなさい。**

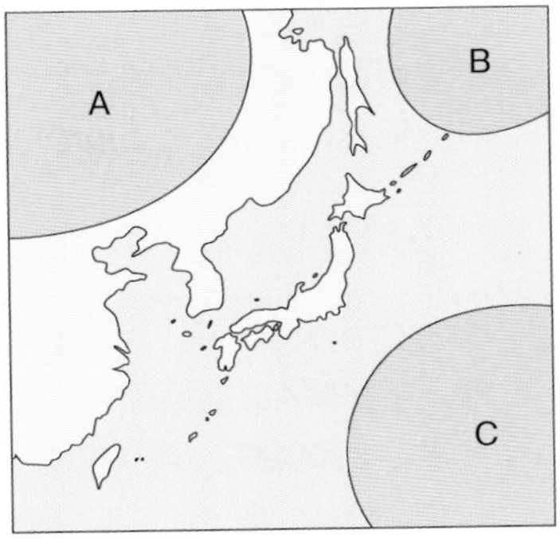


(1) **A～C**の気団を何というか。それぞれ名称《めいしょう》を答えよ。
(2) **A～C**の気団の性質を，次の**ア～エ**からそれぞれ１つずつ選べ。
**ア** 冷たくて，湿《しめ》っている。
**イ** 冷たくて，乾燥《かんそう》している。
**ウ** あたたかくて，湿っている。
**エ** あたたかくて，乾燥している。
(3) 日本の夏の天気にもっとも影響をあたえる気団はどれか。**A～C**から１つ選べ。
(4) 日本の冬の天気にもっとも影響をあたえる気団はどれか。**A～C**から１つ選べ。
(5) 梅雨前線や秋雨前線をつくる気団はどれとどれか。**A～C**から２つ選べ。

## 問 4 季節と日本の天気

**右の図は，気象衛星から撮影《さつえい》された写真である。この図と，日本の各季節の天気について，次の問いに答えなさい。**

(1) 図は，どの季節に撮影された写真か。次の**ア～エ**から１つ選べ。
**ア** 春　**イ** 夏
**ウ** 秋　**エ** 冬
(2) 図の写真を撮影したときの気圧配置を何というか。漢字４字で答えよ。
(3) 図の写真を撮影したときの日本海側と太平洋側の気象として適当なものを，次の**ア～オ**からそれぞれ１つずつ選べ。
**ア** むし暑い日が続く。
**イ** 雪や雨の日が続く。
**ウ** おだやかな雨の日が続く。
**エ** 乾燥した晴れの日が続く。
**オ** 天気が周期的に変化する。
(4) ６月から７月にかけて，ぐずついた天気が続く時期がある。このような時期を何というか。
(5) 秋のはじめにかけて，ぐずついた天気が続く時期がある。このような時期を何というか。

## 問 5 日本の気象災害

**次の文を読み，あとの問いに答えなさい。**

> 日本では，A 夏のはじめの梅雨前線や秋のはじめの秋雨前線《あきさめぜんせん》，発達した［ ① ］低気圧である台風などによってさまざまな被害《ひがい》が出る。
>
> 前線やB 台風によって短期間に大量の雨が降ると，降った雨を河川が排水《はいすい》しきれず，水があふれ出て街や田畑を水びたしにしてしまうことがある。また，流れの［ ② ］くなった水は，途中《とちゅう》の堤防《ていぼう》や橋などの建造物を破壊《はかい》してしまうこともある。

(1) 文中の［ ］にあてはまる語句を答えよ。

(2) 下線部**A**の前線は，何という前線に分類されるか。次の**ア〜エ**から選べ。

**ア** 温暖前線　　**イ** 寒冷前線
**ウ** 閉塞前線《へいそくぜんせん》　　**エ** 停滞前線《ていたいぜんせん》

(3) 下線部**B**の台風などの影響《えいきょう》によって海面上の気圧が低下し，海水が吸い上げられるようになることで海面が上昇《じょうしょう》する現象を何というか。

(4) 本州から北海道にかけての日本海側では，冬の季節風によって特有の気象災害が起こる。どのような気象災害が起こるか答えなさい。

(5) 大雨はさまざまな被害をもたらすが，わたしたちに恩恵《おんけい》もあたえてくれる。これらの雨は，どのような恩恵をあたえてくれるか，例を１つあげ，それについて簡単に説明せよ。

## 問 6 防災

**全国の自治体では，災害のおそれがある地域で被害の予想される範囲《はんい》などを右の図のように地図で示して公開している。これに関係して，次の問いに答えなさい。**

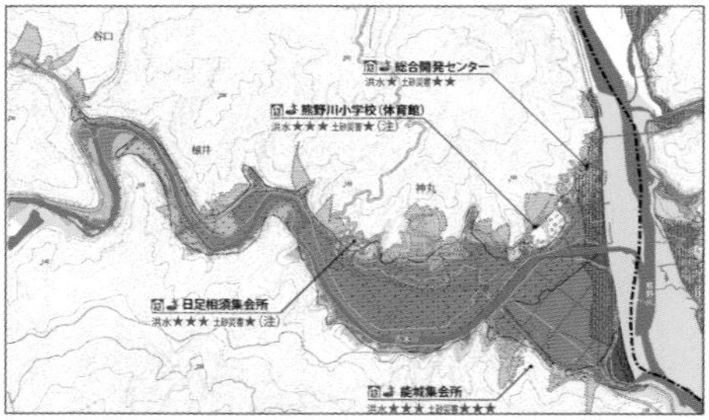


『洪水・土砂災害逃げどきマップ　日足《ひたり》他地区』（和歌山県新宮市《しんぐうし》）の一部

(1) このような地図を何というか。

(2) (1)の地図において，被害の予想される範囲のほかにかかれていることの多い情報は何か。

(3) 大雨や台風など，災害が発生する可能性がある場合には，注意報や警報，特別警報などが発表される。これらは，何という機関が発表しているか。

(4) (3)の注意報や警報，特別警報を発表する材料のひとつとして，全国に1000か所以上ある自動観測システムで得られた情報が使われている。この自動観測システムを何というか。略称《りゃくしょう》をカタカナで答えよ。

# 4章

# 電流とその利用

SECTION 1　電流の流れ方
SECTION 2　電力と電力量
SECTION 3　電流と電子
SECTION 4　電流と磁界

UNIT 1

# 回路を流れる電流

着目 電気の流れを電流といい，単位アンペア(記号A)で表す。

**要点**

- **電流の向きと大きさ**　電流《でんりゅう》の向きは＋極《プラスきょく》から出て－極《マイナスきょく》にもどる向き。
- **回路《かいろ》**　切れ目なくひと回りするような，電流の流れる道すじ。
- **電流計の使い方**　回路の中の電流の大きさをはかりたい点に直列《ちょくれつ》につないで調べる。

## 1 電流と回路の表し方

### A 電流と回路

図1のように，豆電球と乾電池《かんでんち》を導線でつなぎスイッチを入れると電気が流れる。このような電気の流れを**電流《でんりゅう》**という。

電流の向きは，**＋極《プラスきょく》**から出て**－極《マイナスきょく》**にもどっていく向きにとると決まっている。たとえば図1では，乾電池の＋極である**A**から電流が流れ出て，順番にスイッチ**B**→**C**や豆電球**D**→**E**を流れ，乾電池の－極である**F**にもどっていく。

このように，切れ目なくひと回りするような電流の流れる道すじを**回路《かいろ》**という。

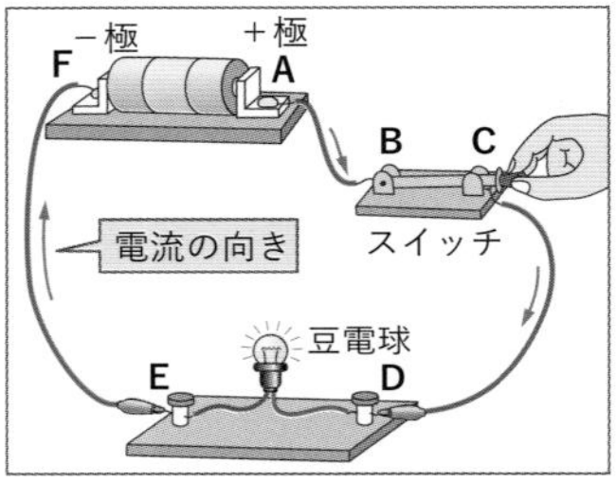

図1　**電流が流れる回路**

### B 回路図

回路のようすを図で表したものを**回路図《かいろず》**という。回路図は，下の図2のような**電気用図記号《でんきようずきごう》**を使って表す。*1

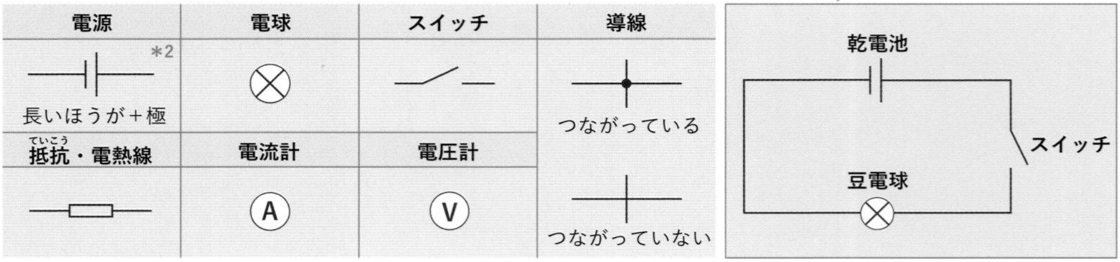

図2　**電気用図記号**

### C 電流の大きさと単位

電流の大きさは**アンペア**(記号A)という単位で表される。$\frac{1}{1000}$アンペアを1**ミリアンペア**(記号mA)という。*3

*1
電源はp.252，電熱線はp.257，電圧計はp.252で説明する。

*2
電源の数がふえても1つの記号で表す。

*3
いいかえると，1000mA＝1Aである。

## 2 電流計の使い方

### A 電流計

電流の大きさをはかる器具を**電流計《でんりゅうけい》**(図 3)という。よく使われている電流計には，**＋端子《たんし》**が 1 つと，**－端子《たんし》**が 3 つついている。－端子は，測定する電流の大きさによって使い分ける。

図 4 のように，電流計は，回路の中の電流の大きさをはかりたいところに**直列《ちょくれつ》**(➡ p.248)**につなぐ**。

図 3　**電流計**

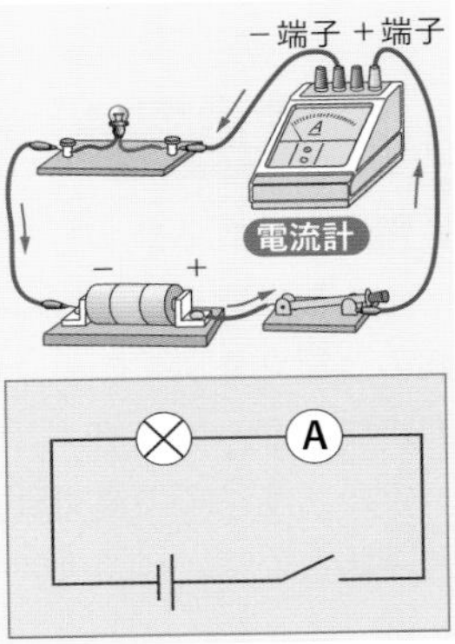


図 4　**電流計のつなぎ方**

### B ＋端子と－端子のつなぎ方

電流計の＋端子は**乾電池の＋極**から出てきた電流が，**電流計の＋端子**から電流計の中に入るようにつなぐ。

－端子は 3 つあるが，そのうち 1 つを選び，電流が**電流計の－端子**から出て，**乾電池の－極**にもどっていく向きにつなげばよい。

### C －端子の選び方

それぞれの－端子について書いてある数字は，指針がいっぱいに振《ふ》れたときの電流の大きさを示している。回路の電流がこの大きさを超えない範囲でいちばん小さい値の－端子を選ぶのがよい。

回路の電流の大きさがわからないときは，いちばん大きな値の－端子につなぎ，だいたいの大きさを見てから，指針が振《ふ》り切《き》れない大きさの電流の－端子につなぎかえる。

### D 指針の読み方

つないでいる－端子の値の大きさによって，目盛りのいちばん大きい値を，5A，500mA，50mAなどと読みかえる。その上で，最小目盛りの $\frac{1}{10}$ まで読みとり，測定値とする。たとえば50mAの端子につないで図 5 のように振れているなら，26.0mAと読む。

図 5　**指針の読み方**

TRY!
表現力

**ある回路に電流計をつないだところ，指針は図 5 のように振れた。このとき，－端子は500mAであった。この回路に流れる電流の大きさを，求める方法とともに答えなさい。**

ヒント　目盛りのいちばん大きい値を500mAに読みかえる。

解答例　いちばん大きい値を500mAとして指針を読みとると，電流の大きさは260mAである。

UNIT 2

# 直列回路を流れる電流

着目 電流が流れる道すじが1本で，枝分かれしないつなぎ方を直列つなぎという。

**要点**

- **直列回路《ちょくれつかいろ》** 電流が流れる道すじが1本で，枝分かれしない回路を直列回路という。
- **直列回路を流れる電流** 直列回路を流れる電流の大きさは，回路のどの点ではかっても同じ大きさになる。

## 1 直列回路

電流が流れる道すじが1本で，枝分かれしないようになっているつなぎ方を**直列《ちょくれつ》つなぎ**＊1という。たとえば，同じ種類の2個の豆電球を図1のようにつないだ場合，豆電球と豆電球は直列につながっている，という。

また，すべての電気部品が直列につながっている回路を，**直《ちょく》列回路《れつかいろ》**という。

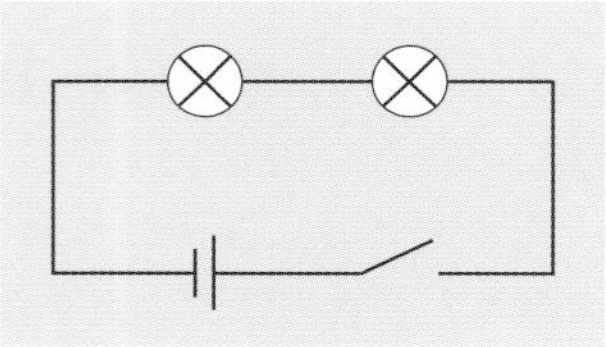

図1 **直列回路**

＊1
**直列《ちょくれつ》**とは，「電流が流れる道が1本の線でつながっている」という意味である。

## 2 直列回路を流れる電流の大きさを調べる 実験

### Ⓐ 方法・手順

図1の回路に，図2❶～❸のように電流計を接続し，それぞれの点の電流の大きさを調べる。

❶ 最初の豆電球に入る前(図3のように接続する)。
❷ 最初の豆電球を通り過ぎ，2番目の豆電球に入る前。
❸ 2番目の豆電球を通り過ぎたあと。

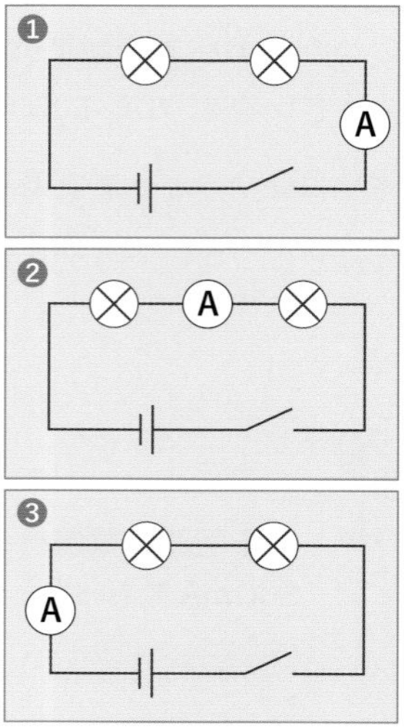


図2 **直列回路への電流計のつなぎ方**

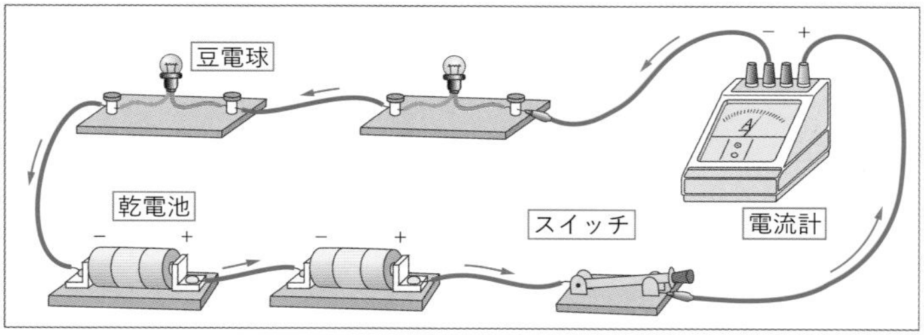


図3 **最初の豆電球に入る前の回路接続**

## B 結果・考察

電流の大きさは，❶，❷，❸のどの場合も同じ値を示す。また，2つの豆電球は同じ明るさになっている。

❶，❷の結果から，1番目の豆電球に流れ込《こ》む電流と，1番目の豆電球から流れ出る電流の大きさは同じである。

❷，❸の結果から，2番目の豆電球に流れ込む電流と，2番目の豆電球から流れ出る電流の大きさは同じである。

これらのことから，**直列回路を流れる電流**は，途《と》中《ちゅう》で大きくなったり小さくなったりすることはなく，回路のどの点ではかっても，同じ大きさになることがわかる。

**注意**

「電池から出たときの電流がいちばん大きく，豆電球を通った電流が小さくなっていく」というわけではない。

### 例題 1　直列回路を流れる電流

2個の豆電球と乾電《かんでん》池《ち》，電流計を図1の回路図のようにつないだ。点**A**に接続した電流計で電流を測定したところ，50 mAの－端子につないだ電流計の指針が図2のように振れた。これについて，次の問いに答えなさい。ただし，(2)，(3)はそれぞれ**ア**～**ウ**から適当なものを1つ選んで答えること。

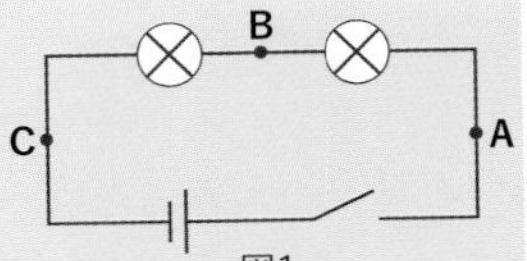

図1

図2

(1) 図1の点**A**ではかった電流の大きさは何mAか。

(2) 図1の点**A**を流れる電流の大きさと，点**B**を流れる電流の大きさの関係はどうなっているか。

**ア**　点**A**を流れる電流のほうが大きい。

**イ**　点**A**を流れる電流と点**B**を流れる電流は同じ。

**ウ**　点**B**を流れる電流のほうが大きい。

(3) 図1の点**B**を流れる電流と，点**C**を流れる電流の大きさの関係はどうなっているか。

**ア**　点**B**を流れる電流のほうが大きい。

**イ**　点**B**を流れる電流と点**C**を流れる電流は同じ。

**ウ**　点**C**を流れる電流のほうが大きい。

解き方

**50 mAの－端子につないだ場合，電流計の指針はいちばん大きい値が50 mAになる。**

(1) 50 mAの－端子につないでいるので，**42.0 mA**になる。……(答)

(2) 直列回路を流れる電流は，回路のどの点ではかっても同じ大きさになるので，**イ**……(答)

(3) 直列回路を流れる電流は，回路のどの点ではかっても同じ大きさになるので，**イ**……(答)

UNIT 3

# 並列回路を流れる電流

着目 並列回路では，枝分かれすると電流の大きさが小さくなる。

**要点**

- **並列回路《へいれつかいろ》**　電流が流れる道すじが途中《とちゅう》で枝分かれする回路を並列回路という。
- **並列回路を流れる電流**　並列回路では，枝分かれする前の電流は，枝分かれしたあとの電流の和に等しく，合流すると最初の電流の大きさにもどる。

## 1 並列回路

電流が流れる道すじが途中《とちゅう》で枝分かれしているようなつなぎ方を並列《へいれつ》つなぎ*1 という。たとえば，同じ種類の 2 個の豆電球を図 1 のようにつないだ場合，豆電球と豆電球は並列につながっている，という。

また，電気部品が並列につながっている回路を，並列回路《へいれつかいろ》という。

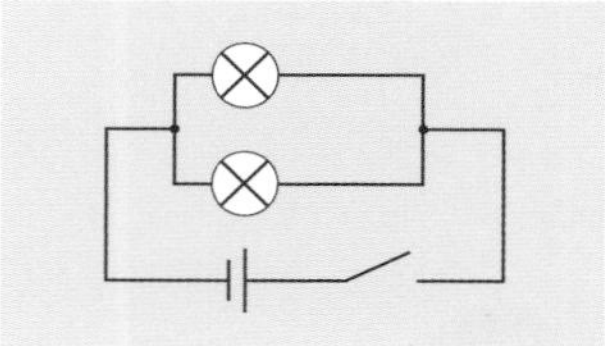

図 1　**並列回路**

*1
並列《へいれつ》とは，「電流が流れる道が 2 本以上並んでいる」という意味である。

## 2 並列回路を流れる電流を調べる　実験

### Ⓐ 方法・手順

図 1 の回路で，図 2 ❶〜❹のように電流計を接続し，それぞれの点での電流の大きさを調べる。

❶ 道すじが分かれる前(図 3 のように接続したとき)。
❷ 道すじが分かれたあとの，片方の豆電球に入る前。
❸ 道すじが分かれたあとの，❷とはちがうほうの豆電球に入る前。
❹ 道すじが合わさったあと。

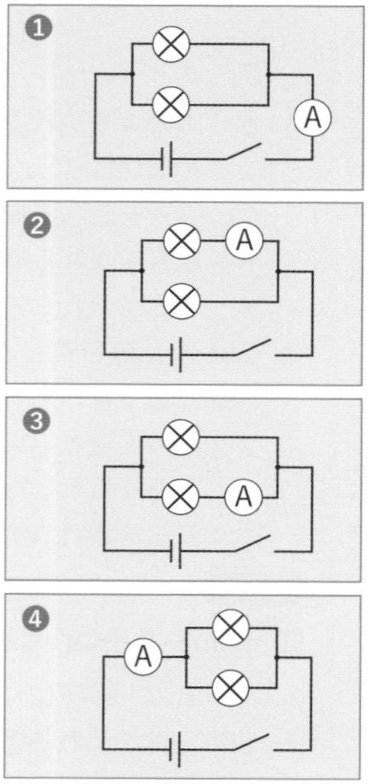


図 2　**並列回路への電流計のつなぎ方**

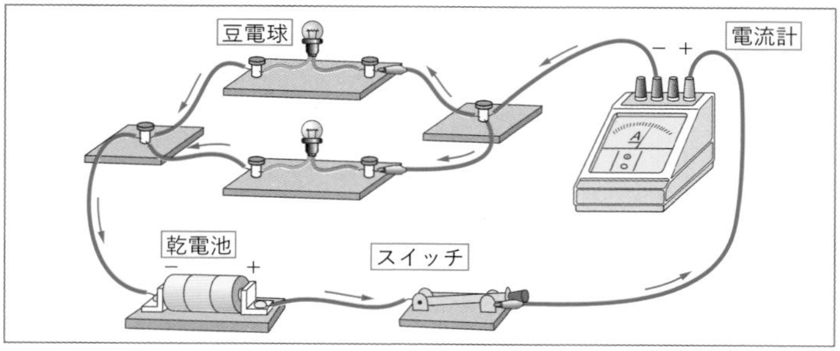


図 3　**並列回路の電流の大きさを調べる実験**

## Ⓑ 結果・考察

表1のようになった。これを図に整理したものが図4である。

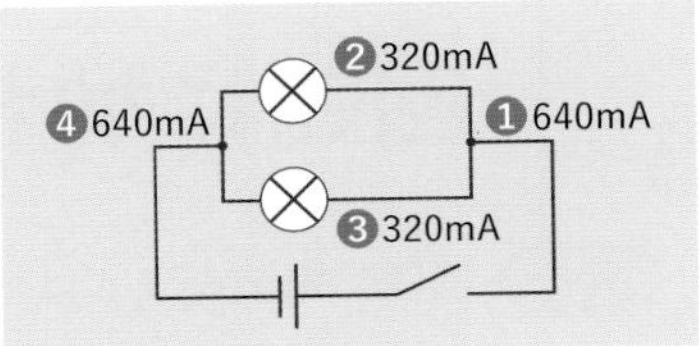


図4　並列回路を流れる電流

表1　**並列回路を流れる電流の大きさ**

| 測定位置 | ❶ | ❷ | ❸ | ❹ |
|---|---|---|---|---|
| 電流の大きさ | 640 mA | 320 mA | 320 mA | 640 mA |

このように，❶と❹での電流の大きさは同じ値になる。

また，❷と❸での電流の大きさは❶や❹よりも小さいが，❷の電流の大きさと❸の電流の大きさをたしたものは，❶や❹での電流の大きさに等しくなる。

これらのことから，**並列回路を流れる電流**では，枝分かれする前の電流は枝分かれしたあとの電流の和に等しく，合流前のそれぞれの電流の和は合流したあとの電流に等しいことがわかる。*2 これは，導線どうしをつなぐ分岐点《ぶんきてん》に流《なが》れ込《こ》む電流の合計と，分岐点から流れ出る電流の合計は同じになると表現することもできる。

このことから，並列回路でも，電池から出る電流と，電池にもどる電流は同じになるといえる。

*2
電流は**電子《でんし》**という粒子《りゅうし》の流れであり，電池から出て電池にもどるまでふえたり減ったりしない(➡p.289)。

### 例題 2　並列回路を流れる電流の大きさ

2個の豆電球と乾電池《かんでんち》，3個の電流計，スイッチを右の回路図のようにつないだ。スイッチを入れると，電流計**A**は35mA，電流計**D**は20mAを示した。このとき，次の問いに答えなさい。

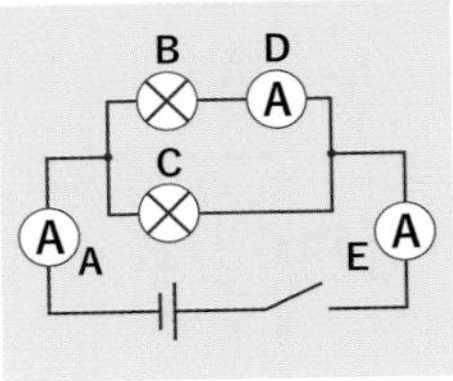


(1)　豆電球**B**を流れる電流の大きさはいくらか。
(2)　豆電球**C**を流れる電流の大きさはいくらか。
(3)　電流計**E**の示す値はいくらか。

解き方

**並列回路では，枝分かれする前の電流は，枝分かれしたあとの電流の和に等しく，合流すると最初の電流の大きさにもどる。**

(1)　豆電球**B**には，電流計**D**の示す電流が流れるので，**20mA** ……㊟答

(2)　2個の豆電球に流れる電流の和が，電流計**A**の示す35mAになる。
豆電球Bに流れる電流が20mAなので，豆電球**C**に流れる電流は
35mA－20mA＝**15mA** ……答

(3)　合流したあとの電流は，最初の電流の大きさにもどるので，電流計**A**の示す値と同じになる。
よって，**35mA** ……答

UNIT 4

# 回路に加わる電圧

着目 回路に電流を流すはたらきを電圧という。

## 要点

- **電圧《でんあつ》の単位** 電圧の大きさはボルト(記号V)で表す。
- **電圧計《でんあつけい》の使い方** 回路の中の電圧をはかりたいところをはさむように並列《へいれつ》につないで調べる。
- **電圧計の端子《たんし》** 電圧計の＋端子を電源の＋極側に，－端子は大きいほうからつなぐ。

## 1 電圧

回路中の部品や機器に電流を流そうとするはたらきを電圧《でんあつ》という。回路に電圧を加えて，電流を流すはたらきをするものを電源《でんげん》という。**電池《でんち》**や**発電機《はつでんき》**，**電源装置《でんげんそうち》**などが電源として使われる。

電圧の大きさはボルト(記号V)という単位で表される。単1～単4乾電池《かんでんち》の電圧はおよそ1.5V，家庭用電源のコンセントの電圧は100Vか200Vである。*1

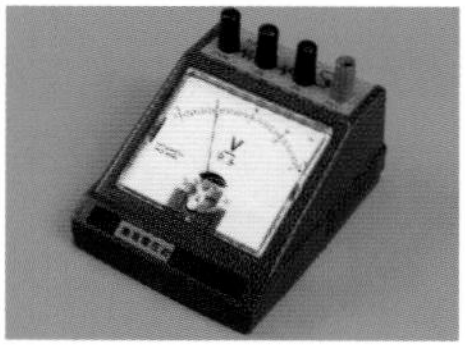

図1 **電圧計**

*1
ふつうのコンセントの電圧は100V，大型エアコンなどに使うコンセントの電圧は200Vである(➡p.278)。

## 2 電圧計のしくみと使い方

### A 電圧計とそのしくみ

電圧の大きさをはかる計器を電圧計《でんあつけい》という。よく使われる電圧計にも，電流計と同じように，1つの**＋端子《たんし》**と3つの**－端子《たんし》**がある。3つの－端子は，それぞれはかることができる電圧の大きさがちがう。

電圧計は，電圧をはかりたい部分をはさむように，**並《へい》列《れつ》につなぐ**。たとえば，豆電球に加わる電圧の大きさをはかるときは，豆電球と電圧計とが並列になるよう，図2のようにつなぐ。

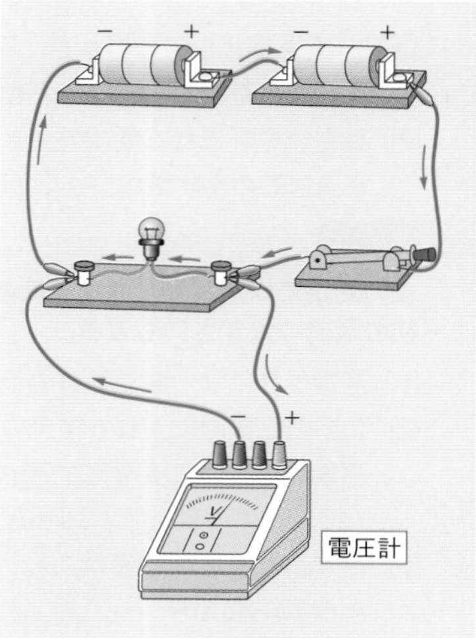


図2 **電圧計のつなぎ方**

### B ＋端子と－端子のつなぎ方

**電圧計の＋端子**は，**乾電池《かんでんち》の＋極側につなぐ**。

**－端子**は3つあるが，そのうち1つを選び，**乾電池の－極側につなぐ**。

## Ⓒ －端子の選び方

電圧計のそれぞれの－端子について書いてある数字は，それぞれいっぱいまで振《ふ》れたときの電圧を示している。回路の電圧がこの大きさを超《こ》えない範囲《はんい》でいちばん小さい値の－端子のものを選ぶのがよい。

電圧の大きさがわからないときは，まずいちばん大きな値の－端子につないで，だいたいの大きさを見てから，指針が振り切れない大きさの電圧の端子を選ぶ。

もし指針がほとんど振れなかったら，次に大きな値の－端子につないで，だいたいの大きさを見てから，適当な－端子につなぎかえる。

## Ⓓ 指針の読み方

つないでいる－端子の値の大きさによって，目盛りのいちばん大きい値を，3V，15V，300Vなどと読みかえる。たとえば，図3で－端子が3Vのときは1.55V，300Vのときは155Vと読む。

また，目盛りは最小目盛りの $\frac{1}{10}$ まで読む。

図3　指針の読み方

### 参考　乾電池の数と電圧の大きさ

図2で乾電池の数を1個ふやして3個直列につなぐと，2個直列につないだときよりも明るくなる。

このことは，**水流を使ったモデル**で説明できる。回路を水路にたとえると，**電圧**は**水の落差**，**電流**は**水の流量**に似ている。直列につなぐ乾電池の数が多いほど，図4のように水の落ちる落差が大きくなる。そのため，豆電球のところで水が勢いよく流れるようになり，豆電球は明るくなる。

このように，水流を使ったモデルは電流や電圧の法則を理解するのに役立つ。このモデルについては，p.266の特集でくわしく説明する。

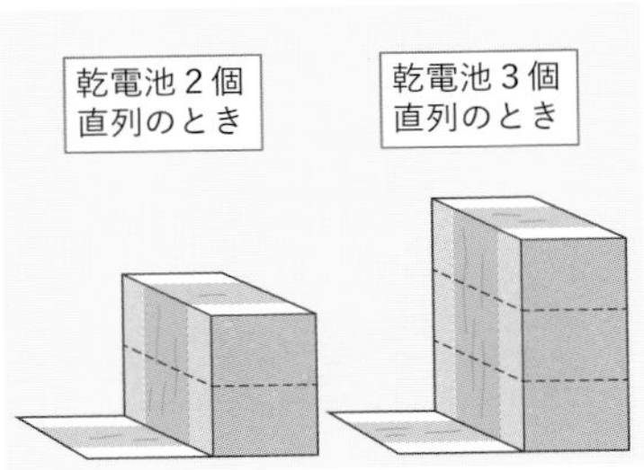

図4　水の落差で電圧を表したときのようす

TRY! 判断力

**ある回路の導線を電圧計の＋端子と15Vの－端子につないだところ，指針は図3のように振れた。この回路における電圧の大きさを読みとり方とともに答えなさい。**

ヒント　目盛りのいちばん大きい値を15Vに読みかえる。最小目盛りの $\frac{1}{10}$ まで読む。

解答例　いちばん大きい値を15Vとして指針を読みとると，電圧の大きさは7.75Vである。

UNIT 5

# 直列回路・並列回路に加わる電圧

着目 直列回路と並列回路で，電圧の加わり方がちがう。

要点

- **直列《ちょくれつ》回《かい》路《ろ》の電圧** 直列回路では，各部分に加わる電圧の和は，電源の電圧に等しい。
- **並列《へいれつ》回路の電圧** 並列回路では，枝分かれした各部分に加わる電圧はすべて同じで，電源の電圧に等しい。

## 1 直列回路に加わる電圧を調べる

実験

### A 方法・手順

豆電球２個と乾電《かんでん》池《ち》，スイッチを図１のように直列につなぎ，電圧を加える。このときの，❶乾電池の両端《りょうたん》（**AF**間）の電圧，❷豆電球２個の両端（**BE**間）の電圧，❸１個の豆電球の両端（**BC**間）の電圧，❹もう１個の豆電球の両端（**DE**間）の電圧を，電圧計で図２のようにはかる。

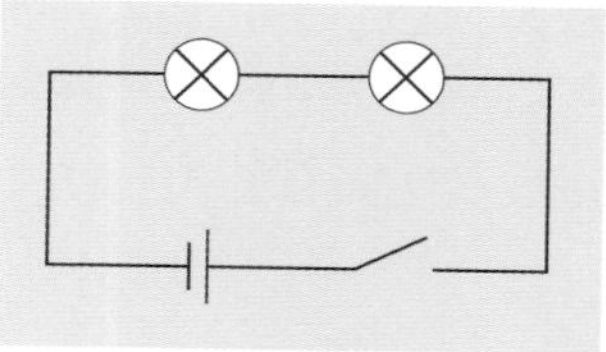

図１ **豆電球の直列回路**

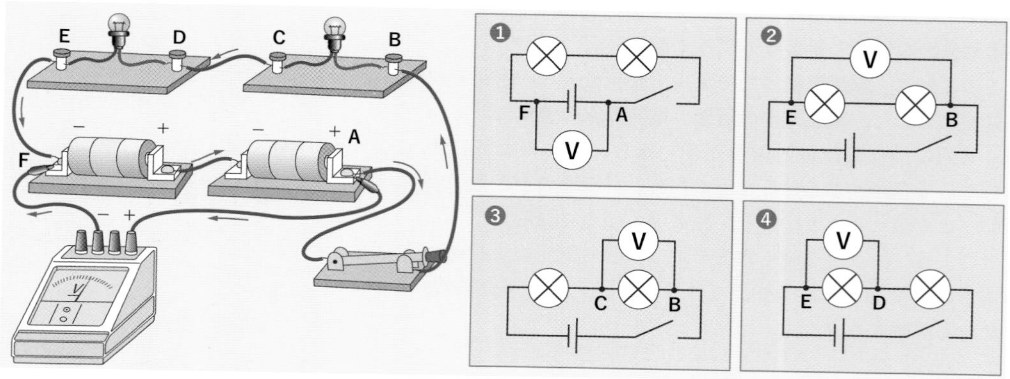


図２ **直列回路の各部分の電圧を調べる実験**

### B 結果・考察

❶の乾電池の両端の電圧と❷の２個の豆電球の両端の電圧とは等しい。❸や❹の１個の豆電球の両端の電圧は，❶の乾電池の両端の電圧より小さいが，❸と❹のそれぞれの豆電球の両端の電圧の和は，❶の乾電池の両端の電圧に等しい。[*1] この実験から，直列回路では，各部分に加わる電圧の和が電源の電圧に等しくなることがわかる。

＊1
電圧計の－端子《たんし》を乾電池の－極**F**につないでおき，＋端子を**B**，**C**，**E**に順につなぎながら，電圧をはかると，電圧がしだいに小さくなる。この現象を**電圧降《でんあつこう》下《か》**という。

## 2 並列回路に加わる電圧を調べる　実験

### A 方法・手順

図3のように豆電球2個を並列につなぎ，これに乾電池とスイッチをつないで回路をつくる。電圧計を用いて，❶乾電池の両端(**AH**間)の電圧，❷2個の豆電球の両端(**BG**間)の電圧，❸1個の豆電球の両端(**CD**間)の電圧，❹もう1個の豆電球の両端(**EF**間)の電圧を，電圧計で図4のようにはかる。

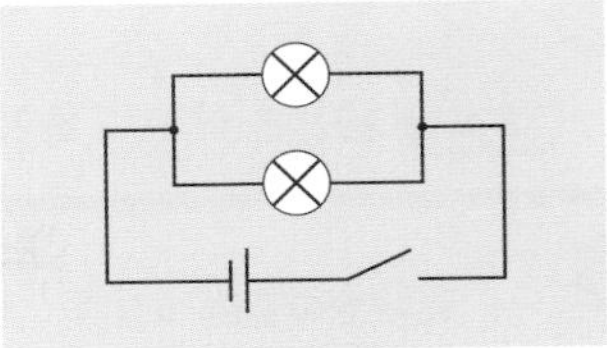

図3　**豆電球の並列回路**

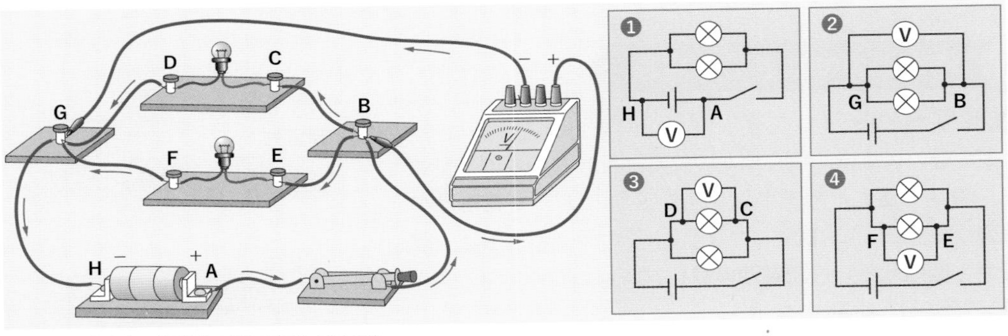


図4　**並列回路の各部分の電圧を調べる実験**

### B 結果・考察

❸，❹の1個の豆電球の両端の電圧も，❷の2個の豆電球の両端の電圧も，すべて❶の乾電池の両端の電圧に等しい。つまり，並列回路では，枝分かれしたそれぞれの部分に電源の電圧と同じ大きさの電圧が加わっているといえる。[*2] この実験から，並列回路では，各部分の電圧がすべて電源の電圧に等しくなることがわかる。

＊2
このため電圧計を回路に並列につなぐと回路の電圧に影響《えいきょう》をあたえずに測定することができる。

## 例題 3　直列回路に加わる電圧の大きさ

右図のように，豆電球2個を直列に接続し，電源に接続した。この回路で，点**AB**間に電圧計を接続して測定したところ1.2V，点**BC**間に電圧計を接続して測定したところ0.6Vだった。この電源の電圧を求めなさい。

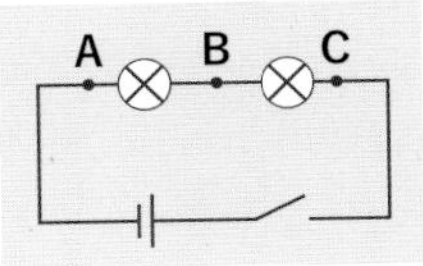


解き方

**直列回路では，各部分に加わる電圧の和が電源の電圧に等しくなる。**

電源の電圧は，それぞれの豆電球に加わる電圧の和なので，

1.2V＋0.6V＝**1.8V**　……㊧

UNIT 6

# 電圧と電流の関係

着目 回路を流れる電流の大きさは，加える電圧の大きさに比例する。

要点

- **乾電池《かんでんち》の直列《ちょくれつ》つなぎ**　電圧は，（乾電池 1 個の電圧）×（乾電池の数）
- **乾電池の並列《へいれつ》つなぎ**　電圧は，乾電池 1 個のときと同じ。
- **オームの法則《ほうそく》**　回路を流れる電流の大きさは，加える電圧の大きさに比例する。

## 1 乾電池のつなぎ方と電圧

### Ⓐ 乾電池の直列つなぎ

図 1 ❶のように，いくつかの乾電池《かんでんち》を同じ向きにして並べ，順に＋極と－極をつないでいくつなぎ方を**乾電池《かんでんち》の直列《ちょくれつ》つなぎ**という。直列につなぐと，その両端《りょうたん》の電圧は，(**乾電池 1 個の電圧**)×(**乾電池の数**)になる。

### Ⓑ 乾電池の並列つなぎ

図 1 ❷のように，いくつかの乾電池を同じ向きにして並べ，＋極どうし，－極どうしをつなぐつなぎ方を**乾電池《かんでんち》の並列《へいれつ》つなぎ**という。並列につなぐと，その両端の電圧は，電池 1 個の電圧と同じである。

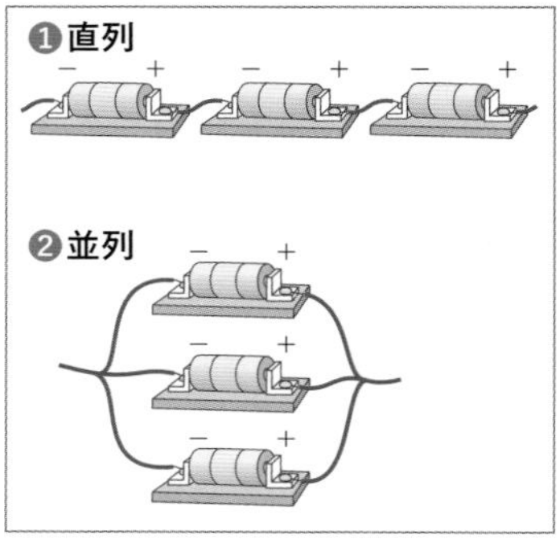


図 1　**乾電池のつなぎ方**

## 2 電源装置

乾電池を直列つなぎにして電圧を大きくするときは1.5 V の整数倍の電圧しか得られないが，電源装置《でんげんそうち》を使うと，電圧の大きさを連続的に変えることができるので便利である。

乾電池のかわりに使う場合は，まず，直流・交流切りかえスイッチを**直流《ちょくりゅう》**にする。*1

電圧計や電流計の指針を見ながら**電圧調節《でんあつちょうせつ》つまみ**をゆっくり大きくしていき，指針が希望の電圧や電流を指したら止める。

電源装置にも電流計や電圧計が内蔵されているが，回路中に別の電流計や電圧計を接続し，それを使って測定した方が正確である。

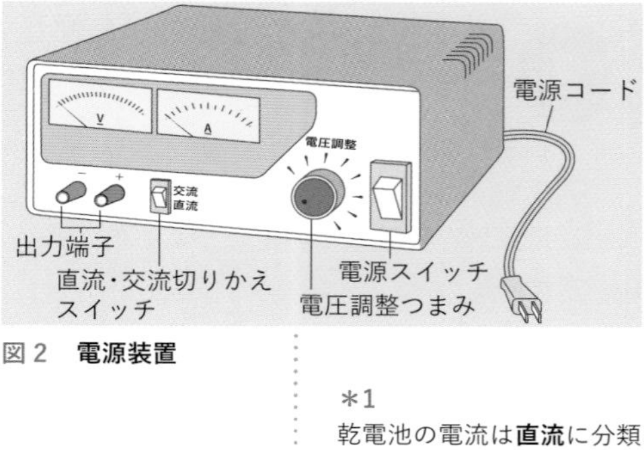


図 2　**電源装置**

*1
乾電池の電流は**直流**に分類される。くわしくは，**直流と交流**（➡ p.316）で扱《あつか》う。

## 3 電圧と電流の関係を調べる

実験

### A 方法・手順

① 図3のように，600W用の電熱線に電源装置と電流計，電圧計をつなぐ。

② いろいろな大きさの電圧を加えて，そのとき電熱線に加わる電圧の大きさと電熱線に流れる電流の大きさをはかり，その関係を調べる。

③ 電熱線を300W用のものにとりかえて，②と同じように測定を行う。

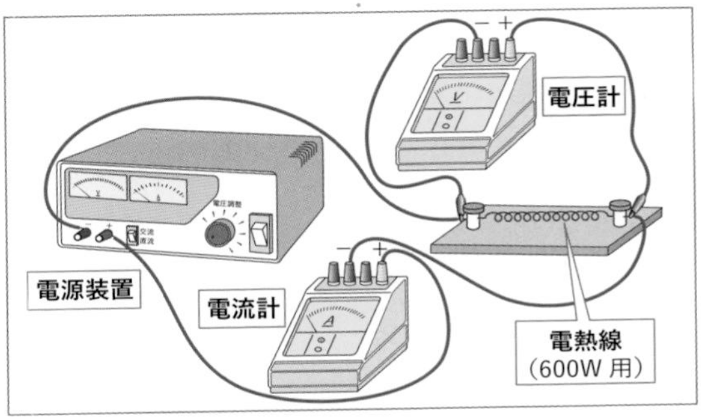


図3　**電圧と電流の関係を調べる実験**

### B 結果・考察

電源装置の電圧を上げていくと，それにつれて電熱線に加わる電圧が大きくなり，電熱線を流れる電流も大きくなっていく。

そのようすをグラフにすると，図4のように原点を通る直線になることから，電熱線を流れる**電流の大きさは**電熱線に加えた**電圧の大きさに比例する**ことがいえる。

この関係を**オームの法則《ほうそく》**といい，電熱線以外のふつうの抵《てい》抗《こう》でも成り立つ。オームの法則は，p.258でくわしく扱う。

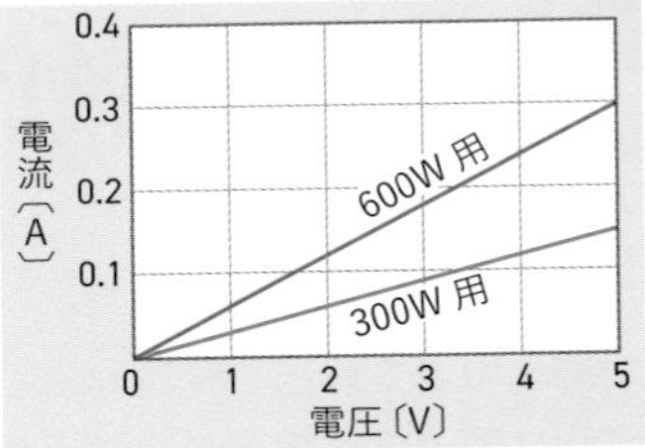


図4　**電熱線に加える電圧と流れる電流の関係**

#### 参考　電熱線の材料

実験用の電熱線は，ニッケルという金属とクロムという金属を4：1くらいの割合に混ぜてつくった**ニクロム**という合金でできた**ニクロム線《せん》**がよく使われる。電熱線にはほかに，鉄・クロム・アルミニウムなどを混ぜてつくられた**カンタル線《せん》**などいろいろな種類があり，**電気《でんき》ヒーター**や**アイロン**，**トースター**などの**発熱体《はつねつたい》**として用いられている。

**TRY! 表現力**

**実際に測定した電圧と電流の値には測定誤差があるので，図4のように一直線上にきれいに並ぶとは限らない。グラフをかくときに注意することは何か説明しなさい。**

ヒント　電圧を0Vにすると電流は0Aになる。

解答例　電圧を加えないとき，電流は流れないので，必ず原点を通る。また，できるだけ多くの測定点のそばを通るように直線を引く。

UNIT 7

# 電気抵抗とオームの法則

着目 電流の流れにくさを電気抵抗といい，電圧や電流によって変化しない。

**要点**

- **電気抵抗《でんきていこう》** 電流の流れにくさを電気抵抗(抵抗)という。単位はオーム(記号Ω)。
- **オームの法則の式** 電圧 $V$〔V〕, 電流 $I$〔A〕, 抵抗 $R$〔Ω〕とすると，$V=RI$ という関係がある。
- **導体《どうたい》と不導体《ふどうたい》** 電流が流れやすい物質を導体，ほとんど電流が流れない物質を不導体という。

## 1 電気抵抗とオームの法則

### A 電気抵抗

**電熱線に加えた電圧と流れる電流の関係を調べる実験**(➡ p.257)では，図1のように流れる電流の大きさは電熱線に加えた電圧の大きさに比例し，そのグラフの傾《かたむ》きは電熱線によってちがうことがわかった。

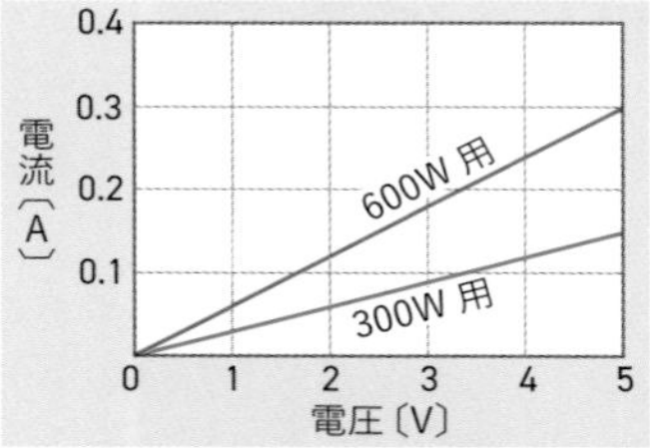


図1 **電熱線に加えた電圧と流れる電流の関係**

図1のように，2種類の電熱線に5Vの電圧を加えたとき，600W用の電熱線では0.30Aの電流が流れるが，300W用の電熱線では0.15Aの電流しか流れない。すなわち，300W用の電熱線のほうが電流は流れにくいということができる。

この電気の流れにくさを**電気抵抗《でんきていこう》(抵抗《ていこう》)**といい，抵抗の大きさは**電圧を電流で割ったもの**で表される。

$$\text{抵抗〔Ω〕}=\frac{\text{電圧〔V〕}}{\text{電流〔A〕}}$$

抵抗の単位には**オーム(記号Ω)**[*1]を使う。1Ωは，1Vの電圧を加えたときに1Aの大きさの電流が流れるときの抵抗の大きさである。

### B オームの法則の式

図1のように，ふつうの抵抗に流れる電流の大きさは，加わる電圧に比例する。この法則が**オームの法則《ほうそく》**である。[*2]

電流と電圧が比例するということは，加わる電圧が2倍になれば流れる電流が2倍になるので，抵抗の大きさは変化しない。

このことからオームの法則は，電流の大きさを $I$〔A〕，電圧の大きさを $V$〔V〕とすると，抵抗の大きさ $R$〔Ω〕を使って次のように表せる。

**$V=RI$ ($V$ や $I$ を変化させても $R$ は変化しない)**

つまり，電圧 $V$ は決まった抵抗の大きさ $R$ と電流 $I$ の積で表される。

＊1
Ωは $\alpha$《アルファ》や $\beta$《ベータ》と同じ**ギリシャ文字《もじ》**の1つで，文字そのものは**オメガ**と読む。

＊2
**オームの法則**は，発見した19世紀ドイツの物理学者**ゲオルク・ジーモン・オーム**の名にちなんで名づけられた。抵抗の単位**オーム**も，この名からとられたものである。

## C オームの法則のいろいろな表現

オームの法則の式$V=RI$から，電圧$V$〔V〕，電流$I$〔A〕，抵抗$R$〔Ω〕のうちどれか2つがわかれば，この式に代入して残りの1つの値を求めることができる。

オームの法則の式$V=RI$を変形したものを含《ふく》めると，次のような関係が成り立つ。

$$V=RI \qquad R=\frac{V}{I} \qquad I=\frac{V}{R}$$

これら3つの式を使い分けると，電圧$V$〔V〕，電流$I$〔A〕，抵抗$R$〔Ω〕を求めることができる。

なお，これらの式はすべて同じことを表しているので，どの式を使っても結果が得られる。式の変形に慣れてしまえば，どれか1つだけを思い出せるようにしておくだけで十分である。

参考

**オームの法則の早見図**

図2のような早見図をかいて1つの値をかくすと，それを求める式が現れる。たとえば電流を求めたいとき，それを指でかくせば，$\frac{電圧}{抵抗}$という式が出てくる。

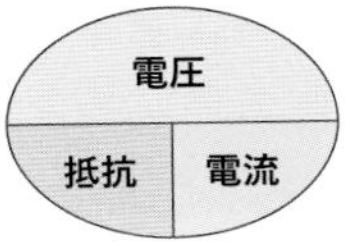


図2　オームの法則の早見図

## 2 導体と不導体

電気抵抗の大きさは物体の形によって変わる(➡ p.279)が，同じ形でも物質の種類によって異なる(表1)。

**金属《きんぞく》**のように電気抵抗が小さく，電流が流れやすい物質を**導《どう》体《たい》**という。

一方，**ゴム**や**ガラス**などのように電気抵抗が大きく，ほとんど電流が流れない物質を**不導体《ふどうたい》**または**絶縁体《ぜつえんたい》**という。

また，導体と不導体の中間の電気抵抗をもつ物質を**半導体《はんどうたい》**といい，電気的な性質をコントロールしやすいので集積回路《しゅうせきかいろ》(IC)や発光ダイオード(LED➡ p.316)などの材料に使われる。

表1　いろいろな物質の電気抵抗

| | 物質 | 電気抵抗〔Ω〕 |
|---|---|---|
| 導体 | 銀 | 0.015 |
| | 銅 | 0.016 |
| | 金 | 0.021 |
| | アルミニウム | 0.025 |
| 不導体 | ガラス | $10^{18}$ |
| | ゴム | $10^{18}$～$10^{19}$ |
| | ポリエチレン | $10^{20}$以上 |

(長さ1m，断面積1$mm^2$の導線)

### 例題 4　電流の大きさを求める問題

ある電熱線の抵抗は30Ωであった。この電熱線の両端《りょうたん》に6Vの電圧を加えると，何Aの電流が流れるか求めなさい。

解き方

**電圧と抵抗の大きさがわかっているので，オームの法則から，電流の大きさを求める。**

$V=6$V，$R=30$Ωをオームの法則の関係式に代入すると，

$$I=\frac{6\,\text{V}}{30\,\Omega}=\mathbf{0.2\,A}$$ ……答

UNIT 8

# 直列につないだ抵抗の合成抵抗

着目 直列につないだ抵抗の合成抵抗は，直列回路で電流が等しいことをもとに考える。

**要点**

- **抵抗《ていこう》に流れる電流**　直列回路《ちょくれつかいろ》では電流の大きさはどこも同じ。
- **各抵抗に加わる電圧**　直列回路では電圧の大きさは各抵抗の大きさに比例する。
- **合成抵抗《ごうせいていこう》**　直列回路では合成抵抗の大きさは各抵抗の大きさの和に等しい。

## 1 直列につないだ抵抗の電流と電圧

３つの抵抗《ていこう》$R_1$〔Ω〕，$R_2$〔Ω〕，$R_3$〔Ω〕*1を**直列《ちょくれつ》つなぎ**にして，**電源装置《でんげんそうち》**につなぐ。この回路で，**それぞれの抵抗を流れる電流と電圧の関係**について考える。

電流と電圧を，それぞれ電流計，電圧計を使って測定するためには，図１のような回路をつくればよい。

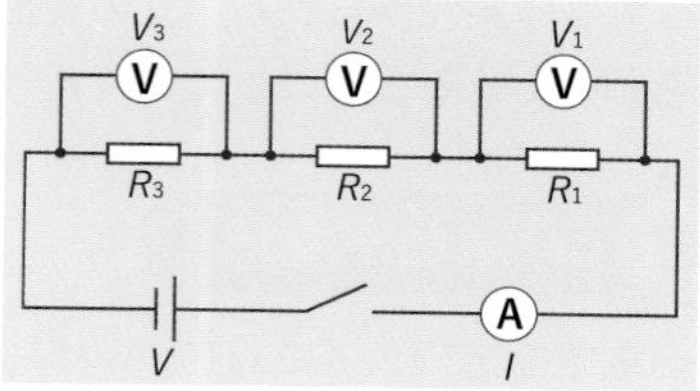


図１　直列につないだ３つの抵抗

直列回路を流れる電流の大きさはどこも同じだから，各抵抗を流れる電流は，回路のどこか１か所に電流計をつなげばよい。いっぽう，並列回路でそれぞれの抵抗に加わる電圧はちがうので，抵抗$R_1$，$R_2$，$R_3$のそれぞれをはさむように電圧計をつなぐ必要がある。

図１の回路で，抵抗$R_1$，$R_2$，$R_3$につないだ電圧計がそれぞれ$V_1$〔V〕，$V_2$〔V〕，$V_3$〔V〕を示したとする。各抵抗を流れる電流は共通なので，これを$I$〔A〕*2で表せば，**オームの法則《ほうそく》**（➜ p.258）により，

$$V_1 = R_1 I \qquad V_2 = R_2 I \qquad V_3 = R_3 I$$

という関係がそれぞれ成り立つ。

したがって，抵抗$R_1$，$R_2$，$R_3$の両端《りょうたん》の電圧の比を求めると，

$$V_1 : V_2 : V_3 = R_1 I : R_2 I : R_3 I = R_1 : R_2 : R_3$$

となり，このことから，**直列**につないだ各抵抗に加わる**電圧の比**は，**各抵抗の大きさの比と同じ**といえる。

*1
大きさのちがう抵抗を全部同じ記号で表すことはできないので，$R_1$，$R_2$，$R_3$のように，同じ文字に**添字《そえじ》**をつけて区別している。

*2
この回路では，どの部分でも流れる電流の大きさは同じなので，添字をつける必要がない。

## 2 直列につないだ抵抗の合成抵抗

図２のように，点線で囲まれた３つの抵抗$R_1$，$R_2$，$R_3$を１つの抵抗$R$とみなして考えても，オームの法則は成り立つ。

このとき$R$を$R_1$，$R_2$，$R_3$の**合成抵抗**《ごうせいていこう》という。図2のように，合成抵抗の大きさを$R$〔Ω〕としたとき，$R$と$R_1$，$R_2$，$R_3$の関係を求めてみよう。電源装置の電圧を$V$〔V〕とすると，

$$V = V_1 + V_2 + V_3$$

という関係がある。この$V_1$，$V_2$，$V_3$に，

$$V_1 = R_1 I,\quad V_2 = R_2 I,\quad V_3 = R_3 I$$

を代入すると，

$$V = R_1 I + R_2 I + R_3 I = (R_1 + R_2 + R_3)\, I$$

一方，合成抵抗$R$と$V$，$I$の間には，**オームの法則**により，$V = RI$が成り立つ。この2つの式を比較《ひかく》すると，

$$R = R_1 + R_2 + R_3$$

このことから，**直列つなぎにした抵抗の合成抵抗は，各抵抗の和に等しい**ことがいえる。

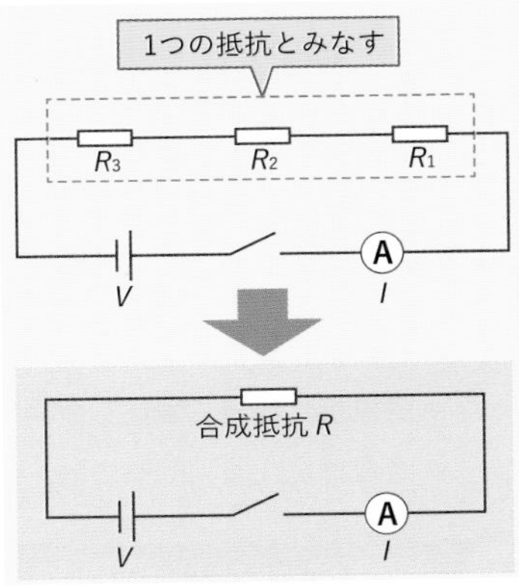

図2　**直列な回路の合成抵抗**

## 例題5　直列につないだ抵抗

20 Ω，30 Ω，50 Ωの3つの抵抗と電源装置を直列につないで，図のような回路をつくった。これについて，次の問いに答えなさい。

(1)　30 Ωの抵抗の両端《りょうたん》につないだ電圧計は3.6Vを示した。電流計は何Aを示すか。

(2)　この回路の合成抵抗は何Ωか。

(3)　電源装置の電圧計は何Vを示すか。

(4)　50 Ωの抵抗の両端の電圧は何Vか。

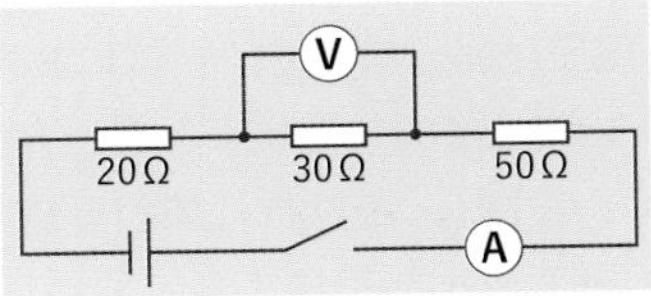


解き方

**直列回路に流れる電流の大きさはどこも同じで，直列につないだ抵抗の合成抵抗は各抵抗の和に等しい。**

(1)　電流計の示す値$I$は30 Ωの抵抗を流れる電流の大きさと同じなので，オームの法則より，

$$I = \frac{V}{R} = \frac{3.6\,\mathrm{V}}{30\,\Omega} = \mathbf{0.12\,A}$$ ……答

(2)　直列につないだ抵抗の合成抵抗$R$は各抵抗の和に等しいから，

$$R = 20\,\Omega + 30\,\Omega + 50\,\Omega = \mathbf{100\,\Omega}$$ ……答

(3)　3つの抵抗を直列につないだものを100 Ωの1つの抵抗と考えると，この回路に加わっている電圧$V$は，$V = RI = 100\,\Omega \times 0.12\,\mathrm{A} = \mathbf{12V}$ ……答

(4)　50 Ωの抵抗にも0.12 Aの電流が流れているから，50 Ωの抵抗の両端の電圧は，オームの法則より，$V = RI = 50\,\Omega \times 0.12\,\mathrm{A} = \mathbf{6V}$ ……答

UNIT 9

# 並列につないだ抵抗の合成抵抗

着目 並列につないだ抵抗の合成抵抗は，並列回路で電圧が等しいことをもとに考える。

要点

- **各抵抗《かくていこう》に流れる電流**　並列回路《へいれつかいろ》では，電流の大きさは各抵抗の大きさに反比例する。
- **各抵抗に加わる電圧**　並列回路では，電圧の大きさは各抵抗とも同じ。
- **合成抵抗《ごうせいていこう》**　並列回路では，合成抵抗の大きさの逆数は各抵抗の逆数の和に等しい。

## 1 並列につないだ抵抗の電流と電圧

3つの抵抗《ていこう》$R_1$〔Ω〕，$R_2$〔Ω〕，$R_3$〔Ω〕を**並列《へいれつ》つなぎ**にして，**電源装置《でんげんそうち》**につなぐ。この回路で，**それぞれの抵抗を流れる電流と電圧の関係**について考える。

電流と電圧を，それぞれ電流計，電圧計を使って測定するためには，図1のような回路をつくればよい。

並列回路を流れる電流の大きさはちがうから，各抵抗を流れる電流は，抵抗$R_1$，$R_2$，$R_3$につながる導線それぞれに電流計をつなぐ必要がある。いっぽう，並列回路でそれぞれの抵抗に加わる電圧は同じなので，抵抗に並列な1か所に電圧計をつなげばよい。

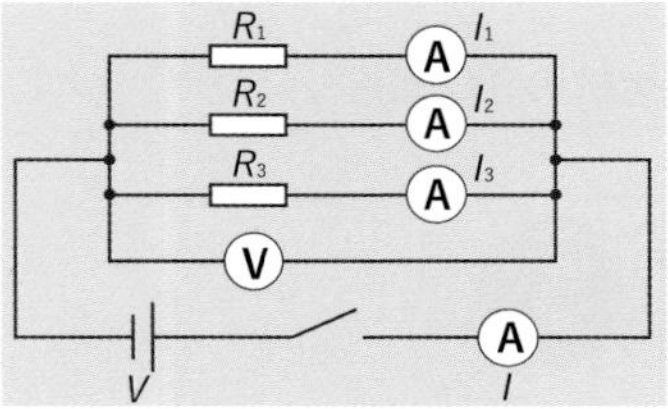

図1　並列につないだ3つの抵抗

図1の回路で，抵抗$R_1$，$R_2$，$R_3$に流れる電流をそれぞれ$I_1$〔A〕，$I_2$〔A〕，$I_3$〔A〕，各抵抗に加わる電圧を$V$〔V〕とすると，**オームの法則《ほうそく》**(➡ p.258)により，

$$I_1 = \frac{V}{R_1} \qquad I_2 = \frac{V}{R_2} \qquad I_3 = \frac{V}{R_3}$$

となるから，各抵抗を流れる電流の比は，

$$I_1 : I_2 : I_3 = \frac{V}{R_1} : \frac{V}{R_2} : \frac{V}{R_3} = \frac{1}{R_1} : \frac{1}{R_2} : \frac{1}{R_3}$$

となる。

このことから，**並列**につないだ各抵抗を流れる**電流の比**は，**各抵抗の大きさの逆数の比と同じ**といえる。

## 2 並列につないだ抵抗の合成抵抗

このとき，図2のように抵抗$R_1$，$R_2$，$R_3$の合成抵抗《ごうせいていこう》を求めてみよう。

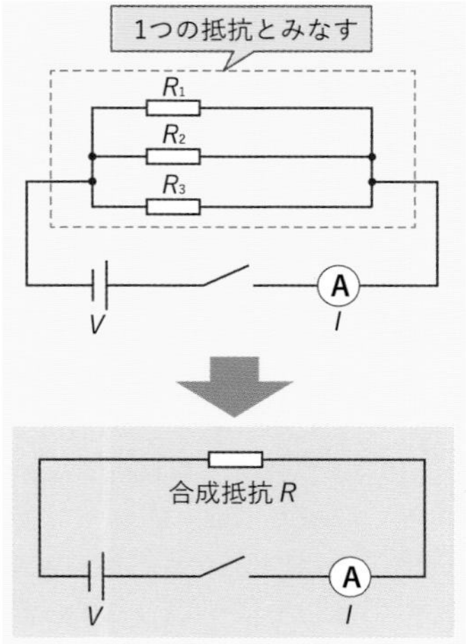

図2　並列な回路の合成抵抗

この合成抵抗の大きさを$R$〔Ω〕とし，電源装置の電圧を$V$〔V〕，電流を$I$〔A〕とすると，オームの法則により，

$$I=\frac{V}{R}\cdots\cdots ①$$

また，並列回路の各電流の和が電源装置から流れ出る電流なので，

$$I=I_1+I_2+I_3$$

この式に，$I_1=\frac{V}{R_1}$，$I_2=\frac{V}{R_2}$，$I_3=\frac{V}{R_3}$を代入すると，

$$I=\frac{V}{R_1}+\frac{V}{R_2}+\frac{V}{R_3}\cdots\cdots ②$$

①式と②式を比べると，

$$\frac{V}{R}=\frac{V}{R_1}+\frac{V}{R_2}+\frac{V}{R_3}\quad ゆえに，\quad \frac{1}{R}=\frac{1}{R_1}+\frac{1}{R_2}+\frac{1}{R_3}$$

このことから，**並列つなぎにした抵抗の合成抵抗の逆数は，各抵抗の逆数の和に等しい**ことがいえる。[*1]

＊1
同じ大きさの抵抗を並列につないだときの合成抵抗は，簡単に求めることができる。$r$〔Ω〕の抵抗を$n$個並列につないだ場合の合成抵抗$R$〔Ω〕は，

$$\frac{1}{R}=\frac{1}{r}+\frac{1}{r}+\cdots=\frac{n}{r}$$

$$R=\frac{r}{n}$$

よって，このときの合成抵抗は各抵抗の$\frac{1}{n}$倍になる。

## 例題 6　並列につないだ抵抗

大きさの不明な抵抗$R$と50 Ωの抵抗を電源装置に並列につなぎ，右の図のような回路をつくったところ，抵抗$R$には0.5 Aの電流が流れ，電源装置からは0.7 Aの電流が流れ出た。

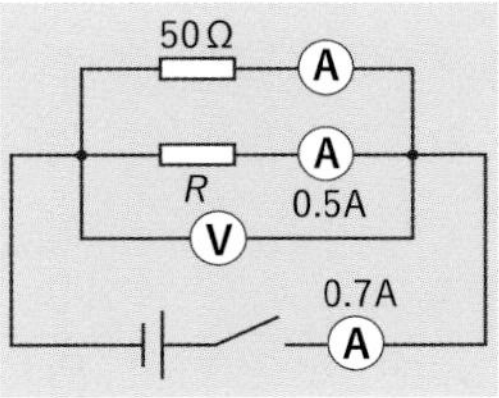


(1) 50 Ωの抵抗を流れる電流はいくらか。
(2) 電圧計は何Vを示すか。
(3) 抵抗$R$の大きさは何Ωか。
(4) この回路の合成抵抗は何Ωか。小数第１位まで求めよ。

解き方

**並列につないだ抵抗の両端《りょうたん》の電圧は等しく，並列につないだ抵抗の合成抵抗の逆数は各抵抗の逆数の和に等しい。**

(1) 0.7 Aが２つに分かれて，50 Ωと$R$に流れるから，50 Ωに流れる電流は，

0.7 A − 0.5 A = **0.2 A** ……(答)

(2) 50 Ωの抵抗に0.2 Aの電流が流れているから，電圧は，オームの法則より，

$V=RI=$ 50 Ω × 0.2 A = **10 V** ……(答)

(3) 並列につないだ各抵抗の両端《りょうたん》の電圧は等しいから，オームの法則より，

$$R=\frac{V}{I}=\frac{10\,\mathrm{V}}{0.5\,\mathrm{A}}=\mathbf{20\,\Omega}$$ ……(答)

(4) 合成抵抗を$R$〔Ω〕とすると，並列回路の合成抵抗の公式を用いて，

$$\frac{1}{R}=\frac{1}{50\,\Omega}+\frac{1}{20\,\Omega}=\frac{7}{100\,\Omega}$$ より$R$ = 14.28…Ω　よって　**14.3 Ω** ……(答)

UNIT 10

# 複雑につないだ抵抗の合成抵抗

着目 複雑につないだ抵抗の合成抵抗は，直列部分・並列部分をひとつひとつ合成する。

**要点**

- **直列《ちょくれつ》部分の合成抵抗**　直列部分の合成抵抗《ごうせいていこう》は，それぞれの抵抗の和になる。
- **並列《へいれつ》部分の合成抵抗**　並列部分の合成抵抗は，逆数がそれぞれの抵抗の逆数の和になる。
- **複雑な回路の電流や電圧**　電流や電圧の関係を使って，ひとつひとつ求めていく。

## 1 複雑につないだ抵抗の合成抵抗

図1のように，電源装置と電熱線**A**～**D**を**直列《ちょくれつ》つなぎ**と**並列《へいれつ》つなぎ**を複雑に組み合わせてつないだ場合の**合成抵抗《ごうせいていこう》**を求めたい。

このような場合でも，図2❶～❹のようにして並列につながっている部分や直列につながっている部分をひとつずつ合成していくことで，全体の合成抵抗を求めることができる。

❶ 破線で囲んだ部分では，電熱線が**直列つなぎ**になっているので，この部分の合成抵抗 $R_1$ は，

$R_1 = 4.0\ \Omega + 2.0\ \Omega = 6.0\ \Omega$

❷ 破線で囲んだ部分では，電熱線が**並列つなぎ**になっているので，この部分の合成抵抗 $R_2$ は，

$$\frac{1}{R_2} = \frac{1}{6.0\ \Omega} + \frac{1}{2.0\ \Omega} = \frac{2}{3\ \Omega} \quad よって，\quad R_2 = \frac{3}{2}\ \Omega = 1.5\ \Omega$$

❸ 破線で囲んだ部分では，電熱線が**直列つなぎ**になっているので，この部分の合成抵抗 $R_3$ は，

$R_3 = 3.0\ \Omega + 1.5\ \Omega = 4.5\ \Omega$　➡回路全体の合成抵抗は4.5 Ω(❹)。

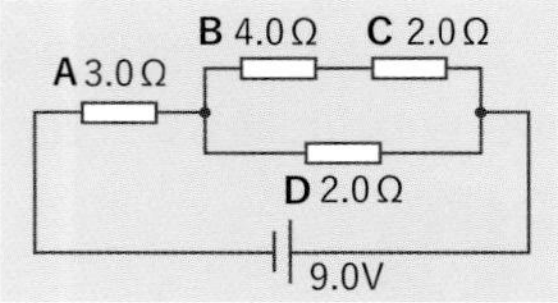

図1　複雑につないだ回路

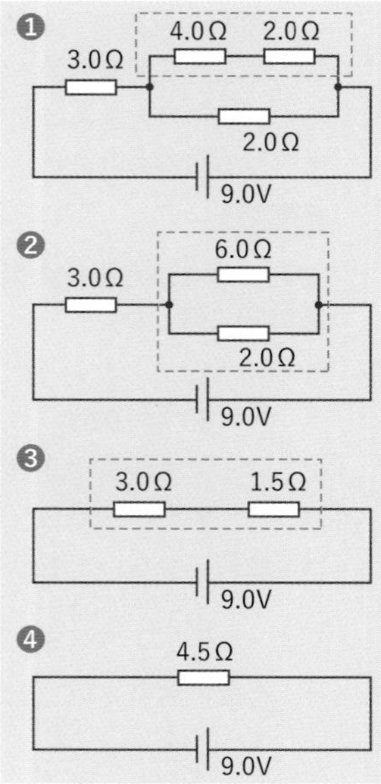

図2　複雑につないだ回路の合成抵抗の求め方

## 2 複雑につないだ抵抗を流れる電流や電圧

図1のように複雑につないだ回路を流れる電流や電圧も，図2のように求めた合成抵抗の大きさや，直列つなぎ・並列つなぎでの電流・電圧の関係からひとつひとつ求めていけばよい。

① 図2❹から，回路全体の合成抵抗は4.5 Ωである。電源装置の電圧が9.0Vなので，回路全体を流れる電流の大きさ $I$ は，**オームの法則《ほうそく》**(➡ p.258)から，$I = \frac{V}{R} = \frac{9.0\ \mathrm{V}}{4.5\ \Omega} = 2.0\ \mathrm{A}$

② 図2 ❸のように，電熱線**A**と**B**～**D**をまとめた部分で考えると**直列つなぎ**になっているので，電熱線**A**を流れる電流も，電熱線**B**～**D**をまとめた部分に流れる電流も，どちらも2.0Aである。よって，それぞれに**オームの法則**を用いて，電熱線**A**に加わる電圧$V_1$は，$V_1 = 2.0\,\mathrm{A} \times 3.0\,\Omega = 6.0\,\mathrm{V}$，電熱線**B**～**D**をまとめた部分に加わる電圧$V_2$は，$V_2 = 2.0\,\mathrm{A} \times 1.5\,\Omega = 3.0\,\mathrm{V}$。*1

＊1
直列つなぎをした電圧の関係式から，電源の電圧から抵抗**A**に加わる電圧を引いて 9.0V－6.0V＝3.0V と求めることもできる。

③ 図2 ❷のように，電熱線**B**と**C**をまとめた部分と電熱線**D**で考えると**並列つなぎ**になっているので，電熱線**B**と**C**をひとまとめにした部分に加わる電圧も，電熱線**D**に加わる電圧も3.0Vである。よって，**オームの法則**から電熱線**B**と**C**を流れる電流は0.5A，電熱線**D**に流れる電流は1.5A。

④ 電熱線**B**と電熱線**C**で考えると**直列つなぎ**になっているので，どちらを流れる電流も0.5Aである。よって，**オームの法則**から電熱線**B**に加わる電圧は2.0V，電熱線**C**に加わる電圧は1.0V。

以上より図3のように求めることができた。

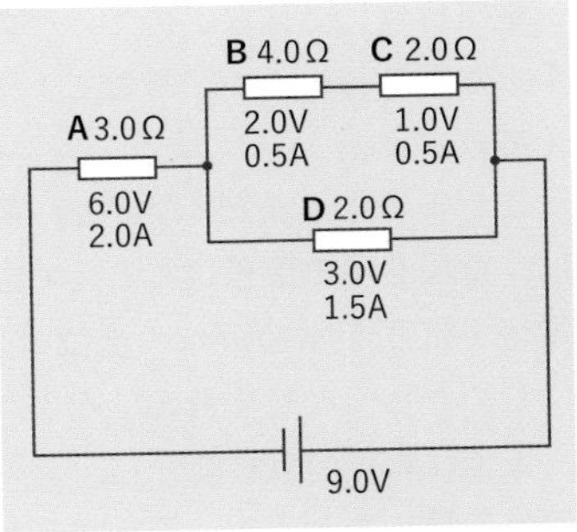


図3　**複雑につないだ回路の電流・電圧**

## 例題 7　複雑につないだ抵抗

抵抗のちがう電熱線**A**～**D**と電流計を右図のように電源装置につないだ。このとき，次の問いに答えなさい。

(1) 電熱線**A**～**D**の合成抵抗$R$は何Ωか。

(2) 電源装置の電圧を$V = 1.9\,\mathrm{V}$にしたとき，電流計に流れる電流の大きさ$I$は何Aか。

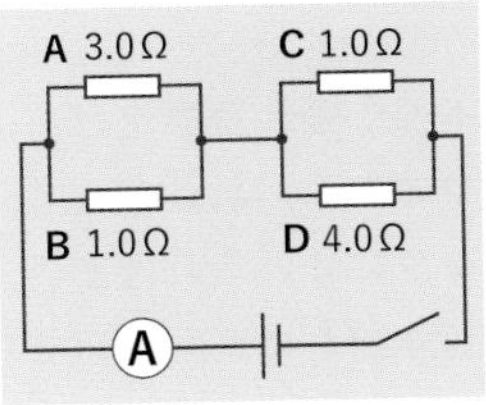


解き方

**図や問題文の情報をもとに，合成抵抗をひとつひとつ求めていく。**

(1) 電熱線**A**と**B**は並列つなぎになっているので，この2つの合成抵抗$R_1$は，

$$\frac{1}{R_1} = \frac{1}{3.0\,\Omega} + \frac{1}{1.0\,\Omega} = \frac{4}{3\,\Omega} \quad \text{よって，} R_1 = \frac{3}{4}\,\Omega = 0.75\,\Omega \quad \cdots ①$$

電熱線**C**と**D**は並列つなぎになっているので，この2つの合成抵抗$R_2$は，

$$\frac{1}{R_2} = \frac{1}{1.0\,\Omega} + \frac{1}{4.0\,\Omega} = \frac{5}{4\,\Omega} \quad \text{よって，} R_2 = \frac{4}{5}\,\Omega = 0.2\,\Omega \quad \cdots ②$$

求める合成抵抗$R$は，$R_1$と$R_2$を直列につないだものなので，①，②より，

$$R = R_1 + R_2 = 0.75\,\Omega + 0.2\,\Omega = \mathbf{0.95\,\Omega}$$ ……㊀答

(2) オームの法則より，求める電流の大きさ$I$は，$I = \dfrac{V}{R} = \dfrac{1.9\,\mathrm{V}}{0.95\,\Omega} = \mathbf{2.0\,A}$ ……答

特集

# 電流・電圧を水流のモデルで考える

## ● まず，電気回路を水路にたとえて考えよう

電気は目に見えないので，そのはたらきがなかなか理解しにくい。そこでモデルを使って考えてみよう。

これまでにもp.253などで，電流を水の流れに，電圧を水の落差にたとえてきた。ここでは電流・電圧を水の流れ・水位の差にたとえて，はじめからくわしく考えてみよう。

電流《でんりゅう》は電気の流れだから，この大きさを**水の流れる量**にたとえる。そうすると，電圧は何にたとえられるだろうか。電圧は電気を流すはたらきである。水を流すには，水を高い所に運び上げればよいので，電圧《でんあつ》は**水位の差**にたとえるとわかりやすい。

水を高い所に運び上げるはたらきをするのは**ポンプ**である。したがって，**乾電池**《かんでんち》や**電源装置**《でんげんそうち》をポンプにたとえればよい。高い所から流れ出た水は水路をひと回りしてもとにもどり，ポンプで再び高い所に運び上げることで流れ続ける。回路を流れた電流も電圧をかけることで流れ続ける。

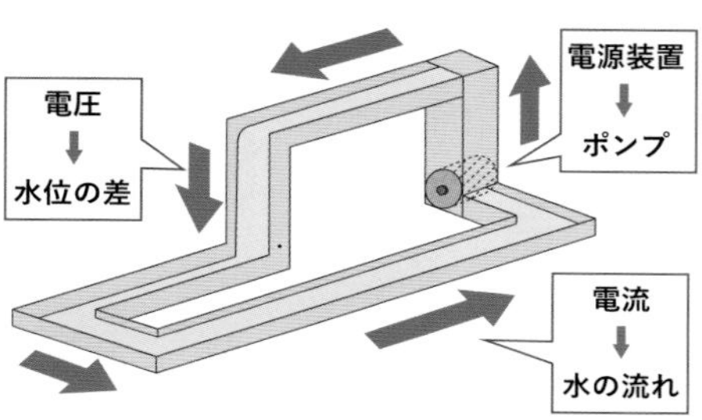


図1　**電圧と電流のモデル**

## ● 電流のはたらきは水車にたとえることができる

電流は豆電球を光らせるほかに，モーターを回すなど，いろいろなはたらきをする。そこで，モデルとなった水の流れにも何かのはたらきをさせよう。

水のはたらきといえば，すぐに思いつくのは水車である。上から水を落としてやると，水位が低くなるかわりに水車が回る。これは，電流が豆電球やモーターなどの**抵抗**《ていこう》を流れると電圧が下がる現象にたとえることができる。

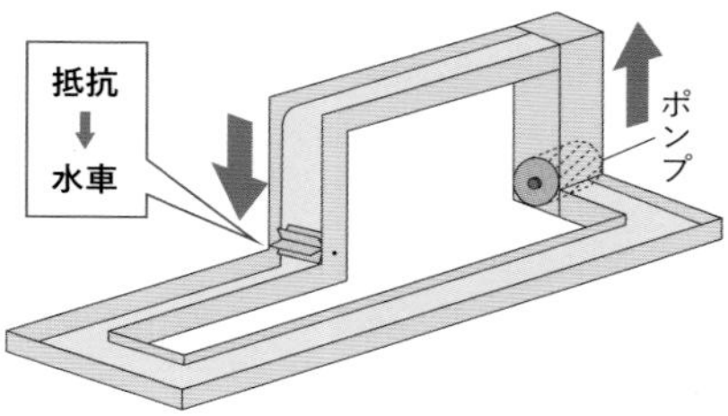


図2　**電圧・電流・抵抗のモデル**

## ● 電圧と電流は，水位差と1秒間に流れる水の量にたとえることができる

電圧の大きさと回路を流れる電流の大きさを水路で考えてみよう。同じ大きさの水車(抵抗)を回す(このとき，水車を回さないと水は通過できないものとする)とすると，水位差が大きいほど，水流の大きさ，つまり1秒間に水路に流れる水の量は大きくなる。

同じように，電圧を大きくすると，回路に流れる電流は大きくなる。

## ● 抵抗の大きさは水車の大きさにたとえることができる

抵抗の大きさで回路に流れる電流がどう変わるか水路で考えてみよう。

同じ高さから同じ量の水を流す。大きな水車を回したあとの水の勢いと，小さな水車を回したあとの水の勢いとでは，小さな水車を回したあとの水の勢いのほうが強く，１秒間に流れる水の量は多い。

これと同じように，同じ電圧を加えたとき，大きな抵抗よりも，小さな抵抗をつないだほうが電流は大きくなる。

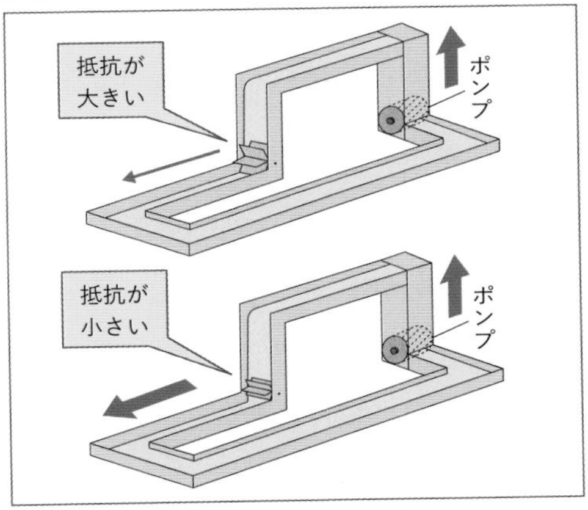


図３　大きな抵抗と小さな抵抗のモデル

## ● 直列回路は１本の水路にたとえることができる

直列回路《ちょくれつかいろ》は１本の水路にたとえることができる。図４のA，B，Cを流れる水の量がどれも同じように，直列回路では各部の電流は等しい。また，AB間の水位差とBC間の水位差の和はAC間の水位差となる。

これと同じように，直列回路では各部の電圧の和が全体の電圧になる。

## ● 並列回路は途中で枝分かれした水路にたとえることができる

並列回路《へいれつかいろ》は途中で枝分かれした水路にたとえることができる。図４のDでの水流は，EとFに分かれ，Gで合流する。

このとき，それぞれの水流の大きさの関係は次のようになる。

**Dの水流＝Eの水流＋Fの水流**
**＝Gの水流**

これと同じように，並列回路でも，もとの電流は，分かれた電流の和に等しく，合流したあとの電流にも等しい。

また，水路Eと水路Fの水位差（EG間とFG間）が同じである。これと同じように，並列回路では，枝分かれした各部の電圧は等しい。

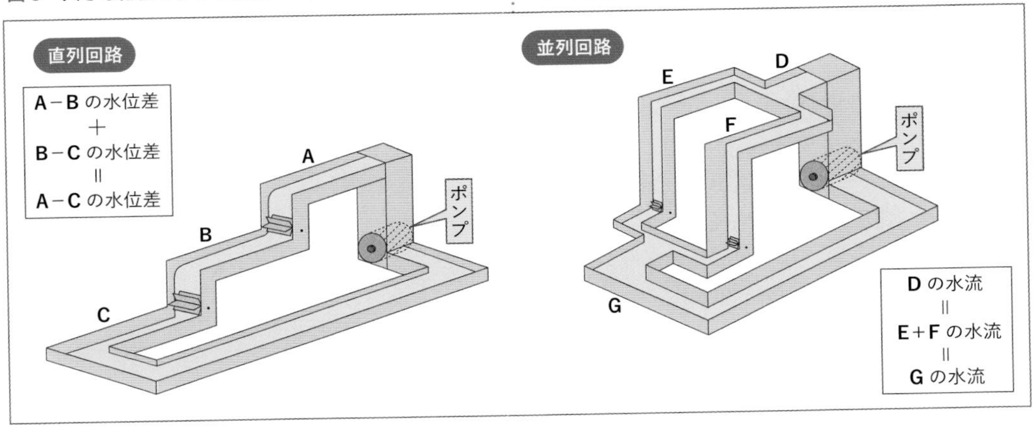


図４　直列回路と並列回路のモデル

# 定期テスト対策問題

解答 ➡ 別冊p.11

## 問1 直列回路の電流と電流計のつなぎ方

**2個の豆電球と電池を図1の回路図のようにつないだ。次の問いに答えなさい。**

(1) 回路を流れる電流の強さをはかるため，端《たん》子《し》**C**と端子**D**の間に図3の電流計をつなぎたい。電流計の端子**ア**，**イ**，**ウ**，**エ**のどれと**C**をつなげばよいか。ただし，電流計の端子には，左から順に，50mA，500mA，5A，＋D.C.と書いてある。

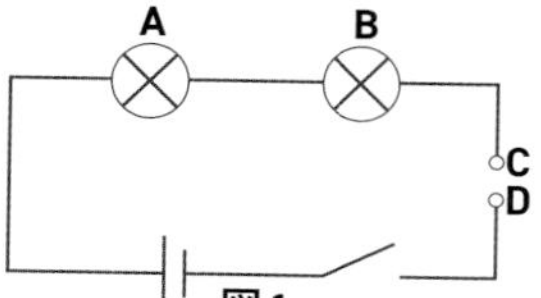

図1

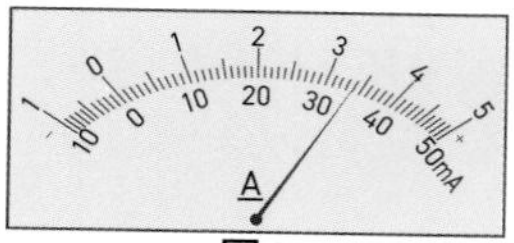

図2

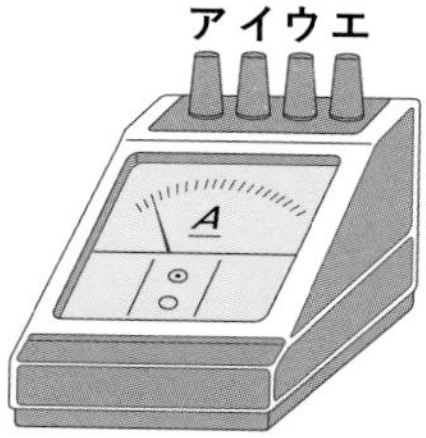

図3

(2) 電流計を正しくつないでスイッチを入れると，図2のようになった。このとき，**C**，**D**のうち1つと**ア**がつながっていた。電流計が示す電流の大きさはいくらか。

(3) 豆電球**A**を流れる電流の大きさはいくらか。

## 問2 並列回路の電流

**右の図のように，豆電球A，B，電流計C，Dとスイッチを電池につないだ。スイッチを入れると，電流計Cは15mA，電流計Dは25mAを示した。次の問いに答えなさい。**

(1) 豆電球**A**を流れる電流の大きさはいくらか。

(2) 豆電球**B**を流れる電流の大きさはいくらか。

(3) 電池から流れ出る電流の大きさはいくらか。

(4) 豆電球**A**を流れる電流の向きは図の右向きか左向きか。

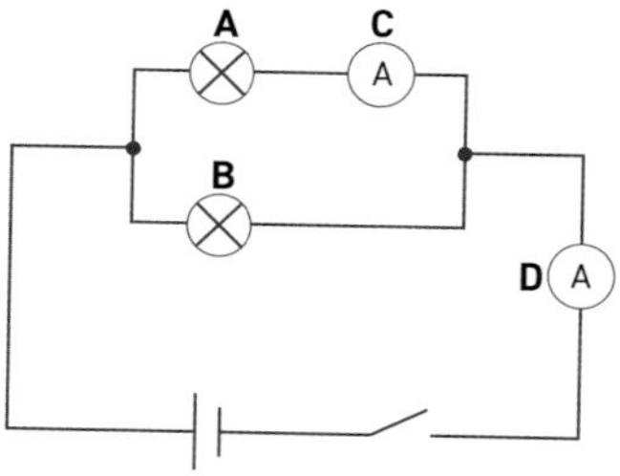


## 問3 直列回路の電圧

**1.5Vの電池を4個直列につなぎ，それに抵抗《ていこう》A，B，電圧計C，Dとスイッチを右の図のようにつないだ。スイッチを入れると，電圧計Cは4.2Vを示した。次の問いに答えなさい。**

(1) 電池を4個つないだ部分の両端の電圧は何Vか。

(2) 電圧計**D**は何Vを示すか。

(3) 抵抗**A**と抵抗**B**に流れる電流の大きさの間には，どんな関係があるか。次の**ア**～**ウ**から選べ。

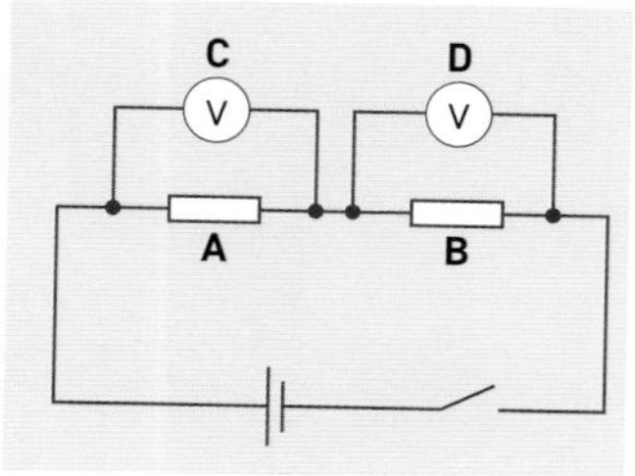


**ア** 抵抗**A**のほうが大きい。　**イ** 抵抗**B**のほうが大きい。　**ウ** 大きさは同じ。

## 問 4 直列回路とオームの法則

**抵抗の大きさが10Ωと20Ωの抵抗と電流計，スイッチを，右の図に示すように電源装置につないだ。スイッチを入れると，電流計は2.0Aを示した。次の問いに答えなさい。**

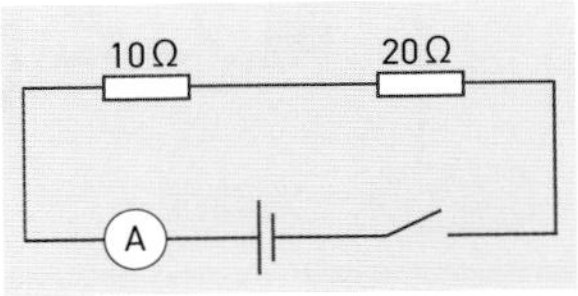


(1)　10Ωの抵抗に流れる電流の大きさはいくらか。

(2)　10Ωの抵抗に加わる電圧はいくらか。

(3)　20Ωの抵抗に流れる電流の大きさはいくらか。

(4)　20Ωの抵抗に加わる電圧はいくらか。

(5)　電源装置の電流計は何Aを示すか。

(6)　電源装置の電圧計は何Vを示すか。

(7)　この回路全体の合成抵抗はいくらか。

## 問 5 直列につないだ電熱線とオームの法則

**太さは同じだが，長さのちがう２本の電熱線AとBを直列につなぎ，下の図のように，電源装置につないだ。電熱線の抵抗の大きさはそれぞれ，電熱線Aは20Ω，電熱線Bは60Ωである。これについて，次の問いに答えなさい。**

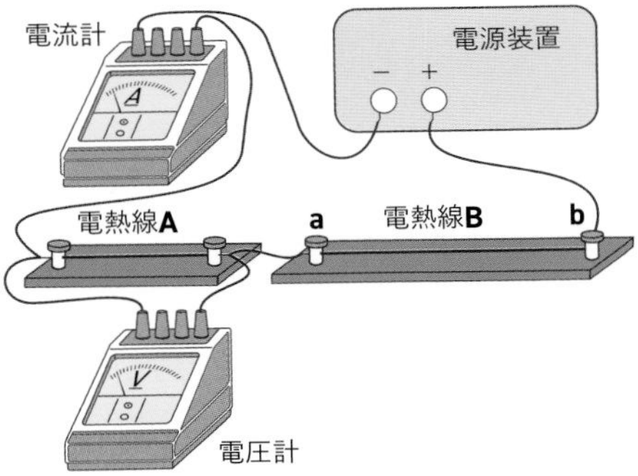


(1)　電源装置のスイッチを入れると，電源装置の電圧計が10Vを示した。電流計は何Aを示すか。

(2)　電熱線**B**を抵抗の大きさが30Ωの電熱線**C**にとりかえて電源装置のスイッチを入れたところ，電源装置の電圧計が10Vを示した。このとき電熱線**A**の両端につないだ電圧計は何Vを示すか。

## 問 6 並列回路とオームの法則

**20Ωの抵抗と抵抗値のわからない抵抗Rおよび２個の電流計A，Bとスイッチを，右の図のように電源装置につないだ。スイッチを入れると，電流計Bが0.2Aを示し，電源装置の電圧計が6.0Vを示した。次の問いに答えなさい。**

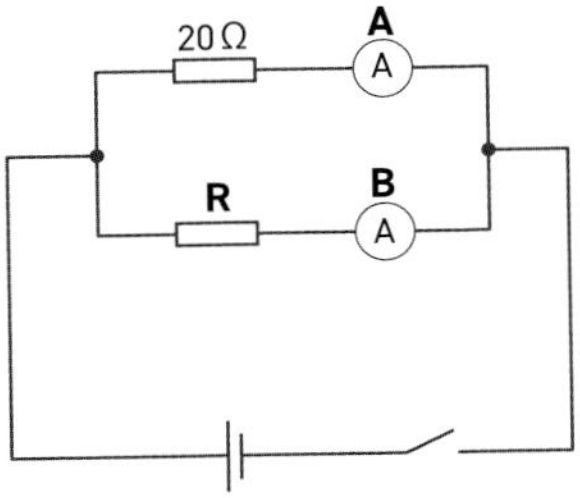


(1)　抵抗**R**の抵抗値は何Ωか。

(2)　電流計**A**は何Aを示すか。

(3)　電源装置の電流計は何Aを示すか。

(4)　この回路の合成抵抗は何Ωか。

UNIT 1

# 電力と熱量

着目 一定時間あたりに消費される電気エネルギーの量を電力という。

**要点**

- **電力《でんりょく》を求める式**　電力〔W〕＝電圧《でんあつ》〔V〕×電流《でんりゅう》〔A〕。
- **電流による発熱**　電流による発熱量は，電流が一定のとき時間に比例する。
- **熱量《ねつりょう》**　物体の温度を変化させる熱の量を熱量といい，単位ジュール(J)で表す。

## 1 電力

電気が電気器具などを動かす能力を**電気《でんき》エネルギー**という。**一定時間あたりに消費される電気エネルギーの量**を**電力《でんりょく》**といい，電力の単位には**ワット**(記号**W**)を用いる。

電力は，回路に加わる電圧と電流の大きさの積で求められる。

**電力〔W〕＝電圧〔V〕×電流〔A〕**[*1]

1Vの電圧で1Aの電流が流れるときに1秒あたりに消費する電力が1Wである。1000Wを1**キロワット**(記号**kW**)という。電力が大きいほど，発生する熱や光，力は大きくなる。

電気器具には「100V－1000W」などと表示されている。この場合はたとえば100Vの電圧で使用したときに1000Wの電力を消費する，すなわち100Vでの**消費電力《しょうひでんりょく》**が1000Wであることを表す。[*2]

＊1
電流を$I$，電圧を$V$，電力を$P$で表して，電力を求める式を
$P=VI$
と表すこともできる。

＊2
器具によっては，最大でどれぐらいの電力を消費するのかという**最大消費電力《さいだいしょうひでんりょく》**を表示している場合もある。

## 2 電流による温度変化を調べる　実験

### A 方法・手順

① 図1のように，電源装置に1.5Ωの電熱線と電圧計，電流計，スイッチを接続する。
② 発泡《はっぽう》ポリスチレンのコップに水を100g入れ，その中に電熱線と温度計を入れて，水の温度をはかる。
③ 電熱線に3Vの電圧を加え，水をゆっくりかきまぜながら1分ごとに水の温度をはかり，変化を記録する。

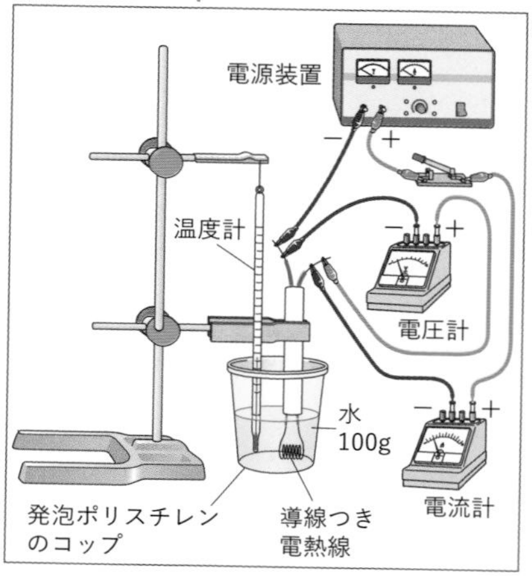


図1　**電流を流す時間と発熱量を調べる実験**

### B 結果・考察

① 水の温度は，時間とともに表１のように上昇《じょうしょう》していく。

表１　**電流による水の上昇温度**

| 時　間　〔分〕 | 0 | 1 | 2 | 3 | 4 | 5 |
|---|---|---|---|---|---|---|
| 温　度　〔°C〕 | 15.0 | 15.9 | 16.7 | 17.6 | 18.5 | 19.3 |
| 上昇温度〔°C〕 | 0 | 0.9 | 1.7 | 2.6 | 3.5 | 4.3 |

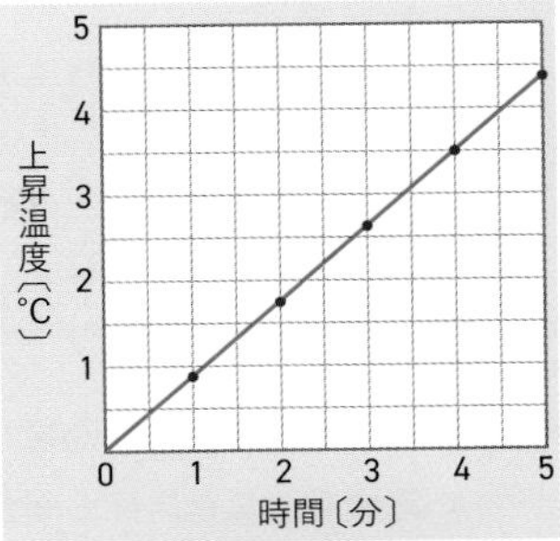


図２　**電流を流す時間と水の上昇温度の関係**

② はかった水の温度から最初の水の温度を引いた値が，上昇温度である。横軸《よこじく》に時間を，縦軸に上昇温度をとって，グラフをかくと図２のようになる。このグラフから，**水の温度**は，**電流を流す時間に比例**して上昇していることがいえる。

## 3 熱量

理科では，物体の温度を変化させるものを**熱**《ねつ》という。*3 熱が物体どうしの間でやりとりされることで，温度が変化すると考えるのである。たとえば，水の温度が上昇するのは，電熱線で発生した熱が，水に移動するからと説明できる。

物体の温度を変化させる熱の量を**熱量**《ねつりょう》といい，単位**ジュール**(記号**J**)で表す。一定量の水の温度上昇は，加えられた熱の量に比例する。*4

このことと，図２の実験結果を合わせて考えると，同じ電熱線を使い，電流も電圧を変えずに電流を流し続けたとき，電熱線から一定時間あたりに発生する熱量は変わらないことがいえる。

*3
特に，電熱線や電気抵抗に電流を流したときに発生する熱を，**ジュール熱**《ねつ》という。

*4
水の温度変化と熱量の関係については，**発熱量と電力量**(➡ p.276)でくわしく説明する。

**例題 1**　電熱線の消費電力

抵抗《ていこう》1.5 Ωの電熱線を3.0 Vの電源につないで電流を流し，熱を発生させた。このとき，電熱線が消費する電力は何Wか。

解き方

**オームの法則を利用して電流を求め，$P=VI$ の式から消費する電力を求める。**

電熱線に流れる電流 $I$ は，オームの法則により，

$$I=\frac{V}{R}=\frac{3.0\,\mathrm{V}}{1.5\,\Omega}=2\,\mathrm{A}$$

よって，電熱線の消費電力 $P$ は，

$P=VI=3\,\mathrm{V}\times 2\,\mathrm{A}=\mathbf{6\,W}$ ……答

UNIT 2

# 電流の大きさと発熱量

着目 発熱量は，電圧が同じなら電流の大きさに比例する。

要点

- **電流《でんりゅう》の大きさと発熱量** 電圧《でんあつ》が等しいとき，発熱量は電流の大きさに比例する。
- **電流を流した時間と発熱量** 電圧が等しいとき，抵抗《ていこう》が小さいほど流れる電流の大きさは大きくなり発熱量は比例して大きくなる。

## 1 電流の大きさと発熱量を調べる 実験

**電流による温度変化を調べる実験**（➡ p.270）と同じ装置で実験する。

### A 方法・手順

① 図1のように，電源装置に2Ωの電熱線と電圧計，電流計，スイッチを接続する。

② 発泡《はっぽう》ポリスチレンのコップを3個用意し，それぞれに温度計と水を100gずつ入れる。それぞれのコップの中に電熱線を入れて，水の温度をはかる。

③ 電熱線に6.0Vの電圧を加えるように調節し，電熱線に流れる電流を記録する。さらに水をゆっくりかきまぜながら，1分ごとに水の温度をはかり，その変化を記録する。

④ 電熱線を4Ω，6Ωのものにとりかえて②，③の手順をくり返す。

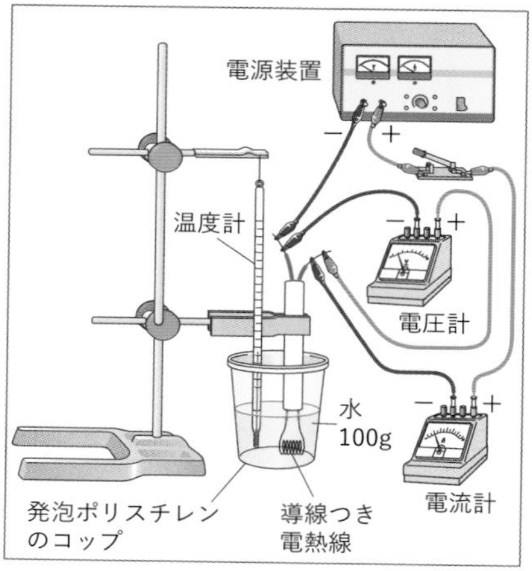

図1 **電流の大きさと発熱量を調べる実験**

### B 結果・考察

① 電熱線に加える電圧を6.0Vにすると，2Ωの電熱線には3.0A，4Ωの電熱線には1.5A，6Ωの電熱線には1.0Aの電流が流れる。

② 1分ごとの上昇温度《じょうしょうおんど》をまとめると表1のようになる。さらに，温度の変化をグラフにすると，図2のように原点を通り，傾《かたむ》きのちがう直線になる。

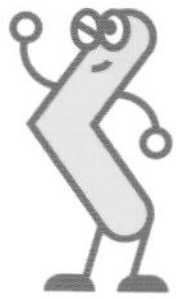

表1 **電流の大きさと水の上昇温度の関係**

| 時間〔分〕 | 0 | 1 | 2 | 3 | 4 | 5 | 電流〔A〕 |
|---|---|---|---|---|---|---|---|
| 2Ωでの上昇温度〔℃〕 | 0.0 | 2.6 | 5.1 | 7.7 | 10.2 | 12.8 | 3.0 |
| 4Ωでの上昇温度〔℃〕 | 0.0 | 1.3 | 2.6 | 3.8 | 5.1 | 6.4 | 1.5 |
| 6Ωでの上昇温度〔℃〕 | 0.0 | 0.8 | 1.7 | 2.5 | 3.4 | 4.2 | 1.0 |

③ 6 Ωの電熱線を基準に，表 1 と図 2 から電熱線ごとに 1 分あたりの発熱量と電流を比較《ひかく》すると，4 Ωの電熱線では発熱量が約1.5倍，流れる電流も約1.5倍になっている。さらに，2 Ωの電熱線では発熱量が約 3 倍，流れる電流も約 3 倍となっている。

これらのことから，**電熱線の時間あたりの発熱量**は，電熱線に加わる電圧が同じなら，**流れる電流の大きさに比例**することがわかる。

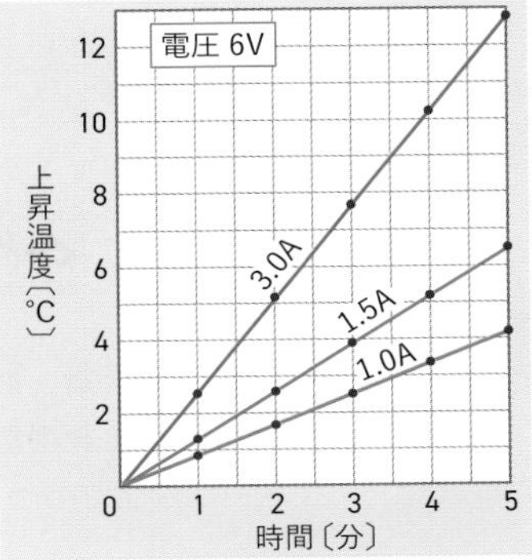


図 2　電流の大きさと発熱量の関係

## 参考　並列回路を使った実験方法

電流の大きさと発熱量との関係を調べる実験方法として，図 3 のように**複数の電熱線を並列《へいれつ》につなぐ**方法もある。

並列回路における電流と電圧の関係から，抵抗《ていこう》のちがう電熱線を並列につなぐと，各電熱線に加わる電圧は同じで，電流だけが異なる。これを利用して，電圧の条件をそろえた上で，電流の大きさと発熱量との関係をいちどに調べることができる。

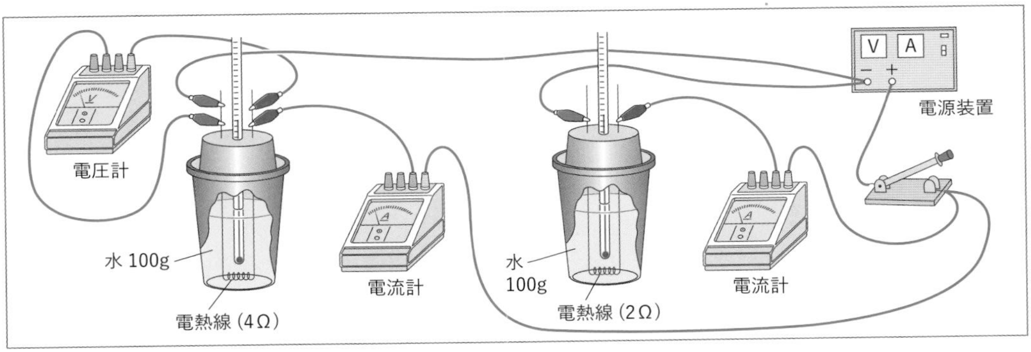


図 3　電流の大きさと発熱量の関係を並列回路で調べる実験

TRY!
**表現力**

**実際に測定した時間と上昇温度の値を座標に点で表すと，測定誤差があるので，図 2 のように一直線上にきれいに並ぶとは限らない。グラフをかくときに注意することを説明しなさい。**

ヒント　電圧が0Vのとき，電流は流れない。

解答例　電圧を加えないとき，電流は流れないので，必ず原点を通る。また，できるだけ多くの測定点のそばを通るように直線を引く。

UNIT 3

# 電圧の大きさと発熱量

着目 発熱量は，電流が同じなら電圧の大きさに比例する。

要点

- **電圧《でんあつ》の大きさと発熱量**　電流《でんりゅう》が等しいとき，発熱量は電圧の大きさに比例する。
- **電流を流した時間と発熱量**　電流が等しいとき，抵抗《ていこう》が大きいほど電圧も大きくなり，発熱量も大きくなる。

## 1 電圧の大きさと発熱量を調べる

実験

**電流による温度変化を調べる実験**（➜ p.270）と同じ装置で実験する。

### A 方法・手順

① 図1のように，電源装置に2Ωの電熱線と電圧計，電流計とスイッチを接続する。

② 発泡《はっぽう》ポリスチレンのコップを3個用意し，それぞれに温度計と水を100gずつ入れる。それぞれのコップの中に電熱線を入れて，水の温度をはかる。

③ 電熱線に2.0Aの電流が流れるように調節し，電熱線にかかる電圧を記録する。さらに水をゆっくりかきまぜながら，1分ごとに水の温度をはかり，その変化を記録する。

④ 電熱線を4Ω，6Ωのものにとりかえて②，③の手順をくり返す。

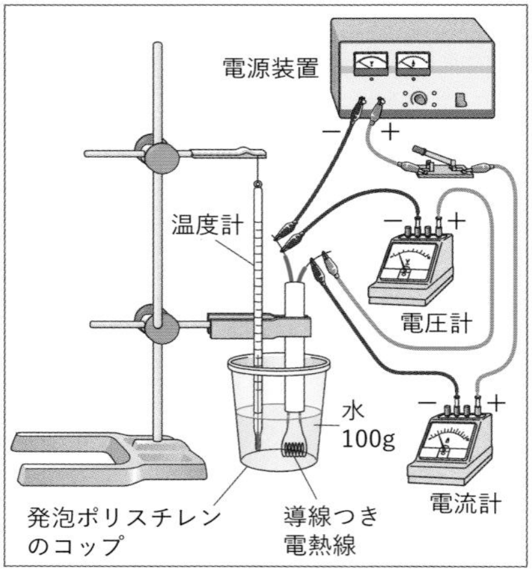


図1　**電圧の大きさと発熱量を調べる実験**

### B 結果・考察

① 流れる電流を2.0Aにすると，2Ωの電熱線には4.0V，4Ωの電熱線には8.0V，6Ωの電熱線には12.0Vの電圧が加わった状態になる。

② 1分ごとの上昇温度《じょうしょうおんど》を5分間記録すると表1のようになる。さらに，温度の変化をグラフにすると，図2のように原点を通り，傾《かたむ》きのちがう直線になる。

表1　**電圧の大きさと水の上昇温度の関係**

| 時間〔分〕 | 0 | 1 | 2 | 3 | 4 | 5 | 電圧〔V〕 |
|---|---|---|---|---|---|---|---|
| 2Ωでの上昇温度〔°C〕 | 0.0 | 1.1 | 2.3 | 3.4 | 4.6 | 5.7 | 4.0 |
| 4Ωでの上昇温度〔°C〕 | 0.0 | 2.3 | 4.6 | 6.9 | 9.2 | 11.5 | 8.0 |
| 6Ωでの上昇温度〔°C〕 | 0.0 | 3.4 | 6.9 | 10.3 | 13.7 | 17.2 | 12.0 |

③ 2 Ωの電熱線を基準に，表 1 と図 2 から電熱線ごとに 1 分あたりの発熱量と電圧を比較《ひかく》すると，4 Ωの電熱線では発熱量が約 2 倍，加わる電圧も約 2 倍になっている。さらに，6 Ωの電熱線では発熱量が約 3 倍，加わる電圧も約 3 倍となっている。

これらのことから，**電熱線の時間あたりの発熱量**は，電熱線に流れる電流が同じなら，**加わる電圧の大きさに比例**することがわかる。

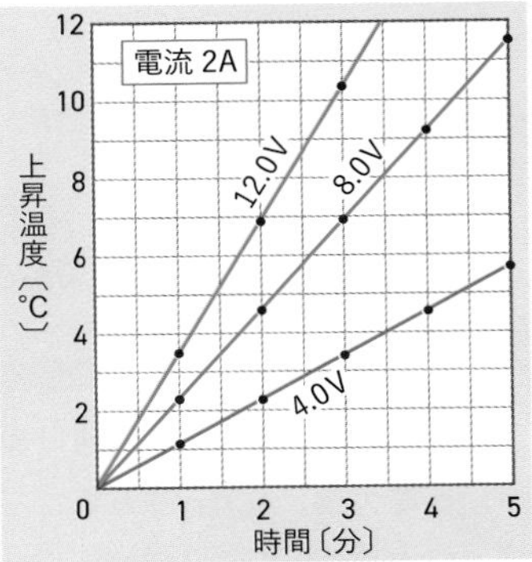

図 2　**電圧の大きさと発熱量の関係**

### 参考　直列回路を使った実験方法

電圧の大きさと発熱量との関係を調べる実験方法として，図 3 のように**複数の電熱線を直列《ちょくれつ》につなぐ**方法もある。

直列回路における電流と電圧の関係から，抵抗《ていこう》のちがう電熱線を直列につなぐと，各電熱線に流れる電流は同じで，加わる電圧だけが異なる。これを利用して，電流の条件をそろえた上で，電圧の大きさと発熱量との関係をいちどに調べることができる。

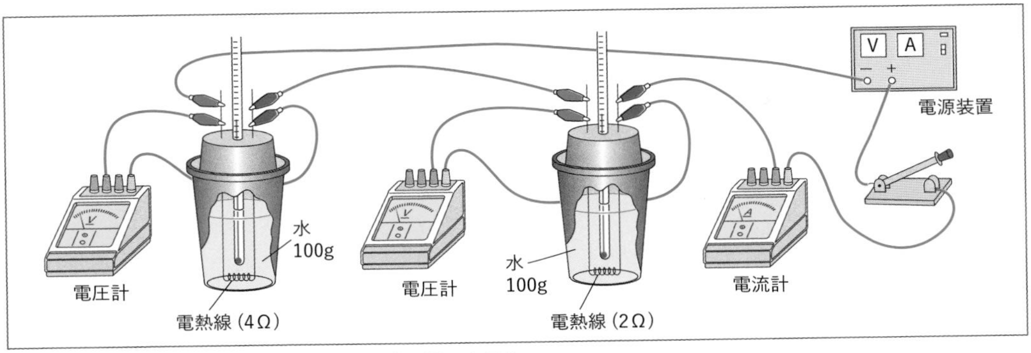

図 3　**電圧の大きさと発熱量の関係を直列回路で調べる実験**

TRY! 表現力

**図 1 の実験で，それぞれの電熱線に流れる電流の大きさをそろえるのはなぜか。簡単に説明しなさい。**

ヒント　発熱量は，電圧だけによって決まるとはかぎらない。

解答例　発熱量は電熱線に加える電圧だけでなく，電流によっても変化することが考えられるので，電流の大きさのちがいによる影響《えいきょう》をなくすため。

UNIT 4

# 発熱量と電力量

着目 一定時間あたりの発熱量は電力に比例する。

**要点**

- **熱量《ねつりょう》の単位** 1Wの電力を1秒間電熱線に流したときの熱量を1ジュール(記号J)という。
- **電流《でんりゅう》による熱量** 電流による熱量〔J〕＝電力《でんりょく》〔W〕×時間〔s〕
- **電力量《でんりょくりょう》** 電流が流れることで電気器具が消費する電気エネルギーの量。

## 1 電力と熱量

### A 一定時間あたりの発熱量と電力

**電流の大きさと発熱量を調べる実験**(➡ p.272)から，電圧が同じなら一定時間あたりの発熱量は電流に比例することがわかった。また，**電圧の大きさと発熱量を調べる実験**(➡ p.274)から，電流が同じなら一定時間の発熱量は電圧に比例することがわかった。

これらを合わせて考えると，電熱線の発熱量は**電流×電圧**に比例するといえる。ここで，**電力《でんりょく》**(➡ p.270)は電圧×電流で求められる値だったから，一定時間あたりの発熱量は電力に比例するということもできる(図1)。

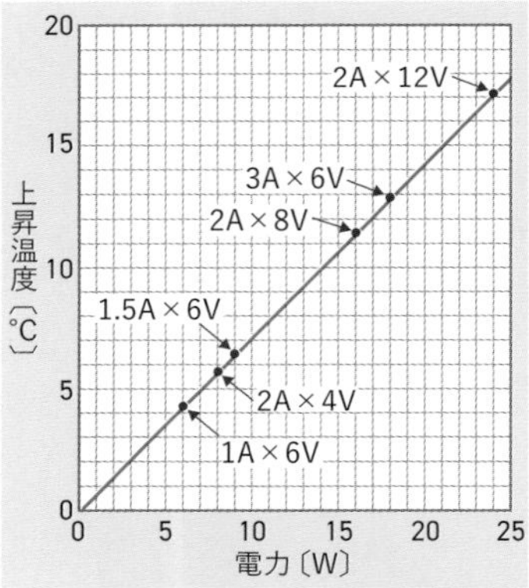


図1 **電熱線の消費電力と水の上昇温度《じょうしょうおんど》**

### B 熱量

一定時間あたりの発熱量が電力に比例することから，電力を基準にして，**熱量《ねつりょう》**の大きさを定めることができる。

具体的には，電熱線で1Wの電力を消費したときに，1秒間で発生する熱量を**1ジュール**(記号J)と決める。[*1]こうすることで，電流の発熱による熱量を次の式で求めることができる。

**熱量〔J〕＝電力〔W〕×時間〔s〕**

電力を求める式(➡ p.270)を使うと，次の関係式も得られる。

**熱量〔J〕＝電圧〔V〕×電流〔A〕×時間〔s〕**

水1gの温度を1℃上げるのに必要な熱量は約4.2Jである。この値を1**カロリー**(記号cal)という。[*2]

＊1
**ジュール**という単位名は，19世紀イギリスの物理学者**ジェームズ・プレスコット・ジュール**の名前にちなんだものである。ジュールは，熱に関する多くの発見を行った。

＊2
食品の栄養成分表示ではその1000倍を表す**キロカロリー**(記号kcal)が使われている。

## 2 電力量

### A 電力量

**電流による発熱量**は，電力と時間の積で表すことができた。

照明器具や冷蔵庫，掃除機《そうじき》など，発熱を利用しない電気器具でも電気エネルギーを消費している。電流が流れることによって電気器具が消費する電気エネルギーの量を**電力量**《でんりょくりょう》という。

電力は電気器具が一定時間に消費する電気エネルギー量のことだった(➡ p.270)ので，電力が一定であれば，電力量も電気器具の電力と電流を流す時間に比例する。

### B 電力量の単位

電力量の単位にも，発熱量と同じ**ジュール**(J)を用いる。1Wの電力を1秒間使ったときの電力量が1Jである。

**電力量〔J〕＝電力〔W〕×時間〔s〕**

また，1ワットの電力を1時間使ったときの電力量を基準にした**ワット時**(記号**Wh**[*3])という単位で表すこともある。

**電力量〔Wh〕＝電力〔W〕×時間〔h〕**

そのほか，**キロワット時**(記号**kWh**)という単位も使われる。[*4]

図2　**電力量計**

＊3
1時間のことを，英語の**hour**の頭文字をとって**1h**と表す。Whとは，Wとhをかけた単位という意味である。

＊4
1kWhが1000Whにあたり，家庭の電気代の精算などに使われている(図2)。

### 例題 2　電熱線の消費電力の問題

100Vの電圧を加えて動作させたとき750Wの電力が消費されるトースターに，100Vの電圧を加えて20秒間動作させた。トースターで消費された電力がすべて熱に変換《へんかん》されたものとして，次の問題に答えなさい。

(1) このとき流れる電流は何Aか。

(2) このときのトースターの発熱量は何Jか。

**解き方**

**電力〔W〕＝電圧〔V〕×電流〔A〕，熱量〔J〕＝電力〔W〕×時間〔s〕から求める。**

(1) 電力〔W〕＝電圧〔V〕×電流〔A〕を電流について整理して，

$$電流〔A〕=\frac{電力〔W〕}{電圧〔V〕}=\frac{750\,W}{100\,V}=\mathbf{7.5\,A}$$ ……答

(2) 発熱量〔J〕＝電力〔W〕×時間〔s〕＝750W×20s＝**15000J** ……答

特集

# 電源コードに流れる電流

## ● 2種類のコンセントの不思議

日本でよく使われているコンセントは，図1のような形である。しかし，大型のエアコンなどがつながっているコンセントは，図2のような形をしている。

図1　**よく使われているコンセント**

図2　**大型エアコンのコンセント**

実は，この2種類のコンセントは，そこから流れてくる電気の電圧が異なる。

日本では，家庭でふだん使っている図1のようなコンセントから流れてくる電気の電圧は100Vであるが，図2のようなコンセントから流れてくる電気の電圧は200Vである。

100V用の電気機器を200Vの電源につなぐと故障や事故のもとになるので，まちがえないようにコンセントの形を変えているのである。

## ● 電圧を高くすると流す電流を小さくすることができる

では，なぜ2種類の電圧を使う必要があるのだろうか。このことは，電源コードに流せる電流が決まっていることと深い関係がある。

電源コードや電源タップには，図3のように，流せる電流の値(許容電流《きょようでんりゅう》)が書かれている。この場合，15Aを超《こ》える電流を流してはいけないという表示である。

図3　**電源タップの許容電流表示**

電気機器が使う電気エネルギーを消費電力といい，電気機器の消費する電力$P$〔W〕は，流れる電流$I$〔A〕と電流に加わる電圧$V$〔V〕を使って，$\boldsymbol{P=VI}$と表すことができる(➡ p.270)。

消費電力$P$が同じなら電流$I$と電圧$V$は反比例しているので，電圧$V$を高くすれば電流$I$を小さくできるのである。

## ● 流せる電流の上限は，安全のために決まっている

電源コードの中には，2本の導線が入っている。そして，電気機器とコンセントの間にある導線は，電気機器と直列になっている(図4)。

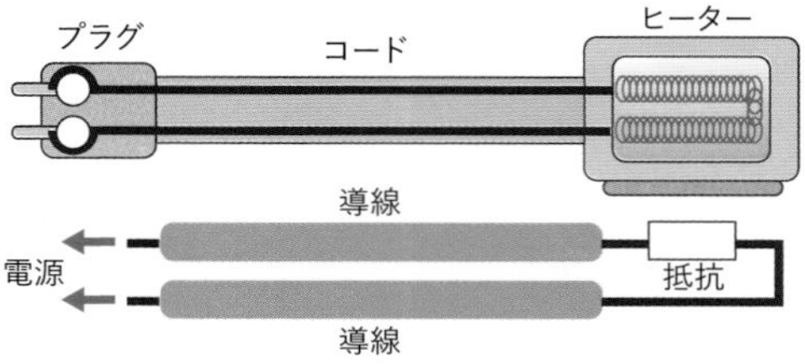


図4　**電源コードの中の導線**

そのため，電源コードには，電気機器を動かすのに必要な電流が流れる。

導線の抵抗《ていこう》を$R$〔Ω〕，電気機器を動かすのに必要な電流を$I$〔A〕とすると，オームの法則《ほうそく》(➡ p.258)より，導線の両端《りょうたん》に加わる電圧$V$〔V〕は，$\boldsymbol{V=RI}$である。このことから，導線で消費され

る電力 $P$〔W〕は，$\boldsymbol{P=VI=RI^2}$ となる。

消費された電力の大半は熱に変化するので，導線からは電流 $I$ の 2 乗と抵抗 $R$ に比例する熱が発生する。電源コードを流れる電流が **2 倍，3 倍，4 倍**…になると，発生する熱は **4 倍，9 倍，16 倍**…となっていくので，発熱量が急激に大きくなり，火災の原因となる。

そのため，電源コードや電源タップには，安全に使える範《はん》囲《い》の電流が決まっているのである。

## ● 導線が長いほど，比例して抵抗が大きくなる

それでは，導線の抵抗はどうやって決まるのだろうか。まずは，導線が長くなるとどうなるのか考えてみよう。

長さが 10 cm，20 cm，30 cm の導線を模式的に表したものが図 5 である。

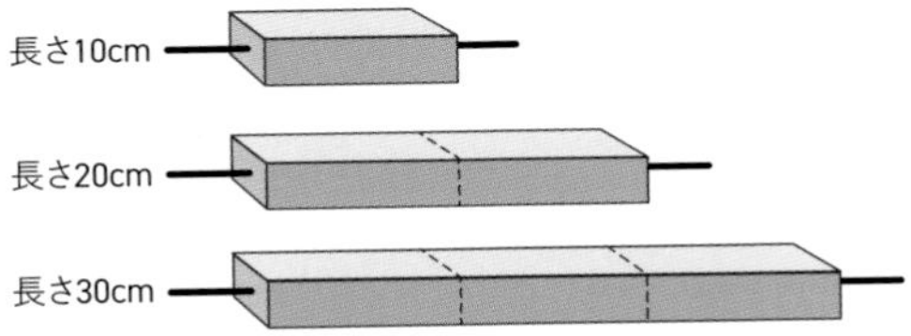


図 5　**長さのちがう導線**

長さ 20 cm の導線は，長さ 10 cm の導線を 2 つ直列に並べたものと考えることができる。

よって，長さ 20 cm の導線の抵抗は，長さ 10 cm の導線の 2 倍になる。

同じように考えると，長さ 30 cm の導線の抵抗は，長さ 10 cm の導線の 3 倍になる（図 6）。

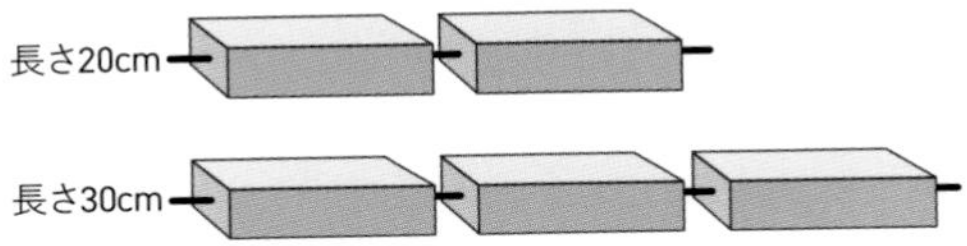


図 6　**直列に並んだ抵抗として考える**

このように，導線の抵抗は長さに**比《ひ》例《れい》**する。電気の通る道のりが長いほど，電気が通りにくいというわけである。

## ● 導線が太いほど，反比例して抵抗が小さくなる

次に，導線が太くなるとどうなるか考えよう。

断面積が 10 mm$^2$，20 mm$^2$，30 mm$^2$ の導線を模式的に表したものが図 7 である。

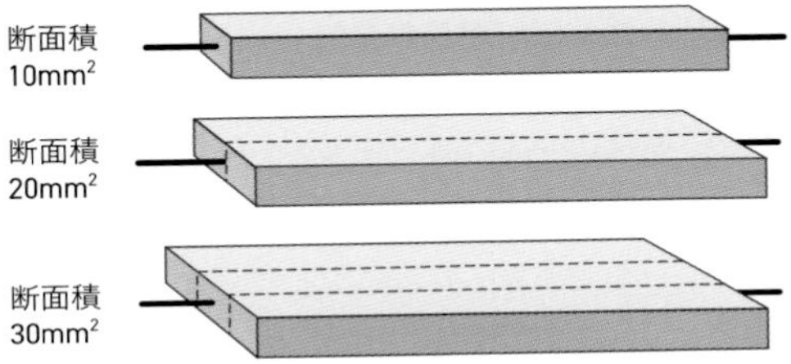


図 7　**断面積のちがう導線**

断面積 20 mm$^2$ の導線は，断面積 10 mm$^2$ の導線を 2 つ並列に並べたものと考えられる。よって，断面積 20 mm$^2$ の導線の抵抗は，断面積 10 mm$^2$ の導線の $\dfrac{1}{2}$ 倍になる。

同様に考えて，断面積 30 mm$^2$ の導線の抵抗は，断面積 10 mm$^2$ の導線の $\dfrac{1}{3}$ 倍になる（図 8）。

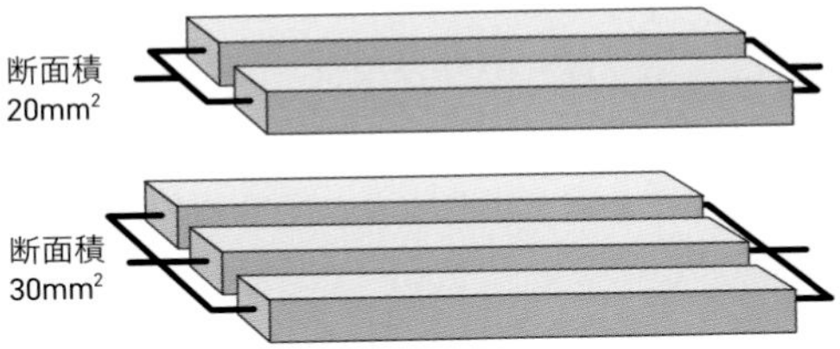


図 8　**並列に並んだ抵抗として考える**

このように，導線の抵抗は断面積に**反比例**する。電気の通る道幅が広いほど，電気が通りやすいというわけである。

## ● 身のまわりのコードを比べてみよう

身のまわりの電源コードや充電《じゅうでん》ケーブルでも，大電流を流す必要があるものや，長くする必要があるものは，太くなっている。たとえばドライヤーの電源コードは太くなっていることが多いので，ほかのコードと比べてみよう。

# 定期テスト対策問題

解答 ➡ 別冊 p.12

## 問1 電流による発熱量

**図1のような簡易熱量計に水50gを入れ，電熱線に3Vの電圧を加えたところ，電熱線には0.5Aの電流が流れた。図2は，電流を流した時間と水の上昇温度との関係をグラフに表したものである。これについて，あとの問いに答えなさい。**

図1

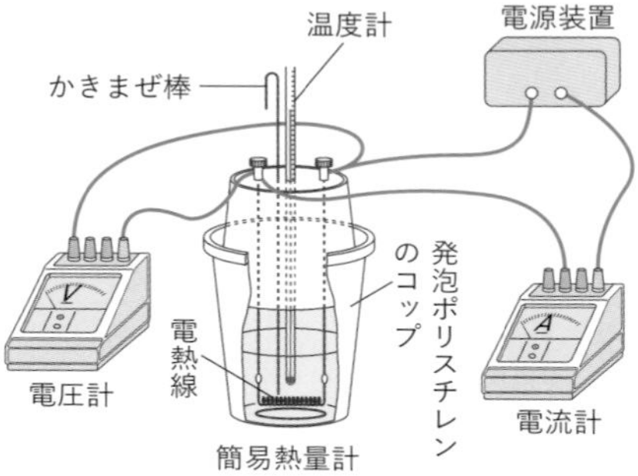


図2

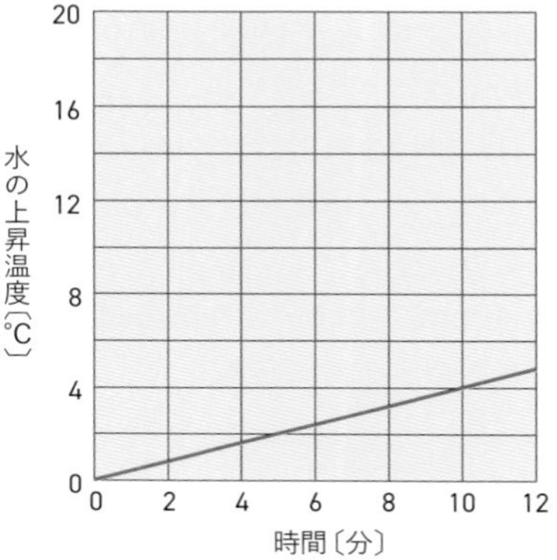


(1)　この実験で使われた電熱線の抵抗《ていこう》は何Ωか。

(2)　電熱線に3Vの電圧を加えたとき，電熱線で消費される電力は何Wか。

(3)　電熱線に加える電圧を6Vにすると，電熱線に流れる電流は何Aになるか。

(4)　(3)のとき，電熱線で消費される電力は何Wか。

(5)　(3)のとき，電流を流した時間と水の上昇温度との関係を表すグラフはどのようになるか。図2にかき入れよ。

## 問2 電気ヒーターの消費電力

**100V－500Wという表示のある電気ヒーターがある。電気ヒーターのスイッチが入っている間，常に同じだけの電力を消費し続けるものとして，次の問いに答えなさい。**

(1)　このヒーターを100Vの電源につないだとき，流れる電流は何Aか。

(2)　このヒーターの抵抗は何Ωか。

(3)　このヒーターを100Vの電源につなぎ，1分間電流を流すと，消費される電力量は何Jか。

(4)　このヒーターを100Vの電源につなぎ，5分間電流を流すと，発生する熱量は何Jか。

(5)　このヒーターを100Vの電源につなぎ，2時間電流を流すと，消費される電力量は何Whか。

## 問 3 電球の明るさと消費電力

**100V－100Wの電球Aと100V－60Wの電球Bがある。次の問いに答えなさい。**

(1) 電球**A**を100Vの電源につないだとき，流れる電流は何Aか。

(2) 電球**A**の抵抗は何Ωか。

(3) 電球**B**を100Vの電源につないだとき，流れる電流は何Aか。

(4) 電球**B**の抵抗は何Ωか。小数第1位を四捨五入して整数で答えよ。

(5) 電球**A**と電球**B**を並列にして100Vの電源につないだとき，どちらが明るく光るか。

(6) 電球**A**と電球**B**を直列にして100Vの電源につないだとき，何Aの電流が流れるか。小数第3位を四捨五入して，小数第2位まで求めよ。ただし，それぞれの抵抗は(2)，(4)で求めた値と同じであるものとする。

(7) (6)のとき，電球**A**と電球**B**に加わる電圧は，それぞれ何Vか。小数第1位を四捨五入して整数で答えよ。

(8) (6)のとき，電球**A**と電球**B**の消費電力は，それぞれ何Wか。小数第1位を四捨五入して整数で答えよ。

(9) (6)のとき，電球**A**と電球**B**のどちらが明るいか。

## 問 4 発熱量と電力量

**電熱線からの発熱量について調べるために，次の実験を行った。これについて，あとの問いに答えなさい。ただし，電熱線で発生した熱量は，すべて水の温度を上昇させるために使われたものとする。**

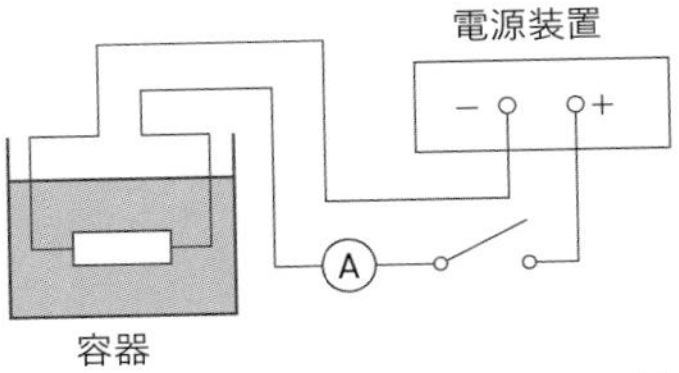


［**実験**］ 容器に水と20Ωの電熱線を入れ，右の図のように配線した。スイッチを入れ，電源の電圧を10Vにして1分ごとに水温を測定した。その結果を下の表にまとめた。

| 時間〔分〕 | 0 | 1 | 2 | 3 | 4 | 5 | 6 |
|---|---|---|---|---|---|---|---|
| 水温〔℃〕 | 14.0 | 14.6 | 15.2 | 15.8 | 16.4 | 17.0 | 17.6 |

(1) この実験で，水が1秒間に得た熱量は何Jか。

(2) この実験で，電熱線が6分間に消費した電力量は何Jか。

(3) 容器内の水の量を5倍にして，15.5℃から同様の実験を行ったところ，電流を流し始めてから数時間後に水の温度は51.5℃になった。

① このとき，水が得た熱量は何Jか。

② 電流を流していたのは何時間か。

UNIT 1

# 静電気

着目 物体にたまった電気を静電気という。

要点

- **電気《でんき》の力《ちから》** 電気には＋《プラス》と－《マイナス》の２種類がある。異なる種類の電気は引き合い，同じ種類の電気はしりぞけ合う。この力は離《はな》れていてもはたらく。
- **静電気《せいでんき》が起こるしくみ** 静電気は物体の中にある－の電気が移動することで起こる。

## 1 静電気

### A 静電気

空気が乾燥《かんそう》しているときに合成繊維《ごうせいせんい》のシャツをぬぐと火花が飛ぶ。また，プラスチックの下敷《したじ》きを服でこすると髪《かみ》の毛《け》を吸いつける。これらのような現象は，摩擦《まさつ》によって発生した電気が物体にたまり，物体が**電気《でんき》**を帯びることで起こる。

物体が電気を帯びることを**帯電《たいでん》**といい，摩擦によって物体にたまった電気を**静電気《せいでんき》**という。

図１ プラスチックの下敷《したじ》きに吸いつけられる髪

### B 電気の力

電気には，＋《プラス》(正《せい》)と－《マイナス》(負《ふ》)の２種類の電気がある。図２のように，同じ種類の電気を帯びた物体どうしはしりぞけ合い，異なる種類の電気を帯びた物体どうしは引き合う。[*1]

このような電気を帯びた物体にはたらく力を**電気《でんき》の力《ちから》**(**電気力《でんきりょく》**)という。電気の力は物体どうしが離《はな》れていてもはたらく。

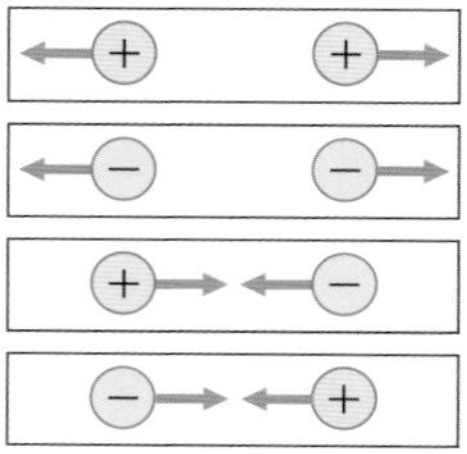

図２ 電気の力

*1
**磁石《じしゃく》**のＮ極とＳ極の関係(➡p.300)と似ている。

## 2 静電気が起こるしくみ

### A －の電気の移動

それではなぜ，こすり合わせることによって物質は電気を帯びるのだろうか。

物質の中には，ふつうは**＋の電気《でんき》**と**－の電気《でんき》**が同じ量だけあり，＋と－の電気がたがいに打ち消し合って，全体としては電気を帯びていない状態になっている。このような状態を，**電気的《でんきてき》に中性《ちゅうせい》**という。

別々《べつべつ》の物質どうしをこすり合わせると，－の電気[*2]がもう一方の物質に移動する。－の電気を失った物質は全体として＋の電気のほうが多くなるので，正の電気を帯びる。－の電気が入ってきた物質は全体として－の電気のほうが多くなるので，負の電気を帯びる。

### B －の電気を失いやすい物質

物質には，－の電気を失いやすいものと失いにくいものがある。

たとえば，ティッシュペーパーのほうがストローよりも－の電気を失いやすいので，図3では－の電気がティッシュペーパーからストローへ移動する。そのため，ストローは－の電気を帯び，ティッシュペーパーは＋の電気を帯びる。[*3]

*2
くわしくは，**電子の移動**（➡p.290）で学ぶ。

*3
どちらの物質が＋の電気を帯びるのかは，物質の組み合わせによって決まる。

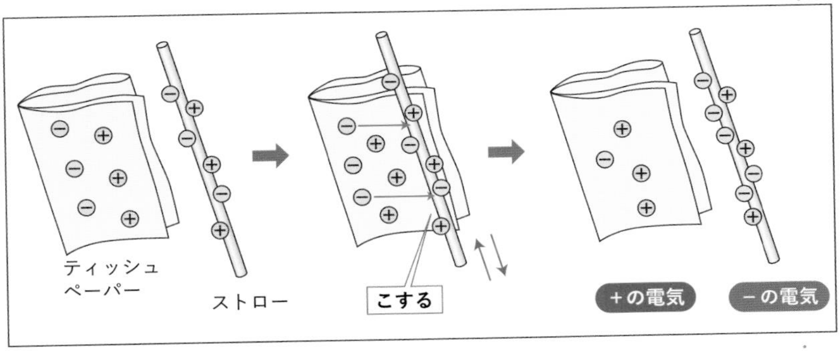


図3　**静電気が起こるしくみ**

### 参考　静電気の利用

静電気は生活の中でも利用されている。食品を**ラップ**で包むとき，ラップを引き出すと静電気が起こり，食器や食品などにつきやすくなる。

また，**静電《せいでん》気《き》式《しき》空《くう》気《き》清浄《せいじょう》機《き》**は，空気に含まれるちりやほこりに静電気を帯びさせ，それらを図4のように電気の力で電極板に引き寄せて，きれいな空気にしている。

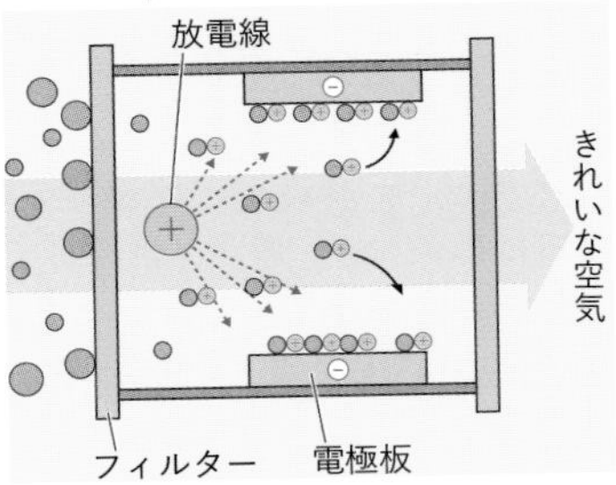


図4　**静電気式空気清浄機のしくみ**

TRY! 思考力

**上の図3で2本のストローをティッシュペーパーでこすり合わせたあと，2本のストローを平行にして近づけて置くとどのようになるか説明しなさい。**

ヒント　2本のストローは同じ電気を帯びる。

解答例　2本のストローはどちらも－の電気を帯びてしりぞけ合うので，離れるように移動する。

UNIT 2

# 放電

着目 真空に近い状態では電流が空間を流れやすくなる。

**要点**

- **放電《ほうでん》**　たまっていた電気が流れ出したり，電気が空間を移動したりする現象。
- **真空放電《しんくうほうでん》**　真空《しんくう》に近い状態にした空気中に電流が流れる現象。
- **気圧《きあつ》と真空放電**　真空放電では，内部の気圧によって放電管内のようすが変化する。

## 1 放電

たまっていた電気が一気に流れ出したり，電気が空間を移動したりする現象を**放電《ほうでん》**という。

空気はふつう電気を通さないが，非常に大きな電圧をかけると放電する。**雷《かみなり》**は**積乱雲《せきらんうん》**(➡ p.212)中で氷の粒《つぶ》どうしがこすれ合ってできた大きな静電気が，空気中を一気に流れる現象である。*1

図1　**雷**

＊1
雷の電圧は1億Vにも達し，地球上で起こる最大規模の放電である。

## 2 真空放電

### Ⓐ 真空放電

図2のように，**放電管《ほうでんかん》**を**誘導《ゆうどう》コイル**につなぐ。誘導コイルは，非常に高い電圧をつくることができる装置である。

誘導コイルを使い，放電管に数万Vの電圧を加える。はじめ放電管内では放電せず，電流は誘導コイルの針状電極と円板電極の間を流れる。

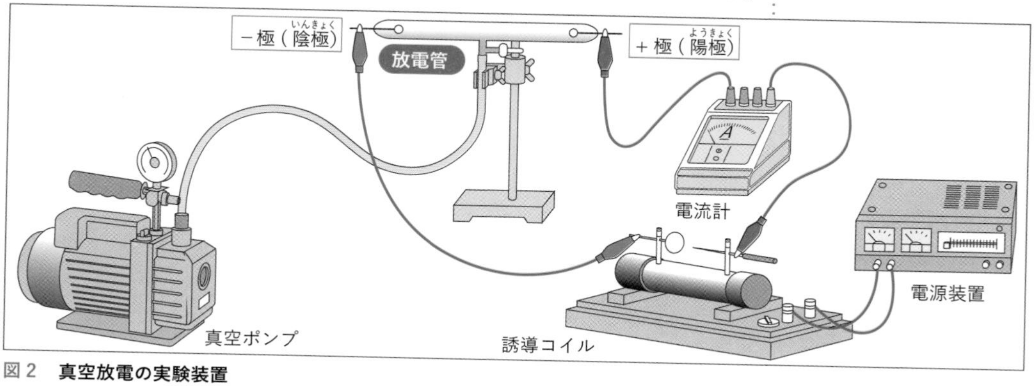


図2　**真空放電の実験装置**

**真空《しんくう》ポンプ**で放電管内の空気をぬいていき，空気がうすくなると放電管内で放電が起こるようになる。この**気圧《きあつ》**(➡ p.182)を低くした空間で放電が起こる現象を**真空放電《しんくうほうでん》**という。[*2]

## Ⓑ 気圧と真空放電

放電管内の気圧が1気圧(1013hPa)から下がっていくにしたがって，内部のようすが表1のように変化していく。**蛍光灯《けいこうとう》**は，真空放電を利用したものである。[*3]

＊2
**真空《しんくう》**とは，物質が全くない，またはそれに近い空間を意味する。

＊3
蛍光灯の中には水銀の蒸気が入れてあり，放電をさせると，水銀の蒸気が紫外線《しがいせん》を出す。これがガラス管の内壁《ないへき》にぬられた**蛍光物質《けいこうぶっしつ》**に当たると，光を出す。

表1　**気圧と真空放電のようす**

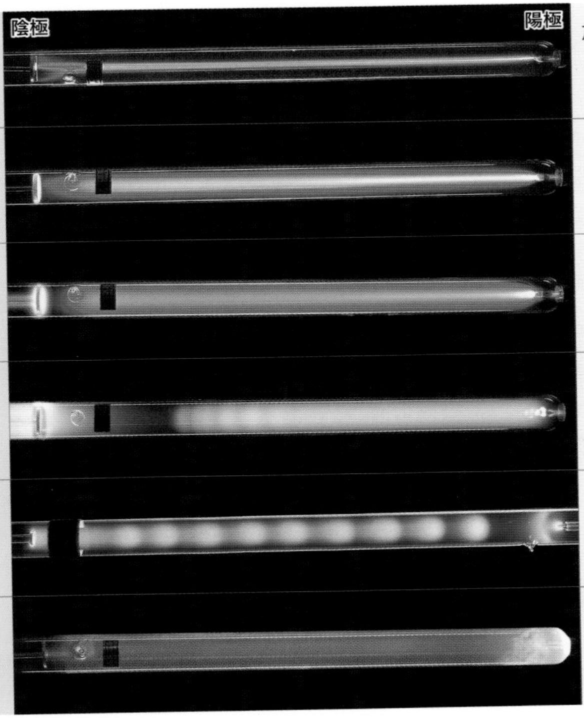


| | |
|---|---|
| 53hPa<br>(0.052気圧) | 放電管内で放電が起こるようになり，赤紫色《あかむらさきいろ》のひも状の光が飛びかう。 |
| 13hPa<br>(0.013気圧) | ひも状の光がなくなり，一様に赤紫色に光る。 |
| 8hPa<br>(0.008気圧) | 放電管内の光が明るくなり，一様に赤紫色に光る。 |
| 4hPa<br>(0.004気圧) | 明るい光の柱の中に暗い部分がしま状にできて，じゅず玉のようになる。 |
| 0.18hPa<br>(0.0018気圧) | じゅず玉のように見えるかたまりがふえる。 |
| 0.04hPa<br>(0.00004気圧) | 赤紫色の光は消え，陽極側のガラス壁が黄緑色に光る。 |

TRY! 思考力

**空気中では気体分子が激しく動き回っている。このことから，真空に近づくと放電が起こりやすくなる理由を説明しなさい。**

ヒント　放電は電子が空間を移動することで起こる。

解答例　真空に近づくと放電管内の気体分子が減り，電子の移動がじゃまされにくくなるから。

UNIT 3

# 陰極線

着目 陰極線は電子の流れで，－極から出て＋極に向かって直進する。

**要点**

- **クルックス管《かん》**　放電管内の気圧を下げ，ガラス壁《へき》が淡《あわ》い黄緑色で光る程度にしたもの。
- **陰極線《いんきょくせん》**　－極から出て＋極へ向かって移動する小さな粒《つぶ》の流れ。
- **陰極線と電圧《でんあつ》**　陰極線はふつう直進するが，偏向電極《へんこうでんきょく》に電圧をかけると＋極側に引かれる。

## 1 陰極線

### A クルックス管

**気圧と真空放電のようす**(➡ p.285)で示したように，放電管内の空気を非常にうすくすると空気は光を出さず，＋極側のガラス壁《へき》だけが**淡《あわ》い黄緑色**で光るようになる。この0.04hPaぐらいの気圧の放電管を**クルックス管《かん》***1という。

*1
19世紀イギリスの物理学者**ウィリアム・クルックス**によって発明された。

### B 陰極線

クルックス管で＋極側のガラス壁が光るのはなぜだろうか。図1のように，クルックス管の＋極を十字形の金属板にして放電させると，＋極側のガラス壁の中に十字形の**陽極板の影《かげ》**がはっきりうつる。これは，－極(陰極《いんきょく》)から飛び出し，直進する陰極線によって十字形の金属板の影ができるからである。

図1　**クルックス管の壁にうつる十字形の影**

＋極と－極とを反対にすると，このような影はできない。このことからクルックス管内では，－極から＋極に向かってある粒子《りゅうし》が飛んでいて，この粒子が＋極側のガラス壁に当たって，ガラス壁を光らせていることがわかる。この粒子の流れを**陰極線《いんきょくせん》**(**電《でん》子線《しせん》**)*2という。

*2
－極(**陰極**)から出る流れなので**陰極線**と名づけられたが，正体が電子であることから(➡ p.288)，現在は**電子線**とよぶことが多い。

### C 陰極線と蛍光板

クルックス管中に陰極線が流れても，クルックス管が淡く光るだけで，観察することは難しい。

そこで，陰極線のようすを見るために**蛍光板《けいこうばん》**を使う。蛍光板には蛍光物質がぬってあり，陰極線が当たると光を出すので，図2のようにクルックス管に蛍光板とスリットを入れることで，観察が可能になるのである。

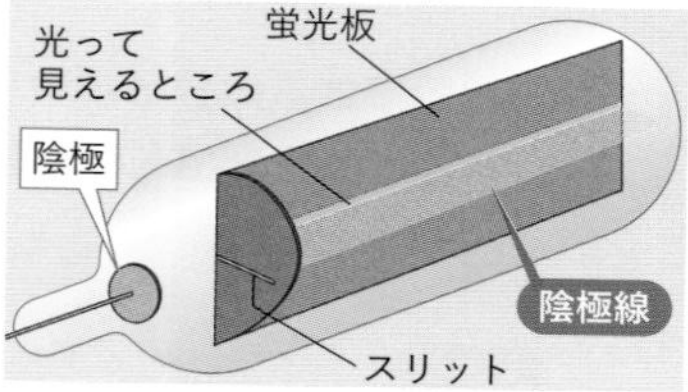

図2　**蛍光板を使った陰極線の観察**

## 2 陰極線の性質を調べる

実験

### A 方法・手順

① 図3のように，蛍光板とスリットを入れたクルックス管の＋極と－極を**誘導《ゆうどう》コイル**につなぎ，大きな電圧をかけて陰極線を発生させる。このクルックス管には，スリットのすぐ先に陰極線をはさむような電極がとりつけられている。この電極を**偏《へん》向電極《こうでんきょく》**という。

② 偏向電極に電圧を加えないで，陰極線の進路を蛍光板上で観察する。

③ もう1つ電源装置を使い，偏向電極の上側を＋極，下側を－極につないで，陰極線の進路を観察する。

④ 偏向電極のつなぎ方を③と反対にして，陰極線の進路を観察する。

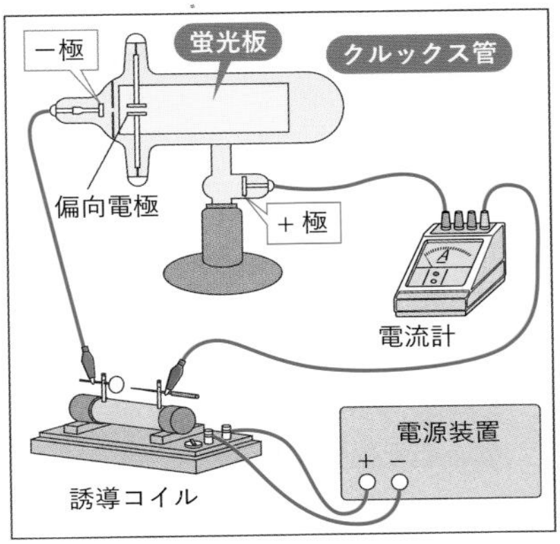

図3　**陰極線の性質を調べる実験**

### B 結果・考察

① 偏向電極に電圧を加えないときは，陰極線は直進する。

② 偏向電極に電圧を加えると，陰極線は偏向電極の＋極側に曲がる。

これらのことから，陰極線は－極から出て，その正体は**－の電気《でんき》を帯びた粒子の流れ**であることがわかる。

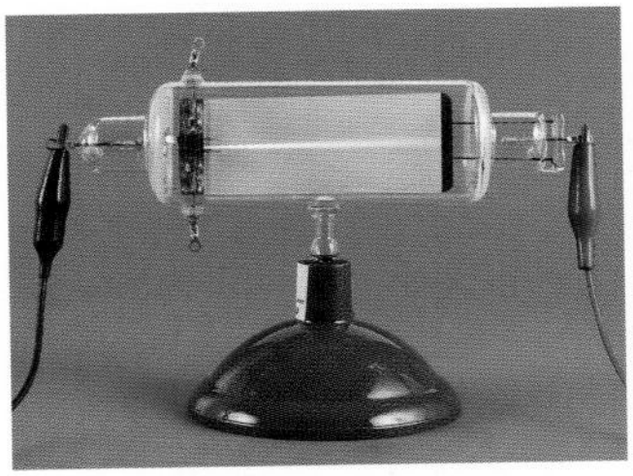
図4　**上下の電極に電圧を加えないとき**

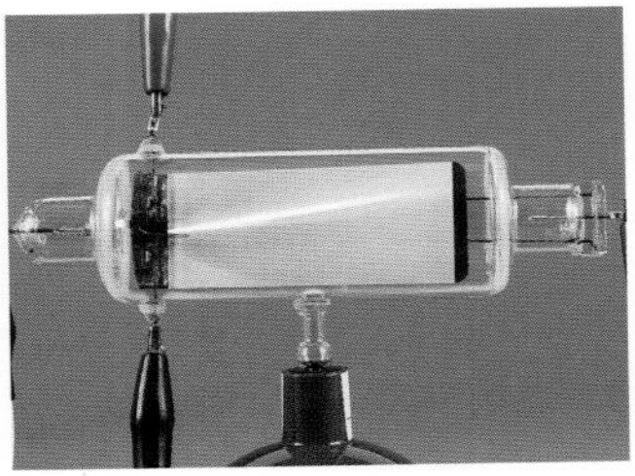
図5　**上の電極を＋極にしたとき**

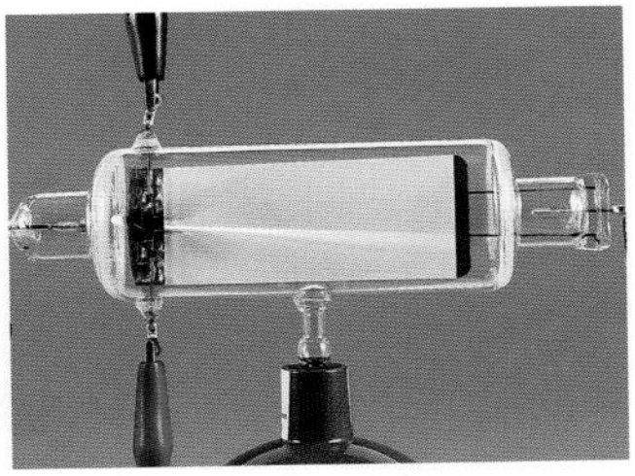
図6　**上の電極を－極にしたとき**

TRY! 思考力

**陰極線の性質を調べる実験で，スリットを使う理由を説明しなさい。**

ヒント　スリットを使わなければ，陰極線の流れは図1のようになる。

解答例　スリットを通して陰極線を細くすることで，道すじの変化をわかりやすくするため。

UNIT 4

# 電流の正体

着目 回路を流れる電流の正体は電子の流れである。

**要点**

- **陰極線《いんきょくせん》と磁界《じかい》** 陰極線はふつう直進するが，磁界《じかい》をかけると曲がる。
- **陰極線の正体** 質量《しつりょう》をもち，－の電気を帯びた小さな粒子《りゅうし》である電子《でんし》の流れ。
- **電流《でんりゅう》の正体** 電源の－極を出て導線を通り，＋極にもどる電子の流れ。

## 1 陰極線の正体

### A 陰極線の性質

19世紀の末，イギリスの**トムソン**[*1]は陰極線《いんきょくせん》の研究を行い，陰極線には次のような性質があることをつきとめた。

**❶ 直進する**

陰極線の進路に障害物を置くと，そのかげがうしろにできる。このことから，陰極線は－極の極板の面から垂直に飛び出し，光のように直進することがわかった。

**❷ －の電気量をもつ**

陰極線を細い流れにして，電圧をかけた極板の間を通すと，陰極線は＋極側に引きつけられ，進路を曲げる(図1)。これから，陰極線の粒子《りゅうし》は－の電気をもっていることがわかった。

**❸ 磁界から力を受ける**

陰極線を細い流れにして，磁石を近づけて**磁界《じかい》**(➡ p.298)を加えると，陰極線が曲がる(図2)。このときに曲がる向きからも，陰極線の粒子は－の電気をもっているということがわかった。[*2]

**❹ 質量をもつ**

電圧による曲がり方と磁界による曲がり方をくわしく調べることで，陰極線の粒子は**質量《しつりょう》**をもっており，光のようなものではないことがわかった。

### B 電子

クルックス管の－極の金属の種類を変えても，出てくる陰極線の性質は同じである。このことから，陰極線の正体はすべての物質が共通にもっている粒子であることがわかり，電子《でんし》と名づけられた。

＊1
**ジョゼフ・ジョン・トムソン**は19世紀イギリスの物理学者で，陰極線の研究を行った。

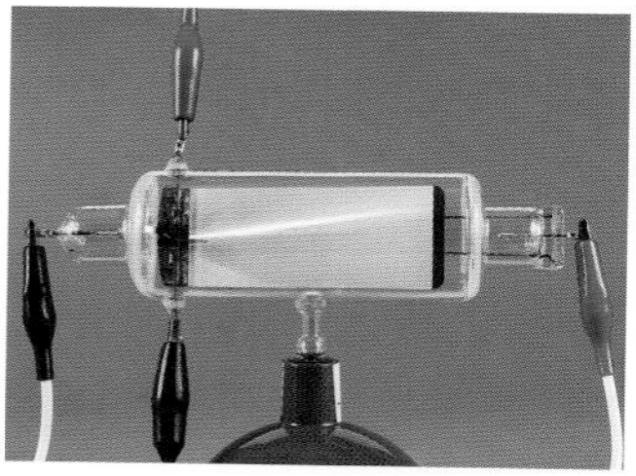

図1 **電圧によって曲がる陰極線**

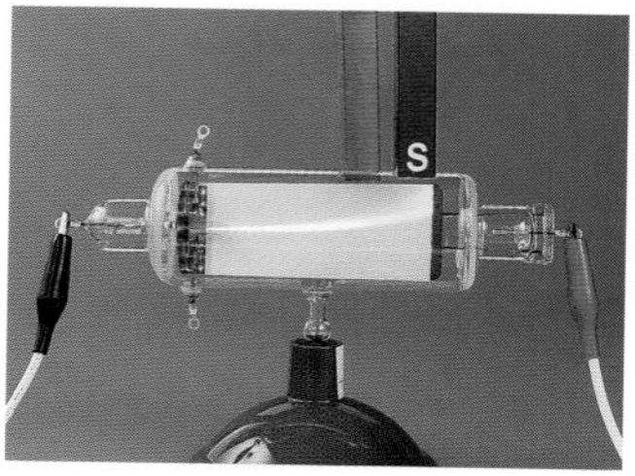


図2 **磁界によって曲がる陰極線**

＊2
電流が磁界によって力を受けるのと同じしくみである(➡ p.308)。

## 参考　電子の質量

電子に質量があるといっても，その値は非常に小さいことがわかっており，その値は，およそ**0.000000000000000000000000000091 g**である。
これは，1gの10兆分の1のさらに100兆分の1程度の質量である。*3

＊3
地球の質量の10兆分の1のさらに100兆分の1倍を計算すると，約6gである。このことからも，電子の質量は非常に小さいことがわかる。

## 2 電流の正体

クルックス管に電圧をかけると，図3のような回路ができる。

電子がクルックス管の－極から陰極線として次々《つぎつぎ》に飛び出していくので，電源から－極へ電子がたえず供給されている。よって，電源と－極を結ぶ導線の中を電子が流れていることになる。

一方，クルックス管の＋極に飛《と》び込《こ》んだ電子も，そこに止まっているのではなく，ただちに導線内を流れて，電源の＋極に達する。

このように，電子は導線やクルックス管を通ってぐるぐる回っている。このような，**電子の流れ**そのものが電流《でんりゅう》の正体である。

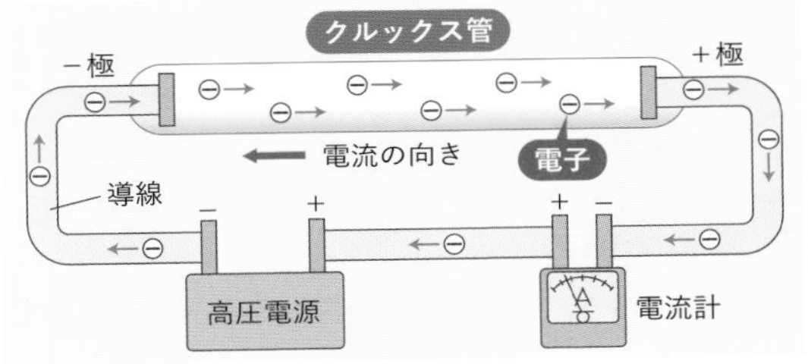

図3　**クルックス管内の回路と電子の流れ**

## 発展　電極から電子が飛び出す理由

電子はふつうの状態では金属から飛び出さない。しかし，**数万V**という高電圧をクルックス管に加えると，－極にはたくさんの電子が集まる。

－の電気をもっている電子どうしはたがいに反発力をおよぼし合うので，表面近くの電子は金属の外に押《お》し出されることになる。

いっぽう＋極は，電子が少なくなり＋の電気を帯びている。－極の電子はこの＋の電気からも引きつける力を受け，－極から飛び出すのである。

TRY! 思考力

**古いオシロスコープに使われていたブラウン管では，陰極線を動かしながら画面上の蛍光《けいこう》板《ばん》に当て，映像を表示していた。どのように陰極線を動かしたのか考え，説明しなさい。**

ヒント　陰極線は－の電気をもつ粒子である。陰極線を上下左右に動かす方法を考える。

解答例　陰極線の進路をはさむように2組の極板を置き，それぞれの電圧を変化させて動かした。

UNIT 5

# 電子の移動

着目 自由電子が＋極へ向かって動きだして流れができ，電流が流れる。

**要点**

- **原子《げんし》の構造**　原子は中心にある原子核《げんしかく》のまわりに電子《でんし》が存在するような構造をしている。
- **電圧を加えない金属**　電子がいろいろな向きに動き回っていて，一定の向きには流れていない。
- **電圧を加えた金属**　電子が＋極へ向かって動きだして流れができ，電流が流れる。

## 1 原子

### A 原子の構造

物質はすべて原子《げんし》(➡ p.18)という小さな粒子《りゅうし》からできている。原子の構造は，中心に**原子核《げんしかく》**という粒子があり，そのまわりにいくつかの**電子《でんし》**が存在している。原子核は＋の電気をもっており，電子は－の電気をもっているので，原子核と電子はたがいに引き合っている。このことは，中学３年でくわしく学ぶ。

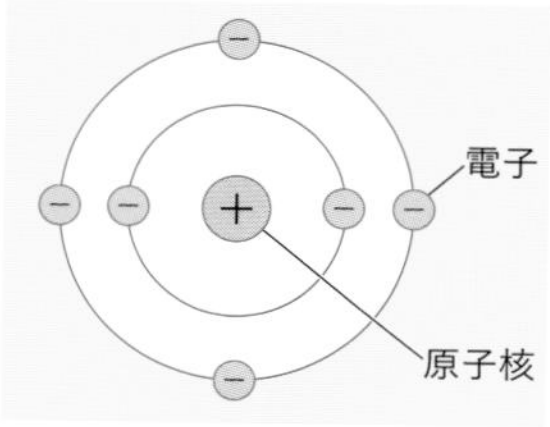


図１　**原子の構造**

### 発展　原子の大きさ

**原子**は直径１億分の1cmぐらいの粒子である。

原子は粒子といっても，中がぎっしりとつまっているわけではない。原子の中心には，その10万分の１倍ぐらいの大きさの**原子核**があり，原子核のまわりに非常に小さな**電子**が元素によって決まった数存在している。

この電子の存在する範囲《はんい》の大きさを原子の大きさという。したがって，原子の中身というのは，ほとんどが何もない空間なのである。

### B 原子の電気的性質

原子の中の原子核がもつ＋の電気の量と電子全体がもつ－の電気の量は，ふつうの状態では等しいので，たがいにそのはたらきを打ち消し合い，原子全体としては電気を帯びていない。つまり，**電気的《でんきてき》に中性《ちゅうせい》**であるといえる。

原子核のまわりにある電子の数がふえると，原子全体では－の電気のほうが＋の電気よりも多くなり，－の電気を帯びる。逆に電子の数が減ると，原子全体では＋の電気のほうが－の電気よりも多くなり，＋の電気を帯びる。

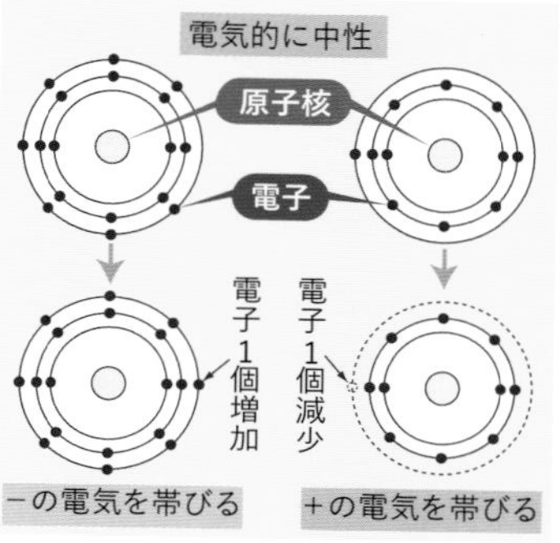


図２　**電気を帯びた原子**

## 2 自由電子と電流

### A 自由電子

**金属《きんぞく》**は原子が規則正しく並んでできている。金属の原子どうしが結びつくとき，原子はいくつかの電子を放出し，自分自身は＋の電気を帯びた状態となっている。

放出された電子は，特定の原子に結びつくことなく，金属原子の間を自由に動き回っている。このような電子を**自由電《じゆうでん》子《し》**という。

### B 自由電子の動きと電流

金属の導線に電圧が加わっていないときは，自由電子はそれぞれがいろいろな向きに動いているので，全体として電気が一定の向きに動いていることにならない。この状態は，電流が 0 の状態である。

導線に電圧が加わると，それまでばらばらの向きに動いていた自由電子が＋極側へ向かって動きだす。こうして**電流《でんりゅう》**が生じる(図 4)。

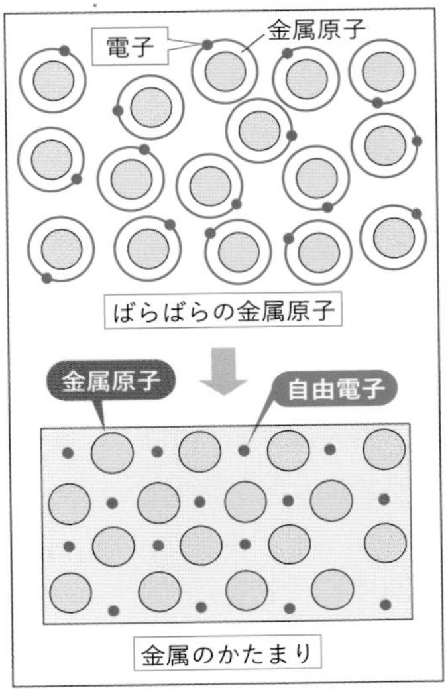


図 3　**自由電子の発生**

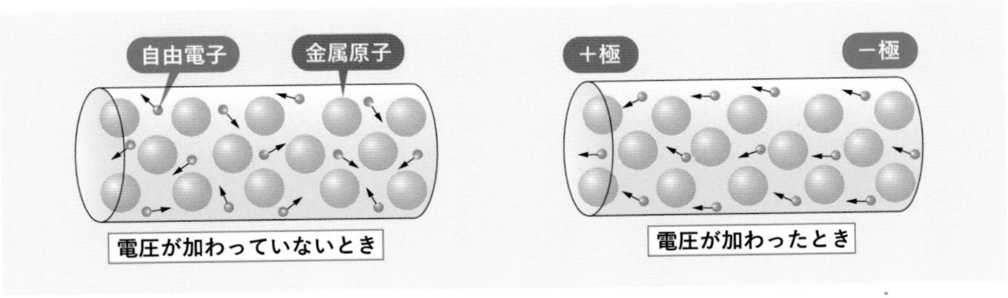


図 4　**自由電子の動き**

TRY! 表現力

**金属に電圧を加えたとき，電流はどのように流れるのかを簡単に説明しなさい。**

ヒント　金属中の電子の移動が電流のもとになっている。

解答例　金属中にある電子に電圧が加わると，電子が＋極側のほうへ向かって動きだす。これによって電子が移動し，電流が流れる。

UNIT 6

# 電子の流れと電流の向き

着目 電子の流れる向きと電流の流れる向きとは反対になっている。

**要点**

- **導体《どうたい》**　電気をよく通す物質。金属《きんぞく》など。
- **不導体《ふどうたい》(絶縁体《ぜつえんたい》)**　電気をほとんど通さない物質。プラスチック・ガラス・ゴム・岩石《がんせき》など。
- **導体《どうたい》・不導体《ふどうたい》と電子**　導体は多くの自由電子をもつ物質で，不導体は自由電子をもたない物質。

## 1 電子の流れと電流の向き

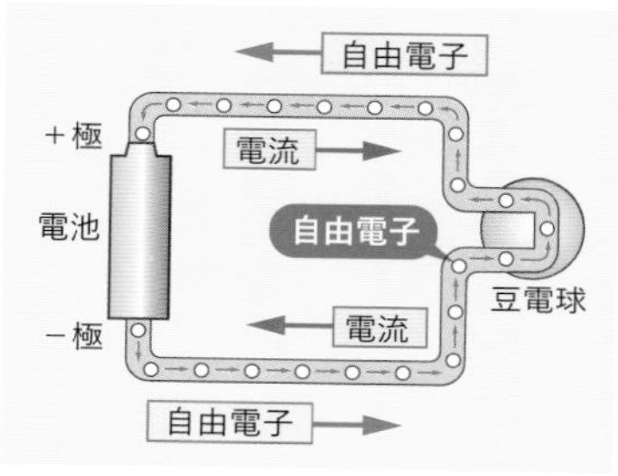

図1　**自由電子と電流の向き**

豆電球などを電池につないで回路をつくると，電流の流れる向きは，電池の＋極から電流が流れ出て，回路をひと回りし，電池の－極にもどってくる向きである。これは，電子が発見される前に電流の流れる向きを＋極から－極に向かって流れると決めたからである。

しかし，実際に導線内を移動するのは，**－の電気をもつ電子**で，その向きは，**電池の－極から出て**，回路をひと回りし，**電池の＋極にもどってくる**向きである。

このように，電子の移動する向きと電流の流れる向きとは反対になっている。

### 参考　電流の向きの歴史

電気に2種類のものがあることは早くから知られていたが，これに**正《せい》電気《でんき》(＋の電気《でんき》)**・**負電気《ふでんき》(－の電気《でんき》)**という名前をつけたのは，アメリカの**フランクリン**である。*1 当時はまだ電子の存在が知られていなかったので，片方を＋と決めてしまったものであるが，結果として電流の向きと電子の移動する向きが逆になってしまった。

*1
**ベンジャミン・フランクリン**は18世紀アメリカの科学者。雷《かみなり》が大気中の放電である(➡p.284)ことを確かめたほか，政治家としても活躍《かつやく》し，**アメリカ独立宣言《どくりつせんげん》**の起草《きそう》にもかかわった。

## 2 導体・不導体と自由電子

### Ⓐ 導体と自由電子

**金属《きんぞく》**などの電気をよく通す物質を導体《どうたい》という。導体の内部には自由電子がたくさんあり，電圧を加えると＋極に向かって動き，電流が流れる。このように，自由電子をたくさんもっている物質が導体である。

## B 不導体と自由電子

**プラスチック・ガラス・ゴム・岩石《がんせき》**などの電気をほとんど通さない物質を**不導体《ふどうたい》**(**絶縁体《ぜつえんたい》**)という。不導体の内部には自由電子がないため，電圧を加えても電子は動かず，電流がほとんど流れない。自由電子をもたない物質が不導体である。

図2　**金属の導線とプラスチックの絶縁被覆《ぜつえんひふく》**

### 発展　自由電子のモデル

導線に電圧が加わると，導線内の自由電子が＋極に向かって動き出す。しかし，導線内には金属の原子がたくさんあるので，自由電子はまっすぐに進むことはできず，原子にぶつかってはね飛ばされながら，ジグザグに進む。

自由電子のこのような動きは図3のようにピンをたくさん立ててある斜面上《しゃめんじょう》を球が転がって行くのにたとえられる。球が自由電子，ピンが原子を表している。抵抗《ていこう》の小さい金属はピンの数が少なく球が通りやすいもの，抵抗の大きい金属はピンの数が多く球が通りにくいものにあたる。

斜面の傾《かたむ》きを大きくすると，球の動きが速くなる。これは電圧を高くすることに相当する。

斜面の下までおりた球をもう一度転がすには，球を斜面の上まで運ばなければならない。この作業は電池のはたらきにあたる。実際の電池は，自由電子を電池の＋極から－極に運ぶはたらきをしている。

自由電子の流れる向きと電流の向きとは反対であるから，図3では，電流は斜面の下から上へ向かって流れていることになる。

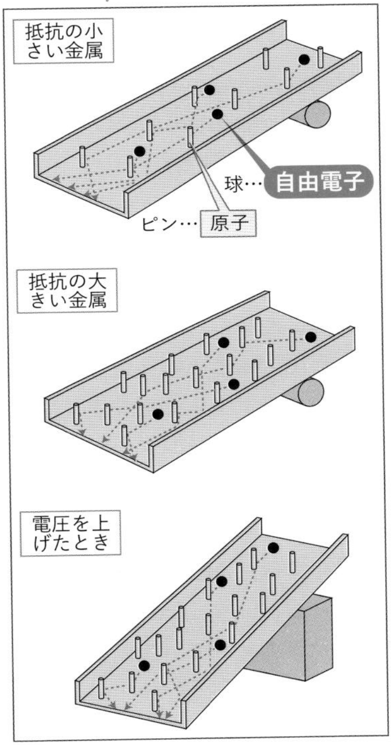


図3　**自由電子のモデル**

TRY! 表現力

**導線がひと回りの回路になっていないと，連続した電流が流れない理由を説明しなさい。**

ヒント　導線の内部で，どのように電流が流れるのかを考える。

解答例　電流は導線の内部における自由電子の動きであり，電源が電子をつくったりするわけではないから。

UNIT 7

# 放射線

着目 真空放電管やウランからは目に見えない放射線が出ている。

**要点**

- **放射線《ほうしゃせん》** X線《エックスせん》，α線《アルファせん》，β線《ベータせん》，γ線《ガンマせん》などの総称。放射線を出す物質を放射性物質《ほうしゃせいぶっしつ》という。
- **放射線の性質** 物質を通りぬける透過性《とうかせい》，物質《ぶっしつ》の構造《こうぞう》を変《か》えるはたらきがある。
- **放射線の利用** 透過性を利用したレントゲン写真《しゃしん》，殺菌作用《さっきんさよう》を使った滅菌《めっきん》など。

## 1 放射線の性質

### A 放射線の発見

**真空放電《しんくうほうでん》**(➡ p.284)を研究していたドイツの**レントゲン**[*1]は1895年，放電管の近くに置いた蛍光板《けいこうばん》が光っていることを発見した。

放電管と蛍光板の間に紙やガラス，うすい金属板を置いても蛍光板は光ることから，レントゲンは，放電管から外側に陰極線《いんきょくせん》ではない「何か」が出ていると考えた。そして，その正体が不明だったことから，数学の方程式で未知数を表す記号$x$にちなみ，X線《エックスせん》と名づけた。

その翌年，フランスの**ベクレル**[*2]は**ウラン**からもX線と同じように写真乾板《しゃしんかんぱん》を反応させる「何か」が出ていることを発見し，多くの科学者によって研究されることになった。

現在では，X線や，X線と同じような性質をもつ「何か」を総称《そうしょう》して**放射線《ほうしゃせん》**という。そして，放射線を出す性質を**放射能《ほうしゃのう》**，ウランのように放射能をもっている物質を**放射性物質《ほうしゃせいぶっしつ》**という。[*3]

*1
**ヴィルヘルム・レントゲン**は，19世紀から20世紀にかけてのドイツの物理学者。病院のX線写真をレントゲン写真とよぶのは，レントゲンの名前にちなんだものである。

*2
**アンリ・ベクレル**は19世紀から20世紀にかけてのフランスの物理学者。

*3
放射線を音にたとえると，音を出す性質が放射能，楽器が放射性物質にあたる。音波を受けた物体が楽器に変わったりしないように，放射線をあびた物体が放射能をもつようになるわけではない。

### B 放射線の性質

放射線には，**X線**，**α線《アルファせん》**，**β線《ベータせん》**，**γ線《ガンマせん》**などの種類があることがわかっている。このうち，X線とγ線はどちらも**光のなかま(電磁波《でんじは》)**であり，たがいに性質がよく似ている。また，α線とβ線はどちらも**高速な粒子の流れ**である。

放射線には，**物質を通りぬける性質**(**透過性《とうかせい》**)がある。ただし，放射線の種類によって，透過性の強さは異なる。たとえば，α線は紙1枚でさえぎることができるが，X線やγ線をさえぎるためには厚い鉛《なまり》の板が必要である(図1)。

また，放射線には**物質の性質を変えるはたらき**がある。

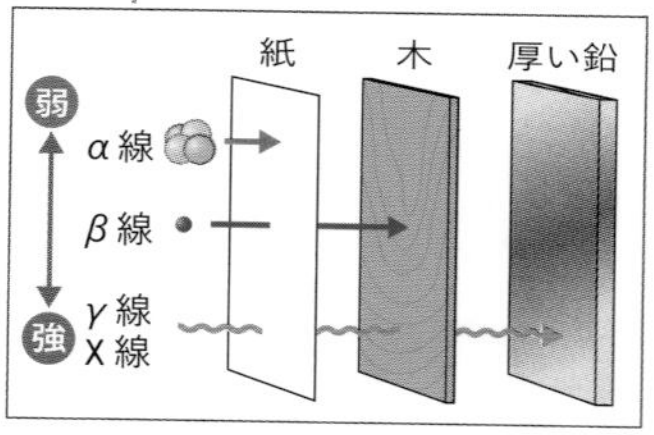


図1 **放射線の透過力**

## 2 放射線と人間

### A 自然放射線

放射性物質はウランのほかにも，**放射性《ほうしゃせい》カリウム**や気体の**ラドン**など，いろいろな種類がある。

放射性カリウムはいろいろな化合物をつくり，人を含《ふく》む動植物中にも含まれている。また，ラドンは空気中にも存在する。このように，放射性物質は自然界のいたるところに存在しているため，わたしたちは日常的に放射線をあびている。そのほか，宇宙から降りそそぐ放射線もあり，**宇宙放射線《うちゅうほうしゃせん》**とよばれている。これらのように，自然界に存在する放射線を**自然放射線《しぜんほうしゃせん》**という。

### B 放射線の危険性

生物が放射線をあびると，**物質の性質を変えるはたらき**によって生物の細胞《さいぼう》(➡ p.84)が傷ついてしまうことがある。

通常の自然放射線を大きく超えた放射線をあびると，健康を損なったり死亡してしまったりする危険性がある。そのため，放射性物質や放射線を扱《あつか》う際には，からだを適切に防護しなければいけない。

### C 放射線の利用

はじめて放射線の利用法を考案したのは，X線を発見したレントゲンである。レントゲンはX線の透過性を応用し，体内のようすを調べることを考え，すぐに医療《いりょう》に応用されるようになった(図 3)。

このように透過性を利用したものには，**レントゲン写真《しゃしん》**のほか**CTスキャン**(図 4)，**手荷物検査《てにもつけんさ》**や**文化財調査《ぶんかざいちょうさ》**などがある。物質の性質を変えるはたらきを利用したものには，**プラスチックやゴムの性質改善《せいしつかいぜん》**などがあり，特に，細胞を傷つけるはたらきを利用したものには，**注《ちゅう》射器《しゃき》の滅菌《めっきん》**や**がん治療《ちりょう》**，**ジャガイモの発芽防止《はつがぼうし》**などがある。

図 2　**ウラン鉱石**

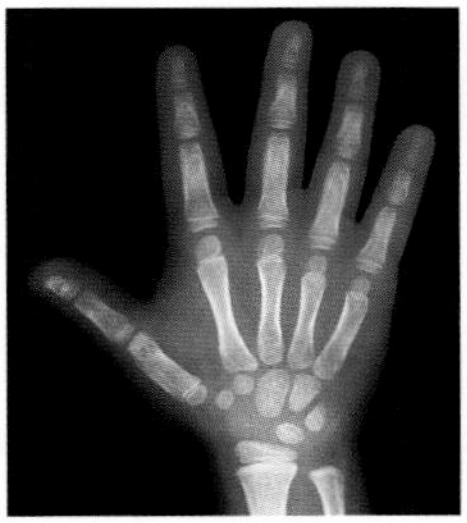

図 3　**手のレントゲン写真**

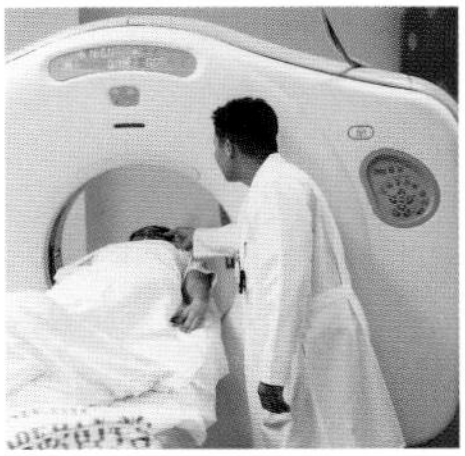

図 4　**CTスキャン装置**

TRY! 表現力

**放射線の一種であるX線は，食品の異物混入検査にも使われている。異物混入検査に放射線を使う利点を説明しなさい。**

ヒント　放射線の性質をもとに考える。

解答例　X線には透過性があり，パッケージを開けてむだにすることなく全品を検査することができる。

4章 電流とその利用

# 定期テスト対策問題

解答 → 別冊p.13

## 問 1 電気の力

**下の図１のように，虫ピンをさしたストローAを綿布で摩擦《まさつ》し，消しゴムにとりつけた。これについて，次の問いに答えなさい。**

**図1**

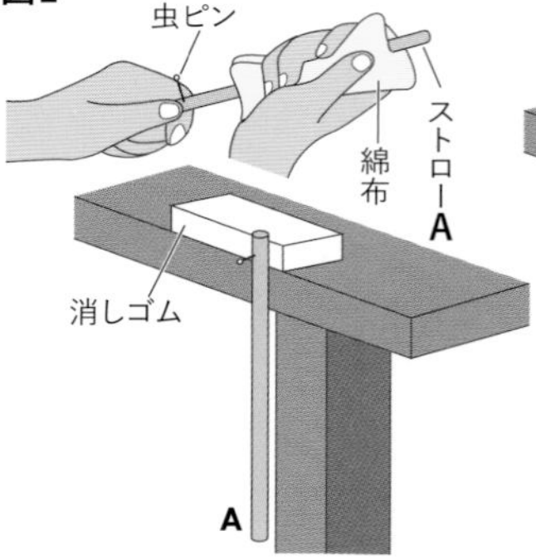


**図2**

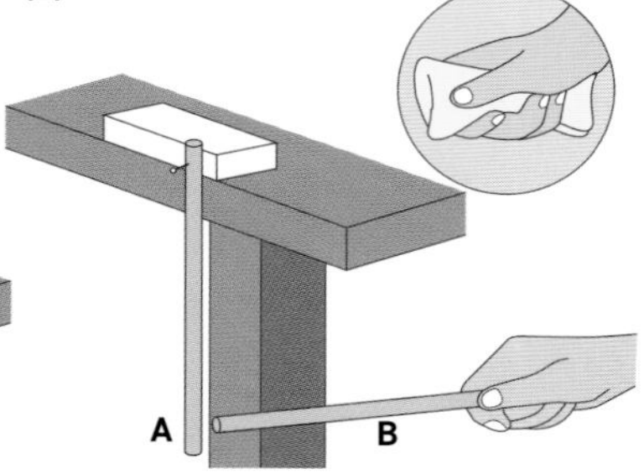


⑴　図２のように，別のストロー**B**を綿布で摩擦した。①，②のとき，ストロー**A**はどのようになるか。それぞれあとの**ア**～**ウ**から１つずつ選べ。

①　ストロー**B**をストロー**A**に近づけたとき。

②　ストロー**B**を摩擦した綿布をストロー**A**に近づけたとき。

**ア**　ストロー**B**（綿布）に引きつけられる。

**イ**　ストロー**B**（綿布）から離《はな》れようとする。

**ウ**　全く動かない。

⑵　このような変化が見られるのは，ストローや綿布に電気が発生するためである。ストローに発生する電気が－の電気，綿布に発生する電気が＋の電気であったとすると，どのようなことがいえるか。次の**ア**～**エ**から２つ選べ。

**ア**　同じ電気をもつものどうしは引き合う。

**イ**　同じ電気をもつものどうしはしりぞけ合う。

**ウ**　異なる電気をもつものどうしは引き合う。

**エ**　異なる電気をもつものどうしはしりぞけ合う。

⑶　この実験で発生したような電気を何というか。

⑷　化学繊維《せんい》のセーターなどでプラスチックの下敷《したじ》きを摩擦したときも，同じような電気が発生する。このようなプラスチックの下敷きに蛍光灯《けいこうとう》の一端《いったん》を接触させると，どのようになるか。次の**ア**～**ウ**から１つ選べ。

**ア**　蛍光灯が点灯し続ける。　**イ**　蛍光灯が一瞬点灯する。　**ウ**　全く変化は見られない。

## 問2 陰極線の性質

**真空放電管(クルックス管)を使って陰極線《いんきょくせん》の性質を調べた。次の問いに答えなさい。**

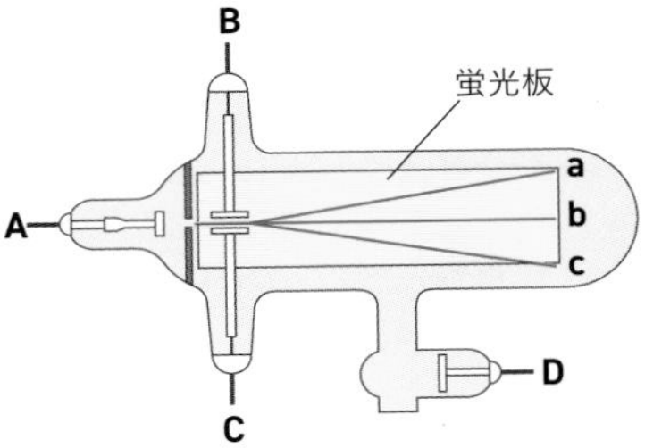


(1) 右の図のような真空放電管の**A**の電極を電源の－極に，**D**の電極を電源の＋極につないで強い電圧を加えたところ，陰極線が見られた。このとき見られた陰極線として適当なものを，図の**a**～**c**から選べ。

(2) (1)からわかる陰極線の性質を，次の**ア**～**エ**から選べ。

**ア** 直進する。　**イ** 質量がある。
**ウ** ＋の電気をもつ。　**エ** －の電気をもつ。

(3) (1)の状態のまま，**B**の電極を電源の－極に，**C**の電極を電源の＋極につないで電圧を加えた。このとき，陰極線はどのようになるか。図の**a**～**c**から選べ。

(4) (3)の結果を(1)と比《くら》べることでわかる陰極線の性質を，(2)の**ア**～**エ**から選べ。

(5) 陰極線の正体は何か。

## 問3 導線内の電流と自由電子

**右の図のように，豆電球を電池につないだときの赤いわくの中の導線内部のようすや電池について，次の問いに答えなさい。**

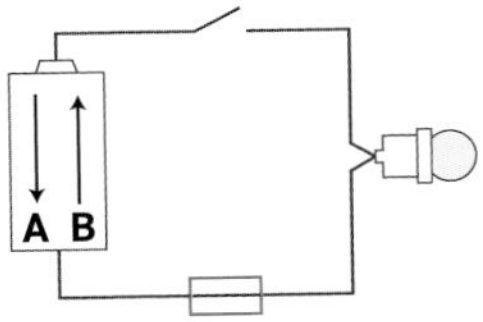


(1) スイッチを開いているときの赤いわくの中の導線内の自由電子のようすを，下の**ア**～**ウ**から選べ。

(2) スイッチを閉じたときの導線の赤わく中の自由電子のようすを，下の**ア**～**ウ**から選べ。

(3) スイッチを閉じたとき，電池の中では電流はどの向きに流れるか。図の**A**，**B**から選べ。

**ア**

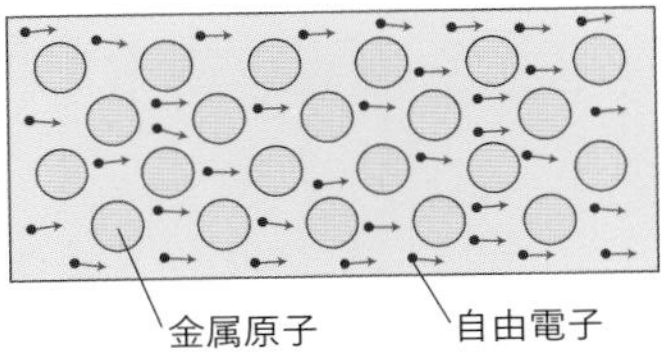


**イ**

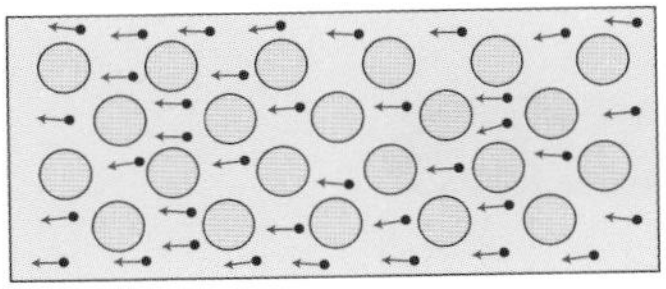

**ウ**

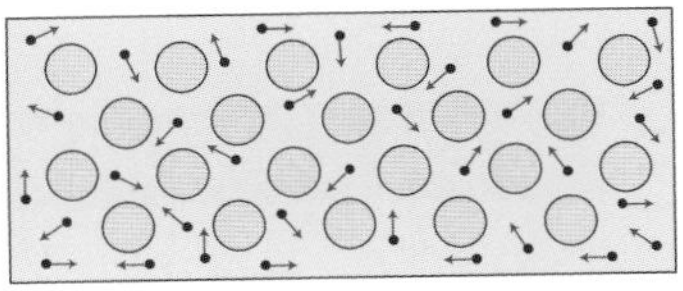

## 問4 放射線

**放射線について，次の問いに答えなさい。**

(1) 次の文章で説明されている放射線は $\alpha$《アルファ》線，$\beta$《ベータ》線，$\gamma$《ガンマ》線のいずれか。それぞれ答えなさい。

① 高速な粒子《りゅうし》の流れで，薄い紙を通りぬけることができない。

② 光のなかま(電磁波)で，木の板を通りぬけることができるが，厚い鉛《なまり》は通りぬけられない。

(2) 放射線のもつ，物質を通りぬける性質を何というか。

UNIT 1

# 磁界と磁力線

着目 磁力がはたらく空間を磁界といい，そのようすは磁力線で表す。

**要点**

- **磁界《じかい》** 磁力《じりょく》のはたらく空間を磁界《じかい》(磁場《じば》)といい，向きは磁石《じしゃく》のＮ極《きょく》が引きつけられる向き。
- **磁力線《じりょくせん》のかき方** ①Ｎ極からＳ極《きょく》の向きに矢印をつける，②磁界が強いところほど間隔《かんかく》はせまくなる，③枝分かれしたり交わったりしない。

## 1 磁界

### A 磁力と磁界

**磁石《じしゃく》**を他の磁石や鉄に近づけると，それらに力をおよぼす。この力を磁力《じりょく》といい，磁力のはたらく空間を磁界《じかい》(磁場《じば》)という。

磁石はまわりの磁石や鉄に磁力をおよぼすので，磁石はまわりに磁界をつくるはたらきがあるということができる。

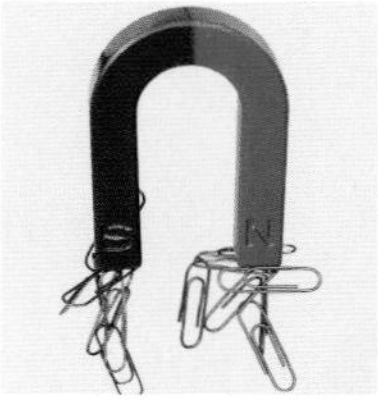

図１ 磁石に引かれる鉄

### B 磁界の向き

棒磁石のＮ極《きょく》，Ｓ極《きょく》のまわりに**方位磁針《ほういじしん》**を置くと，図２のように，方位磁針のＮ極，Ｓ極が棒磁石のＳ極，Ｎ極のほうを向いて止まる。方位磁針がこのようになるのは，方位磁針が棒磁石の磁界の中に置かれたために棒磁石から磁力を受けるからである。

方位磁針のＮ極がさす向きを磁界《じかい》の向《む》きという。

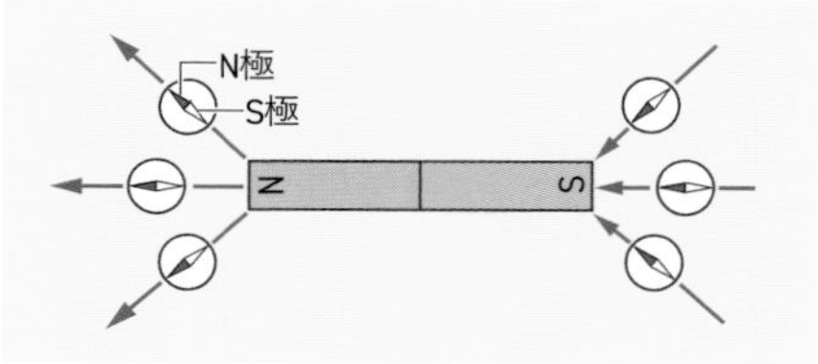


図２ 棒磁石のまわりの磁界の向き

## 2 磁石のまわりの磁界のようす

図３のように，磁石の上にプラスチックの板を置き，その上に細かい鉄粉を一様にまく。プラスチックの板を軽くとんとんとたたくと，鉄粉が曲線になって並ぶ。

棒磁石のまわりでは，鉄粉が図４のような模様をつくる。棒磁石を**電磁石《でんじしゃく》**に変えて電磁石に電流を流し，同じように観察すると図５のような模様ができる。

棒磁石の近くでも電磁石の近くでも，鉄粉がよく似た模様をえがくことから，電磁石は棒磁石と同じようなはたらきをしていることがわかる。

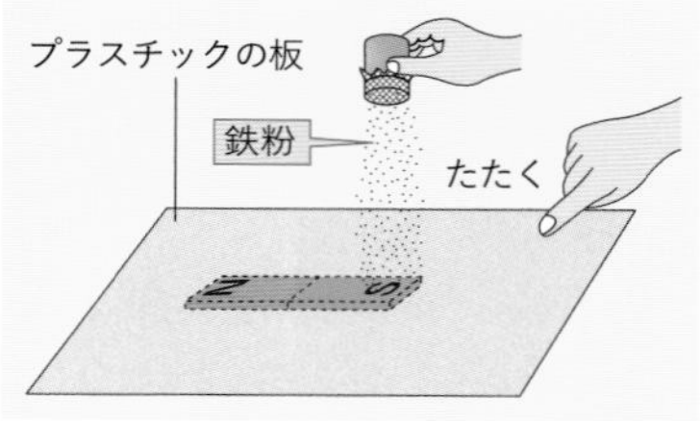


図３ 鉄粉で磁力線のようすを見る方法

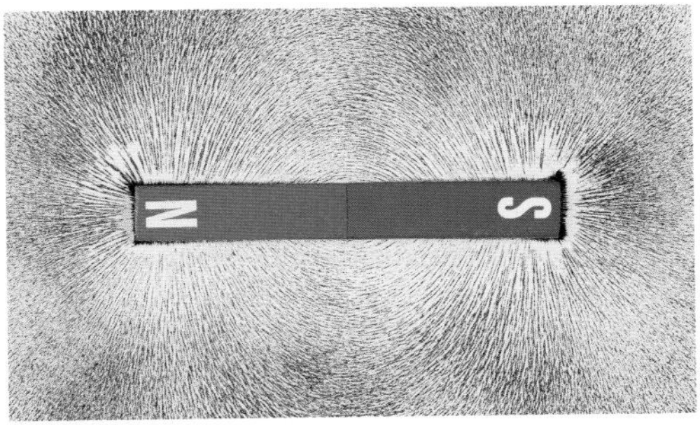


図 4　**棒磁石のまわりにできる模様**

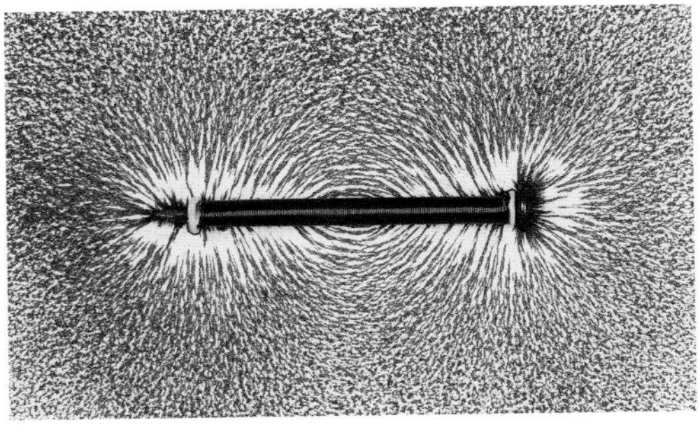

図 5　**電磁石のまわりにできる模様**

## 3 磁力線

### A 磁力線

棒磁石のまわりにたくさんの方位磁針を置き，方位磁針の向きがつながるように並べると，方位磁針は図 6 のように，N極とS極をつなぐ曲線にそって並ぶ。この曲線を**磁力線《じりょくせん》**という。

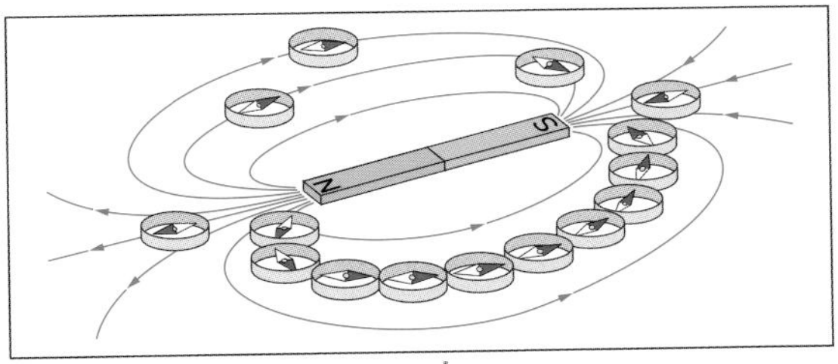


図 6　**棒磁石のつくる磁力線**

**磁界の向き**は，磁力線の上に方位磁針を置いたときに方位磁針のN極がさす向きである。方位磁針のN極は磁石のS極に引きつけられるので，磁界は図 6 のように磁石のN極から出てS極に向かう向きとなる。[*1]

*1
どちらがN極なのかS極なのかは，鉄粉の模様だけではわからない。

### B 磁力線のかき方

磁力線のかき方は，次のように決まっている。

① N極から出てS極に入る向きに矢印をつける。
② 磁界が強いところほど，間隔《かんかく》をせまくなるようにする。
③ 途中《とちゅう》で枝分かれしたり，交わったりしないようにする。

TRY! 表現力

**強さのちがう 2 本の棒磁石について図 6 のように磁力線をかく場合，強い磁石と弱い磁石を区別するにはどのようにかけばよいか説明しなさい。**

ヒント　磁力線は，磁界が強いところほど間隔がせまくなるようにかく。

解答例　強い磁石のほうがN極から出てS極に入る磁力線の本数が多くなるようにかく。

UNIT 2

# 2つの磁石の間の磁力線

着目 異なる極から出る磁力線はつながり，同じ極から出る磁力線はしりぞけ合う。

**要点**

- **異なる極を近づける**　磁石は引き合い，磁力線はつながる。磁力線はN極からS極へ向かう。
- **同じ極を近づける**　磁石はしりぞけ合い，磁力線もしりぞけ合う。
- **地磁気《ちじき》**　地球のつくる北向きの磁界。地球を磁石と考えると，北極がS極，南極がN極。

## 1 異なる極を近づけたときの磁力線

1つの磁石AのN極にもう1つの磁石BのS極を近づけておき，鉄粉で磁力線の模様をつくらせると，図1のようになる。

磁石の異なる極を近づけると，磁石は引き合い，磁力線がつながる。このとき，2つの磁石の間に方位磁針を置くと，方位磁針のN極は磁石BのS極に引き寄せられるので，磁界の向きは磁石AのN極から磁石BのS極へ向かう。これを磁力線で表したのが図2である。

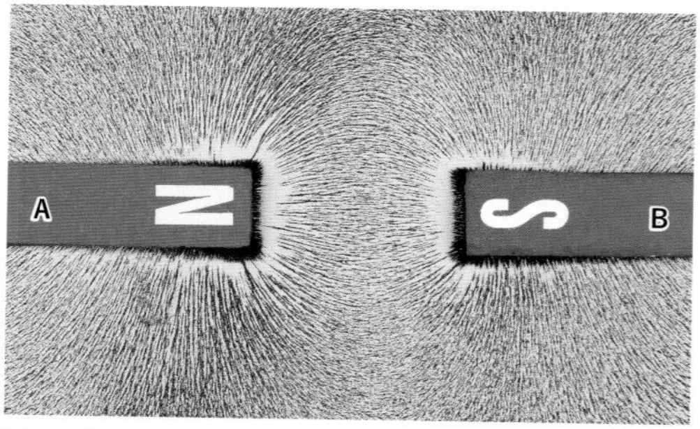


図1　N極とS極を近づけたときにできる模様

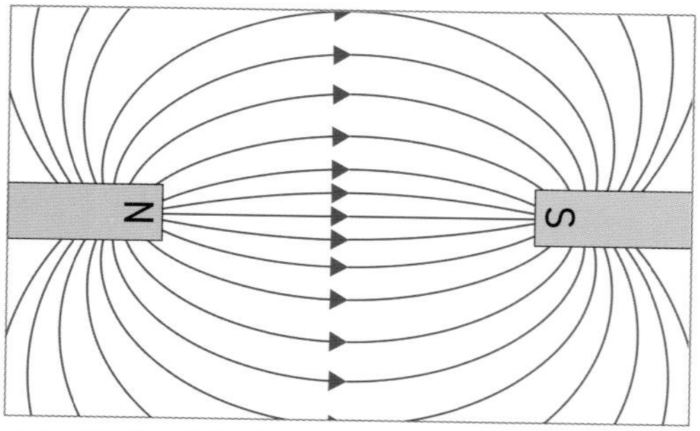


図2　N極とS極を近づけたときの磁力線

## 2 同じ極を近づけたときの磁力線

2つの磁石のN極どうし，またはS極どうしを近づけるとしりぞけ合う。このときの磁界のようすは図4のようになる。

同じ極を近づけると，磁石はしりぞけ合い，磁力線もしりぞけ合う。このとき，2つの磁石の間に方位磁針を置くと，方位磁石のN極は両方のN極から離《はな》れようとするので，磁界の向きはそれぞれの磁石のN極から離れる向きになる。これを磁力線で表したのが図5である。

図3　しりぞけ合う磁石

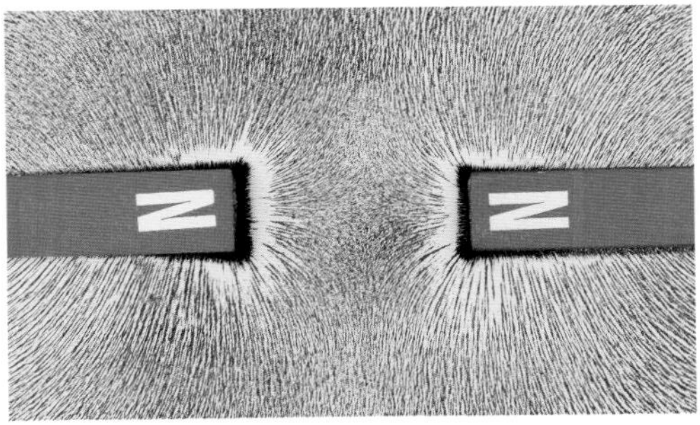


図 4　**N極とN極を近づけたときにできる模様**

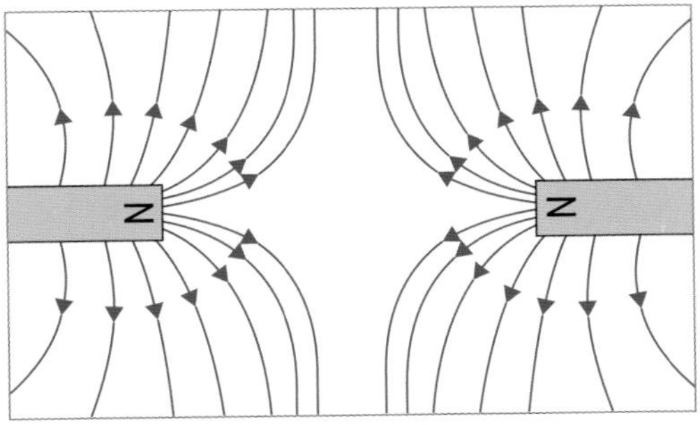


図 5　**N極とN極を近づけたときの磁力線**

## 3 地磁気

方位磁針がいつでも北をさして止まるのは，地表にいつでも**北《きた》向《む》きの磁界《じかい》**があるからである。このような，地球のつくる磁界を**地磁気《ちじき》**という。

地球は1個の大きな磁石になっていて，図6のように北極の近くにS極，南極の近くにN極がある。*1 そして，N極からS極へ向かう磁力線が地球をとり囲んでいる。

磁石や電流のつくる磁界のようすを方位磁針で調べるときは，いつでも地磁気のことを念頭におかなければならない。特に，調べたい磁界が弱い場合は，地磁気の影響《えいきょう》を無視することができなくなり，方位磁針のさす向きは北寄りにずれてしまうことに注意する必要がある。

このことを利用して，磁石や電流のつくる**磁界《じかい》の強《つよ》さ**を推定することもできる。磁界中に方位磁針を置いたとき，北向きからの磁針のずれが大きいほど，強い磁界がつくられているといえるからである。

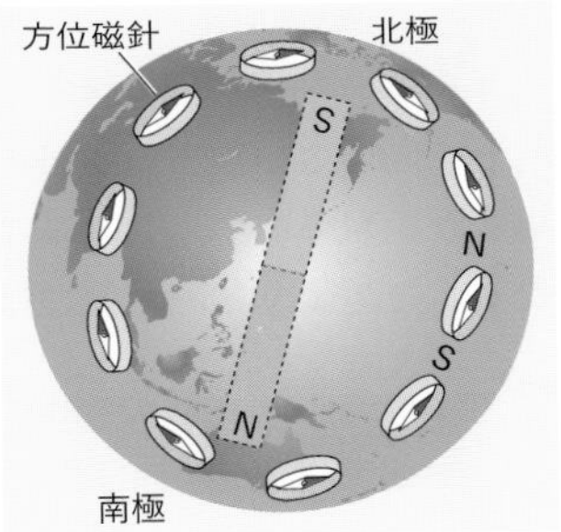


図 6　**地磁気**

*1
地磁気のS極は北極点からはずれているので，磁針のさす方向も，正確にいうと真北ではない。日本では，**真北より5°～9°ずれて西寄り**の方向をさしている。

TRY! 思考力

**地球を1つの棒磁石と考えたとき，北極ではどのような向きの磁界が生じているか説明しなさい。**

ヒント　磁石の磁界の向きは，磁石のN極から出ていき，S極に入っていく向きである。北極は地磁気のN極かS極かを考える。

解答例　北極には地磁気のS極があり，磁界の向きは磁石のS極に入っていく向きなので，北極では下向きの磁界ができる。

UNIT 3

# 直線電流がつくる磁界

着目 直線電流がつくる磁界の向きは，右ねじの法則を使って判断する。

**要点**

- **直線《ちょくせん》電流《でんりゅう》のつくる磁界** 電流と垂直な平面に同心円状に磁界ができる。このとき，右《みぎ》ねじを回す向きが磁界の向き，右ねじが進む向きが電流の向きになる。
- **磁界の強さ** 電流が大きいほど，磁界は強い。

## 1 電流がつくる磁界

北を向いていた方位磁針の上に電流の流れている導線を近づけると，磁針が振《ふ》れる。鉄心に導線を巻いて電流を流すと電磁石（➡ p.307）になる。このように，電流には磁界をつくるはたらきがある。

## 2 直線電流のまわりの磁界を調べる

実験

### A 方法・手順

① エナメル線を 1 辺25cmぐらいの正方形のわくに10回ぐらい巻き，エナメル線のわくをつくる。さらに図 1 のように固定し，縦の辺の中央をプラスチック板に水平にさし込《こ》んで，その上に鉄粉をまく。

② 5 Ωぐらいの抵抗《ていこう》器《き》をエナメル線のわくと直列につなぎ，3Aの電流を流す。*1

③ 方位磁針をプラスチック板に置き，磁界の向きを調べる。

④ 電流の向きを反対にして磁界の向きを調べる。

⑤ 電流を少しずつ小さくして，③，④と同様に調べる。

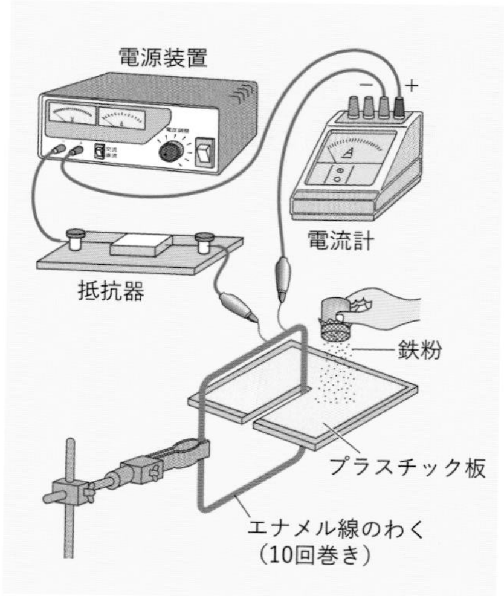


図 1 **直線電流のまわりの磁界を調べる実験**

### B 結果・考察

① 鉄粉はエナメル線を中心とした同心円に並ぶ（図 2）。

② 電流が下向きに流れているとき，磁界の向きは，上から見て時計回り（右回《みぎまわ》り）*2 になる（図 3）。

③ 電流の向きを変えると，方位磁針の向きは反対になる。

*1
回路に電流が流れすぎないようにするため，**抵抗器**をつないでいる。

図 2　**直線電流のまわりにできる模様**

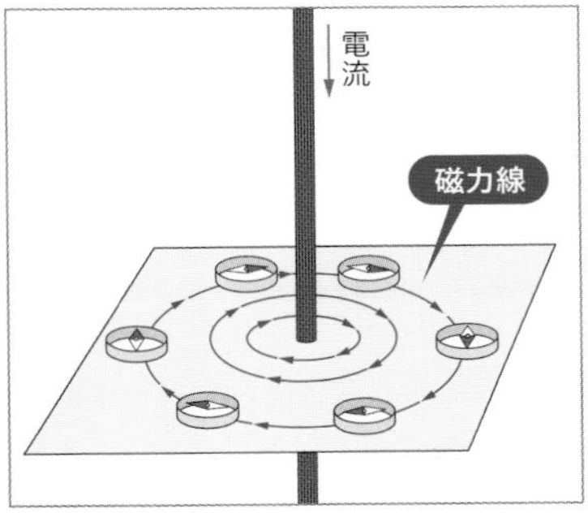


図 3　**直線電流のまわりの磁力線**

＊2
時計の針の回る向きを**右回り**，その反対向きを**左《ひだり》回《まわ》り**という（図 4）。裏側から見ると反対になるので，どちらから見たのかに注意。

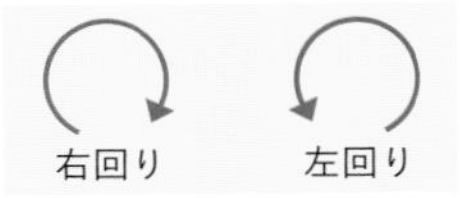


図 4　**右回りと左回り**

④ 電流を小さくしていくと，方位磁針の向きはしだいに地磁気の影《えい》響《きょう》で北寄りをさすようになる。

## C 直線電流のつくる磁界の向き

直線状の導線を通る電流を**直線電《ちょくせんでん》流《りゅう》**という。直線電流のまわりにできる磁界の向きは図 5 のようになる。

この向きは，ちょうど**右《みぎ》ねじ**＊3を電流の向きに進めようとするときのねじを回す向きと同じなので，このことを，**右《みぎ》ねじの法則《ほうそく》**という。

また**右《みぎ》手《て》**＊4をにぎって親指を電流の向きに合わせると，残りの 4 本の指が磁界の向きとなる。

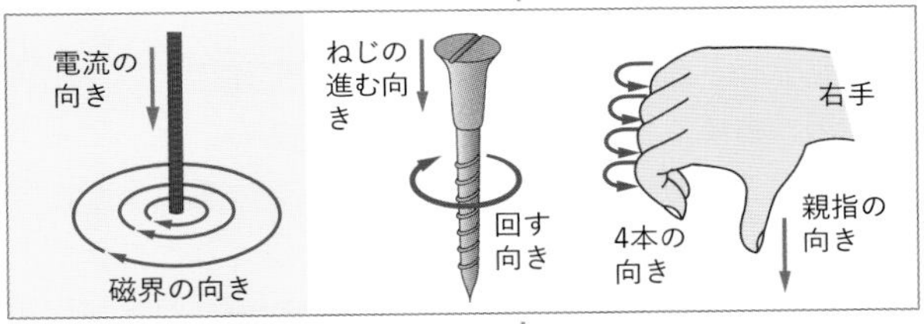


図 5　**直線電流の右ねじの法則**

電流の向きを反対にすると，磁界の向きも反対になる。

＊3
水道の蛇口《じゃぐち》ハンドルやペットボトルの**キャップ**など，身のまわりのほとんどのねじは**右ねじ**になっていて，時計回り（右回り）に回すと奥《おく》に向かって進んでいく。

＊4
必ず**右手**を使うということを忘れないようにする。

## D 直線電流のつくる磁界の強さ

電流がつくる磁界が弱くなるほど，地磁気の影響を受けやすくなるので，方位磁針は北寄りをさすようになる（➡ p.301）。このことから，電流を大きくすると磁界は強くなることがわかる。

また，電流に近いところほど磁界は強くなることもわかっている。

TRY! 表現力

**図 1 の実験で方位磁針を電流から遠ざけていくと，図 3 の方位磁針の向きがどう変わっていくか説明しなさい。**

ヒント　電流からの磁界がないとき方位磁針の N 極は北を向く。

解答例　電流に近いときよりも N 極が北寄りを向くように変わっていく。

UNIT 4

# 円形電流がつくる磁界

着目 ＞円形電流がつくる磁界の向きも，右ねじの法則を使って判断する。

要点

- **円形電流《えんけいでんりゅう》**　円形に巻いた導線に流れる電流。
- **円形電流のつくる磁界**　円形の内部では磁界が強め合い，右《みぎ》ねじを回す向きに電流を流すとねじの進むような向きの磁界ができる。

## 1 円形電流の中心の磁界

### A 円形電流のまわりの磁界

円形に巻いた導線に流れる電流を**円形電流《えんけいでんりゅう》**という。円形電流がまわりにつくる磁界について考える。

円形電流であっても，導線のある部分に垂直な面にできる磁界は，直線電流と同じように考えることができる。そのため，円形電流は，それぞれに垂直な面に対して図1のような磁界をつくることになる。

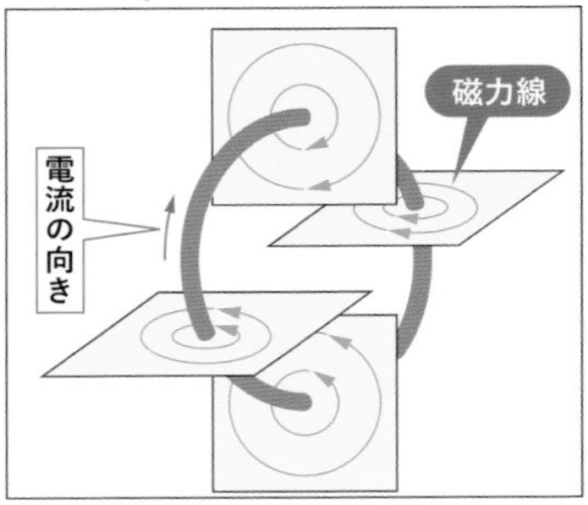


図1　**円形電流が垂直な面につくる磁界**

### B 円形電流の中心の磁界

図1のように，円形電流のまわりにできる磁界の向きは，円の中心ではすべて同じ向きになっている。これが合わさって強め合うので，円形電流の中心には，図2のような磁界ができる。

このとき，円形の導線の内側では導線1周分の磁界が合わさるので，外側よりも強い磁界ができる。そのため，図3のように，内側の磁力線の間隔《かんかく》のほうがせまくなる。

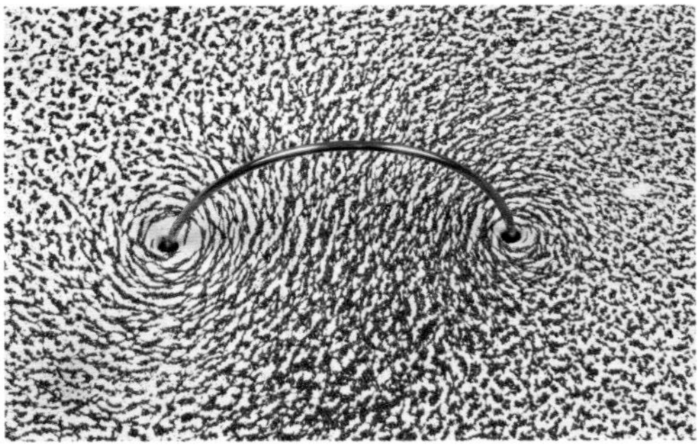

図2　**円形電流の中心にできる模様**

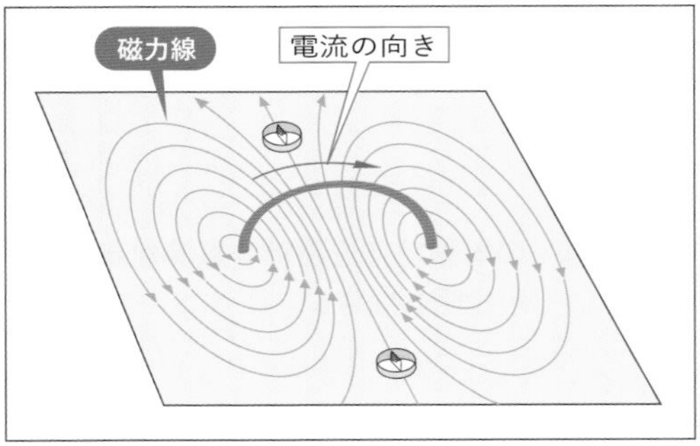


図3　**円形電流がつくる磁界**

## Ⓒ 円形電流の中心の磁界の向きと強さ

円形電流の流れる向きを，**右《みぎ》ねじ**を回す向きに合わせると，**円形電流の中心の磁界の向き**は右ねじが進む向きと同じになる。**直線電流《ちょくせんでんりゅう》の右《みぎ》ねじの法則《ほうそく》**（➡ p.303）とは対応するものがちがうが，この法則も**右《みぎ》ねじの法則《ほうそく》**という。

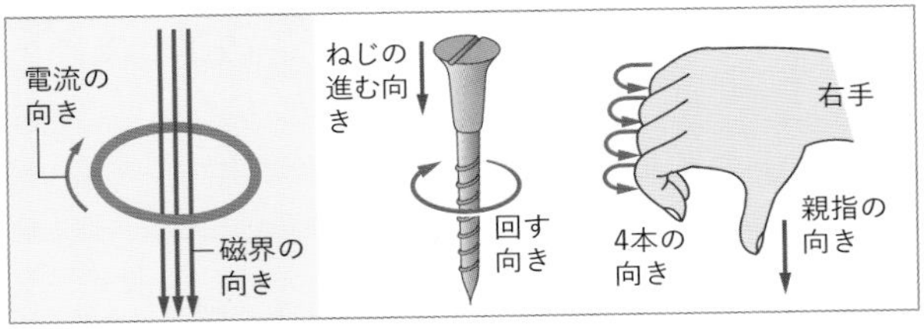

図 4　**円形電流の右ねじの法則**

また，これも直線電流の場合と対応するものがちがうが，**右手《みぎて》**をにぎって 4 本の指を電流の向きに合わせると，親指が磁界の向きとなる。

円形電流の場合も，右ねじの法則を使うと，電流の向きが反対になれば，磁界の向きも反対になることがわかる。

直線電流の場合と同様に，円形電流の中心における磁界の強さは電流が大きいほど強くなる。

### 発展　円形に巻いた導線の円の直径と電流がつくる磁界の強さ

円形電流の中心にできる磁界は，円形に巻いた導線の円の直径が変わると変化する。

円形電流の中心と導線との距離《きょり》が近くなると磁界は強くなる。そのため，円形に巻くときの直径が小さくなるほど，導線との距離が全体的に短くなるので，内部の磁界は強くなる。

円形電流の中心付近での磁界の強さは，円形の導線の半径に反比例することがわかっている。

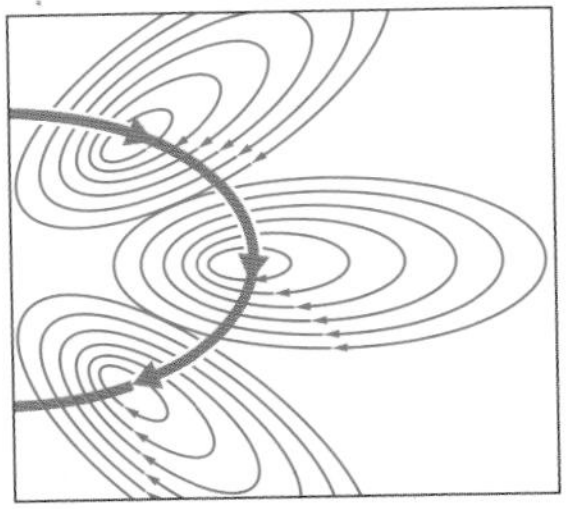
図 5　**円形電流の磁界の強さ**

TRY! 思考力

**同じ長さで，抵抗《ていこう》のちがう導線を同じように円形に巻いた。この導線に同じ電圧を加えて円形電流をつくったとき，中心の磁界が強くなるのはどちらか説明しなさい。**

ヒント　電流のつくる磁界の強さは，導線を流れる電流によって決まる。

解答例　導線の抵抗が小さいほど，同じ電圧を加えたときに流れる電流は大きくなる。そのため，抵抗の小さいほうが中心の磁界は強くなる。

UNIT 5

# コイルがつくる磁界

着目 コイルや電磁石から磁力線が出てくる側の極がN極になる。

要点

- **コイルがつくる磁界**　円形電流と全く同じように，右ねじを回す向きに電流を流すとねじの進むような向きの磁界ができる。
- **電磁石《でんじしゃく》**　コイルの内部に鉄心《てっしん》を入れて磁力《じりょく》を強くしたもの。

## 1 コイルがつくる磁界

図1のように，円筒形《えんとうけい》などのわくに導線を何回も巻きつけたものを**コイル**という。長いコイルでは，磁力線がコイルに平行になるので，コイルの内部にはコイルをつらぬく磁界ができる(図2)。

コイルに電流を流したときに内側にできる磁界の向きは，円形電流がその内部につくる磁界の向きと全く同じになる。そして，磁力線は，コイルの外へ出ると広がって，反対側のコイルの内部へ吸《す》い込《こ》まれる。コイルが外側につくる磁力線の向きと形は，棒磁石のまわりの磁力線(➡ p.299)と同じようになる(図3)。

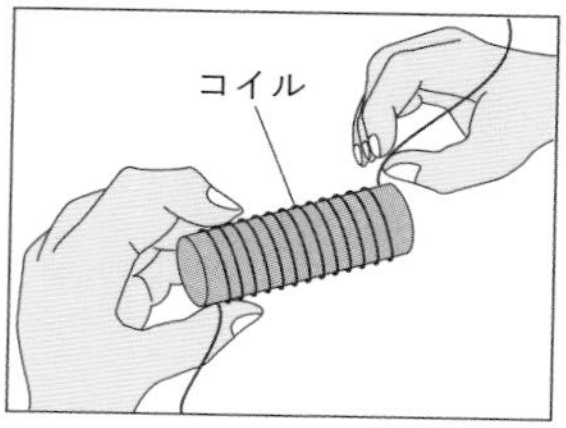


図1　コイルのつくり方

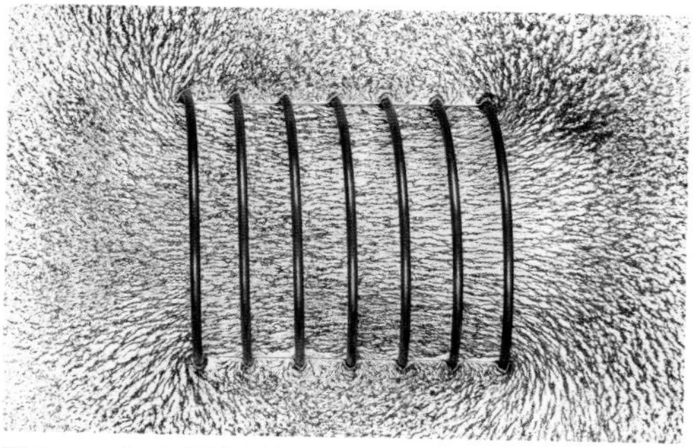

図2　コイルに電流を流したときにできる模様

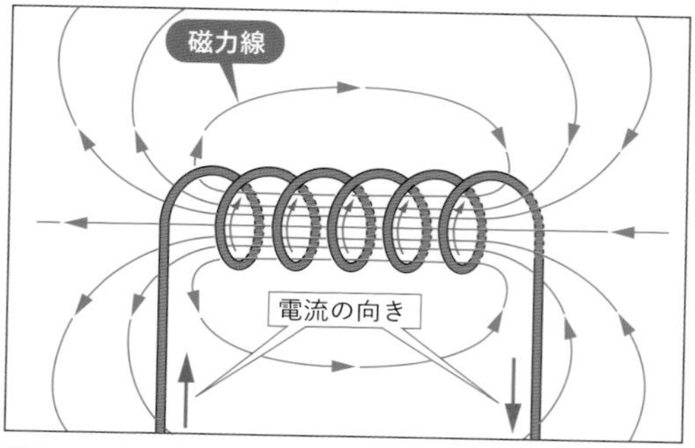


図3　コイルがつくる磁力線

そのため，**円形電流での右ねじの法則**と同じようにして求めた向きの磁力線が，コイル内部をつらぬくと考えればよい(図4)。

また，**コイルは巻数が多いほどつくる磁界は強くなる。**

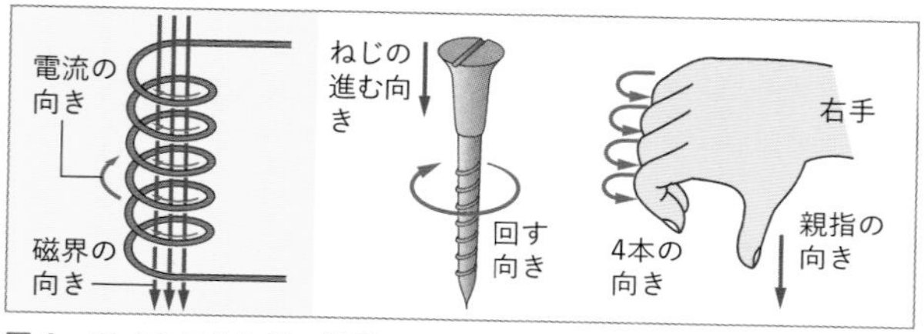


図4　コイルの右ねじの法則

## 2 電磁石

### A 電磁石

コイルの内部に**鉄心**《てっしん》[*1]を入れると，コイルだけのときよりも大きな磁力がうまれる。この性質を利用して，コイルの中に鉄心を入れて磁力を大きくしたものを**電磁石**《でんじしゃく》という。

*1
鉄心は，コイルの中に入るような大きさ・形の鉄の棒であればよい。工作する際には，**鉄**《てつ》**くぎ**などを鉄心にすればよい。

### B 電磁石のつくる磁界

電磁石の性質は，磁力が大きくなったことを除けばコイルとほとんど同じである。そのため，磁力線の向きは，図4と同じように**右**《みぎ》**ねじの法則**《ほうそく》を使って求めることができる。

電磁石を磁石として用いる場合，重要になってくるのは電磁石が外側につくる磁界のようすである。

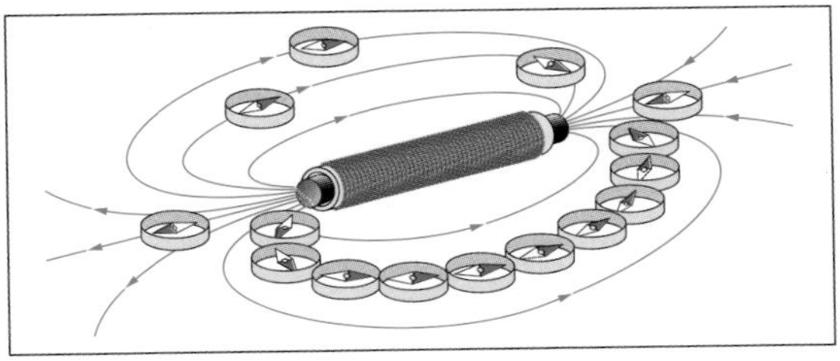

図5　**電磁石のつくる磁力線**

棒磁石のつくる磁力線と同様に考えて，電磁石の磁力線が出るほうの端《はし》を**N極**《きょく》，その反対側の端を**S極**《きょく》という。

電流が流れる向きが反対になると，電磁石にできる極も反対になる。

**電磁石の磁界も**コイルと同じように，**電流が大きいほど強くなる。**また，**コイルの巻数が多いほど強くなる。**

### 参考　電磁石にできる極の覚え方

コイルの電流がS極側から見ると時計回り(右回り)，N極側から見ると反時計回り(左回り)になるので，図6のように，*s*，*n*の文字の形(書くときの筆運びの向き)を利用してN極，S極を覚える方法もある。

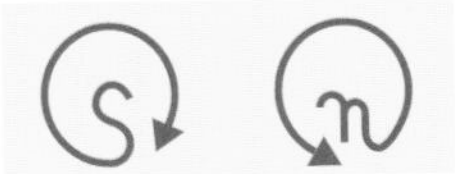

図6　**コイルや電磁石にできる極の覚え方**

**TRY! 思考力**

**電磁石の鉄心をとり出し，逆向きに入れ直した。さらに，電磁石に流す電流の向きを逆につないだとき，磁界の向きははじめの向きに対してどうなるか説明しなさい。**

ヒント　鉄心は電流のつくる磁界の強さを大きくするはたらきがある。

解答例　鉄心は磁界の向きには関係ない。また，電流を逆向きにすると，磁界の向きは逆になる。よって，磁界の向きははじめの向きと逆になる。

UNIT 6

# 電流が磁界から受ける力

着目 電流は磁界から力を受ける。力の向きは電流の向きと磁界の向きで決まる。

要点

- **電流の向きと電流が受ける力** 電流が逆向きになると，電流が磁界から受ける力も逆になる。
- **磁界の向きと電流が受ける力** 磁界が逆向きになると，電流が磁界から受ける力も逆になる。
- **電流の大きさと電流が受ける力** 電流が大きくなると，電流が磁界から受ける力も大きくなる。

## 1 コイルが磁界から受ける力を調べる 実験

コイルに電流を流すと磁界ができる。すなわちコイルは磁石と同じはたらきをするようになる。このことから，逆にコイルが磁界から力を受ける，いいかえると**電流が磁界から力を受ける**ことが考えられる。

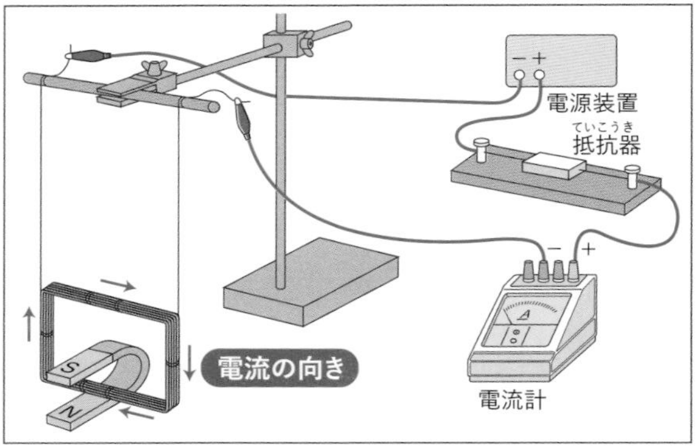


図 1 電流が磁界から受ける力の向きを調べる実験

### A 方法・手順

① 図 1 のような回路をつくり，コイルに電流を流して磁石からどのような向きの力を受けるかを調べる。

② 電流の向きを反対にして，コイルの動く角度の変化を調べる。

③ 磁石の極を反対にして，コイルの動く角度の変化を調べる。

④ 電流の大きさを変えて，コイルの動く角度の変化を調べる。

### B 結果・考察

① 磁石や電流の向きを図 1 のようにすると，コイルは磁石のほうに引《ひ》き込《こ》まれる(図 2 ❶)。このことから，電流は磁界から力を受けることがわかる。

② 電流の向きを反対にすると，コイルは磁石から押《お》し出《だ》される(図 2 ❷)。このことから，**電流の向きを逆にすると，受ける力の向きも逆になる**ことがわかる。

③ 磁石の向きを反対にすると，コイルは磁石から押し出される。(図 2 ❸)このことから，**磁界の向きを逆にすると，受ける力の向きも逆になる**ことがわかる。

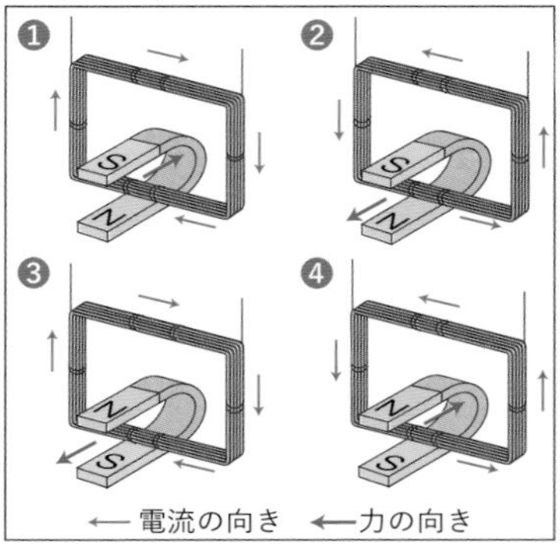


図 2 電流が磁界から受ける力

④ 磁石の向きを③のままにして，電流の向きを反対にすると，コイルは磁石のほうに引き込まれる(図2❹)。

⑤ 電流を大きくすると，コイルの動き方が大きくなる。このことから，**電流を大きくする**と，電流が磁界から**受ける力も大きくなる**ことがわかる。

## 2 アルミニウムパイプが磁界から受ける力

図3のような装置を使った実験でも，電流が磁界から力を受けることを確かめられる。この装置で，電源装置から電流を流すとアルミニウムパイプが動きだす。

この実験でも，電流の向きを逆にするとアルミニウムパイプの動く向きは逆になる。また，流す電流を大きくすると，アルミニウムパイプの動く速さは大きくなる。

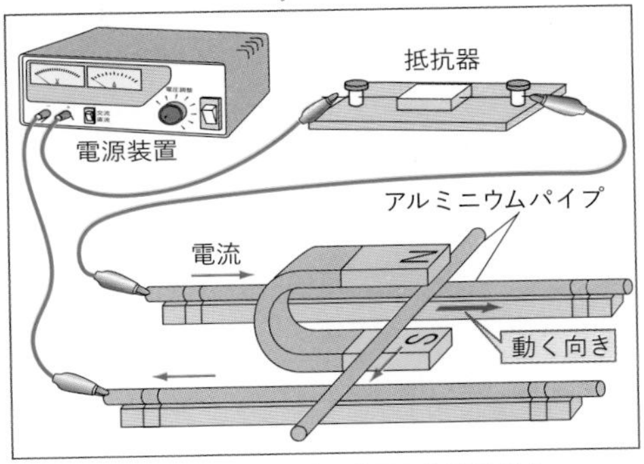


図3　アルミニウムパイプが磁界から受ける力

### 発展　フレミングの左手の法則

**電流が受ける力の向き**は，**電流の向き**と**磁界の向き**によって決まる。この向きの覚え方は，イギリスの**フレミング**が考えた**フレミングの左手《ひだりて》の法則《ほうそく》**が知られている。

**左手の**親指，人さし指，中指の3本をたがいに垂直になるように開き，中指を電流の向き，人さし指を磁界の向きに合わせると，親指が力の向きを示す。**左手の中指から**順に**電《でん》・磁《じ》・力《りょく》**という順に並ぶと考えると覚えやすい。

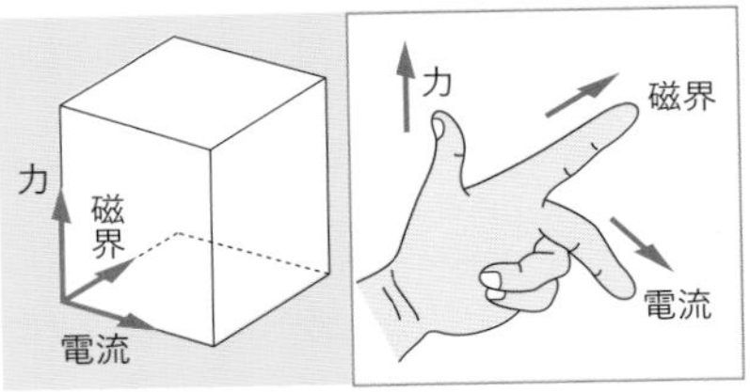


図4　フレミングの左手の法則

TRY! 思考力

**図1の実験でコイルの巻数を多くすると，コイルが磁界から受ける力はどのようになるか説明しなさい。**

ヒント　電流の流れている導線1本1本が磁界から力を受ける。

解答例　コイルの巻数が多いほど，力を受ける導線の数がふえるので，コイルの巻数がふえると，コイル全体が磁界から受ける力は大きくなる。

UNIT 7

# モーター

着目 モーターは整流子で電流の向きを変えて，回転する向きを一定にしている。

**要点**

- **モーター**　電流が磁界から受ける力によってコイルを回転させる装置。
- **整《せい》流《りゅう》子《し》**　モーターを回転させ続けるために，コイルに流れる電流の向きを，半回転ごとに逆にするはたらきをする。

## 1 磁界中のコイルにはたらく力

**モーター**は，電流が磁界から受ける力によってコイルを回転させる装置である。**磁《じ》石《しゃく》**，**コイル**，**整《せい》流《りゅう》子《し》**，**ブラシ**でできている。

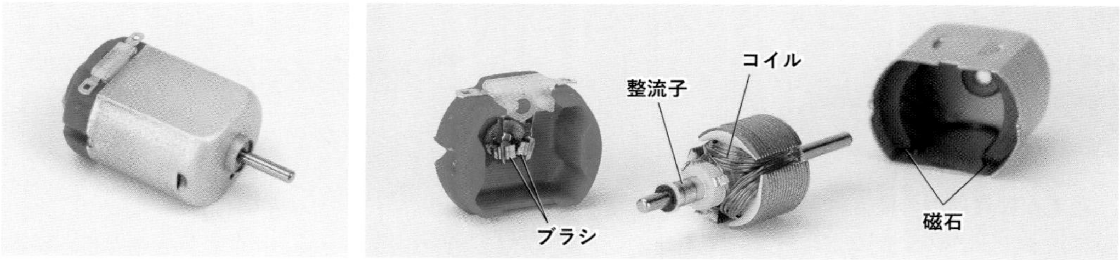


図1　模型用モーターとモーターをつくる部品

モーターのしくみを理解するため，まずは図2のように四角く曲げた導線(コイル)を磁界中に置き，そこに電流を流すことを考える。

図2❶のように，コイル**ABCD**の面を水平にして，磁石のN極とS極の間に置き，**A**→**B**→**C**→**D**の向きに電流を流す。すると，コイルの辺**AB**は下向きに，辺**CD**は上向きに力を受けるので，コイルは回転を始める。

コイルが❶の位置から90°以上回転して❷の状態になっても，電流の向きが変わらないと，コイルの辺**AB**と**CD**にはたらく力は，今度はコイルの回転をさまたげるようになってしまう。

コイルの回転を続けさせるには，コイルが❶の位置から90°回転したところで，電流の向きを反対にし，図2❸のように力がはたらくようにしなければならない。

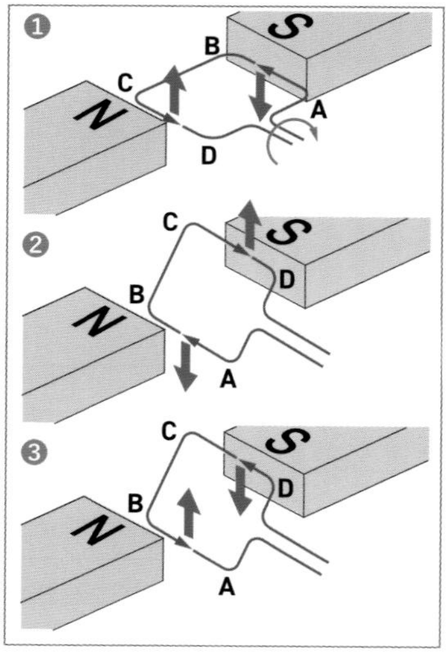


図2　四角いコイルが磁界から受ける力

## ② 整流子

モーターを回転させ続けるために，コイルに流れる電流の向きを，半回転ごとに逆にするはたらきをするのが**整流子**と**ブラシ**である。

整流子は，図3のように，金属の円筒《えんとう》を縦に2つに割ったような形をしている。回転軸《かいてんじく》に向かい合わせに固定して，整流子のそれぞれにコイルの端を接続する。

整流子はブラシに接して回転するようになっており，コイルの向きによって電流の向きが切りかわるようにすることで，図4のように回転を続けるしくみになっている。

くわしくいうと，コイル面が磁界と垂直になったとき（図4❷）に電流の向きが切りかわればよいから，このとき，**不導体《ふどうたい》**[*1]がはさんである整流子の切れ目がブラシに接するようになっている。

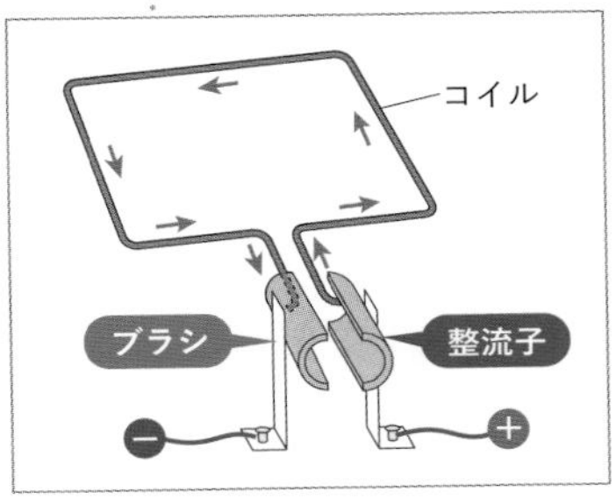


図3　**整流子のしくみ**

*1
電気を通さない物質を**不導体**という（➡p.259）。

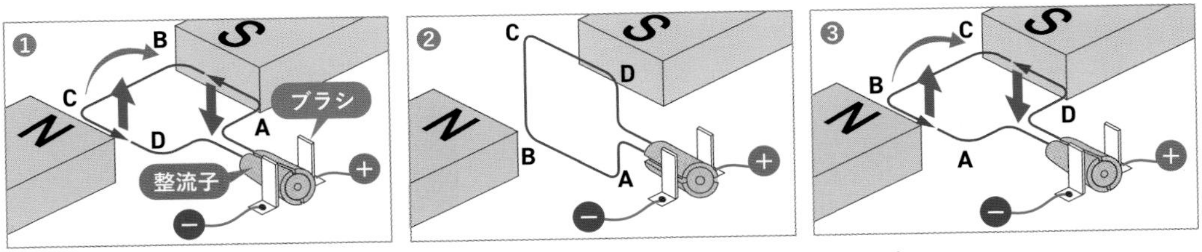


図4　**コイルが回転するしくみ**

### 参考　いろいろな場所で使われているモーター

**モーター**はいろいろな場所で使われている。大きなものは**電車《でんしゃ》**や**電気自《でんきじ》動車《どうしゃ》**の動力として使われている。家庭の中では**洗濯機《せんたくき》**，**掃除機《そうじき》**，**エアコン**，**扇風機《せんぷうき》**，パソコンの中の**冷却《れいきゃく》ファン**などにも利用されている。また，超小《ちょうこ》型《がた》のモーターは**スマートフォン**の**バイブレーター**（図5）としても利用されている。

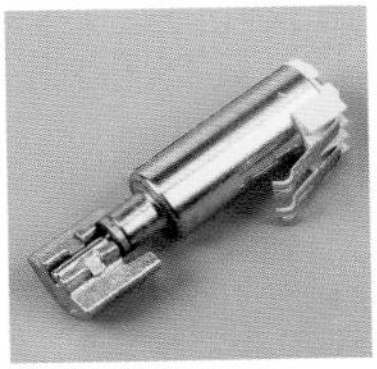

図5　**バイブレーター**

TRY! 表現力

**モーターに流す電流を大きくすると，モーターの回転数はどうなるか説明しなさい。**

ヒント　電流が磁界から受ける力は，電流の大きさによって変化する。

解答例　モーターに流す電流を大きくすると，電流が磁界から受ける力が大きくなるので，コイルの回転数も多くなる。

UNIT 8

# 電磁誘導

着目 コイルに磁石を出し入れするとき，コイルの中の磁界が変化し，電圧が生じる。

**要点**

- **誘導電流《ゆうどうでんりゅう》と磁石の動き**　磁石が動いている間だけ電磁誘導《でんじゆうどう》が起こり，誘導電流が流れる。
- **誘導電流と磁石の極**　磁石をコイルに入れるか出すか，コイル側の極がN極かS極かによって電流の向きは反対になる。

## 1 コイルと磁石で電流をつくり出す

実験

　電流によって磁界が生じる(➡ p.302)だけでなく，逆に磁界によって電流が生じる。このことは，実験によって確かめることができる。

### A 方法・手順

① 図1のように，**コイル**を検流計《けんりゅうけい》につないでおき，コイルの中に棒磁石を入れたり出したりする。

② コイルの中に棒磁石を入れるときと出すときで，電流の向きがどのように変わるかを調べる。

③ 磁石の極を反対にして，コイルの中に棒磁石を入れるときと出すときで，電流の向きがどのように変わるかを調べる。

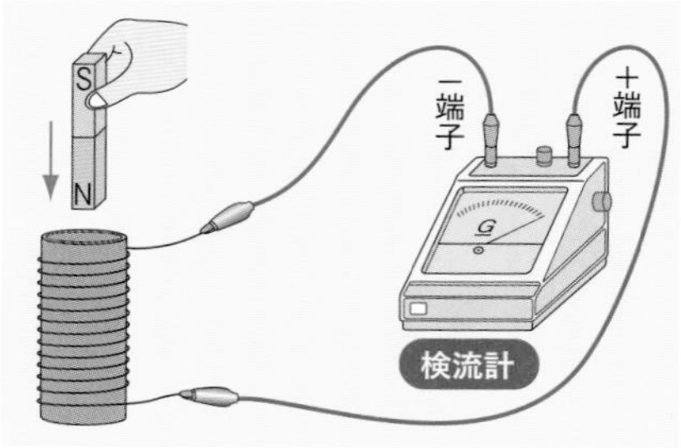


図1　**コイルと磁石で電流をつくり出す実験**

### B 結果・考察

① コイルに磁石を出し入れすると，検流計の針が一瞬《いっしゅん》振《ふ》れる。このことから，コイルに**磁石を出し入れする間だけ**，コイルに**電流が流れる**ことがわかる。

② N極を入れるときとN極を出すときの電流の向きは反対になる。また，S極を入れるときとS極を出すときの電流の向きは反対になる。これらのことから，**磁石を動かす向きを逆にすると，電流の向きも逆になる**ことがわかる。

③ N極を入れるときとS極を入れるときの電流の向きは逆になる。また，N極を出すときとS極を出すときの電流の向きは逆になる。これらのことから，磁石の極を逆にして**磁界の向きを反対にすると，電流の向きも反対になる**ことがわかる。

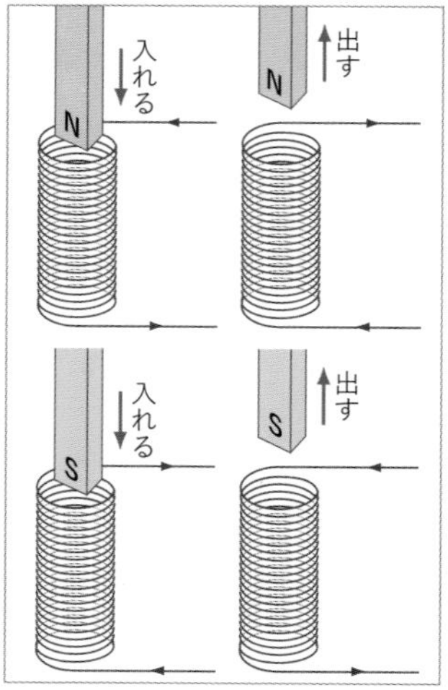


図2　**磁石の動きとコイルに生じる電流の向き**

## 参考 検流計

**検流計**は電流計の一種で，非常に小さな電流を検出できる。多くの検流計では，＋端子《たんし》から電流が流れ込《こ》むと指針が右に振れ，－端子から流れ込むと左に振れる。また，検流計は非常に敏感《びんかん》なので，磁石を動かす実験は検流計から1m以上離《はな》れたところで行うようにする。また，壊《こわ》れやすいので，使わないときは＋端子と－端子を導線でつなぐ。

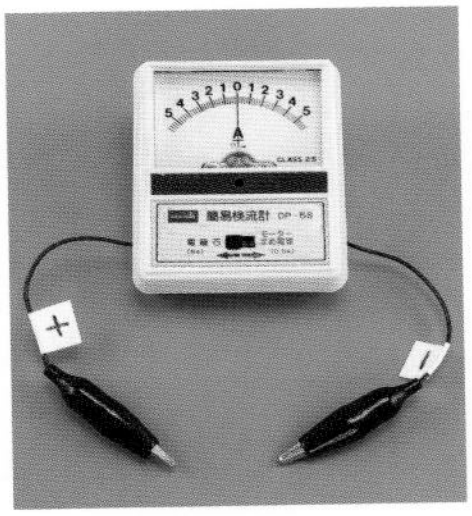

図 3　**検流計**

## 2 電磁誘導

コイルに磁石を出し入れすると，コイルの中の磁界が変化し，コイルの両端《りょうたん》に電圧が生じ，電流が流れる。この現象を**電磁誘導《でんじゆうどう》**という。

コイルの中の磁界が変化している間だけ電磁誘導が起こり，磁石をコイルに入れたままにしているときなどには電磁誘導は起こらない。[*1]

電磁誘導のときにコイルに流れる電流を**誘導電流《ゆうどうでんりゅう》**という。

*1
コイルの中を通る磁界の変化が大きいほど，誘導電流は大きくなる。

### 発展 レンツの法則

磁石のつくる磁界の強さは，磁極の近くがいちばん強く，離れるにつれて弱くなる。よって，コイルに磁極を近づけると，コイル内の磁界は強まり，コイルから磁極を遠ざけると磁界は弱まる。

このとき，図 4 のように**磁界の変化をさまたげるような磁界をつくり出す向きに誘導電流が流れる**。これを**レンツの法則《ほうそく》**という。

コイル内の磁界が強まったときは，それを弱めるために，逆向きの磁界をつくるような電流が流れて，変化を打ち消そうとする(図 4 ❶)。また，コイル内の磁界が弱まったときは，同じ向きの磁界をつくるような向きに電流が流れる(図 4 ❷)。

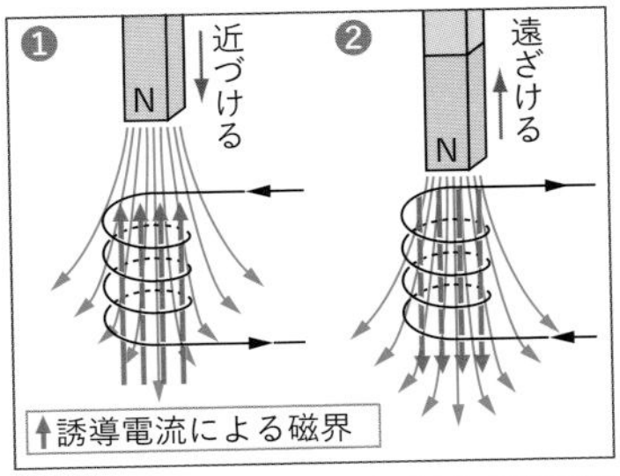


図 4　**コイルにN極を近づけたり遠ざけたりするときの誘導電流の向き**

TRY! 思考力

**図1の実験で磁石を固定して，コイルを磁石に近づけたり，遠ざけたりするとどうなるか，理由とともに説明しなさい。**

ヒント　コイルの中の磁界が変化することで誘導電流は流れる。

解答例　磁石を固定してコイルを近づけても，コイルに磁石を近づけたときと同じようにコイルの中の磁界が変化するので，同じように電磁誘導が起こる。

UNIT 9

# 発電機

着目 発電機は電磁誘導を利用して，電流を連続的に発生させる。

要点

- **発電機《はつでんき》** 電磁誘導《でんじゆうどう》を利用して，電流を連続的に発生させる装置。
- **発電機のしくみ** コイルに対して磁石を回転させて磁界を変化させ，発電している。
- **電流の向きと大きさ** 発電機で起こる電流の向きは交互《こうご》に変化し，電流の大きさも変化する。

## 1 発電のしくみ

### Ⓐ 発電機

**電磁誘導《でんじゆうどう》**(➡ p.312)の現象を利用して，電流を連続的に発生させることができる。このような装置を**発電機《はつでんき》**という(図 1)。

たとえば自転車の発電機は，図 2 のように，コイルの中で磁石を回転させて，電磁誘導を起こす。

図 1 **発電所の発電機**

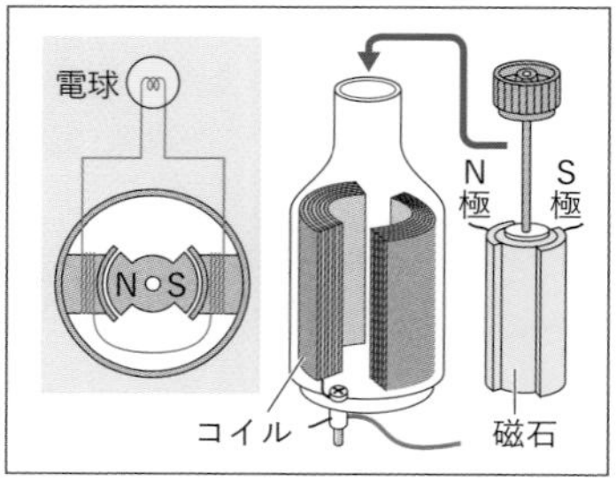


図 2 **自転車の発電機の内部構造**

### Ⓑ 発電のしくみ

図 2 の発電機で，磁石が時計回り(右回り)に回転するときの電磁誘導の起こり方を図 3 のように考えてみよう。

❶は，左のコイルに磁石のN極が近づいてきて遠ざかろうとする瞬間《しゅんかん》である。このとき，コイルを巻いた左の鉄心の右端《みぎはし》がN極からS極に切りかわる瞬間で，誘導電流は 0 になる。

❶から❷までの間では，左のコイルからN極が遠ざかるから，左の鉄心の右端がS極になるように誘導電流が流れる。さらに❷から❸までの間では，左のコイルにS極が近づいてくるから，左の鉄心の右端がS極になるような向きに誘導電流が流れる。*1

❸では，❶と同様の理由で，誘導電流は 0 になる。

❸から❹までの間では，左のコイルからS極が遠ざかるから，左の鉄心の右端がN極になるように誘導電流が流れる。さらに❹から❺までの間でも，左のコイルにN極が近づいてくるから，左の鉄心の右端がN極になるような向きに誘導電流が流れる。

❺では，❶と同じ状態なので，誘導電流は 0 になる。最初にもどり，この❶～❹の状態がくり返される。

*1
くわしくは，**レンツの法則《ほうそく》**(➡ p.313)で解説している。

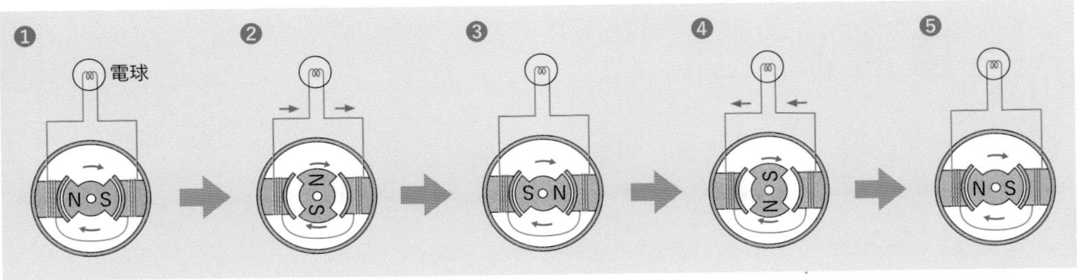


図 3　**発電のしくみ**

## 2 発電機のつくる電流

図 3 で電球を流れる電流の向きを見ると，磁石が 1 回転する間に，右向きと左向きとが 1 回ずつある。つまり，発電機で起こる電流の向きは交互《こうご》に変化し，電流の大きさも変化する。[*2]

この場合の電流の向きと大きさをグラフに表すと，図 4 のようになる。

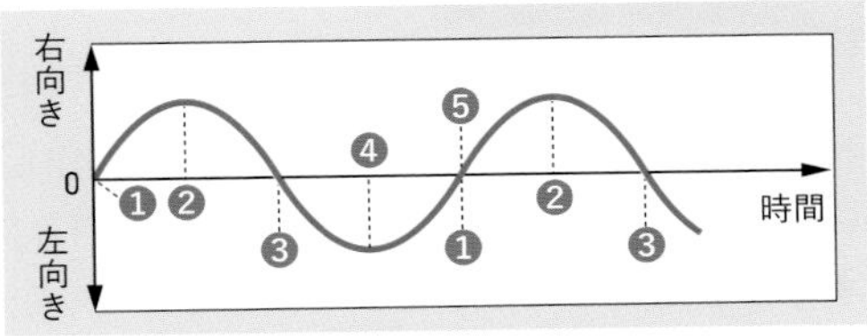


図 4　**発電機で起こる電流の向きと大きさ**

*2
このように，電流の向きが定期的に入れかわる電流を**交流《こうりゅう》**という（➡ p.316）。

### 参考　発電機とモーター

大きな**発電機**では，図 2 とは反対に，まわりに磁石を置き，中央でコイルを回転させるようになっている。そうなると，これは**モーター**（➡ p.310）と同じ構造になる。したがって，モーターは発電機としても使うことができる。[*3] モーターのコイルを外部からの力によって回転させると，**電磁誘導**によってブラシから電流をとり出すことができるのである。

現在使われているモーターは，発電機よりもあとに発明された。一説によると，発電機の実験中に配線を誤り，コイルに電流を流したところ，コイルが回転し始めたことが原形になったという。

*3
小学校で学習した手回し発電機もモーターを発電機として利用したものであった。

TRY! 表現力

**図 2 の発電機で回転する速さを速くすると，どのような変化が起こるか，理由とともに説明しなさい。**

ヒント　誘導電流の大きさは，磁石の動きが速いほど大きい。

解答例　誘導電流の大きさは，磁石の動きが速いほど大きくなるので，回転が速くなると，大きな電圧が発生し，それまでよりも大きな電流が流れ，電球が明るくなる。

UNIT 10

# 直流と交流

着目 電流は大きく分けて直流と交流があり，性質が異なる。

要点

- **直流《ちょくりゅう》** 乾電池《かんでんち》のつくるような電流。一定の向きで流れる。
- **交流《こうりゅう》** コンセントから流れてくるような電流。定期的に向きが入れかわる。
- **周波数《しゅうはすう》** 電流の向きの変化が1秒間にくり返される回数。単位はヘルツ(Hz)。

## 1 直流と交流

乾電池《かんでんち》は＋極と－極が決まっており，＋極と－極を逆向きに電気器具に接続すると，多くの器具は正常に動作しない。たとえば**モーター**(➡ p.310)につなぐ極を入れかえると逆向きに回転するし，**発光《はっこう》ダイオード**(**LED**)につなぐ極を入れかえると，発光ダイオードは光らなくなる。このような電流を直流《ちょくりゅう》という。

いっぽう，家庭用のコンセントには**＋極と－極の区別がなく**，プラグを逆向きにさし直しても器具のはたらきは変わらない。このような電流を交流《こうりゅう》という。

図1 発光ダイオード

## 2 直流と交流のちがいを調べる

実験

### A 発光ダイオード

発光ダイオードには**＋極《きょく》**と**－極《きょく》**があり，長いほうのあしを電池の＋極に，短いほうのあしを－極につなぐ。正しくつなぐと電流が流れて光を出すが，**反対向きにつなぐと電流は流れず，光らない。**

このことを利用して，直流と交流のちがいを調べることができる。

### B 方法・手順

① 青色と赤色の2個の発光ダイオードを，図2のようにあしの向きを反対にして並列につないだ器具をつくり，図3のように直流に切りかえた電源装置に接続する。

② 電圧をかけて図2の器具を左右に振《ふ》り，光のすじがどのように見えるか観察する。さらに，電源装置との接続を逆向きにつなぎかえて左右に動かし，光のすじがどのようになるか観察する。

③ 電源装置を交流に切りかえ，②の観察を行う。

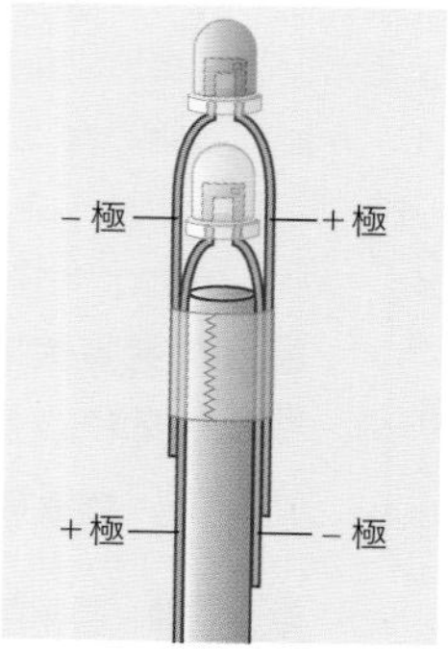


図2 発光ダイオードを用いた実験器具

### Ⓒ 結果・考察

① 電源装置を直流にしたときは，図4❶のように，片方の発光ダイオードだけが連続して光った。

② ①と逆向きに電圧をかけたときは，図4❷のように，①とは別の発光ダイオードだけが連続して光った。

③ 電源装置を交流にしたときは，図4❸のように2個の発光ダイオードがそれぞれ交互《こうご》に光った。

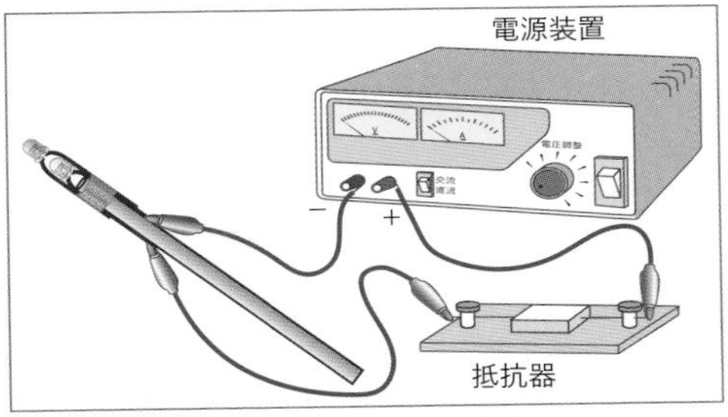

図3　直流と交流のちがいを調べる実験

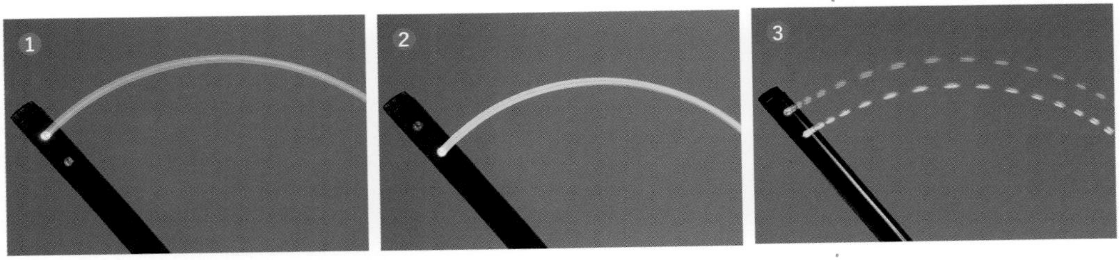

図4　発光ダイオードに直流と交流を流したときのちがい

## 3 周波数

実験結果から，直流では電流の向きはずっと変わらないが，交流では電流の向きが定期的に入れかわることがわかる。

電流がある向きに流れるのと，次にその反対向きに流れるのとを合わせて1回の変化と考え，この変化が1秒間にくり返される回数を交流の**周波数**《しゅうはすう》という。*1

周波数の単位には**ヘルツ**(記号**Hz**)を使う。

*1
**音の性質**(中学1年)で学習した音の**振動数**《しんどうすう》と，名前はちがうが，意味は同じと考えてよい。

**TRY! 思考力**

**図3の実験で，発光ダイオードに60Hzの交流を流したとき，それぞれの発光ダイオードが1秒間に点灯する回数の合計はいくらになるか，説明しなさい。**

ヒント　電流がある向きに流れるのと次に反対向きに流れるのを合わせて1回の変化と考える。

解答例　青色発光ダイオードと赤色発光ダイオードそれぞれが1秒間に60回ずつ点灯するので，合計で120回点灯する。

UNIT 11

# 電流の時間変化と送電

着目 オシロスコープを使って，直流と交流の波形を比べることができる。

**要点**

- **直流の波形《はけい》** 決まった向きに，強さが一定の電流《でんりゅう》が流れ出る。
- **交流の波形** 向きと強さが変化する電流が流れ出る。
- **家庭への送電** 損失を少なくするため，高電圧《こうでんあつ》の交流で送られ，変圧《へんあつ》されて家庭に届く。

## 1 電流の時間変化

### A 電流の時間変化

オシロスコープを使うと，回路に加わる**電圧《でんあつ》**(**電流《でんりゅう》**)の時間変化を波の形(**波形《はけい》**)で表すことができる。オシロスコープを使って，直流と交流のようすをはかると，図 2 のようになる。

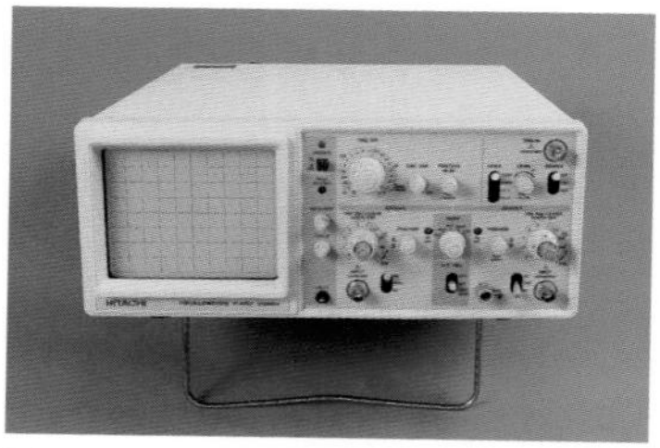

図 1 **オシロスコープ**

### B 直流の波形

**直流の波形**は，図 2 左のグラフのように，横軸《よこじく》に平行な直線となる。

**直流電源**である乾電池《かんでんち》に回路をつなぐと，乾電池からは決まった向きに，大きさが一定の電流が流れ出ることがわかる。

### C 交流の波形

**交流の波形**は，図 2 右のグラフのような曲線になる。

時間がたつにつれ，値は 0 からしだいに大きくなり，最高点を過ぎるとしだいに小さくなり，一瞬《いっしゅん》ではあるがまた 0 にもどる。その後，今度は反対向きに流れ出し，しだいに大きくなって最高点に達し，また小さくなって，0 になる。

**交流電源**であるコンセントに回路をつなぐと，コンセントからは向きと大きさが変化する電流が流れ出ることがわかる。

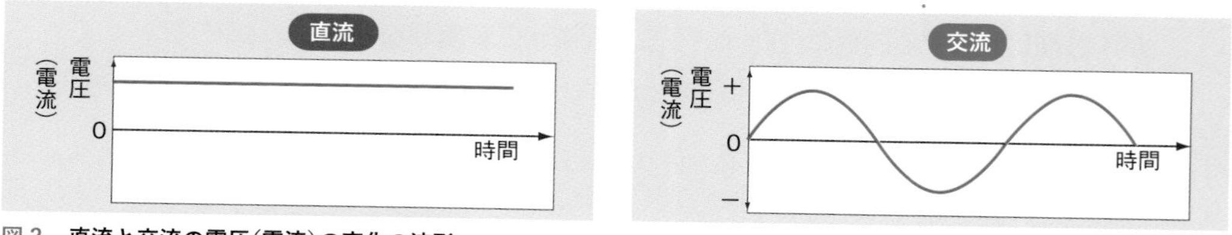


図 2 **直流と交流の電圧(電流)の変化の波形**

## 2 発電所から家庭への送電

**家庭用《かていよう》の電源《でんげん》**としては，東日本では50Hz，西日本では60Hzの交流が送られている。[*1]

同じ電力の電気は，電圧を高くすると電流を小さくできるので，同じ抵抗の送電線を使っても，発熱によるエネルギーの損失を小さくすることができる。そのため，発電所から送られる電気の電圧は高い。交流は，**変圧器《へんあつき》**を使うと簡単に電圧を変えることができるので，必要に応じて電圧を下げて使うことができるのである。

また，モーターなどは，直流用よりも交流用のほうが構造を簡単にすることができるという利点もある。

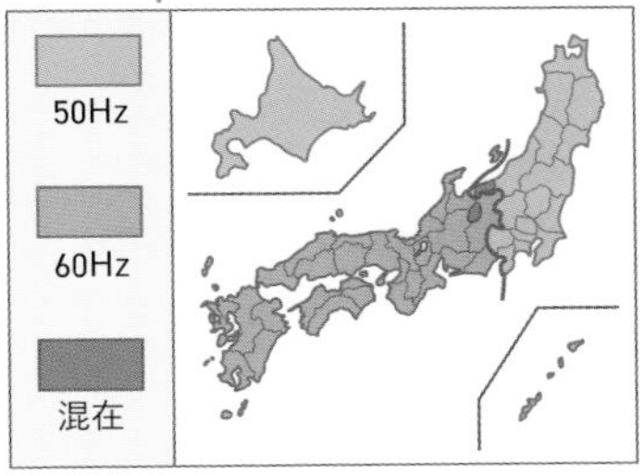

図3　**家庭用電源の周波数**

＊1
このちがいは1889年に日本で交流発電を始めることになったとき，東京ではドイツから50Hzの発電機を輸入し，大阪ではアメリカから60Hzの発電機を輸入したことが原因である。

### 参考　発電所から家庭までの電圧

電気は，発電所からは50万V～15万4000Vという高い電圧で送り出される。電圧が高いと危険なので，いくつかの**変電所《へんでんしょ》**や**柱上変圧器《ちゅうじょうへんあつき》**を通って，家庭では100Vか200Vの電圧となる。家庭に入った電気は，まず**積算電《せきさんでん》力計《りょくけい》**を通り，漏電《ろうでん》を検知する**ブレーカー**を通過して，コンセントに入る。

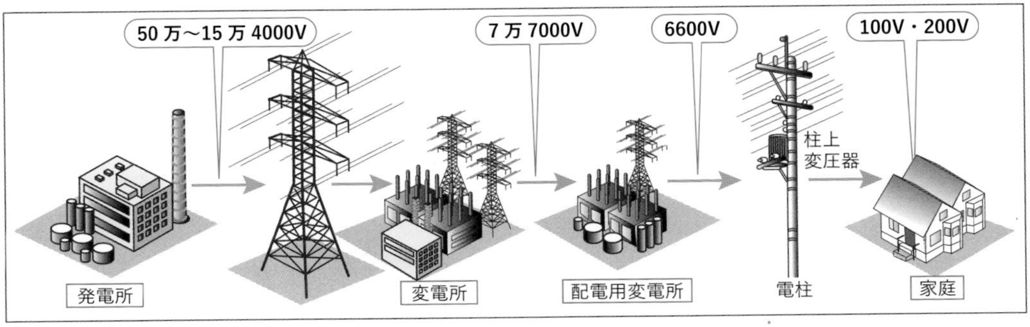

図4　**発電所から家庭までの電圧の変化**

**TRY! 思考力**

**電流を小さくすると，送電線の発熱によるエネルギーの損失が小さくなる。この理由を簡単に説明しなさい。**

ヒント　送電線の抵抗《ていこう》は一定であると考え，発熱量の式にあてはめて考える。

解答例　送電線も１本の抵抗とみなせるので，流れる電流が小さければ送電線の両端《りょうたん》に加わる電圧も小さくなり，電流と電圧の積に比例する発熱量も小さくなるから。

# 定期テスト対策問題

解答 → 別冊 p.14

## 問1 磁石がつくる磁界

**磁石のまわりの磁界について，次の問いに答えなさい。**

(1) 1本の棒磁石の上にプラスチック板を置いて鉄粉をまき，磁力線の模様をつくらせたら，図1のようになった。図1の**ア～エ**の4か所に方位磁針を置くと，方位磁針は図のような向きを向いた。それぞれの磁針のN極側の半分を黒くぬりつぶせ。

(2) 図2は2本の棒磁石の磁極を向かい合わせたときの磁力線である。右の磁極は何極か。

図1

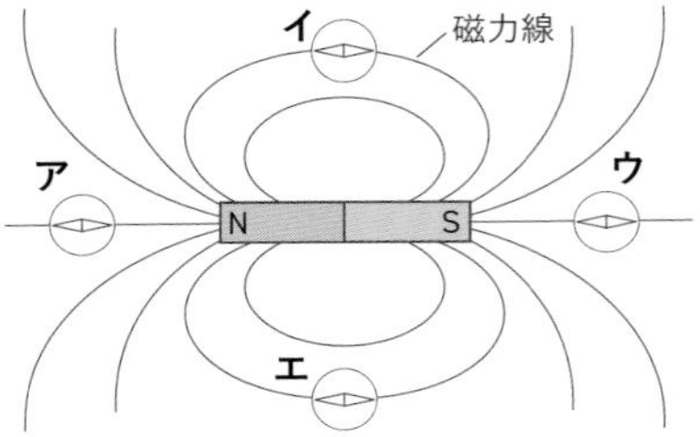


図2

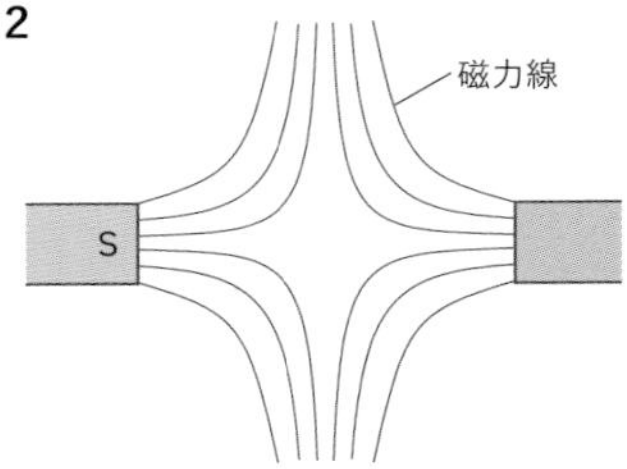


## 問2 電流がつくる磁界

**導線に電流を流したとき，導線のまわりにできる磁界について，問いに答えなさい。**

(1) エナメル線を正方形のわくに10回巻いて，図1のようなわくをつくった。このわくを図1のように立て，その1辺に水平なプラスチック板をさし込《こ》む。プラスチック板の上に方位磁針を3つ置き(そのようすを上から見たのが図2である)，エナメル線に電流を流す。次のときの方位磁針の向きを図3の**ア～ク**から選べ。ただし，同じ記号は1度ずつしか使わない。

① 強い電流が流れているときの方位磁針**A**，**B**，**C**それぞれの向き。

② 弱い電流が流れているときの方位磁針**A**，**C**それぞれの向き。

(2) 図4は，エナメル線を円形に10回巻いて，それに水平なプラスチック板をさし込み，その上に3個の方位磁針を置いたところを上から見た図である。強い電流が図4の矢印の向きに流れているとき，方位磁針**D**，**E**，**F**はそれぞれどちらを向くか。図3の**ア～ク**から選べ。

図1

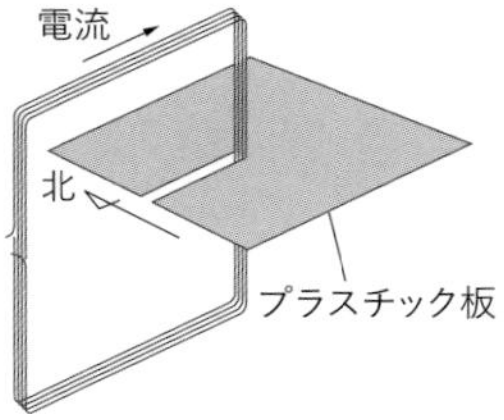


図2

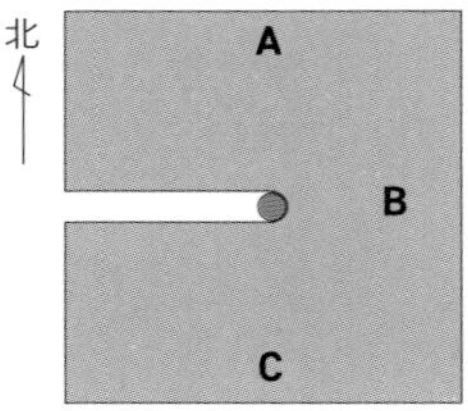


図3

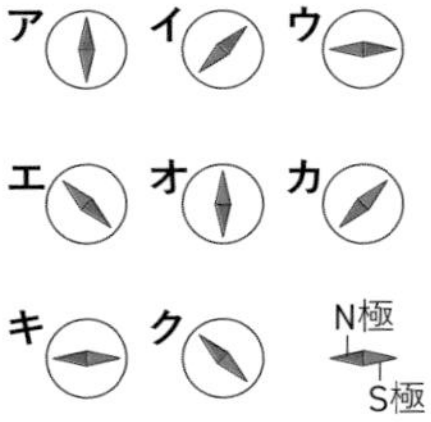


図4

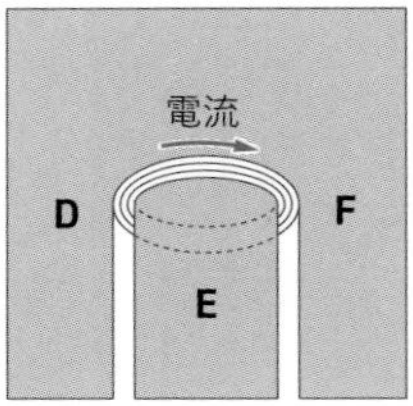

## 問 3　コイルが磁界から受ける力

**右の図1のような装置で，電流の向き，磁界の向きを図2の(a)〜(d)のように変えながら電流を流したときに，銅線の動く向きを調べた。これについて，次の問いに答えなさい。**

図1

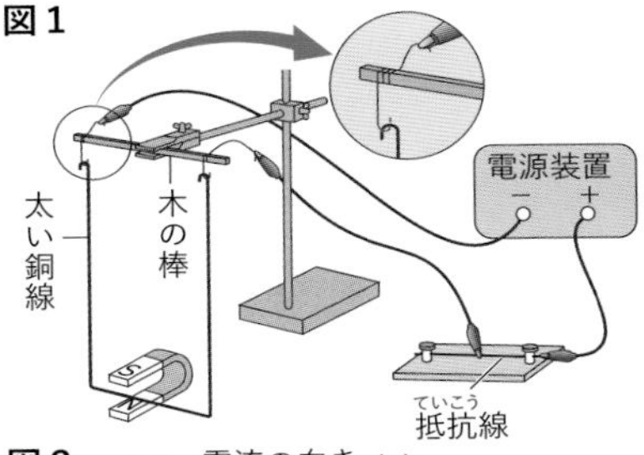


図2

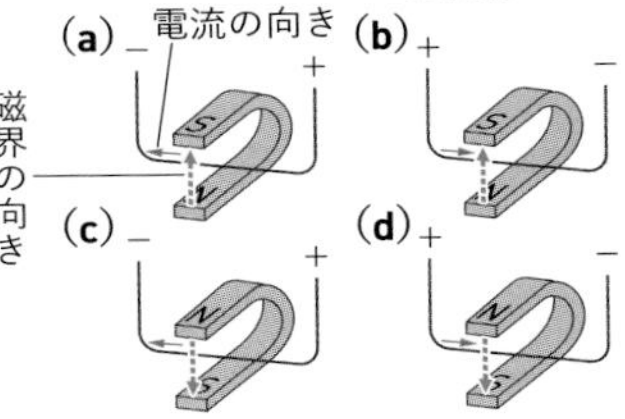


(1)　実験結果として正しいものを，次の**ア**〜**エ**から2つ選べ。

**ア**　電流の向きを変えると，力の向きが逆になる。

**イ**　電流の向きを変えても，力の向きは変化しない。

**ウ**　磁界の向きを変えると，力の向きが逆になる。

**エ**　磁界の向きを変えても，力の向きは変化しない。

(2)　電流を大きくすると，銅線の振《ふ》れにどのような変化が見られるか。

## 問 4　電磁誘導

**右の図のように，コイルの両端《りょうたん》に検流計をつなぎ，コイルに磁石を引きぬいたりさし込んだりしたときに流れる電流の向きを調べた。これについて，次の問いに答えなさい。**

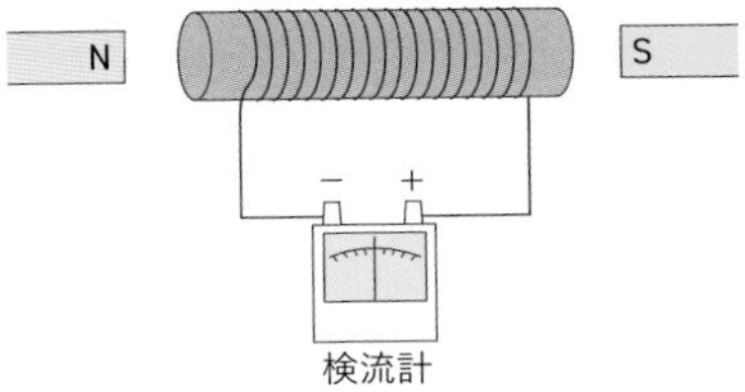


(1)　次の①〜③のようにしたとき，検流計の針は左右どちらに振れるか。ただし，検流計の針は，コイルの右側から磁石のN極をさし込んだ場合は左に振れるものとする。

①　コイルの右側から磁石のN極を引きぬいたとき

②　コイルの右側から磁石のS極をさし込んだとき

③　コイルの右側から磁石のS極を引きぬいたとき

(2)　コイルに磁石をさし込むとき，ゆっくりさし込むのとすばやくさし込むのとで，検流計の針の振れ方はどうちがうか。次の**ア**〜**ウ**から正しいものを1つ選べ。

**ア**　ゆっくりさし込むほうが，すばやくさし込むより，検流計の針が大きく振れる。

**イ**　すばやくさし込むほうが，ゆっくりさし込むより，検流計の針が大きく振れる。

**ウ**　ゆっくりさし込んでも，すばやくさし込んでも，検流計の針の振れ方は同じ。

# 入試問題にチャレンジ 1

| 制限時間： | 20分 | 点 |
|---|---|---|

解答 ➡ 別冊p.15

## 問1 物質の成り立ち

(1) 11点，(2) 12点

**乾《かわ》いた試験管に粉末の物質を入れ，下図のような装置を組み立てて熱し，物質がどのような変化をするか調べた。粉末の酸化銀を弱火で熱すると，熱した試験管には銀ができ，水《すい》槽《そう》の試験管には気体Xを集めることができた。また，気体Xの入った試験管に火のついた線香を入れると炎《ほのお》を出して燃えた。次の問いに答えなさい。**

［秋田県］

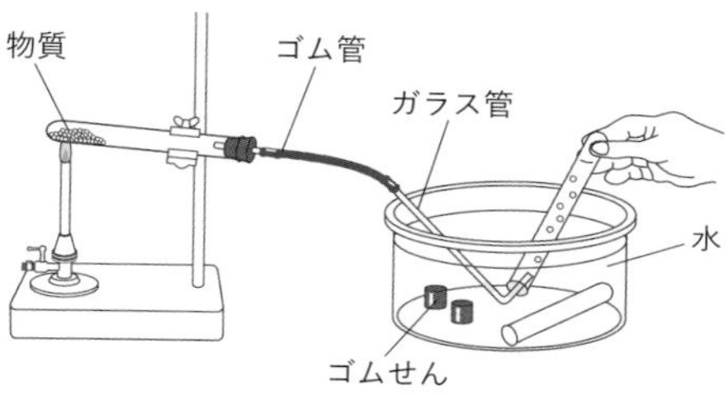


(1) 図のようにして気体を集める方法を何というか。

(2) 酸化銀を熱すると，次のように変化する。

**酸化銀 ⟶ 銀＋気体X**

銀の原子を●，酸素の原子を◎としたとき，酸化銀のモデルは●◎●で表される。気体Xの分子1個のモデルをかけ。

## 問2 植物のからだのつくりとはたらき

(1) 11点，(2) 12点×2

**ふ(白い部分)が入った葉をもつある植物を用いて，次の操作1～3の順で実験を行った。これについて，あとの問いに答えなさい。**

［長崎県］

**【操作1】** 鉢《はち》植《う》えのまま，一昼夜暗い部屋に置いた。

**【操作2】** 鉢植えのまま，1枚の葉を図1のようにふが入っていない部分の表面と裏面をアルミニウムはくでおおった。その後，十分に光を当ててからその葉を切りとった。

**【操作3】** アルミニウムはくをはずして，切りとった葉を熱湯の中に入れた。その後，あたためたエタノールにひたし，水で洗ってヨウ素液につけた。

図1

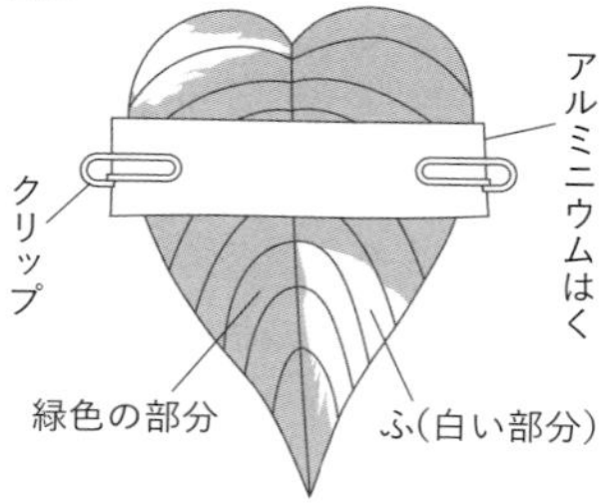


操作3のあと，図2に示した**a**，**b**，**c**の各部分での反応を観察すると，結果は表のとおりであった。

(1) ヨウ素液と反応する物質を，次の**ア**～**エ**から1つ選べ。

**ア** ブドウ糖　**イ** 酸素

**ウ** 二酸化炭素　**エ** デンプン

図2

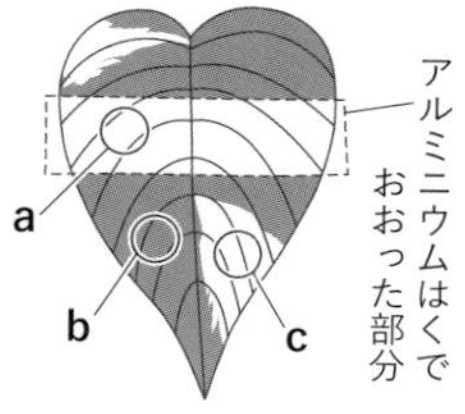


| | ヨウ素液との反応 |
|---|---|
| a | 反応なし |
| b | 反応あり |
| c | 反応なし |

(2) 光合成について，表の**a**と**b**の部分での反応を比べてわかることと，**b**と**c**の部分での反応を比べてわかることを，それぞれ説明せよ。

## 問 3 電力と電力量　14点×3

**Mさんと K さんは，電熱線の消費電力と発熱量について調べるために，次の実験を行った。これについて，あとの問いに答えなさい。**　［山口県］

図 1

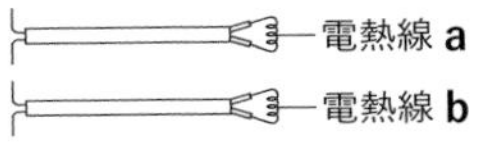


**【実験】**

① 6.0Vの電圧をかけたときに，消費電力が18Wである電熱線**a**と消費電力が6Wである電熱線**b**を用いて，図1のような実験用ヒーターをつくった。

② 発泡《はっぽう》ポリスチレンの容器**A**，**B**に水を150gずつ入れ，電熱線**a**を容器**A**の水に，電熱線**b**を容器**B**の水に入れて，図2のような実験装置をそれぞれつくった。

図 2

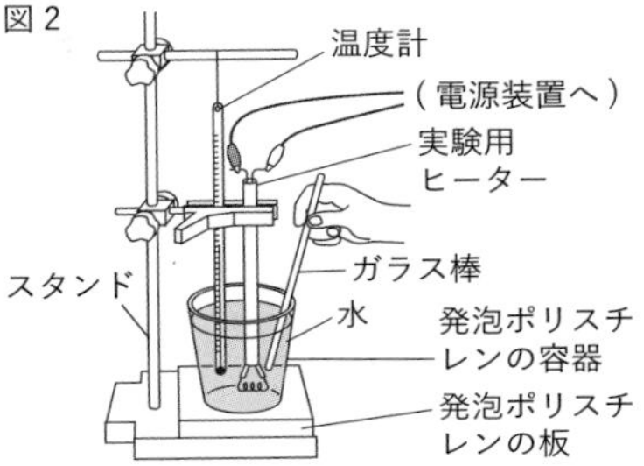


③ 図3の回路図にしたがい，スイッチ，電圧計，電熱線**a**，**b**を電源装置につないだ。

④ 容器**A**，**B**の水温がともに29.0℃で変化しなくなったところで，電圧を6.0Vにしてスイッチを入れた。

図 3

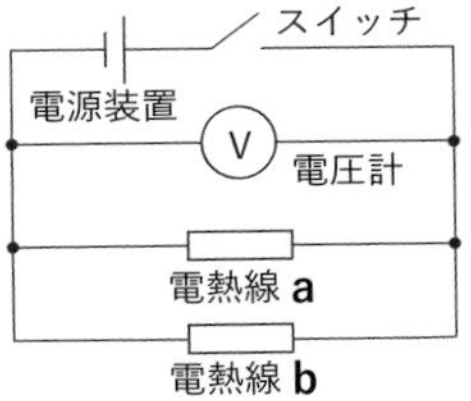


⑤ **M**さんと**K**さんは，それぞれ容器**A**，**B**の水をガラス棒でゆっくりとかき混ぜながら，1分ごとに水温を測定した。下の表は，その結果をまとめたものである。

| 時　　間〔分〕 | 0 | 1 | 2 | 3 | 4 |
|---|---|---|---|---|---|
| 容器**A**の水温〔℃〕 | 29.0 | 30.7 | 32.3 | 34.0 | 35.6 |
| 容器**B**の水温〔℃〕 | 29.0 | 29.6 | 30.3 | 30.9 | 31.5 |

(1) 実験の下線部について，容器**A**，**B**とその下に置く板に，発泡ポリスチレンでできたものを用いたのはなぜか。簡単に書け。

(2) 表をもとに，容器**A**，**B**のそれぞれの水温について，「時間」と「29.0℃からの上昇温度《じょうしょうおんど》」との関係を表すグラフを，横《よこ》軸《じく》と縦軸に目盛りとなる数値を適切に入れ，図4にかき入れよ。それぞれのグラフは**A**，**B**のどちらであるかを示しておくこと。

図 4

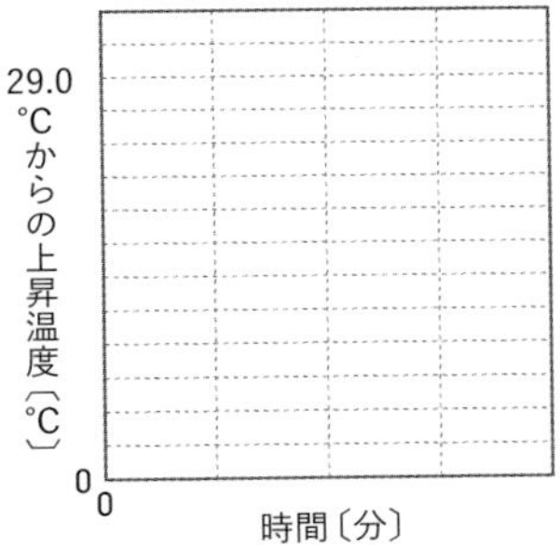


(3) 実験において，電熱線**a**，電熱線**b**における発熱量と電《でん》気抵抗《きていこう》について，正しく説明しているものはどれか。次の**ア**～**エ**から1つ選び，記号で答えよ。

**ア** 電熱線**a**は電熱線**b**に比べて，発熱量は小さく，電気抵抗は小さい。
**イ** 電熱線**a**は電熱線**b**に比べて，発熱量は小さく，電気抵抗は大きい。
**ウ** 電熱線**a**は電熱線**b**に比べて，発熱量は大きく，電気抵抗は小さい。
**エ** 電熱線**a**は電熱線**b**に比べて，発熱量は大きく，電気抵抗は大きい。

# 入試問題にチャレンジ ②

| 制限時間： 20分 | 点 |
|---|---|

解答 ➡ 別冊p.15

## 問1 酸化と還元　14点×4

**右の図のように酸化銅と炭素の粉末の混合物を試験管に入れ，ガスバーナーで加熱した。すると，気体が発生してビーカーの石灰水《せっかいすい》が白くにごり，試験管の中の物質が黒色から赤色に変化した。反応が終わったあと，ある操作《そうさ》をしてから加熱するのをやめ，ピンチコックでゴム管を閉じた。試験管が冷めてから中の物質をとり出して調べると，金属に共通する性質を示した。次の問いに答えなさい。**

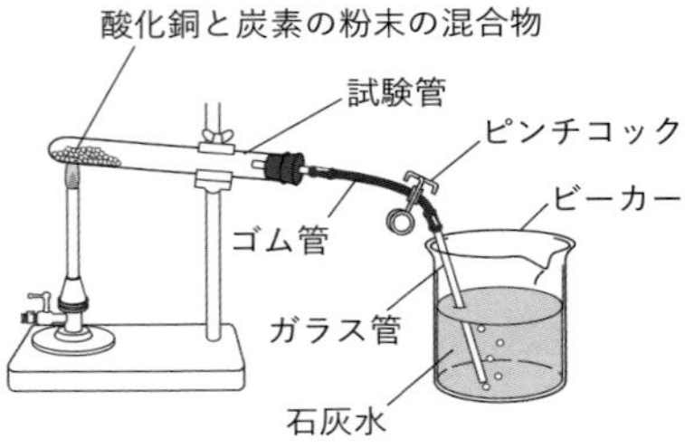


［三重県］

(1)　この実験で，反応が終わったあと，加熱するのをやめる前にしなければならないある操作がある。ある操作とはどのような操作か，簡単に書け。

(2)　この実験で得られた赤色の物質が示した，金属に共通する性質とはどのような性質か。次の**ア**～**エ**からすべて選び，記号で答えよ。

**ア**　塩酸を加えると気体が発生する。　　**イ**　磁石につく。

**ウ**　みがくと特有の光沢《こうたく》が見られる。　　**エ**　電気をよく通す。

(3)　この実験で，試験管の中で起きた化学変化を化学反応式《かがくはんのうしき》で表すとどうなるか，書け。ただし，酸化銅の化学式は，CuO とする。

(4)　この実験では，酸化銅が還元《かんげん》されて赤色の物質ができた。わたしたちの生活にとってなくてはならない鉄も，鉄鉱石《てっこうせき》(酸化鉄を多く含《ふく》む磁鉄鉱《じてっこう》や赤鉄鉱《せきてっこう》など)が還元されることでとり出されている。還元とはどのような化学変化か。「酸化物」という言葉を使って簡単に書け。

## 問2 大気とその動き　14点

**右の図のような２つの円すいX，Yがある。面P，Qはそれぞれ半径1cm，3cmの円であり，円すいYの重さは円すいXの重さの５倍である。円すいX，Yを，それぞれ面P，Qを下にして，水平な床《ゆか》の上に置いた。このとき，床が円すいXから受ける圧力の大きさは，床が円すいYから受ける圧力の大きさの何倍か答えなさい。**

［香川県］

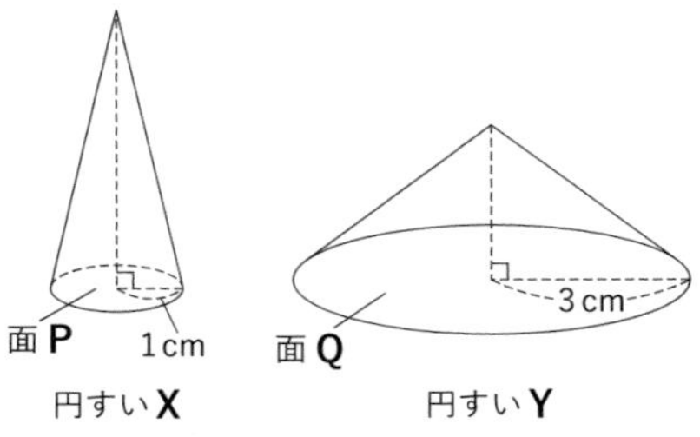

## 問 3 動物の生命を維持するはたらき 15点×2

**Sさんはヒトの細胞《さいぼう》でできた不要物を体外に出すはたらきについて興味をもち，ヒトの血液の循《じゅん》環《かん》，肝臓《かんぞう》，じん臓について調べた。あとの問いに答えなさい。** ［千葉県］

**【調べたこと】**

① 血液は，図１のように肺循環と体循環の２つの経路を通って全身を循環している。肺を通る血液の流れでは，血液中に溶け込んでいる不要な二酸化炭素の一部が，気体となって肺胞《はいほう》の中に出され，気管を通って鼻や口から体外に出される。

図１

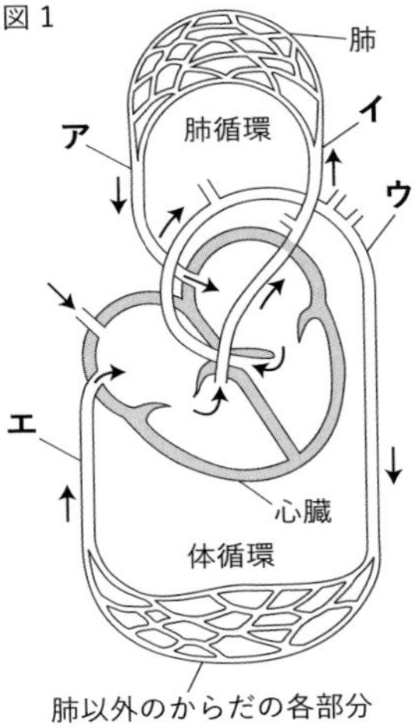


② からだの中では，タンパク質がつくられるとともに，分解されている。肝臓には，タンパク質が分解されたときにできる有害な物質を無害な物質に変えるはたらきがある。

③ 図２は１つのじん臓を表し，図３はじん臓の中の物質の移動を表している。じん臓には，血液からさまざまな物質が含《ふく》まれた液体をこし出して，その液体から，からだにとって必要な物質を再び吸収して血液にもどすはたらきがある。吸収されなかった水は，肝臓で変えられた無害な物質などといっしょに尿《にょう》として体外に出される。こうして，健康なヒトでは，１日におよそ170Lの液体がこし出され，およそ2Lの尿がつくられる。

図２

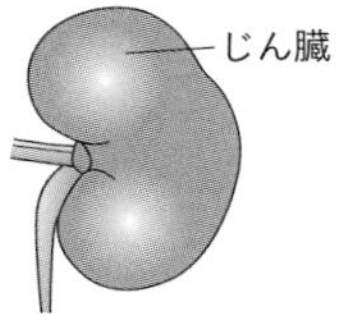


図３

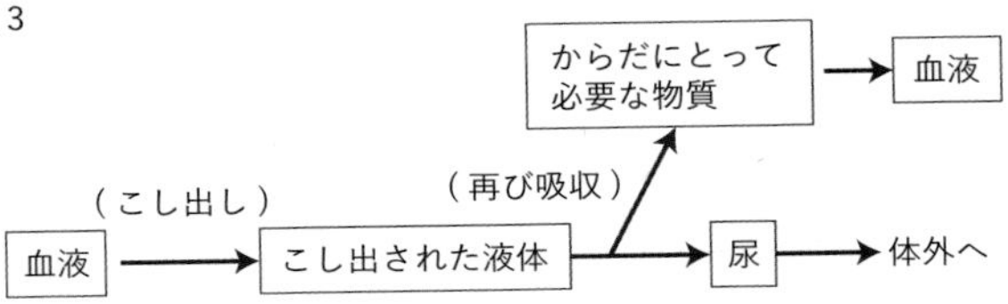


表は，こし出された液体と尿のそれぞれについて，水，ブドウ糖，ナトリウム，肝臓で変えられた無害な物質の割合〔%〕を示したものである。なお，こし出された液体と尿に含まれている物質は，表中の物質だけでないため，合計しても100%にはならない。

| | こし出された液体〔%〕 | 尿〔%〕 |
|---|---|---|
| 水 | 99 | 95 |
| ブドウ糖 | 0.10 | 0 |
| ナトリウム | 0.30 | 0.35 |
| 肝臓で変えられた無害な物質 | 0.03 | 2.00 |

(1) 図１で，二酸化炭素を多く含んだ血液が流れている血管はどれか。図１の**ア**～**エ**から２つ選び，記号で答えよ。

(2) ③で，こし出された液体に含まれている物質のうち，再び吸収される量がもっとも多いものは何か。表を参考にして，次の**ア**～**エ**から１つ選び，記号で答えよ。

**ア** 水　**イ** ブドウ糖　**ウ** ナトリウム　**エ** 肝臓で変えられた無害な物質

# 入試問題にチャレンジ ③

制限時間：　20分　｜　点

解答 ➡ 別冊p.16

## 問1　化学変化と物質の質量　10点×5

**石灰石とうすい塩酸を用いて，化学変化が起こるときの物質の質量変化を調べる実験を行った。あとの問いに答えなさい。**　〔岐阜県〕

**【実験】**　石灰石1.0gとうすい塩酸50.0cm³を別々《べつべつ》の容器に入れ，図のように密閉しないで全体の質量をはかった。次に，石灰石の入った容器に，うすい塩酸を加えて混ぜ合わせると，気体が発生した。気体が発生しなくなってから，再び全体の質量をはかり，反応後のようすを観察した。

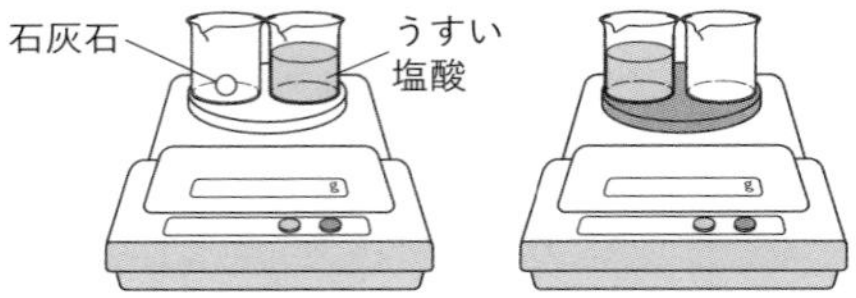


反応前　　反応後

さらに，石灰石の質量を2.0g，3.0g，4.0g，5.0g，6.0gと変え，同じ濃度《のうど》のうすい塩酸50.0cm³とそれぞれ反応させ，反応前と反応後の全体の質量をはかった。表は，実験の結果をまとめたものである。

| 石灰石の質量〔g〕 | | 1.0 | 2.0 | 3.0 | 4.0 | 5.0 | 6.0 |
|---|---|---|---|---|---|---|---|
| 全体の質量〔g〕 | 反応前 | 59.0 | 59.9 | 61.2 | 61.8 | 63.0 | 64.1 |
| | 反応後 | 58.6 | 59.1 | 60.0 | 60.2 | 61.4 | 62.5 |
| 反応後のようす | | 石灰石は残らなかった | | | | 石灰石の一部が残った | |

(1)　密閉できる容器を用いて，この実験を行うと，反応前と反応後の全体の質量は同じになる。反応の前後で，物質の全体の質量は変わらないという法則を何というか。

(2)　1.0gの石灰石を用いたときの実験で，発生した気体の質量は何gか。

(3)　表をもとに，石灰石の質量と発生した気体の質量との関係を，右にグラフで表せ。なお，横軸に石灰石の質量，縦軸に発生した気体の質量をとり，グラフの横軸と縦軸には，適切な数値を書け。

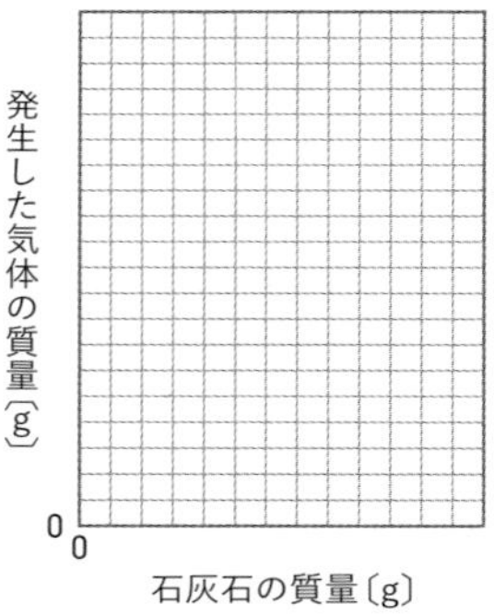


(4)　6.0gの石灰石を用いたときの実験で，反応後に残った石灰石をすべて反応させるには，同じ濃度のうすい塩酸を，少なくとも何cm³追加すればよいか。

(5)　卵の殻《から》には石灰石と同じ物質が含まれ，うすい塩酸と反応させると，石灰石のときと同じ気体が発生する。卵の殻2.6gに，この実験で用いたうすい塩酸を加えると，卵の殻は残らず反応し，気体が1.1g発生した。この卵の殻1.0gから発生する気体の質量は何gか。小数第3位を四捨五入して答えよ。

## 問 2 生物と細胞

10点×2

**動物の細胞《さいぼう》のつくりを調べるために，ヒトのほおの内側の細胞を顕《けん》微《び》鏡《きょう》で観察することにした。右図は，ヒトのほおの内側の細胞を酢酸オルセイン溶液で染色し，10倍の接眼レンズと40倍の対物レンズを使って観察したときのスケッチである。Aは，酸酸オルセイン溶液によく染まっていた部分である。次の問いに答えなさい。**［徳島県］

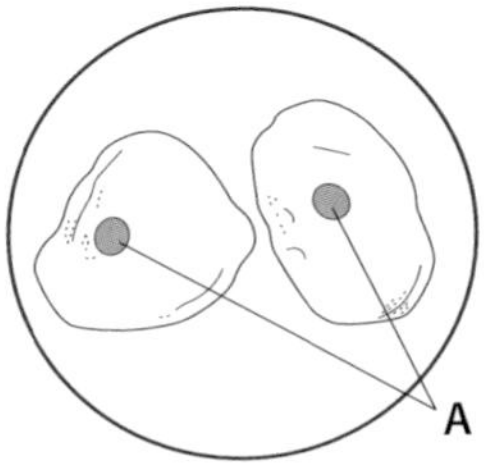


(1) スケッチしたときの顕微鏡の観察倍率は何倍か。

(2) 図の中の**A**は，動物の細胞にも植物の細胞にも共通しているつくりである。**A**を何というか。

## 問 3 大気中の水の変化

10点×3

**コップの表面にできる水滴《すいてき》について調べるために，あきらさんは，室温20℃の部屋で，下の図1のように金属製のコップに室温と同じ温度の水を入れ，その中に氷水を少しずつ加えながら，ガラス棒でゆっくりとかき混ぜた。しばらくすると，金属製のコップの表面がくもり始めた。これについて，次の問いに答えなさい。**［三重県］

図1

図2

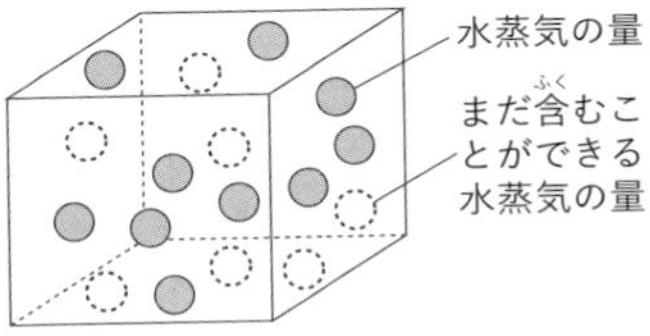


〔注：●,◌はどれも1個1gを表す〕

(1) 金属製のコップの表面がくもるのは，空気中の水蒸気が水滴となってコップについたためである。このように空気中の水蒸気が水滴に変わるときの温度を何というか。

(2) 上の図2は，あきらさんがコップの表面にできる水滴について調べたときの，室温20℃の部屋の空気1 $cm^3$ を模式的に表したものである。図2で示した空気の湿度は何%か。ただし，答えは小数第1位を四捨五入し，整数で書け。

(3) 金属製のコップの表面がくもり始めたとき，金属製のコップの表面に接していた空気の温度はおよそ何℃であったと考えられるか。右の図3を参考にして，もっとも適当なものを，次の**ア～エ**から1つ選び，記号で答えよ。

**ア** 7℃

**イ** 11℃

**ウ** 14℃

**エ** 17℃

図3

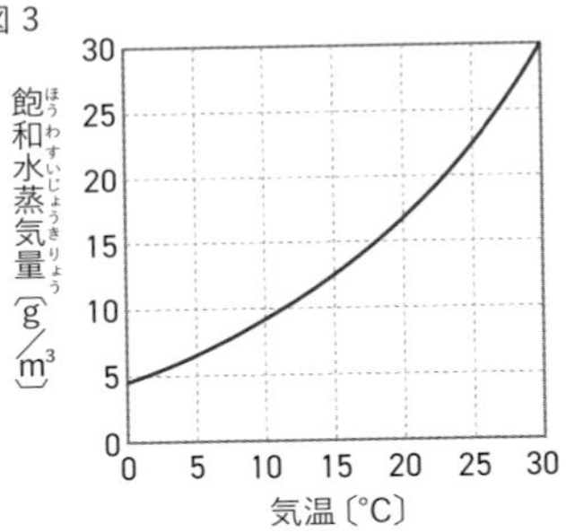

# 入試問題にチャレンジ 4

| 制限時間： 20分 | 点 |
| --- | --- |

解答 ➡ 別冊p.16

## 問 1 刺激の伝わり方と運動のしくみ　11点×3

**次のA，Bの文は，刺激《しげき》に対する反応について述べたものであり，下の図は，ヒトの神経系を模式的に表したものである。あとの問いに答えなさい。**　［新潟県：改］

A. 熱いなべにうっかり手がふれたとき，思わず手を引《ひ》っ込《こ》めた。

B. 手が冷たくなったので，ポケットに手を入れた。

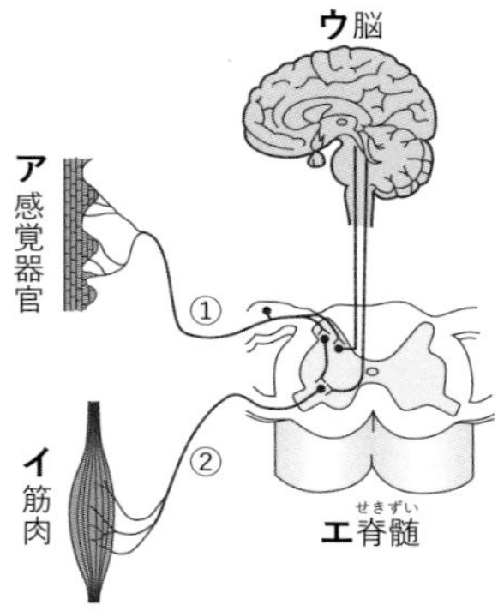


(1)　図の①，②で示した部分は神経を表している。それぞれの名称《めいしょう》を書け。

(2)　Aについて，刺激に対して無意識に起こる反応を何というか。その用語を書け。

(3)　A，Bについて，それぞれ，刺激が伝わり反応が起こるまでの道すじを，例にならい，図の**ア**～**エ**の記号を使って答えよ。ただし，同じ記号を何度使ってもよいものとする。

**例　ア→イ→ウ**

## 問 2 電流の流れ方　11点×3

**図1のような回路をつくり，電熱線aの両端《りょうたん》に加わる電圧と流れる電流の強さとの関係を調べた。次に，電熱線aを電熱線bに変えて，同じ方法で実験を行った。図2は，その結果を表したグラフである。これについて，あとの問いに答えなさい。**　［愛媛県：改］

図 1

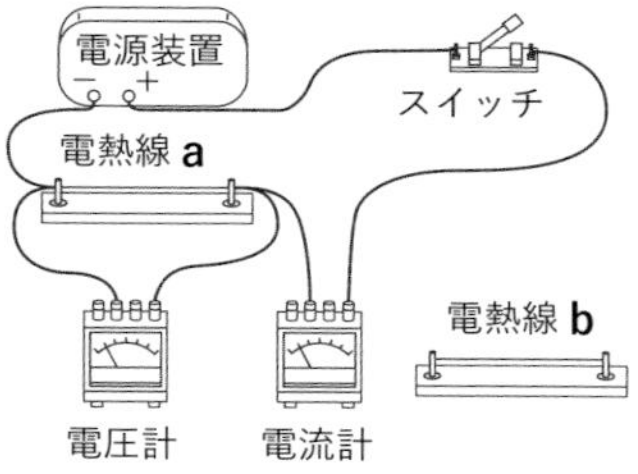


図 2

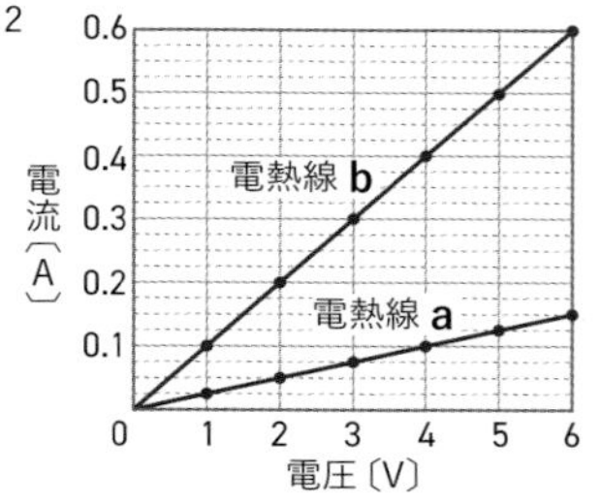


(1)　電熱線を表す電気用図記号を，次の**ア**～**エ**から1つ選び，記号で答えよ。

**ア** 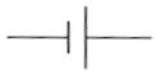　**イ** 　**ウ** 　**エ** 

(2)　この実験において，電熱線**a**に流れる電流の強さが50mAのとき，電熱線**a**の両端に加わる電圧は，何Vか。次の**ア**～**エ**から1つ選び，記号で答えよ。

**ア**　0.5V　**イ**　2.0V　**ウ**　5.0V　**エ**　20V

(3)　この実験で，電熱線**a**，電熱線**b**の抵抗の値は何Ωか。

## 問 3 日本の気象

(3) 12点，他11点×2

**気象観測を継続的《けいぞくてき》に行うと，時間による天気の変化を知ることができ，さらにはこれから先の天気を予測することができる。次の問いに答えなさい。なお，図１～図３は，ある３月の連続する３日間(いずれも午前９時)の天気図である。**

[東京学芸大附高]

図１

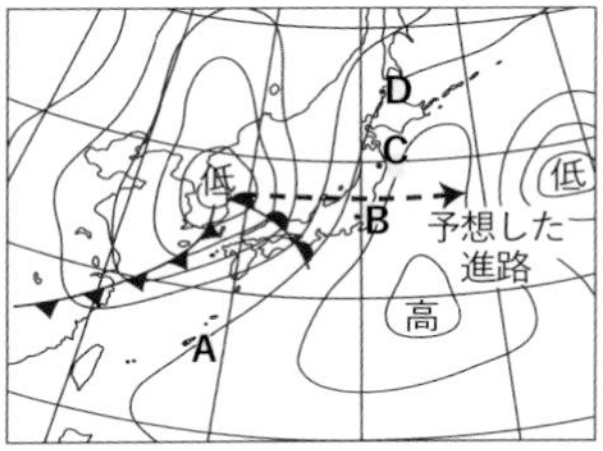


図２

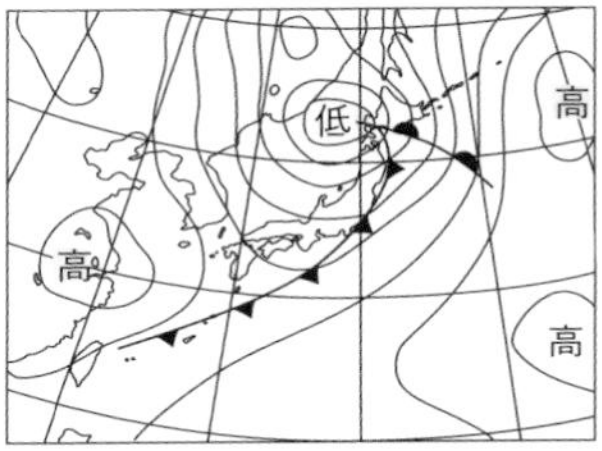


図３

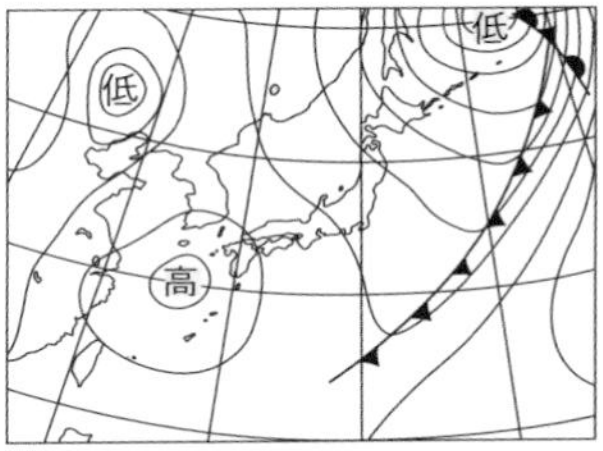


(1)　気象観測のしかたに関して述べた文として，誤っているものを，次の**ア～エ**から１つ選び，記号で答えよ。

**ア**　気温は，地上から1.5m程度の高さで風通しがよいところで測る。

**イ**　湿度《しつど》は，乾球《かんきゅう》と湿球の示度の差から求めるが，一般に湿球の示度が低い。

**ウ**　雨量は，円筒《えんとう》の容器に降った水量の深さであり，容器の大きさは関係ない。

**エ**　風向は，紙テープやけむりなどがたなびく方向で判断でき，風下の方向を示す。

(2)　低気圧が通過すると，どのような変化が見られるか。次の**ア～エ**から１つ選び，記号で答えよ。

**ア**　低気圧の中心の北側では，風向はゆっくり反時計回りに変化する。

**イ**　温暖前線が近づくと，空には巻雲，高層雲，積乱雲が順に見られる。

**ウ**　寒冷前線の通過前後では，風向は南寄りから北寄りとなり気温は上がる。

**エ**　寒冷前線の通過前後では，強い上昇気流《じょうしょうきりゅう》により，長時間激しい雨が降る。

(3)　図１の時点で，低気圧の移動経路を予想し(⇢)，それにもとづいて**A～D**の各地において，その後の天気を予想した。しかし，実際には，低気圧は図１～図３のように移動したため，天気の変化が予想どおりにならなかった。次の文は**A～D**のいずれのものか。適当なものを下の**ア～エ**から１つ選び，記号で答えよ。

　低気圧の接近にともなって，北寄りの風となり，雲が厚くなり雨が降ると予想した。実際には，雲は広がって，一時，気温が高くなり晴れ間も見られた。その後，急に激しい雨が降り始めた。

**ア　A**　　**イ　B**　　**ウ　C**　　**エ　D**

# さくいん

INDEX

☞ **太字**のページは，その項目の主な説明のあるページを示す。

## ひ



## ふ



## へ



## ほ



## ま



## み



## め



## も



## や



## ゆ



## よ

## ら



## り



## れ



## ろ



## わ

## 編者紹介

### 鎌田正裕

かまた・まさひろ

2007年より現職。主な研究分野は，理科教育，放射線教育，電気化学。小中学生のための物理・化学実験教材の開発を行う一方で，高校生から大学生を対象に，放射能温泉の泉水や食品中の天然放射能を素材とした生徒・学生実験の開発を行っている。趣味は読書と写真。工学博士。東京都生まれ。

### 中西　史

なかにし・ふみ

2000年より現職。主な研究分野は，植物生理学，生物教育，環境教育。小中高校生が生物の生存戦略，繁殖戦略を理解するための教材開発や，地域の人々と一緒に児童生徒の自然体験活動をサポートする取り組みを行っている。趣味は読書，生物の飼育栽培，手芸，日曜大工。理学博士。高知県生まれ。


□ 執筆協力　石渓 徹　鈴木香織　田中麻衣子
□ 編集協力　石渓 徹　㈱一校舎　鈴木香織　出口明憲　中野知子　中村江美　平松元子　松本陽一郎　矢守那海子
□ アートディレクション　北田進吾
□ 本文デザイン　堀 由佳里　山田香織　畠中脩大　川邉美唯
□ 図版作成　㈱アド・キャリヴァ　杉内幸彦　㈲デザインスタジオエキス.　藤立育弘
□ 写真提供　㈱アフロ　気象庁ホームページ　㈲コーベット・フォトエージェンシー / 九段クリニック　国土交通省
ピクスタ　読売新聞 / アフロ　和歌山県新宮市　skyseeker
iStock.com/eindert van der Haven　iStock.com/Hramovnick　iStock.com/IvancoVlad　iStock.com/prill
iStock.com/stockdevil
pattang/Shutterstock.com　Ivelin Radkov/Shutterstock.com　Nisseikikaku/Shutterstock.com
□ イラスト　田渕正敏

シグマベスト
くわしい 中2理科

編　者　鎌田正裕・中西 史
発行者　益井英郎
印刷所　中村印刷株式会社
発行所　株式会社文英堂
〒601-8121　京都市南区上鳥羽大物町28
〒162-0832　東京都新宿区岩戸町17
(代表)03-3269-4231





●落丁・乱丁はおとりかえします。

# くわしい

**KUWASHII**

**SCIENCE**

## 解答と解説

ΣBEST
シグマベスト

文英堂
BUN-EIDO.CO.JP

# 中2理科

ANSWERS

TEST

# 定期テスト対策問題

# 解答

## 1 章　化学変化と原子・分子

### SECTION 1　物質のなりたち

**1**　(1)**オ**　(2)**イ**　(3)**イ**　(4)①**銀**　②**酸素**

解説　(1)(2)酸化銀は黒っぽい色をしているが，分解して銀になると白っぽい色になる。
(3)(4)この実験では，酸化銀 ──→ 銀＋酸素という変化(分解反応)が起こる。酸素が発生するので，火のついた線香を入れると炎《ほのお》を上げて燃える。

**2**　(1)**ウ**
(2)㊀**分解によって生じた水が加熱した部分に流れて，試験管が割れるのを防ぐため。**
(3)**二酸化炭素**　(4)**水**
(5)㊀**炭酸ナトリウムは水に溶《と》け，水溶液《すいようえき》がアルカリ性を示すこと。**

解説　(1)この実験では，次のような炭酸水素ナトリウムの分解反応が起こる。

炭酸水素ナトリウム ──→
二酸化炭素＋水＋炭酸ナトリウム

(3)石灰水を白くにごらせる気体だから，二酸化炭素とわかる。
(4)うすい青色をした塩化コバルト紙は，水分を吸収すると桃色《ももいろ》(うすい赤色)に変わる。
(5)加熱後の試験管に残っているのは，炭酸ナトリウムという白色の粉末である。これは水によく溶けて，その水溶液はアルカリ性を示す。そのため，フェノールフタレイン液を加えると，赤色になる。

**3**　(1)㊀**電気を通すようにするため。**
(2)**a…水素，b…酸素**　(3)**B**
(4)㊀**「ボッ」と音を立てて燃える。**
(5)㊀**炎を上げて激しく燃える。**
(6)**化合物**　(7)**単体**

解説　(1)純粋《じゅんすい》な水は電気を通さないため，水を電気分解するときには水酸化ナトリウムを少量溶かしてから電圧をかける。
(2)水を電気分解すると，水素と酸素が 2：1 の割合で発生する。
(3)水素は－極につないだ側(陰極《いんきょく》)に発生し，酸素は＋極につないだ側(陽極)に発生する。
(4)**A** の側にたまった気体 **a** は水素である。水素は燃える気体なので，マッチの火を近づけると「ボッ」と音をたてて燃える。
(5)**B** の側にたまった気体 **b** は酸素である。酸素の中に火のついた線香を入れると，炎をあげて激しく燃える。

**4**　(1)**ない**　(2)**分子**　(3)**イ，ウ，オ**

解説　(1)原子は化学反応が起こっても数や種類が変わらない。組み合わせ方が変化することで別の物質になる。
(3)銀などの金属や炭素(黒鉛《こくえん》やダイヤモンド)などの物質は分子をつくらず 1 種類の原子が集まってできている。塩化ナトリウムなどは，2 種類以上の原子が決まった割合で規則正しく並んでできていて，分子をつくらない。

**5**　(1)**固体…ウ　液体…ア　気体…イ**
(2)**変化しない。**

解説　(1)いちばん密度の低い**イ**を気体と判断する。また，**ア**と**ウ**のうち粒子《りゅうし》が規則的に並んでいる**ウ**が固体とわかるので，残った**ア**が液体である。
(2)状態変化では，分子の集まり方が変化するだけで，分子のつくりは変化しない。

## SECTION 2 化学変化と化学反応式

**1** (1)**引きつけられる。** (2)**引きつけられない。**
(3)**イ** (4)**オ** (5)①**鉄** ②**硫化鉄《りゅうかてつ》**

解説 この実験では，鉄と硫黄《いおう》が結びつく反応が起こる。

鉄＋硫黄 ⟶ 硫化鉄

(1)(2)鉄粉と硫黄の粉末を混ぜただけの混合物では，鉄の性質を失っていないので磁石につく。硫黄と結びついて硫化鉄になると，鉄の性質は失われ，磁石にはつかなくなる。

(3)(4)混合物のときは塩酸と鉄が反応して無色無臭《むしょくむしゅう》の気体である水素が発生するが，硫化鉄と塩酸が反応すると卵のくさったようなにおい(腐卵臭《ふらんしゅう》)のする硫化水素が発生する。

**2** (1)**気体A…水素　気体B…酸素**
(2)**イ**

解説 (1)**水素と酸素が結びついて水ができる。水素は燃える気体であるが，酸素は燃えない気体である。**

(2)プラスチック管の中の水素と酸素が結びついて液体の水ができ，気体が減るため水面が上がる。

**3** (1)**酸素** (2)**酸化銅** (3)**化合物**

解説 (1)(2)操作2では，銅と酸素が結びついて酸化銅になる化学変化が起こっている。

(3)**酸化銅のように，2種類以上の物質が結びつくことによってできた物質を化合物という。**

**4** (1)㊞**水素と酸素から水ができる化学変化**
(2)**水素原子の数**
(3)**水分子の数**
(4)①**水素** ②**2** ③**1** ④**水** ⑤**2**

解説 $H_2$は水素分子，$O_2$は酸素分子，$H_2O$は水分子の化学式である。

**5** (1)**$MgO$** (2)**$H_2O_2$** (3)**$CuO$** (4)**$Ag_2O$**
(5)**$CO_2$** (6)**$MgCl_2$** (7)**$FeS$** (8)**$2H_2$**
(9)**$CuS$**

解説 反応式の両辺で，原子の種類とそれぞれの数が合っているかどうか確かめておく。

## SECTION 3 酸化と還元

**1** (1)**酸化マグネシウム** (2)**イ**
(3)**$2Mg + O_2 \longrightarrow 2MgO$**

解説 (1)マグネシウムが空気中の酸素と結びつく反応である。

(2)**結びついた酸素の分だけ，質量が大きくなる。**

(3)各物質の化学式を考えると，マグネシウムは$Mg$，酸素は$O_2$，酸化マグネシウムは$MgO$なので，これを反応の順に並べると，

$Mg + O_2 \longrightarrow MgO$

酸素原子の数をそろえると，

$Mg + O_2 \longrightarrow 2MgO$

マグネシウム原子の数をそろえると，

$2Mg + O_2 \longrightarrow 2MgO$

**2** (1)**水** (2)**二酸化炭素** (3)**H，C**

解説 (1)(2)エタノールを燃やすと，水と二酸化炭素ができる。このうち，水は塩化コバルト紙を桃色《ももいろ》(うすい赤色)に変えることから，二酸化炭素は石灰水を白くにごらせることから，それぞれわかる。

(3)エタノールを燃やすと，エタノールに含《ふく》まれる水素原子(H)が酸素と結びついて，水ができる。また，エタノールに含まれる炭素原子(C)が酸素と結びついて，二酸化炭素ができる。

**3** (1)**イ** (2)**酸化銅**
(3)①**酸素** ②**酸化** ③**酸化物**
(4)**$2Cu + O_2 \longrightarrow 2CuO$**

解説 (1)(2)銅が酸素と結びついてできた酸化銅は黒色である。

(4)各物質の化学式を考えると，銅はCu，酸素は$O_2$，酸化銅はCuOなので，これを反応の順に並べると，

$$Cu + O_2 \longrightarrow CuO$$

酸素原子の数をそろえると，

$$Cu + O_2 \longrightarrow 2CuO$$

銅原子の数をそろえると，

$$2Cu + O_2 \longrightarrow 2CuO$$

**4** (1)**$O_2$**　(2)**酸化鉄**
(3)(例)**鉄が空気中の酸素にふれないようにするため。**

(解説) (1)(2)**鉄がさびるとは，鉄が空気中の酸素とおだやかに結びついて，酸化鉄に変化していく反応である。**
(3)鉄を塗《と》料《りょう》などで完全におおうと，空気中の酸素による酸化を防ぐことができる。

**5** (1)**エ**　(2)**銅**　(3)**ウ**

(解説) (1)(2)酸化銅は黒色をしているが，還元されて銅になると赤っぽい色になる。
(3)この実験では，酸化銅＋炭素 ⟶ 銅＋二酸化炭素という変化が起こる。二酸化炭素は空気より重く，水に溶けて弱い酸性を示す。

**6** (1)**イ**　(2)**水**

(解説) (1)**酸化銅のような酸化物から酸素をうばう反応を還元という。**
(2)酸化銅の中の酸素と送り込んだ水素が反応して，水ができる。

## SECTION 4　化学変化と物質の質量

**1** (1)**硫酸《りゅうさん》バリウム**　(2)**ウ**
(3)**質量保存の法則**　(4)**エ**

(解説) (2)〜(4)**反応の前後で物質の原子の種類や数は変化しないため，質量も変化しない。これを質量保存の法則という。**また，この実験では気体が発生しないため，反応によってできた物質が空気中に逃《に》げていくこともない。

**2** (1)**二酸化炭素**　(2)**イ**
(3)(例)**発生した二酸化炭素が空気中へ出ていったから。**
(4)**ウ**
(5)(例)**実験1では発生した気体が空気中に逃げていくが，実験2では気体が容器の外に出ていくことができないから。**

(解説) 質量保存の法則より，反応の前後で物質の質量の合計は変化しない。実験1で変化していたのは，空気中へ出ていった二酸化炭素の質量をはかっていないためである。

**3** (1)**ア**　(2)**ウ**　(3)**イ**　(4)**イ**　(5)**ウ**　(6)**ウ**

(解説) **密閉していない場合，空気中の酸素などが結びついたときははかった質量がふえ，気体が発生して逃げるときははかった質量が減る。**それ以外のとき，はかった質量は変化しない。

**4** (1)**0.30g**
(2)(例)**マグネシウム粉をすべて酸化させる[酸素と反応させる]ため。**
(3)**50%**

(解説) 加熱前の質量が0.45gなので，図2の値から0.45gを引いたものが結びついた酸素の質量にあたる。
(1)8回目の加熱後の質量は0.75gなので，

$$0.75g - 0.45g = 0.30g$$

(3)2回目の加熱後の質量は0.60gなので，この時点で結びついた酸素は0.15g。よって，割合は

$$\frac{0.15g}{0.30g} \times 100 = 50$$　よって，50%

**5** (1)①**酸化マグネシウム**　②**15g**
(2)①**銅**　②**2.0g**　③**酸化銅**　④**5.0g**
(3)**イ**

(解説) (1)グラフより1.2gのマグネシウムと0.8gの酸素が結びついて，化合物が2gできることがわかる。そこで求める量を$x$〔g〕とすると，

9g：$x$＝1.2g：2g　$x$＝15g

(2)グラフより，1.6gの銅と0.4gの酸素が結びつくことがわかる。つまり，銅：酸素＝4：1だから，酸素1.0gと結びつく銅は4.0gである。したがって，銅が2.0g残る。また，銅4.0gと酸素1.0gとで5.0gの酸化銅ができる。

(3)グラフの読みやすい点での値を使って，マグネシウム，銅，銀それぞれの同量(たとえば1g)が結びつく酸素の量を求め，比をとればよい。マグネシウム，銅，銀それぞれの金属1gと結びつく酸素の質量を$x$〔g〕，$y$〔g〕，$z$〔g〕とすると，マグネシウムではマグネシウム1.2gと酸素0.8gが結びついているから，

$x$：1g＝11.2g：0.8g　$x$＝1.5g

$y$：1g＝1.6g：0.4g　$y$＝4g

$z$：1g＝1.4g：0.1g　$z$＝14g

ゆえに，マグネシウム：銅：銀

＝1.5g：4g：14g＝3：8：28

# 2章　生物のからだのつくりとはたらき

## SECTION 1　生物と細胞

**1** (1)**細胞《さいぼう》**　(2)**イ**

解説　(2)**ア**…同じ生物でも，さまざまな大きさの細胞が存在する。たとえば，うみ出されたばかりの魚類のたまごは1個の大きな細胞である。
**ウ**…ヒトのからだの細胞の多くは0.02mmほどの大きさで，ルーペでは観察できない。
**エ**…動物や植物だけでなく，菌類《きんるい》(カビやキノコ)や細菌類なども含《ふく》めて，すべての生物は細胞からできている。

**2** (1)例**核《かく》が赤紫色《あかむらさきいろ》に色づけされた。**
(2)**プレパラート**　(3)**試料B**

解説　(1)細胞の核を色づけする薬品を染色液といい，酢酸《さくさん》カーミン液や酢酸オルセイン液などがある。
(3)細胞壁《さいぼうへき》がないこと，形が不規則なことなどから，動物細胞と判断できる。

**3** (1)**ア…細胞壁　イ…葉緑体　ウ…細胞質**
**エ…液胞《えきほう》　オ…核**
(2)①**エ**　②**イ**　③**ア**
(3)**植物細胞**　(4)**ア，オ**

解説　(3)細胞壁・葉緑体・大きな液胞があることから，植物細胞と判断できる。
(4)細胞膜とそれよりも内側にある，核以外のつくりを細胞質という。よって，細胞質に含まれないのは，**ア**の細胞壁と**オ**の核である。

**4** (1)**多細胞生物**　(2)**イ**

解説　(1)1つの細胞だけからできている生物を単細胞生物，いくつかの細胞が集まってできている生物を多細胞生物という。
(2)ミジンコは節足動物の甲殻類《こうかくるい》の一種で，たくさ

んの細胞からなる多細胞生物である。

**5** (1)**A…細胞　B…組織　C…器官　D…個体**
(2)①**C**　②**B**　③**A**　④**C**　⑤**C**　⑥**A**

解説 (2)聞き慣れない名前のつくりでも，ことばの最後に細胞や組織とついているものは，そこから判断できる。

## SECTION 2　植物のからだのつくりとはたらき

**1** (1)例**葉を脱色《だっしょく》するため。**
(2)**デンプン**
(3)**光…必要　比較《ひかく》…AとC**
(4)**葉緑体…必要　比較…AとB**

解説 (1)緑色の葉をあたためたエタノールにつけると，葉緑体の中の緑色の色素である葉緑素が溶《と》け出して脱色されるので，ヨウ素液との反応による色の変化がわかりやすくなる。
(2)ヨウ素液と反応して青紫色《あおむらさきいろ》になるのはデンプンである。
(3)(4)**調べたい条件以外の条件は同じであるものどうしを比べなければならない。**Aには光が当たってデンプンができているが，Cには光が当たっていないのでデンプンができない。また，Aには葉緑体があるためデンプンができているが，Bには葉緑体がないためデンプンができていない。

**2** (1)**エ**　(2)**イ**　(3)**対照実験**

解説 (1)(2)石灰水に二酸化炭素が溶けると白くにごる。Aではタンポポの葉の光合成によって試験管内の二酸化炭素が吸収されるため，石灰水は白くにごらない。また，光合成によって酸素が放出されるが，この実験で確認することはできない。
(3)Aの試験管で石灰水が白くにごらないのはタンポポの葉のはたらきによることを確認するために，タンポポの葉を入れていないBのような試験管でも実験する。このような実験を対照実験という。

**3** (1)**裏側**
(2)例**オシロイバナの気孔《きこう》が葉の裏側に多いから。**
(3)**デンプン**　(4)**イ**

解説 (1)Bはおもに茎《くき》からの蒸散量と考えられる。したがって，A－Bが葉の裏側からの蒸散量を表す。また，C－Aが葉の表側からの蒸散量を表すから，その数値を比べればよい。
(2)葉での蒸散は表面にある気孔で起こるので，蒸散がたくさん起こっている裏側には気孔が多いことが推定できる。
(3)ヨウ素液はデンプンがあると青紫色になる。
(4)**光合成には二酸化炭素が必要であるが，植物はそれを気孔からとり入れている。ワセリンをぬった葉の気孔はふさがれていて，二酸化炭素をとり入れられないので，光合成を行うことができない。**

## SECTION 3　動物の生命を維持するはたらき

**1** (1)**C**　(2)**ウ**

解説 (1)Aではデンプンがそのまま残っていて，Cに入っていたデンプンはほかの物質に分解されていることから，だ液《えき》の中の消化酵素《しょうかこうそ》(アミラーゼ)は体温に近い温度でよくはたらくことがわかる。また，BとDは水しか入れていないのでデンプンはそのまま残っている。BとDは，デンプンが変化するのがだ液のはたらきであることを確かめるための対照実験である。
(2)**麦芽糖などの糖にベネジクト液を加えて加熱すると赤褐色《せきかっしょく》になる。このことから，だ液に含まれた消化酵素はデンプンを麦芽糖などの糖に変えるはたらきがあるといえる。**

**2** (1)**ア…だ液せん　イ…肝臓《かんぞう》　ウ…食道**
**エ…胆《たん》のう　オ…胃　カ…すい臓**
**キ…大腸　ク…小腸**
(2)**オ**　(3)**カ**　(4)**イ**
(5)**エ**　(6)**ク**

解説 (2)ペプシンは**オ**の胃から出される胃液に含まれている。
(3)リパーゼは**カ**のすい臓から出されるすい液に含まれている。
(4)(5)胆汁は**イ**の肝臓でつくられ，**エ**の胆のうに一時たくわえられ濃縮《のうしゅく》されてから十二指腸（小腸の胃にもっとも近い部分）に出される。
(6)消化された栄養分は，**ク**の小腸の柔毛から吸収される。

**3** **(1)①肺　②肝臓　③小腸　④じん臓**
**(2)ア…大静脈　イ…肺動脈　ウ…肺静脈**
**エ…大動脈**
**(3)ウ，エ，カ，ク，コ**
**(4)①B　②弁　③例血液の逆流を防ぐ。**
**(5)キ　(6)オ**

解説 (1)心臓→①→心臓という独立した循環経《じゅんかんけい》路《ろ》（これを肺循環という）をつくっているので，①は肺である。③は消化された栄養分を吸収する器官である小腸で，小腸を通った血液が必ず通る②は，小腸で吸収した栄養分の一部をたくわえる肝臓である。④は，血液中の不要物をこしとるじん臓である。
(2)**ア**は全身から心臓へもどってくる血液が流れる血管なので大静脈，**イ**は心臓から肺へ出ていく血液が流れる血管なので肺動脈，**ウ**は肺から心臓へもどってくる血液が流れる血管なので肺静脈，**エ**は心臓から全身へ出ていく血液が流れる血管なので大動脈である。
**(3)肺で酸素を吸収したあと，心臓以外の器官を通っていない血液は，まだ多くの酸素を含《ふく》んでいるので動脈血である。**
(4)血管の壁《かべ》がうすく，血液の逆流を防ぐ弁がついている**B**が静脈である。
**(5)小腸から栄養分を吸収しているときは，小腸を通ったばかりであるキの肝門脈を流れる血液に，多くの栄養分が含まれている。**
(6)長時間にわたって小腸で栄養分を吸収することができないと，②の肝臓でたくわえていた栄養分を少しずつ血液に補充《ほじゅう》していくため，②の肝臓を通ったばかりの**オ**の血管を流れる血液に多くの栄養分が含まれている。

**4** **(1)酸素　(2)肺胞　(3)ア**

解説 (1)肺による呼吸では，体外から酸素を血管にとり込《こ》み，血管中の二酸化炭素を体外に排出《はいしゅつ》している。
**(2)(3)肺が小さな肺胞に分かれていることによって，毛細血管がおおうことのできる表面積が広がる。**

## SECTION 4 刺激の伝わり方と運動のしくみ

**1** **(1)①オ　②ア　③イ　④ウ**
**(2)エ**

解説 (1)**ア**…光を屈折《くっせつ》させるレンズ（水晶体《すいしょうたい》）で，厚みが変わることで網膜上《もうまくじょう》に像を結ばせるはたらきをする。
**イ**…網膜で，ここには光を感じる細胞《さいぼう》である視細胞がたくさん並んでいる。この視神経で像として入ってきた光の刺激《しげき》を受けとっている。
**ウ**…視神経で，網膜の視細胞で受けとった光の刺激を大脳に伝えるはたらきをしている。
**エ**…角膜という透明《とうめい》な膜で，レンズを保護している。
**オ**…明るいとのび，暗いと縮む虹彩《こうさい》である。これによって，虹彩に囲まれたひとみ（瞳孔《どうこう》）の大きさを変え，レンズに入る光の量を調節している。目を正面から見たとき，中央の黒い部分がひとみで，そのまわりに広がる色のついた大きい丸い部分が虹彩である。
**カ**…ガラス体とよばれる。
(2)網膜にうつる像は，上下左右が逆転した実像である。

**2** **(1)ウ　(2)エ**

解説 **ア**は半規管で，からだの回転や移動を感じることができる。**イ**は鼓膜《こまく》，**ウ**は耳小骨《じしょうこつ》，**エ**は聴神経《ちょうしんけい》，**オ**はうずまき管である。音波によって鼓膜が振動《しんどう》すると，それが耳小骨に伝わる。振動は耳小骨によって大きくされてうずまき管に伝わり，その中の聴細胞によって刺激としてとらえられる。そして，聴神経という感覚神経を通して信号が脳(大脳)へ伝えられ，そこで聴覚が生じる。

**3** (1)**イ**
(2)①**嗅神経**　②**脳［大脳］**
(3)**舌**

(解説) (1)においを感じとる嗅神経細胞は，鼻の奥《おく》の上側にある。
(3)空気中の化学物質からはにおいを，口に入れた液体中の化学物質からは味を感じる。

**4** (1)**A…感覚神経**　**E…運動神経**
(2)①**ア**　②**エ**
(3)**反射**　(4)**ウ**

(解説) (1)**A**は皮膚《ひふ》などの感覚器官でとらえた刺激を信号を変えて，脊髄《せきずい》や大脳などの中枢神経《ちゅうすうしんけい》に伝えるはたらきをする感覚神経である。また，**E**は中枢神経から出された命令を，筋肉に伝えるはたらきをする運動神経である。
(2)①**身に危険が生じたときなどに，本人の意志とは無関係に無意識のうちに起こる反応で，反射という。**反射の中枢は大脳以外の部分であり，この場合は脊髄である。大脳を経由しないぶん，反応を速くすることができる。
②**ふつうの意識的な反応で，大脳が刺激を処理して判断・命令するので，BとCの神経も経由する。**神経のつながり方に注意して答えること。
(4)**ウ**は無意識に起こる反射であり，そのほかは脳(大脳)の判断によって起こる意識的な行動である。

**5** (1)**0.2秒**　(2)**反射ではない反応**

(解説) (1)**A**が最初に右手をにぎるのと同時にストップウォッチをスタートさせたので，はじめの**A**は人数に数えない。1周して最後の**A**までの6人が反応する時間が，ストップウォッチをスタートしてからストップするまでの間の1.2秒ということになるので，1人あたりかかった時間は

$1.2\,\mathrm{s} \div 6 = 0.2\,\mathrm{s}$

(2)脳(大脳)で判断して動作しているので，反射ではない反応である。

**6** (1)**けん**　(2)**関節**
(3)①**イ**　②**ア**　③**ア**　④**イ**

(解説) (3)**うでの曲げのばしは，骨の両側についている1対の筋肉によって行われている。**腕《うで》を曲げるときには，内側の筋肉が縮み，外側の筋肉がゆるむ。腕をのばすときには，外側の筋肉が縮み，内側の筋肉がゆるむ。

**7** **ウ**

(解説) **ア**…運動に関係する筋肉の両端《りょうたん》は，関節をはさんだ2つの骨についている。
**イ**…背骨には脊髄があり，多くの神経が通っている。
**エ**…骨はかたく，のび縮みをすることはできない。
**オ**…脊椎動物《せきついどうぶつ》の骨は，からだの内部にある内骨格である。これに対して，節足動物のようにからだの外側をおおう骨を外骨格という。

# 3章　気象とその変化

## SECTION 1　大気とその動き

**1** (1)**ア**　(2)**イ**　(3)**イ**

解説　(1)(3)気圧は上空にある空気の重さによる圧力なので，高い所ほど小さくなっていく。
(2)地上付近の気圧は，日によっても変化するが，およそ1000 hPaである。

**2** **右図**

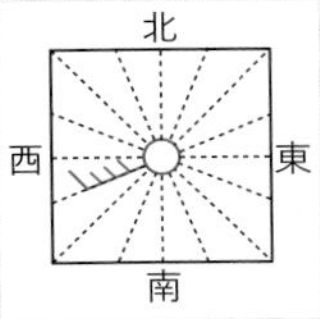


解説　風向は矢羽根のついている向きから吹いてくるようにかく。風力は羽の数で示す。

**3** **オ**

解説　**ア**…等圧線の間隔《かんかく》は，季節によって自動的に決まることはない。
**イ**…等圧線は同じ気圧の地点を結んだ線なので，枝分かれすることはない。
**ウ**…**イ**と同様に，途中《とちゅう》でなくなってしまうこともない。
**エ**…高気圧や低気圧が複数あるような場合には，同じ値を示す等圧線がたくさん出てくる。

**4** **ウ**

解説　気温は天気記号の左上，気圧は天気記号の右上に書く。風向は矢羽根のついている向きから吹いてくるようにかくので，この問題では北西から吹いてくることを示す。

**5** (1)**ア**　(2)**ウ**

解説　(2)この図では，1000 hPaと1020 hPaの間に4本の等圧線が引かれているので，等圧線は4 hPaごとに引かれていることがわかる。

**6** (1)**2000 Pa**　(2)**1600 Pa**
(3)**2600 Pa**　(4)**7200 Pa**

解説　PaはN/$m^2$なので，面積を$m^2$で求める必要がある。また，問題文で円周率が3と指定されていることに注意する。
(1)スポンジに接する面の面積は，

$$3\times(0.05\,\mathrm{m})^2=0.0075\,\mathrm{m}^2$$

1500 gのおもりにはたらく重力は15 Nなので，求める圧力は，

$$\frac{\text{力}}{\text{面積}}=\frac{15\,\mathrm{N}}{0.0075\,\mathrm{m}^2}=2000\,\mathrm{Pa}$$

(2)(1)と同様に計算すると，

$$\frac{\text{力}}{\text{面積}}=\frac{4.32\,\mathrm{N}}{0.0027\,\mathrm{m}^2}=1600\,\mathrm{Pa}$$

(3)おもりの質量は，1500 g＋432 g＝1932 gなので，19.32 N。よって，(1)と同様に計算すると，

$$\frac{\text{力}}{\text{面積}}=\frac{19.32\,\mathrm{N}}{0.0075\,\mathrm{m}^2}=2576\,\mathrm{Pa}$$

よって，2600 hPa
(4)(3)と同様に計算すると，

$$\frac{\text{力}}{\text{面積}}=\frac{19.32\,\mathrm{N}}{0.0027\,\mathrm{m}^2}=7155.\cdots\,\mathrm{Pa}$$

よって，7200 Pa

## SECTION 2　大気中の水の変化

**1** (1)例 **コップによって空気が冷やされ，空気中の水蒸気が凝結《ぎょうけつ》したから。**
(2)**露点《ろてん》**
(3)**エ**

解説　(3)空気中の水蒸気量が多いほど凝結しやすくなるので，露点は高い温度になる。

**2** (1)**74%**　(2)**55%**
(3)**3.4 g**　(4)**100%**

解説　湿度《しつど》の値《あたい》は，$\dfrac{\text{空気中の水蒸気量}}{\text{飽和水蒸気量}}\times 100$で求める。

そのため，露点での湿度は100％である。
(1)この空気の露点が15℃なので，空気中の水蒸気量は$12.8\,g/m^3$である。よって20℃での湿度は，

$$\frac{12.8\,g/m^3}{17.3\,g/m^3}\times 100 = 73.9\cdots$$ よって，74％。

(2)(1)と同様に考えて，

$$\frac{12.8\,g/m^3}{23.1\,g/m^3}\times 100 = 55.4\cdots$$ よって，55％。

(3)$12.8\,g - 9.4\,g = 3.4\,g$
(4)**露点以下では，飽和水蒸気量《ほうわすいじょうきりょう》を超える水蒸気が水滴《すいてき》に変わるので，空気中の水蒸気量は飽和水蒸気量と等しくなる。よって湿度は100％。**

**3** **(1)A　(2)1日目　(3)3日目**
**(4)㊎逆の変化を示している。**
**(5)㊎気温が上がると飽和水蒸気量が大きくなるので，湿度が下がる。**

(解説) (1)1日目と2日目の昼間に大きく上昇していることから，**A**が気温であると考えられる。
(2)(3)晴れている日は，気温の変化が大きいので，湿度の変化も大きくなる。

**4** **(1)ア　(2)イ**
**(3)㊎フラスコ内の湿度を高くして，露点《ろてん》を高い温度にしておくため。**

(解説) (1)ピストンを急に引くと内部の気圧が下がり，温度が下がって水蒸気が凝結する。
(2)**空気が上昇気流によって急激に膨張すると，気温が下がって露点に達し，水滴が生じる。これが雲である。**

## SECTION 3　前線と天気の変化

**1** **(1)前線名…寒冷前線　記号…エ**
**(2)前線名…停滞前線《ていたいぜんせん》　記号…イ**
**(3)前線名…温暖前線　記号…ア**

(解説) 前線の種類を示す記号は，前線が進んでいく方に向かってつける。暖気と寒気が押《お》し合《あ》っている停滞前線では，それぞれの空気が押しているほうに向かってつける。

**2** **(1)ウ　(2)ア，エ**

(解説) (1)**A－B**は寒冷前線で，寒気が暖気の下にもぐり込《こ》んで，暖気を持ち上げている。
(2)寒冷前線付近では前線面の傾《かたむ》きが急なので，温暖前線付近よりも強い雨が短時間降る。

**3** **(1)イ　(2)イ　(3)ウ**

(解説) (1)(2)15時から16時にかけて急に気温が下がり，風向も南寄りから北寄りに変わって，雨も降り出していることから，寒冷前線が通過したと考えられる。
(3)**寒冷前線の通過後は寒気におおわれるので，気温が下がる。**

**4** **(1)温暖前線　(2)寒冷前線　(3)イ**
**(4)㊎暖気と寒気の境目の傾きが大きいため，強い上昇気流が起こるから。**

(解説) (1)乱層雲のようすである。
(2)積乱雲のようすである。
(3)観測地を前線が通過しているので，低気圧の中心は観測地の北を通過したと考えられる。

## SECTION 4　日本の気象

**1** **(1)偏西風《へんせいふう》　(2)ア**
**(3)㊎偏西風が，東京からホノルルに行くときには追い風，ホノルルから東京に行くときには向かい風になるから。**

(解説) 飛行機などが飛ぶ高度10km付近では，ジェット気流という特に強い偏西風が吹《ふ》いている。ハワイは東京より東に位置するので，東京からハワイに行くときは追い風になる。

**2** **(1)上昇気流　(2)悪くなる。　(3)エ　(4)ウ**

(解説) (3)**偏西風によって，上空の空気が西から東に移動するためである。**
(4)大阪の西側に寒冷前線があることから考える。

**3** **(1)A…シベリア気団**
**B…オホーツク海気団　C…小笠原《おがさわら》気団《きだん》**
**(2)A…イ　B…ア　C…ウ**
**(3)C　(4)A　(5)BとC**

解説 **(2)日本より北の気団は冷たく，南の気団はあたたかい。また，海洋上の気団は湿《しめ》っていて，大陸上の気団は乾燥《かんそう》している。**
(3)Cの小笠原気団が発達することで，太平洋高気圧におおわれ，晴天が続く。
(4)Aのシベリア気団が発達することで，西高東低の気圧配置となり，日本海側で大雪となる。

**4** **(1)エ　(2)西高東低**
**(3)日本海側…イ　太平洋側…エ**
**(4)梅雨《ばいう》［つゆ］　(5)秋雨《あきさめ》**

解説 (1)すじ状の雲が多く見られることから，冬であると判断できる。
**(2)日本の西に高気圧，東に低気圧がある気圧配置を西高東低の気圧配置といい，冬の代表的な気圧配置である。**
(3)日本海で水分を含んだ冷たい北西の季節風が吹く。
(4)(5)停滞前線が日本付近にくることで起こる。

**5** **(1)①熱帯　②速く［強く］**
**(2)エ　(3)高潮　(4)大雪**
**(5)㊥水資源となる。**

解説 (4)日本海側からの強い湿った風が，山を越《こ》える際に雪を降らせる。
(5)大雨でも多くの水は地面に吸収され，少しずつ川や地下水に送り出されることで，生活用水，農業用水などに有用な安定した水資源となる。

**6** **(1)ハザードマップ　(2)避難所《ひなんじょ》の位置**
**(3)気象庁　(4)アメダス**

解説 (4)アメダス(AMeDAS)は，Automated Meteorological Data Acquisition System（自動気象データ収集システム）の略で，気象庁の地域気象観測システムのこと。

# 4章　電流とその利用

## SECTION 1　電流の流れ方

**1** **(1)エ　(2)34 mA　(3)34 mA**

解説 (1)Cは電源の＋極のほうにつながっているので，電流計の端子《たんし》の＋極につなぐ。端子エには＋D.C.（直流の＋極という意味）と書いてあることから，ここが＋極である。
(2)電流計の端子アにつなぐと，針が最大にふれたとき50mAを表す。したがって，この場合は34mAと読める。
**(3)豆電球が直列につながれているとき，それぞれを流れる電流の大きさは，回路のどこではかっても同じである。**

**2** **(1)15 mA　(2)10 mA　(3)25 mA　(4)右向き**

解説 (1)豆電球Aを流れる電流の大きさは，電流計Cの目盛りで示される。
(2)25 mA－15 mA＝10 mA
(3)電池から流れ出る電流の大きさは，電流計Dの目盛りで示される。
(4)電流は電池の＋極から出て－極に入る向きに流れている。この回路では反時計回りに流れ，豆電球Aを左から右向きに流れる。

**3** **(1)6.0 V　(2)1.8 V　(3)ウ**

解説 (1)直列なので，1.5 V×4＝6.0 V
(2)6.0 V－4.2 V＝1.8 V
(3)直列回路では，各部分に流れる電流の大きさは等しい。

**4** **(1)2.0 A　(2)20 V　(3)2.0 A　(4)40 V**
**(5)2.0 A　(6)60 V　(7)30 Ω**

解説 (1)(3)抵抗《ていこう》が直列につながれた回路では，それぞれの抵抗を流れる電流は等しく，この場合は2.0 Aである。

(2)電圧＝抵抗×電流＝10Ω×2.0A＝20V
(4)電圧＝抵抗×電流＝20Ω×2.0A＝40V
(6)直列なので，20V＋40V＝60V
(7)直列なので，10Ω＋20Ω＝30Ω

**5** (1)**0.125A**　(2)**4V**

解説 (1)回路の全抵抗は80Ωであるから，オームの法則より，

$$電流=\frac{電圧}{抵抗}=\frac{10\,V}{80\,\Omega}=0.125\,A$$

(2)電熱線Bの抵抗は30Ωとなるから，合成抵抗は50Ωとなる。よって回路を流れる電流は，

$$電流=\frac{電圧}{抵抗}=\frac{10\,V}{50\,\Omega}=0.2\,A$$

電熱線Aにも0.2Aの電流が流れるから，その両端の電圧は，
電圧＝抵抗×電流＝20Ω×0.2A＝4V

**6** (1)**30Ω**　(2)**0.3A**　(3)**0.5A**　(4)**12Ω**

解説 (1)20ΩとRが並列につながれているので，どちらにかかる電圧も等しく，この場合は6.0Vである。したがってオームの法則より，求める抵抗は，

$$抵抗=\frac{電圧}{電流}=\frac{6.0\,V}{0.2\,A}=30\,\Omega$$

(2)20Ωの抵抗には6.0Vの電圧が加わるので，求める電流は，

$$電流=\frac{電圧}{抵抗}=\frac{6.0\,V}{20\,\Omega}=0.3\,A$$

(4)合成抵抗を$r$とすると，

$$\frac{1}{r}=\frac{1}{20\,\Omega}+\frac{1}{30\,\Omega}=\frac{5}{60\,\Omega}=\frac{1}{12\,\Omega}$$

ゆえに，$r=12\,\Omega$

## SECTION 2　電力と電力量

**1** (1)**6Ω**
(2)**1.5W**
(3)**1A**
(4)**6W**
(5)**右図**

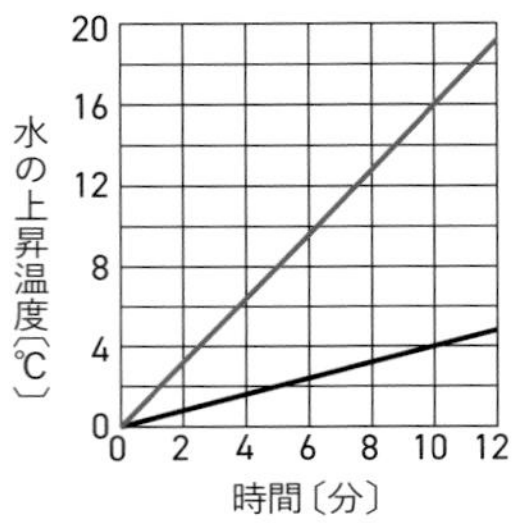


解説 (1)オームの法則より，

$$抵抗=\frac{電圧}{電流}=\frac{3\,V}{0.5\,A}=6\,\Omega$$

(2)電力＝電流×電圧＝0.5A×3V＝1.5W

$$(3)電流=\frac{電圧}{抵抗}=\frac{6\,V}{6\,\Omega}=1\,A$$

(4)電力＝電流×電圧＝1A×6V＝6W
**(5)電力が4倍になっているので，同じ時間あたりに発生する熱量も4倍になり，同じ時間あたりの水の上昇温《じょうしょうおん》度《ど》も4倍になる。**

**2** (1)**5A**　(2)**20Ω**
(3)**30000J**　(4)**150000J**
(5)**1000Wh**

解説 (1)電力の式より，求める電流は，

$$電流=\frac{電力}{電圧}=\frac{500\,W}{100\,V}=5\,A$$

(2)オームの法則より，求める抵抗は，

$$抵抗=\frac{電圧}{電流}=\frac{100\,V}{5\,A}=20\,\Omega$$

(3)電力量＝電力×時間
＝500W×60s＝30000J
(4)発熱量＝電力×時間
＝500W×300s＝150000J
(5)Whで求めるよう指示されていることに注意。
電力量＝電力×時間
＝500W×2h＝1000Wh

**3** **(1)1 A　(2)100 Ω　(3)0.6 A**
**(4)167 Ω　(5)電球A　(6)0.37 A**
**(7)電球A…37 V［38 V］　電球B…63 V［62 V］**
**(8)電球A…14 W　電球B…23 W**
**(9)電球B**

解説 (1)$電流=\frac{電力}{電圧}=\frac{100\,W}{100\,V}=1\,A$

(2)$抵抗=\frac{電圧}{電流}=\frac{100\,V}{1\,A}=100\,\Omega$

(3)$電流=\frac{電力}{電圧}=\frac{60\,W}{100\,V}=0.6\,A$

(4)$抵抗=\frac{電圧}{電流}=\frac{100\,V}{0.6\,A}=166.6\cdots\Omega$

(5)並列につなぐと，どちらの電球にも同じ大きさの電圧がかかる。抵抗の小さい電球Aのほうに大きな電流が流れることになるので，Aのほうが明るくなる。

(6)直列なので，回路全体の抵抗は，

100 Ω＋167 Ω＝267 Ω

よって，回路全体のオームの法則より，

$電流=\frac{電圧}{抵抗}=\frac{100\,V}{267\,\Omega}=0.374\cdots A$

よって，0.37 A

(7)電球**A**…電圧＝抵抗×電流
＝100 Ω×0.37 A＝37 V

電球**B**…電球は直列なので，100 V－37 V＝63 V

別解 電球**B**…電圧＝抵抗×電流
＝167 Ω×0.37 A＝61.79 V

２つの結果にちがいが出ているのは，四捨五入をくり返したことで誤差が生じたためである。最後まで分数のまま計算すると，電球**A**は37.5 V，電球**B**は62.5 Vとなる。

(8)電球**A**…電力＝電圧×電流
＝37 V×0.37 A＝13.69 W

電球**B**…電力＝電圧×電流
＝63 V×0.37 A＝23.31 W
(62 V×0.37 A＝22.94 W)

別解 (7)と同様に，最後まで分数のまま計算すると，電球**A**は14.02…W，電球**B**は23.40…Wとなる。

(9)電球**B**のほうが，消費電力が大きいため明るくなる。

**4** **(1)5 J　(2)1800 J**
**(3)①90000 J　②5時間**

解説 (1)電熱線に流れる電流は，

$電流=\frac{電圧}{抵抗}=\frac{10\,V}{20\,\Omega}=0.5\,A$

よって，

電力＝電圧×電流＝10 V×0.5 A＝5 W

なので，

発熱量＝電力×時間＝5 W×1 s＝5 J

この熱量がすべて水にあたえられる。

(2)６分間は360秒なので，

電力量＝電力×時間
＝5 W×360 s＝1800 J

(3)①はじめの実験での温度変化は3.6℃，２番目の実験での温度変化は36.0℃である。よって，求める熱量を$x$〔J〕とおくと，$x$は温度変化×水の質量に比例するので，

$x$：36.0℃×5＝1800 J：3.6℃×1

よって，$x$＝90000 J

②$時間=\frac{電力量}{電力}=\frac{90000\,J}{5\,W}=18000\,s=300分$
＝5 h

## SECTION 3 電流と電子

**1** **(1)①イ　②ア**
**(2)イ，ウ　(3)静電気**
**(4)イ**

解説 (1)(2)綿布でA，Bのストローを同じように摩擦《まさつ》しているので，AとBのストローは同じ電気を帯びている。また，ストローと綿布は逆の電気を帯びている。同じ電気をもつストローどうしでは離《はな》れようとし，異なる電気をもつストローと綿布ではくっつこうとする。

(4)静電気も導線を流れる電流と同じはたらきをするが，放電するとたまった電気がなくなってしまうので，長時間つくことはできない。

**2** (1)**b**　(2)**ア**　(3)**c**　(4)**エ**　(5)**電子**

(解説) (1)(2)陰極線《いんきょくせん》は，電圧や磁界の影響《えいきょう》を受けなければ直進する。
(3)(4)(5)陰極線は電子の流れなので，－の電気をもっている。BとCに電圧を加えると，＋極であるC側に引かれて少し曲がる。

**3** (1)**ウ**　(2)**ア**　(3)**B**

(解説) 導線内の自由電子は，ふだんはばらばらに動いているが，電圧を加えると電源の－極から出て＋極へ入る向きに動く。**電子の動きは，電流の向きと逆向きである。**

**4** (1)①**α《アルファ》線**　②**γ《ガンマ》線**
(2)**透過性《とうかせい》**

(解説) (1)γ線＞β《ベータ》線＞α線の順に透過性が高く，γ線はいろいろなものを通りぬけられる。

## SECTION 4　電流と磁界

**1** (1)**右図**
(2)**S極**

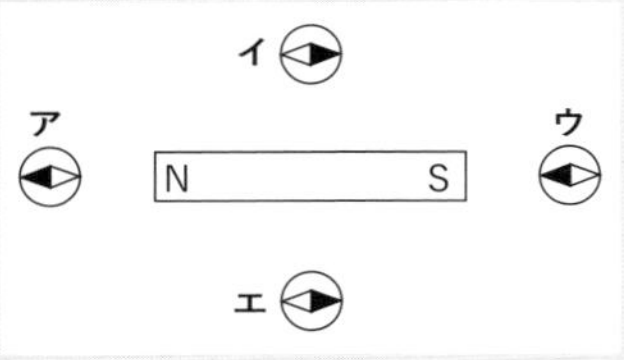


(解説) (1)**磁界は棒磁石のN極から出てS極に入る向きであるから，図のようになる。**
(2)磁力線のようすから，たがいに反発していることがわかるので，同じ極，つまりS極である。

**2** (1)①**A…ウ　B…オ　C…キ**
②**A…イ　C…ク**
(2)**D…オ　E…ア　F…オ**

(解説) 弱い電流のときは地磁気の影響《えいきょう》が無視できなくなってくるので，いくらか北寄りにかたよる。電流による磁界の向きは，右ねじの法則を使って判断する。

**3** (1)**ア，ウ**　(2)**大きく振《ふ》れるようになる。**

(解説) (2)流れる電流を強くすると，銅線が受ける力も強くなり，銅線の振れが大きくなる。

**4** (1)①**右**　②**右**　③**左**
(2)**イ**

(解説) (1)**同じコイルを使った電磁誘導《でんじゆうどう》では，磁石の極を入れかえると，誘導電流の向きは逆向きになる。また，磁石を動かす向きを変えても，誘導電流の向きは逆向きになる。**
(2)磁石を速く動かすほど，誘導電流の大きさは大きくなる。

# 入試問題にチャレンジ

# 解答

## 1

**❶** (1)**水上置換法《すいじょうちかんほう》**　(2)◎◎

(解説) (1)水上置換法は、水に溶《と》けにくい気体を集めるときに使う。
(2)酸化銀を熱すると銀と酸素に分解されるので，気体**X**は酸素である。酸素分子は酸素原子２個が結びついてできている。

**❷** (1)**エ**
(2)**aとb**…㊒**光合成には光が必要であることがわかる。**
**bとc**…㊒**光合成は緑色の部分で行われることがわかる。**

(解説) (2)**a**と**b**の部分のちがいは，光を当てているかどうかで，光を当てていない**a**ではデンプンができておらず，光を当てている**b**ではデンプンができている。次に，**b**と**c**のちがいは，緑色の部分か白い部分かということで，緑色の部分である**b**ではデンプンができているが，白い部分である**c**ではデンプンができていない。

**❸** (1)**放熱を防ぐため。**
(2)**右図**
(3)**ウ**

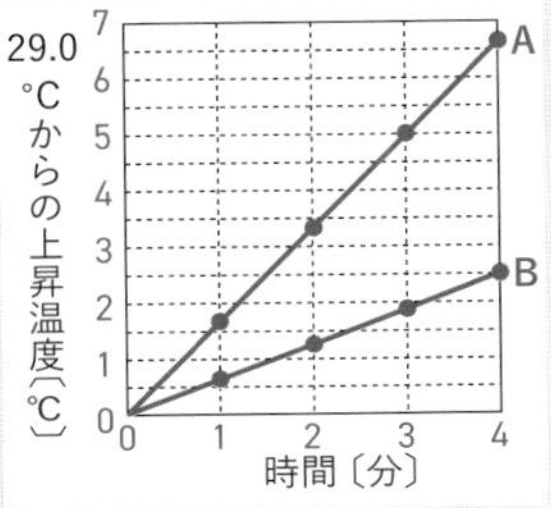


(解説) (3)図３は並列回路なので，どちらにも6.0Vの電圧がかかる。容器**A**での水温上昇《すいおんじょうしょう》のほうが大きいので，電熱線**a**のほうが発熱量が大きいといえる。加わる電圧が同じで発熱量が大きいので，抵抗《ていこう》が小さくて大きい電流が流れているとわかる。

## 2

**❶** (1)㊒**ガラス管を石灰水の中から出す。**
(2)**ウ，エ**　(3)**2CuO ＋ C ⟶ 2Cu＋$CO_2$**
(4)㊒**酸化物から酸素がとれる化学変化。**

(解説) (1)ガラス管を石灰水の中から出さずにガスバーナーの火を消すと，試験管の中の気体が冷えることによって収縮し，石灰水が試験管内に逆流して試験管が割れるおそれがある。
(3)(4)酸化銅は還元《かんげん》されて銅になり，炭素が酸化して二酸化炭素になる。

**❷** **1.8倍**

(解説) 円の面積は半径の２乗に比例するので，面**Q**の面積は面**P**の面積の９倍である。圧力は力の大きさに比例し，力のはたらく面積に反比例するので，求める値は，9÷5＝1.8倍

**❸** (1)**イ，エ**　(2)**ア**

(解説) (1)**イの肺動脈とエの大静脈は，二酸化炭素を多く含んだ血液が流れている。アの肺静脈とウの大動脈は酸素を多く含んだ血液が流れている。**
(2)表中の数値が大きくちがうので水であることは明らかであるが，こし出された液体と尿の密度を水と同じ1 g/cm$^3$＝1 kg/1 Lと仮定して，１日にこし出されてから再び吸収される質量を求めると，次のようになる。
水…170 kg×0.99－2 kg×0.95＝166.4 kg
ブドウ糖…170 kg×0.001－0 kg＝0.17 kg
ナトリウム…
　170 kg×0.003－2 kg×0.0035＝0.503 kg
肝臓《かんぞう》で変えられた無害な物質…
　170 kg×0.0003－2 kg×0.02＝0.011 kg

## 3

**❶** (1)**質量保存の法則**
(2)**0.4 g**
(3)**右図**
(4)**25.0 cm³**
(5)**0.42 g**

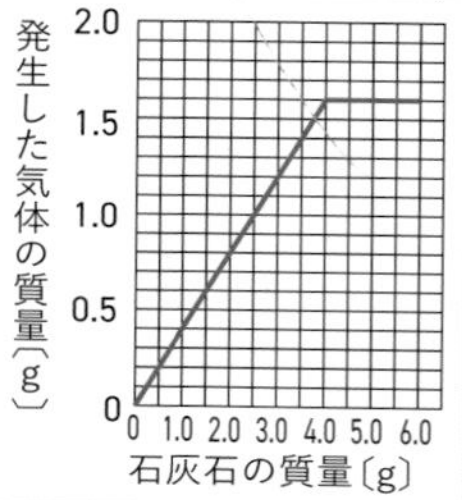


(解説) (2)59.0 g − 58.6 g = 0.4 g
(3)(2)と同じようにして，それぞれ発生した気体の質量を求める。
(4)上のグラフより，うすい塩酸50.0 cm³と石灰石4.0 gが過不足なく反応して二酸化炭素1.6 gが発生することがわかる。求める塩酸の体積を$x$〔cm³〕とおくと，

$(50.0\,\text{cm}^3 + x) : 6.0\,\text{g} = 50.0\,\text{cm}^3 : 4.0\,\text{g}$

よって，$4.0x + 200\,\text{cm}^3 = 300\,\text{cm}^3$　$x = 25.0\,\text{cm}^3$
(5)**十分な塩酸と反応させているので，発生する気体の質量は卵の殻《から》の質量に比例する。**よって，求める気体の質量を$x$〔g〕とおくと，

$x : 1.0\,\text{g} = 1.1\,\text{g} : 2.6\,\text{g}$　$x = 0.423\cdots\text{g}$

よって，0.42 g

**❷** (1)**400倍**　(2)**核**

(解説) (1)顕微鏡《けんびきょう》の倍率＝接眼レンズの倍率×対物レンズの倍率
よって，$10 \times 40 = 400$

**❸** (1)**露点**　(2)**59%**　(3)**イ**

(解説) (1)空気中の水蒸気量が多くなるほど，露点は高くなる。
(2)●が10個，○が7個あるので，飽和水蒸気量《ほうわすいじょうきりょう》は17個分。よって，湿度《しつど》は

$$\frac{\text{空気の水蒸気量}}{\text{飽和水蒸気量}} \times 100 = \frac{10}{10+7} \times 100 = 58.8\cdots$$

よって，59%
(3)図3より，20°Cの飽和水蒸気量は約17 gである。よって，この空気1 m³中に含まれる水蒸気の量は，

$$17\,\text{g} \times \frac{10}{10+7} = 10\,\text{g}$$

よって，およそ10 g。
図3より，飽和水蒸気量が10 gとなっている温度は約11°Cであるので，この温度が露点《ろてん》である。

## 4

**❶** (1)①**感覚神経**　②**運動神経**
(2)**反射**
(3)**A…ア→エ→イ**
**B…ア→エ→ウ→エ→イ**

(解説) (3)**Aのような道すじで起こる反射では，脳に刺激《しげき》が伝わる前に，脊髄《せきずい》で刺激を処理して命令の信号が出され，筋肉が動く。**

**❷** (1)**ウ**　(2)**イ**
(3)**電熱線a…40 Ω**　**電熱線b…10 Ω**

(解説) (2)グラフから読みとる。
(3)電熱線a…$\text{抵抗} = \frac{\text{電圧}}{\text{電流}} = \frac{6\,\text{V}}{0.15\,\text{A}} = 40\,\Omega$

電熱線b…$\text{抵抗} = \frac{\text{電圧}}{\text{電流}} = \frac{6\,\text{V}}{0.6\,\text{A}} = 10\,\Omega$

**❸** (1)**エ**　(2)**ア**　(3)**ウ**

(解説) (3)低気圧の接近にともなって風向が北寄りになるという予想から，低気圧の中心が通ると予想した進路より北の**C**か**D**である。実際には温暖前線も寒冷前線も通過した地点なので**C**の地点である。